学以致用系列丛书

Access数据库基础及应用
（第2版）

智云科技　编著

清华大学出版社
北　京

内 容 简 介

本书是一本介绍Access 2013软件的实用工具书，全书共15章，主要包括数据库的基础知识、Access基础操作、Access高级操作、宏和VBA代码编程以及综合实战应用等内容。通过本书的学习，不仅能让读者学会和掌握Access软件的基本操作，还可以通过书中的实战案例学会举一反三，在实际工作中运用自如，有效提高工作效率。

本书主要定位于希望快速掌握用Access 2013制作和设计数据库的初、中级用户，适合不同年龄段的办公人员、文秘、财务人员、后勤人员和国家公务员学习使用。此外，本书也可作为各大中专院校及电脑培训班的办公软件方面的教材。

图书在版编目(CIP)数据

Access数据库基础及应用/ 智云科技编著. — 2版. — 北京：清华大学出版社，2016(2023. 8重印)
(学以致用系列丛书)

ISBN 978-7-302-44308-7

Ⅰ. ①A… Ⅱ. ①智… Ⅲ. ① 关系数据库系统 Ⅳ. ①TP311.138

中国版本图书馆CIP数据核字(2016)第164371号

责任编辑：李玉萍
封面设计：杨玉兰
责任校对：吴春华
责任印制：刘海龙
出版发行：清华大学出版社
　　网　　址：http://www.tup.com.cn，http://www.wqbook.com
　　地　　址：北京清华大学学研大厦 A 座　　**邮　　编**：100084
　　社 总 机：010-83470000　　**邮　　购**：010-62786544
　　投稿与读者服务：010-62776969，c-service@tup.tsinghua.edu.cn
　　质量反馈：010-62772015，zhiliang@tup.tsinghua.edu.cn
印 装 者：三河市君旺印务有限公司
经　　销：全国新华书店
开　　本：190mm×260mm　　**印　张**：20.5　　**字　数**：495 千字
（附 DVD1 张）
版　　次：2011 年 7 月第 1 版　2016 年 8 月第 2 版　　**印　次**：2023 年 8 月第 7 次印刷
定　　价：59.00 元

产品编号：068385-01

关于本丛书

如今，学会使用计算机已不再是休闲娱乐的一种生活方式，在工作节奏如此快的今天，它已成为各行业人士工作中不可替代的一种工作方式。为了让更多的初学者学会计算机和相关软件的操作，经过我们精心策划和创作，“学以致用系列丛书”已在2015年年初和广大读者见面了。该丛书自上市以来，一直反响很好，而且销量突破预计。

为了回馈广大读者，让更多的人学会使用电脑和一些常用软件的操作，时隔一年，我们对“学以致用系列丛书”进行了全新升级改版，不仅优化了版式效果，更对内容进行了全面更新，并拓展了深度，让读者能学到更多实用的技巧。

本丛书涉及电脑基础与入门、网上开店、Office办公软件、图形图像和网页设计等方面，每本书的内容和讲解方式都根据其特有的应用要求进行量身打造，目的是让读者真正学得会、用得好。“学以致用系列丛书”具体包括的书目如下：

- ◆ Excel高效办公入门与实战
- ◆ Excel函数和图表入门与实战
- ◆ Excel数据透视表入门与实战
- ◆ Access 数据库基础及应用（第2版）
- ◆ PPT设计与制作（第2版）
- ◆ 新手学开网店（第2版）
- ◆ 网店装修与推广（第2版）
- ◆ Office 2013入门与实战（第2版）
- ◆ 新手学电脑（第2版）
- ◆ 中老年人学电脑（第2版）
- ◆ 电脑组装、维护与故障排除（第2版）
- ◆ 电脑安全与黑客攻防（第2版）
- ◆ 网页设计与制作入门与实战
- ◆ AutoCAD 2016中文版入门与实战
- ◆ Photoshop CS6平面设计入门与实战

丛书两大特色

本丛书主要体现了“理论知识和操作学得会，实战工作中能够用得好”的策划和创作宗旨。

理论知识和操作学得会

◆ **讲解上——实用为先，语言精练**

本丛书在内容挑选方面注重3个“最”——内容最实用，操作最常见，案例最典型，并且用最通俗的语言精练讲解理论知识，以提高读者的阅读和学习效率。

◆ **外观上——单双混排，全程图解**

本丛书采用灵活的单双混排方式，主打图解式操作，并且每个操作步骤在内容和配图上均采用编号进行逐一对应，使整个操作更清晰，让读者能够轻松和快速掌握。

◆ **结构上——布局科学，学习＋提升同步进行**

本丛书每章知识的内容安排上，采取“主体知识＋给你支招”的结构。其中，“主体知识”是针对当前章节涉及的所有理论知识进行讲解；“给你支招”是对本章相关知识的延伸与提升，其实用性和技巧性更强。

◆ **信息上——栏目丰富，延展学习**

本丛书在知识讲解过程中，还穿插了各种栏目版块，如小绝招、给你支招和长知识。通过这些栏目，有效增加了本书的知识量，扩展了读者的学习宽度，从而帮助读者掌握更多实用的技巧操作。

实战工作中能够用得好

本丛书在讲解过程中，采用“知识点＋实例操作”的结构来讲解，为了让读者清楚涉及的知识在实际工作中的具体应用，所有的案例均来源于实际工作中的典型案例，比较有针对性。通过这种讲解方式，让读者能在真实的环境中体会知识的应用，从而达到举一反三、融会贯通的目的。

本书内容

全书共15章，主要包括数据库的基础知识、Access基础操作、Access高级操作、宏和VBA代码编程以及综合实战应用等内容，具体介绍如下表。

章节介绍	内容体系	作　用
Chapter 01 ~ Chapter 02	简介数据库系统，特别是关系数据库系统，以及掌握其中的一些最基础的操作和专业术语等	了解和掌握关系数据库的系统结构、基本术语和操作，开启Access之旅
Chapter 03 ~ Chapter 07	数据库的创建和管理，表的创建和使用，添加数据库数据并对其进行规范设置，数据的导入与导出，数据的通用查询	能制作、设计一些简单的数据库，并对其进行常规管理和查询
Chapter 08 ~ Chapter 10	编写SQL对Access数据进行相应查询，构建Access静态和动态窗体来展示和管理数据，通过报表来展示和管理数据	轻松对数据进行管理和模块化，并实现数据的灵活调用
Chapter 11 ~ Chapter 12	Access中宏的设计以及VBA代码编程的基础知识	帮助用户更好地调用数据，特别是查询和动态窗体这两部分内容
Chapter 13 ~ Chapter 15	业务薪酬系统、会员管理系统和固定资产管理系统	将本书的知识进行有机串联，在巩固知识的同时增强用户的动手能力

本书特点

特　点	说　明
专题精讲	本书体系完善，由浅入深地对Access 2013进行了15章专题精讲，其内容涵盖了Access的必备理论知识，如关系数据库的体系结构、专业术语、对象，数据库和表的创建、使用和管理，以及窗体、报表、查询、SQL、宏和VBA等
案例实用	本书内容全面而系统，书中知识均结合实际案例进行图解介绍，最后还特意安排了3个综合实战案例，将本书绝大部分的知识进行有机、高效的组合串联，让读者在巩固书中知识的同时增强理解，从而将它们运用在实际工作中
体例丰富	本书在讲解的过程中安排了上百个“小绝招”和“长知识”版块，用于对相关知识的提升或延展。另外，在每章的最后还专门增加了“给你支招”版块，让读者学会更多的进阶技巧，从而提高工作效率
语言轻松	本书语言通俗易懂，使读者能很好地理解本书的知识，而且行文的逻辑感较强，前后呼应，能增强读者的记忆

读者对象

本书主要定位于希望快速掌握用Access 2013制作和设计数据库的初、中级用户，适合不同年龄段的办公人员、文秘、财务人员、后勤人员和国家公务员学习使用。此外，本书也可作为各大中专院校及电脑培训班的办公软件方面的教材。

创作团队

本书由智云科技编著，参与本书编写的人员有邱超群、杨群、罗浩、林菊芳、马英、邱银春、罗丹丹、刘畅、林晓军、周磊、蒋明熙、甘林圣、丁颖、蒋杰、何超等，在此对大家的辛勤工作表示衷心的感谢！

由于编者经验、知识和技术水平有限，书中难免有疏漏和不足之处，恳请专家和读者不吝赐教。

编　者

Chapter 01 数据库系统概述

1.1 数据库相关的概念 2
1.1.1 数据库管理系统 2
1.1.2 数据库分类 2
1.1.3 关于DBMS 3
1.1.4 关于DBAS 3
1.1.5 数据库系统体系结构 3
1.2 关系数据库 4
1.2.1 关系数据库中的基本术语 4
1.2.2 关系的与众不同 5
1.2.3 关系模型完整性 5
1.2.4 关系的传统集合和专门运算 6
1.3 表的规范范式 7
1.3.1 第一范式 7
1.3.2 第二范式 7
1.3.3 第三范式 8
1.4 数据库设计 8
1.4.1 数据库设计的目标和特点 8
1.4.2 数据库设计的方法 8
1.4.3 数据库设计的步骤 9
给你支招
Access也是程序，也可开机自启 9
轻松解决Access程序不可用的情况 10

Chapter 02 Access 2013基础知识

2.1 认识Access 2013工作界面 12
2.2 自定义Access 2013工作环境 14
2.2.1 增减命令按钮 14
2.2.2 更改快速访问工具栏的位置 16
2.2.3 折叠/固定功能区 16
2.2.4 自定义功能区 17
2.2.5 工作区对象显示方式的设置 19
2.2.6 Access主题图案样式的设置 20

2.2.7 切换Access界面颜色......22
2.2.8 Access默认字号设置......22

2.3 使用和设置导航窗格......23
2.3.1 展开和折叠导航窗格......23
2.3.2 导航窗格中对象的显示方式......24
2.3.3 隐藏指定对象......25
2.3.4 显示指定对象......25
2.3.5 重命名不适合的对象......26
2.3.6 以指定视图打开对象......27
2.3.7 直接打开对象......28
2.3.8 复制并移动对象副本......28
2.3.9 删除不需要的对象......30

2.4 Access 2013的数据库对象......31
2.4.1 表：存储数据......31
2.4.2 查询：查找和检索数据......32
2.4.3 窗体：操控数据库的数据......32
2.4.4 报表：分析或打印数据......32
2.4.5 宏：执行操作控制流程......33
2.4.6 模块：数据关系处理工具......33

2.5 Access的不同视图模式......33
2.5.1 数据表视图......33
2.5.2 设计视图......34
2.5.3 布局视图......35
2.5.4 窗体和报表视图......35
2.5.5 打印预览视图......35
2.5.6 SQL视图......35
2.5.7 数据透视表和透视图视图......36

2.6 用帮助系统辅助学习......36
2.6.1 搜索Office.com帮助信息......36
2.6.2 搜索本地帮助信息......37

给你支招
轻松禁用设计视图......38
不要的系统对象可这样隐藏......39
轻松拆分数据库......39

Chapter 03 创建与管理数据库

3.1 创建数据库......42
3.1.1 创建空白数据库......42
3.1.2 使用模板创建数据库......43
3.1.3 在线搜索模板创建数据库......44

3.2 数据库实用操作......45
3.2.1 打开数据库......45
3.2.2 在原位置保存数据库......46
3.2.3 将数据库另存为......47
3.2.4 将对象另存为......48
3.2.5 关闭数据库......49

3.3 更改创建数据库时的默认参数......51
3.3.1 更改数据库默认的创建格式......51
3.3.2 更改数据库默认的创建位置......51

3.4 数据库安全设置......52

3.4.1 数据库备份......52
3.4.2 压缩和修复数据库......53
3.4.3 数据库打开权限......53
3.4.4 数据库写入权限......55

给你支招

定制最近使用数据库文件条目......56
如何在关闭数据库时实现自动压缩......57
让系统默认以独占方式打开数据库......58
巧给数据库一份签名“驾照”......58

Chapter 04 表的创建与使用

4.1 必备的数据表知识......60
4.1.1 数据表结构......60
4.1.2 数据表视图......60
4.1.3 字段类型......61
4.1.4 数据表关系......62
4.2 创建Access数据表......64
4.2.1 使用数据表视图创建表......64
4.2.2 使用设计视图创建表......66
4.3 数据表最基本的操作......68
4.3.1 打开数据表......68
4.3.2 关闭数据表......68
4.3.3 复制数据表......69
4.3.4 重命名数据表......71
4.3.5 移动数据表......71
4.4 设置主键Key......72
4.4.1 设置主键的原则和作用......72
4.4.2 创建单一主键......72
4.4.3 创建复合主键......73
4.5 表之间的关系......73
4.5.1 建立表间关系......74
4.5.2 编辑表间关系......76
4.5.3 删除表间关系......77
4.5.4 显示所有关系......78

给你支招

在数据表中快速添加字段名称......79
神奇的掩码......80

Chapter 05 添加和规范数据库数据

5.1 数据基本操作......82
5.1.1 输入数据......82
5.1.2 替换数据记录......82
5.1.3 新增数据记录......84
5.1.4 删除数据记录......86
5.1.5 复制数据记录......86
5.1.6 移动数据记录......86
5.2 设置表样式......87
5.2.1 设置数据格式......87

5.2.2 设置指定列对齐方式 88
5.2.3 设置表底纹和网格线样式 89
5.2.4 设置整个数据表底纹 90
5.2.5 设置行高与列宽 91
5.2.6 隐藏字段 93
5.2.7 冻结字段 94

5.3 数据检索 95
5.3.1 数据排序 95
5.3.2 数据筛选 97
5.3.3 数据汇总 98

给你支招
如何解决标准色不够用的问题 100
制作凹凸的数据表样式 101
快速指定筛选 101

Chapter 06 Access数据的导入与导出

6.1 认识外部数据 104
6.1.1 Access支持的外部数据 104
6.1.2 Access与外部数据交互 104

6.2 导入外部数据 105
6.2.1 导入外部Access数据 105
6.2.2 导入其他格式文件的数据 107

6.3 数据灵活导出 110
6.3.1 导出Access数据 111
6.3.2 导出其他文件格式 113

6.4 链接外部数据 115
6.4.1 链接的情况 115
6.4.2 链接至Access数据库 115
6.4.3 链接至文本文件 116
6.4.4 链接至HTML文件 119
6.4.5 链接至Excel电子表格 120

6.5 编辑链接表 122
6.5.1 修改链接表名称 122
6.5.2 修改链接数据表的属性 122
6.5.3 转换链接表为本地表 123
6.5.4 更新数据链接 123

给你支招
导入Excel的指定区域数据 124
运行保存的导入/导出步骤 125

Chapter 07 通用数据查询

7.1 查询基础知识 128
7.1.1 查询是什么 128
7.1.2 查询的类型 128
7.1.3 查询的功能 130

7.2 常规查询创建 131
7.2.1 通过简单查询向导查询 131

7.2.2 通过交叉表查询向导查询..........134
7.2.3 通过重复项查询向导查询..........136
7.2.4 通过不匹配查询向导查询..........139
7.3 设计查询创建..........141
7.3.1 创建动态查询..........141
7.3.2 创建更新查询..........143
7.3.3 创建删除查询..........145
7.3.4 创建追加查询..........147
7.3.5 创建生成表查询..........149
7.4 编辑查询字段..........152
7.4.1 字段的添加和删除..........152
7.4.2 字段的重新命名..........153
7.4.3 字段位置移动..........154
给你支招
从查询向导直接转换为查询设计..........154
巧解更新数据时出现的不匹配问题..........155
将查询结果进行汇总..........155

Chapter 08 SQL数据查询

8.1 SQL基础..........158
8.1.1 Access中的SQL..........158
8.1.2 SQL的特点..........158
8.1.3 SQL可以做什么..........158
8.2 使用SQL查询数据..........159
8.2.1 使用SELECT语句查询数据..........159
8.2.2 使用INSERT INTO语句插入记录..........161
8.2.3 使用UPDATE语句修改数据..........162
8.2.4 使用DELETE语句删除记录..........162
8.3 数据精确查询..........163
8.3.1 指定范围数据的查询..........163
8.3.2 文本匹配查询..........163
8.3.3 使用聚合函数查询..........164
8.3.4 多表嵌套查询..........164
8.3.5 使用UNION连接查询结果..........165
8.3.6 普通多表连接查询..........165
给你支招
让查询结果有序化..........166
快速统计和展示想要的值和字段名..........166

Chapter 09 构建Access窗体

9.1 认识窗体..........168
9.1.1 窗体的功能..........168
9.1.2 窗体的分类..........168
9.1.3 窗体的视图..........169
9.1.4 窗体的组成..........170
9.2 创建基本窗体..........170
9.2.1 根据已有数据创建窗体..........170
9.2.2 通过窗体向导创建窗体..........171

9.2.3 创建导航窗体......173
9.2.4 创建空白窗体......174
9.2.5 调整窗体区域大小......176
9.2.6 添加页眉/页脚......176
9.3 为窗体添加控件......180
9.3.1 认识控件......180
9.3.2 添加控件的常用方法......181
9.3.3 设置控件格式......185
9.4 创建高级窗体......187
9.4.1 数据动态切换......187
9.4.2 查询子窗体数据记录......189
9.4.3 创建切换面板窗体......194
9.4.4 实现字段值的算术运算......198
给你支招
快速创建带有结构样式的窗体......201
让系统默认打开指定窗体......201

Chapter 10 将Access数据报表化

10.1 了解报表......204
10.1.1 报表的组成......204
10.1.2 报表的分类......205
10.1.3 报表的4种视图......206
10.2 创建报表......207
10.2.1 创建基本报表......207
10.2.2 创建空报表......208
10.2.3 通过报表向导创建报表......211
10.2.4 创建标签报表......213
10.3 编辑报表......216
10.3.1 在报表中进行分组和排序......216
10.3.2 在报表中进行数据汇总......218
10.3.3 在报表中进行数据筛选......219
10.3.4 使用条件格式突出数据......220
10.3.5 在报表中添加控件......221
10.4 美化和打印报表......223
10.4.1 手动设置报表格式......224
10.4.2 使用主题快速美化报表......228
10.4.3 使用图片美化报表......229
10.4.4 报表的页面设置......231
10.4.5 为报表添加页码......233
10.4.6 打印报表......234
给你支招
自定义标签......235
同类数据分组......236

Chapter 11 Access宏设计

11.1 认识宏......238
11.1.1 宏的结构......238
11.1.2 宏的作用......238
11.1.3 宏操作......238

11.2 创建和使用宏......239
11.2.1 标准宏的创建和执行......239
11.2.2 事件宏的创建和执行......242
11.2.3 数据宏的创建和执行......245
11.2.4 条件宏的创建和执行......250
给你支招
启动Access应用程序后自动打开窗体...253
快速将宏转换为VBA代码......253

Chapter 12 VBA编程

12.1 VBA编程环境......256
12.2 VBA编程和设计基础......257
12.2.1 数据类型......257
12.2.2 常量和变量......258
12.2.3 标准函数......258
12.3 VBA流程控制语句......260
12.3.1 选择控制语句......260
12.3.2 循环控制语句......261
12.3.3 错误处理语句......262
给你支招
让VBA代码不因“无证”而过滤......263
为VBA代码手动制作证书......263

Chapter 13 业务薪酬系统

13.1 案例制作效果和思路......266
13.2 构建基本表对象......267
13.2.1 手动创建基本表......267
13.2.2 导入外部数据创建表......270
13.2.3 创建表关系......272
13.3 制作工资速查窗体......273
13.3.1 创建C_工资查询......273
13.3.2 创建快速查询窗体......274
13.4 制作分析报表......276
13.4.1 制作销售分析报表......276
13.4.2 制作销售汇总报表......277
13.5 案例制作总结和答疑......278
给你支招
让文本框控件大小与内容适合......279
解决任意更改窗体数据导致数据源被破坏的问题......279

Chapter 14 会员管理系统

14.1 案例制作效果和思路......282
14.2 制作会员模块......284
14.2.1 制作“会员界面”窗体......284
14.2.2 制作“会员登录”窗体......286
14.2.3 制作“会员注册”窗体......287
14.2.4 制作“找回密码”窗体......289

14.3 制作管理员模块......290
14.3.1 制作“管理员登录”窗体......290
14.3.2 制作“会员信息管理”窗体......291
14.4 系统集成......293
14.4.1 制作“欢迎界面”窗体......293
14.4.2 设置数据库整体操作环境......294
14.5 案例制作总结和答疑......295
给你支招
标签错误处理......295
通过复制来创建窗体......295
目标窗体被遮挡或不能显示......296

Chapter 15 固定资产管理系统

15.1 案例制作效果和思路......298
15.2 制作主界面模块......300
15.2.1 制作“固定资产”主界面......300
15.2.2 添加删除和编辑记录功能......301
15.2.3 添加退出系统功能......302
15.3 下层操作模块制作......303
15.3.1 制作添加数据模块......303
15.3.2 制作查询记录模块......306
15.3.3 制作设备维护模块......309
15.4 数据库集成......310
15.4.1 将各个对象集成......310
15.4.2 系统整体集成......310
给你支招
更改按钮的名称......311
处理编辑错误......311

Chapter 01 数据库系统概述

学习目标

在实际工作中数据库有很多种，如SQL数据库、Oracle数据库以及Access数据库等。本章将讲解数据库，特别是Access数据库的相关知识，让读者对关系数据库，也就是Access数据库有一个充分的了解。

本章要点

- 数据库管理系统
- 数据库分类
- DBMS管理系统
- DBAS应用系统
- 数据库系统体系结构
- 第一范式
- 第二范式
- 第三范式
- 数据库设计的目标和特点
- 数据库设计的方法

知识要点	学习时间	学习难度
数据库相关的概念	10 分钟	★
关系数据库	15 分钟	★
什么样的表才规范	15 分钟	★
数据库设计	10 分钟	★

1.1 数据库相关的概念

小白：阿智，数据库是什么东西呀，就是Access吗？

阿智：哈哈。数据库是专门用来放置各种数据的库房，也可将其理解为带有格子的盒子。

小白：有点明白。但不是特别清楚，能详细说说吗？

阿智：好，我讲给你听……

Access专门用来构建小型的数据库，以放置各类数据。下面我们就对Access数据库进行初步了解和认识，知道它是什么、有哪些类型以及体系等。

1.1.1 数据库管理系统

数据库管理系统是用户与数据库之间的接口，负责完成各种数据处理操作。

典型的数据库系统有Microsoft SQL Server、Microsoft Access、Microsoft FoxPro、Oracle、Sybase等。下面介绍数据库的特点。

学习目标	对数据库进行基本了解
难度指数	★

数据共享

允许多个用户同时使用数据，可以为多种程序设计语言提供编程接口。

数据独立性

数据独立性主要体现在两个方面：物理独立性和逻辑独立性。物理独立性是指数据存储结构的改变不影响数据库的逻辑结构；逻辑独立性是指数据库逻辑结构改变时不影响应用程序。

减少数据冗余

在数据库中，系统会要求或自动减少冗余数据，不会存在多个相同的副本数据，进而提高数据的使用效率。

数据具有唯一性

数据库中的数据只有一个物理备份，所以不存在数据不一致的问题。

数据具有安全性

数据库中的数据会受到一系列安全措施的保护，对于被破坏的数据也可以恢复。

1.1.2 数据库分类

我们现在经常使用和见到的数据库大体分为两类：企业级数据库和小型数据库。下面分别进行介绍。

学习目标 数据库常见类型
难度指数 ★

企业级数据库

企业级数据库，可以简单将其理解为特别复杂的数据库，专门适用于商业方面的复杂数据管理。这类数据库有Oracle、SQL Server、DB2、Sybase等。

小型数据库

常见的小型数据库包括Access、MySQL，有的人也将其称为桌面型数据库。

1.1.3 关于DBMS

DBMS（Database Management System，数据库管理系统）是一种针对对象数据库，为管理数据库而设计的大型电脑软件管理系统。

具有代表性的数据管理系统有Oracle、Microsoft SQL Server、Access、MySQL以及PostgreSQL等。通常数据库管理员会使用数据库管理系统来创建数据库系统。

学习目标 了解数据库管理系统——DBMS
难度指数 ★

1.1.4 关于DBAS

DBAS（Database Application System，数据应用系统）是在数据库管理系统的支持下建立的计算机应用系统。

DBAS通常由数据库系统、应用程序系统和用户组成，具体包括：数据库、数据库管理系统、数据库管理员、硬件平台、软件平台、应用软件和应用界面。

它们的结构关系是：应用系统→应用开发工具软件→数据库管理系统→操作系统→硬件。比如以数据库为基础的财务管理系统、人事管理系统和图书管理系统等都是DBAS应用系统。

学习目标 了解数据库应用系统——DBAS
难度指数 ★

1.1.5 数据库系统体系结构

根据处理对象的不同，数据库管理系统的层次结构由高级到低级依次为：应用层→语言翻译处理层→数据存取层→数据存储层→操作系统。下面分别进行介绍。

学习目标 了解数据库管理系统的层级结构
难度指数 ★

应用层

它是DBMS与终端用户和应用程序的界面层，处理的对象是各种各样的数据库应用。

语言翻译处理层

语言翻译处理层是对数据库语言的各类语句进行语法分析、视图转换、授权检查、完整性检查等。

数据存取层

数据存取层处理的对象是单个元组，它

将上层的集合操作转换为单记录操作。

数据存储层

数据存储层处理的对象是数据页和系统缓冲区。

操作系统

它是DBMS的基础，专门提供存取原语和基本的存取方法，通常作为和DBMS存储层的接口。

1.2 关系数据库

小白：数据库有很多，Access是一个什么样的数据库呢？

阿智：Access数据库是小型的桌面数据库，是关系数据库的一种，下面我具体给你讲讲在学习Access数据库前，有哪些与数据库有关的知识需要掌握。

Access 数据库是一种桌面数据库，是较为经典的关系型数据库。我们在创建和设计Access数据库前，需要了解一些关于关系数据库的基础知识和理论。

1.2.1 关系数据库中的基本术语

关系数据库中的基本术语主要有：关系、分量、元组、属性、主键/外键和域。下面分别进行介绍。

学习目标	Access数据库中的一些基本术语
难度指数	★

关系

它表示数据之间的关系，以二维表的方式直观展示。

分量和元组

分量，就是每个单元格记录，是最小的构成单位。元组其实就是一条记录，由多个分量组成，如图1-1所示。

2015年应收部分账款

ID	开票日期	客户名称	应收金额	已收款金额	未收
1	2015/2/8	周维	¥19,100.00	¥16,200.00	¥2
2	2015/2/9	苏周	¥23,900.00	¥12,600.00	¥11
3	2015/2/10	罗薇薇	¥16,[illegible]00.00	¥11,000.00	¥5
4	2015/4/[illegible]	[illegible]	¥11,200.00	¥10,000.00	
5	2015/5/1[illegible]	[illegible]妹	[illegible].00	¥16,900.00	¥4
6	2015/6/1	龙腾	[illegible].00	¥15,240.00	¥8
7	2015/6/2	白小虎	¥17,700.00	¥11,700.00	¥6
8	2015/9/3	林小白	¥12,000.00	¥8,000.00	¥4
(新建)			¥-00	¥-00	

元组　分量

图1-1　分量和元组

属性

数据表中的每一列就是一个属性，列中的数据或数据区域就是其属性值域，如图1-2所示。

属性名　属性　属性值域

2015年应收部分账款

ID	开票日期	客户名称	应收金额	已收款金额	未收
1	2015/2/8	周维	¥19,100.00	¥16,200.00	¥2
2	2015/2/9	苏周	¥23,900.00	¥12,600.00	¥11
3	2015/2/10	罗薇薇	¥16,000.00	¥11,000.00	¥5
4	2015/4/8	文杰	¥11,200.00	¥10[illegible]	
5	2015/5/14	章小妹	¥21,500.00	¥16,900.00	¥4
6	2015/6/1	龙腾	¥23,240.00	¥15,240.00	¥8
7	2015/6/2	白小虎	¥17,700.00	¥11,700.00	¥6

图1-2　属性

主键/外键

主键，也叫作主码，可简单地将其理解为关键字，以钥匙符号作为标记，如图1-3所示。外键，也叫作外码，可简单地将其理解为非本数据表的主键。

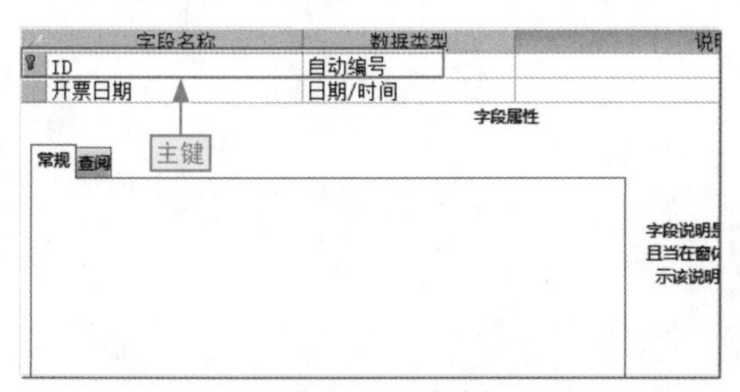

图1-3　主键

域

域，其实就是属性值域的取值范围，如性别、学历、职务等。

1.2.2 关系的与众不同

关系之所以与众不同，是因为它具有规范性、唯一性、同一性和无序性。下面分别进行介绍。

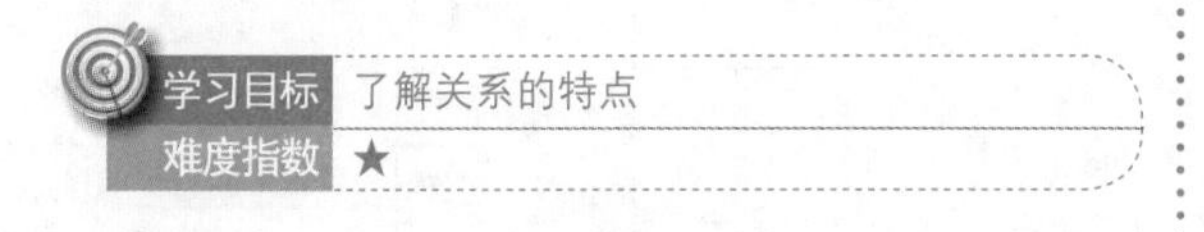

规范性

关系数据库中要求每一张二维表的数据，必须是同一类的。在客户表中，就只能有与客户有关的数据，不能有与之无关的数据，如运输数据、考试成绩等，以保证其规范。

唯一性

在数据表中，字段名称，也就是属性名，具有唯一性，不允许重复，但可相似或相近。

同一性

同一性要求数据表中每一列数据的类型、取值范围（也就是域）必须相同，不能存在多种类型或域。

无序性

数据表中列和元组的位置具有随意性和更改性，从而保证列和单元格的位置可以移动。

1.2.3 关系模型完整性

关系模型完整性要求数据库中的数据必须正确和可靠，主要有下面几个方面的要求。

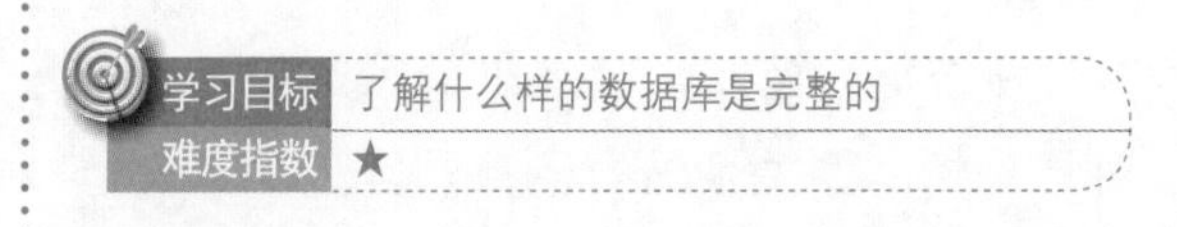

实体完整性

实体完整性，它要求数据表的主属性不能是空值。

值域完整性

每个分量（也可叫作单元格中的值）必须在对应的属性域内，如在性别中，就不能出现中性、人妖等，必须是男或女，以保证数据表的值域完整性。

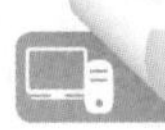

参照完整性

它要求相关联数据表中，同一分量的值必须一致。

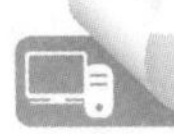

自定义完整性

因为数据库具有自定义完整性，所以允许用户对属性值域进行规定或设置，从而保证满足实际的需要。

1.2.4 关系的传统集合和专门运算

传统集合运算和专门运算是关系的两大运算，数据库的创建、设计和使用人员需要进行掌握，下面分别进行介绍。

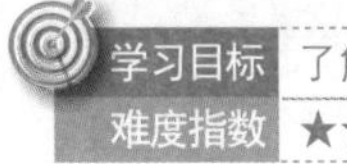

学习目标	了解关系数据库中的运算
难度指数	★★

传统集合运算

传统集合运算，也就是关系运算，专门对结构相同的关系进行运算，常见的有交运算、并运算、或运算、异运算等。图1-4所示是交运算示意图，图1-5所示是并运算示意图。

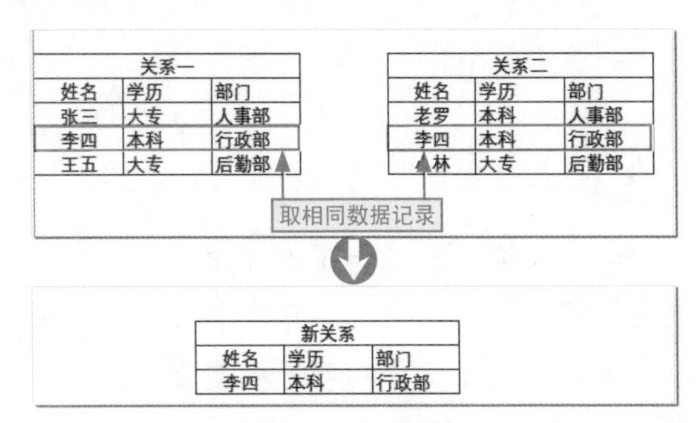

关系一
姓名 学历 部门
张三 大专 人事部
李四 本科 行政部
王五 大专 后勤部
关系二
姓名 学历 部门
老罗 本科 人事部
李四 本科 行政部
小林 大专 后勤部
取相同数据记录
新关系
姓名 学历 部门
李四 本科 行政部

图1-4　交运算

关系一
姓名 学历 部门
张三 大专 人事部
李四 本科 行政部
王五 大专 后勤部
关系二
姓名 学历 部门
老罗 本科 人事部
李四 本科 行政部
小林 大专 后勤部
合并所有数据记录
新关系
姓名 学历 部门
张三 大专 人事部
李四 本科 行政部
王五 大专 后勤部
老罗 本科 人事部
小林 大专 后勤部

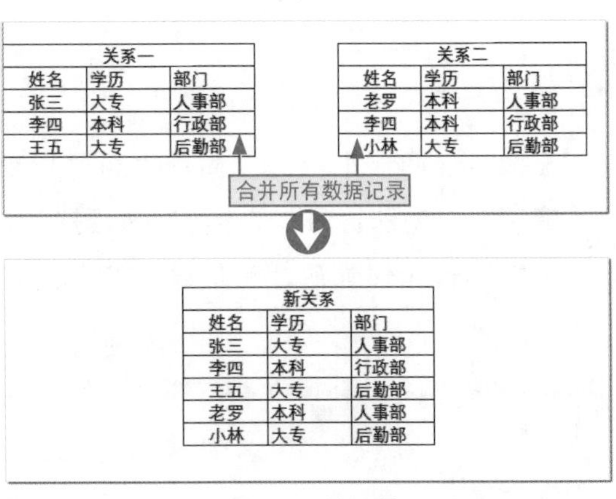

图1-5　并运算

专门运算

专门运算包括选择、投影和链接等运算。图1-6所示是选择运算示意图，图1-7所示是投影运算示意图。

关系一
姓名 学历 部门
张三 大专 人事部
李四 本科 行政部
王五 大专 后勤部
选择指定数据记录
新关系
姓名 学历 部门
李四 本科 行政部

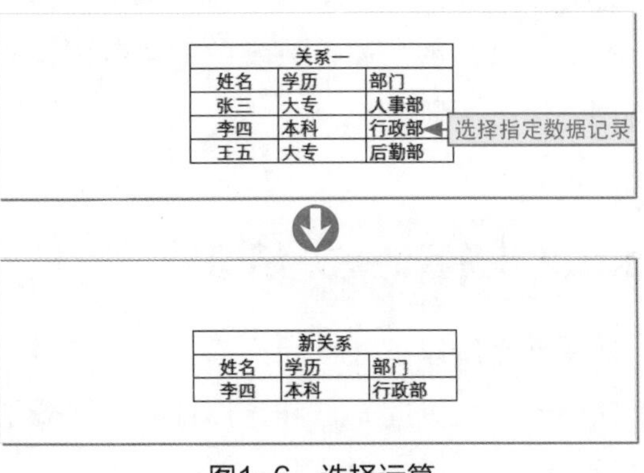

图1-6　选择运算

关系一
姓名 学历 部门
张三 大专 人事部
李四 本科 行政部
王五 大专 后勤部
投影指定数据记录
新关系
姓名 部门
张三 人事部
李四 行政部
王五 后勤部

图1-7　投影运算

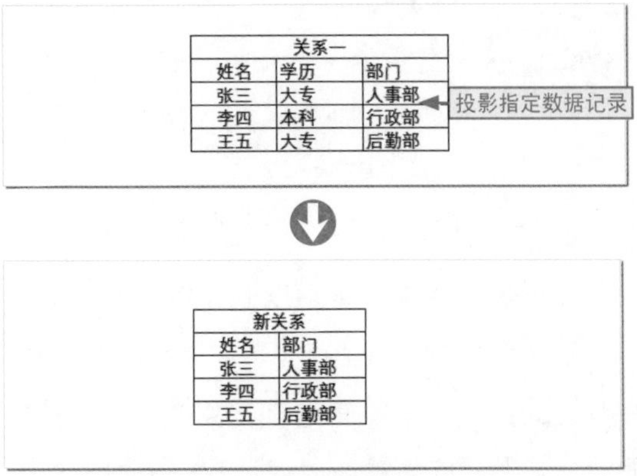

1.3 表的规范范式

小白：我们在制作数据库时，怎样来判断是不是规范的呢？

阿智：在Access中判断数据库是否规范有3种范式可以作为判断标准，同时，它们也是制作和设计表的规范要求。

我们在制作和设计数据库时必须遵循一定的原则，也就是规范性，从而使整个数据库便于维护和更新。同时，数据库中的表也必须符合规范性要求。

1.3.1 第一范式

第一范式，简称1NF，是数据库最基本的要求。一是数据表中不能出现两个完全相同的字段，二是每一个分量只能包含一个值。

如图1-8所示，在“客户名称”列中的一个单元格（分量）中出现两个值，违反了数据库标准的1NF。

学习目标　了解Access数据库中的最低要求

难度指数　★

2015年应收部分账款

ID	开票日期	客户名称	应收金额	已收款金额	未收
1	2015/2/8	周维、罗飞	¥19,100.00	¥16,200.00	¥2
2	2015/2/9	苏周、王五	¥23,900.00	¥12,600.00	¥11
3	2015/2/10	罗薇[illegible]	¥16,000.00	¥11,000.00	¥5
4	2015/4/8	文杰	¥11,200.00	¥10,000.00	
5	20[illegible]	[illegible]	[illegible].00	¥16,900.00	¥4
6	[illegible]	[illegible]	[illegible].00	¥15,240.00	¥8
7	2015/6/2	白小虎	¥17,700.00	¥11,700.00	¥6
8	2015/9/3	林小白	¥12,000.00	¥8,000.00	¥4
(新建)			¥-00	¥-00	

一个单元格中出现两个值

图1-8　违反1NF数据表样式

小绝招

解决违反1NF的方法

对于一个单元格中出现两个值的情况，我们可以将其拆分为两条数据记录来解决其违反1NF的问题。

1.3.2 第二范式

第二范式，简称2NF，它要求数据表中的每条数据记录（也就是元组）只有一个关键字。简单地将其理解为一条数据记录只能反映一条完整数据信息，不能出现多条并列的数据记录。

如图1-9所示的数据表就明显违反了第二范式的要求。

学习目标　了解数据库的第二范式

难度指数　★

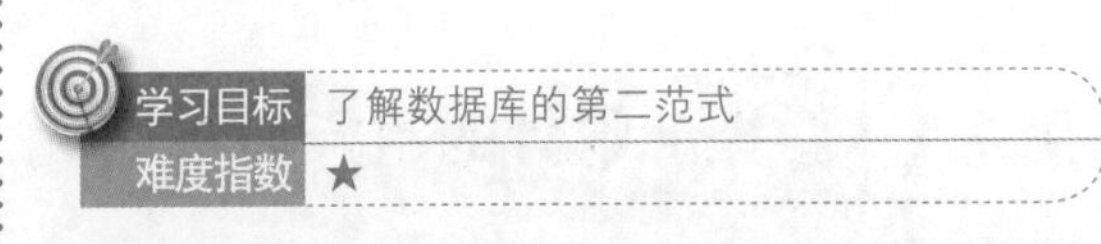

分账款

开票日期	客户名称	欠款	年龄	婚
2015/2/8	周维	¥2,900.00	35	未婚
2015/2/9	苏周	¥-00	40	已婚
2015/2/10	罗薇薇	¥5,000.00	26	未婚
2015/4/8	文杰	¥-00	30	已婚
2015/5/14	章小姝	¥-00	30	已婚
2015/6/1	龙腾	¥-00	28	未婚

图1-9　违反2NF数据表样式

小绝招

解决违反2NF方法

对于违反第二范式的数据表，我们可将其拆分为多张表来解决其带来的数据冗余、更新、删除和插入异常的情况。

1.3.3 第三范式

第三范式，简称3NF，它要求数据表中的数据记录不存在传递依赖，所谓传递依赖是当前表格中的某些字段的值既依赖于当前表格的关键字段，也依赖于其他字段，如图1-10所示，表格中的办公电话和办公楼除了依赖于当前表格的ID关键字，还依赖于“所属部门”字段，因此该表格违反了第三范式的要求。

如图1-10所示的数据表违反了第三范式的要求。

学习目标	了解数据库的第三范式
难度指数	★

ID	姓名	年龄	婚姻	所属部门	办公电话	办公楼
1	周维	35	未婚	人事部	6589××	2楼
2	苏周	40	已婚	行政部	7859××	1楼
3	罗薇薇	26	未婚	后勤部	4598××	3楼
4	文杰	30	[illegible]	[illegible]	6549××	2楼
5	章小妹	30	已婚	行政部	6529××	1楼
6	龙腾	28	未婚	人事部	6589××	2楼
7	白小虎	31	已婚	后勤部	6579××	3楼
8	林小白	56	未婚	人事部	6519××	2楼
* 新建)						

存在传递依赖

图1-10　违反3NF数据表样式

1.4 数据库设计

小白：知道了数据表的制作和规范后，我们该怎样具体来设计数据库?

阿智：在制作和设计数据库时，我们要先确定目标、特点、方法以及步骤。

为了让设计和制作的数据库更加规范，更加专业和科学，同时达到省时省力的目的，我们可以从目标、特点、方法和步骤入手。

1.4.1 数据库设计的目标和特点

在制作和设计数据库之前，首先应明白数据库要实现哪些功能，要达到什么目的，具有什么特点，从而决定数据库的整体架构、使用对象以及相应的素材。

根据需要进行数据和素材的收集、整理。从而做到有的放矢、有条不紊，避免出现制作和设计的数据库不符合实际需要的情况。

学习目标	了解制作和设计数据库的首要任务
难度指数	★

1.4.2 数据库设计的方法

对于数据库的制作和设计，不能盲目入手，需采用一定的技巧和方法，这样才能提高设计数据库的效率。

数据库的设计有3个环节，分别是统一规划→设置关键字和表之间的关系→设置字段缺省值。下面进行各个环节的具体介绍。

学习目标	了解和掌握数据库设计的通用方法
难度指数	★

统一规划

数据库的统一规划，包括这样几个方面，如图1-11所示。

1.规划数据表制作方案：主表和副表。

2.是否需要建立查询。

3.数据表字段该怎样划分。

4.窗体和报表的数据源是查询还是数据表。

图1-11 统一规划

设计关键字和表间的关系

在数据库中，每个表的作用都不同，它是存储数据的基本单元，要让各个独立表格之间有机地组合在一起形成数据库，就需要建立关系，然而要建立关系，只能通过主要关键字，因此，在建立数据库之前，要确定好各表的关键字是什么，并通过关键字建立各个表格之间的关系。

设置字段的缺省值

若一些数据表或字段内没有或不需要输入记录，出现缺省值时，VBA编程中容易出现错误。这时，我们可以事先考虑用0值进行填补。

1.4.3 数据库设计的步骤

制作和设计数据库时，不是想到哪里就制作和设计哪里，需按适当和科学的步骤进行设计，如图1-12所示。

学习目标 了解数据库制作和设计的步骤

难度指数 ★

1. 总体设计：精确数据库设计的目的、功能，面对的人群以及客户的要求和想法，收集相应的素材和资料等。

2. 表设计：表是数据库的基础和数据来源，是最为重要的部分，也是设计最困难的部分。在这个阶段，要确定表的字段构成，收集和录入相应的数据，设置和创建相应的关键字和表关系。

3. 窗体设计：创建窗体，在其中添加相应的功能，如查询、输入等并进行相应的美化。

4. 报表设计：将那些需要向用户展示和输出打印的数据制作成报表，同时保证报表的可读性和美观。

5. 数据库集成：用户看到和使用的数据库是一个程序，所以最后的步骤就是将数据库集成。

图1-12 制作和设计数据库的常规步骤

给你支招 | Access 也是程序，也可开机自启

小白：在最近一段时间内，都会与Access打交道，每次都是手动启动，可以让其随着电脑开机自动启动吗？

阿智：当然可以。我们只需将Access程序放置到“启动”文件夹中，具体操作如下。

步骤01 按“微软”键，在“所有程序”的“启动”文件夹上右击，选择“打开”命令，如图1-13所示。

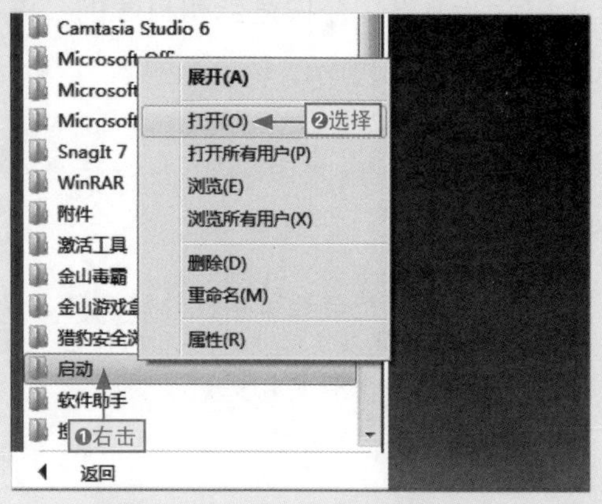

图1-13　打开“启动”文件夹

步骤02 将Access程序的快捷方式移到该文件夹中（可从开始程序中直接拖动），然后关闭文件夹，如图1-14所示。

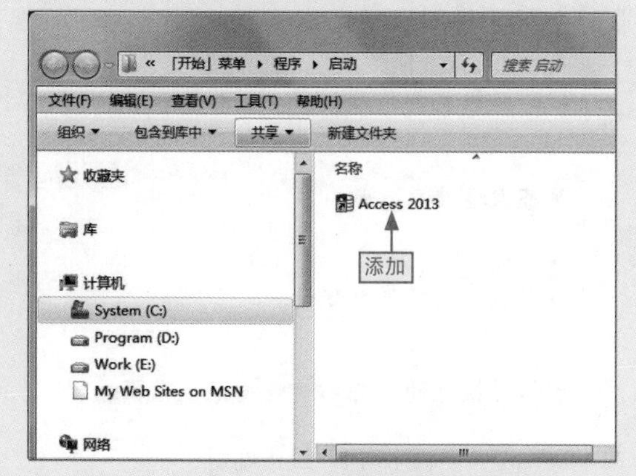

图1-14　将Access程序设置为开机启动

给你支招 | 轻松解决 Access 程序不可用的情况

小白：正常安装并使用过几次的Access程序突然不能正常启用，该怎么办？

阿智：Access程序不可用，可能是组件发生错误。这时，我们只需进行简单修复即可，具体操作如下。

步骤01 打开控制面板，❶进入“程序和功能”界面，❷选择Microsoft Office Professional Plus 2013安装程序选项，❸单击“更改”按钮，如图1-15所示。

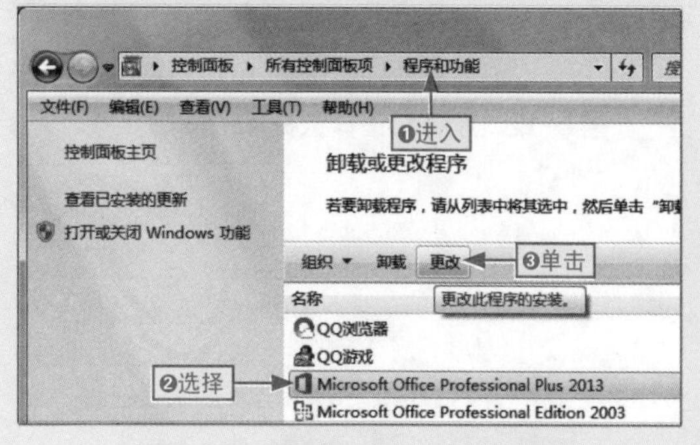

图1-15　更改Office 2013程序

步骤02 在打开的对话框中，❶选中“修复”单选按钮，❷单击“继续”按钮即可修复，如图1-16所示。

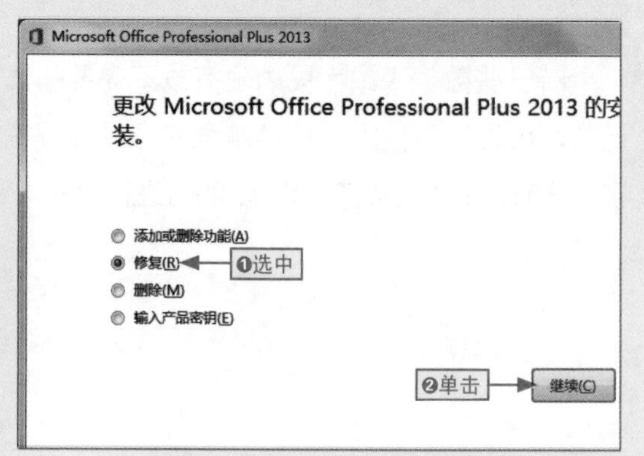

图1-16　修复Office程序

Chapter 02 Access 2013基础知识

学习目标

Access是一种典型的关系数据库，用户可用它创建各类小型的实用数据库。本章我们先好好来了解和掌握Access的一些基础知识，包括Access的工作界面、工作环境的设置，导航窗格的使用和设置，各种对象的认识以及视图模式的展示。

本章要点

- 更改快速访问工具栏的位置
- 折叠/固定功能区
- 自定义功能区
- 工作区对象显示方式的设置
- Access主题图案样式的设置
- 切换Access界面颜色
- Access默认字号设置
- 展开和折叠导航窗格
- 导航窗格中对象的显示方式
- 隐藏指定对象

知识要点	学习时间	学习难度
自定义 Access 2013 工作环境	30 分钟	★★
Access 2013 数据库对象	20 分钟	★
了解 Access 中的不同视图模式	30 分钟	★★

2.1 认识 Access 2013 工作界面

阿智：在学习使用Access这个桌面数据库之前，我们首先需要熟悉一下软件的界面环境，否则具体操作时，你都不知道要到哪里去操作。

小白：好的。

Access 2013的工作界面主要包括：快速访问工具栏、标题栏、功能区、工作区、窗格、状态栏和视图栏。下面带领大家一起来认识Access 2013工作界面的组成，并对一些主要组成部分进行简要介绍，如图2-1所示。

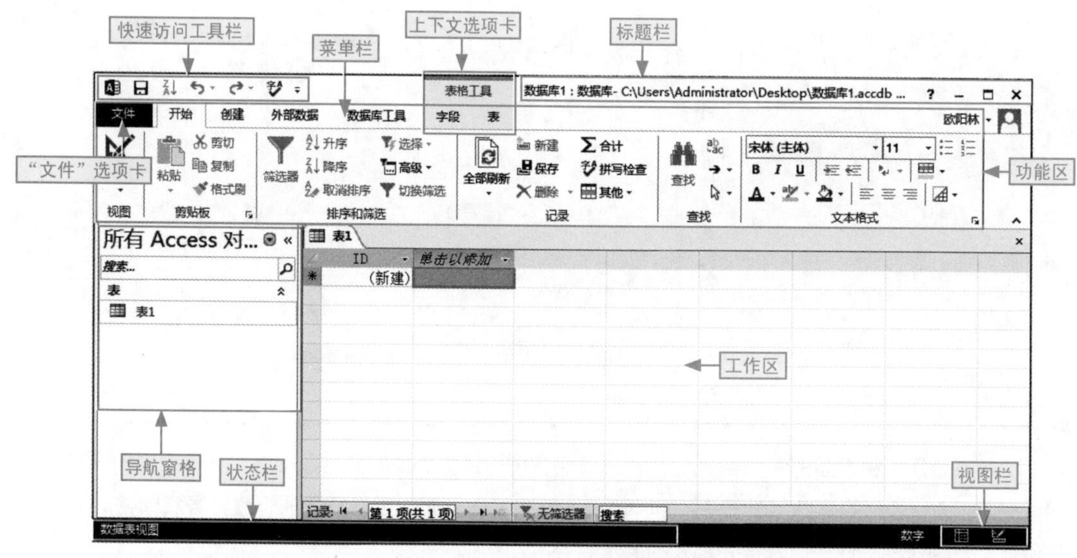

图2-1　Access工作界面

快速访问工具栏

它位于软件的左上角，默认的有保存、撤销、恢复等命令按钮，但不是固定的，用户可在其中进行添减（添减操作在2.2.1节进行讲解）。图2-2所示是增加一些命令按钮后的样式。

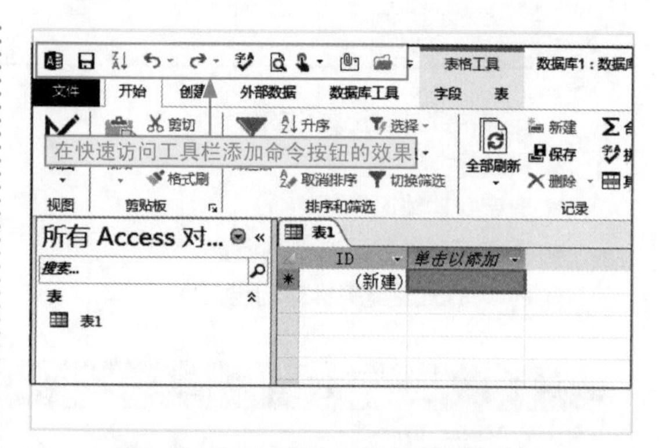

图2-2　添加快速命令按钮后的效果

上下文选项卡

在Access软件中，默认情况下包括将“开始”“创建”“外部数据”等常规选项卡外，只有一个“表格工具”上下文选项卡，对于其他上下文选项卡，只有在添加相应的对象后，才会出现，如“窗体布局工具”选项卡、“报表布局工具”选项卡和“宏工具”选项卡等，如图2-3所示。

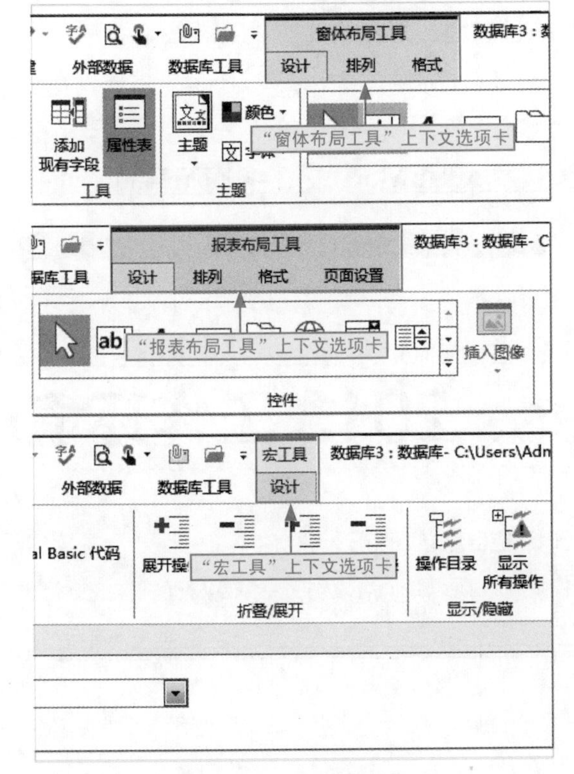

图2-3　上下文选项卡

Ribbon功能区

Ribbon功能区，我们习惯将其称为功能区，包括选项卡和组。组中放置各类功能按钮，如图2-4所示。

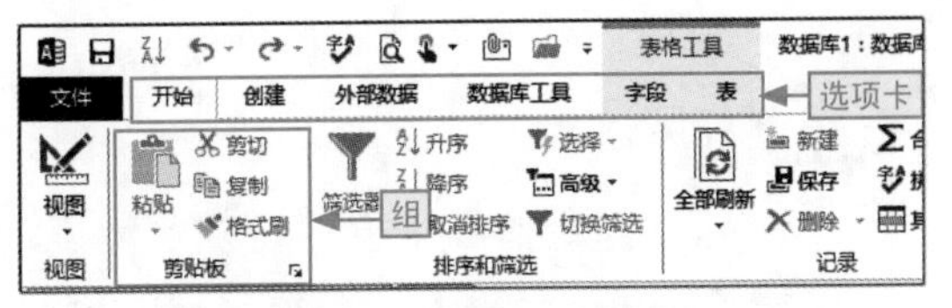

图2-4　Ribbon功能区

标题栏

Access 2013的标题栏由两部分组成：前半部分是数据库名称，后半部分是保存路径、程序版本和控制按钮，如图2-5所示。

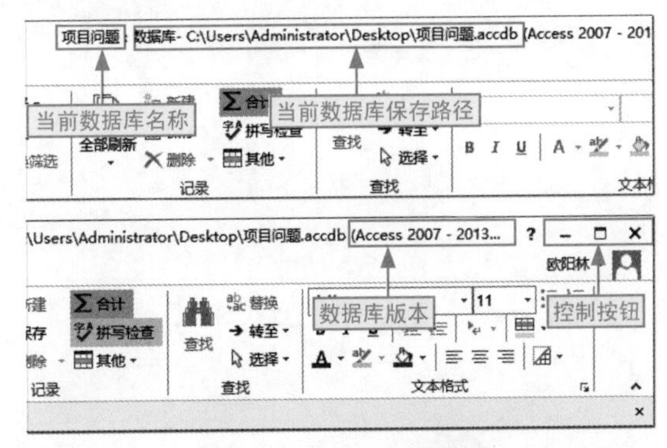

图2-5　Access标题栏

导航窗格

导航窗格主要是让用户在其中进行各个对象之间的快速操作，如打开、切换等，所以数据库中的对象都会显示在其中，如图2-6所示。

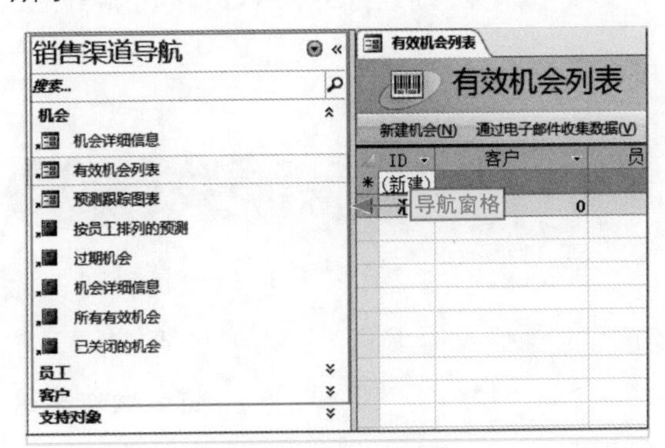

图2-6　导航窗格

工作区

工作区，也就是导航窗格右侧的区域，专门放置数据表、窗体和报表等对象。图2-7所示是以选项卡方式显示的工作区，图2-8所示是以重叠窗口方式显示的工作区，具体设置方法将在2.2.4节进行讲解。

图2-7 以选项卡并列方式显示工作区

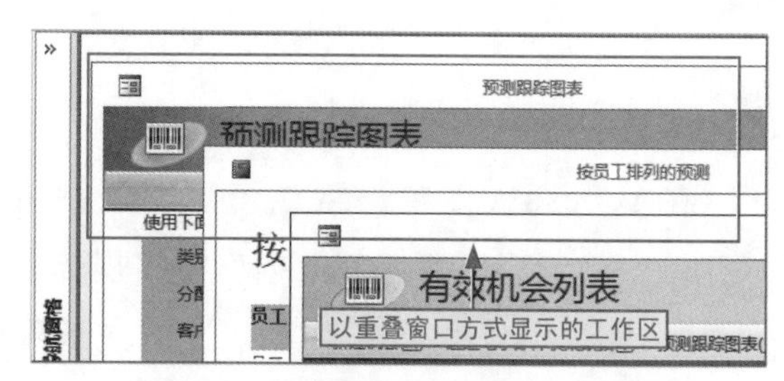

图2-8 以重叠窗口方式显示工作区

状态栏

状态栏，顾名思义就是数据库当前对象的状态栏，包括视图模式、视图切换按钮，位于软件的最下方。图2-9所示是报表对象的状态栏。

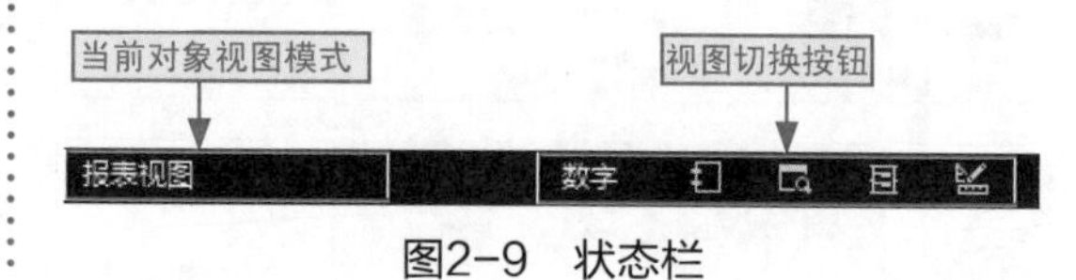

图2-9 状态栏

2.2 自定义 Access 2013 工作环境

小白： Access界面都是固定的吗，可以进行自定义更改吗？

阿智： Access 2013基本上实现了模块化，所以我们可以对其中的部分模块样式进行更换，从而符合自己的操作习惯或喜好。

我们可以手动进行Access 2013的布局或显示样式的调整，只要方便操作和满足用户习惯就行。下面我们介绍设置Access工作环境的一些常用方法和技巧。

2.2.1 增减命令按钮

Access中的命令按钮，一般是针对快速访问工具栏而提出的，要增减快速访问工具栏中的命令按钮，可通过一些简单操作来轻松实现。

下面我们以增加“打印预览”和“替换”命令按钮，删除“电子邮件”命令按钮为例介绍具体操作。

学习目标　掌握用多种方法来增加和删除命令按钮

难度指数　★

步骤01 ❶单击快速访问工具栏右侧的下三角按钮，❷选择“打印预览”命令，如图2-10所示。

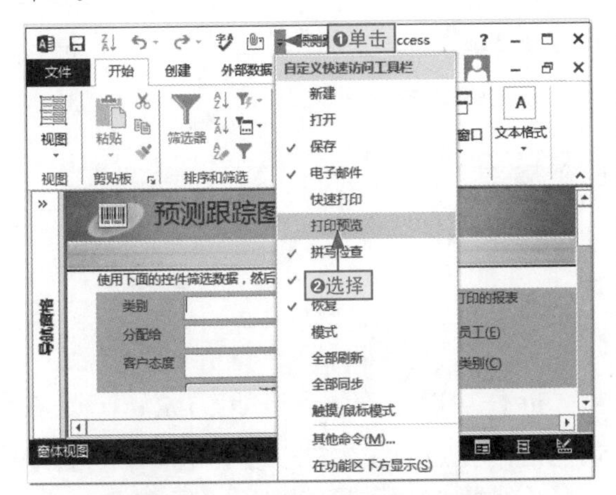

图2-10 选择“打印预览”命令

步骤02 ❶再次单击快速访问工具栏右侧的下三角按钮，❷选择“其他命令”命令，如图2-11所示。

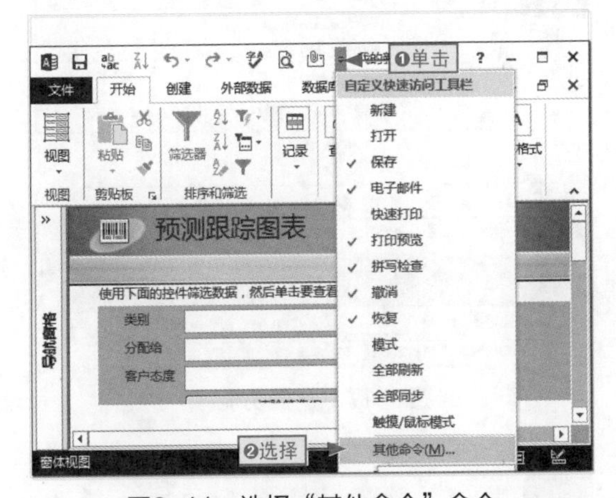

图2-11 选择“其他命令”命令

步骤03 打开“Access选项”对话框。在“命令按钮”列表框中❶选择“替换”选项，❷单击“添加”按钮，❸单击“确定”按钮，如图2-12所示。

步骤04 返回到数据库，在“电子邮件”命令按钮上❶右击，❷选择“从快速访问工具栏删除”命令，如图2-13所示。

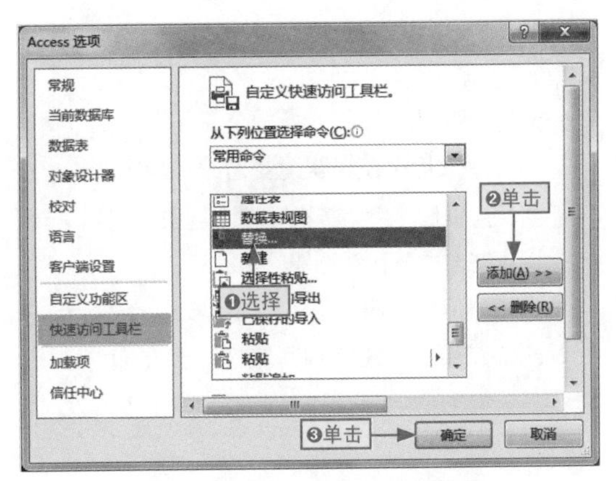

图2-12 添加“替换”命令按钮

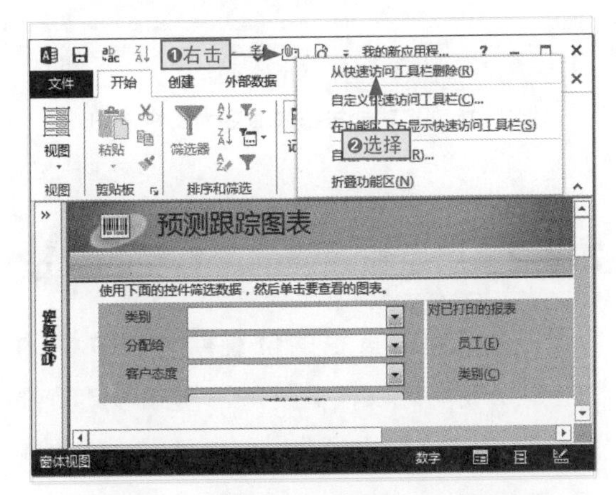

图2-13 删除“电子邮件”命令按钮

步骤05 在快速访问工具栏中，我们即可查看到添加和删除的命令按钮效果，如图2-14所示。

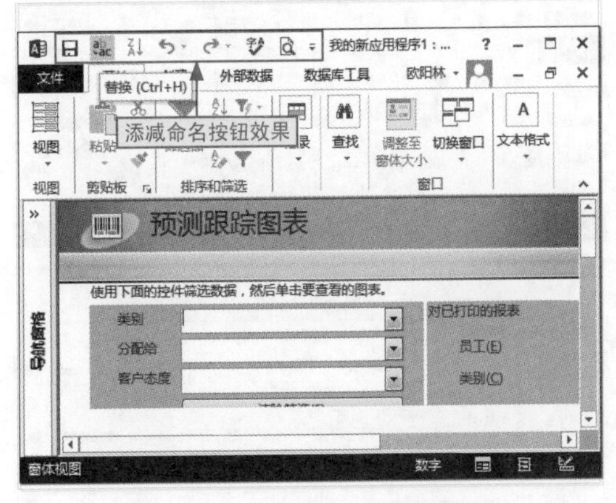

图2-14 查看新的命令按钮效果

功能按钮快速变为命令按钮

要添加其他不常用的命令按钮到快速访问工具栏，而这些命令按钮在功能区中已存在，则可以将其快速进行位置移动。在相应目标按钮上❶右击，❷选择“添加到快速访问工具栏”命令即可，如图2-15所示。

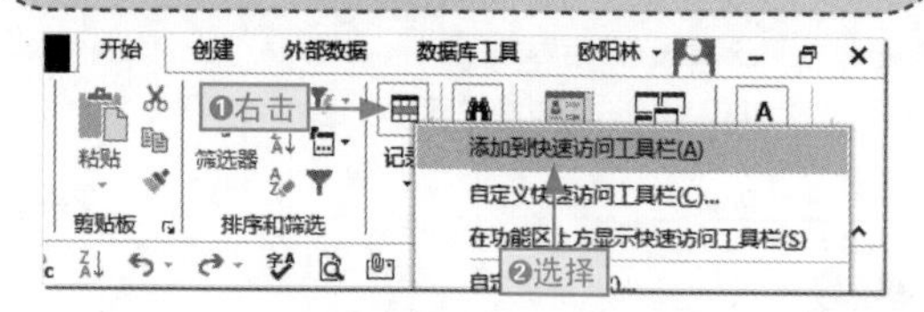

图2-15 将功能按钮快速变为命令按钮

2.2.2 更改快速访问工具栏的位置

快速访问工具栏的位置默认在软件的左上角，我们可以根据使用习惯来移动其位置。方法为：❶单击快速访问工具栏右侧的下拉列表按钮，❷选择“在功能区下方显示”选项，如图2-16所示。

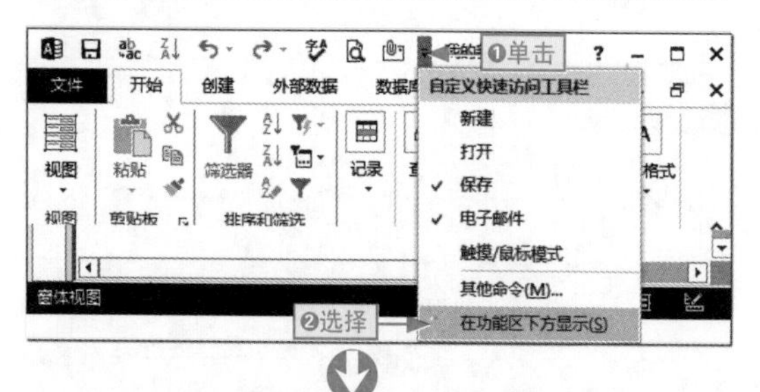

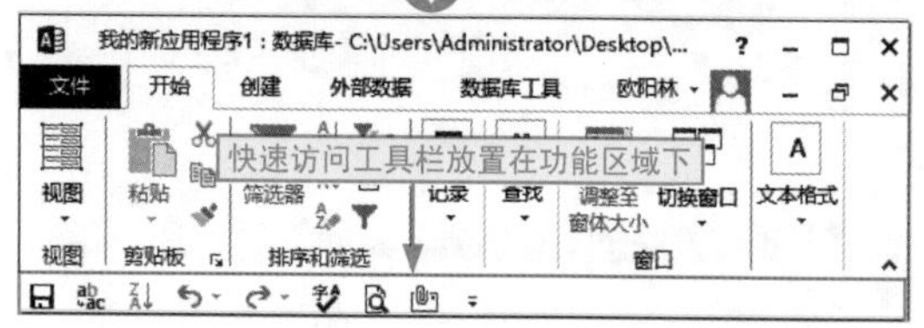

图2-16 更改快速访问工具栏的位置

2.2.3 折叠/固定功能区

在Access 2013中，功能区既可以同时显示选项卡和组，也可以只显示选项卡而隐藏组，完全根据用户的需要而决定。

折叠功能区

折叠功能区有两种常用方法：一是在功能区的任意空位置处右击，选择“折叠功能区”命令，如图2-17所示；二是单击功能区右下角的“折叠功能区”按钮，如图2-18所示。

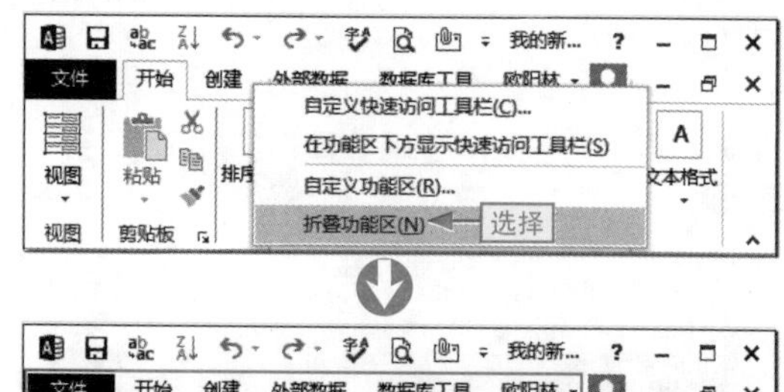

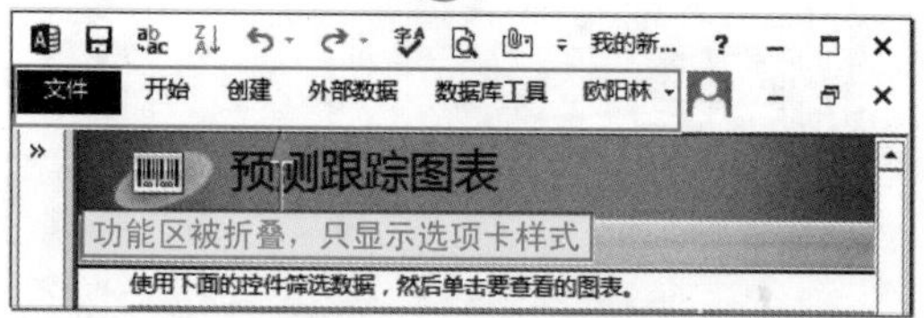

图2-17 折叠功能区

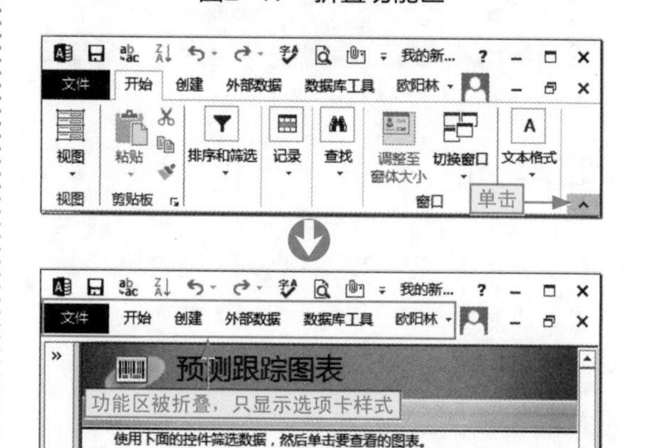

图2-18 折叠功能区

固定功能区

固定功能区，也就是将功能区固定显示出来，也有两种常用方法：一是在功能区的任意空位置处右击，选择“折叠功能区”命令，如图2-19所示；二是单击任意选项卡，将功能区显示出来，然后单击“固定功能区”按钮，如图2-20所示。

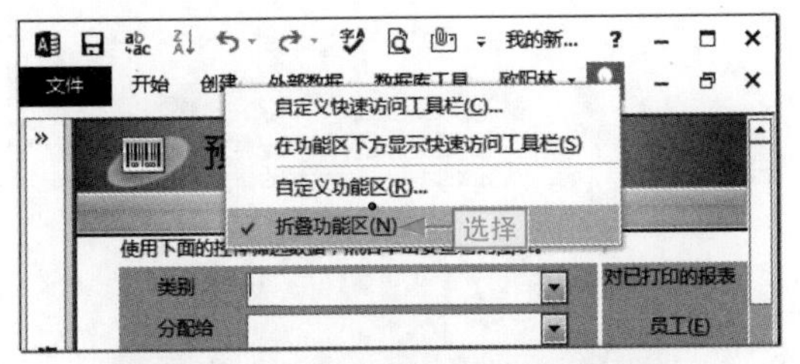

图2-19　通过快捷菜单固定功能区

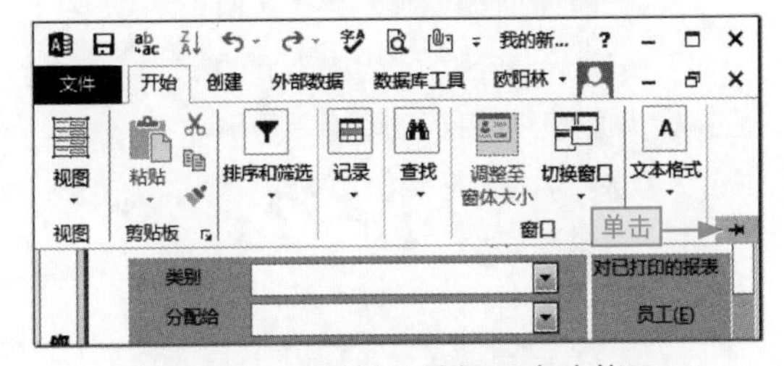

图2-20　通过单击按钮固定功能区

2.2.4 自定义功能区

自定义功能区域，就是根据实际需要进行选项卡和组以及按钮的增减。

下面我们以定义“习惯”选项卡和组按钮为例来进行讲解，其具体操作如下。

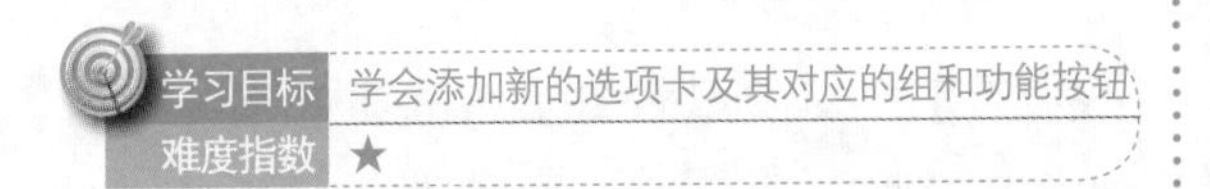

步骤01　在功能区右击，选择“自定义功能区”命令，打开“Access选项”对话框，如图2-21所示。

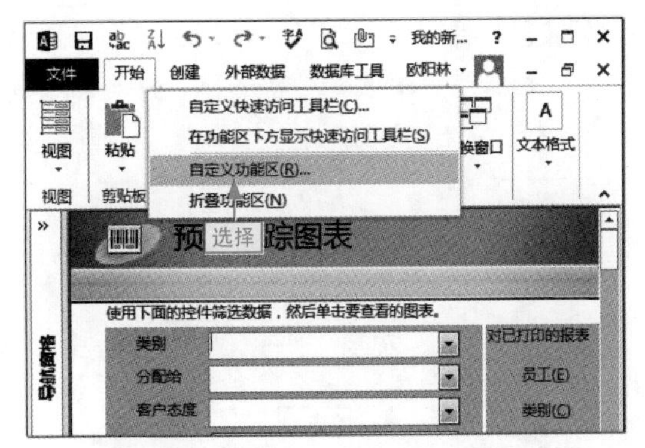

图2-21　选择“自定义功能区”命令

步骤02　单击“新建选项卡”按钮程序自动新建一个空白选项卡，如图2-22所示。

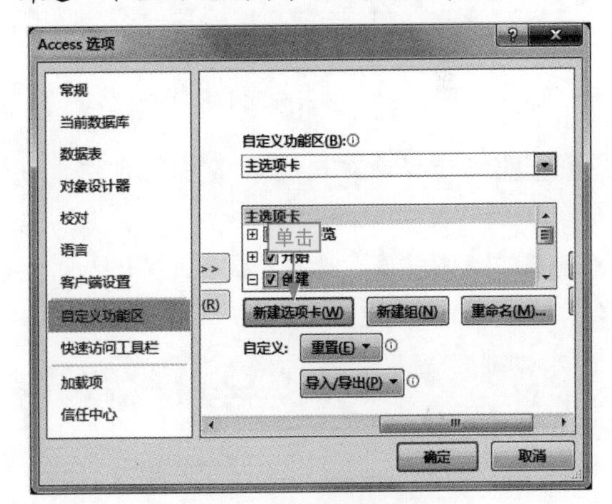

图2-22　新建选项卡

步骤03　❶选择新建的选项卡，❷单击“重命名”按钮，如图2-23所示。

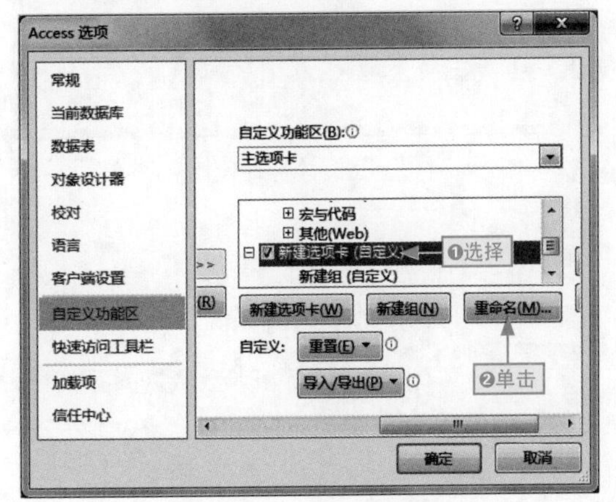

图2-23　重命名选项卡

步骤04 打开“重命名”对话框，在“显示名称”文本框中❶输入“习惯”，❷单击“确定”按钮，如图2-24所示。

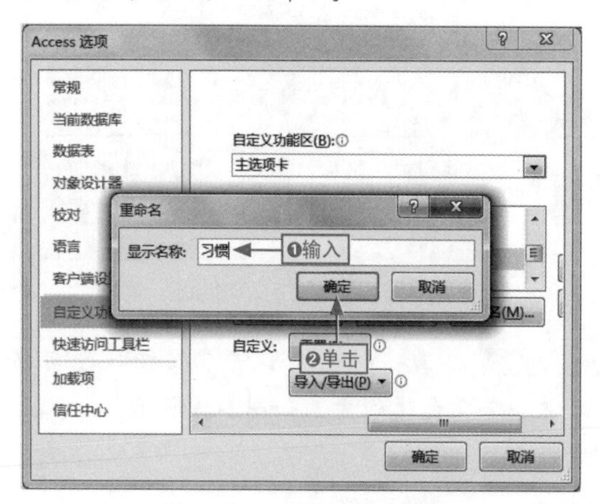

图2-24 输入选项卡名称

步骤05 ❶选择新建选项卡下的新建组，在命令按钮列表框中❷选择需要添加的按钮，这里选择“报表视图”选项，❸单击“添加”按钮，如图2-25所示。

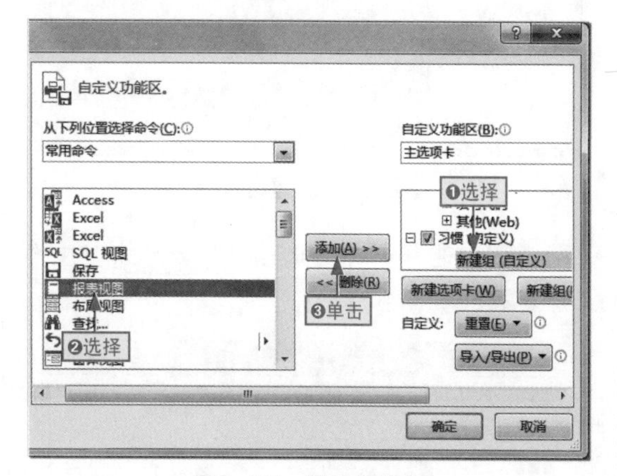

图2-25 添加组按钮

快速查找指定按钮

在按钮列表框中，我们可以通过输入相应按钮的第一个拼音字母，快速将其定位。如要定位“报表视图”按钮，我们可以按B键。

步骤06 以同样的方法，❶添加其他需要的按钮，❷单击“确定”按钮，如图2-26所示。

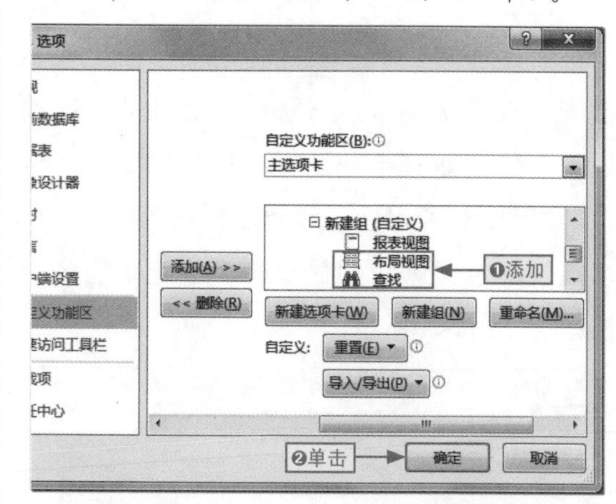

图2-26 添加其他按钮到组中

快速删除所有自定义项

在Access的自定义项中，无论是选项卡或增减的按钮，要恢复到最初的状态，只需❶单击“重置”按钮，❷选择“重置所有自定义项”命令，在打开的提示对话框中❸单击“是”按钮即可，如图2-27所示。

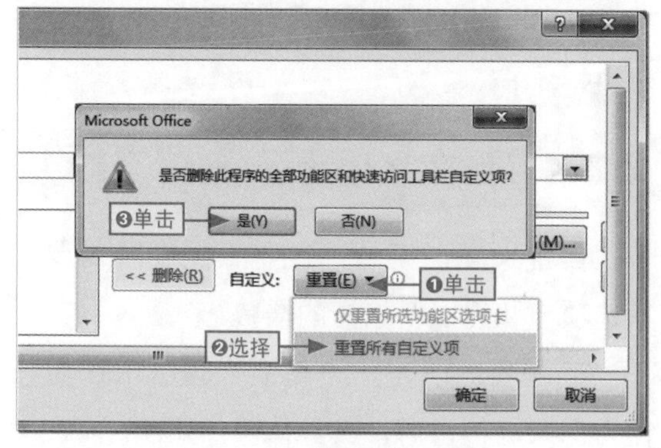

图2-27 删除自定义项

步骤07 返回到Access工作界面，单击新添加的“习惯”选项卡，即可查看到其中添加的按钮效果，如图2-28所示。

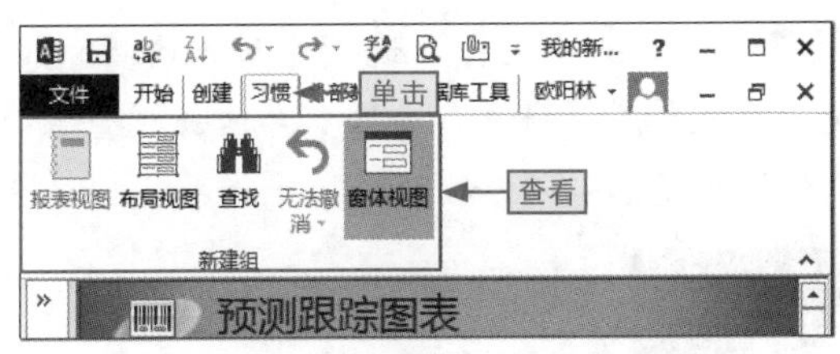

图2-28　查看自定义功能区效果

显示和隐藏选项卡

要显示和隐藏选项卡，只需在“自定义功能区”列表框中选中或取消选中相应复选框，最后单击“确定”按钮即可。

移动选项卡或组的相对位置

在Access中，我们不仅可以添加选项卡及相应的组和按钮，同时也可对已有的选项卡和组进行位置上的相对移动。

其方法为：在“Access选项”对话框中，❶选择要移动的选项卡，❷单击“上移”或“上移”按钮，❸单击“确定”按钮，如图2-29（要移动组的相对位置，只需展开相应的选项卡后，选择要移动的目标组对象，如图2-30所示）所示。

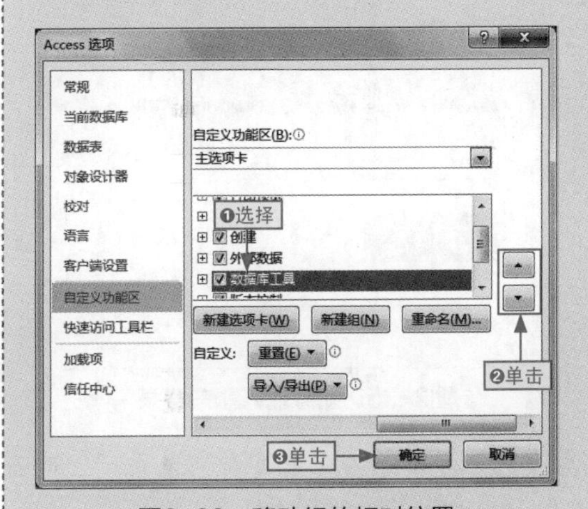

图2-29　移动组的相对位置

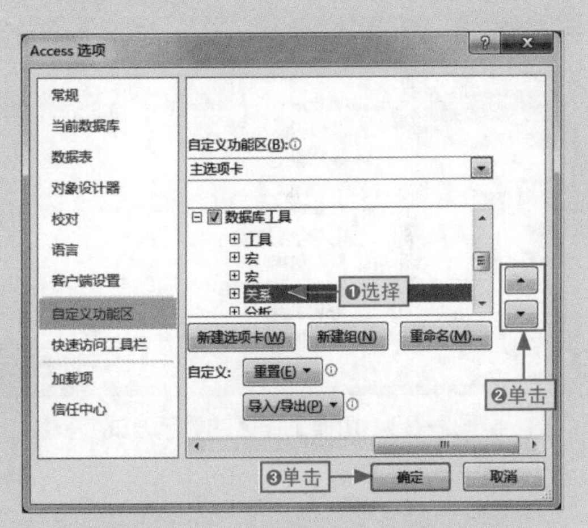

图2-30　移动整个选项卡的相对位置

2.2.5 工作区对象显示方式的设置

在前面我们知道工作区的显示方式有两种：选项卡并列和重叠窗口。下面我们就介绍如何在两者之间进行切换，具体操作如下。

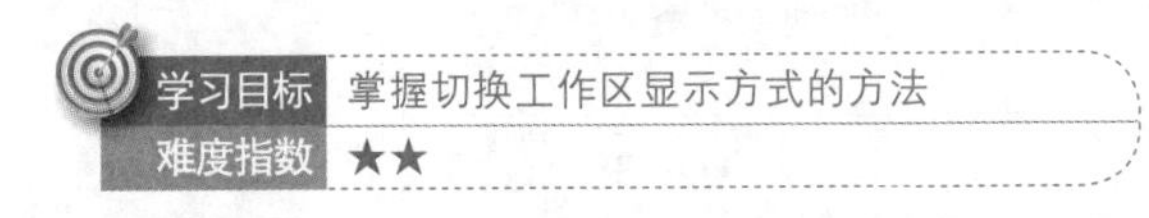

步骤01　单击“文件”选项卡，如图2-31所示。

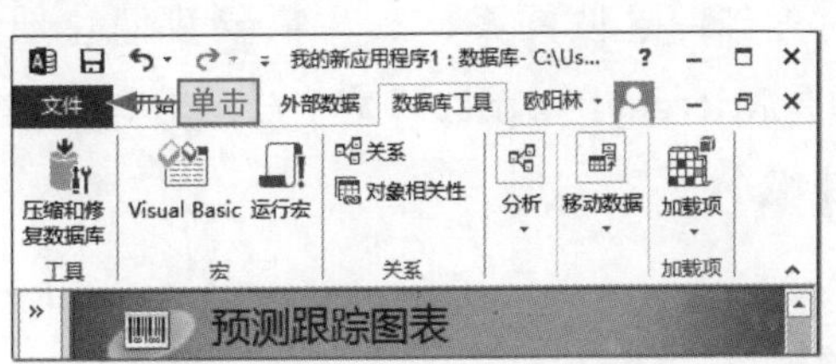

图2-31　单击“文件”选项卡

步骤02 切换到Backstage视图，选择“选项”命令，如图2-32所示，打开“Access选项”对话框。

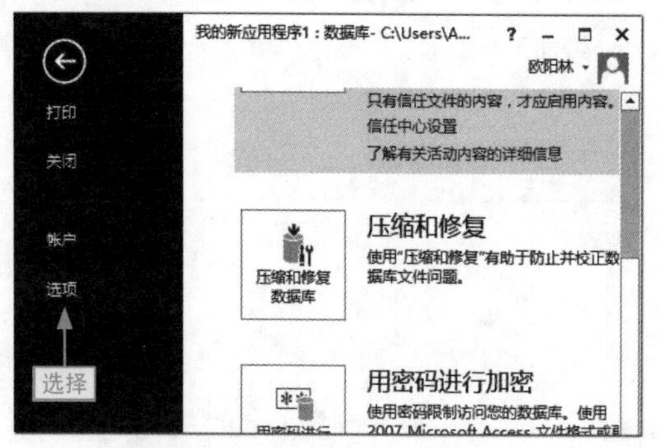

图2-32 选择“选项”命令

步骤03 ❶单击“当前数据库”选项卡，❷选中“重叠窗口”或“选项卡式文档”单选按钮，❸单击“确定”按钮，如图2-33所示。

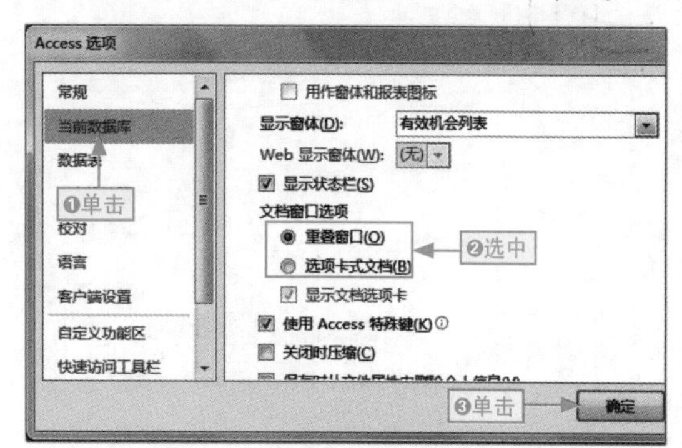

图2-33 切换工作区的显示方式

2.2.6 Access主题图案样式的设置

用户可以在Access背景中添加一些图案样式，使其变得更加生动有趣，但Access中没有自带这些图案样式，需要我们注册和登录Microsoft Office网站下载，其具体操作如下。

步骤01 单击“文件”选项卡进入Backstage视图，❶选择“账户”命令，❷单击“登录”按钮，如图2-34所示。

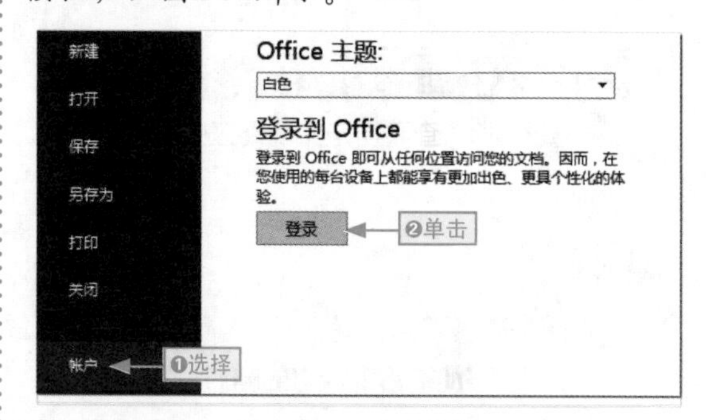

图2-34 登录账户

步骤02 打开“登录”页面，在文本框中随意❶输入账号，❷单击“下一步”按钮，如图2-35所示。

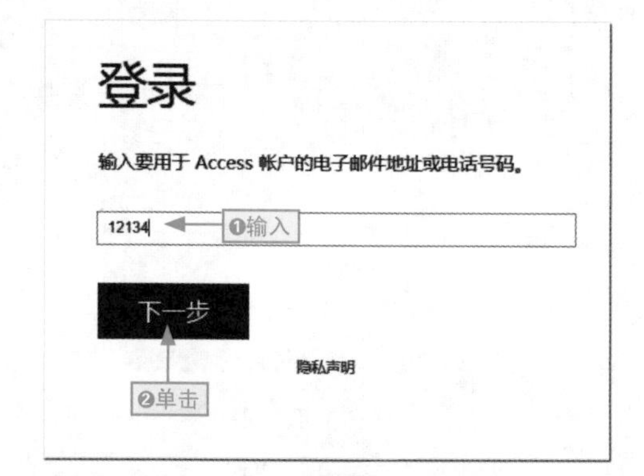

图2-35 随意输入账户登录

步骤03 打开详细登录页面，单击“立即注册”超链接，如图2-36所示。

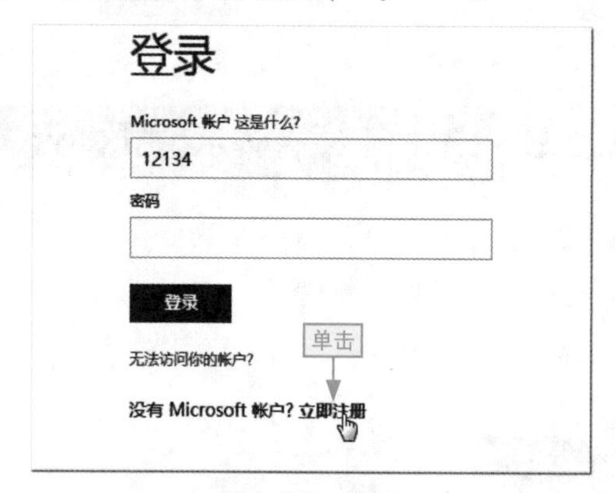

图2-36 注册

步骤04 打开“创建Microsoft账户”页面，在其中❶输入相应的注册信息，❷单击“创建账户”按钮，如图2-37所示。

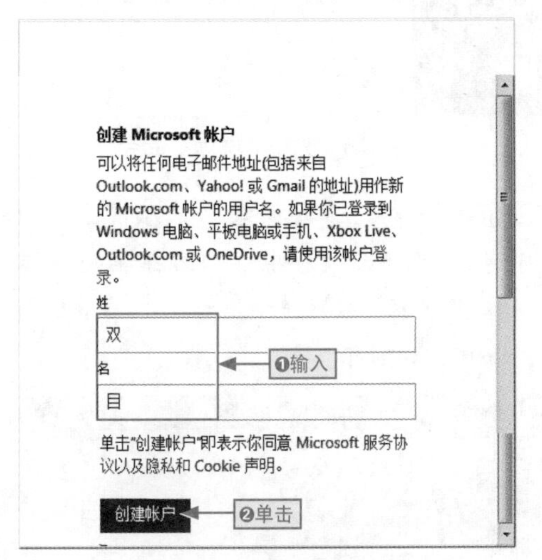

图2-37　填写注册信息

步骤05 打开“验证电子邮件”页面，在文本框中❶输入邮箱中获取的验证代码，这里输入“3886”，❷单击“下一步”按钮，如图2-38所示。

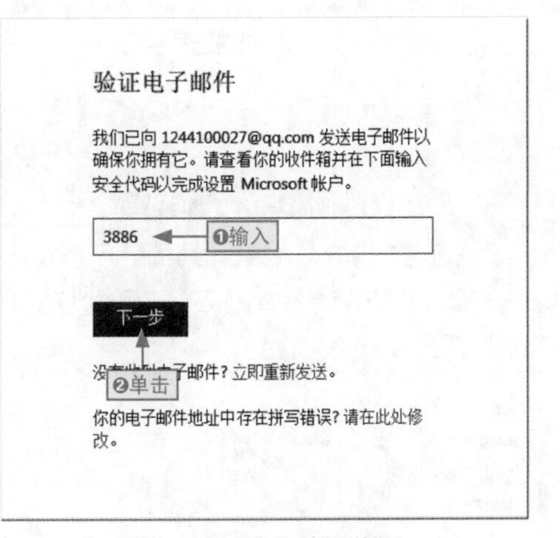

图2-38　输入验证代码

步骤06 注册成功后，系统自动登录并自动返回到“账户”界面，❶单击“Office背景”下拉选项按钮，❷选择相应的背景选项，这里选择“稻草”选项，如图2-39所示。

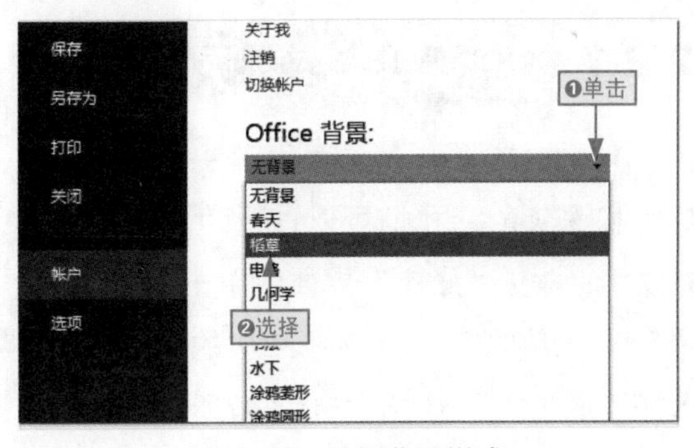

图2-39　选择背景样式

步骤07 在软件界面的标题位置即可查看到相应的背景图案样式，如图2-40所示。

图2-40　查看图案背景样式效果

取消Access图案样式背景

要取消 Access 图案样式背景，除了可以单击“Office 背景”下拉选项按钮，选择“无背景”选项之外，还可以通过注销账户的方式来彻底取消图案背景样式，其方法为：在“账户”界面，单击“注销”超链接，如图 2-41 所示。

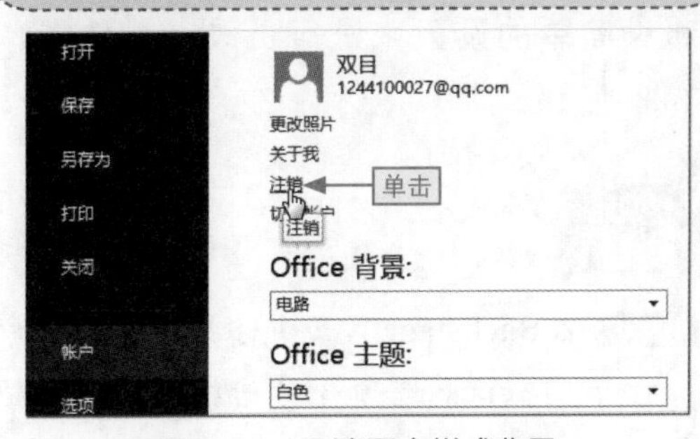

图2-41　取消图案样式背景

2.2.7 切换Access界面颜色

Access主题背景颜色有3种：白色、浅灰色和深灰色。我们可以进行随意切换。其方法为：❶在“账户”界面中单击“Office主题”下拉选项按钮，❷选择相应的选项，这里选择“深灰色”选项，如图2-42所示。

学习目标 掌握更改Access背景颜色的方法
难度指数 ★

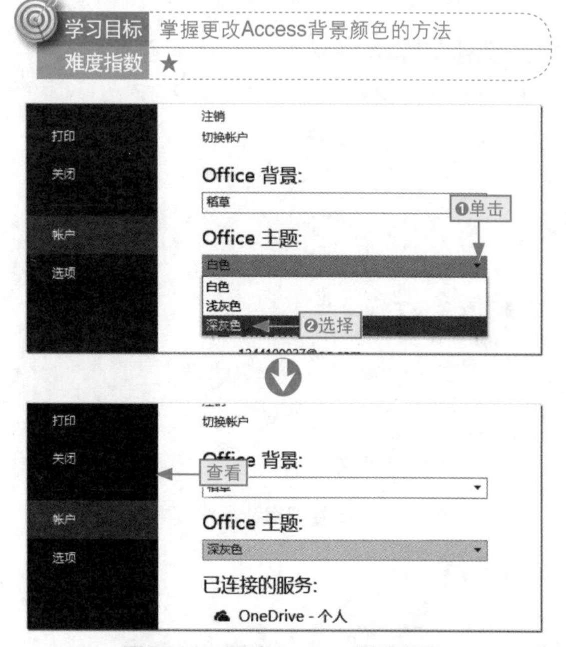

图2-42　更改Access界面颜色

2.2.8 Access默认字号设置

在数据表中默认的字号是11号，我们可以通过简单的设置来进行更改，具体操作如下。

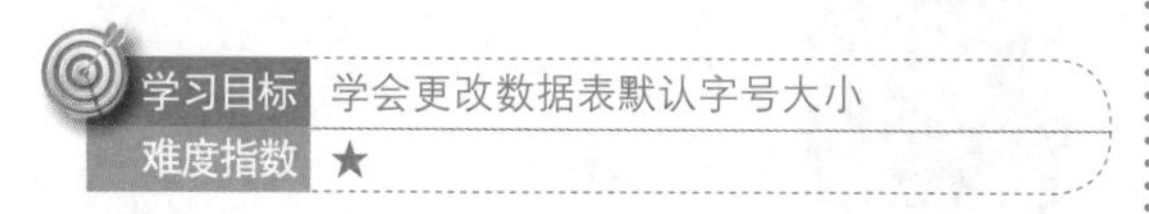

步骤01 在Backstage界面中选择“选项”命令，打开“Access选项”对话框，如图2-43所示。

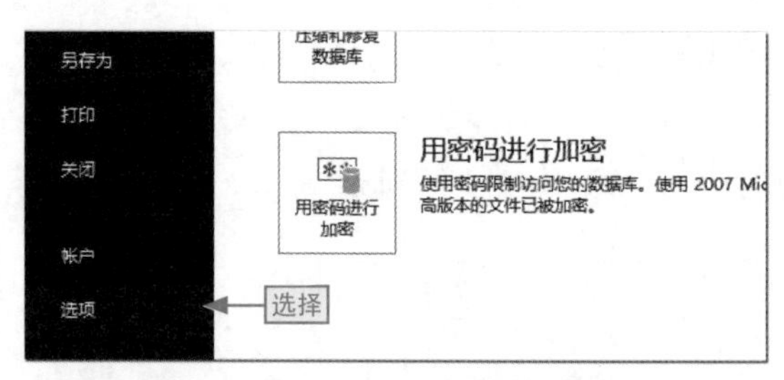

图2-43　选择“选项”命令

步骤02 ❶单击“数据表”选项卡，❷单击“字号”下拉选项按钮，❸选择相应字号选项，这里选择“9”选项，❹单击“确定”按钮，如图2-44所示。

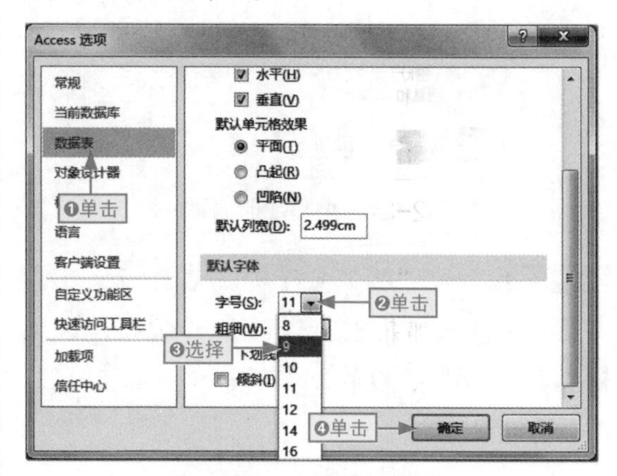

图2-44　设置数据表字号

设置系统默认字体样式

若要接着设置数据表数据的粗细、下划线以及倾斜样式，可以在“字号”下方，进行相应的设置并确认即可，如图 2–45 所示。

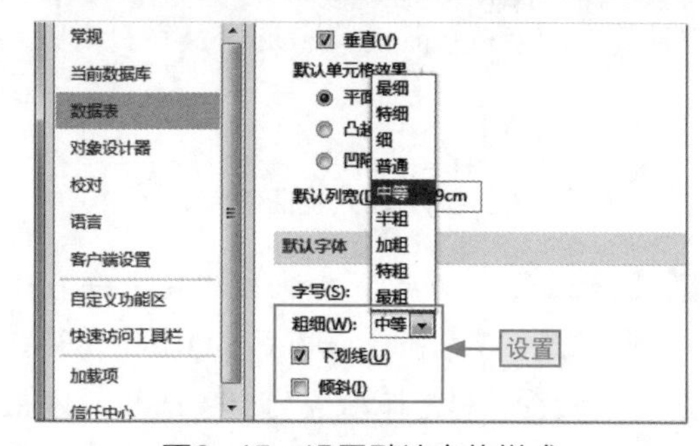

图2–45　设置默认字体样式

2.3 使用和设置导航窗格

小白：Access导航窗格有什么用，可以对其进行相应的设置吗？

阿智：导航窗格主要是起到导航的作用，能帮助用户在不同的对象之间进行快速选择、打开或切换等。

导航窗格是Access中非常重要的组成部分，大部分的对象操作都可以通过它来完成，因此特别重要。下面我们就介绍一些常用的设置导航窗格的操作。

2.3.1 展开和折叠导航窗格

导航窗格在工作区的左侧，我们可以对其进行展开和折叠，从而调整工作区域的大小，方便用户操作，下面分别进行介绍。

学习目标　掌握导航窗格显示状态的调整

难度指数　★

折叠导航窗格

在Access中，窗格默认情况下为展开的状态。我们要对其进行折叠，可以直接单击导航窗格上的“百叶窗开/关”按钮，如图2-46所示。

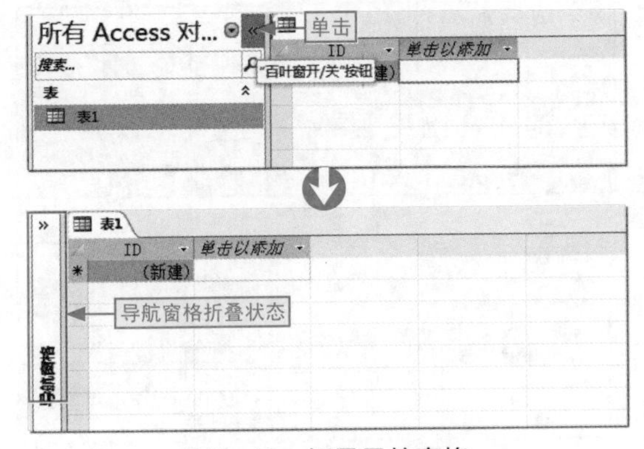

图2-46　折叠导航窗格

彻底隐藏导航窗格

隐藏导航窗格，不是将其折叠，而是让其在界面中消失。其操作方法为：打开“Access 选项”对话框，❶单击“当前数据库”选项卡，❷取消选中“显示导航窗格”复选框，❸单击“确定”按钮，如图2-47所示。

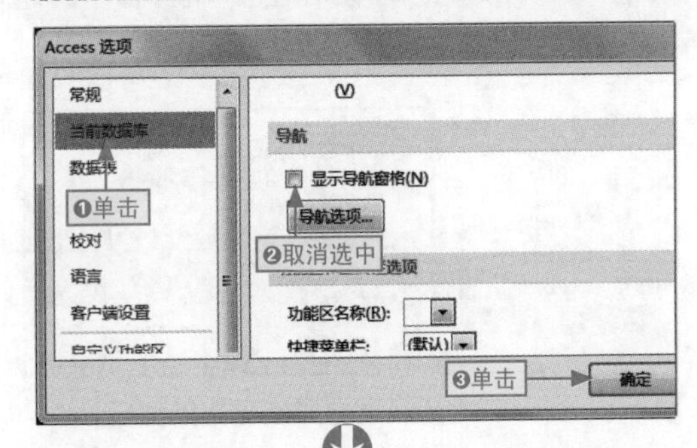

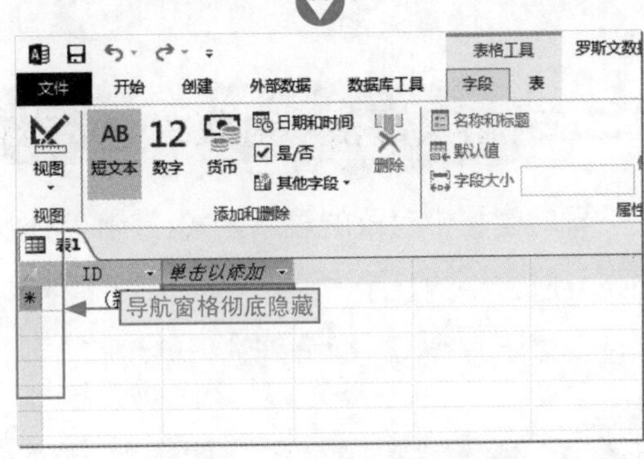

图2-47　彻底隐藏导航窗格

展开导航窗格

导航窗格折叠后，我们要将其展开也非常简单，只需单击“百叶窗开/关”按钮即可，如图2-48所示。

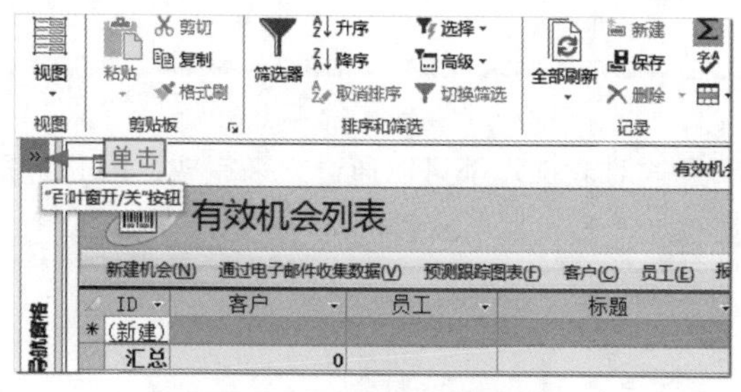

图2-48　展开导航窗格

导航窗格宽度随意调

导航窗格是一个相对独立的部分，所以它的宽度可以进行任意调整。其方法为：将鼠标指针移到导航窗格的边界上，当鼠标指针变成“⇔”形状时，按住鼠标左键进行左右拖动，直到界面合适，然后释放鼠标，如图2-49所示。

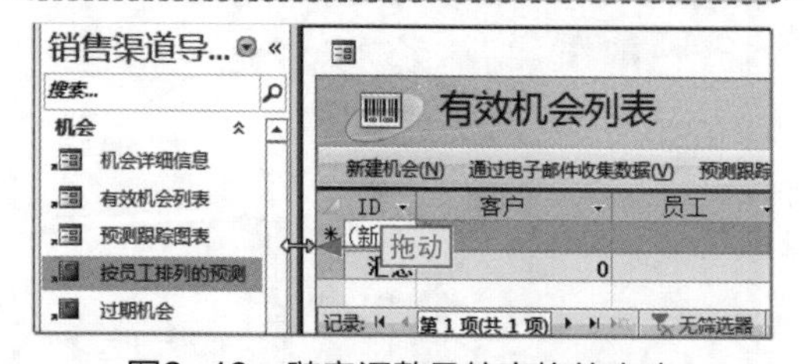

图2-49　随意调整导航窗格的宽度

2.3.2 导航窗格中对象的显示方式

导航窗格中对象的显示方式，我们可以称之为导航窗格的显示方式，通常情况下可以集中设置显示方式，下面分别进行展示和介绍。

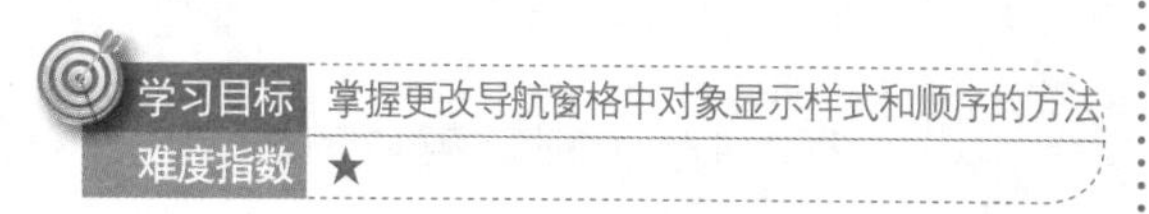

学习目标　掌握更改导航窗格中对象显示样式和顺序的方法

难度指数　★

通过下拉选项更改显示方式

在导航窗格标题位置❶单击按钮，从弹出的下拉列表中❷选择相应的显示方式。这里选择“对象类型”选项，如图2-50所示。

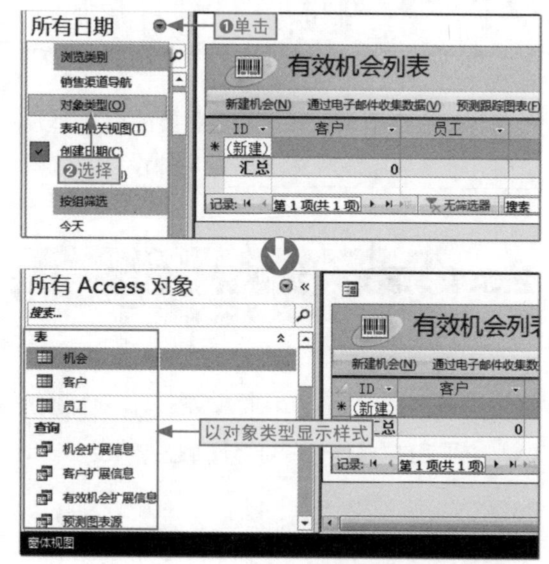

图2-50　切换导航窗格对象的显示方式

通过快捷菜单更改显示方式

在导航窗格标题位置❶右击，❷选择相应的命令。这里选择“查看方式”|“图标”命令，如图2-51所示。

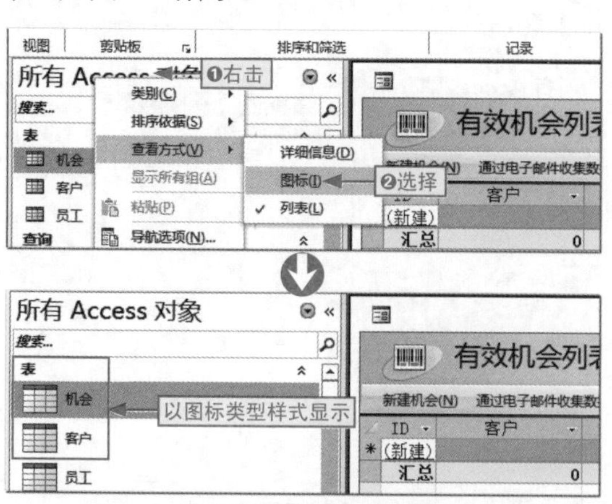

图2-51　更改导航窗格对象的显示方式

2.3.3 隐藏指定对象

导航窗格中的对象，我们可以让其显示，也可以让其隐藏，完全取决于该对象是否应对外公开显示。

下面我们就以隐藏“营销项目”数据库中的“项目资产负债表”报表对象为例来讲解相关操作。

本节素材	⊙\素材\Chapter02\营销项目.accdb
本节效果	⊙\效果\Chapter02\营销项目.accdb
学习目标	隐藏导航窗格中的指定对象
难度指数	★★

步骤01 打开“营销项目”素材文件，在“项目资产负债表”报表对象上❶右击，❷选择“在此组中隐藏”命令，如图2-52所示。

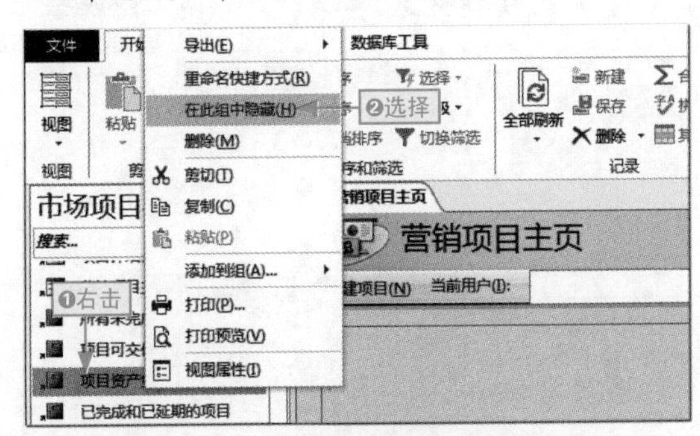

图2-52　选择“在此组中隐藏”命令

步骤02 在导航窗格上❶右击，❷选择“导航选项”命令，打开“导航选项”对话框，如图2-53所示。

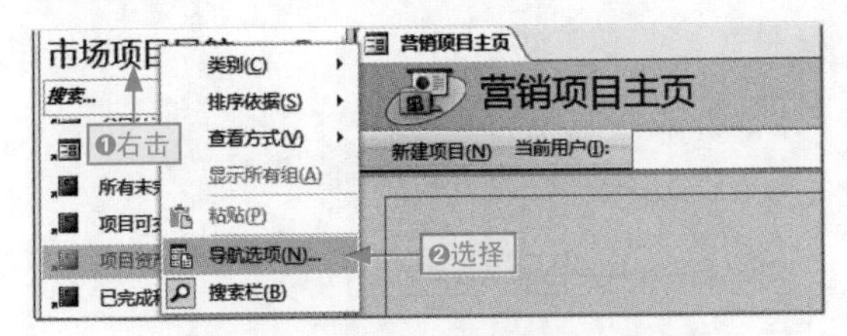

图2-53　选择“导航选项”命令

步骤03 ❶取消选中“显示隐藏对象”复选框，❷单击“确定”按钮，如图2-54所示。

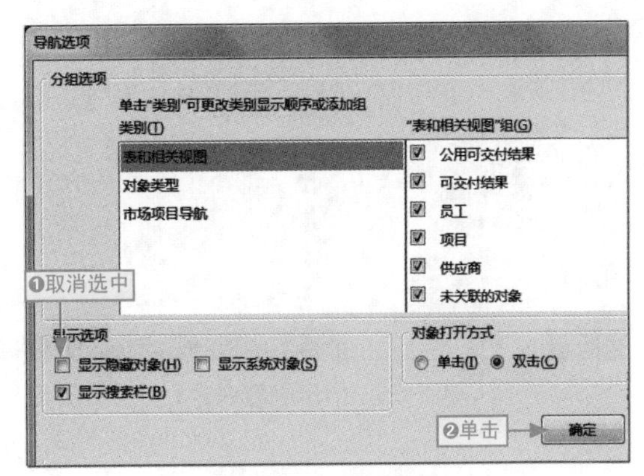

图2-54　隐藏对象

步骤04 在导航窗格中可以清楚地看到“项目资产负债表”报表对象被隐藏的效果，如图2-55所示。

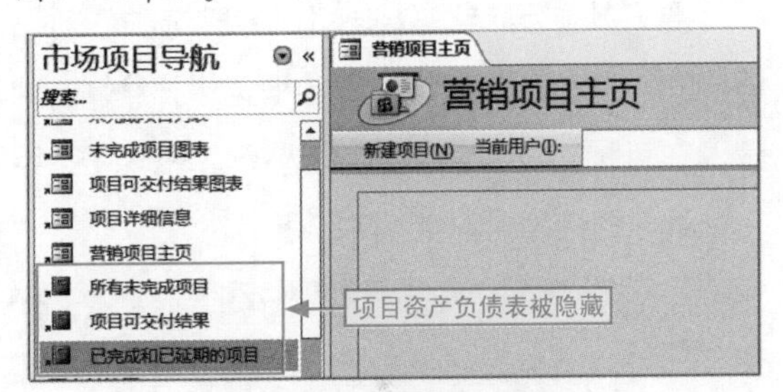

图2-55　隐藏对象效果

2.3.4 显示指定对象

将导航窗格中的对象隐藏后，还可取消隐藏让其显示出来，下面分别进行介绍。

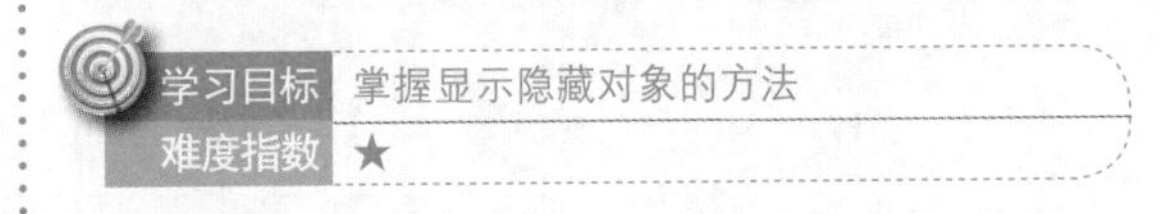

学习目标	掌握显示隐藏对象的方法
难度指数	★

显示半隐藏状态对象

所谓半隐藏状态对象是指通过“在此组中隐藏对象”命令来隐藏的对象状态，其以半朦胧状态显示。这时，我们可以，直接在其上❶右击，❷选择“取消在此组中隐藏”命令即可，如图2-56所示。

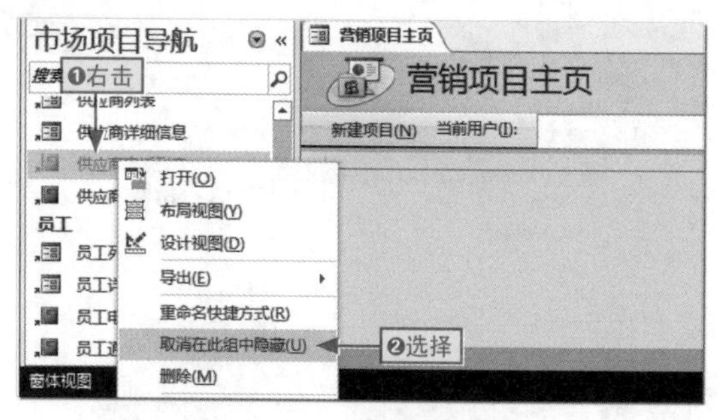

图2-56　显示隐藏对象

显示彻底隐藏状态对象

所谓彻底隐藏状态对象是指通过2.3.3节的操作方式隐藏的对象状态。

要将其显示，❶需要先将“导航选项”对话框中的“显示隐藏对象”复选框选中，❷单击确认，在目标对象上❸右击，❹选择“取消在此组中隐藏”命令即可，如图2-57所示。

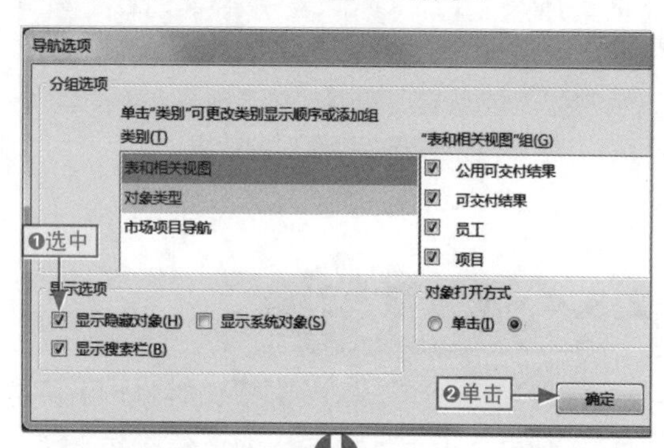

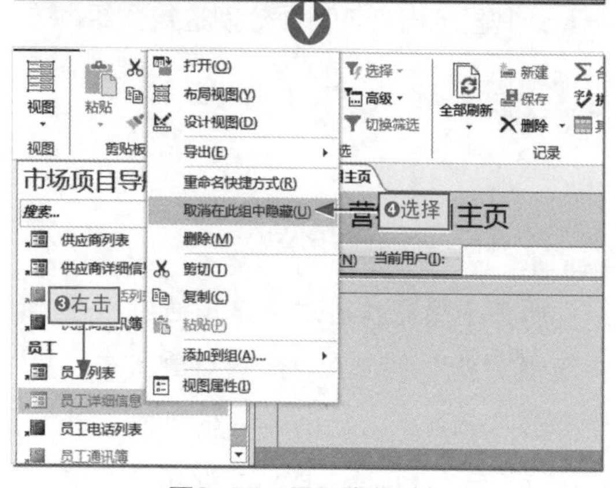

图2-57　显示隐藏对象

2.3.5 重命名不适合的对象

导航窗格中的对象基本上都有自己的名称，当然这些名称不一定全部合适，对于这种情况，我们可以进行重命名。

下面我们就以将“营销项目1”数据库中的“供应商联系方式”报表名称重命名为“供应商通讯簿”为例来讲解相关的操作。

本节素材	⊙\素材\Chapter02\营销项目1.accdb
本节效果	⊙\效果\Chapter02\营销项目1.accdb
学习目标	对对象名称进行更改
难度指数	★★

步骤01 打开“营销项目1”素材文件，在“供应商联系方式”报表对象上❶右击，❷选择“重命名快捷方式”命令，如图2-58所示。

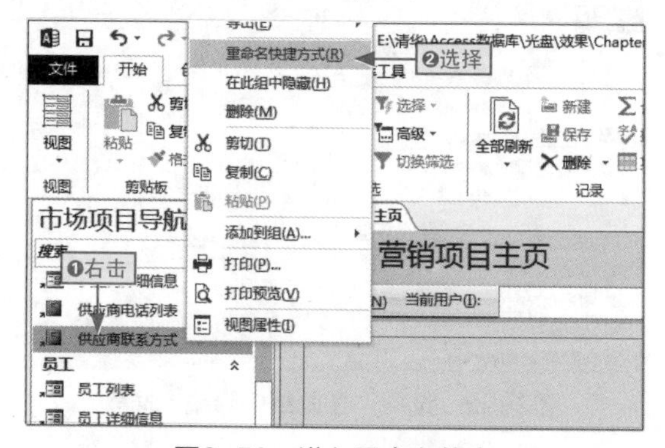

图2-58　进入重命名状态

步骤02 进入报表对象名称编辑状态，将原来的名称更改为“供应商通讯簿”，按Enter键确认，如图2-59所示。

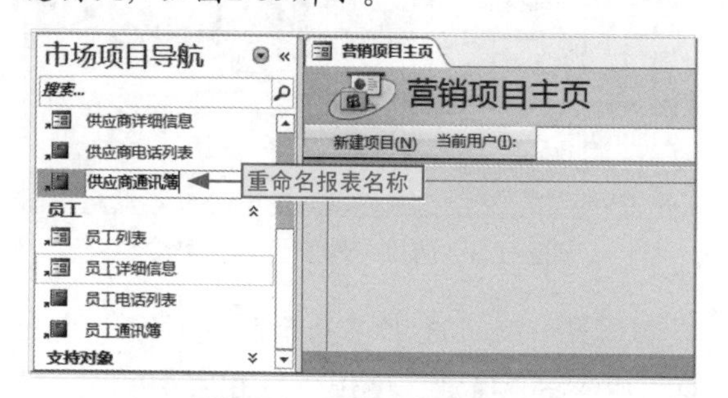

图2-59　重命名报表名称

2.3.6 以指定视图打开对象

学习目标　导航窗格中对象的不同视图打开方法

难度指数　★

在Access中，对象有多种不同的视图打开方式，如报表和窗体对象就有布局视图和设计视图两种打开方式。

为了提高操作效率，我们在打开对象对其进行操作前，就可以指定视图方式。其方法为：在“导航窗格”的目标对象上右击，选择相应的视图打开方式命令。例如，在窗体对象上❶右击，❷选择“设计视图”命令，以设计视图方式将其打开，如图2-60所示。

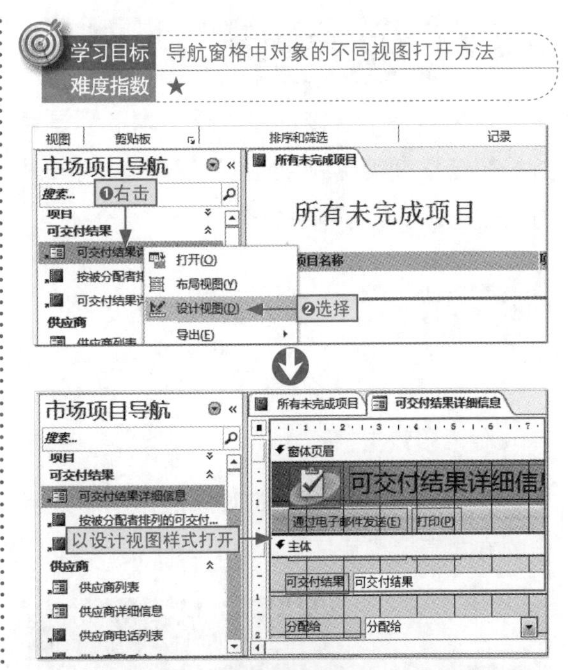

图2-60　以指定视图方式打开对象

长知识

以指定视图切换对象

除了以指定方式打开对象外，在打开对象后，我们仍可以进行对象视图的切换，这里有三种方法：一是在导航窗格中的目标对象上右击，选择相应的视图命令；二是在对象标题上❶右击，❷选择相应的命令，如图2-61所示；三是单击状态栏右侧的视图切换按钮，如图2-62所示（对于后两者的视图切换方式，是在对象打开的情况下进行）。

图2-61　通过快捷菜单命令切换

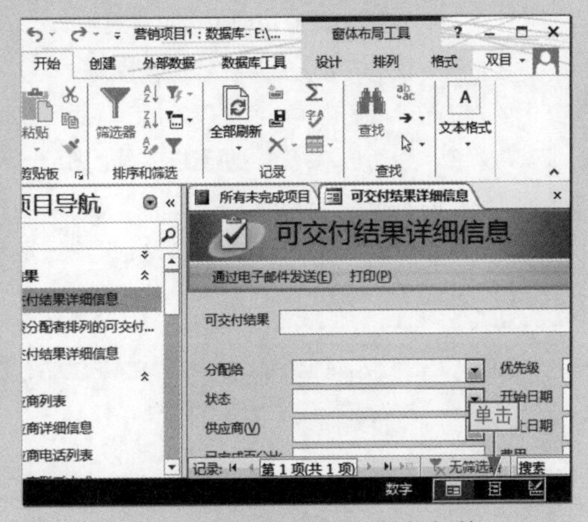

图2-62　通过视图切换按钮切换

2.3.7 直接打开对象

在Access中直接打开对象基本上都是通过导航窗格来实现的，通常情况下有这样3种方法技巧，下面分别进行介绍。

学习目标　学会导航窗格中对象的多种打开方法

难度指数　★

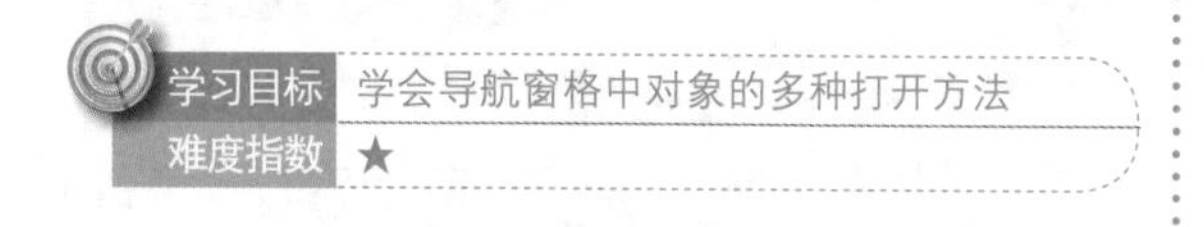

直接双击打开

Access导航窗格中的对象都可以通过双击的方式直接将其打开，如图2-63所示。

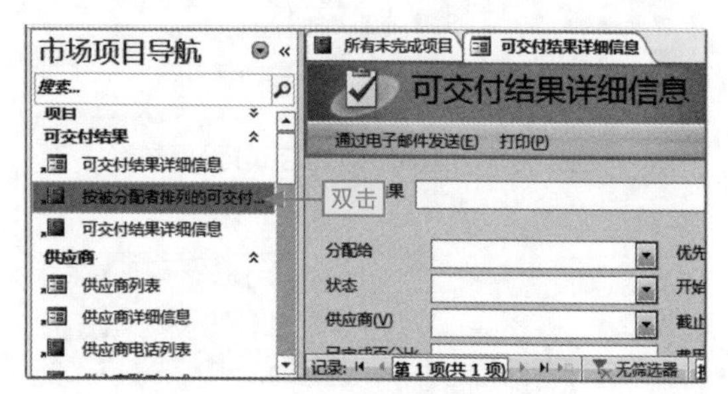

图2-63　双击打开对象

灵活更改双击或单击打开对象

要打开默认的对象，直接在导航窗格中进行双击即可。不过，我们也可将其更改为单击，而且操作非常简单。其方法为：在导航窗格标题上右击，选择“导航选项”命令，打开“导航选项”对话框，❶选中“单击”单选按钮，❷单击“确定”按钮完成设置，如图 2-64 所示。

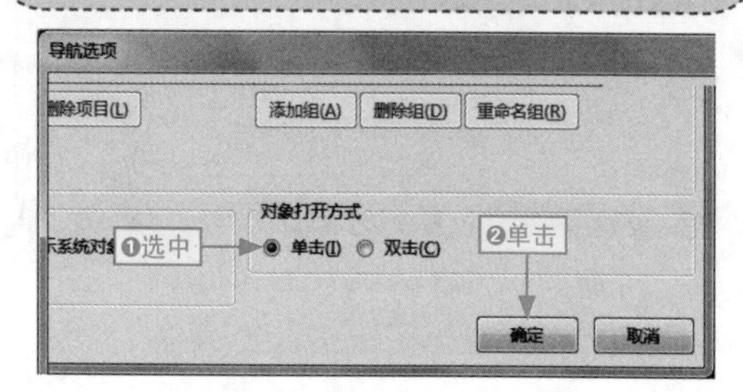

图2-64　更改对象打开方式

以菜单命令打开

❶在导航窗格中的对象上右击，❷选择“打开”命令将其打开，如图2-65所示。

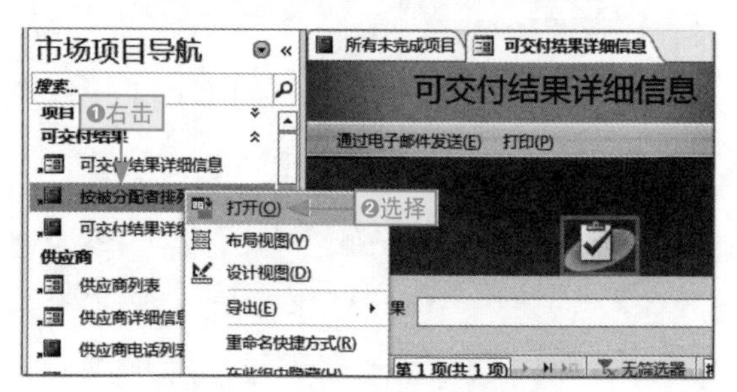

图2-65　通过菜单命令打开

以拖动方式打开

在导航窗格中选择目标对象后，按住鼠标左键不放，将其拖动到工作区的空白区域将其打开（若工作区中已有对象打开且以选项卡并列的方式显示，这时拖动打开的方法就不适用，因为对象无法打开或是系统将对象视为已有对象的子窗体或子报表等显示），如图2-66所示。

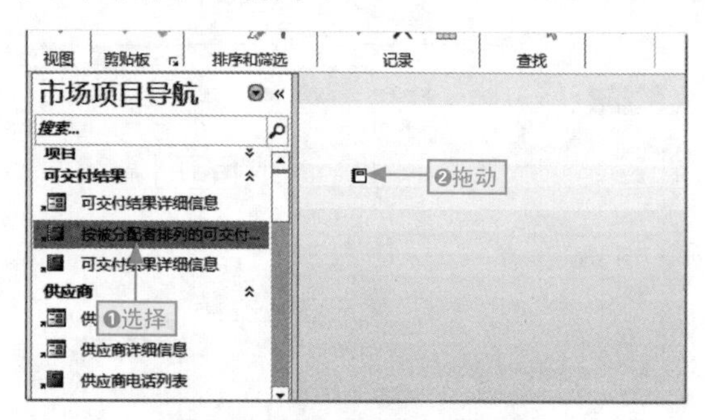

图2-66　通过拖动打开对象

2.3.8 复制并移动对象副本

我们在创建对象过程中（在后面的知识中将会讲解），若与已有的对象有相同或相

似的，可以通过复制对象副本的方式来快速创建，从而提高效率。

下面我们通过复制“项目详细信息”窗体对象副本，来快速创建“员工详细信息”窗体对象，并将其发送到“员工”组为例，介绍具体操作。

本节素材	◎\素材\Chapter02\营销项目2.accdb
本节效果	◎\效果\Chapter02\营销项目2.accdb
学习目标	复制导航窗格中的对象
难度指数	★★

步骤01 打开“营销项目2”素材文件，在“项目详细信息”报表对象上❶右击，❷选择“复制”命令，如图2-67所示。

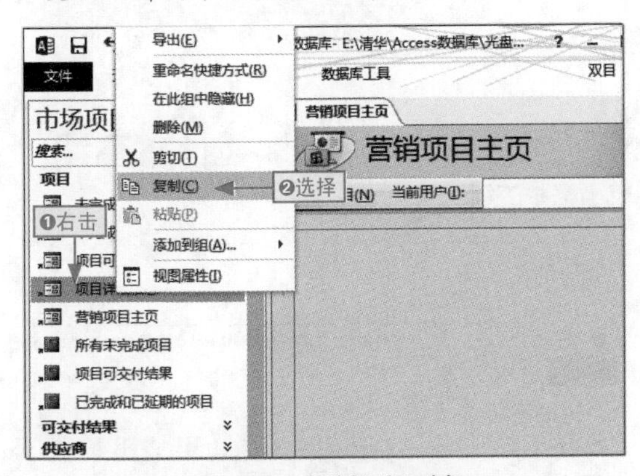

图2-67　复制目标对象

步骤02 在导航窗格中的任一对象或窗格上❶右击，❷选择“粘贴”命令，如图2-68所示。

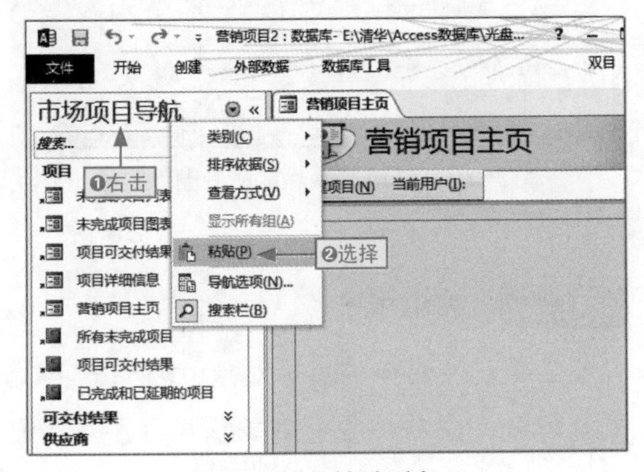

图2-68　粘贴对象

步骤03 系统自动打开“粘贴为”对话框，在“窗体名称”文本框中❶输入“员工详细信息”，❷单击“确定”按钮，如图2-69所示。

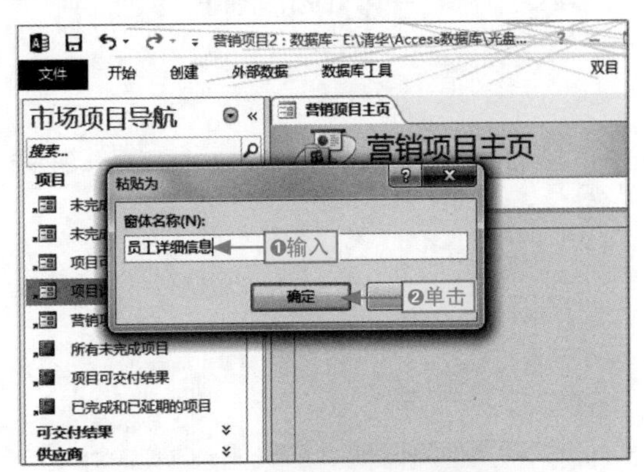

图2-69　设置复制副本对象名称

步骤04 在复制的“员工详细信息”对象上❶右击，❷选择“添加到组”|“员工”命令，如图2-70所示。

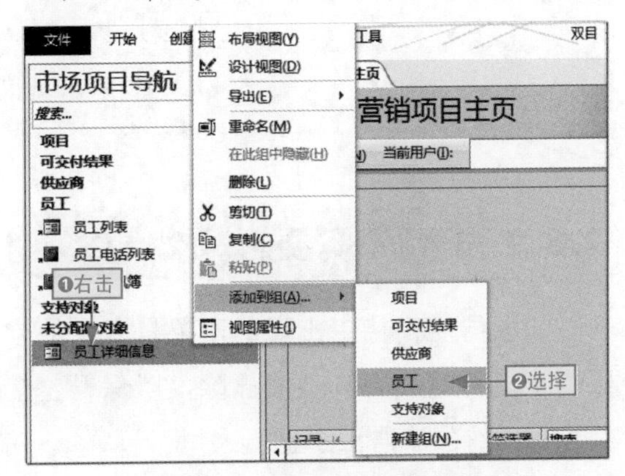

图2-70　移动复制对象位置

步骤05 系统自动展开“员工”组，显示出移动到其中的“员工详细信息”对象副本，如图2-71所示。

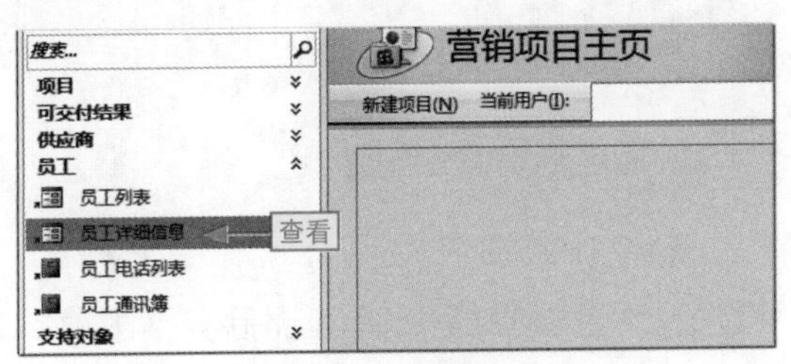

图2-71　查看效果

长知识

导航窗格中组的创建

在导航窗格中，为了方便分类管理和查看对象，我们可以将同类或相似的对象放置在同一组中，创建组的方法为：打开“导航选项”对话框，❶选择当前选项，这里选择“市场项目导航”选项，❷单击“添加组”按钮，❸为自动生成的组输入名称，❹单击“确定”按钮完成操作。返回到导航窗格中即可查看到新建的组，如图2-72所示。

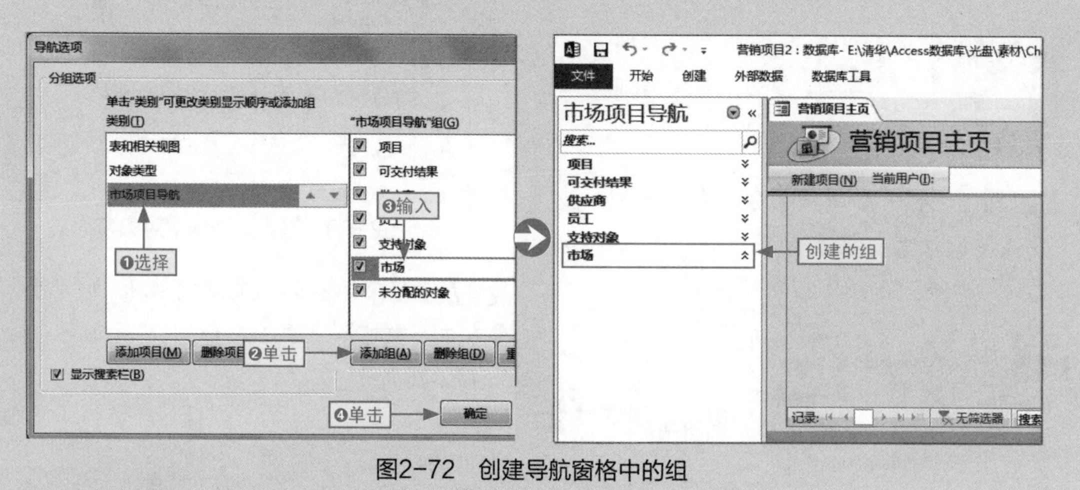

图2-72 创建导航窗格中的组

2.3.9 删除不需要的对象

如果导航窗格中出现的对象是多余的或不需要的，需要将其及时删除，以保证整个数据库系统的简洁和专业。

通常情况下，在导航窗格中删除对象有这样3种方法，下面分别介绍。

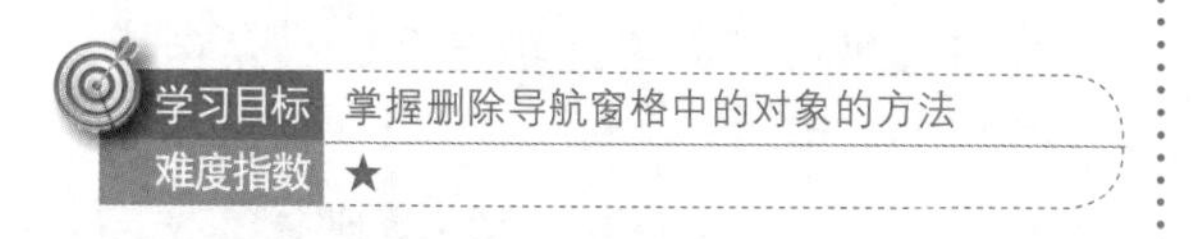

学习目标	掌握删除导航窗格中的对象的方法
难度指数	★

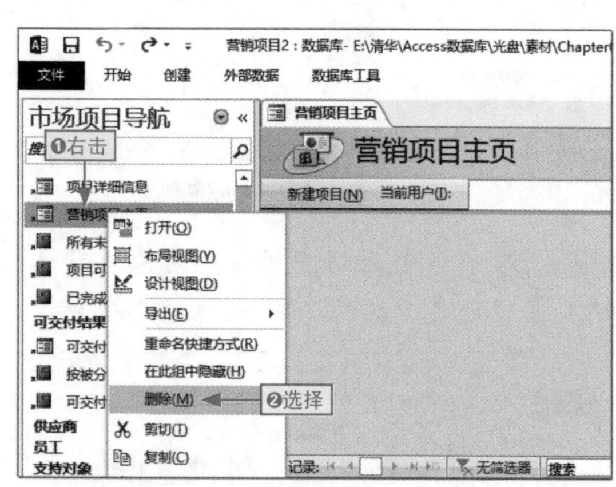

图2-73 通过“删除”命令删除对象

通过删除命令删除

在导航窗格中的目标对象上❶右击，❷选择“删除”命令将其删除，如图2-73所示。

通过剪切删除

在导航窗格中的目标对象上❶右击，❷选择“剪切”命令将目标对象剪切（不进行粘贴操作），如图2-74所示。

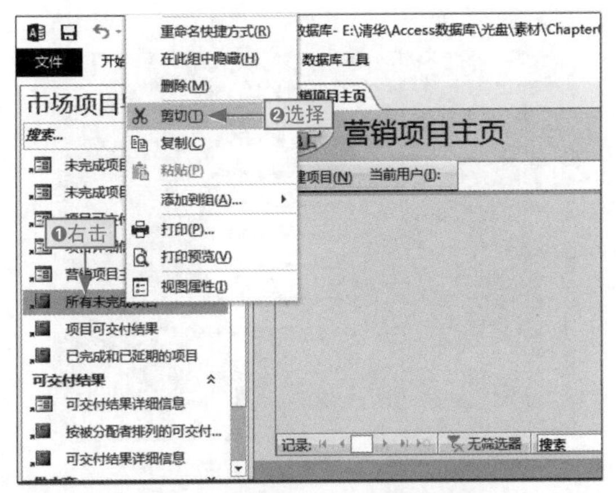

图2-74　通过剪切方式删除对象

通过键盘删除

在导航窗格中选择目标对象，按Delete键，如图2-75所示。

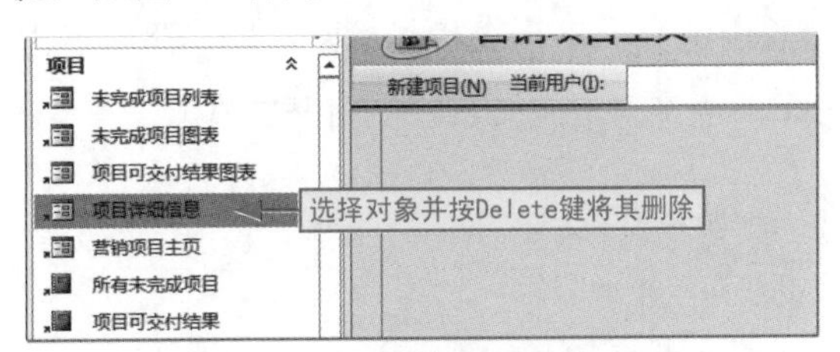

图2-75　通过键盘删除对象

2.4 Access 2013 的数据库对象

小白：阿智，前面多次提到对象，那么，在Access中到底有哪些对象？

阿智：在Access中有6种常规对象，它们各不相同，但都可以在导航窗格中直接看到和进行相应操作。

在Access中6种常见和常用到的对象包括：表、查询、窗体、报表、宏和模块。它们各自有不同的作用，下面我们分别对其进行介绍，为后面的对象操作和设置打下基础。

2.4.1 表：存储数据

表是Access中的基本对象之一，专门用来放置数据信息，为窗体和对象提供原始数据。

图2-76所示为表在导航窗格中的显示样式，图2-77所示为表常规的打开显示样式。

学习目标　了解Access中的表对象

难度指数　★

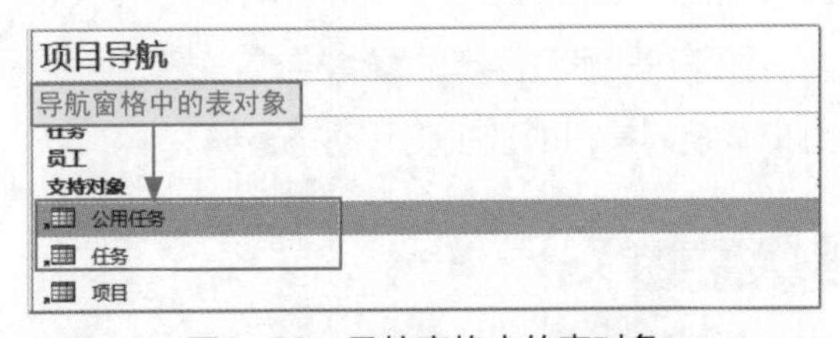

图2-76　导航窗格中的表对象

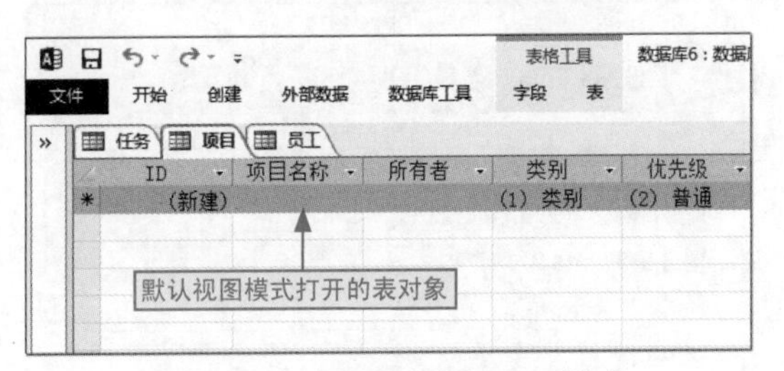

图2-77　表对象的常规显示样式

2.4.2 查询：查找和检索数据

查询是Access的核心功能之一，同时也是重要的对象之一，专门负责对同一表或多个表中的数据进行查找和检索。图2-78所示为Access查询对象及其常规的打开方式。

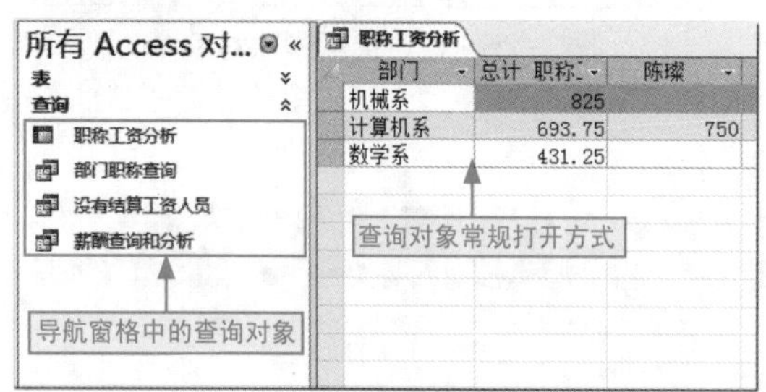

图2-78　查询对象以及常规打开方式

2.4.3 窗体：操控数据库的数据

窗体在Access中以两种方式存在：一是静态数据显示窗体；二是人机交互的窗体，用来操控数据库数据的显示、切换和计算等。

图2-79所示为静态的窗体样式，图2-80所示为带有控制按钮的人机交互动态窗体。

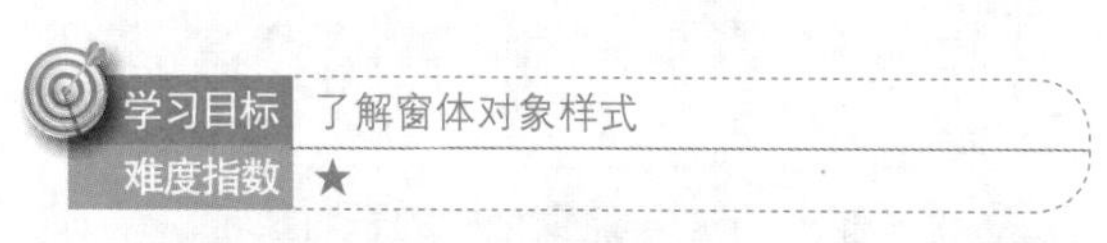

图2-79　静态的窗体对象

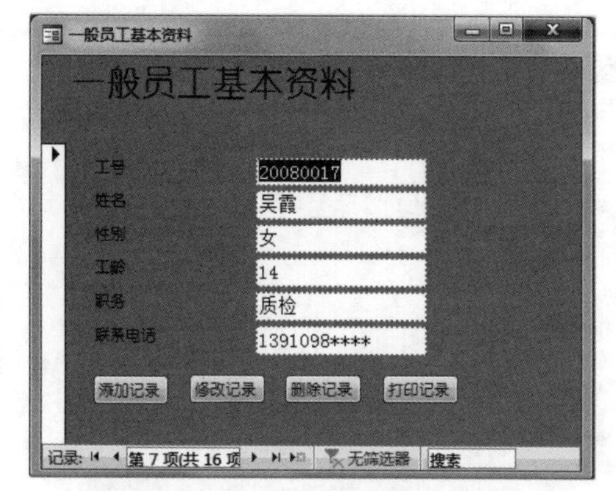

图2-80　带有交互功能的动态窗体

2.4.4 报表：分析或打印数据

报表是指将表和查询对象中的数据以特定版式进行整理分析，并按照用户指定方式进行打印。图2-81所示为报表对象在导航窗格中的样式以及常规方式打开的显示方式，图2-82所示为报表打印预览样式。

学习目标　了解报表对象

难度指数　★

图2-81　报表对象常规打开显示

图2-82　报表对象打印预览显示

2.4.5 宏：执行操作控制流程

在Access中，宏是一段流程指令，预设专门的操作以及操作的流程。

图2-83所示为宏对象在窗体中的显示及其设置界面样式。

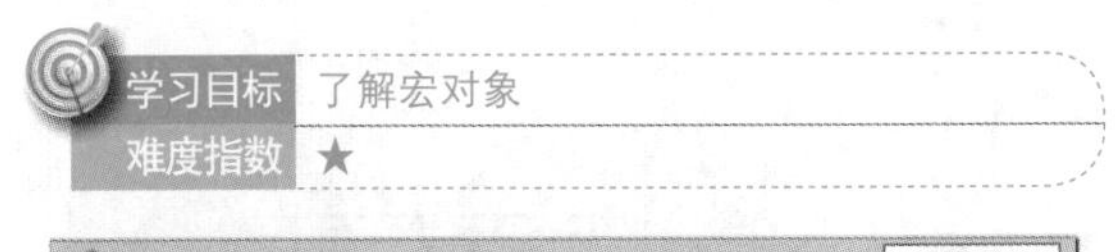

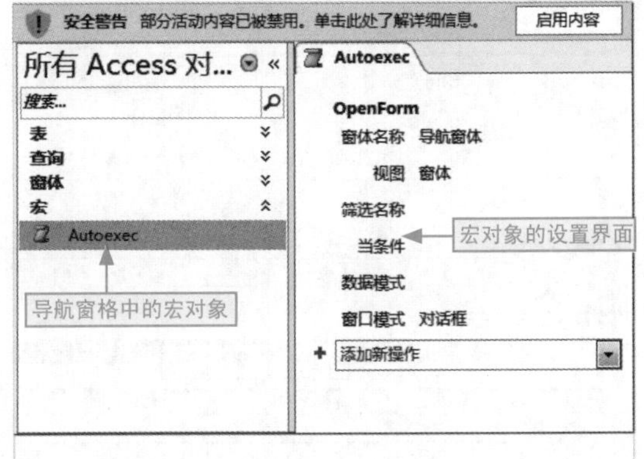

图2-83 宏对象

2.4.6 模块：数据关系处理工具

模块，我们可以简单地将其理解为包含VBA代码的一个包裹，用来进行一些数据的计算、判断等处理。图2-84所示为在VBA界面中的一段模块代码。

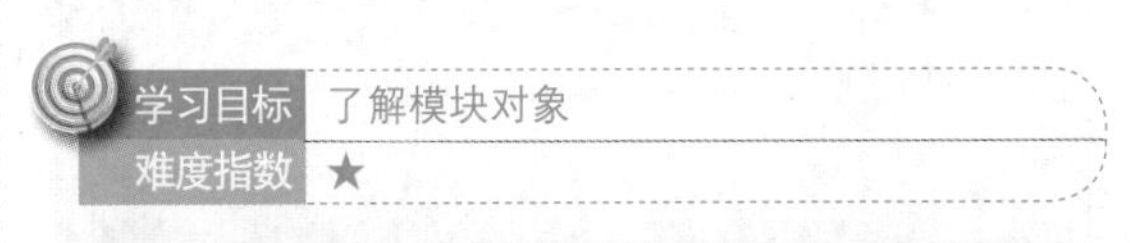

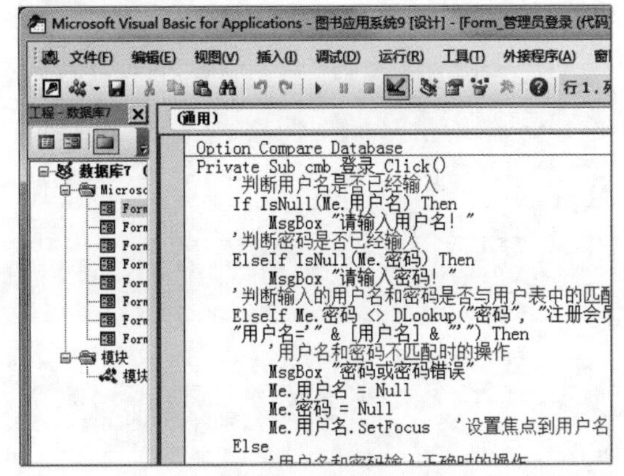

图2-84 模块代码

2.5 Access 的不同视图模式

小白：在前面我们接触过视图模式，是不是每一种视图模式都一样，每种对象的视图模式也都一样呢?

阿智：Access中的对象，有各自独有的视图模式，也有共有的视图模式，我们可以根据实际的操作需要来选择相应的视图模式。

在Access中有数据表视图、设计视图、布局视图、窗体视图、报表视图、打印预览视图以及SQL视图等。下面我们结合各种对象来查看相应的视图模式。

2.5.1 数据表视图

在Access中，只有表、查询和窗体3种对象具有数据表视图，其他对象不具有此视图。

图2-85所示分别是表、查询和窗体的数据表视图样式。

表对象数据表视图

ID	图书名称	售价	出版社
1	三国演义	￥80.00	清华出版
3	水浒传	￥89.00	人民邮电出版
4	西游记	￥95.00	青年出版
5	白蛇传	￥68.00	清华出版
6	茶馆	￥49.00	清华出版
7	左传	￥56.00	铁道部出版
8	吕氏春秋	￥42.00	人民邮电出版
9	孟子	￥35.00	青年出版

查询对象数据表视图

ID	图书名称	售价	出版社
1	三国演义	￥80.00	清华出
2	红楼梦	￥78.00	铁道出
3	水浒传	￥89.00	人民邮电出
4	西游记	￥95.00	青年出
5	白蛇传	￥68.00	清华出
6	茶馆	￥49.00	清华出
7	左传	￥56.00	铁道部出
8	吕氏春秋	￥42.00	人民邮电出
9	孟子	￥35.00	青年出

任务子窗体

标题	分配给	开始日期	截止日期
		2015/11/16	

窗体对象数据表视图

图2-85 对象的数据表视图

2.5.2 设计视图

在Access中，只要可以进行设计的对象基本上都具有设计视图模式，所以它相对于数据表视图范围更广，包括表、查询、窗体、报表和宏等。

图2-86所示分别是表、查询、报表、窗体以及宏的设计视图样式。

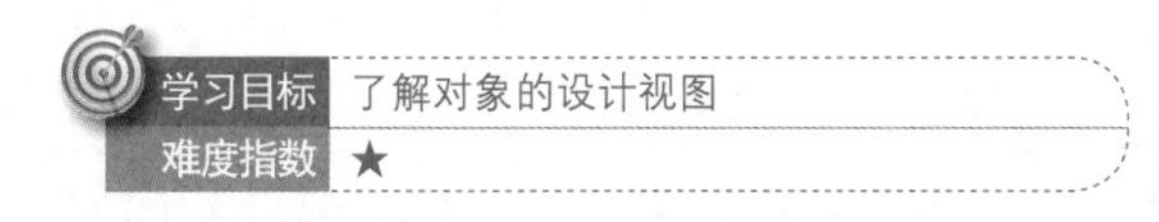

公用任务

字段名称	数据类型
添加	是/否
标题	短文本

字段属性

常规 查阅

表对象设计视图

字段大小	150
格式	
输入掩码	
标题	
默认值	
验证规则	
验证文本	

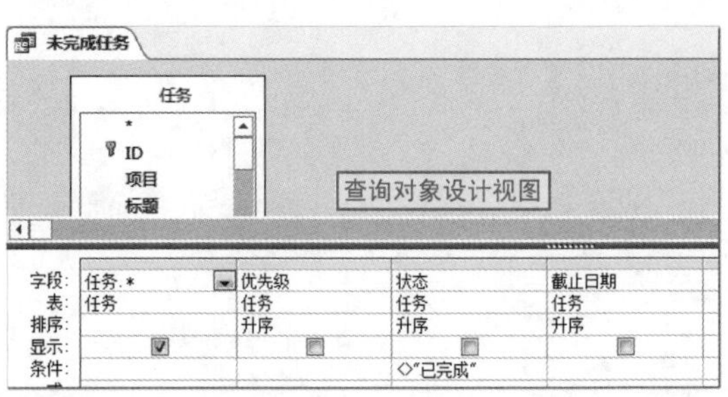

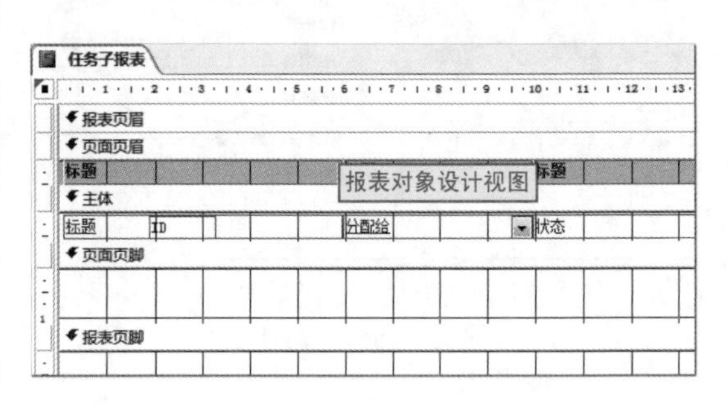

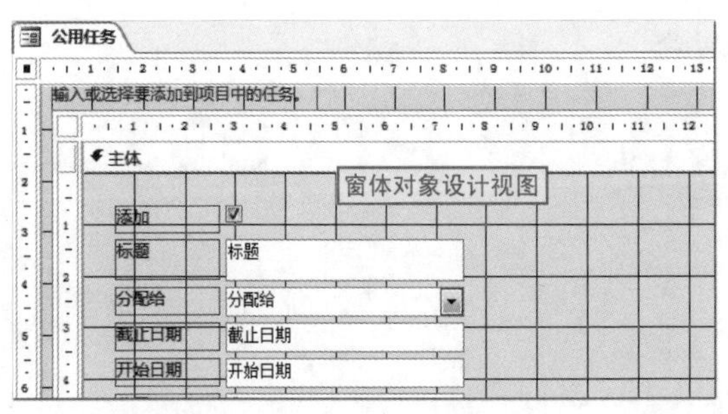

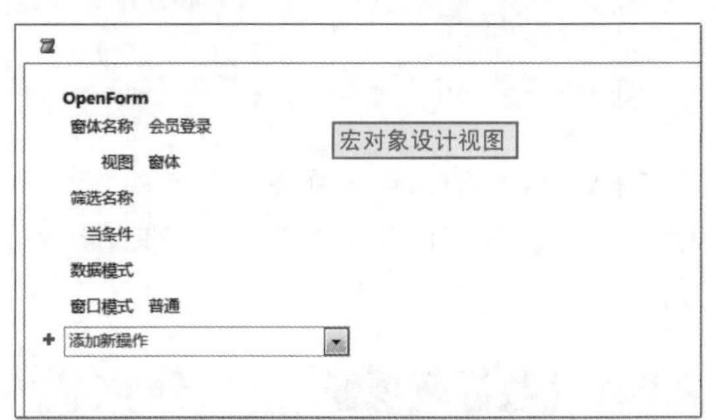

图2-86 对象的设计视图

2.5.3 布局视图

在Access中，涉及布局的对象有两个：窗体和报表。因此，我们可以简单地理解为只有窗体和报表对象具有布局视图。

图2-87所示为窗体和报表的布局视图样式。

学习目标　了解对象的布局视图
难度指数　★

图2-87　对象的布局视图

2.5.4 窗体和报表视图

窗体和报表视图是窗体和报表独有的视图模式，其他对象则不具有。

图2-88所示为窗体和报表对象的布局视图样式。

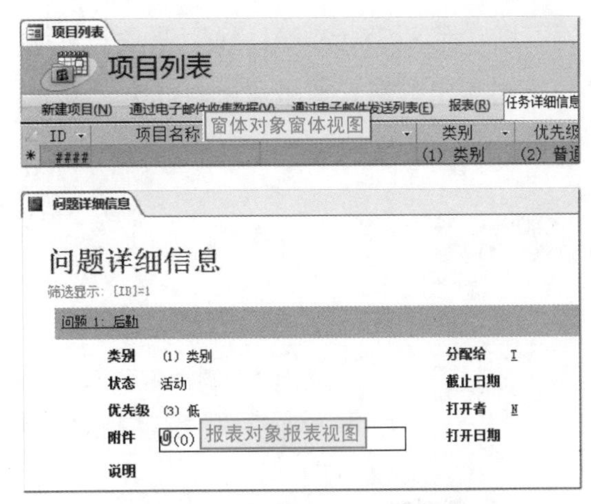

图2-88　对象的窗体、报表视图

2.5.5 打印预览视图

打印预览视图模式是针对报表对象而言的，所以打印预览视图可视为报表的专有视图。在该视图模式中，用户可以查看数据记录的打印效果和检查打印输出的全部数据。图2-89所示为一份报表的打印预览视图样式。

学习目标　了解报表的打印预览视图模式
难度指数　★

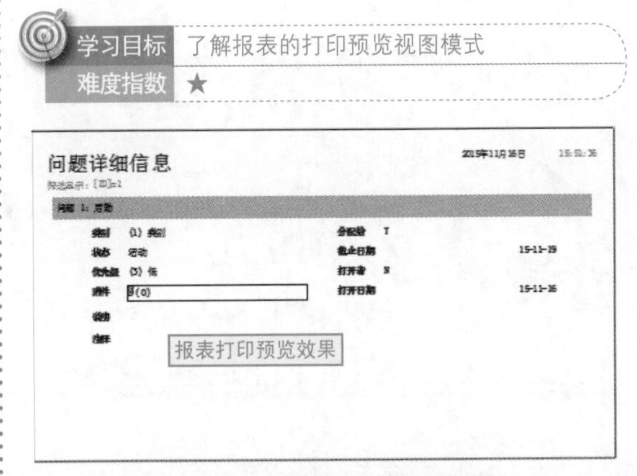

图2-89　报表的打印预览样式

2.5.6 SQL视图

SQL视图是具有SQL代码或功能的对象专

有视图，而这种对象只有查询。图2-90所示为查询对象由数据表视图切换到SQL视图的示意图。

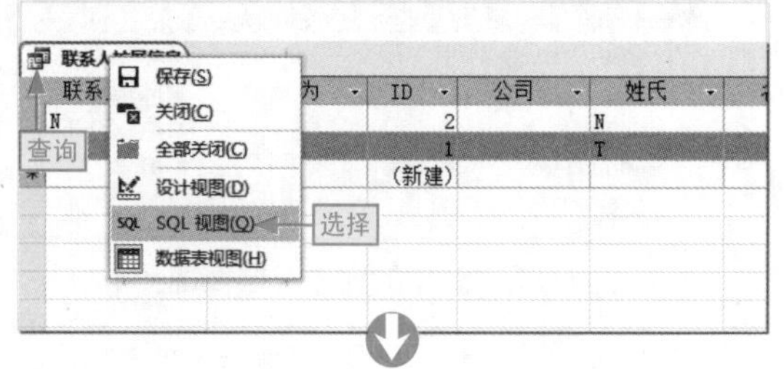

图2-90　SQL视图样式

2.5.7 数据透视表和透视图视图

数据透视表视图和数据透视图视图模式在Access中很少见到，而且不能轻易找到，这是因为Access 2013不再支持 Office Web组件，没有用于创建数据透视图和数据透视表的选项，同时它们应用的对象只能是表、查询以及少部分的窗体。

通常情况下，数据透视表视图是用于汇总并分析数据表或数据的视图模式，主要是通过拖动字段和项，或通过显示和隐藏字段的下拉列表项来查看不同级别的详细信息或指定布局。数据透视图视图是一种用图形方式汇总和分析数据的视图，主要是通过拖动字段和项，或通过显示和隐藏字段的下拉列表项来查看不同级别的详细信息或指定布局。

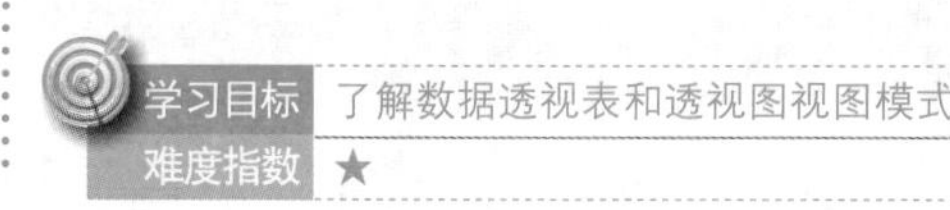

2.6 用帮助系统辅助学习

阿智：在Access中有很多功能，我们不可能一一介绍或完全记住，但我们可以随时寻求帮助。

小白：知道，直接问你嘛。

阿智：No，我说的是问系统。

在Access中有两大帮助系统：一是本地帮助信息；二是通过Office.com在线帮助。用户根据实际的网络情况以及使用习惯，可以选择不同的帮助系统。

2.6.1 搜索Office.com帮助信息

在Access 2013中，系统默认的帮助途径是连接Office.com网站，进行在线查询。下面我们以通过Office.com在线查询“禁用宏”的帮助信息为例来讲解相关操作。

步骤01 在标题栏的右侧单击“Microsoft Access 帮助”按钮（或直接按F1键），进入帮助系统，如图2-91所示。

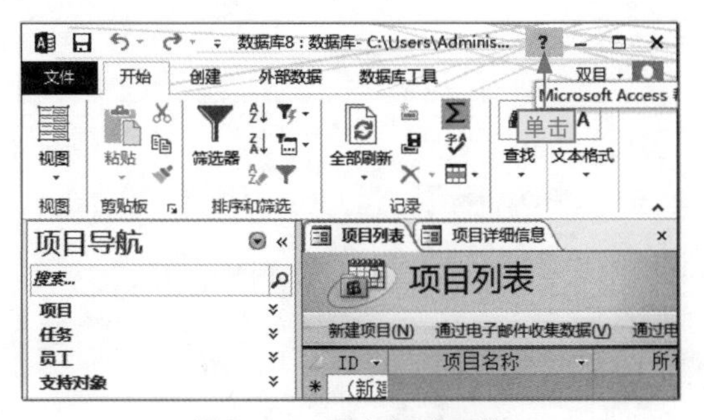

图2-91 进入帮助系统

步骤02 在搜索文本框中❶输入要搜索的关键字，这里输入“禁用宏”，❷单击“搜索”按钮，如图2-92所示。

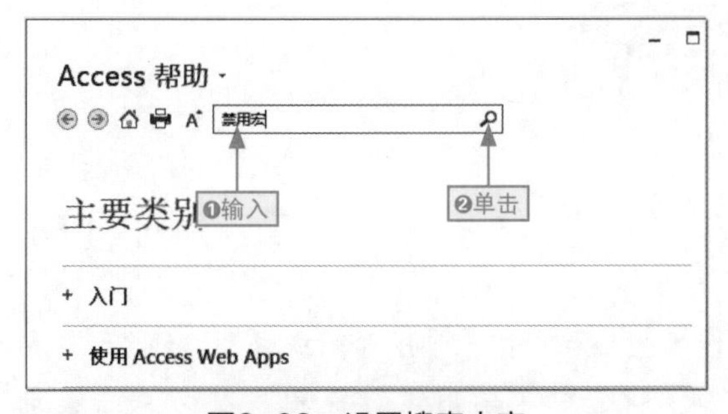

图2-92 设置搜索内容

步骤03 系统自动将相匹配的链接搜索出来，单击需要的帮助超链接。这里单击“启用或禁用Office文件中的宏”超链接，如图2-93所示。

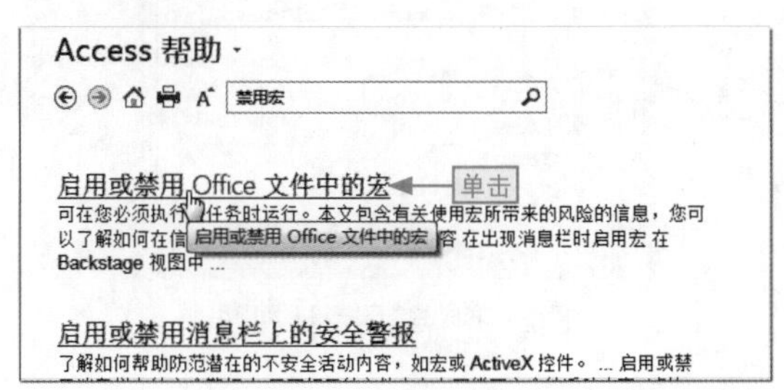

图2-93 单击链接

步骤04 在打开的页面中，即可看到我们需要的关于禁用宏的帮助信息，如图2-94所示。

图2-94 查看帮助信息

2.6.2 搜索本地帮助信息

在没有网络连接的情况下，我们仍然可以进行帮助信息查询，只不过应用的是本地帮助信息查询系统。

下面我们以在本地查询“创建宏”的帮助信息为例，介绍具体操作。

步骤01 按F1键进入帮助系统，❶单击“更改帮助集合”下拉按钮，❷选择“来自您计算机的Access帮助”选项，如图2-95所示。

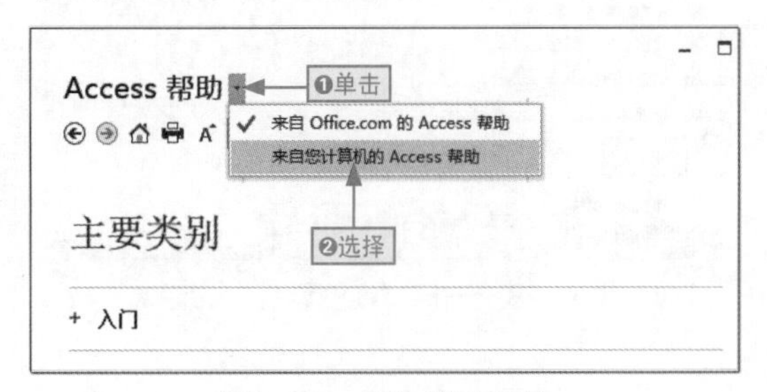

图2-95 切换帮助系统

步骤02 在搜索文本框中❶输入要搜索的关键字，这里输入"创建宏"，❷单击"搜索帮助"按钮，如图2-96所示。

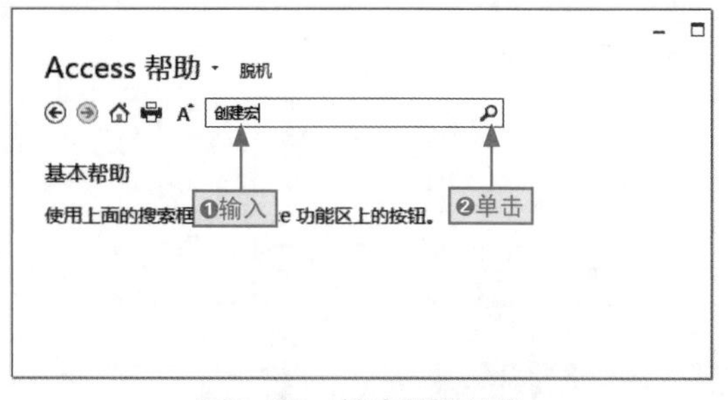

图2-96 搜索帮助信息

步骤03 系统自动将匹配的链接搜索出来，单击需要的帮助超链接。这里单击"'宏'在'创建/宏与代码'下"超链接，进入相应的帮助信息页面，如图2-97所示。

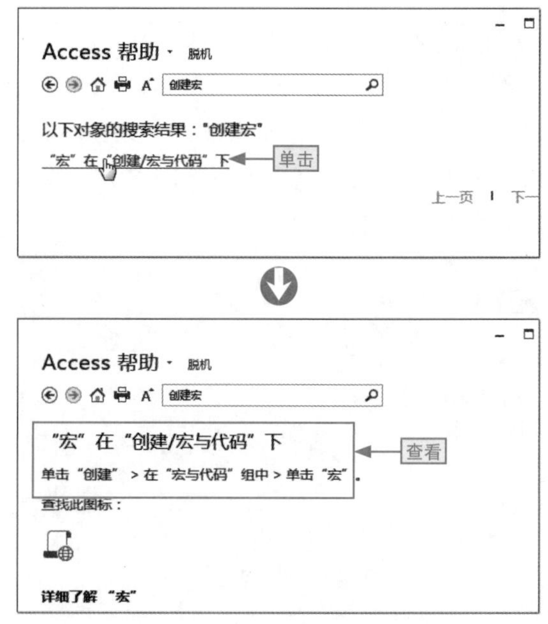

图2-97 进入帮助信息页面

给你支招 | 轻松禁用设计视图

小白：在Access中，对于一些我们不希望其他人进行编辑和设计的对象，该怎么办呢？

阿智：很简单，我们可以将设计视图禁用。

步骤01 在目标对象上❶右击，❷选择"视图属性"命令，如图2-98所示。

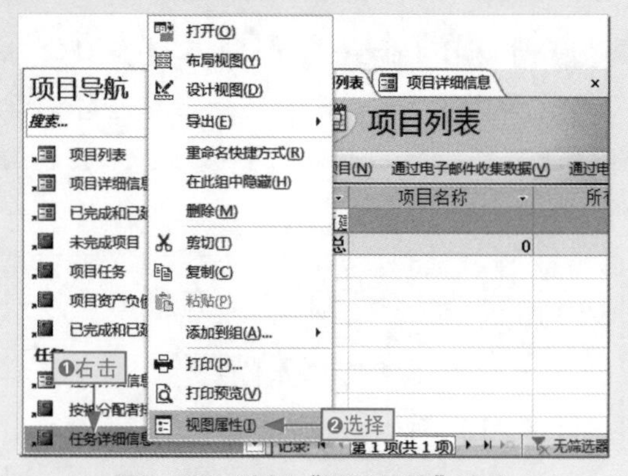

图2-98 选择"视图属性"命令

步骤02 打开"所有未完成项目 属性"对话框，❶选中"禁用设计视图快捷方式"复选框，❷单击"确定"按钮，如图2-99所示。

图2-99 禁用设计视图

步骤03 返回到Access，在目标对象上右击，在弹出的快捷菜单中即可看到“设计视图”命令和“布局视图”命令呈灰色不可用状态，如图2-100所示。

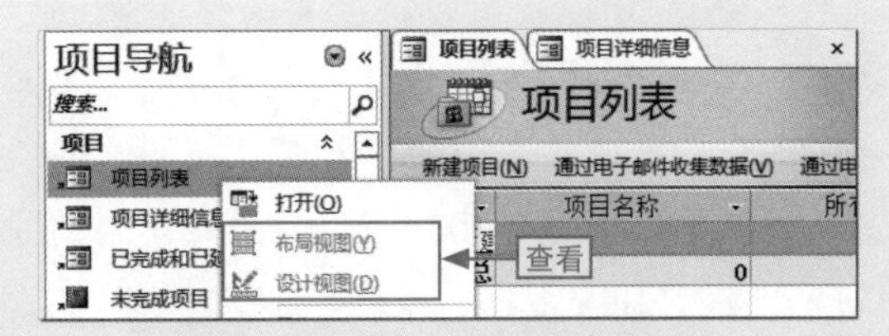

图2-100　设计和布局视图失效

给你支招 | 不要的系统对象可这样隐藏

小白：在导航窗格中，总是有一些英文名称的数据表对象，而这些对象又不是自己创建的，是怎么回事，该怎样处理？

阿智：这些很可能是系统对象，不用理会。若不想让其显示出来，可以通过以下的操作处理。

步骤01 在导航窗格上❶右击，❷选择“导航选项”命令，打开“导航选项”对话框，如图2-101所示。

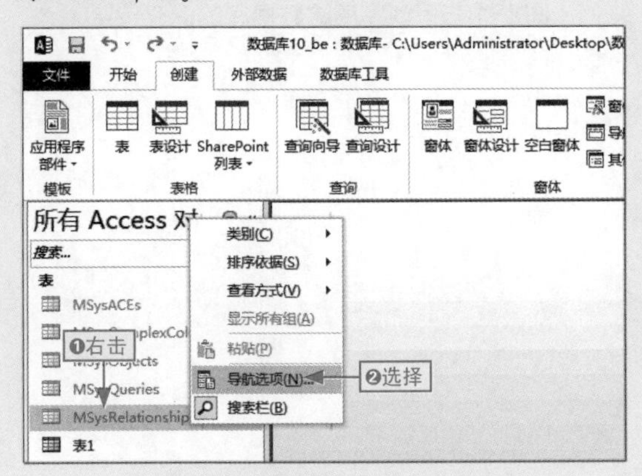

图2-101　选择“导航选项”命令

步骤02 ❶取消选中“显示系统对象”复选框，❷单击“确定”按钮，如图2-102所示。

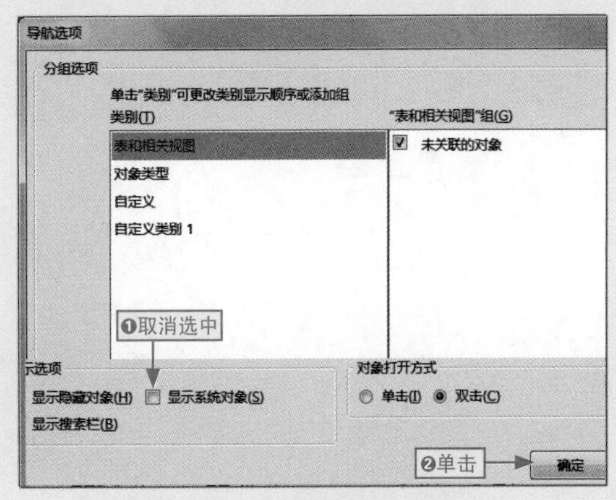

图2-102　取消系统对象显示

给你支招 | 轻松拆分数据库

小白：在对当前数据库进行查看、编辑或设置时，总会影响到数据的正常调用，我应该怎样做？

阿智：我们可以借助数据库自身的拆分功能来将数据库进行巧妙拆分，这样就不会影响你对数据库正常数据的调用了。

步骤01 ❶单击“数据库工具”选项卡，❷单击“Access数据库”按钮，打开“数据库拆分器”对话框，如图2-103所示。

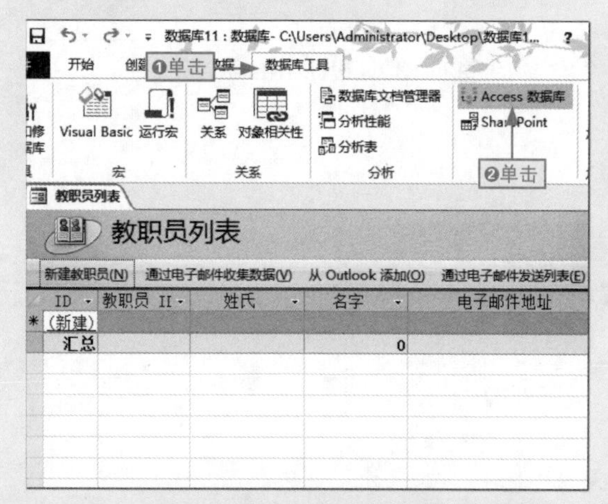

图2-103　打开“数据库拆分器”对话框

步骤02 单击“拆分数据库”按钮，打开“创建后端数据库”对话框，如图2-104所示。

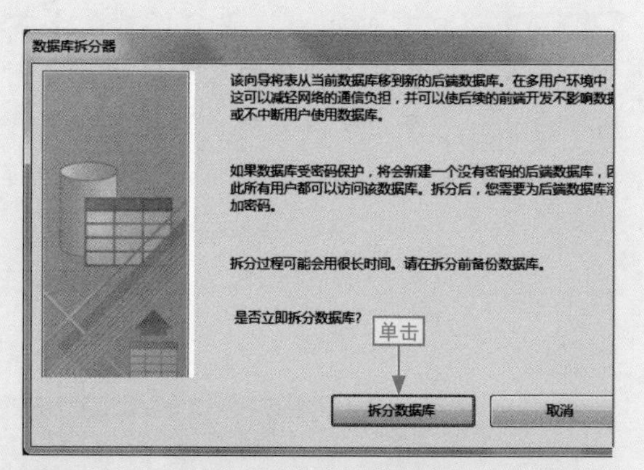

图2-104　拆分数据库

步骤03 ❶设置保存位置，❷单击“拆分”按钮，如图2-105所示。

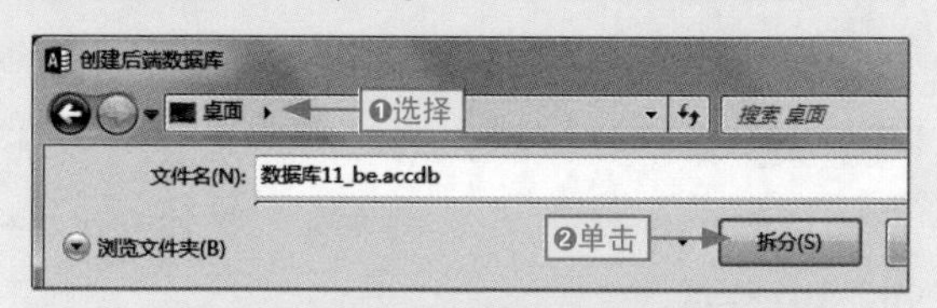

图2-105　创建后端数据库的保存位置

Chapter 03 创建与管理数据库

学习目标

本章我们将介绍一些关于数据库的具体操作，作为深入学习数据库的一个过渡，主要包括数据库的创建、打开、关闭、安全设置以及相关系数的设置等。

本章要点

- 创建空白数据库
- 使用模板创建数据库
- 在线搜索模板创建数据库
- 打开数据库
- 在原位置保存数据库
- 将数据库另存为
- 将对象另存为
- 关闭数据库
- 更改数据库默认的创建格式
- 更改数据库默认的创建位置

知识要点	学习时间	学习难度
创建和操作数据库	20 分钟	★★
更改创建数据库时的默认参数	10 分钟	★
数据库安全设置	20 分钟	★★

3.1 创建数据库

小白：我们该怎样创建一个数据库呢？

阿智：在Access中创建数据库是较为简单的，而且方式较多，我们完全可以根据自己的喜好或实际需要进行创建。

在Access中创建数据库，常用的方法有3种：创建空白数据库、根据模板创建数据库和使用Office.com模板创建数据库。用户可以根据具体的情况来选择，下面我们分别进行介绍。

3.1.1 创建空白数据库

我们要制作一份全新或自定义样式的数据库，就需要有一份空白数据库文件来作为基础。

下面通过创建“季度销售统计”空白数据库为例，其具体操作如下。

本节素材	◎\素材\Chapter03\无
本节效果	◎\效果\Chapter03\季度销售统计.accdb
学习目标	了解空白数据库的创建和位置设置
难度指数	★

步骤01 在“新建”选项卡中单击“空白桌面数据库”图标，创建空白数据库，如图3-1所示。

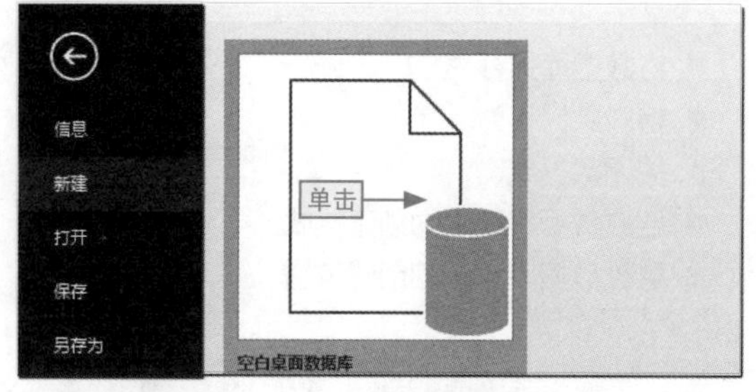

图3-1　单击“空白数据库”图标

步骤02 打开“空白桌面数据库”界面，在“文件名”文本框中❶输入“季度销售统计”，❷单击“浏览到某个位置来存放数据库”按钮，如图3-2所示。

图3-2　设置文件名称

步骤03 打开“文件新建数据库”对话框，❶选择文件保存位置，❷单击“确定”按钮，如图3-3所示。

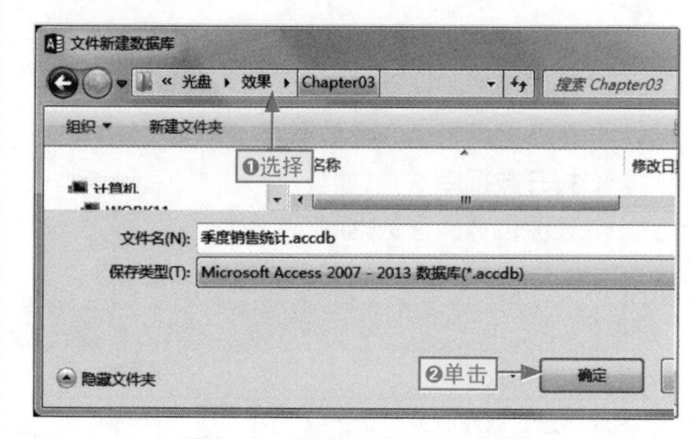

图3-3　设置文件保存位置

步骤04 返回到“空白桌面数据库”界面，单击“创建”按钮，如图3-4所示。

图3-4 确认创建

步骤05 可看到系统成功创建了名为“季度销售统计”的空白数据库，如图3-5所示。

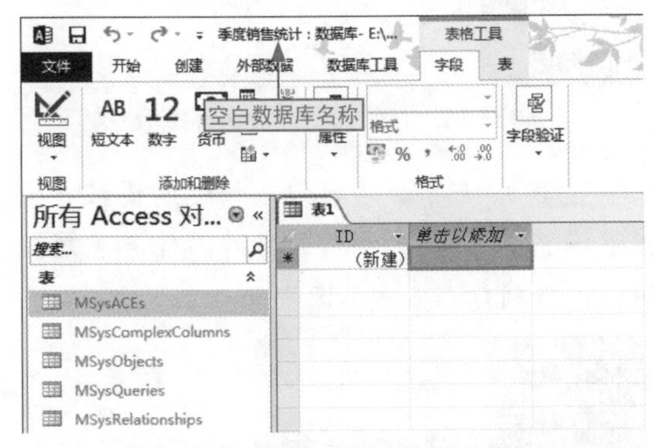

图3-5 查看创建的空白数据库

创建默认名称的空白数据库

若是我们要直接创建带有系统默认名称的空白数据库，如数据库1、数据库2等，而且不需要保存，可以在“新建”选项卡中双击“空白桌面数据库”图标，如图3-6所示。

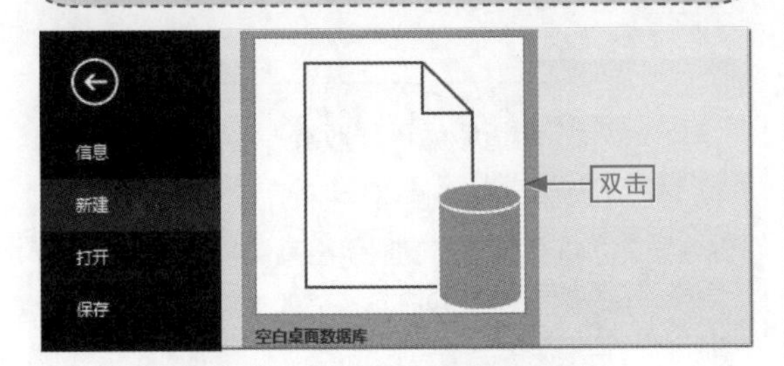

图3-6 快速创建空白数据库

3.1.2 使用模板创建数据库

如果我们要创建带有结构和样式的数据库，可使用系统中自带的模板来创建。

下面我们以直接使用系统中自带的“项目管理”模板来创建数据库为例，介绍具体操作。

本节素材	\素材\Chapter03\无
本节效果	\效果\Chapter03\项目管理.accdb
学习目标	学会创建带有结构和样式的数据库
难度指数	★

步骤01 在“新建”选项卡中单击“特色”超链接，如图3-7所示。

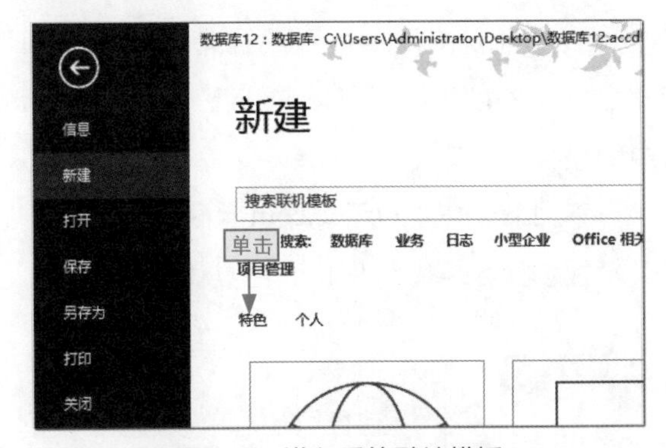

图3-7 进入系统默认模板

步骤02 双击“项目管理”图标，系统自动进行加载，如图3-8所示。

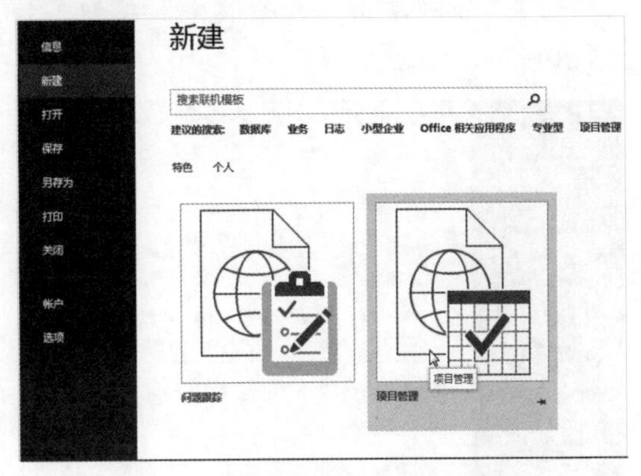

图3-8 根据模板进行数据库创建

步骤03 可以看到系统自动创建名为“项目管理”的带有结构样式的数据库，如图3-9所示。

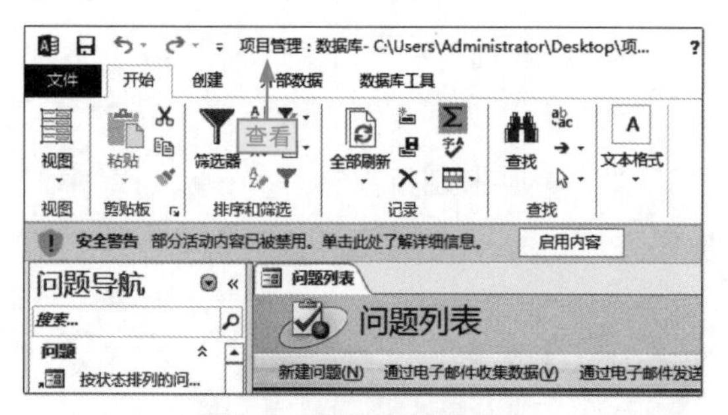

图3-9 数据库创建成功

3.1.3 在线搜索模板创建数据库

除了可以使用本地系统自带的模板来创建数据库外，我们还可以在线搜索Office.com中的模板来创建。

下面我们以在Office.com上搜索“任务”类模板创建数据库为例，介绍具体操作。

本节素材	⊙\素材\Chapter03\无
本节效果	⊙\效果\Chapter03\任务管理.accdb
学习目标	根据Office.com模板创建数据库
难度指数	★

步骤01 在“新建”界面的文本框中❶输入“任务”，❷单击“开始搜索”按钮，如图3-10所示。

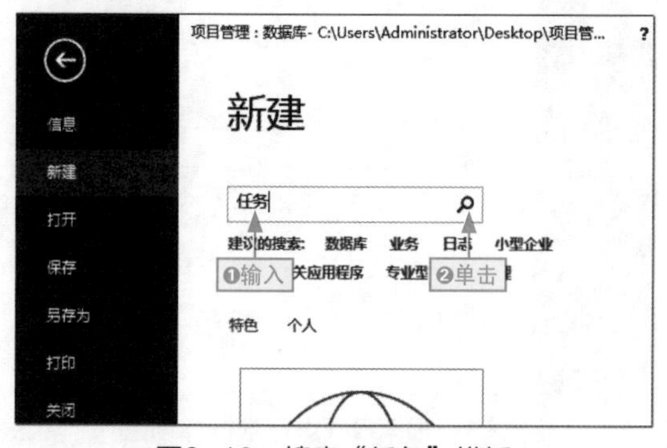

图3-10 搜索“任务”模板

快速搜索已有类模板

在“新建”界面中，对于已经存在的模板类名称，我们可以直接单击相应的超链接进行搜索，而不用在搜索文本框中再进行手动输入，如图3-11所示。

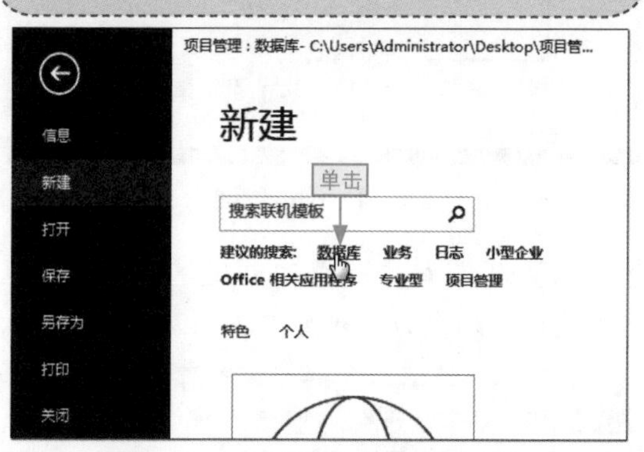

图3-11 在线搜索已有名称模板

步骤02 系统自动将相似或相近的模板搜索并显示出来，双击我们需要的“任务管理”图标进行创建，如图3-12所示。

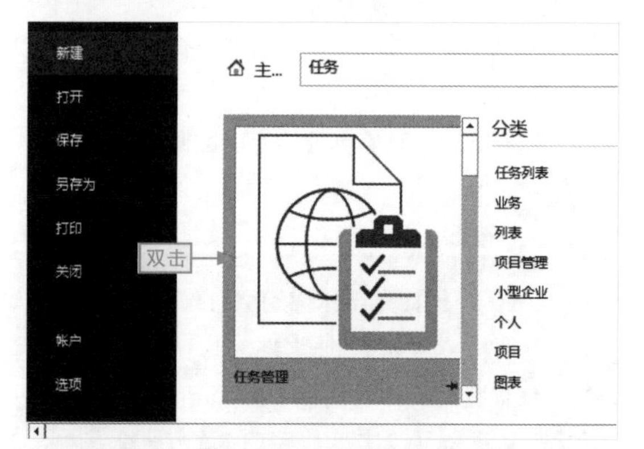

图3-12 根据搜索到的模板创建数据库

相近模板扩展搜索

在Office.com中搜索模板后，无论是否搜索到结果，系统都会在右侧显示出其他相似的模板超链接，供我们进行拓展搜索，只需单击相应的超链接即可进行搜索。

根据个人模板来创建数据库

若本地电脑上保存有数据库模板，我们可以通过它们来创建带有结构样式的数据库。其方法为：❶在“新建”选项卡中单击“个人”超链接，❷双击相应的模板图标，如图 3-13 所示。

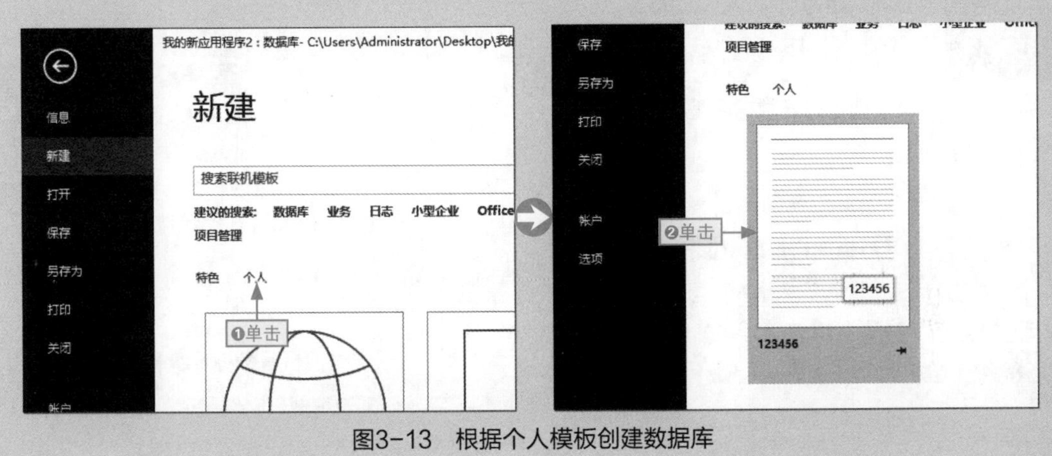

图3-13 根据个人模板创建数据库

3.2 数据库实用操作

小白：对数据库的操作，不只是新建吧？

阿智：当然，还有很多其他的实用操作，如打开、保存、另存、关闭以及转换等。

新建或编辑数据库后，我们可以将其保存、另存以及关闭等，同时也可对已有的数据库进行正常打开和转换。下面分别介绍数据库的这些实用操作。

3.2.1 打开数据库

对于本地电脑中保存的数据库，我们要对其进行查看编辑，只需将其直接打开，而不需要重新创建。

下面以打开“罗斯文数据库”为例，介绍具体操作。

本节素材	\素材\Chapter03\罗斯文数据库.accdb
本节效果	\效果\Chapter03\无
学习目标	学会正常打开数据库
难度指数	★

步骤01 在Backstage界面中，❶选择“打开”命令，❷双击“计算机”图标，如图3-14所示。

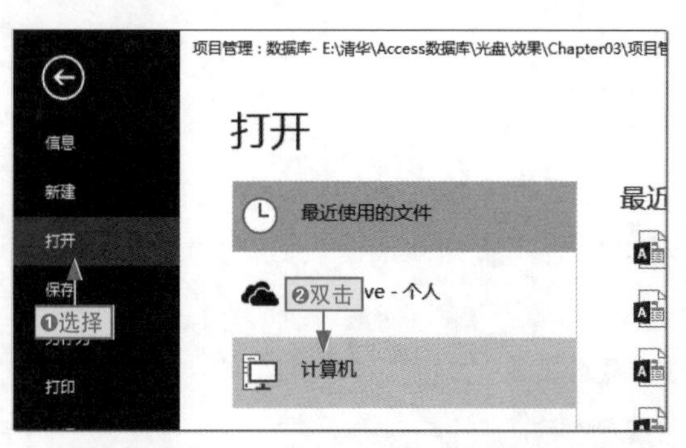

图3-14　选择打开数据库途径

打开最近使用过的数据库

若要打开最近使用过的数据库，可在“打开”界面中❶单击“最近使用的文件”图标，在右侧❷选择相应的数据库选项即可，如图 3-15 所示。

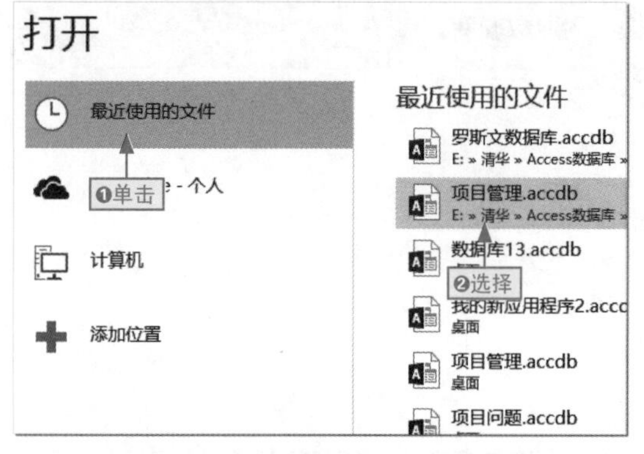

图3-15　打开最近使用过的数据库

步骤02 在“打开”对话框中，❶展开数据库所在的路径，❷选择“罗斯文数据库”选项，❸单击“打开”按钮，如图3-16所示。

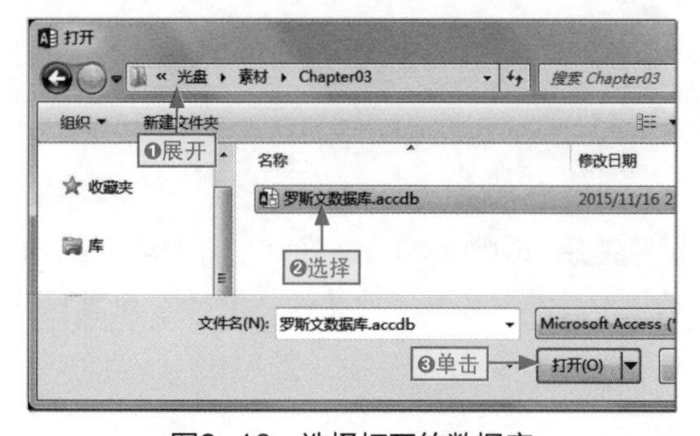

图3-16　选择打开的数据库

步骤03 系统自动打开罗斯文数据库，并显示为当前活动窗口，如图3-17所示。

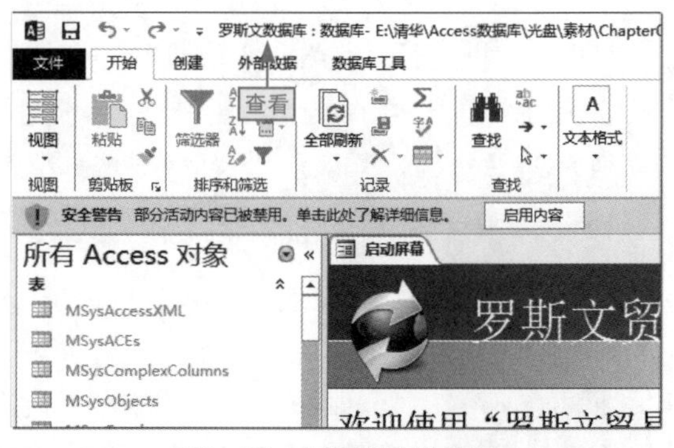

图3-17　打开指定数据库

直接打开数据库文件

若我们知道数据库文件保存的路径或位置，可直接将其找到并在其图标上右击，选择“打开”命令，如图 3-18 所示。

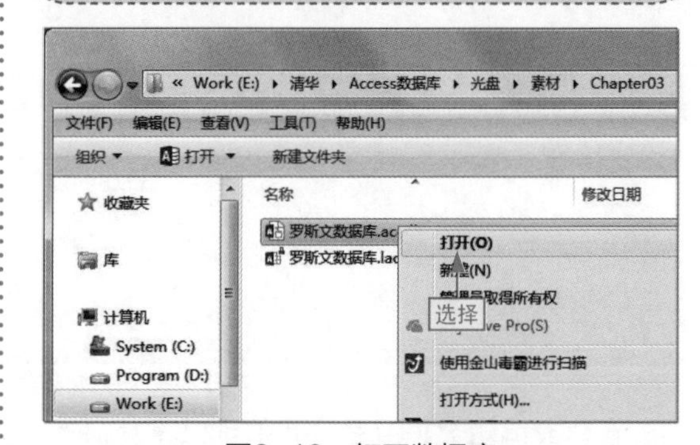

图3-18　打开数据库

3.2.2 在原位置保存数据库

我们对数据库进行编辑操作后，若要在原位置保存这些编辑操作，可通过这样几种操作来实现。下面分别进行介绍。

通过按钮或快捷键保存

在原有位置保存当前数据库最直接的方法就是按Ctrl+S组合键或单击快速访问工具栏中的“保存”按钮，如图3-19所示。

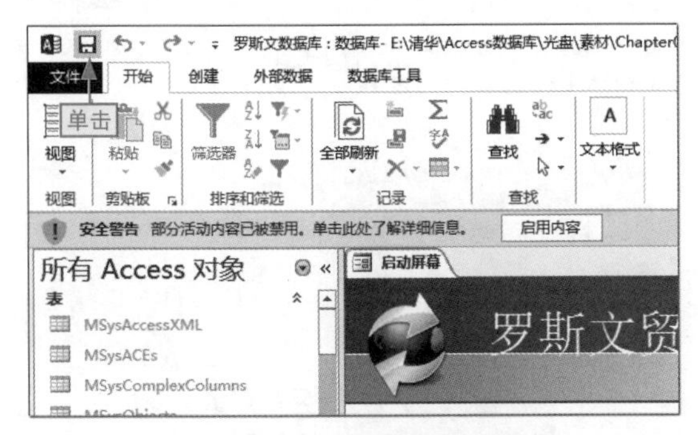

图3-19　通过按钮保存数据库

通过选项卡保存

单击“文件”选项卡进入Backstage界面，选择“保存”命令保存当前数据库，如图3-20所示。

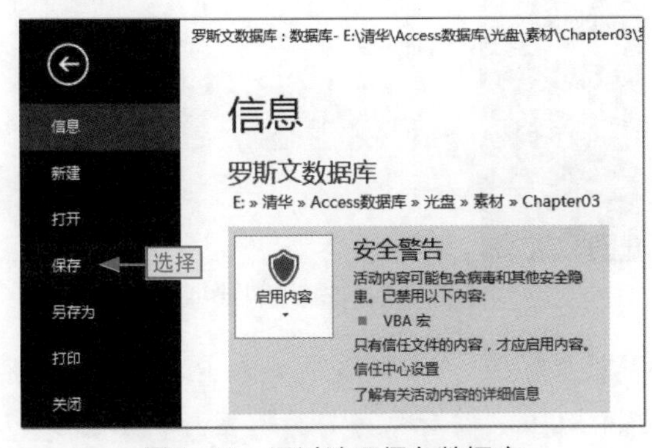

图3-20　通过选项保存数据库

3.2.3 将数据库另存为

若需要更改数据库保存的路径或名称，可直接通过数据库的另存为功能来轻松实现。

下面我们以将“罗斯文数据库”另存到“效果”文件夹路径下，并且以将名称更改为“罗斯文数据库1”为例，介绍具体操作。

本节素材	\素材\Chapter03\罗斯文数据库.accdb
本节效果	\效果\Chapter03\罗斯文数据库1.accdb
学习目标	学会另存数据库位置和名称
难度指数	★★

步骤01 在Backstage界面中❶选择“另存为”命令，❷单击“数据库另存为”图标，如图3-21所示。

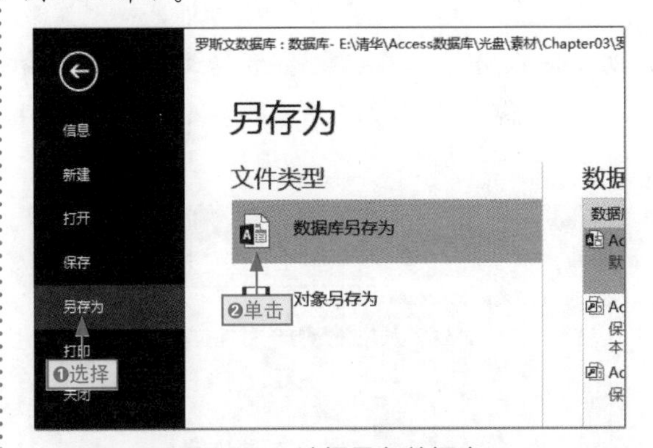

图3-21　选择另存数据库

步骤02 在右侧的“数据库另存为”列表框中双击“Access数据库”图标，如图3-22所示。

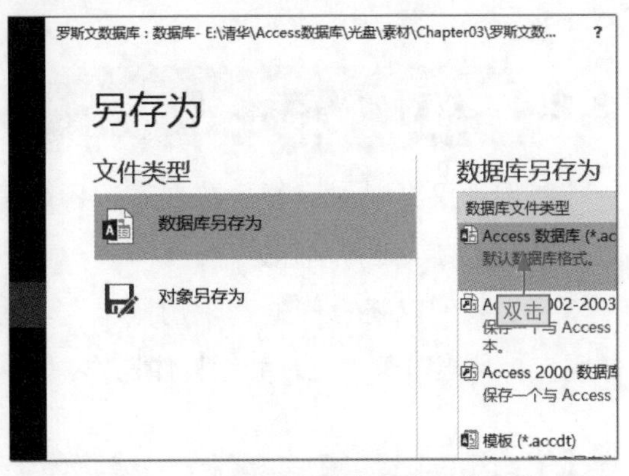

图3-22　选择另存为数据库文件类型

步骤03 在打开的提示对话框中单击“是”按钮，如图3-23所示。

图3-23　关闭当前数据库

步骤04 打开“另存为”对话框，❶设置数据库保存路径，在“文件名”文本框中❷输入文件名称，❸单击“保存”按钮，如图3-24所示。

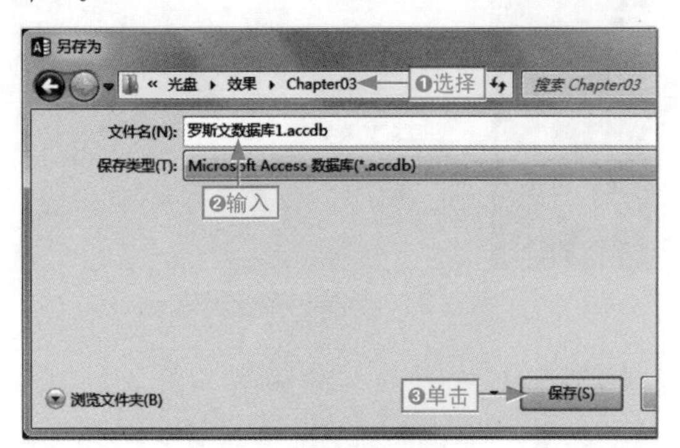

图3-24　设置保存路径和名称

3.2.4 将对象另存为

我们不仅可以另存整个数据库，还能将数据库中的对象进行单独另存。

下面我们以将打开的“采购订单”表对象另存为报表对象为例，介绍具体操作。

本节素材	⊙\素材\Chapter03\罗斯文数据库1.accdb
本节效果	⊙\效果\Chapter03\罗斯文数据库2.accdb
学习目标	掌握另存数据库对象的方法
难度指数	★★

步骤01 打开“罗斯文数据库1”素材文件，❶在“采购订单”表上右击，❷选择“打开”命令，❸单击“文件”选项卡，如图3-25所示。

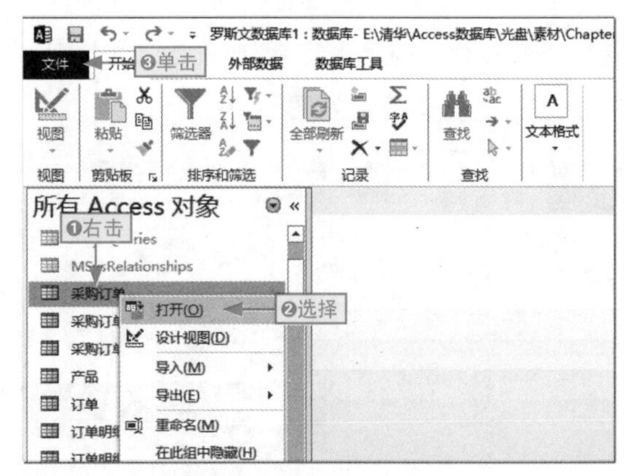

图3-25　打开另存对象

步骤02 进入Backstage界面，❶选择“另存为”命令，❷单击“对象另存为”图标，如图3-26所示。

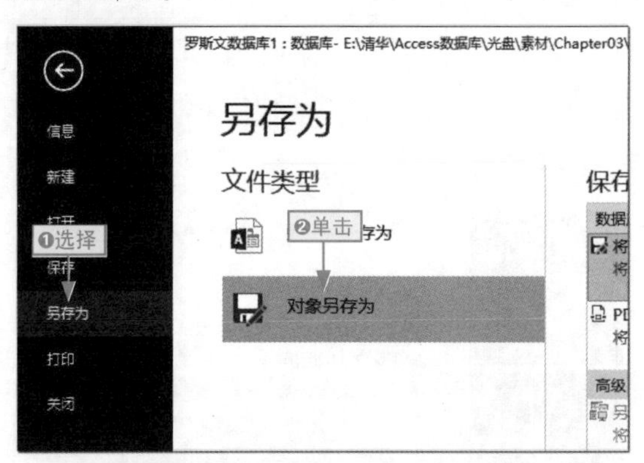

图3-26　选择文件类型

步骤03 在“保存当前数据库对象”列表框中双击“将对象另存为”图标，如图3-27所示。

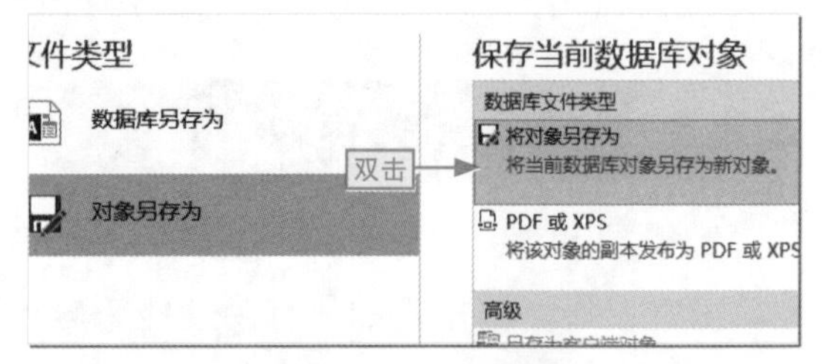

图3-27　另存对象

步骤04 打开"另存为"对话框，在"将'采购订单'另存为"文本框中❶输入"采购订单"，❷单击"保存类型"右侧的下拉选项按钮，❸选择"报表"选项，如图3-28所示。

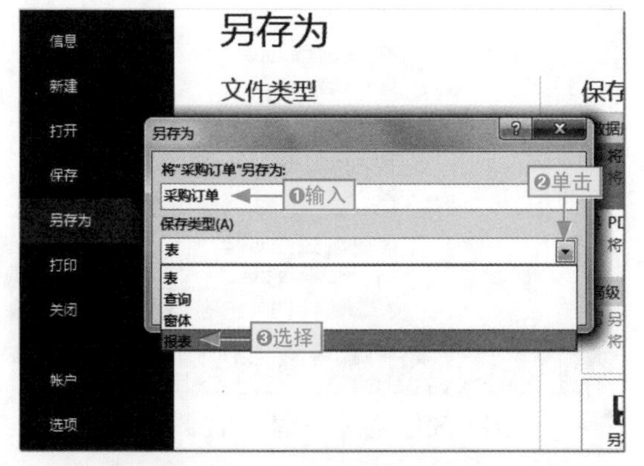

图3-28 设置对象另存方式

步骤05 单击"确定"按钮，系统自动将表对象保存为报表对象，并将其在当前数据库中打开，如图3-29所示。

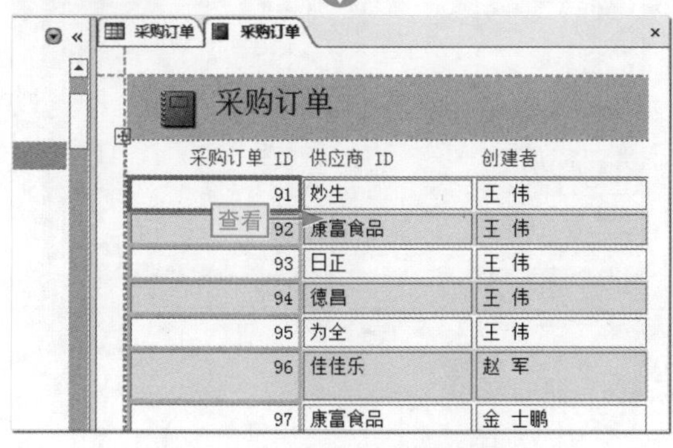

图3-29 完成另存对象的操作

3.2.5 关闭数据库

当我们不再需要使用当前数据库或完成相应操作、编辑后，可将其关闭。

下面我们就一起来了解关闭Access数据库的常用方法。

通过鼠标关闭

通过鼠标关闭数据库，有两种方法：一是单击"关闭"按钮，二是双击Access程序图标，如图3-30所示。

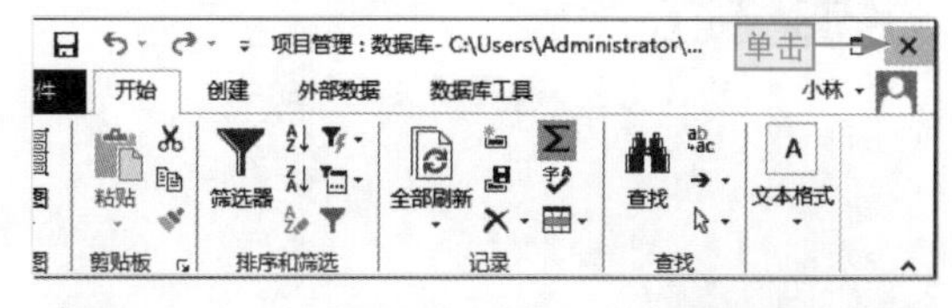

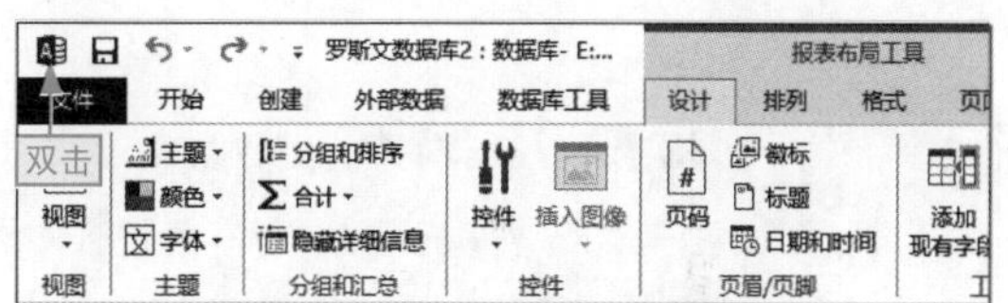

图3-30 通过鼠标关闭数据库

通过菜单命令关闭

在标题栏上右击或单击程序图标，从弹出的菜单中选择"关闭"命令，如图3-31所示。

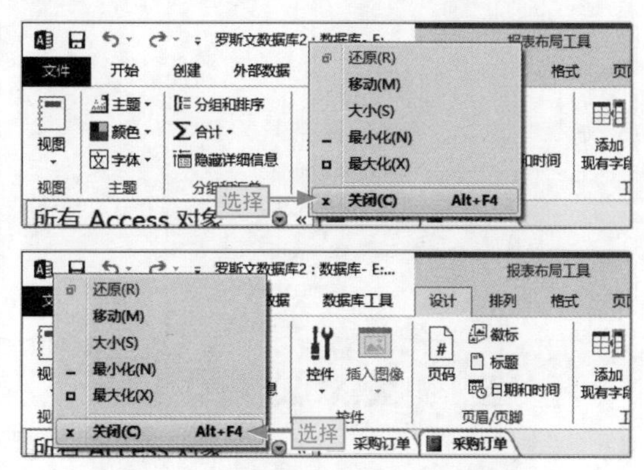

图3-31 通过菜单命令关闭数据库

通过选项关闭

单击“文件”选项卡进入Backstage界面，选择“关闭”命令，如图3-32所示。

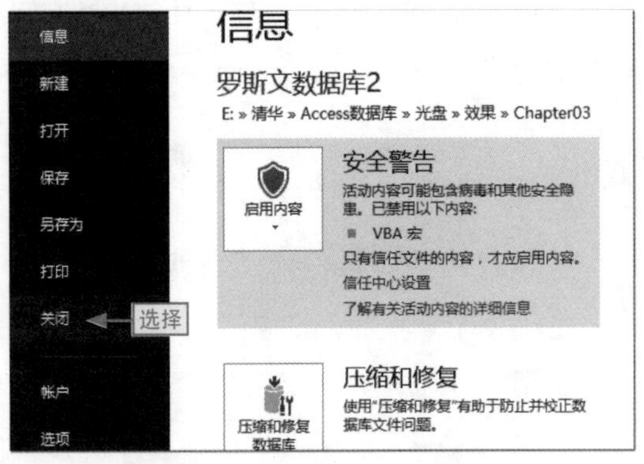

图3-32　选择“关闭”命令

通过任务栏关闭

在任务栏中的数据库程序图标上右击，选择“关闭窗口”命令关闭当前数据库，如图3-33所示。

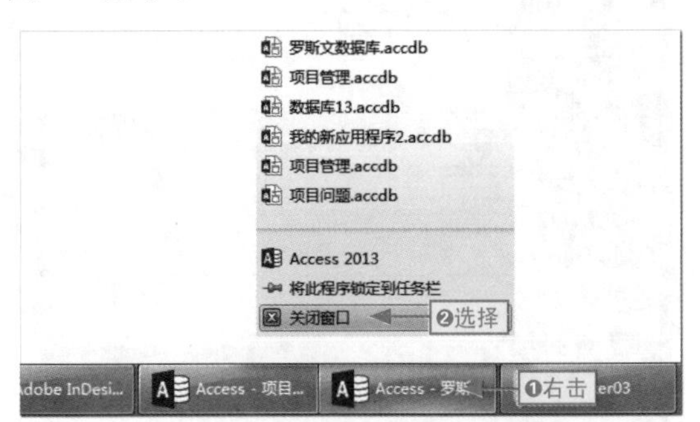

图3-33　通过任务栏关闭数据库

退出Access程序关闭数据库

上面介绍的关闭数据库的方法，基本上只能关闭当前数据库，若要一次性关闭所有数据库，我们可以通过Windows 任务管理器来轻松实现。

其方法为：在任务栏上❶右击，❷选择“启动任务管理器”命令，打开“Windows 任务管理器”对话框。❸单击“进程”选项卡，❹选择MSACCESS E...选项，❺单击“结束进程”按钮，❻单击“关闭”按钮，如图3-34所示。

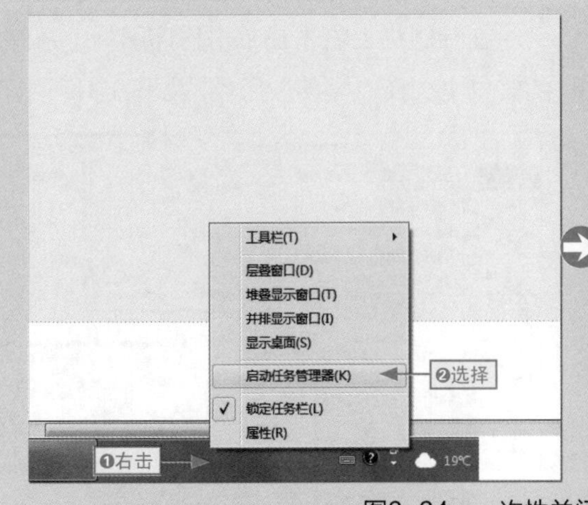

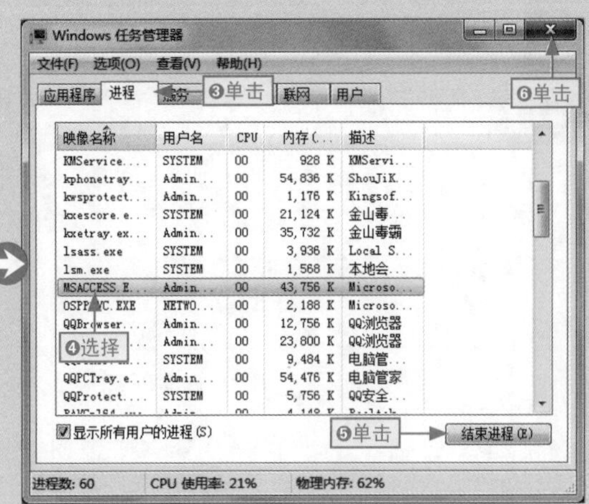

图3-34　一次性关闭所有打开的数据库

3.3 更改创建数据库时的默认参数

小白：我们可以更改Access的默认参数吗，如文件格式和保存位置？

阿智：当然可以，而且这些设置较为简单，很容易实现。

我们在使用Access创建数据库前，可以事先设置其默认的版本和保存位置，这样就可以轻松制作出想要的数据库并能在指定位置轻松地找到它。

3.3.1 更改数据库默认的创建格式

在Access 2013中可有3种文件格式：Access 2000、Access 2002-2003和Access 2007-2013，我们可以进行选择。

下面以设置Access 2002-2003文件格式为默认格式为例，其具体操作如下。

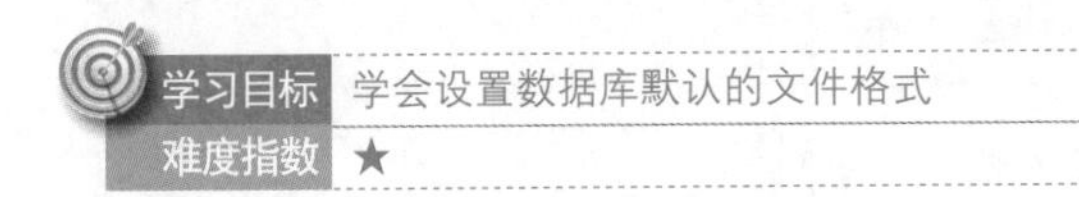

学习目标 学会设置数据库默认的文件格式

难度指数 ★

步骤01 在Backstage界面选择“选项”命令，如图3-35所示，打开“Access选项”对话框。

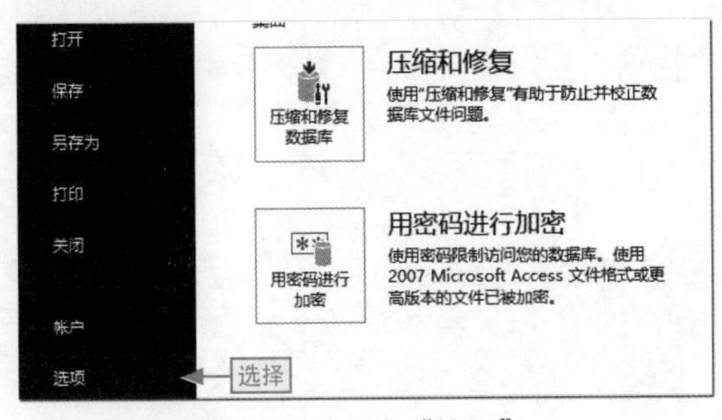

图3-35 单击“选项”

步骤02 在“常规”选项卡中，❶单击“空白数据库的默认文件格式”下拉选项按钮，❷选择Access 2002-2003选项，❸单击“确定”按钮，如图3-36所示。

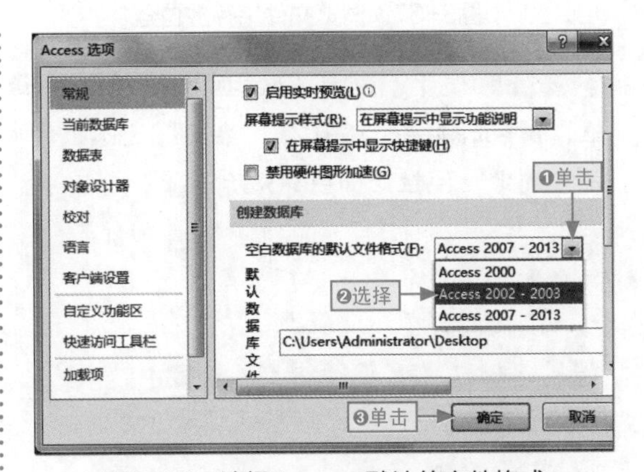

图3-36 选择Access默认的文件格式

3.3.2 更改数据库默认的创建位置

除了可以更改数据库默认的文件格式以外，我们还可以更改数据库文件默认的创建位置。

下面以将数据库文件默认的创建位置设置为桌面为例，介绍具体操作。

学习目标 学会设置数据库文件默认的创建位置

难度指数 ★

步骤01 打开“Access选项”对话框，单击“默认数据库文件夹”文本框右侧的“浏览”按钮，如图3-37所示。

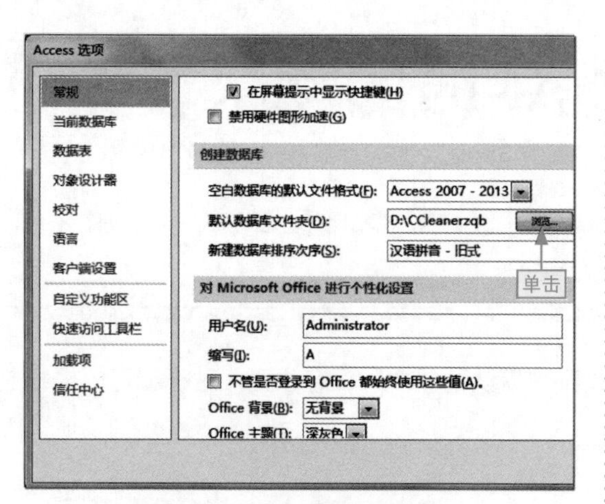

图3-37　浏览文件夹存放位置

步骤02 打开“默认的数据库路径”对话框，❶单击«按钮，❷选择“桌面”选项，❸单击“确定”按钮，如图3-38所示。

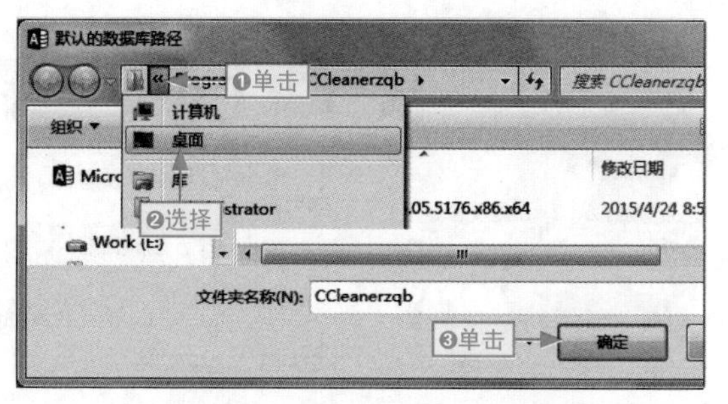

图3-38　选择文件夹存放位置

步骤03 返回到“Access选项”对话框，单击“确定”按钮确认，如图3-39所示。

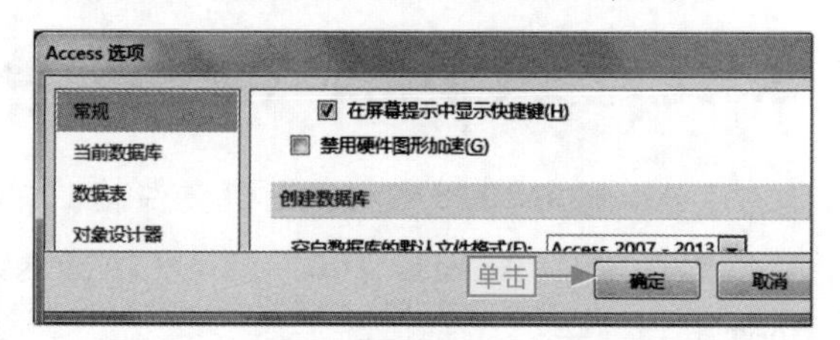

图3-39　确认数据库默认的创建路径

3.4 数据库安全设置

小白：我们制作的数据库，怎样保证数据的安全？

阿智：对于Access数据库，我们可以采用自动保存、备份、密码保护以及必要的修复等操作来保证其数据安全。

对于数据库数据的安全，我们可以在制作到结束的各个阶段进行保护，实现保护一条龙，而且操作和设置不复杂。

3.4.1 数据库备份

在制作和设置数据库的过程中或者在数据库完成后，可以对数据库进行备份，以防止数据库丢失或数据损坏，从而保证数据库的安全。

下面以备份“项目管理”数据库为例，介绍具体操作。

本节素材	\素材\Chapter03\项目管理.accdb
本节效果	\效果\Chapter03\项目管理_2015-11-17.accdb
学习目标	学会创建数据库文件副本
难度指数	★★

步骤01 打开“项目管理”素材文件，进入Backstage界面，❶选择“另存为”命令，❷单击“数据库另存为”图标，如图3-40所示。

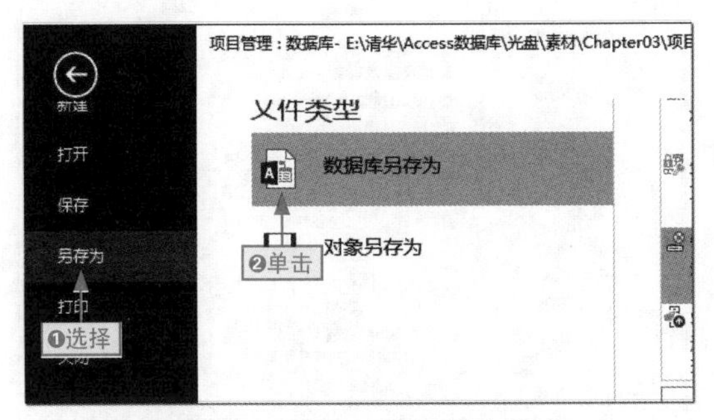

图3-40　选择另存数据库方式

步骤02 双击“备份数据库”图标，打开“另存为”对话框，如图3-41所示。

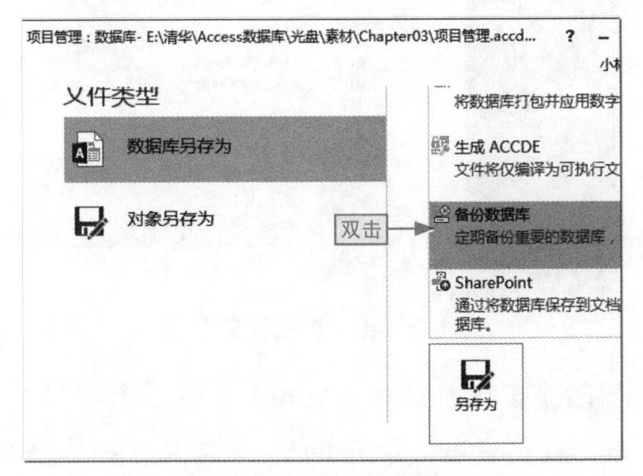

图3-41　备份数据库

步骤03 ❶设置备份文件保存的位置，❷单击“保存”按钮，如图3-42所示。

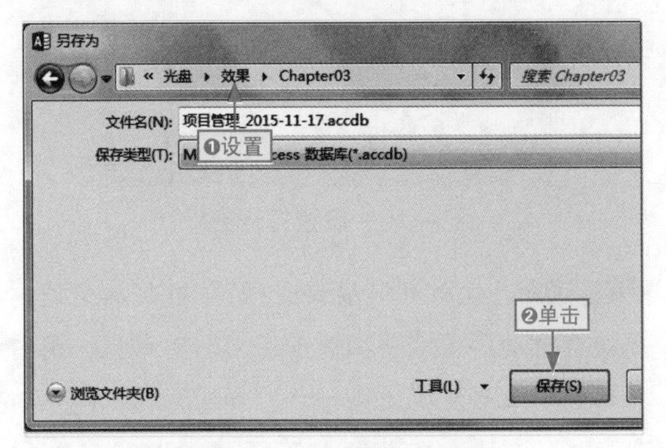

图3-42　设置备份位置

步骤04 返回到数据库中可以看到数据库文件，依旧是原文件处于当前活动状态，供用户进行编辑操作，如图3-43所示。

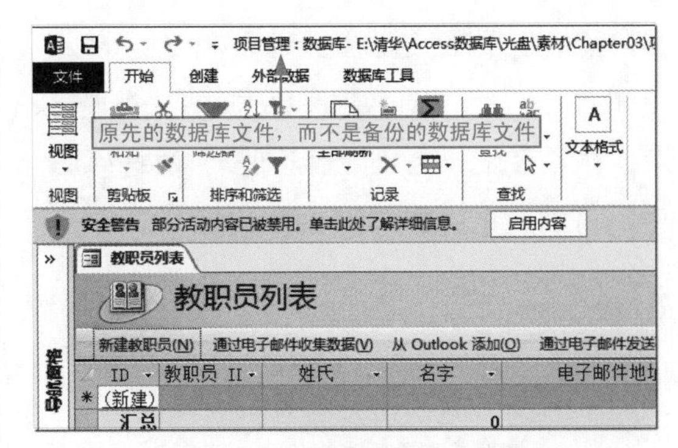

图3-43　查看当前数据库文件

3.4.2 压缩和修复数据库

我们的数据库文件有时可能会损坏，造成数据丢失，特别是在共享后，这时可以使用“压缩和修复”数据库功能来部分修复文件（前提是数据库文件有备份）。

其方法为：进入Backstage界面，选择“信息”命令，再单击“压缩和修复数据库”按钮，如图3-44所示。

学习目标　掌握恢复数据库部分数据的方法

难度指数　★

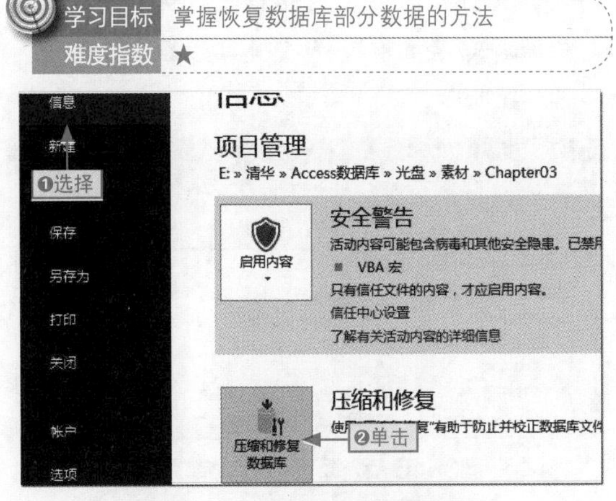

图3-44　压缩和修复数据库

3.4.3 数据库打开权限

保障数据库数据的安全不仅在于备份和修

复，我们还可以通过设置密码来防止他人随意修改和编辑，从而保证数据库数据或样式被损害。

下面我们以为“项目管理2”数据库添加密码为例，介绍具体操作。

本节素材	⊙\素材\Chapter03\项目管理2.accdb
本节效果	⊙\效果\Chapter03\项目管理2.accdb
学习目标	掌握为数据库添加保护密码的方法
难度指数	★★

步骤01 单击“文件”选项卡，进入Backstage界面，❶选择“打开”命令，❷双击“计算机”图标，如图3-45所示。

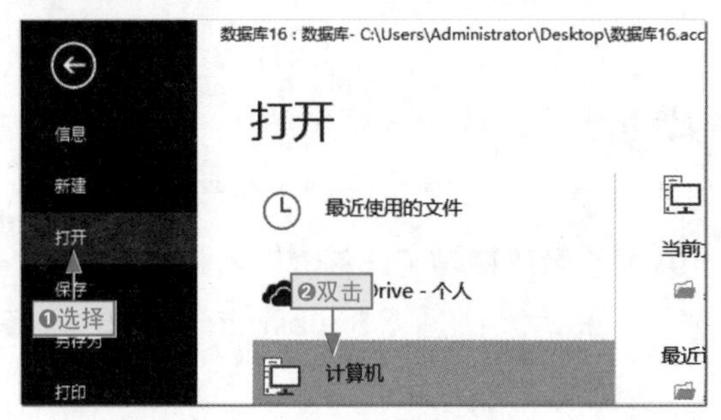

图3-45 打开本地文件

步骤02 在“打开”对话框中，❶选择数据库文件保存路径，❷选择“项目管理2”文件，如图3-46所示。

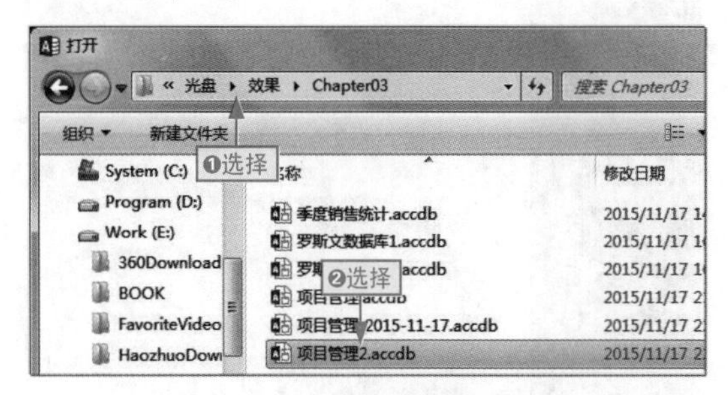

图3-46 选择目标数据库文件

步骤03 ❶单击“打开”按钮右侧的下拉按钮，❷选择“以独占方式打开”选项，如图3-47所示。

步骤04 返回到数据库，进入Backstage界面，❶选择“信息”命令，❷单击“用密码进行加密”按钮，图3-48所示。

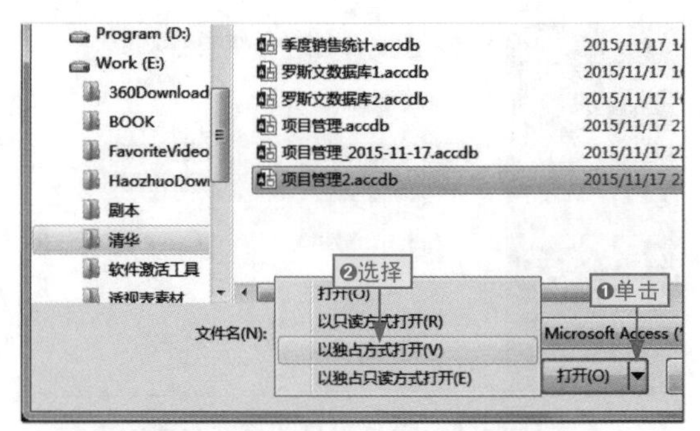

图3-47 以独占方式打开文件

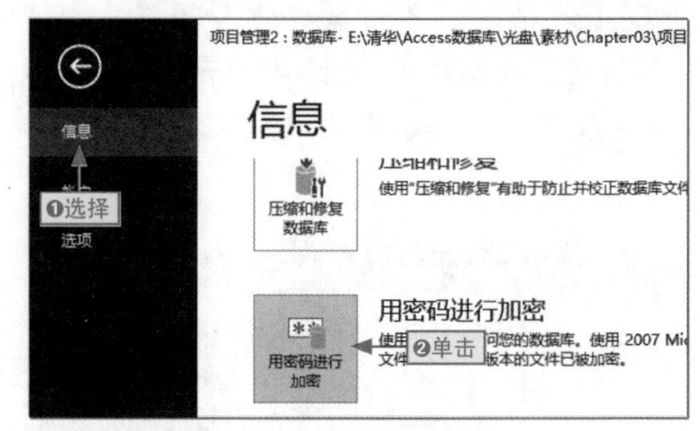

图3-48 加密数据库

步骤05 打开“设置数据库密码”对话框，分别在“密码”和“验证”文本框中❶输入相同的密码，这里输入“123456”，❷单击“确定”按钮，如图3-49所示。

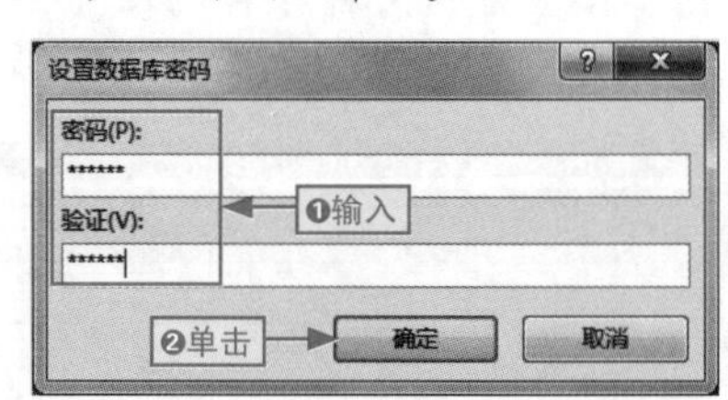

图3-49 设置打开密码

步骤06 再次打开“项目管理2”数据库文件，系统会自动弹出“要求输入密码”对话框，用户必须输入正确密码才能打开，如图3-50所示。

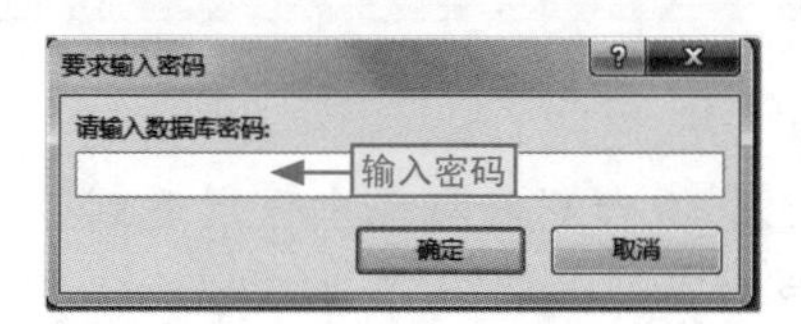

图3-50 输入打开密码

解除数据库文件的加密设置

当我们不需要再对数据库文件进行加密时，可以将其解除，其方法为：以独占方式打开数据库文件（加密的时候也必须以独占方式打开），进入Backstage界面，❶选择“信息”命令，❷单击“解密数据库”按钮，打开“撤销数据库密码”对话框，在“密码”文本框中❸输入设置的密码，❹单击“确定”按钮即可完成，如图3-51所示。

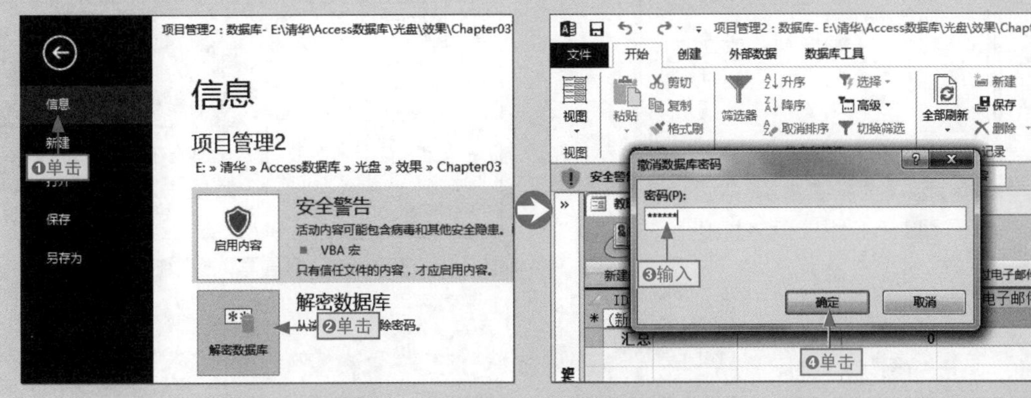

图3-51 解除数据库文件的加密密码

3.4.4 数据库写入权限

若数据库可以让他人查看，但不允许他人写入，则可以设置数据库文件的写入权限。

下面我们以为“罗斯文数据库3”数据库文件指定用户写入权限为例，介绍具体操作。

本节素材	⊙\素材\Chapter03\罗斯文数据库3.accdb
本节效果	⊙\效果\Chapter03\罗斯文数据库3.accdb
学习目标	学会设置数据库文件的写入权限
难度指数	★★

步骤01 ❶找到“罗斯文数据库3”素材文件并在其上右击，❷选择“属性”命令，如图3-52所示。

步骤02 打开“罗斯文数据库3.accdb属性”对话框，❶单击“安全”选项卡，❷单击“编辑”按钮，如图3-53所示。

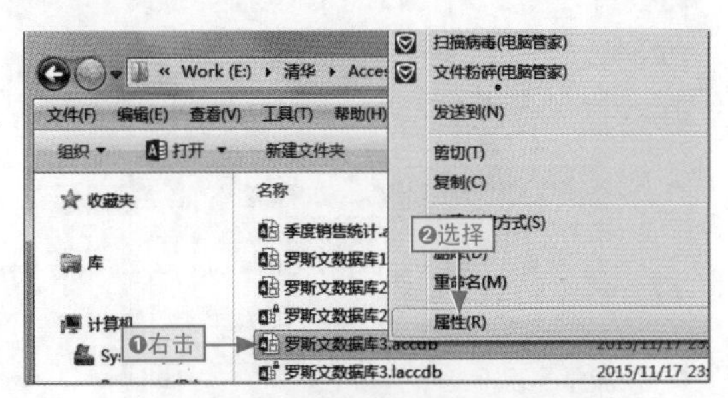

图3-52 选择“属性”命令

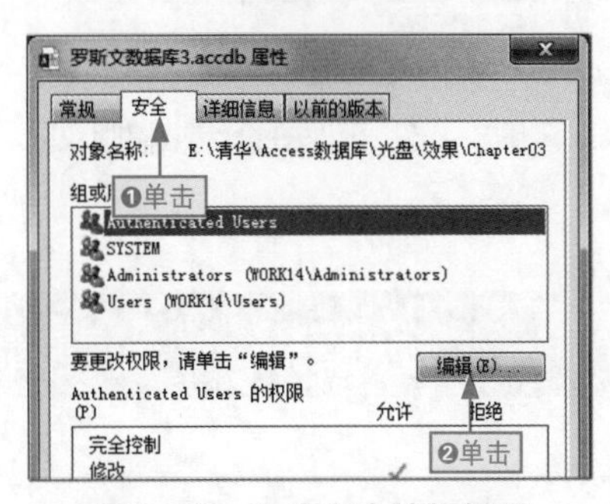

图3-53 更改安全编辑权限

步骤03 ❶选择要设置写入权限的组或用户选项，在权限列表框中❷选中“写入”对应的

“拒绝”复选框，❸单击“确定”按钮，如图3-54所示。

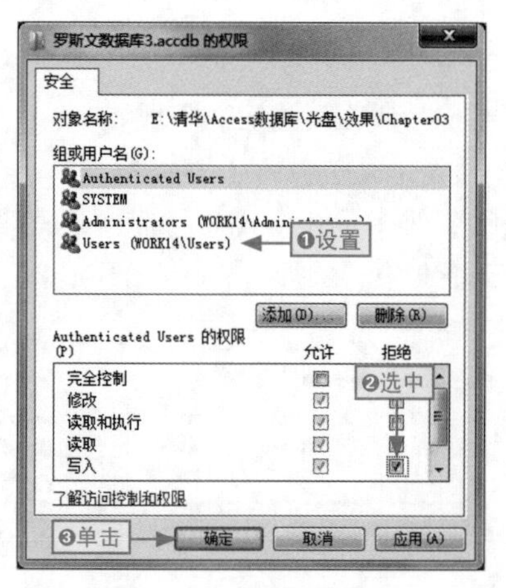

图3-54　限制写入权限

解除写入权限

我们要解除数据库文件的写入控制权限有两种方法：一是在属性对话框的“安全”选项卡中，❶取消选中“拒绝”列下的“写入”复选框，❷单击“确定”按钮，如图3-55所示；二是另存一份副本文件。

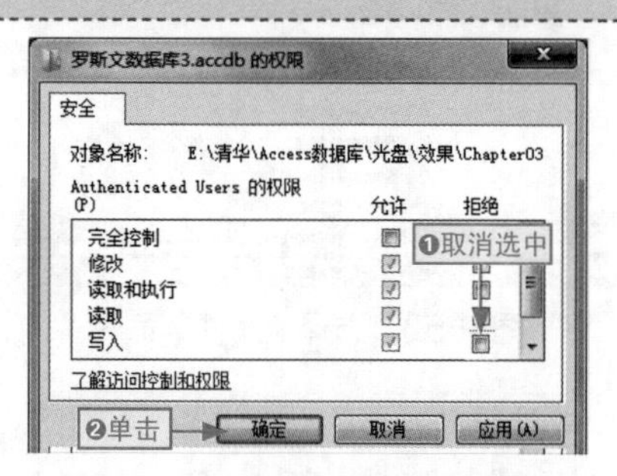

图3-55　更改安全编辑权限

步骤04 打开“罗斯文数据库3”文件，系统自动提示文件是以只读方式打开，若要编辑请另存的字样，如图3-56所示。

图3-56　查看写入权限控制效果

所有用户只读

要设置所有用户对数据库文件的只读效果，可以在数据库文件的“属性”对话框中，❶选中“只读”复选框，❷单击“确定”按钮，如图3-57所示。

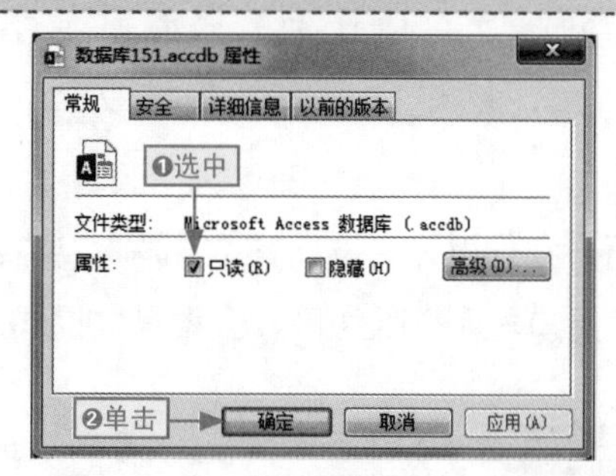

图3-57　设置所有用户为只读

给你支招 | 定制最近使用数据库文件条目

小白：阿智，在最近打开文件的界面中，我看到许多条打开过的文件记录，可以将其清除或设置少一些吗？

阿智：这些打开的数据库文件记录条数是可以进行手动设置的，而且操作很简单。比如我们设置最近打开记录为0条，其具体操作如下。

步骤01 在Backstage界面中选择“选项”命令，如图3-58所示，打开“Access选项”对话框。

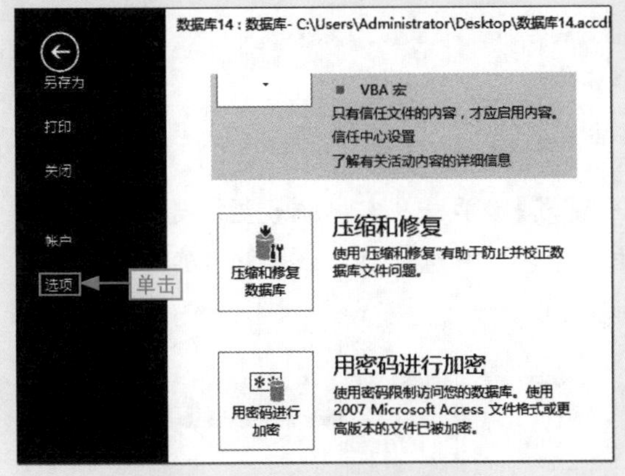

图3-58 打开Access选项

步骤02 ❶单击“客户端设置”选项卡，❷在“显示此数目的最近使用的数据库”数值框中输入“0”，❸单击“确定”按钮，如图3-59所示。

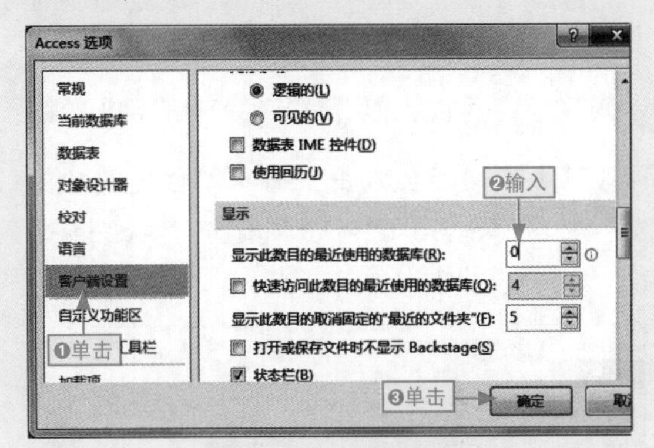

图3-59 设置数值为0

给你支招 | 如何在关闭数据库时实现自动压缩

小白：压缩和修复是防止数据库文件意外损坏的方法之一，除了手动操作外，可以让系统自动进行压缩吗？

阿智：让系统自动压缩数据库是可以实现的，而且是在每次关闭数据库时自动进行，其具体操作如下。

步骤01 在Backstage界面中选择“选项”命令，如图3-60所示，打开“Access选项”对话框。

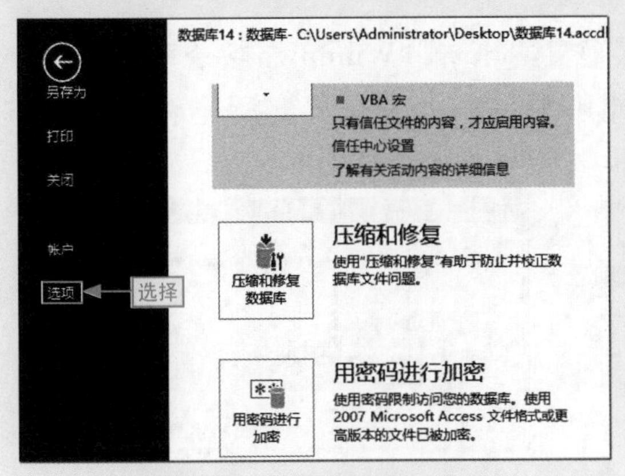

图3-60 选择“选项”命令

步骤02 ❶单击“当前数据库”选项卡，❷选中“关闭时压缩”复选框，❸单击“确定”按钮，如图3-61所示。

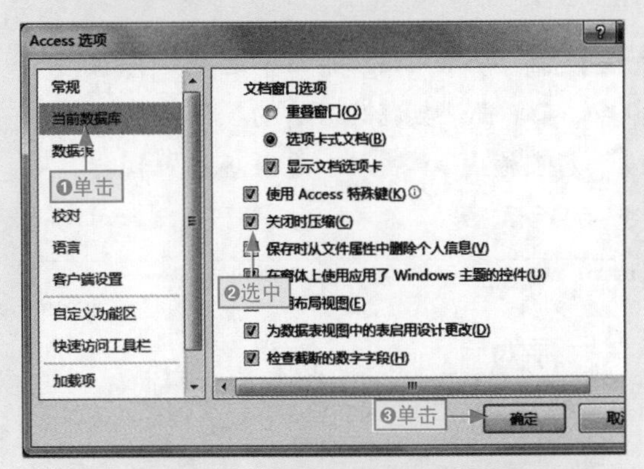

图3-61 设置关闭时压缩数据库

给你支招 | 让系统默认以独占方式打开数据库

小白：我们在为数据库文件加密或解密前，都要求以独占方式打开数据库，显得有些麻烦，可以让系统默认的打开方式就是独占吗？

阿智：当然可以。我们只需在客户端的高级设置中进行简单设置即可，其具体操作如下。

步骤01 在功能区右击，选择“自定义功能区”命令，如图3-62所示，打开“Access选项”对话框。

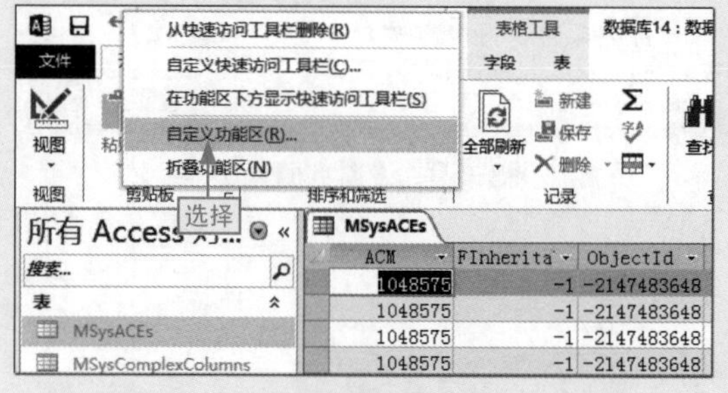

图3-62 选择“自定义功能区”命令

步骤02 ❶单击“客户端设置”选项卡，❷选中“独占”单选按钮，❸单击“确定”按钮，如图3-63所示。

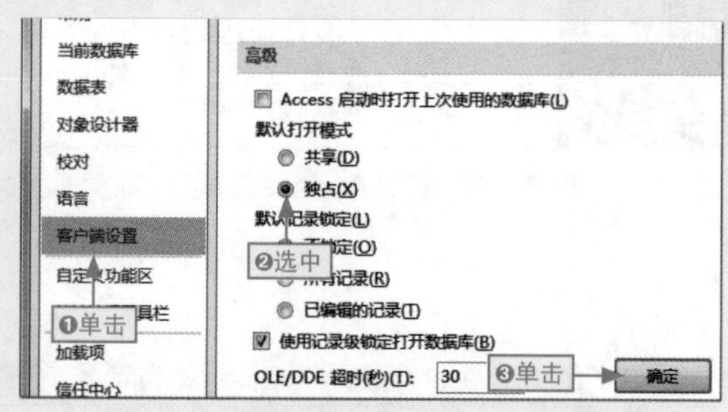

图3-63 设置默认的打开方式为独占

给你支招 | 巧给数据库一份签名“驾照”

小白：我们在将数据库发送给他人的过程中，怎样保证数据库数据的真实、安全或没有被改动过？

阿智：要保证数据库自始至终的完整、真实以及安全，我们可以给数据库文件添加一份临时签名，其具体操作如下。

步骤01 在Backstage界面中选择“另存为”命令，❶单击“数据库另存为”图标，在“高级”列表框中❷单击“打包并签署”图标，如图3-64所示。

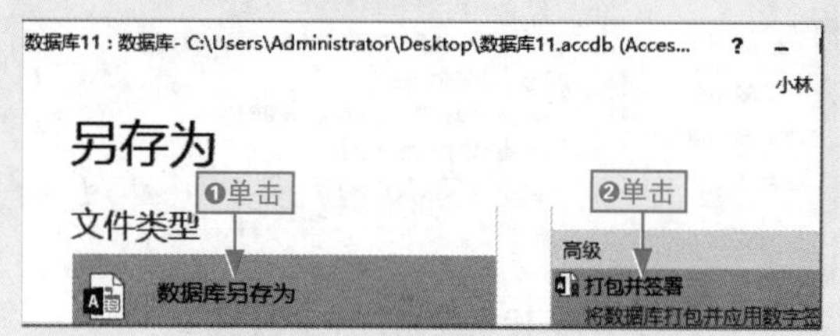

图3-64 启用数字签名功能

步骤02 打开“Windows 安全”对话框，并自动提供已有的数字签名证书，单击“确定”按钮，如图3-65所示。

图3-65 为数据库添加数字签名

Chapter 04

表的创建与使用

学习目标

数据表是Access数据库中最基本的对象之一，也是其他对象创建数据的基础之一，所以它显得尤为重要。本章我们主要讲解表的创建和使用方面的知识，如创建表的常用方法、表关系的搭建和主键的设置等。帮助用户全方位掌握数据表的操作和使用。

本章要点

- 数据表结构
- 数据表视图
- 字段类型
- 数据表关系
- 关闭数据表
- 复制数据表
- 重命名数据表
- 移动数据表
- 创建复合主键
- 建立表间关系

知识要点	学习时间	学习难度
创建 Access 数据表	15 分钟	★
数据表最基本的操作	20 分钟	★★
设置主键 Key	20 分钟	★★

4.1 必备的数据表知识

小白：阿智，在前面我们已经学习掌握了数据库知识，这下可以直接进行数据库的操作吗?

阿智：哈哈，你有点着急了。在使用数据库前，我们需要先了解数据表的一些必备知识。

我们在使用表前，首先应了解数据表的结构、视图、表之间的关系以及数据的类型和字段属性。

4.1.1 数据表结构

数据表是简单的二维结构，主要由两大部分构成：字段名称和记录，如图4-1所示。

学习目标 了解和认识数据表结构
难度指数 ★

订单明细

ID	订单 ID	产品	数量	单价
27	30	啤酒	100	￥14.00
28	30	葡萄干	30	￥3.50
29	31	海鲜粉	10	￥30.00
30	31	猪肉干	10	￥53.00
31	31	葡萄干	10	￥3.50
32	32	苹果汁	15	￥18.00
33	32	柳橙汁	20	￥46.00
34	33	糖果	30	￥9.20
35	34	糖果	20	￥9.20
36	35	玉米片	10	￥12.75

字段名称
单条记录

图4-1 数据表结构

4.1.2 数据表视图

数据表视图有两种，分别是数据表视图（默认视图）和设计视图，下面分别进行介绍。

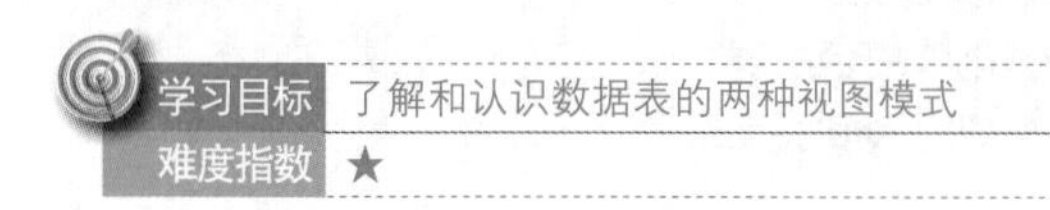
学习目标 了解和认识数据表的两种视图模式
难度指数 ★

数据表视图

主要用来进行数据记录的添加、删除、查看、排序和筛选以及其他操作等，用于实际操作和管理，如图4-2所示。

订单明细

ID	订单 ID	产品	数量	单价
27	30	啤酒	100	￥14.00
28	30	葡萄干	30	￥3.50
29	31	海鲜粉	10	￥30.00
30	31	猪肉干	10	￥53.00
31	31	葡萄干	10	￥3.50
32	32	苹果汁	15	￥18.00
33	32	柳橙汁	20	￥46.00
34	33	糖果	30	￥9.20
35	34	糖果	20	￥9.20
36	35	玉米片	10	￥12.75
37	36	虾子	200	￥9.65
38	37	胡椒粉	17	￥40.00
39	38	柳橙汁	300	￥46.00
40	39	玉米片	100	￥12.75
41	40	绿茶	200	￥2.99
42	41	柳橙汁	300	￥46.00

数据表视图

图4-2 数据表视图

设计视图

主要用来修改字段名称、数据类型、字段大小、自动编号、主键、索引以及字段格式等数据表属性，如图4-3所示。

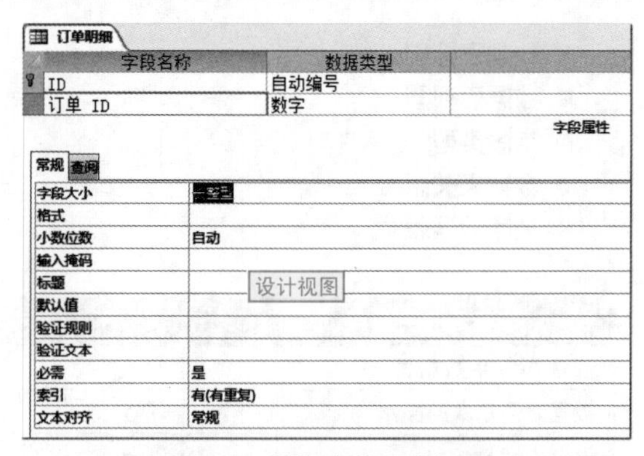

图4-3 数据表的设计视图

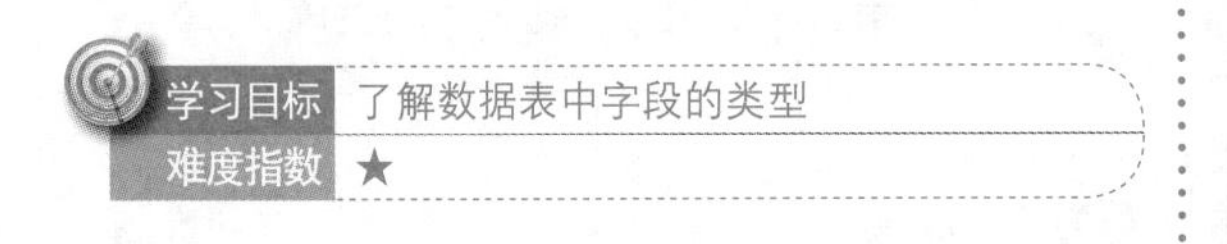

4.1.3 字段类型

数据表中记录数据的字段类型大体有10种，其中常用的字段类型包括：文本、数字、货币、日期/时间、自动编号、是/否等。下面分别对这10种字段类型进行介绍。

学习目标　了解数据表中字段的类型
难度指数　★

文本

文本字段类型主要用来描述和存储文本和字符，分为长文本和短文本。其中长文本字段的长度可等于或超过255个字符，短文本如图4-4所示。

订单明细 | 订单明细状态

状态 ID	状态名	单击以添加
0	无	
1	已分派	
2	已开票	
3	已发货	
4	已订	
5	无库存	

短文本

图4-4　短文本字段类型

数字

主要用来存储数值数据，如年龄、数量、单价、总计等，如图4-5所示的“数量”和“状态”列就是数字字段类型。

订单明细

产品	数量	单价	折扣	状态 ID	分派
啤酒	100	¥14.00	0.00%	2	
葡萄干	30	¥3.50	0.00%	2	
海鲜粉	10	¥30.00	0.00%	2	
猪肉干	10	¥53.00	0.00%	2	
葡萄干	10	¥3.50	0.00%	2	
苹果汁	15	¥18.00	0.00%	2	
柳橙汁	20	[illegible]	[illegible]	2	
糖果	30	¥9.20	0.00%	2	
糖果	20	¥9.20	0.00%	2	
玉米片	10	¥12.75	0.00%	2	
虾子	200	¥9.65	0.00%	2	
胡椒粉	17	¥40.00	0.00%	2	

数字字段类型

图4-5　数字字段类型

货币

主要用来描述或存储一些与金钱有关的数据，如单价、销售额、成本、利润等，如图4-6所示的“单价”列就是货币字段类型。

订单明细

产品	数量	单价	折扣	状态 ID	分派
啤酒	100	¥14.00	0.00%	2	
葡萄干	30	¥3.50	0.00%	2	
海鲜粉	10	¥30.00	0.00%	2	
猪肉干	10	¥53.00	0.00%	2	
葡萄干	10	¥3.50	0.00%	2	
苹果汁	15	¥18.00	0.00%	2	
柳橙汁	20	¥46.00	0.00%	2	
糖果	30	¥9.20	[illegible]	[illegible]	
糖果	20	¥9.20	0.00%	2	
玉米片	10	¥12.75	0.00%	2	
虾子	200	¥9.65	0.00%	2	
胡椒粉	17	¥40.00	0.00%	2	
柳橙汁	300	¥46.00	0.00%	2	
玉米片	100	¥12.75	0.00%	2	
绿茶	200	¥2.99	0.00%	2	

货币类型

图4-6　货币字段类型

超链接

用来存储超链接跳转的特殊字符、对象。通常带有蓝色的下划线，如图4-7所示的“电子邮件”列就是超链接字段类型。

姓氏	名字	电子邮件地址
张	颖	nancy@northwindtraders.com
王	伟	andrew@northwindtraders.com
李	芳	jan@northwindtraders.com
郑	建杰	mariya@northwindtraders.com
赵	[illegible]	steven@northwindtraders.com
孙	林	michael@northwindtraders.com
金	士鹏	robert@northwindtraders.com
刘	英玫	laura@northwindtraders.com
张	雪眉	anne@northwindtraders.com

超链接字段类型

图4-7　超链接字段类型

是/否

是/否布尔类型主要用来存储布尔值并进行判断，如图4-8所示的“转入库存”列为布尔字段类型。

采购订单明细

数量	单位成本	接收日期	转入库存	库存 ID	单击
100	￥9.00	2006/1/22	☑	54	
40	￥16.00	2006/1/22	☑	55	
40	￥16.00	2006/1/22	☑	56	
100	￥19.00	2006/1/22	☑	40	
40		/1/22	☑	41	
40	30.00	2006/1/22	☑	42	
40	￥17.00	2006/1/22	☑	43	
40	￥29.00	2006/1/22	☑	44	
20	￥7.00	2006/1/22	☑	45	
40	￥61.00	2006/1/22	☑	46	

是/否字段类型

图4-8　布尔字段类型

附件

主要存储一些数字图像等二进制文件，常见的是图像照片等，如图4-9所示。

再订购数量	类别	📎	单击以添加
10	饮料	📎(0)	
25	调味品	📎(0)	
10	调味品	📎(0)	
10	调味品	📎(0)	
25	果	📎(0)	
10	干果和坚果	📎(0)	
10	调味品	📎(0)	
10	干果和坚果	📎(0)	
10	水果和蔬菜罐头	📎(0)	

附件字段类型

图4-9　附件字段类型

日期/时间

主要用来存储与时间和日期相关的数据，如接收日期、交货日期、出/入库日期时间等，如图4-10所示。

员工	客户	订单日期	发货日期	运货商
雪眉	文成	2016/1/15	2016/1/22	统一包裹
芳	国顶有限公司	2016/1/20	2016/1/22	急速快递
建杰	威航货运有限公	2016/1/22	2016/1/22	统一包裹
林	迈多贸易	2016/1/30	2016/1/31	联邦货运
雪眉	国顶有限公司	2016/2/6	2016/2/7	联邦货运
芳	东旗	2016/2/10	2016/2/12	统一包裹
		2016/2/23	2016/2/25	统一包裹
英玫	森通	2016/3/6	2016/3/9	统一包裹
雪眉	康浦	2016/3/10	2016/3/11	联邦货运
芳	迈多贸易	2016/3/22	2016/3/24	联邦货运
建杰	广通	2016/3/24	2016/3/24	统一包裹
颖	国皓	2016/3/24		

日期和时间字段类型

图4-10　日期/时间字段类型

自动编号

主要用来为添加的数据字段进行自动编号，保证数字记录的唯一性，常用于各种ID字段，如图4-11所示。

运货商

ID	公司	姓氏	名字	电子邮件地址
1	急速快递			
2	统一包裹			
3	联邦货运			
(新建)				

自动编号字段类型

图4-11　自动编号字段类型

计算

主要是通过预定的表达式来对指定字段数值进行计算，并返回结果。

查阅向导

主要用来构建一个组合框，用于进行字段值的输入。其中字段值可以是表或查询中的引用，也可以是手动输入的值。

4.1.4 数据表关系

在数据库中，我们通过主键和外键将多个数据表中指定字段关联起来，建立起关系，从而方便数据的查询、编辑和操作等。在数据库中，表的关系大体分为3种：一对一、一对多和多对多。下面分别进行介绍和展示。

一对一关系

相互关联的表之间记录对应都是一对一的关系，即每条记录对应唯一一条记录。

图4-12所示为一对一关系的实际应用样

式，图4-13所示为一对一关系示意图。

图4-12　一对一关系实际应用

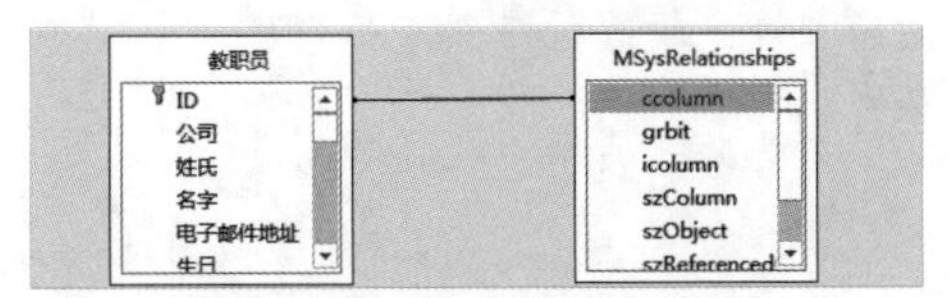

图4-13　一对一关系示意图

一对多关系

一对多，我们可以简单地理解为一条记录对应其他表中的多条记录。图4-14所示为一对多关系实际应用样式，图4-15所示为一对多关系示意图。

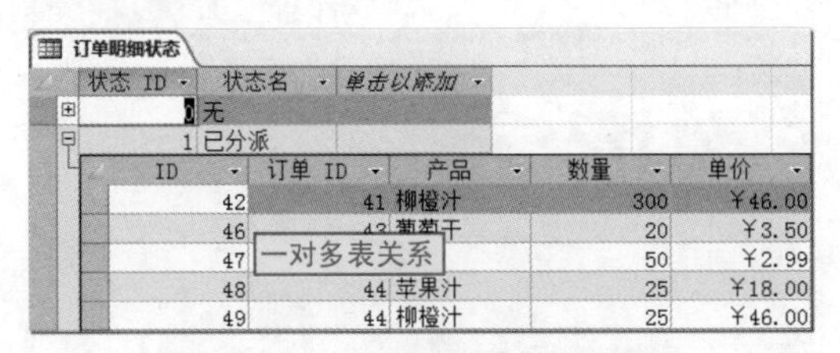

图4-14　一对多关系实际应用

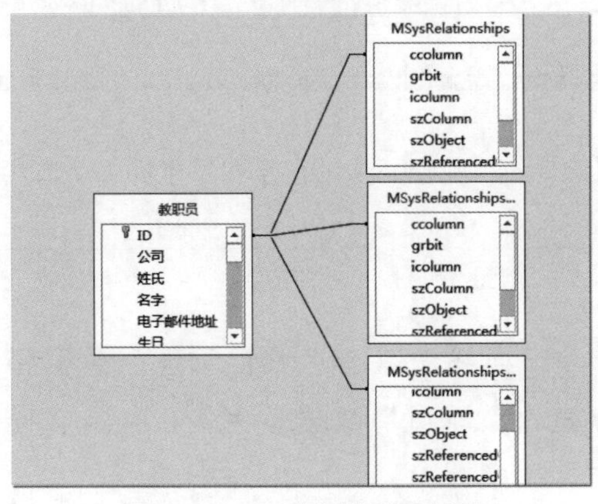

图4-15　一对多关系示意图

多对多关系

多对多，我们可以简单地理解为多个表中的多条记录相互关联，相对复杂一些。

图4-16所示为多对多关系实际应用样式，图4-17所示为多对多的表关系示意图。

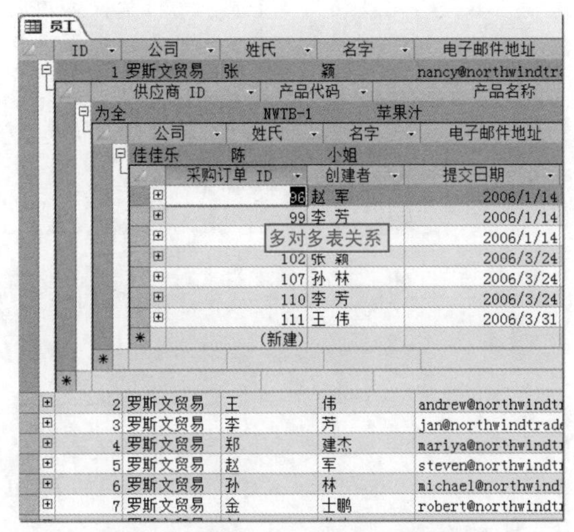

图4-16　多对多关系实际应用样式

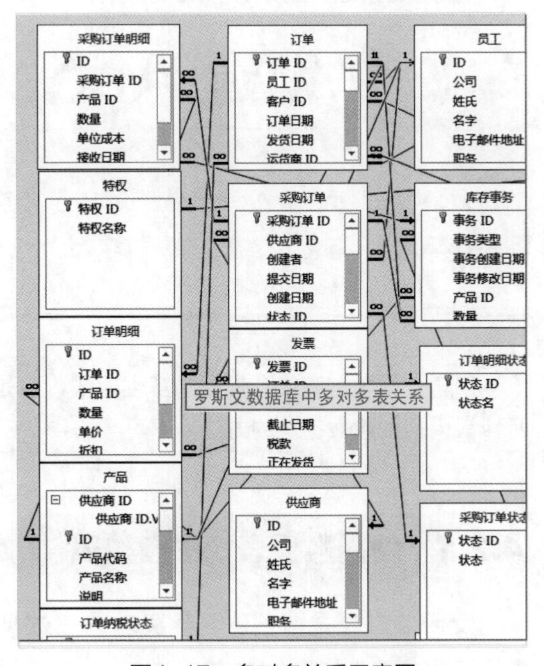

图4-17　多对多关系示意图

为什么要创建表关系

表关系，特别是在多对多的表关系中，显得特别复杂和麻烦。那么，我们为什么还要坚持使用它呢，具体有这样几个原因，如图 4-18 所示。

为查询设计提供信息

若要使用多个表中的记录，必须创建连接这些表的查询，而查询的工作方式为将第一个表主键字段中的值与第二个表的外键字段进行匹配。如果已经定义了表间的关系，Access 会基于现有表关系提供默认连接。此外，如果使用其中一个查询向导，Access 会使用从已定义的表关系中收集的信息提供可能的选择，并用适当的默认值预填充属性设置。

为窗体和报表设计提供信息

在设计窗体或报表时，Access 会使用已定义的表关系中收集的信息来提供可能的选择，并用适当的默认值预填充属性设置。

防止记录孤立

可将表关系作为基础来实施参照完整性，这样有助于防止数据库中出现孤立记录（孤立记录是指参照的其他记录根本不存在）。

图4-18　创建表关系的原因

4.2 创建 Access 数据表

小白：数据表的必要知识都了解了，现在应该可以操作数据表了吧？

阿智：哈哈，基础打好后，我们就可以正式对数据表进行操作了。下面我们先从创建Access数据表开始。

创建数据表是制作数据库的基础操作，也是必要的操作，我们必须进行学习和掌握。下面介绍两种常用的创建数据表的方法。

4.2.1 使用数据表视图创建表

使用数据表视图创建表其实就是在数据表视图中直接进行表的创建。

下面我们以在“项目管理”数据库中创建“教职员”数据表为例，其具体操作如下。

本节素材	◎\素材\Chapter04\项目管理.xlsx
本节效果	◎\效果\Chapter04\项目管理.xlsx
学习目标	在数据表视图中创建表
难度指数	★

步骤01 打开“项目管理”素材文件，❶单击“创建”选项卡，❷单击“表”按钮，如图4-19所示。

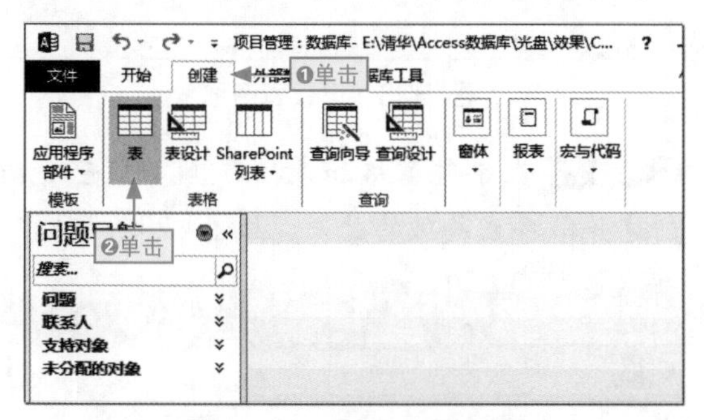

图4-19 创建空白数据表

步骤02 ❶单击“表格工具”|“字段”选项卡，❷单击“短文本”按钮，如图4-20所示。

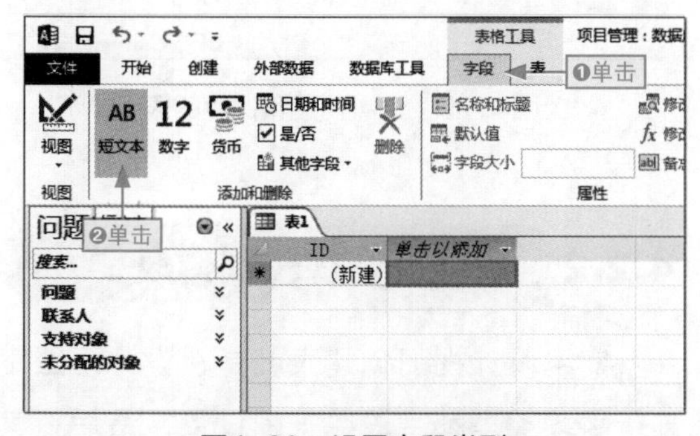

图4-20 设置字段类型

步骤03 系统自动进入字段名称编辑状态，输入“公司”，按Enter键确认，如图4-21所示。

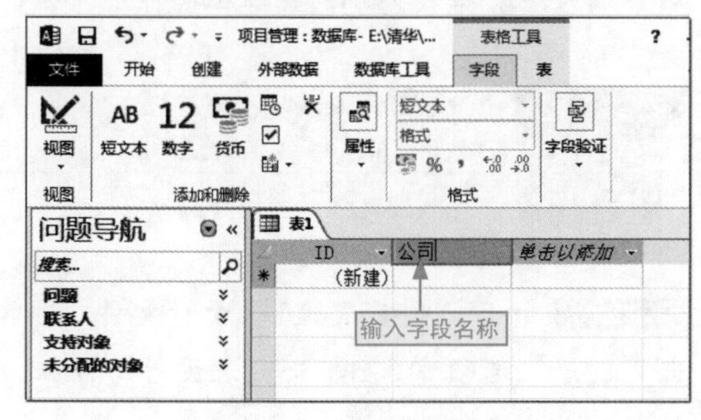

图4-21 设置字段名称

步骤04 ❶单击“单击以添加”字样右侧的下拉按钮，❷选择“短文本”选项，如图4-22所示。

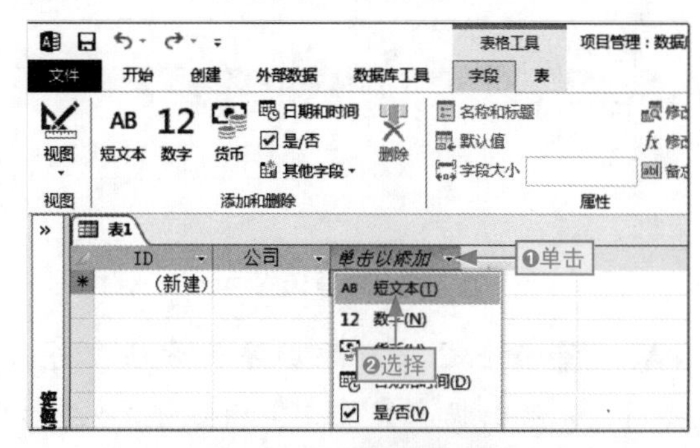

图4-22 设置字段类型

步骤05 系统进入字段名称的编辑状态，输入“姓名”，如图4-23所示。

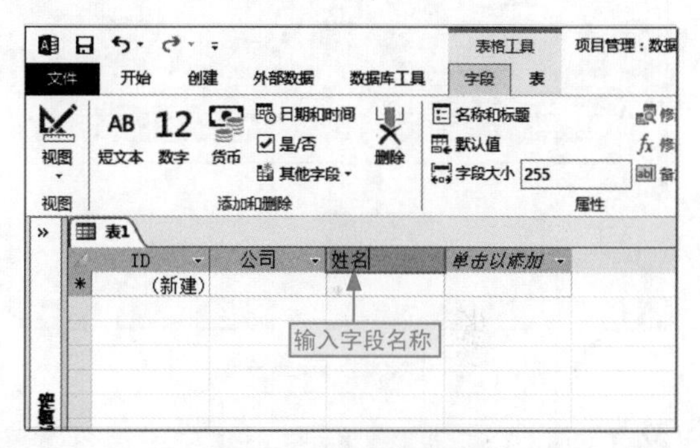

图4-23 设置字段名称

步骤06 ❶右击“单击以添加”选项，❷选择“日期和时间”选项，如图4-24所示。

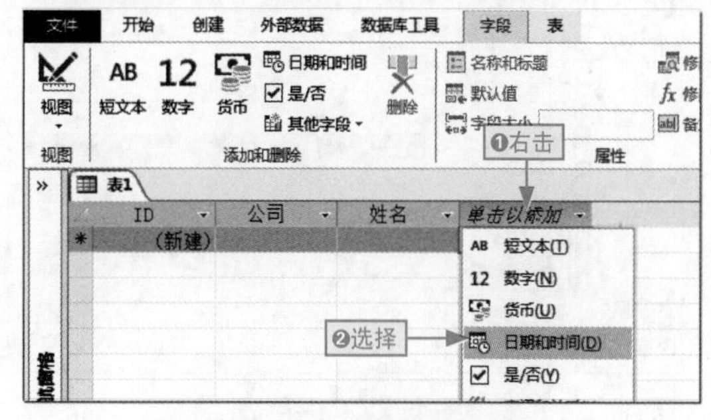

图4-24 选择日期和时间

步骤07 系统自动进入字段名称的编辑状态，输入“生日”，如图4-25所示。

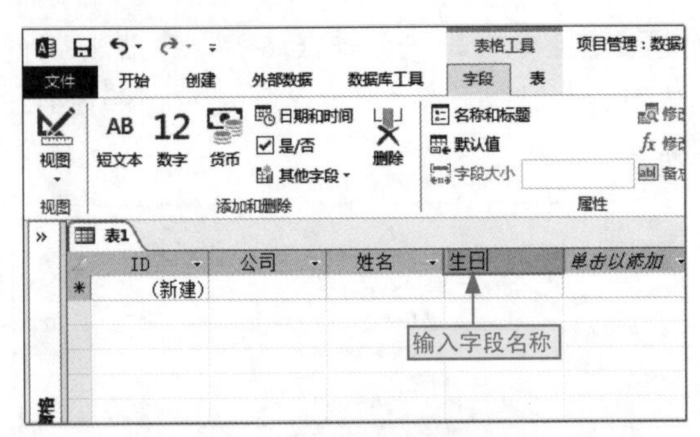

图4-25　设置字段名称

步骤08 在上述三种添加字段方法中进行选用，完善数据表字段类型和名称，最终如图4-26所示。

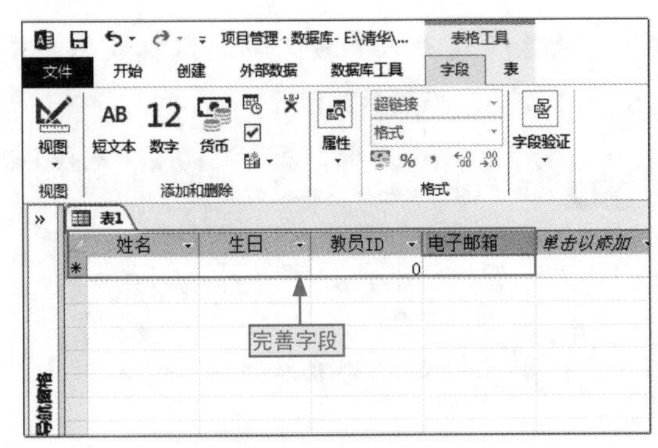

图4-26　完善字段

步骤09 在“表1”标签上❶右击，❷选择“保存”命令，如图4-27所示。

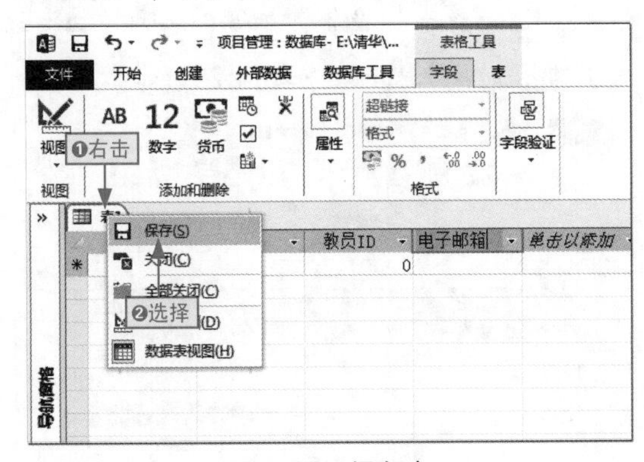

图4-27　保存表

步骤10 打开“另存为”对话框，在“表名称”文本框中❶输入“教职员”，❷单击“确定”按钮，如图4-28所示。

图4-28　设置表名称

步骤11 在导航窗格和表标签上即可查看到创建并保存表成功的效果，如图4-29所示。

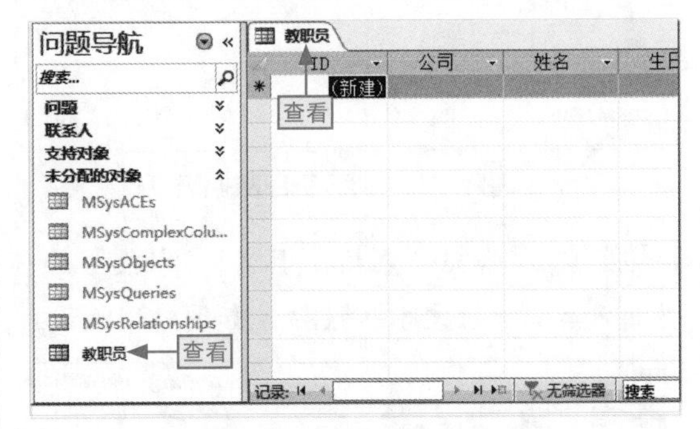

图4-29　查看创建和保存的表

4.2.2 使用设计视图创建表

使用设计视图创建表就是在设计视图下进行字段类型和字段数据的设置，最后将其保存。

下面我们以在“项目管理1”数据库中创建“问题”数据表为例，其具体操作如下。

本节素材	⊙\素材\Chapter04\项目管理1.xlsx
本节效果	⊙\效果\Chapter04\项目管理1.xlsx
学习目标	掌握在设计视图中创建表
难度指数	★

步骤01 打开“项目管理1”素材文件，❶单击“创建”选项卡，❷单击“表设计”按钮，如图4-30所示。

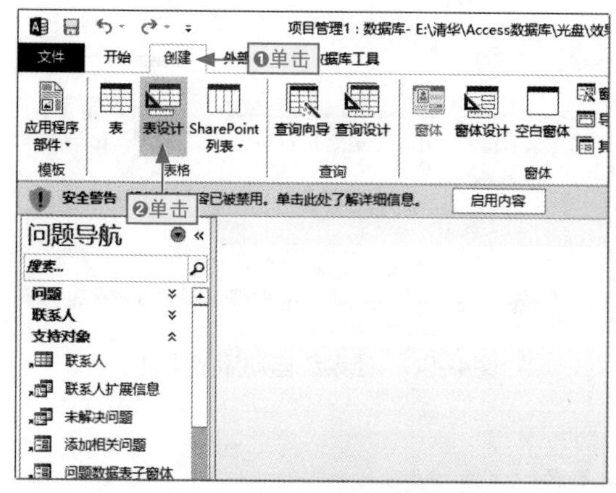

图4-30　使用表设计创建表

步骤02 在“字段名称”列的第1行❶输入“ID”，❷单击“数据类型”下拉按钮，❸选择“自动编号”选项，如图4-31所示。

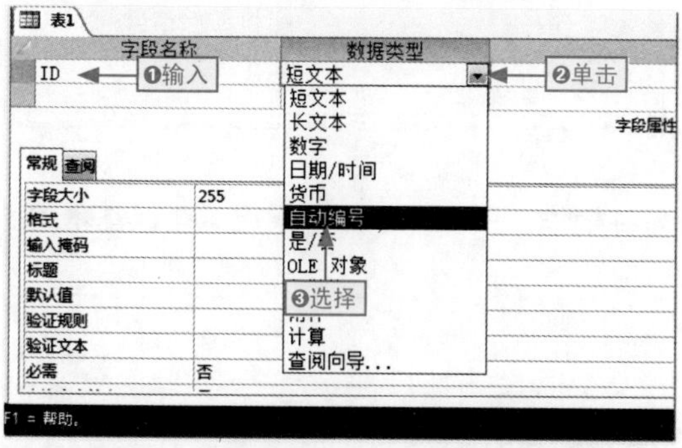

图4-31　设置第一个字段名称和类型

步骤03 在“字段名称”列的第2行❶输入“标题”，❷设置“数据类型”为“短文本”，❸在“字段大小”文本框中输入“6”，如图4-32所示。

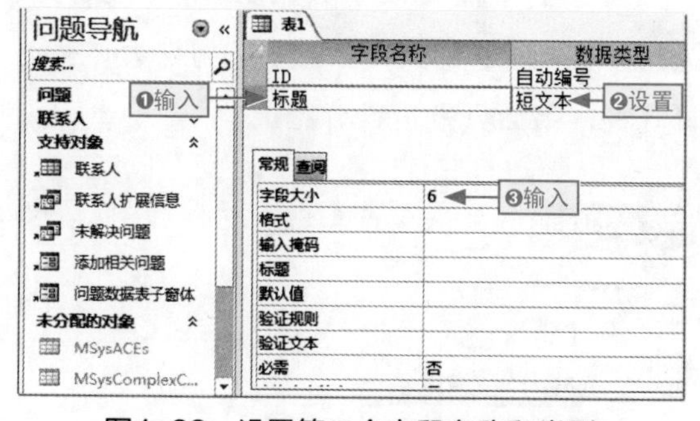

图4-32　设置第二个字段名称和类型

步骤04 以同样的方法添加和设置其他字段名称和类型，如图4-33所示。

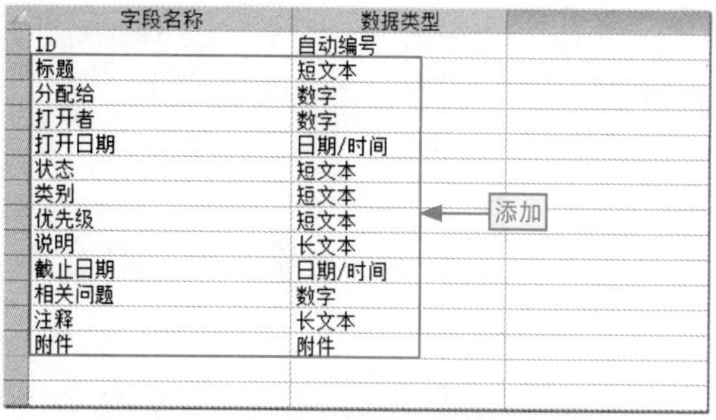

字段名称	数据类型
ID	自动编号
标题	短文本
分配给	数字
打开者	数字
打开日期	日期/时间
状态	短文本
类别	短文本
优先级	短文本
说明	长文本
截止日期	日期/时间
相关问题	数字
注释	长文本
附件	附件

图4-33　添加其他字段名称和类型

步骤05 在“表1”标签上❶右击，❷选择“保存”命令，如图4-34所示。

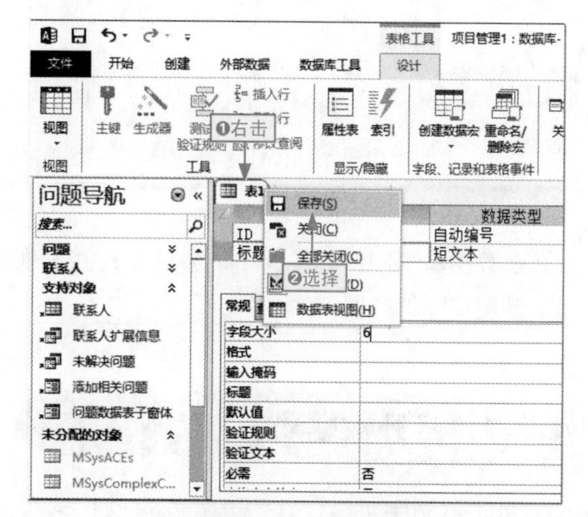

图4-34　保存表

步骤06 打开“另存为”对话框，在“表名称”文本框中❶输入“问题”，❷单击“确定”按钮，如图4-35所示。

图4-35　保存表

步骤07 在打开的提示对话框中单击“是”按钮，系统自动将ID字段定义为主键，如图4-36所示。

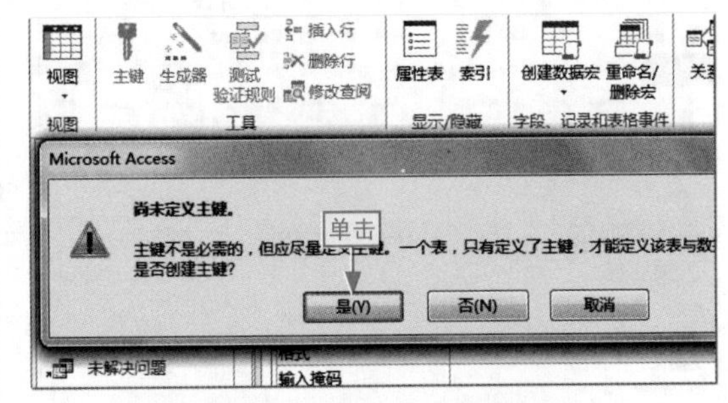

图4-36　让系统自动添加主键

4.3 数据表最基本的操作

小白：Access数据表，我们可以对其进行哪些操作?

阿智：数据表作为Access的对象之一，我们可以对其进行很多操作，如打开、关闭、重命名、复制、删除等。

小白：具体该怎样操作呢？请详解。

在数据库的制作和设计中，会经常对数据表进行各种操作，所以我们必须掌握一些最基本的操作来满足实际的需要。

4.3.1 打开数据表

对于数据库中已存在的数据表，我们要对其进行查看、编辑和操作，必须先将其打开。

除了直接在导航窗格中双击数据表对象打开之外，还可以，❶在其上右击，❷选择“打开”命令，如图4-37所示。

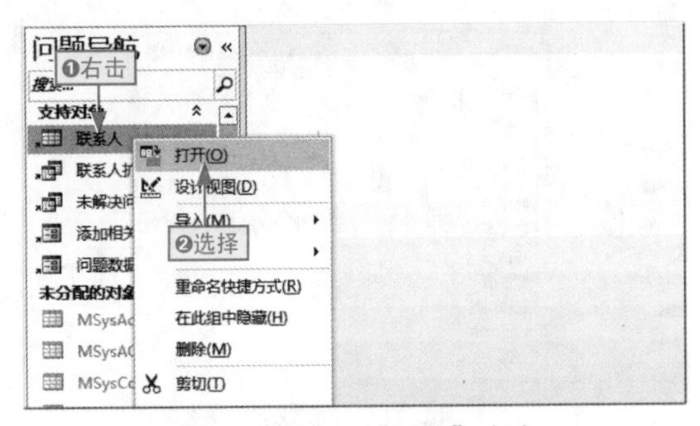

图4-37　选择“打开”命令

4.3.2 关闭数据表

当我们不需要使用数据表时，可以将其关闭。在Access中关闭数据表的方法大体有这样几种，下面分别进行介绍。

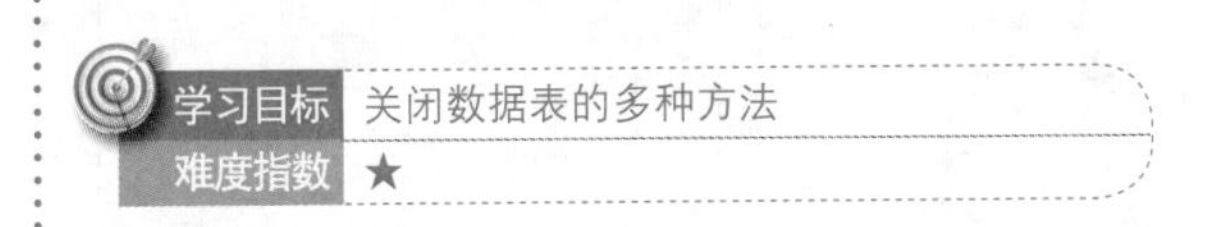

通过控制按钮关闭

数据表若是以选项卡的形式显示，单击

选项卡标签右侧的“关闭”按钮，如图4-38所示。

数据表若是以窗口的形式显示，单击窗口右上角的“关闭”按钮，如图4-39所示。

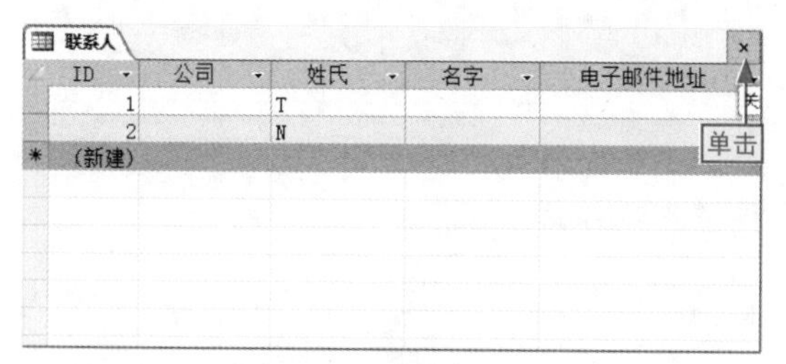

图4-38 单击选项卡右侧的“关闭”按钮

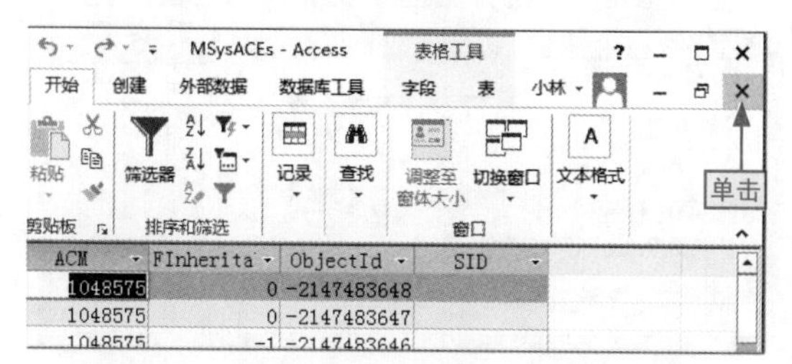

图4-39 单击窗口右上角的“关闭”按钮

通过菜单命令关闭

数据表若是以选项卡的形式显示，在标签上右击，选择“关闭”命令；若是以窗口的形式显示，则在窗口标题栏上右击，选择“关闭”命令，如图4-40所示。

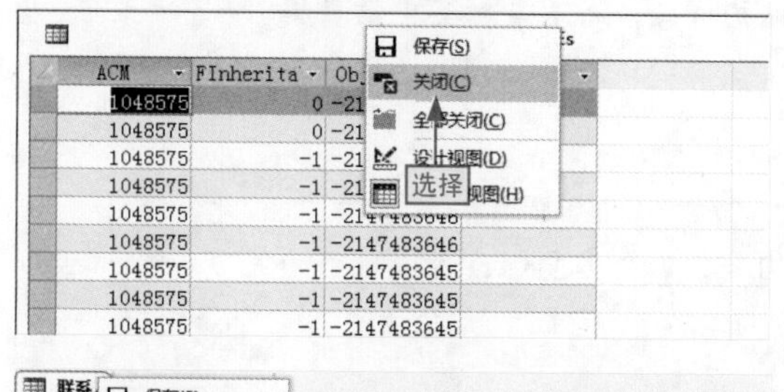

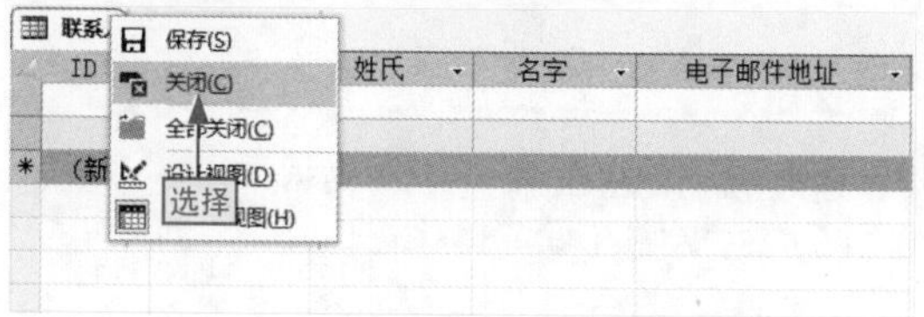

图4-40 通过菜单命令关闭数据表

快速关闭所有表

若要关闭数据库中所有打开的表，我们可以在选项卡标签上或表窗口标题栏上右击，选择“全部关闭”命令，如图 4-41 所示。

图4-41 关闭所有打开的表对象

4.3.3 复制数据表

复制表与复制窗格中其他对象的方法完全相同，在这里就不再赘述。另外，介绍其他两种复制表方法。下面分别进行介绍。

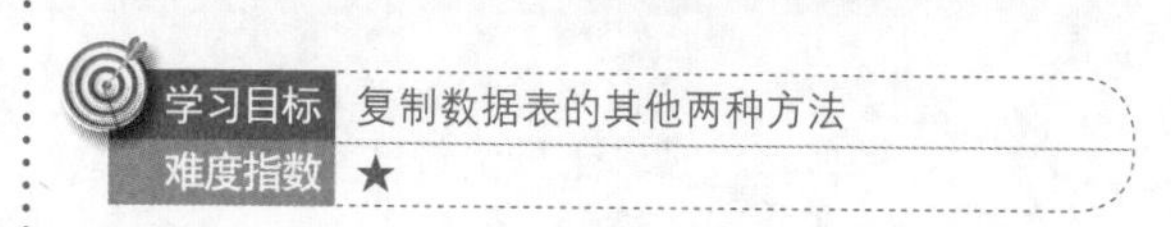

通过快捷键复制数据表

使用快捷键复制数据表，主要是通过Ctrl+C和Ctrl+V组合键，其具体操作是：选择目标对象后，按Ctrl+C组合键复制，然后按Ctrl+V组合键粘贴，打开“粘贴表方式”对话框，在“表名称”文本框中❶输入名称，❷选中相应粘贴选项单选按钮，❸单击“确定”按

钮，如图4-41所示。

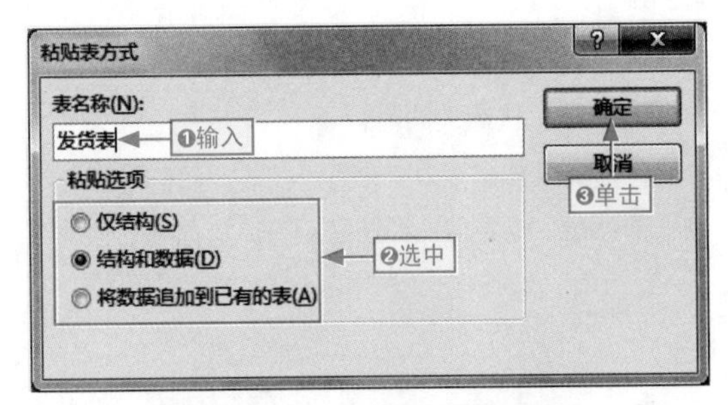

图4-42　通过快捷键粘贴表对象

通过功能按钮复制数据表

功能按钮复制数据表主要是使用“复制”和“粘贴”按钮来完成，其方法为：❶选择目标表，❷单击“开始”选项卡中的“复制”按钮，❸单击“粘贴”按钮，打开“粘贴表方式”对话框，在“表名称”文本框中❹输入名称，❺选中相应粘贴选项单选按钮，❻单击“确定”按钮，如图4-43所示。

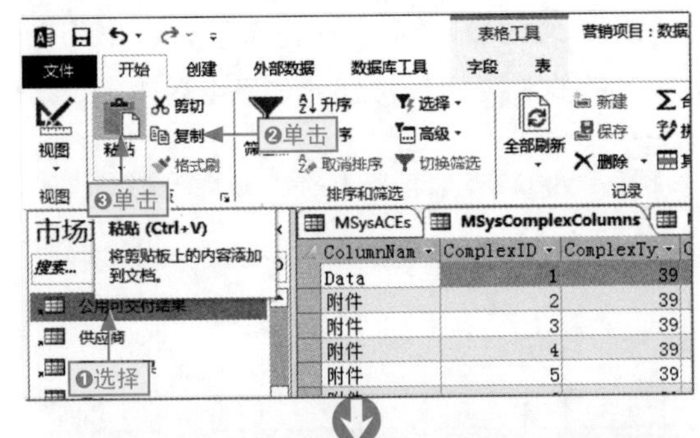

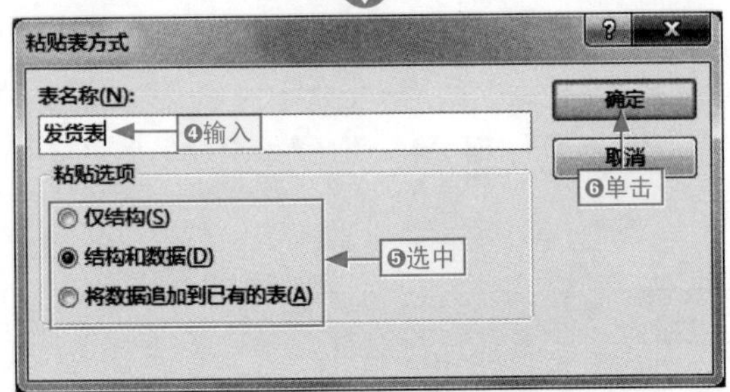

图4-43　通过功能按键粘贴表对象

粘贴选项的具体含义和作用

在“粘贴表方式”对话框中（其他粘贴对象对话框都一样）有3个单选按钮：仅结构、结构和数据、将数据追加到已有的表。它们的具体含义如图4-44所示。

仅结构

它表示我们只复制表（或其他对象）的结构样式，而不复制其中的数据。因此，它适合用于创建新表。

结构和数据

它表示将原有表（或其他对象）中的结构和数据全部复制，可以理解为完全复制，适用于副本文件或相近表的创建。

将数据追加到已有的表

它是复制当前表（或其他对象）中的数据，通过粘贴的方式将这些数据添加到目标数据表中，所以此时在“表名称”文本框中输入的名称就是已存在的表名称。

图4-44　“粘贴表方式”对话框中粘贴选项的含义和作用

4.3.4 重命名数据表

重命名数据表的方法除了使用前面介绍对象重命名的方法外，我们还可以在直接选择表后，按F2键进入其名称编辑状态，输入名称后，按Enter键确认，如图4-45所示。

学习目标　对数据表进行重新命名

难度指数　★

按F2键入编辑状态，输入名称

图4-45　重命名表名称

4.3.5 移动数据表

移动数据表的位置有3种方法：通过添加到组菜单命令（在2.3.8节移动对象知识中已讲解过），进行剪切和拖动。下面分别进行介绍。

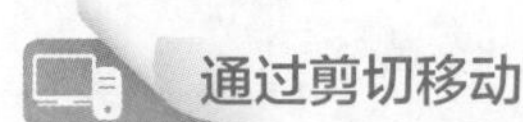

通过剪切移动

❶选择目标数据表后，按Ctrl+X组合键，❷单击“剪切板”组中的“剪切”按钮，如图4-46所示。选择目标位置后，按照粘贴表的操作方法进行操作。

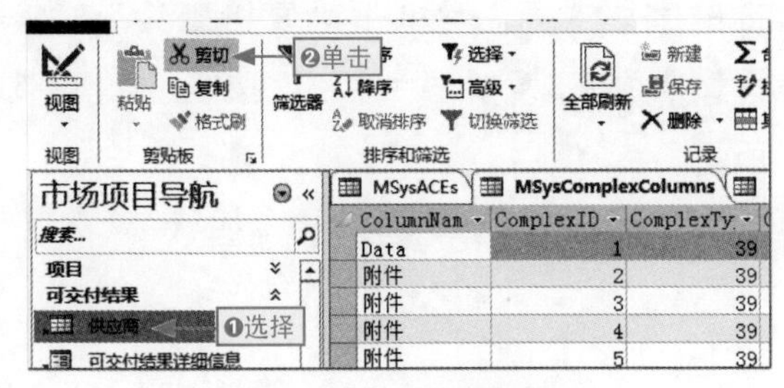

图4-46　移动数据表

通过拖动移动

❶选择目标数据表并按住鼠标左键不放进行拖动，❷移到目标位置后释放鼠标即可，如图4-47所示。

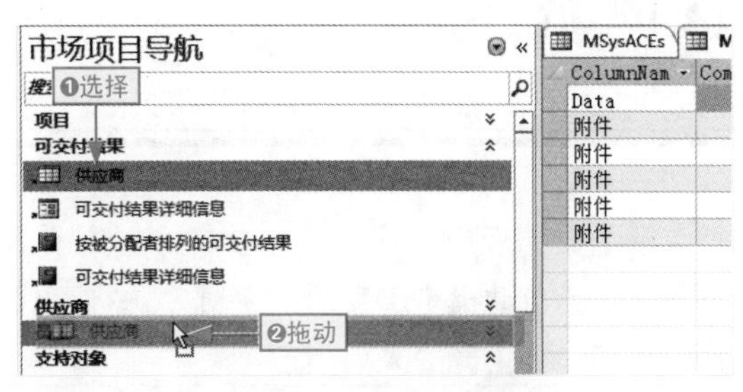

图4-47　拖动数据表

相对移动所有对象的位置

我们要移动导航窗格中所有对象位置，不能手动进行移动或拖动，而需要在导航窗格上右击，选择“排序依据”命令，在子菜单中选择相应的命令选项。这里选择“创建日期”命令，如图4-48所示。

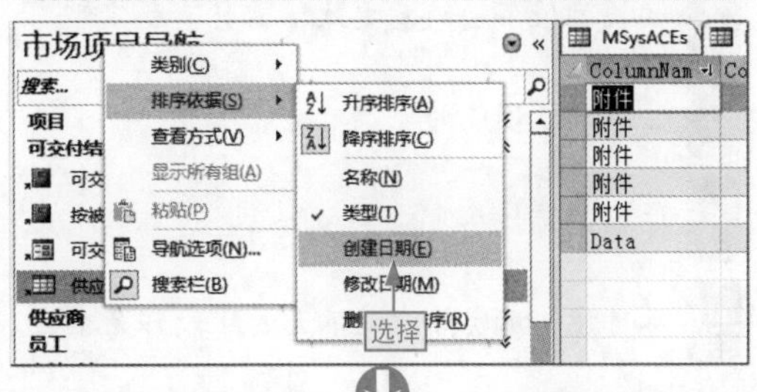

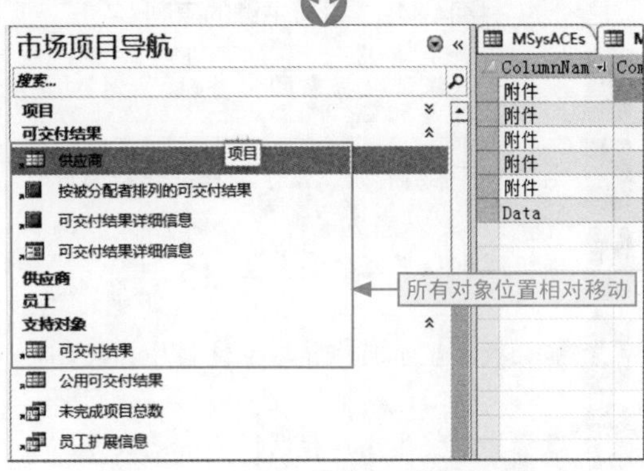

图4-48　移动所有对象的相对位置

4.4 设置主键Key

小白：在创建表时，系统总是要求创建主键，这是为什么？

阿智：数据库的初衷是为了存储和相互调用数据，所以它要求我们的数据表有调用数据的接口和关键字段。

小白：该怎样来设置呢？

每个数据表中都需要一个主键，也就是Key，我们可以将其简单地理解为关键字。默认情况下，系统会自动指定ID字段为主键，这样可保证表能创建成功，同时方便数据的相互调用。当然，我们也可进行主键的人为指定。

4.4.1 设置主键的原则和作用

学习目标　主键设置需要遵循的原则及其作用认识

难度指数　★

我们在数据表中不能随意设置主键，必须按照一些必要的原则来进行，如图4-49所示。同时，还需要弄明白主键的作用，如图4-50所示。

1. 一张数据表只有一个唯一主键。
2. 主键的值不能随意更改，需具有稳定型。
3. 主键的值不能为空。
4. 主键的属性尽可能少和简洁。
5. 尽可能使用实际意义不大的字段作为主键。

图4-49　设置主键的原则

1. 主键可以保证数据表的完整性。
2. 主键充当索引作用，便于数据关联和调用。
3. 保证减少数据冗余和重复。
4. 能让数据显示顺序并与主键顺序相同。
5. 数据库的整体操作和调用速度更快。

图4-50　主键的作用

4.4.2 创建单一主键

创建单一主键是最常规的方法和方式，也是使用相对较多的操作，通常情况下有这样两种，下面分别进行介绍。

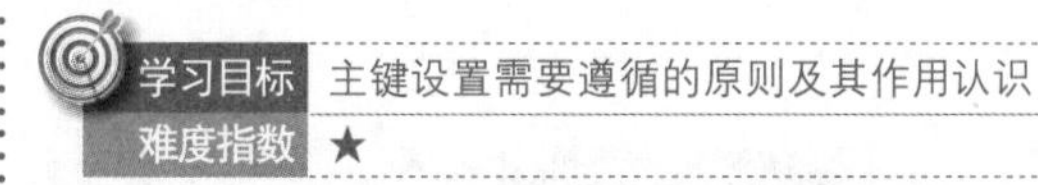

学习目标　掌握创建单一主键的两种方法

难度指数　★

通过功能按钮创建

在数据表视图中，❶选择需要指定为主键的字段或行，❷单击“表格工具”|“设计”选项卡，❸单击“主键”按钮，如图4-51所示。

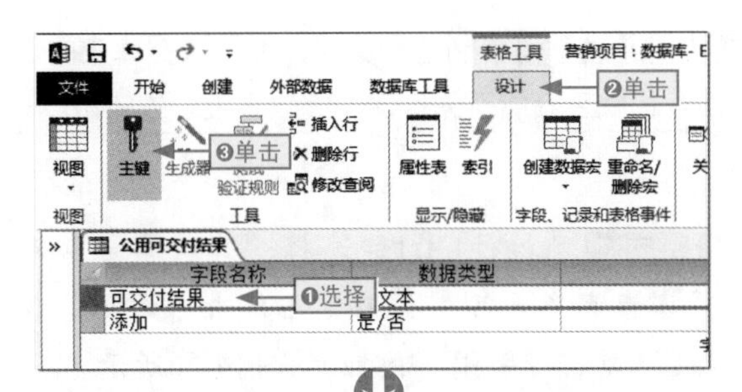

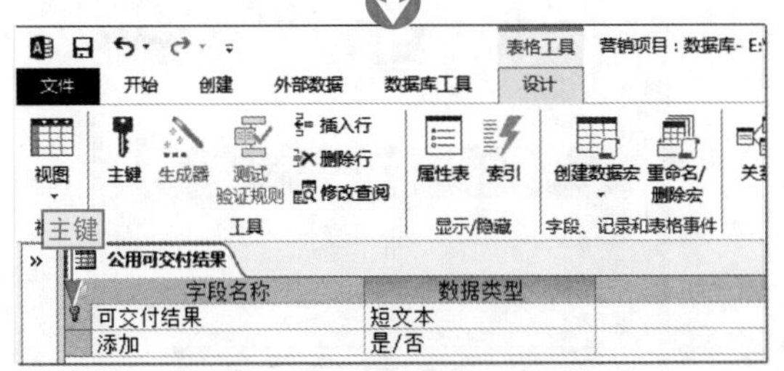

图4-51　通过功能按钮创建

通过菜单命令创建

在设计视图中，在目标字段名称上❶右击，❷选择“主键”命令，如图4-52所示。

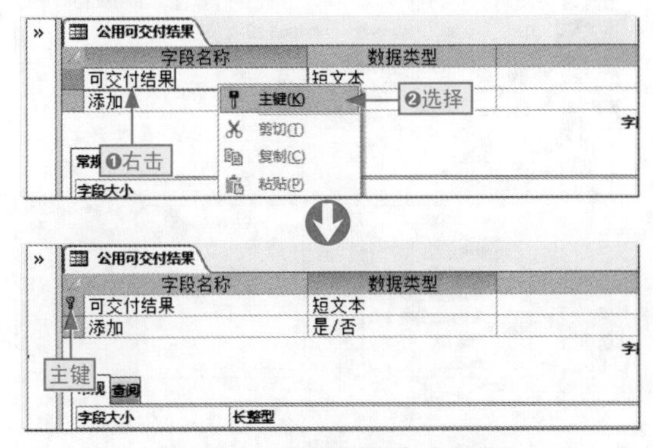

图4-52　通过菜单命令创建

让系统自动创建

我们在创建新表后，直接进行保存，这时系统会自动创建一个名为ID字段编号的主键。

4.4.3　创建复合主键

复合主键是由多个字段共同构成的表主键。它的操作方法与创建单一主键的方法基本相同，只是在选择目标字段时，需选择多个字段，如图4-53所示。

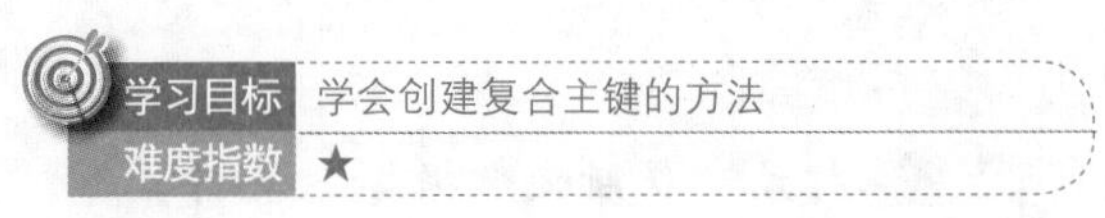

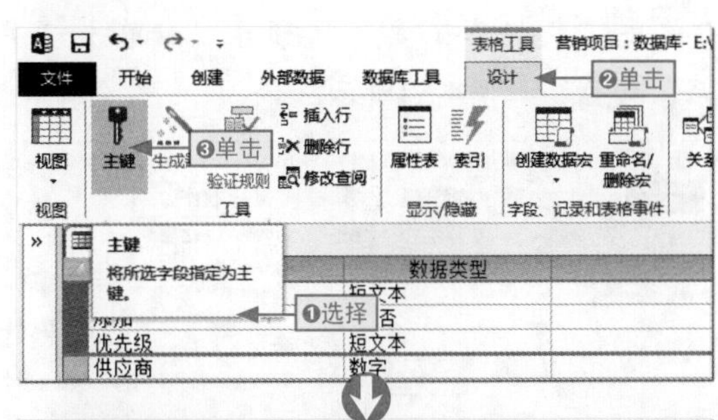

图4-53　创建复合主键

4.5　表之间的关系

小白：数据库中的数据表之间都是独立的吗？

阿智：数据库中的表可以是独立的，但为了方便数据的查看和管理，通常情况下会将它们关联起来，也就是创建表之间的关系。

小白：有点意思，请详细讲解吧。

数据表之间的关系并不是一开始就存在的，需要我们通过手动来创建和编辑，否则数据库中的表都是独立存在的，而不能进行数据的关联和调动。下面我们就来介绍有关创建和编辑表关系的知识。

4.5.1 建立表间关系

建立表之间的关系，其实就是创建表关系，它有专门的选项卡工具来设置。

下面以在罗斯文数据库中创建“库存事务”与“库存事务类型”表之间的关系为例，其具体操作如下。

本节素材	\素材\Chapter04\罗斯文数据库.xlsx
本节效果	\效果\Chapter04\罗斯文数据库.xlsx
学习目标	创建表间关系
难度指数	★★

步骤01 打开“罗斯文数据库”素材文件，❶单击“数据库工具”选项卡，❷单击“关系”按钮，如图4-54所示。

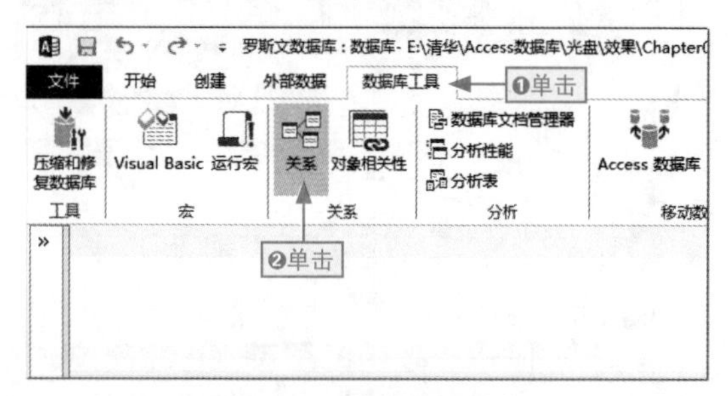

图4-54 启用关系功能

步骤02 系统自动切换到“关系工具”|“设计”选项卡，单击“显示表”按钮，打开“显示表”对话框，如图4-55所示。

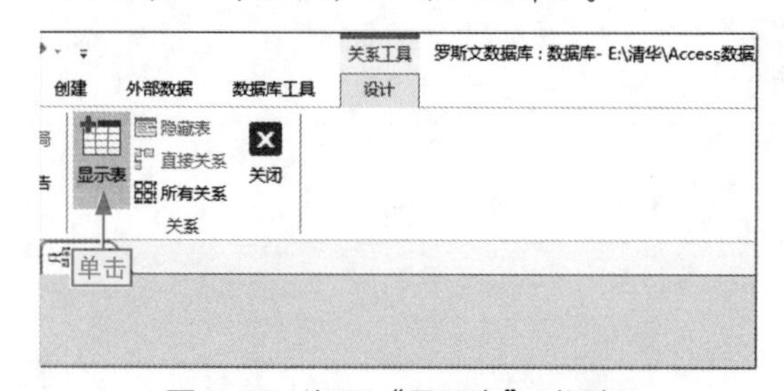

图4-55 打开“显示表”对话框

步骤03 ❶按住Ctrl键选择“库存事务”和“库存事务类型”选项，❷单击“添加”按钮，❸单击“关闭”按钮，如图4-56所示。

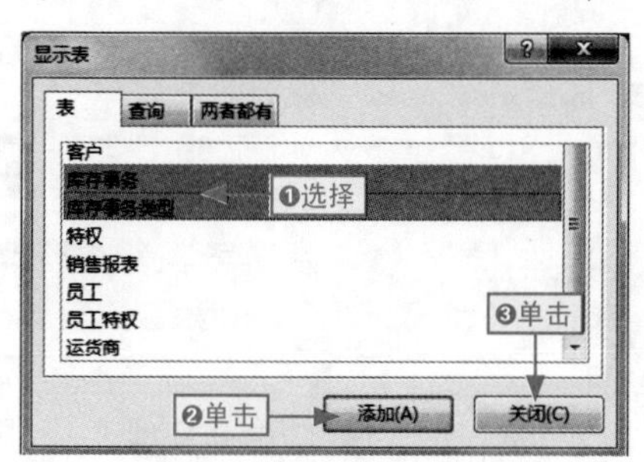

图4-56 添加表对象

步骤04 单击“工具”选项卡中的“编辑关系”按钮，如图4-57所示，打开“编辑关系”对话框。

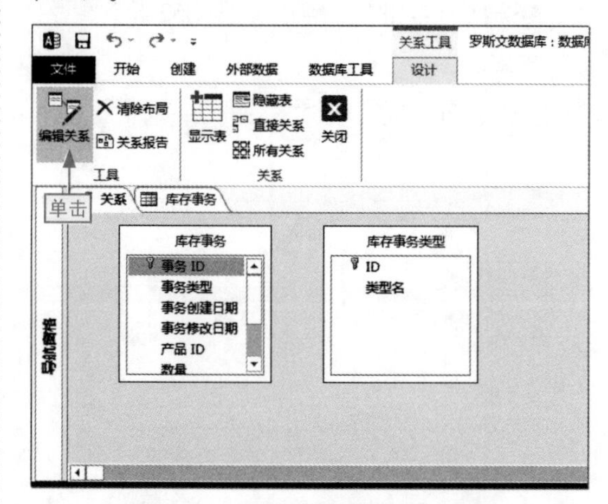

图4-57 单击“编辑关系”按钮

步骤05 在“编辑关系”对话框中，单击“新建”按钮，如图4-58所示。

步骤06 ❶单击“左表名称”下拉按钮，❷选择“库存事务”选项，如图4-59所示。

步骤07 ❶单击“左列名称”下拉按钮，❷选择“事务ID”选项，如图4-60所示。

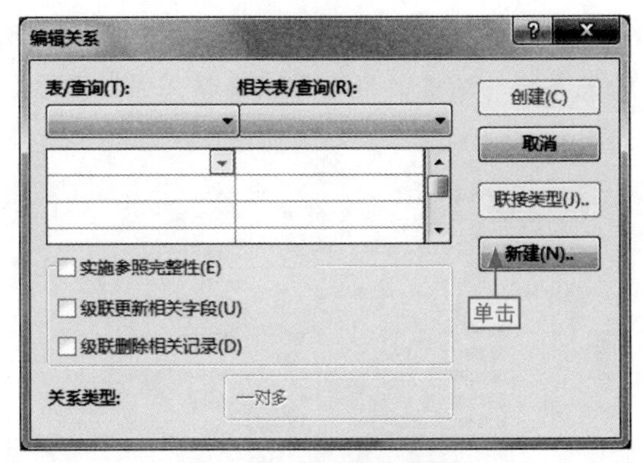

图4-58 新建表关系

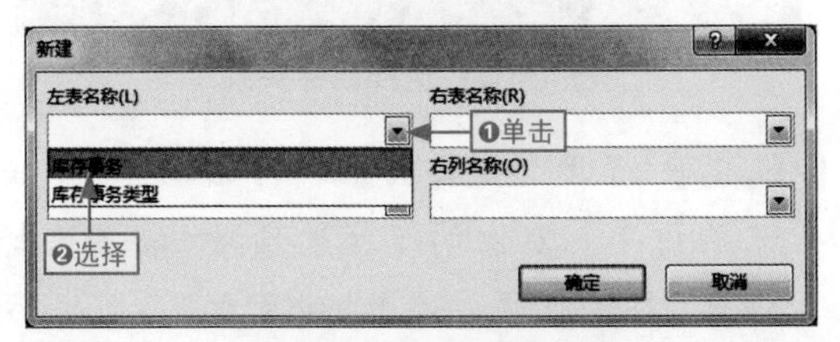

图4-59 选择左表名称

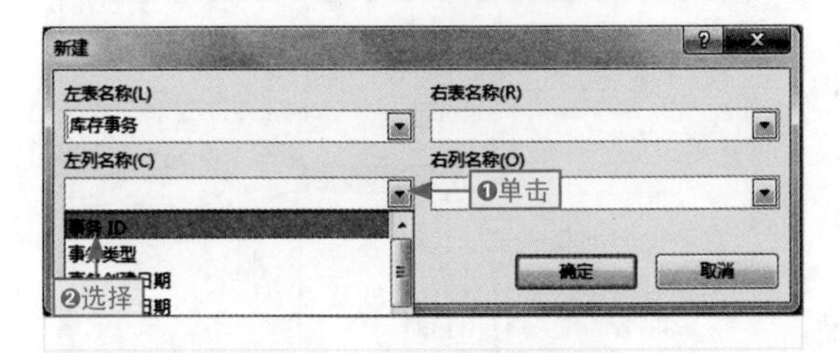

图4-60 选择左列名称

步骤08 ❶按上述方法设置"右表名称"和"右列名称"分别为"库存事务类型"和"ID"，❷再单击"确定"按钮，如图4-61所示。

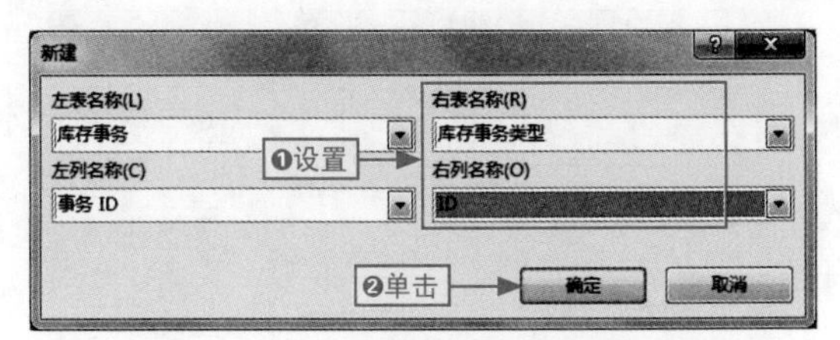

图4-61 设置右表名称和右列名称

步骤09 返回到"编辑关系"对话框中，单击"确定"按钮，如图4-62所示。

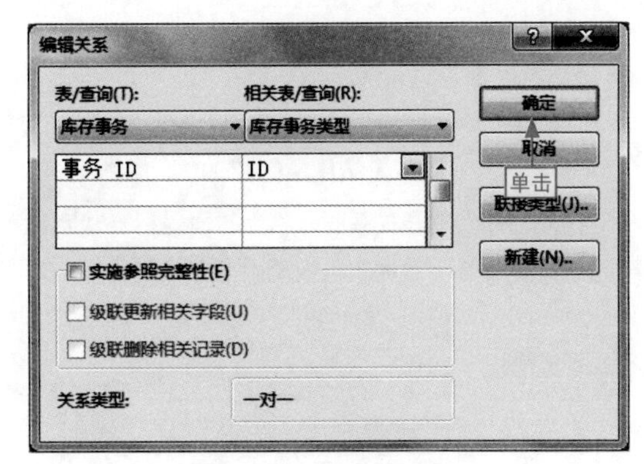

图4-62 创建表关系

步骤10 返回到"关系工具"|"设计"选项卡，单击"关系"组中的"关闭"按钮，如图4-63所示。

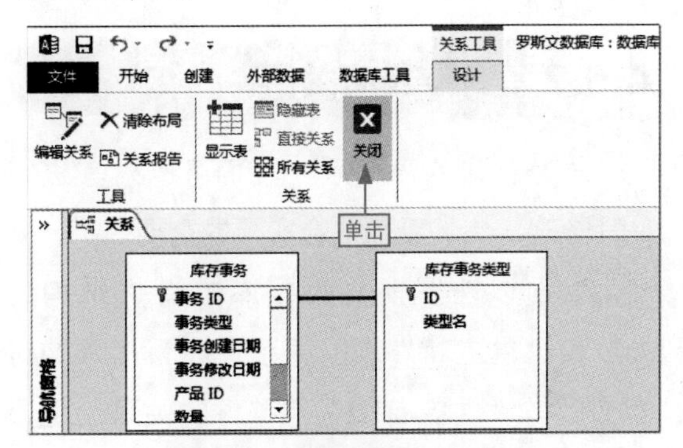

图4-63 退出关系设计界面

步骤11 在导航窗格中，❶双击"库存事务类型"表对象将其打开，❷展开任意数据记录。这里展开第一条，查看到创建一对一关系的结果，如图4-64所示。

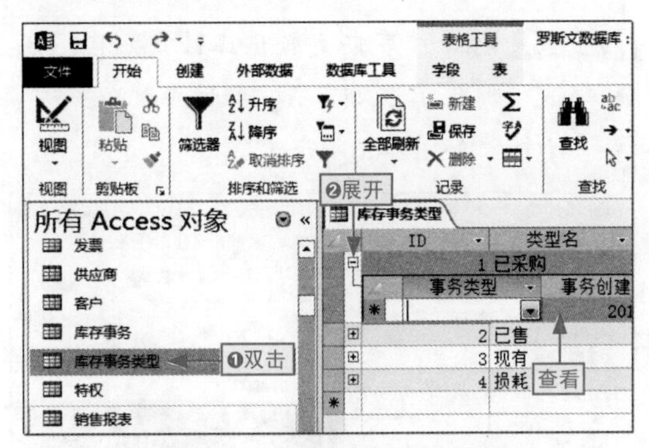

图4-64 查看表关系创建结果

巧避无法正常创建

我们在创建表关系时，若当时表是打开状态，系统可能会弹出数据表正被调用的提示对话框，如图 4-65 所示。这时我们将其关闭或事先将表关闭即可避免。

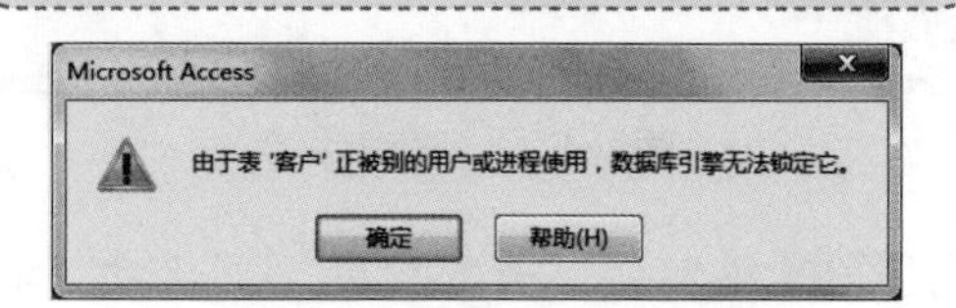

图4-65　数据表调用提示对话框

4.5.2 编辑表间关系

对于创建的表关系，我们可以对其进行实时修改，使其更加贴合实际的需要。

下面以在罗斯文数据库中将“采购订单”和“供应商”表的关系更改为“采购订单ID”与“供应商ID”完整性的关系为例，其具体操作如下。

本节素材	◎\素材\Chapter04\罗斯文数据库1.xlsx
本节效果	◎\效果\Chapter04\罗斯文数据库1.xlsx
学习目标	更改或完善表间关系
难度指数	★★

步骤01 打开“罗斯文数据库1”素材文件，❶单击“数据库工具”选项卡，❷单击“关系”按钮，如图4-66所示。

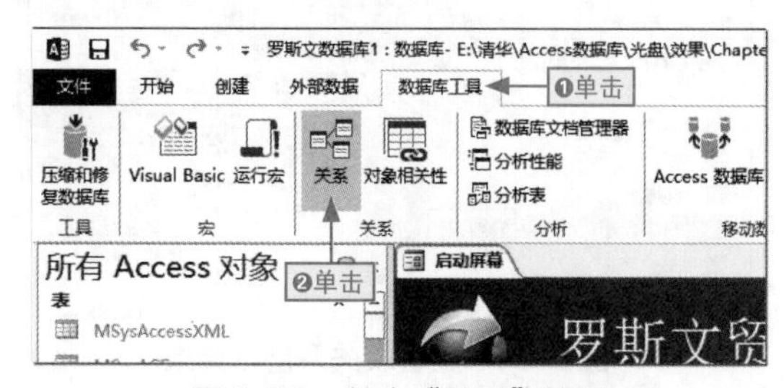

图4-66　单击“关系”按钮

步骤02 ❶在“采购订单”与“供应商”之间的关系线上右击，❷选择“编辑关系”命令，如图4-67所示。

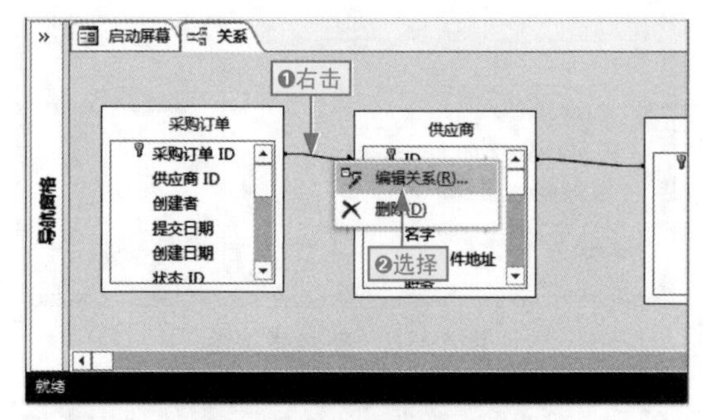

图4-67　选择目标关系

步骤03 打开“编辑关系”对话框，❶单击“采购订单”右侧的下拉选项按钮，❷选择“供应商ID”选项，如图4-68所示。

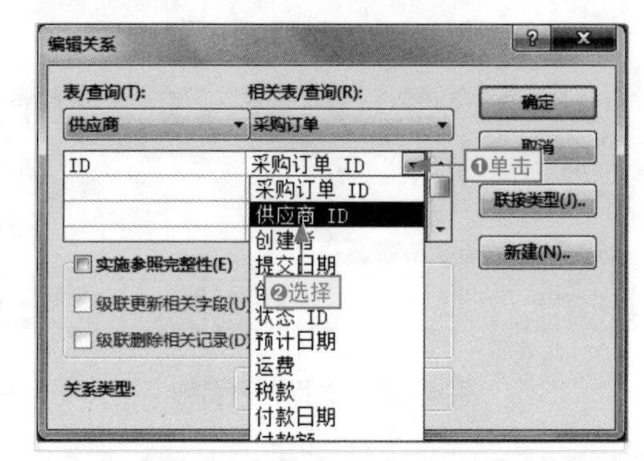

图4-68　更改右侧字段的名称

步骤04 ❶选中“实施参照完整性”复选框，❷单击“确定”按钮，如图4-69所示。

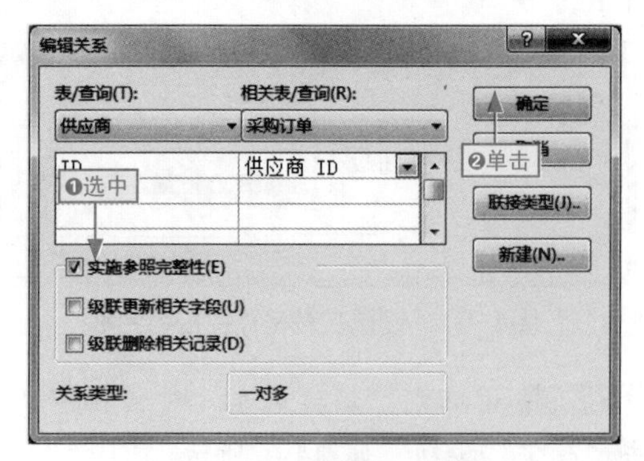

图4-69　设置完整性参照

步骤05 单击“关系”组中的“关闭”按钮，便成功完成了表关系的修改，如图4-70所示。

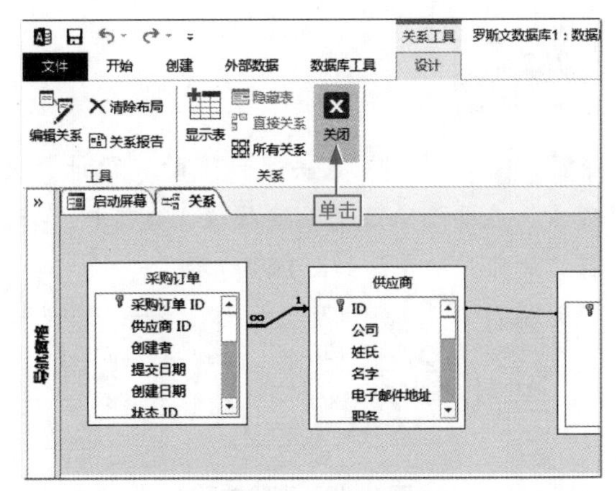

图4-70　结束关系编辑

长知识

关系选项的含义和作用

在“编辑关系”对话框中，我们可以看到有3个复选框，它们分别是：实施参照完整性、级联更新相关字段和级联删除相关记录。它们的具体含义和作用如图4-71所示。

实施参照完整性

它表示在修改表中的任意记录时，与之相关的表中的记录也会进行相应修改，同时保证不对系统程序造成损害和影响。

级联更新相关字段

它表示在修改表中字段时，其他与之创建关系表的同一字段也会随之发生更改。

级联删除相关记录

它表示主表中的记录字段被删除时，与之相关联的子表中记录字段也会随之被删除。

图4-71　表关系选项的含义和作用

4.5.3 删除表间关系

表之间的关系既可创建，也可删除，完全根据实际的需要而定。如何创建表关系，我们已经在前面学习过，下面介绍删除表关系的方法，其具体操作如下。

步骤01 切换到“表关系”下的“设计”选项卡，在要删除表关系连接线上❶右击，❷选择“删除”命令，如图4-72所示。

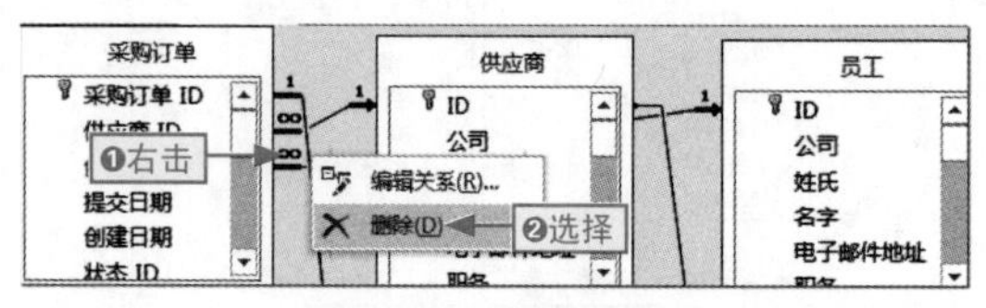

图4-72 删除关系

步骤02 在打开的提示对话框中单击“是”按钮，如图4-73所示。

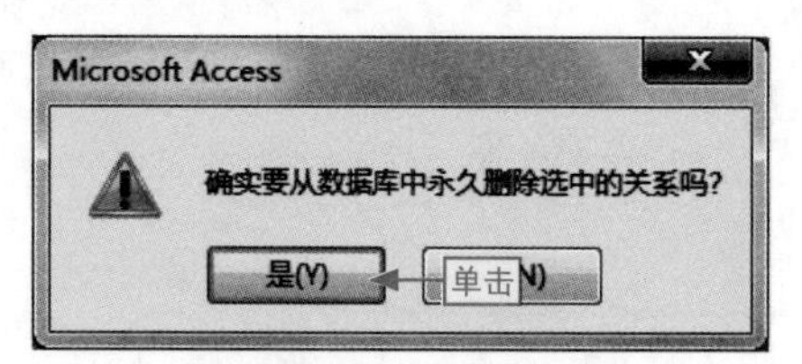

图4-73 确认删除

4.5.4 显示所有关系

在数据库中创建了多组表关系，而显示的只有几个，此时想让其全部显示出来，这时我们可以通过两种方法来实现，下面分别进行介绍。

通过菜单命令显示

在空白位置❶右击，❷选择“全部显示”命令，系统自动将全部关系表显示，如图4-74所示。

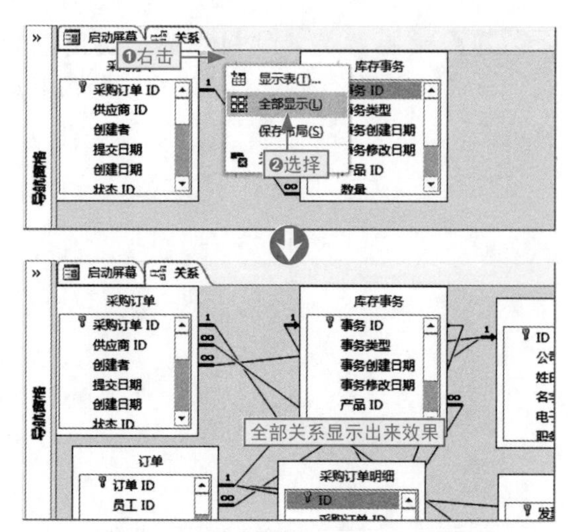

图4-74 通过菜单命令显示全部关系

通过功能按钮显示

在“关系”组中单击“所有关系”按钮，系统自动显示出所有关系，如图4-75所示。

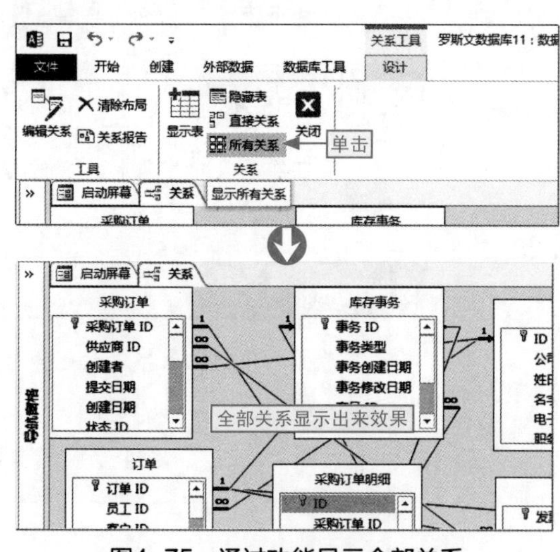

图4-75 通过功能显示全部关系

长知识

表关系布局定制

我们在手动创建表关系时，为了方便查看和管理，可以将其进行自定义布局，从而使表间关系结构变得更加清晰明了。

其方法为：❶将鼠标指针移到表标签上，按住鼠标左键将其拖动到合适位置，释放鼠标（其他表标签也是一样的移动），在空白位置❷右击，❸选择“保存布局”命令，如图 4-76 所示。

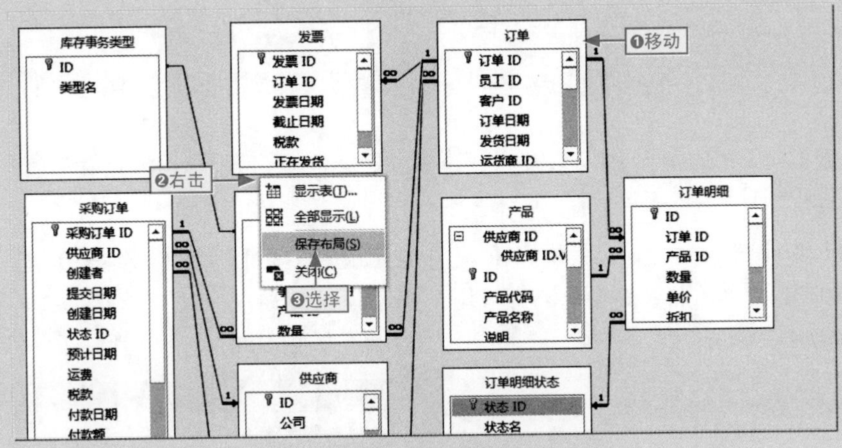

图4-76　制作并保存自定义布局

给你支招 | 在数据表中快速添加字段名称

小白：我们将表的字段名称制作完成后，突然发现需要在中间位置插入一个字段名称，该怎样操作呢?

阿智：我们可以通过一个小技巧来轻松搞定。下面以在数据表中插入货币类型的“费用”字段名称为例，其具体操作如下。

步骤01 ❶选择添加字段名称的前一名称字段，❷单击“表格工具”下的“字段”选项卡，❸单击“货币”按钮，如图4-77所示。

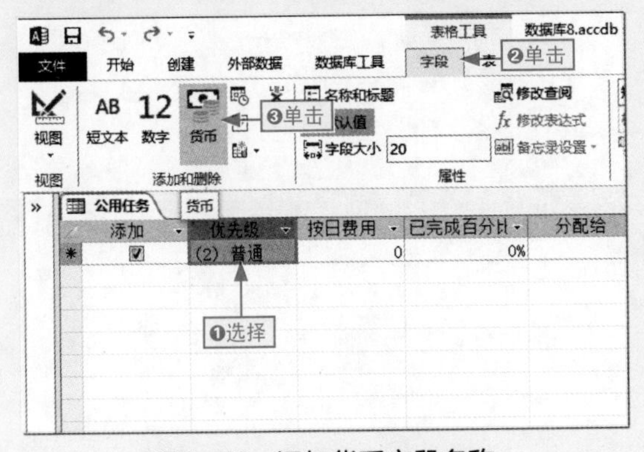

图4-76　添加货币字段名称

步骤02 系统自动添加一货币类型字段列，输入字段名称“费用”，完成操作，如图4-78所示。

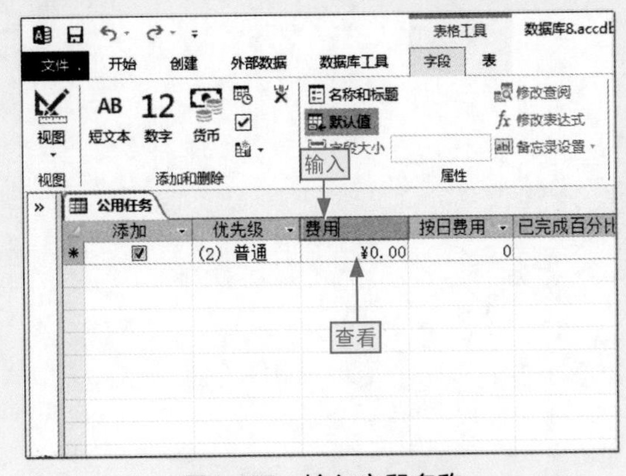

图4-77　输入字段名称

给你支招 | 神奇的掩码

小白：在数据表中设置日期/时间字段类型后，可以设置它们的显示方式吗？如果可以，该怎样操作呢？

阿智：要设置日期/时间的显示方式，可通过设置掩码来轻松实现。下面我们将日期/时间显示方式设置为中文样式的短日期，其具体操作如下。

步骤01 ❶以设计视图方式打开数据表，❷选择日期/时间类型单元格，❸单击“输入掩码”按钮，如图4-79所示。

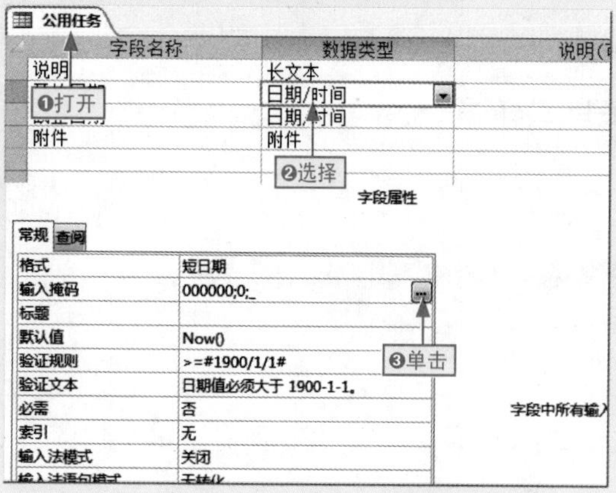

图4-79　在设计视图中选择目标单元格

步骤02 打开“输入掩码向导”对话框，❶选择短日期（中文）选项，❷单击“完成”按钮，如图4-80所示。

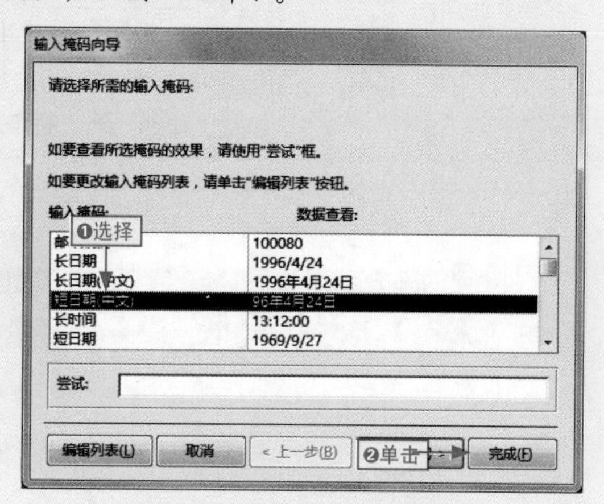

图4-80　设置日期/时间掩码

Chapter

05

添加和规范数据库数据

学习目标

我们制作的数据库必须具有两个方面的要求：一是必须有数据，二是数据库必须规范。这样才能保证整个数据库的使用价值和规范专业。本章将具体介绍添加数据和规范数据库的操作、设置等知识技巧，帮助用户更好地添加数据和设置数据库的样式效果。

学习目标

- 输入数据
- 替换数据记录
- 新增数据记录
- 删除数据记录
- 复制数据记录
- 设置整个数据表底纹
- 设置行高与列宽
- 隐藏字段
- 冻结字段
- 数据排序

知识要点	学习时间	学习难度
数据基本操作	15 分钟	★
设置表样式	20 分钟	★★
数据检索	20 分钟	★★

5.1 数据基本操作

小白：阿智，数据库中的数据是从哪里来的?

阿智：数据库中的数据，基本上都是录入或导入的。

小白：我可以对它们进行操作或设置吗?

阿智：当然可以，我展示给你看。

数据是数据库的灵魂，没有数据的数据库就像没有灵魂的躯壳。因此，我们必须在数据库中添加数据记录，同时掌握对数据的相应操作，从而轻松地控制这个数据库的灵魂。

5.1.1 输入数据

创建数据表后，需要我们在其中录入相应的数据进行充实和完善，通常的方法有两种：一是直接输入，二是通过选择输入。下面分别进行介绍。

学习目标　数据输入的常用方法

难度指数　★

输入数据

在单元格上单击进入编辑状态，输入相应的数据。例如输入“服务”，选择其他单元格或按Enter键完成数据的录入，如图5-1所示。

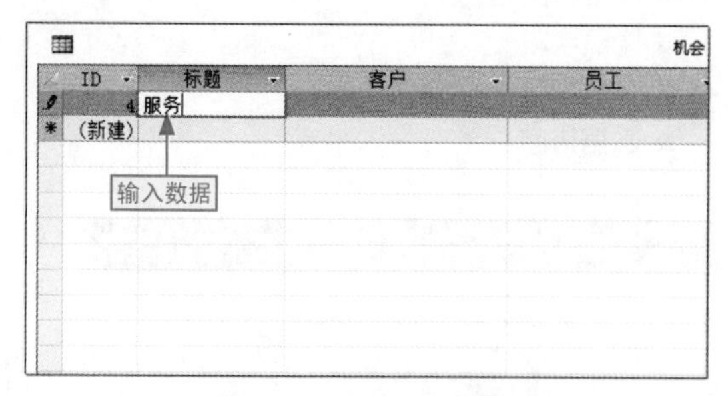

图5-1　直接输入数据

选择数据

一些单元格自动或通过人为设置提供数据选项，我们可以直接进行选择输入。图5-2所示为通过系统自动提供的日期选择器选择输入数据。

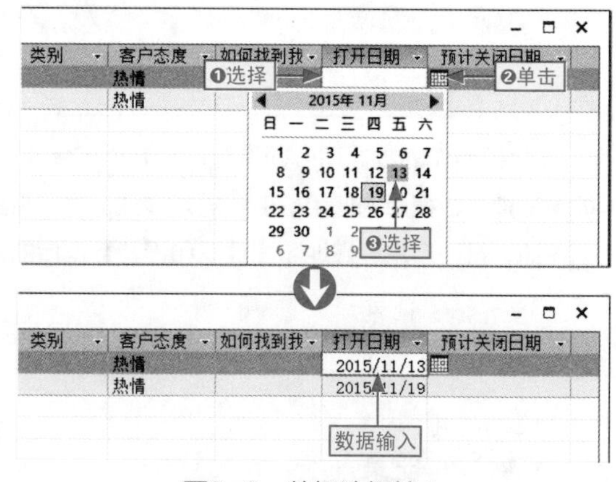

图5-2　数据选择输入

5.1.2 替换数据记录

在数据表中，若我们要替换掉指定数据，这时不需要手动逐一替换，可让系统实现自动替换。

下面以将“采购订单”数据表中的“提交日期”和“创建日期”列中的“2006”更改为“2016”为例，其具体操作如下。

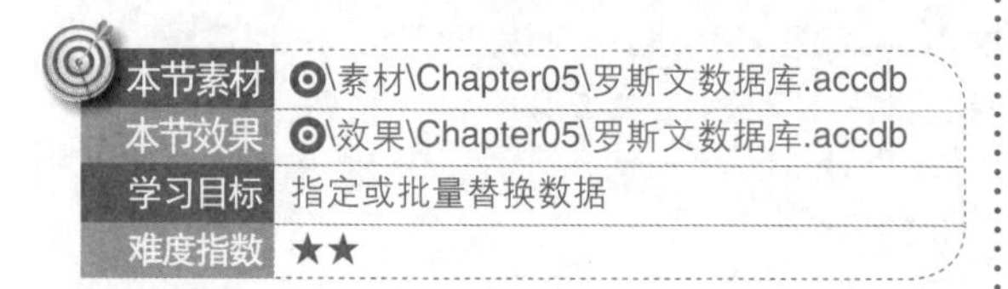

本节素材	⊙\素材\Chapter05\罗斯文数据库.accdb
本节效果	⊙\效果\Chapter05\罗斯文数据库.accdb
学习目标	指定或批量替换数据
难度指数	★★

步骤01 打开“罗斯文数据库”素材文件，❶双击打开“采购订单”数据表，❷单击“查找”组中的“查找”按钮（或按Ctrl+F组合键），如图5-3所示。

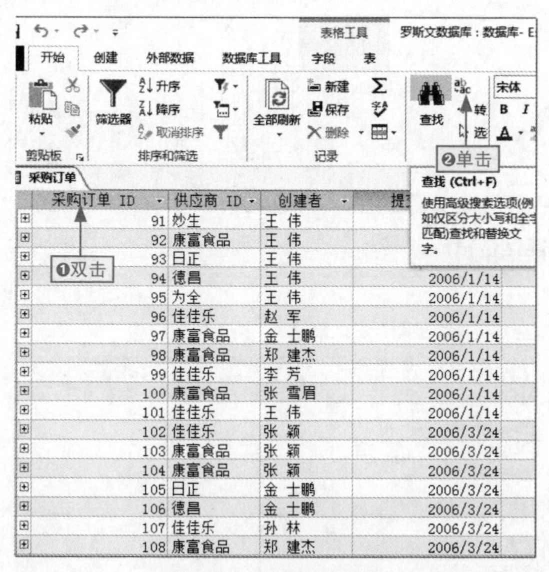

图5-3　启用查找功能

步骤02 打开“查找和替换”对话框，分别在“查找内容”和“替换为”下拉列表框中输入“2006”和“2016”，如图5-4所示。

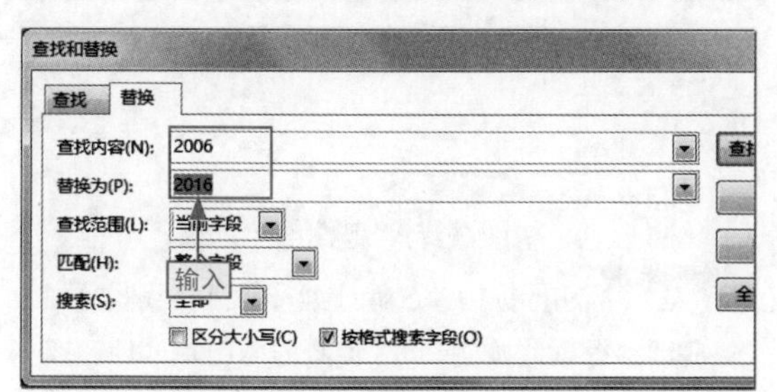

图5-4　输入查找和替换内容

步骤03 ❶单击“查找范围”右侧的下拉按钮，❷选择“当前文档”选项，如图5-5所示。

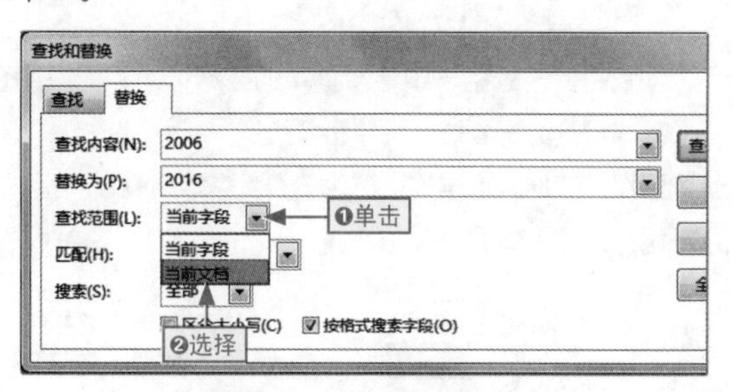

图5-5　设置查找范围

步骤04 ❶单击“匹配”右侧下拉按钮，❷选择“字段任何部分”选项，❸单击“全部替换”按钮，如图5-6所示。

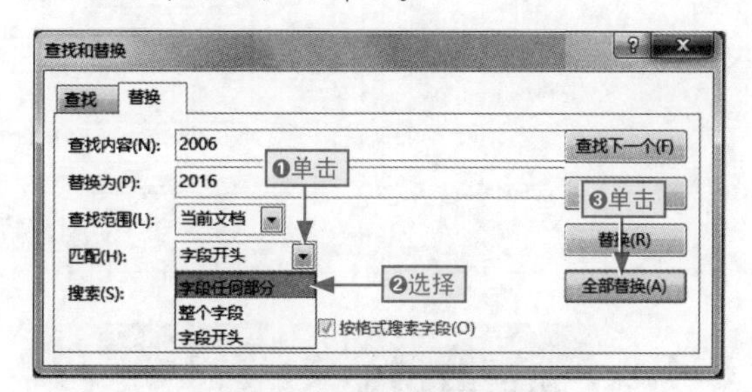

图5-6　设置匹配范围

步骤05 打开提示对话框，单击“是”按钮，如图5-7所示。

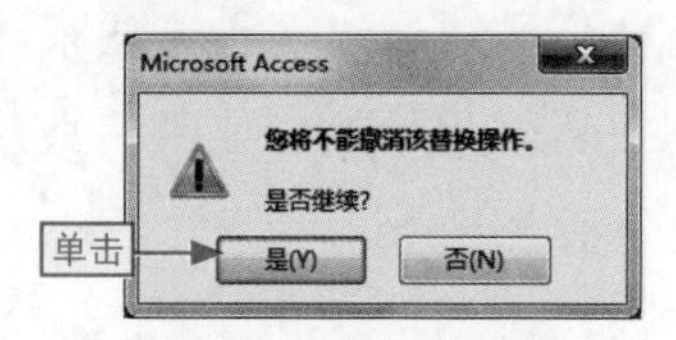

图5-7　确认替换

步骤06 在数据表中即可查看到替换效果，如图5-8所示。

图5-8　查看替换效果

查找数据记录

我们要在数据表中查看指定的数据记录，可以用查找功能来快速进行定位和查看。其方法为：以数据表视图模式打开数据表后，❶单击“查找”按钮，打开“查找和替换”对话框。在“查找内容”下拉列表框中❷输入要查找的数据，这里输入“肉松”。❸分别设置“查找范围”、“匹配”和“搜索”选项，❹单击“查找下一个”按钮，如图 5-9 所示。

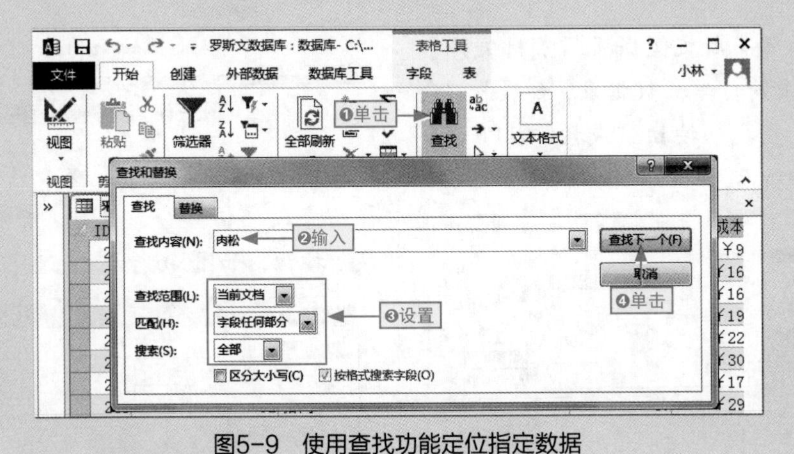

图5-9 使用查找功能定位指定数据

5.1.3 新增数据记录

要新增数据记录，通常情况下都是直接在数据末尾进行添加。对于数据记录较多的数据表，我们可以通过两种方法来让系统自动跳转到最新建记录处，让用户直接输入数据。下面分别进行介绍。

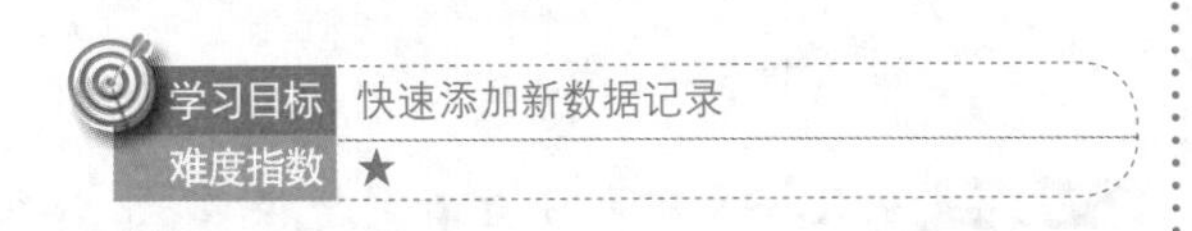

学习目标	快速添加新数据记录
难度指数	★

通过菜单命令

选择任意数据记录行，❶右击，❷选择“新记录”命令，系统跳转到最后新建记录处，❸用户在其中进行数据输入即可完成操作，如图5-10所示。

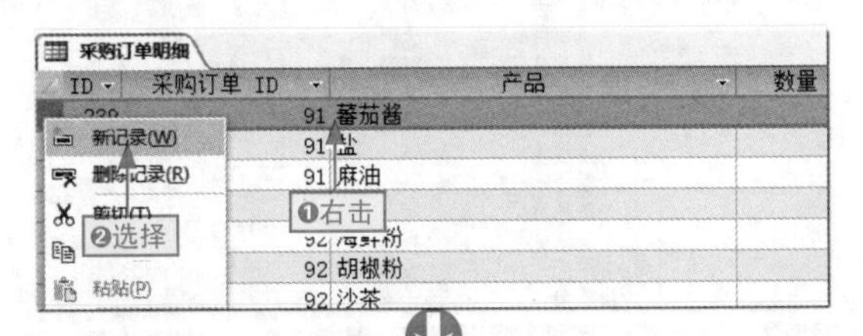

图5-10 添加新记录

快速选择连续多行

除了拖动鼠标指针选择连续多行外，我们还可以在选择行后，按住 Shift 键同时单击其他行，这样就完成了连续多行的快速选择操作。

通过功能按钮

❶选择任意单元格，❷单击“新建”按钮新建记录，❸在其中进行常规数据输入即完成操作，如图5-11所示。

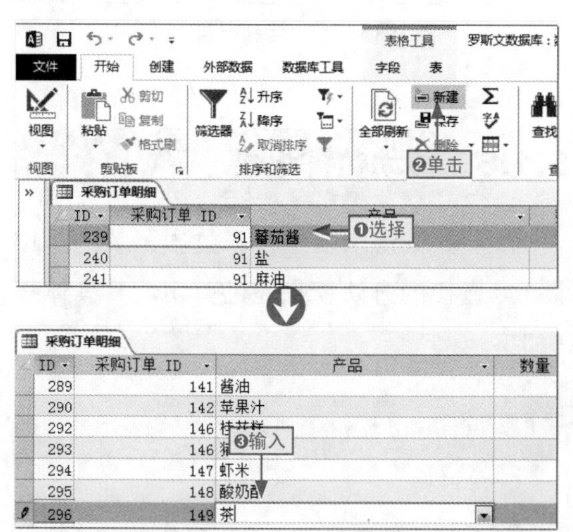

图5-11　添加新记录

通过下拉选项

选择任意单元格，❶单击“转至”下拉按钮，❷选择“新建”选项新建行，❸用户在其中进行常规数据输入即完成操作，如图5-12所示。

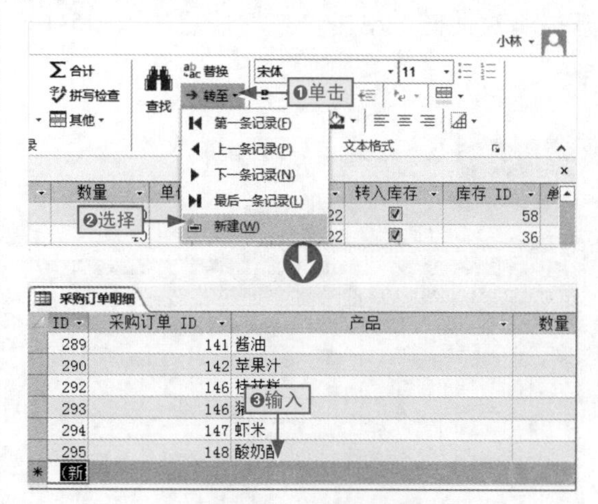

图5-12　添加新记录

新增其他数据表中已有的数据

若是新增的数据是其他数据表中已有的，我们可以通过复制粘贴数据表的方法来轻松完成（在复制数据表的知识中提到过）。其方法为：❶复制目标数据表，按 Ctrl+V 组合键，打开“粘贴表方式”对话框，在“表名称”文本框中❷输入要添加记录的目标数据表名称，❸选中“将数据追加到已有的表”单选按钮，❹单击“确定”按钮，如图 5-13 所示。

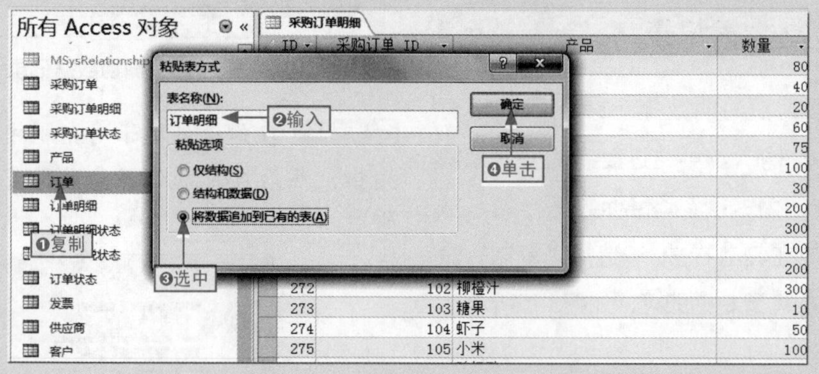

图5-13　新增已有的数据记录

5.1.4 删除数据记录

要删除数据表中已有的数据记录，可以选择目标行后，❶在其上右击，❷选择“删除记录”|“剪切”命令（或单击“删除”下拉按钮，选择“删除/删除记录”选项），❸打开提示对话框，单击“是”按钮，如图5-14所示。

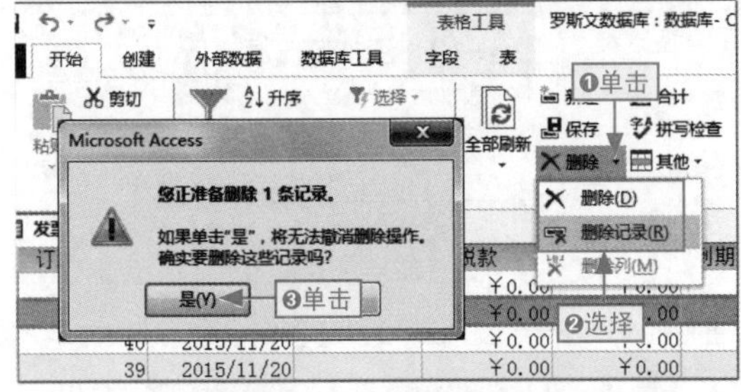

图5-14　删除记录

5.1.5 复制数据记录

对于已有或相同的数据记录，我们没有必要再一次手动输入，可通过复制的方式来快速实现。其方法为：❶选择目标数据行后，按Ctrl+C组合键或在其上右击，❷选择“复制”命令，然后在目标位置粘贴即可，如图5-15所示。

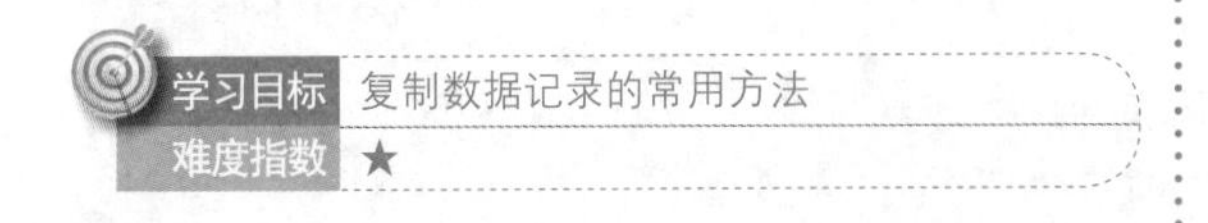

图5-15　复制记录

5.1.6 移动数据记录

移动数据记录就是移动数据记录的行位置，最直接的方法就是通过剪切，其具体操作如下。

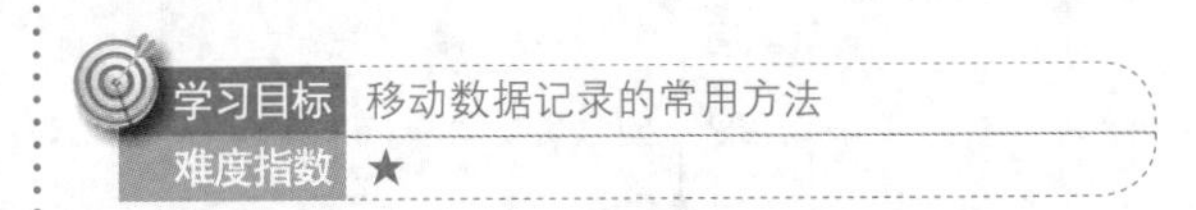

步骤01 ❶选择目标记录行，❷单击“剪切”按钮（或在记录行上右击，选择“剪切”命令），如图5-16所示。

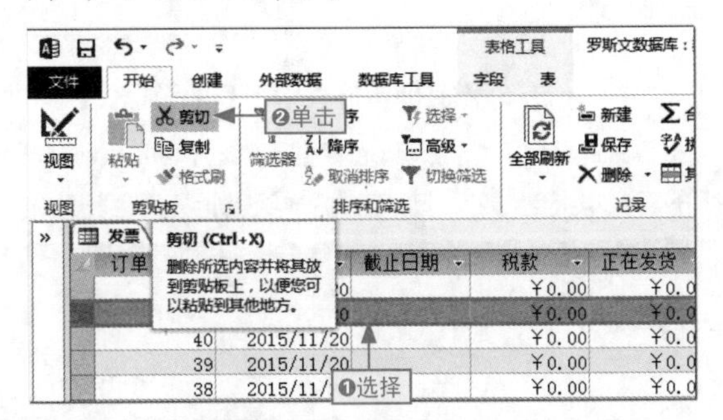

图5-16　剪切数据记录

步骤02 在弹出的提示对话框中单击“是”按钮，然后在目标位置粘贴即可，如图5-17所示。

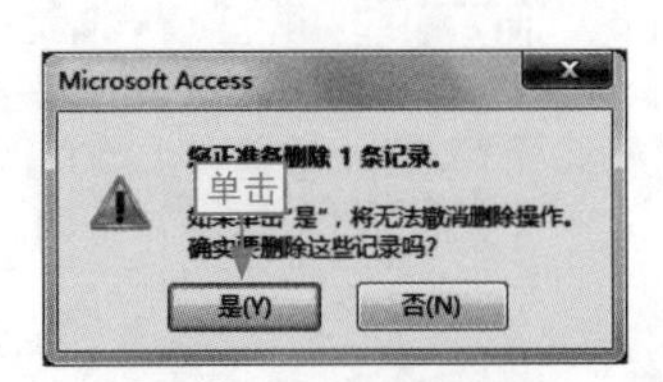

图5-17　确认剪切

5.2 设置表样式

小白：我们制作的数据表可以对其样式进行设置吗？

阿智：当然可以。只不过数据表样式的设置，不像其他软件，如Excel有那么多的样式可以选择，它仅限制于数据表的大体格式、数据顺序、行高列宽等。

我们的数据表虽然主要是用来存储和调用数据，但同时我们也可让其以一个相对实用的样式存在，以方便查看和管理。

5.2.1 设置数据格式

数据表中的数据我们不仅可以指定其类型，还可以为其设置格式，如字体、字号、颜色等。

下面我们通过设置“发票”数据表中数据的“字体”为“微软雅黑”，“字号”为“10”，“字体颜色”为25%的黑色为例，其具体操作如下。

本节素材	\素材\Chapter05\票据.accdb
本节效果	\效果\Chapter05\票据.accdb
学习目标	手动设置数据字体、字号和颜色
难度指数	★★

步骤01 打开“票据”素材文件，在导航窗格中双击“发票”数据表，将其以数据表视图模式打开，如图5-18所示。

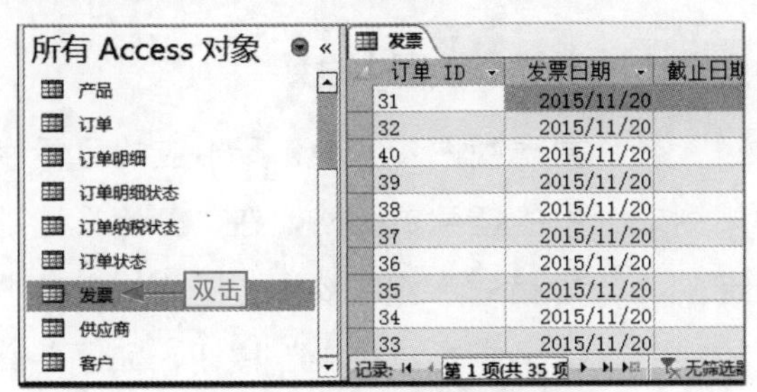

图5-18 打开目标数据表

步骤02 选择任意数据单元格，❶单击“字体”右侧的下拉按钮，❷选择“微软雅黑”选项，如图5-19所示。

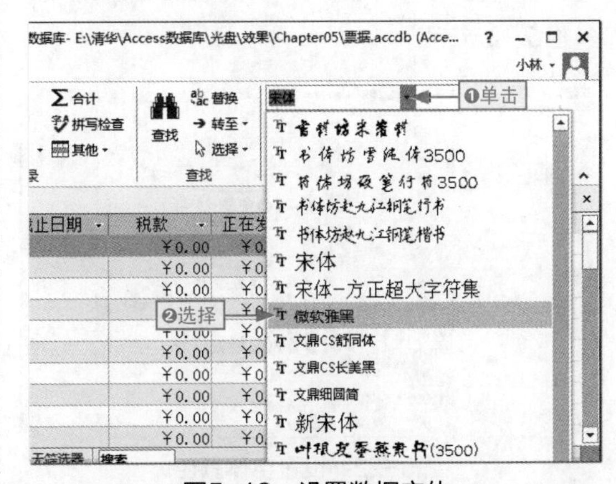

图5-19 设置数据字体

步骤03 ❶单击“字体”右侧的下拉按钮，❷选择10选项，如图5-20所示。

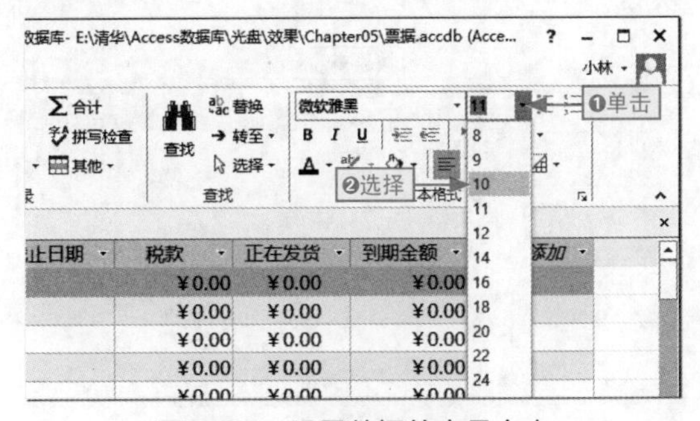

图5-20 设置数据的字号大小

输入字体

对于字体名称非常熟悉的用户，可将文本插入点定位在“字体”文本框中，然后输入相应的字体文本，按 Enter 键确认即可（字号也可以采用这样的方法输入），如图 5-21 所示。

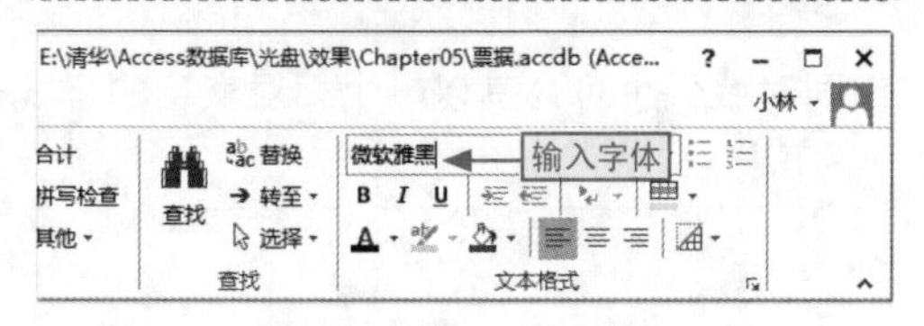

图5-21　手动输入字体

步骤04 ❶单击“字体颜色”按钮右侧的下拉按钮，❷选择“黑色,文字1,淡色25%”选项，如图5-22所示。

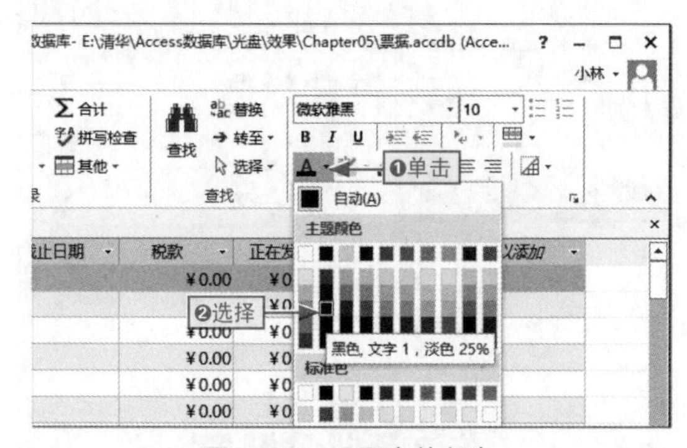

图5-22　设置字体颜色

步骤05 在数据表中即可查看到设置的字体、字号和字体颜色的样式效果，如图5-23所示。

发票　效果查看

订单 ID	发票日期	截止日期	税款	正在发货
31	2015/11/20		¥0.00	¥0.00
32	2015/11/20		¥0.00	¥0.00
40	2015/11/20		¥0.00	¥0.00
39	2015/11/20		¥0.00	¥0.00
38	2015/11/20		¥0.00	¥0.00
37	2015/11/20		¥0.00	¥0.00
36	2015/11/20		¥0.00	¥0.00
35	2015/11/20		¥0.00	¥0.00
34	2015/11/20		¥0.00	¥0.00
33	2015/11/20		¥0.00	¥0.00
30	2015/11/20		¥0.00	¥0.00

图5-23　查看设置效果

5.2.2　设置指定列对齐方式

数据列中的数据记录，可以按照指定的方式对齐，当然这种指定可以在设计表时完成，也可在数据输入后，完全根据用户的操作习惯而决定。下面分别介绍。

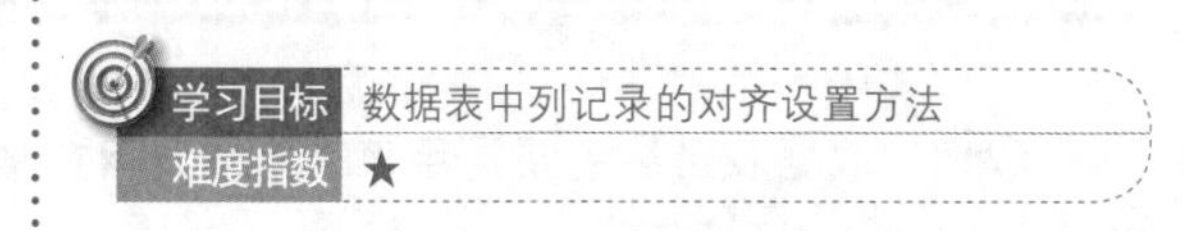

在设计视图中设置

在设计视图中，❶选择相应的目标列或任意单元格，在“常规”选项卡中❷单击“文本对齐”下拉按钮，❸选择相应的对齐方式选项。这里选择“居中”选项，如图5-24所示。

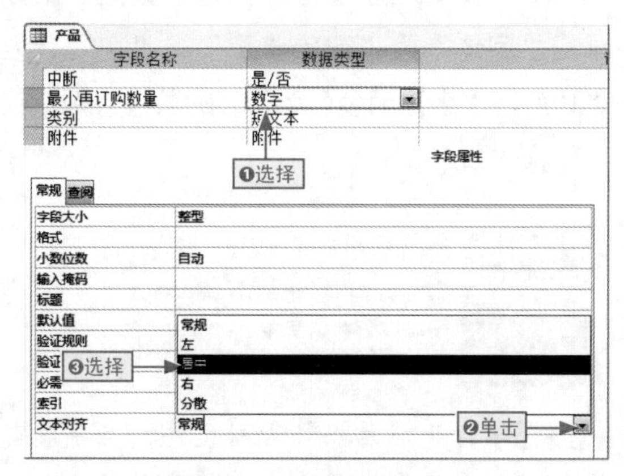

图5-24　设置数据对齐方式

在数据表视图中设置

在数据表视图中，❶选择相应的目标字段列或列中的任意单元格，在“开始”选项卡的“文本格式”组中❷单击相应的对齐方式按钮。这里单击“居中”按钮，如图5-25所示。

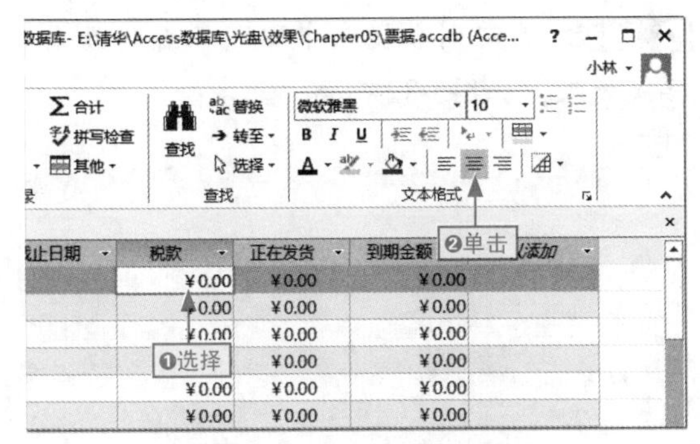

图5-25 设置数据对齐方式

5.2.3 设置表底纹和网格线样式

数据表中的底纹和网格线样式默认都是灰色状态，我们可以通过自定义来对其进行更改。

下面我们以“票据1 ”数据表为例，将底纹设置为白色与淡橙色样式，并把网格线设置为橙色虚线样式。具体操作方式如下。

本节素材	◎\素材\Chapter05\票据1.accdb
本节效果	◎\效果\Chapter05\票据1.accdb
学习目标	自定义数据表交替底纹和网格线样式
难度指数	★★

步骤01 打开“票据1”素材文件，以数据表视图方式打开“产品”表，单击“文本格式”组中的“设置数据表格式”按钮，如图5-26所示。

图5-26 打开目标数据表对象

步骤02 打开“设置数据表格式”对话框，❶单击“背景色”下拉按钮，❷选择“白色,背景1”选项，如图5-27所示。

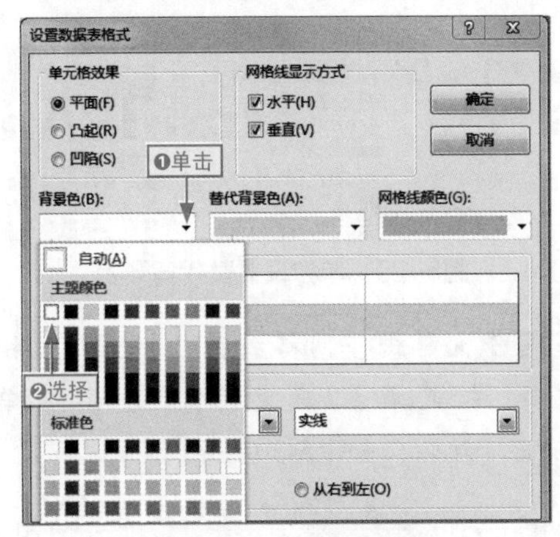

图5-27 设置背景色

步骤03 ❶单击“替代背景色”下拉按钮，❷选择“橙色,着色2,淡色80%”选项，如图5-28所示。

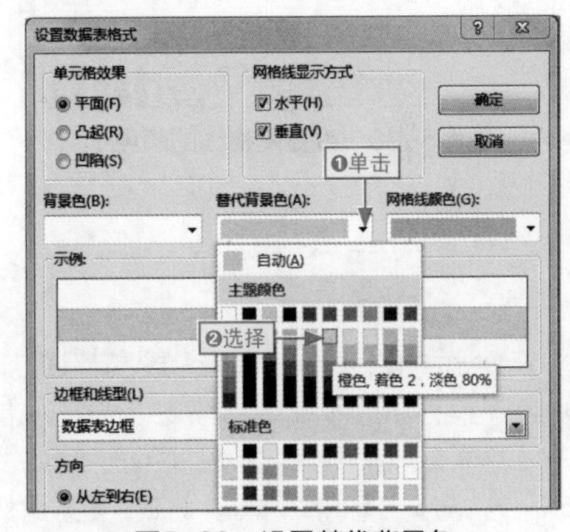

图5-28 设置替代背景色

小绝招

单独设置背景色或替代背景色

若是单独设置背景色或替代背景色，可以❶选择任意目标单元格（奇数行是背景色，偶数行是替代背景色）后，❷单击“可选行颜色”按钮右侧的下拉按钮，❸选择相应的颜色选项，如图 5-29 所示。

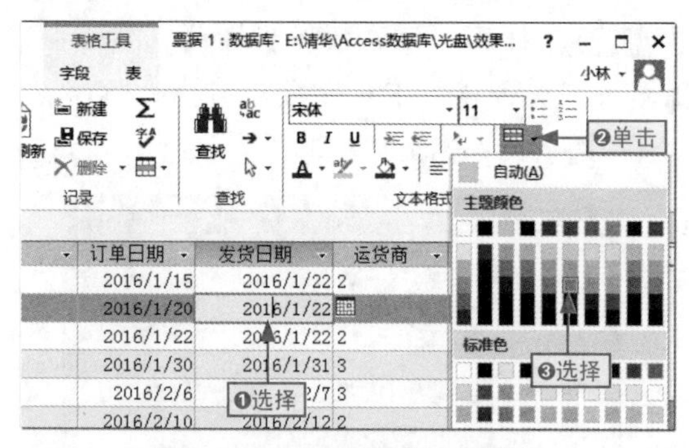

图5-29　单独设置替代背景色

步骤04 ❶单击“网格线颜色”下拉按钮，❷选择“橙色,着色2,淡色40%”选项，❸单击“确定”按钮，如图5-30所示。

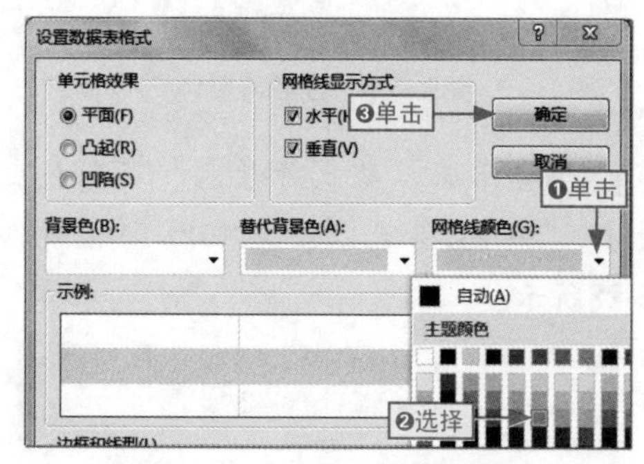

图5-30　设置网格线的颜色

设置网格线

在数据表中网格线有4种存在方式：交叉、横向、纵向和无。我们可以根据设计需要进行选择。其操作为：❶单击“网格线”下拉按钮，❷选择相应的选项。这里选择“网格线：横向”选项，如图5-31所示。

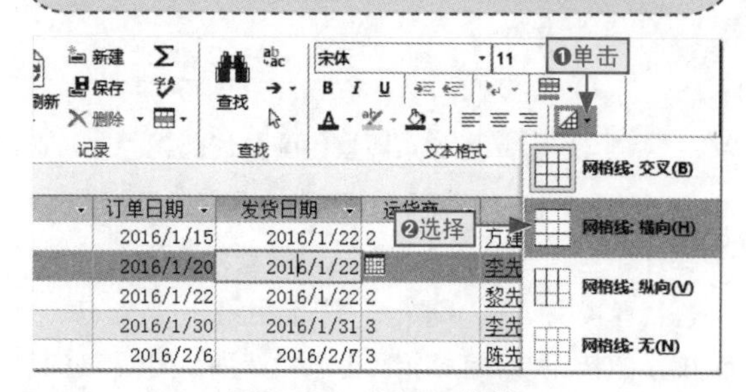

图5-31　设置网格线

步骤05 返回到数据表中即可查看到设置的样式效果，如图5-32所示。

图5-32　设置横行网格线

5.2.4 设置整个数据表底纹

除了设置字段行的背景色和替代背景色外，我们还可以设置整个数据表的背景颜色。

其方法为：打开目标数据表，❶单击“主题颜色”按钮右侧的下拉按钮，❷选择相应的主题颜色选项，如图5-33所示。

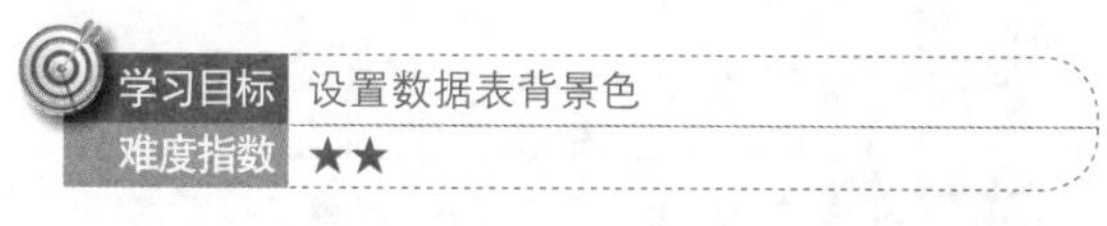

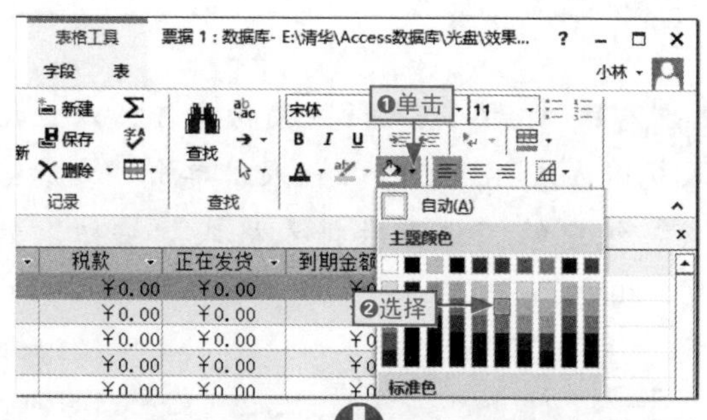

图5-33　设置数据表背景颜色

5.2.5 设置行高与列宽

数据表中行高和列宽不是固定的，也没有绝对的固定值，这就让我们有设置的余地，从而进行更加个性的行高和列宽设置。下面分别设置“票据”数据表中的行高和列宽，其具体操作如下。

本节素材	⊙\素材\Chapter05\票据2.accdb
本节效果	⊙\效果\Chapter05\票据2.accdb
学习目标	自定义数据表交替底纹和网格线样式
难度指数	★★

步骤01 打开“票据2”素材文件，❶选择第一行数据字段并在其上右击，❷选择“行高”命令，如图5-34所示，打开“行高”对话框。

图5-34 设置行高

其他启用设置行高功能的方法

除了通过选择“行高”命令来打开“行高”对话框启用精确设置行高功能外，我们还可通过❶单击“记录”组中的“其他”下拉按钮，❷选择“行高”命令，如图5-35所示。

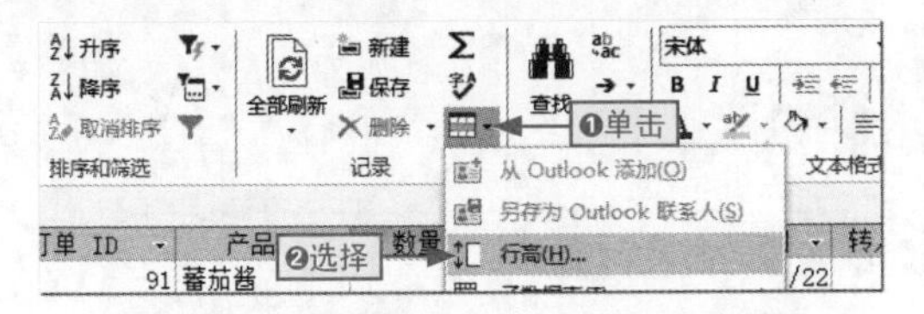

图5-35 其他方法打开“行高”对话框

步骤02 在“行高”文本框中❶输入“14”，❷单击“确定”按钮，如图5-36所示。

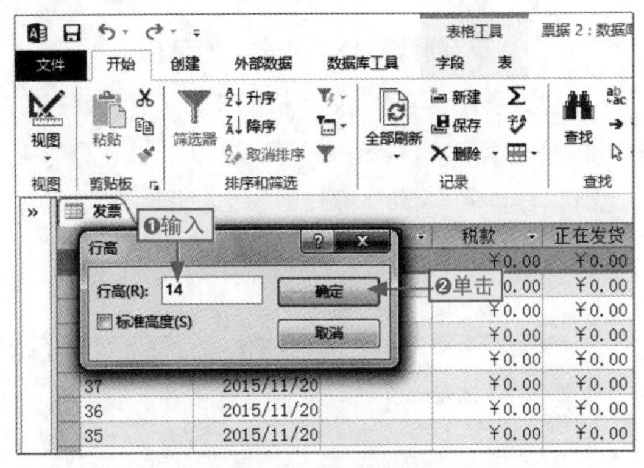

图5-36 设置精确行高

快速恢复到标准行高

数据表中标准行高是13.5，在自定义设置行高后，要想快速恢复到标准行高，可在“行高”对话框中，❶选中“标准高度”复选框，❷单击“确定”按钮，如图5-37所示。

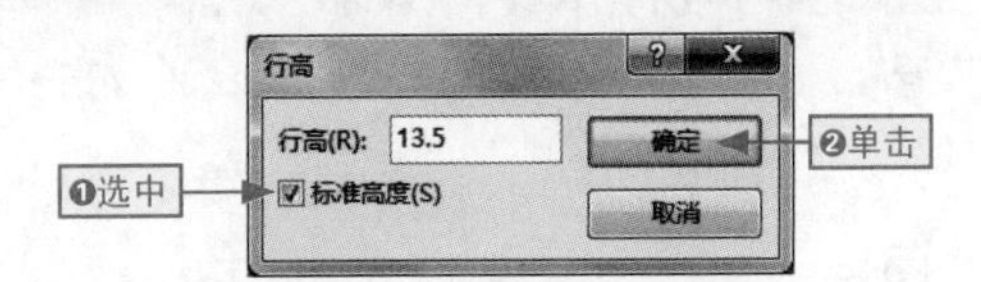

图5-37 恢复标准行高

步骤03 ❶选择任意列，❷单击“其他”下拉按钮，❸选择“字段宽度”命令，打开“列宽”对话框，如图5-38所示。

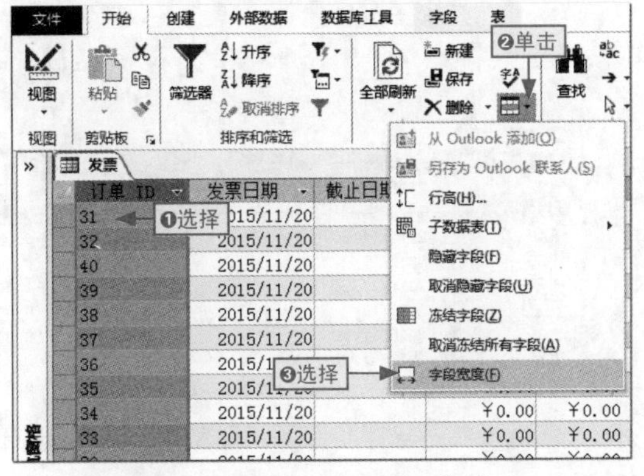

图5-38 选择“字段列宽”命令

快速打开“列宽”对话框

快速打开“列宽”对话框的技巧是通过缩短鼠标的移动距离来节省时间，其操作为：❶选择列并右击，❷选择“字段宽度”命令，如图5-39所示，打开“列宽”对话框。

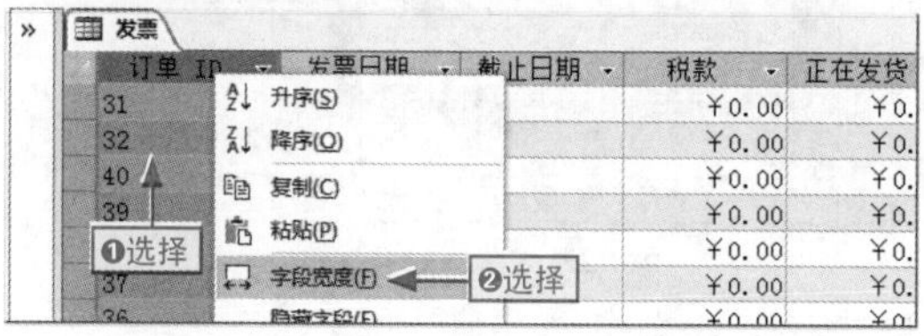

图5-39　快速打开“列宽”对话框

步骤04 在“列宽”文本框中❶输入“12”，❷单击“确定”按钮完成操作，如图5-40所示。

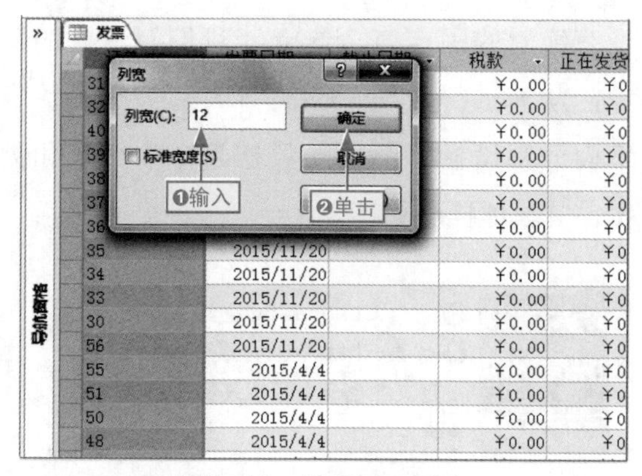

图5-40　设置精确列宽

其他快速调整行高和列宽的方法

除了通过对话框来精确设置行高和列宽外，对于那些没有特殊要求的行高或列宽，我们可以通过鼠标来完成。包括两个方面：一是使行高或列宽以最合适的高度或宽度适应内容，我们可以将鼠标指针移到行或列交界处，当鼠标指针变成✛形状或✛形状时，双击，如图5-41所示。二是随意调整行高，我们可将鼠标指针移到行或列交界处，当鼠标指针变成✛形状或✛形状时，按住鼠标左键不放拖动鼠标，直到行高或列宽合适时，释放鼠标，如图5-42所示。

图5-41　双击鼠标使行高和列宽自动适应内容

图5-42　拖动鼠标指针随意调整行高和列宽

5.2.6 隐藏字段

若数据表中的某些字段不方便显示出来或不希望他人直接看到，我们可以将其隐藏起来。

其方法为：选择指定字段列并在其上右击，选择“隐藏字段”命令，如图5-43所示。或者❶选择目标字段列后，❷单击“其他”下拉按钮，❸选择“隐藏字段”选项，如图5-44所示。

学习目标　隐藏指定字段方法

难度指数　★

图5-43　隐藏字段列

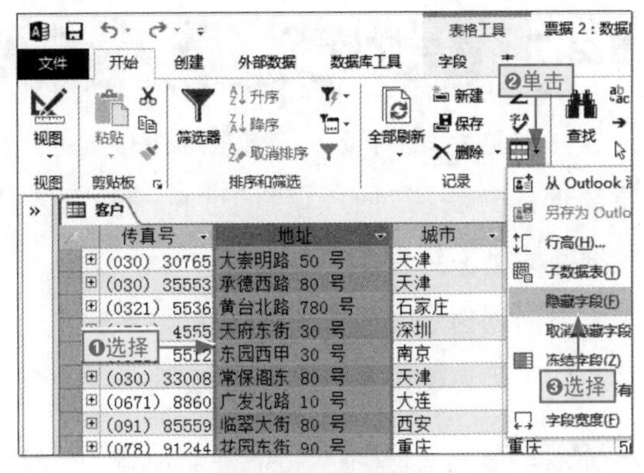

图5-44　隐藏字段

拖动隐藏字段列

将鼠标指针移到行或列交界处，当鼠标指针变成✛形状时，按住鼠标左键不放拖动鼠标，直到列宽为 0（也就是与左边临近的边界重叠），释放鼠标，如图 5-45 所示。

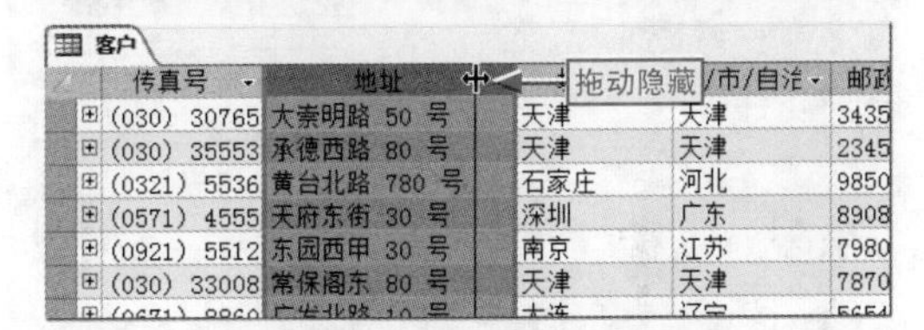

图5-45　拖动隐藏字段列

将隐藏的字段显示出来

若要将隐藏的字段列重新显示出来，我们可以在任意字段列上右击，❶选择“取消隐藏字段”命令，打开“取消隐藏列”对话框，❷选中相应的复选框，❸单击“关闭”按钮完成操作，如图 5-46 所示。

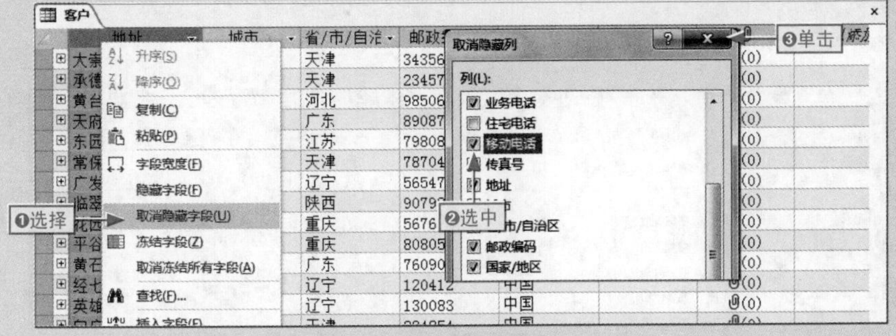

图5-46　显示隐藏字段列

5.2.7 冻结字段

在数据字段列较多的数据表中，为了方便数据的查看和对照，我们可将一些重要的数据字段列冻结住。

下面通过在“票据3”数据表中冻结“产品名称”列为例，其具体操作如下。

本节素材	⊙\素材\Chapter05\票据3.accdb
本节效果	⊙\效果\Chapter05\票据3.accdb
学习目标	冻结指定字段列
难度指数	★★

步骤01 打开“票据3”素材文件，打开“产品”数据表，❶选择“产品名称”字段列并在其上右击，❷选择“冻结字段”命令，如图5-47所示。

图5-47　冻结指定字段

步骤02 系统自动将“产品名称”字段列冻结并将其移到最左侧，拖动水平控制条即可查看到冻结结果，如图5-48所示。

图5-48　查看冻结字段结果

冻结连续多个字段列

若要冻结连续的多个字段列，我们只需先选择多个列后，再进行冻结操作，这样就可将多列同时冻结，如图5-49所示。

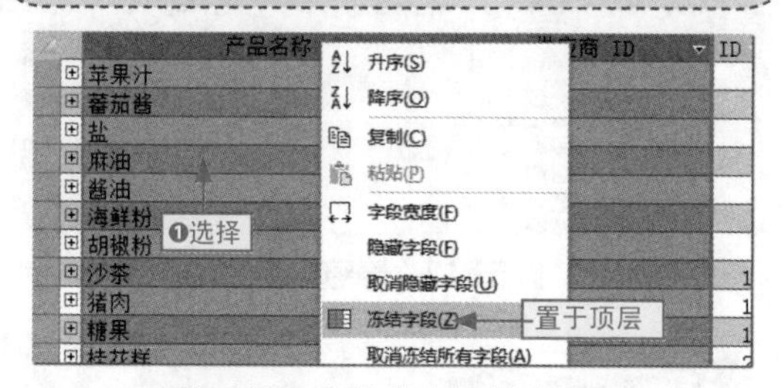

图5-49　冻结多个连续字段列

取消隐藏冻结列

要将字段列的冻结效果取消，最直接的方法就是在冻结列上右击，❶选择“取消冻结所有字段”命令，然后❷选择该列并按住鼠标左键不放将其拖动到原先的列位置，如图5-50所示。

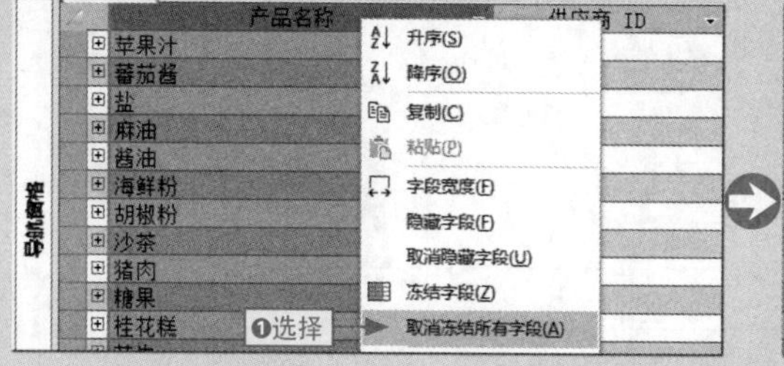

图5-50　取消字段列冻结

5.3 数据检索

小白： 数据表中的数据，只能对其进行添加、删除、复制和字体、字号的设置吗？

阿智： 当然不止这些，我们还可以对数据进行检索。

小白： 数据检索，是什么功能？

数据检索主要是指对数据的排序、筛选和汇总，使数据表中的数据更加有条理性，更加方便管理。

5.3.1 数据排序

数据表中的数据顺序，默认为以数据录入的顺序显示。为了让整个数据表显得井然有序，我们可以对其进行排序。

下面以在“员工基本资料”数据表中分别让数据按照“部门”和“职务”的升序和降序排列为例，其具体操作如下。

本节素材	\素材\Chapter05\员工资料.accdb
本节效果	\效果\Chapter05\员工资料.accdb
学习目标	多条件排序方法
难度指数	★★

步骤01 打开“员工资料”素材文件，❶打开“员工基本资料”数据表，❷单击“高级”下拉按钮，❸选择“高级筛选/排序”命令，如图5-51所示。

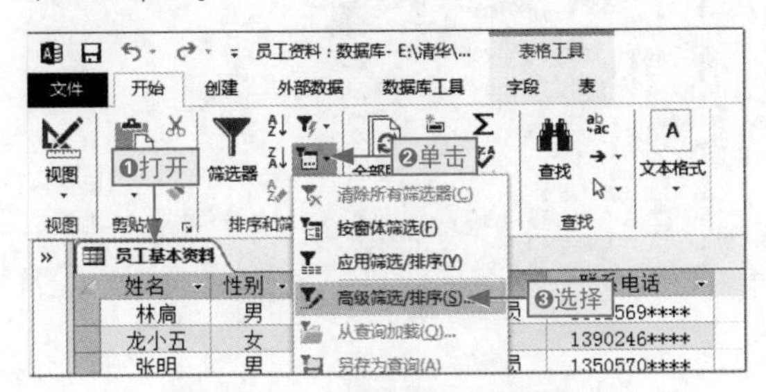

图5-51　启用高级筛选功能

步骤02 ❶单击“字段”选项后的下拉按钮，❷选择“部门”选项，如图5-52所示。

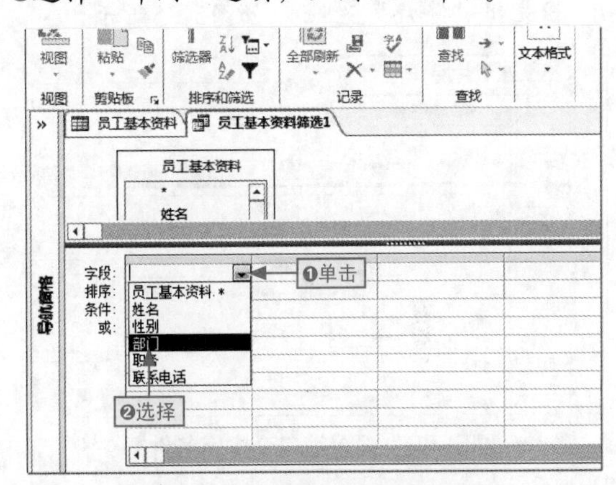

图5-52　设置第一个排序字段

步骤03 ❶单击排序条件后的下拉按钮，❷选择“升序”选项，如图5-53所示。

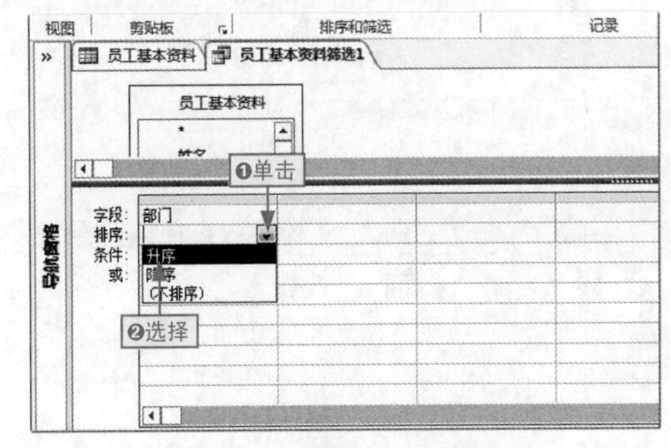

图5-53　设置第一个排序方式

步骤04 ❶选择第二个排序字段单元格并单击其右侧的下拉按钮，❷选择“职务”选项，如图5-54所示。

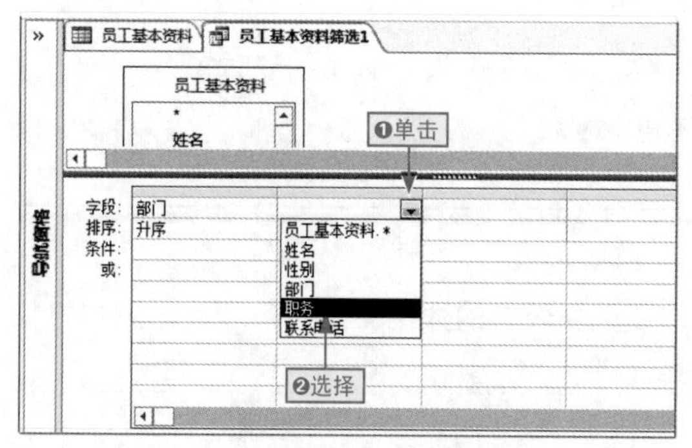

图5-54　设置第二个排序字段

步骤05 ❶单击第二个排序条件后的下拉按钮，❷选择“降序”选项，如图5-55所示。

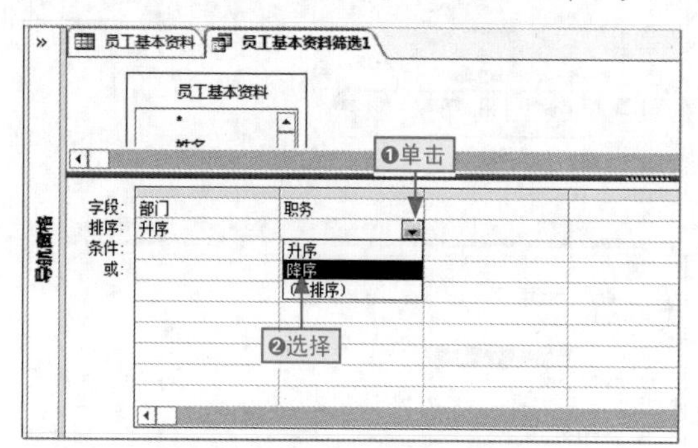

图5-55　设置第二个排序条件

步骤06 在“排序和筛选”组中单击“切换筛选”按钮，如图5-56所示。

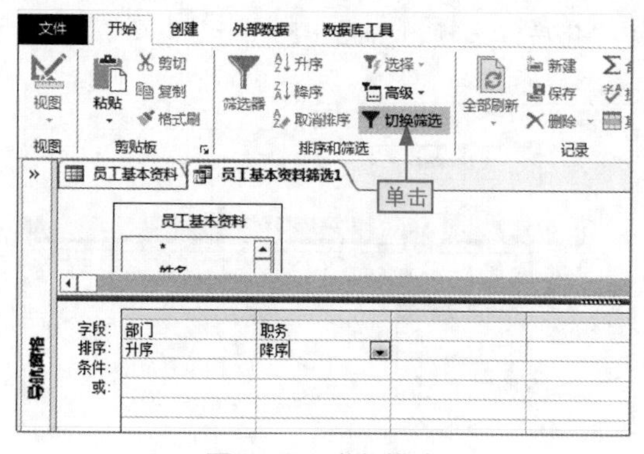

图5-56　进行排序

步骤07 系统自动切换到“员工基本资料”数据表中并按照设置进行排序，结果如图5-57所示。

姓名	性别	部门	职务	联系电话
龙小五	女	财务部	会计	1390246****
李小菲	女	财务部	会计	1390246****
武大	男	财务部	会计	1394170****
周小莉	女	财务部	会计	1391098****
陈飞	男	财务部	会计	1394170****
洪爱民	男	财务部	会计	1374108****
罗妥	女	策划部	普通员工	[illegible]
林莎	女	策划部	普通员工	1365410****
张明	男	后勤部	技术员	1350570****
王雪	女	后勤部	技术员	1365410****
罗川	男	后勤部	技术员	1376767****
徐红	男	后勤部	技术员	1592745****
林肩	男	后勤部	技术员	1582569****

图5-57　查看排序结果

快速进行单字段排序

我们要对数据表中的数据按照单一字段进行排序，可直接在字段名称列上右击，选择“升序”|“降序”命令，这里选择“升序”命令，如图5-58所示。

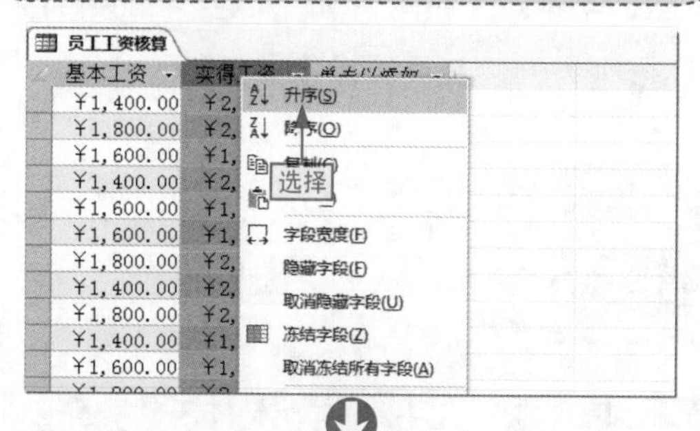

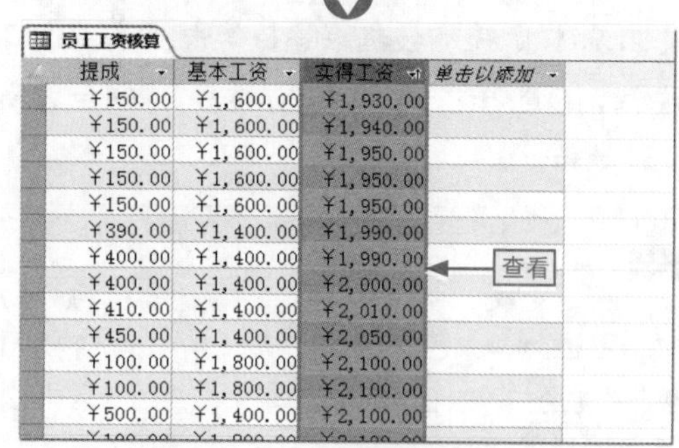

图5-58　单字段快速排序

5.3.2 数据筛选

数据筛选就是把符合条件的数据显示出来，不符合条件的数据不显示。

下面以在“员工工资核算”数据表中将提成小于200，基本工资大于1600且实得工资大于2000的数据记录筛选出来为例，其具体操作如下。

本节素材	⊙\素材\Chapter05\员工资料1.accdb
本节效果	⊙\效果\Chapter05\员工资料1.accdb
学习目标	数据的高级筛选方法
难度指数	★★

步骤01 打开“员工资料1”素材文件，❶打开“员工工资核算”数据表，❷单击“高级”下拉按钮，❸选择“高级筛选/排序”命令，如图5-59所示。

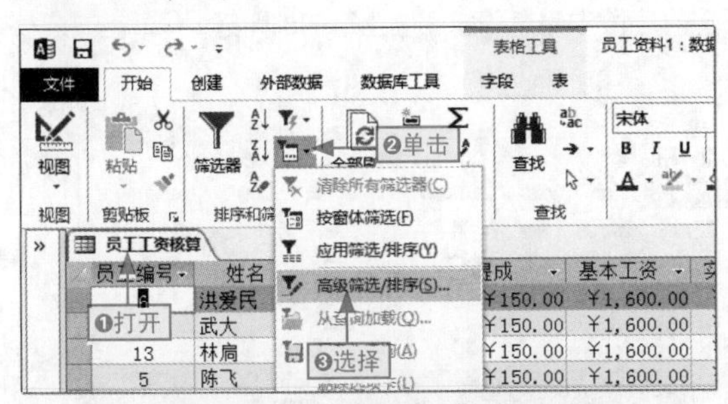

图5-59　启用高级筛选功能

步骤02 系统打开一查询对象，❶选择第一个筛选字段单元格并单击其右侧的下拉按钮，❷选择“提成”选项，如图5-60所示。

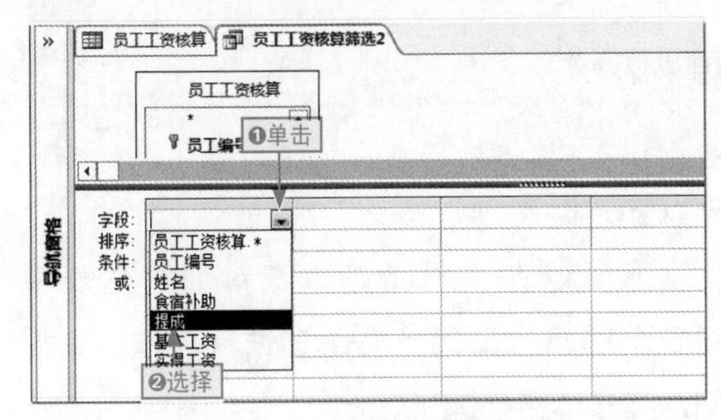

图5-60　设置第一个筛选字段

步骤03 ❶在第一个“条件”单元格中输入“<200”，❷选择第二个筛选字段单元格并单击其右侧的下拉按钮，❸选择“基本工资”选项，如图5-61所示。

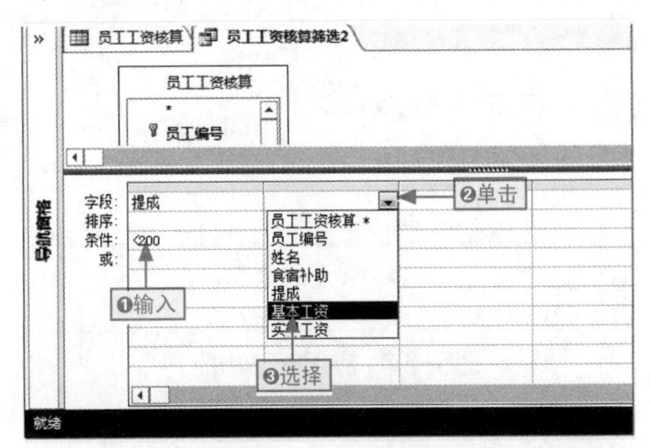

图5-61　设置第一个筛选条件和第二个字段

步骤04 在第二个“条件”单元格中输入“>1600”，如图5-62所示。

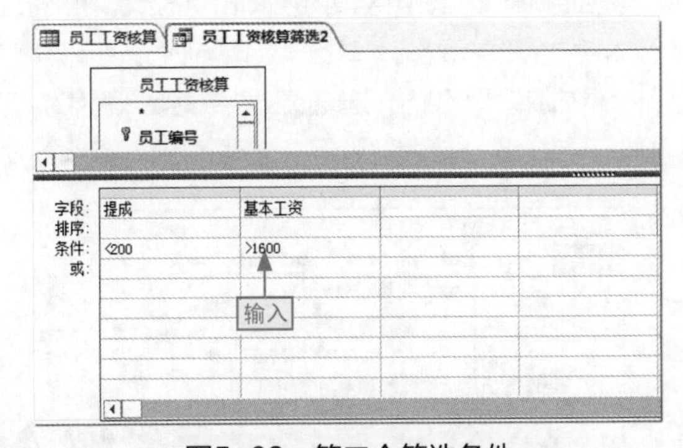

图5-62　第二个筛选条件

步骤05 以同样的方法设置第三个筛选字段和条件，如图5-63所示。

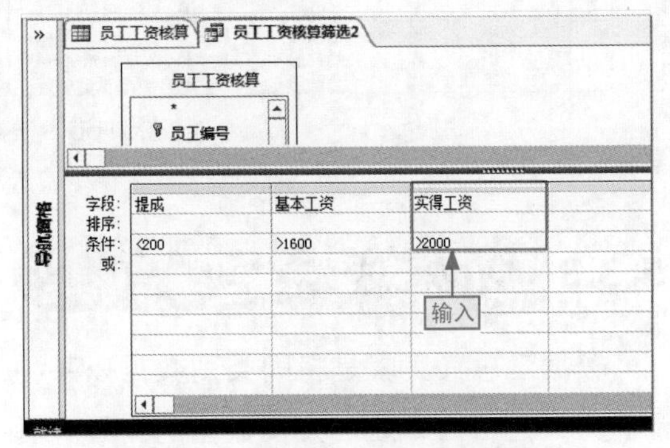

图5-63　设置第三个筛选字段和条件

步骤06 在“排序和筛选”组中单击“切换筛选”按钮，如图5-64所示。

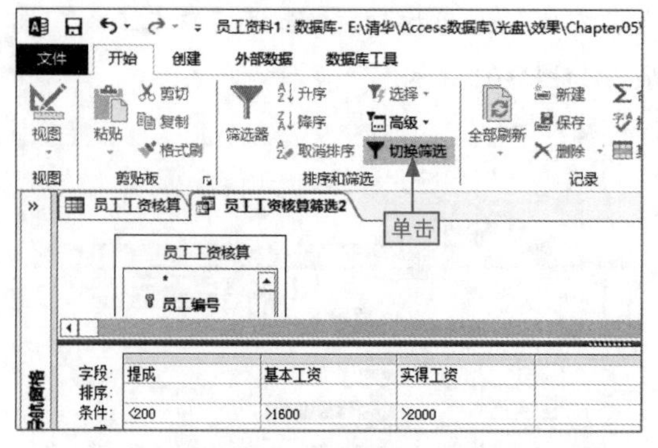

图5-64 应用筛选功能

步骤07 系统自动切换到“员工基本资料”数据表中并根据筛选条件显示结果，结果如图5-65所示。

姓名	食宿补助	提成	基本工资	实得工资
李小菲	￥200	￥100.00	￥1,800.00	￥2,100.00
罗妥	￥200	￥100.00	￥1,800.00	￥2,100.00
张明	￥200	￥100.00	￥1,800.00	￥2,100.00
徐红	￥200	￥100.00	￥1,800.00	￥2,100.00
赵华	￥200	￥100.00	￥1,800.00	￥2,100.00
赵鹏	￥200	￥100.00	￥2,000.00	￥2,300.00
任金初	￥200	￥100.00	￥2,000.00	￥2,250.00
张强	￥200	￥100.00	￥1,800.00	￥2,100.00

查看

图5-65 查看筛选结果

根据内容进行筛选

若要针对数据表中字段内容来进行筛选，可以通过简单的快速筛选来轻松实现。具体操作为：选择带有相应内容的字段单元格后，单击“选择”下拉按钮，然后选择相应的选项即可。

例如我们要筛选出“普通员工”数据，只需❶选择“职务”字段中带有“普通员工”的单元格，❷单击“选择”下拉按钮，❸选择“等于 "" 普通员工 ""”选项，如图 5-66 所示。

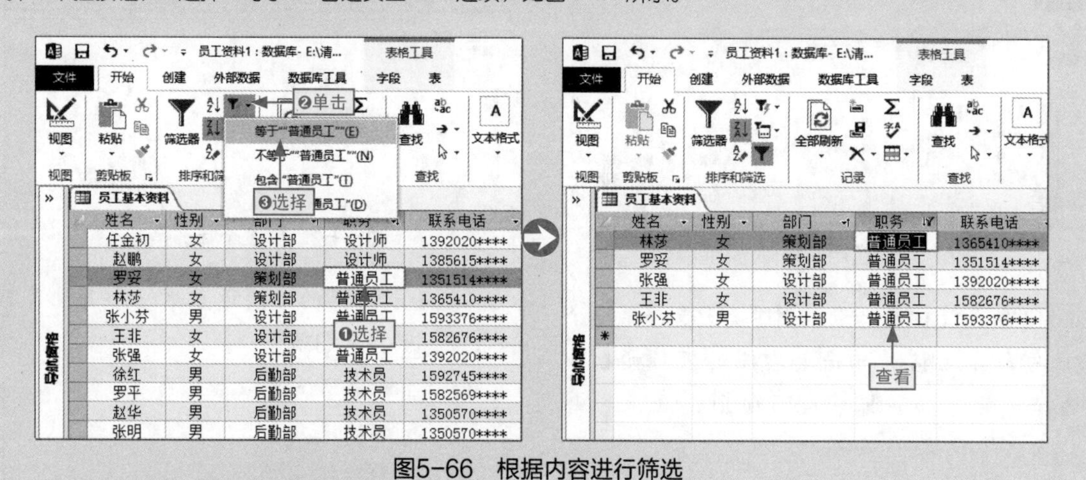

图5-66 根据内容进行筛选

5.3.3 数据汇总

数据汇总其实就是将同类别数据以某种计算方式汇合在一起，方便数据的查看、管理以及分析等。

下面以在“员工基本资料”数据表中将各个部门员工的各类工资进行求和汇总为例，其具体操作如下。

本节素材	◎\素材\Chapter05\员工资料2.accdb
本节效果	◎\效果\Chapter05\员工资料2.accdb
学习目标	数据的高级筛选方法
难度指数	★★

步骤01 打开“员工资料2”素材文件，❶打开“员工工资核算”数据表，❷单击“开始”选项卡的“记录”组中的“合计”按钮，如图5-67所示。

员工资料2 : 数据库- E:\清...　表格工具

文件　开始　创建　外部数据　数据库工具　字段　表

视图　粘贴　筛选器　全部刷新　查找　文本格式

视图　剪贴板　排序和筛选　记录　❷单击　查找

所有 Acc...

表

员工工资核算

员工基本资料

❶双击

员工工资核算

员工编号	姓名	食宿补助	提成
1	龙小五	￥200	￥500.0
2	李小菲	￥200	￥100.0
3	武大	￥200	￥150.0
4	周小莉	￥200	￥500.0
5	陈飞	￥200	￥150.0
6	洪爱民	￥200	￥150.0
7	罗妥	￥200	￥100.0
8	林莎	￥200	￥550.0
9	张明	￥200	￥100.0
10	王雪	￥200	￥390.0
11	罗川	￥200	￥150.0

图5-67　进行合计

步骤02 选择“提成”列的汇总单元格，❶单击激活的下拉按钮，❷选择“平均值”选项，如图5-68所示。

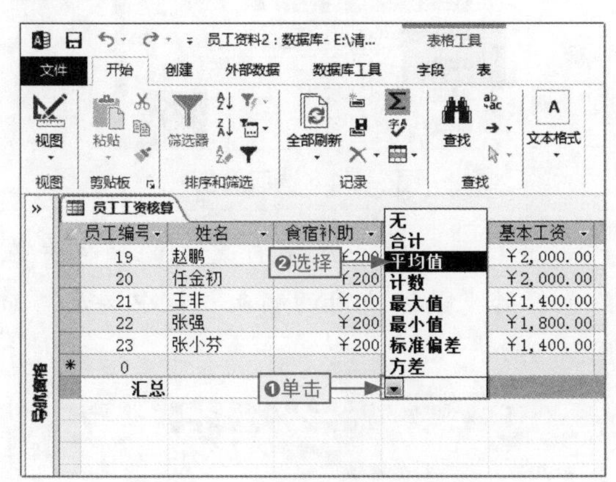

图5-68　对提成字段求平均值

步骤03 选择“基本工资”列的汇总单元格，❶单击激活的下拉按钮，❷选择“合计”选项，如图5-69所示。

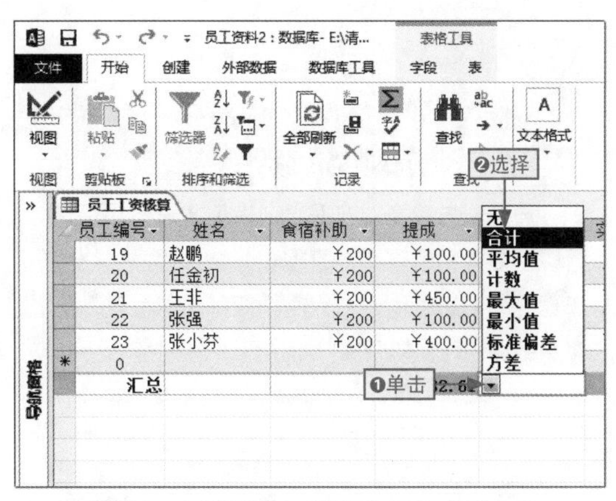

图5-69　对基本工资字段进行合计汇总

步骤04 选择“实得工资”列的汇总单元格，❶单击激活的下拉按钮，❷选择“最大值”选项，如图5-70所示。

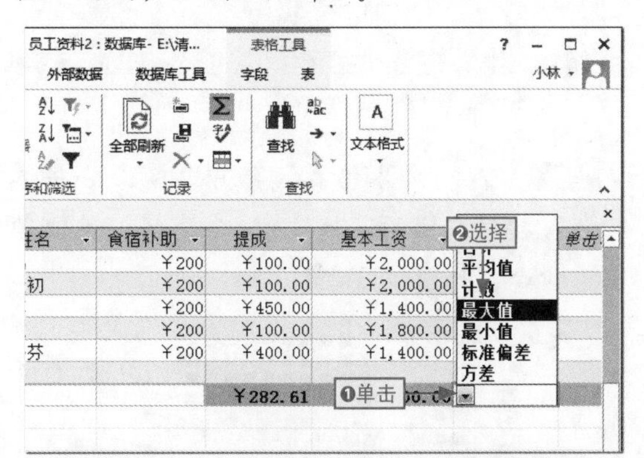

图5-70　对实得工资字段进行最大值汇总

步骤05 系统自动将“实得工资”列数据进行最大值汇总，同时可以看到其他列的汇总情况，如图5-71所示。

员工工资核算

姓名	食宿补助	提成	基本工资	实得工资
赵华	￥200	￥100.00	￥1,800.00	￥2,100.00
黄菲菲	￥200	￥600.00	￥1,400.00	￥2,190.00
陈浩	￥200	￥750.00	￥1,400.00	￥2,250.00
赵鹏	￥200	￥100.00	￥2,000.00	￥2,300.00
任金初	￥200	￥100.00	￥2,000.00	￥2,250.00
王非	￥200	￥450.00	￥1,400.00	[illegible].00
张强	￥200	￥100.00	￥1,800.00	[illegible].00
张小芬	￥200	￥400.00	￥1,400.00	￥1,990.00
*				
		￥282.61	￥36,800.00	￥2,300.00

查看

图5-71　汇总结果

轻松取消汇总

通过汇总功能对数据表中指定字段进行汇总，可以方便数据的查看、管理和分析。当然，当我们不再需要汇总的时候，只需再次单击“合计”按钮将其取消即可，如图5-72所示。

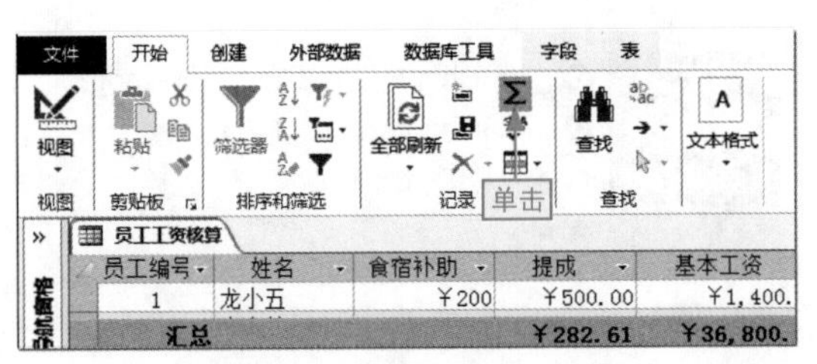

图5-72　取消已有的汇总

给你支招　|　如何解决标准色不够用的问题

小白：我们在对数据表进行样式设置时，有时发现拾色器中的颜色选项中没有自己想要的颜色，该怎么办?

阿智：当系统默认的拾色器中的颜色选项不够用时，我们可以通过自定义来解决。下面以自定义字体颜色为例，其具体操作如下。

步骤01 在“文本格式”组中❶单击“字体颜色”按钮右侧的下拉按钮，❷选择“其他颜色”命令，如图5-73所示。

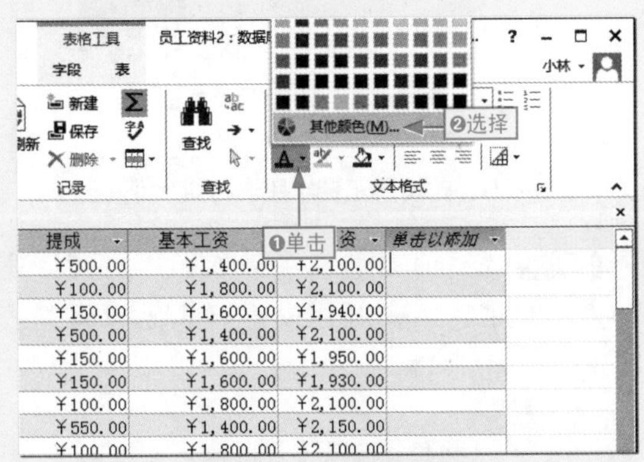

图5-73　选择其他颜色

步骤02 打开“颜色”对话框，❶单击“自定义”选项卡，❷在“颜色”区域中选择相应的颜色（或拖动右侧滑动块），❸单击“确定”按钮，如图5-74所示。

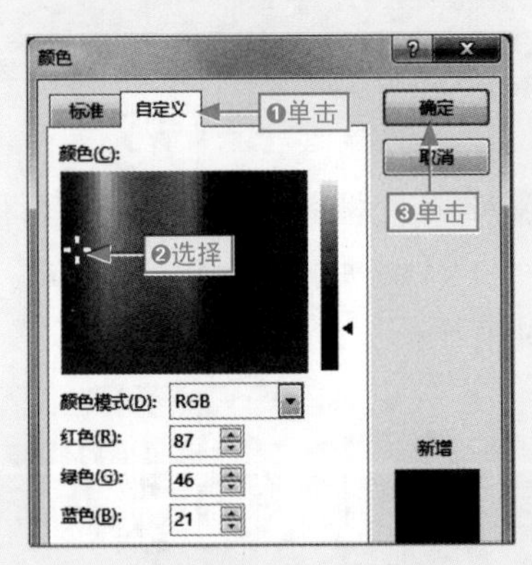

图5-74　选取颜色

步骤03 系统自动应用自定义的颜色并在拾色器的“最近使用的颜色”栏中显示，如图5-75所示。

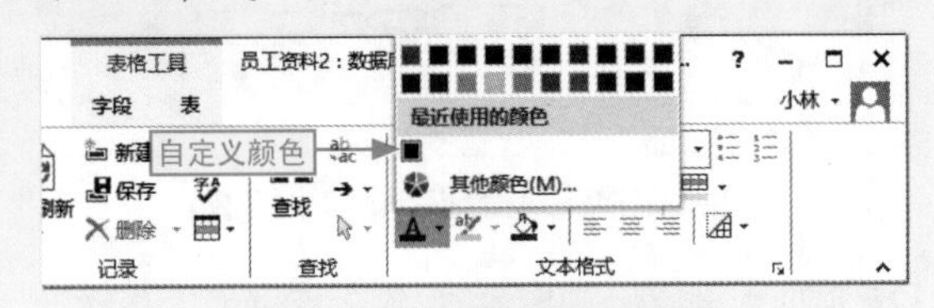

图5-75　查看自定义颜色

给你支招 | 制作凹凸的数据表样式

小白：数据表中的单元格都是以平面的方式显示，为了让数据表有特色，有没有什么办法可以让单元格更有特色一点？

阿智：在Access中可以让数据表单元格有凹凸感，看起来更有特色，可以对单元格效果进行设置，其具体操作如下。

步骤01 在“文本格式”组中单击“设置数据表格式”按钮，打开“设置数据表格式”对话框，如图5-76所示。

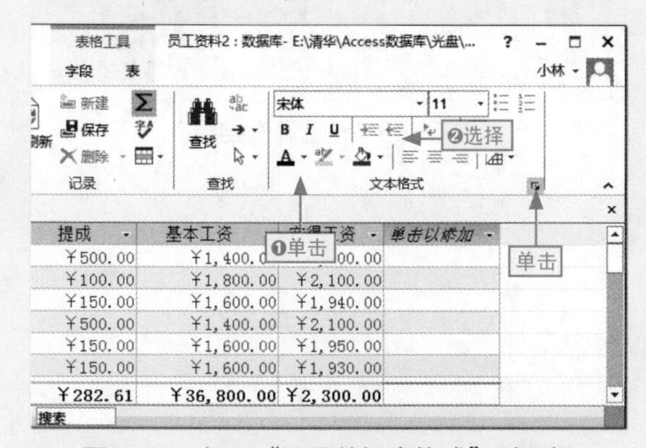

图5-76 打开“设置数据表格式”对话框

步骤02 ❶选中“凸起”或“凹陷”单选按钮（若要让凹凸效果更明显，可对背景色和替代背景色进行颜色设置），❷单击“确定”按钮，如图5-77所示。

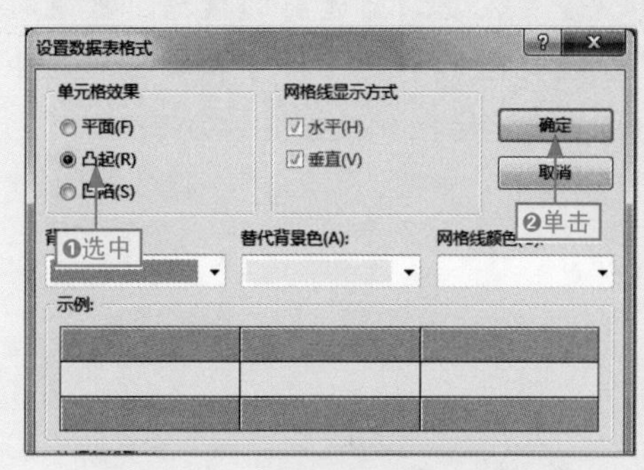

图5-77 设置单元格的凹凸效果

给你支招 | 快速指定筛选

小白：我们在数据表中要筛选出指定数据，但筛选条件基本上都是单条件，不像高级筛选哪样复杂，这时该怎么办呢？

阿智：这时，我们可以通过筛选器来自定义筛选功能。下面我们以筛选出姓“张”的员工信息数据为例，其具体操作如下。

步骤01 ❶单击“姓名”字段的下拉按钮，❷选择“文本筛选器”|“开头是”命令，如图5-78所示。

步骤02 打开“自定义筛选”对话框，在文本框中❶输入筛选条件，这里输入“张”，❷单击“确定”按钮，如图5-79所示。

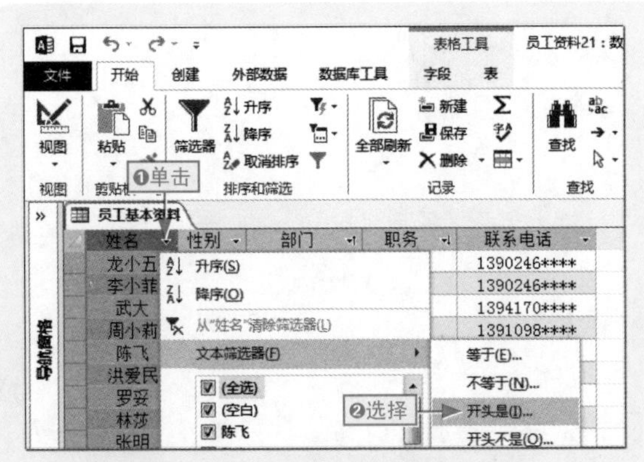

图5-78　选择自定义筛选方式

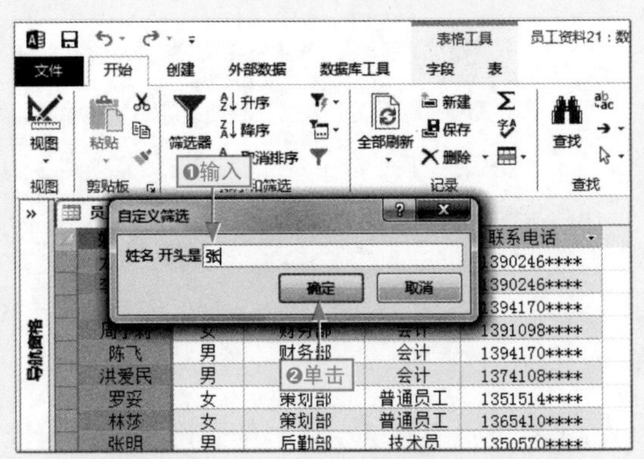

图5-79　设置筛选条件

步骤03 系统按照筛选条件筛选出相应数据信息（若要恢复到筛选前的数据，可直接单击“开始”选项卡的“排序和筛选”组中的“切换筛选”按钮），如图5-80所示。

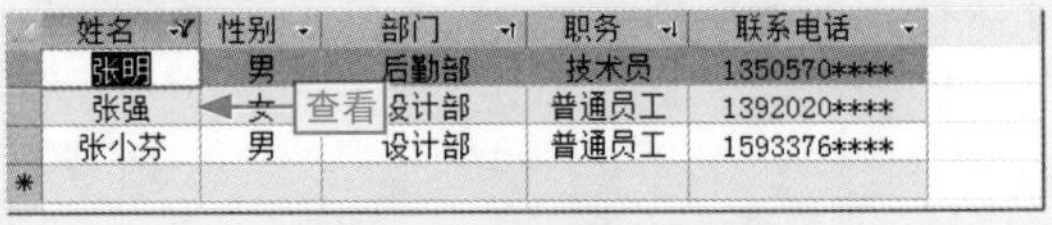

姓名	性别	部门	职务	联系电话
张明	男	后勤部	技术员	1350570****
张强	女	设计部	普通员工	1392020****
张小芬	男	设计部	普通员工	1593376****

查看

图5-80　查看筛选结果

Chapter

06

Access 数据的导入与导出

学习目标

数据库，我们可以将其理解为用来放置各种来源的数据的“仓库”。除了可以手动往数据库中填入数据外，还有其他外来数据“入库”的方法，不可避免地也会有“出库”的数据。本章主要讲解数据的导入和导出的相关知识，帮助用户更好地操作数据。

本章要点

- Access支持的外部数据
- Access与外部数据交互
- 导入外部Access数据
- 导入其他格式文件的数据
- 导出Access对象
- 链接至文本文件
- 链接至HTML文件
- 链接至Excel电子表格
- 修改链接表名称
- 修改链接数据表的属性

知识要点	学习时间	学习难度
认识和导入外部数据	10 分钟	★★
数据灵活导出	20 分钟	★★
链接外部数据	20 分钟	★★★
编辑链接表	20 分钟	★★

6.1 认识外部数据

小白：数据库中的数据只能手动输入吗?

阿智：不是，有些外部数据我们可以直接调用。

小白：是所有的外部数据都可以调用吗?

阿智：当然不是，这些外部数据必须是Access支持的类型。

我们在将外部数据导入、链接前，应该清楚哪些数据是允许被导入和链接到Access中的，同时，Access又能导出哪些类型的数据。只有这样，我们在操作过程中才能胸有成竹。

6.1.1 Access支持的外部数据

Access支持的外部数据按照使用频率可分为：常用的外部数据类型和不常用的外部数据类型。下面分别进行介绍。

学习目标	知道Access支持哪些类型的外部数据
难度指数	★

常用的外部数据类型

常用的外部数据类型有5种，如图6-1所示。

图6-1 常用的外部数据类型

不常用的外部数据类型

不常用的外部数据类型主要有4种，如图6-2所示。

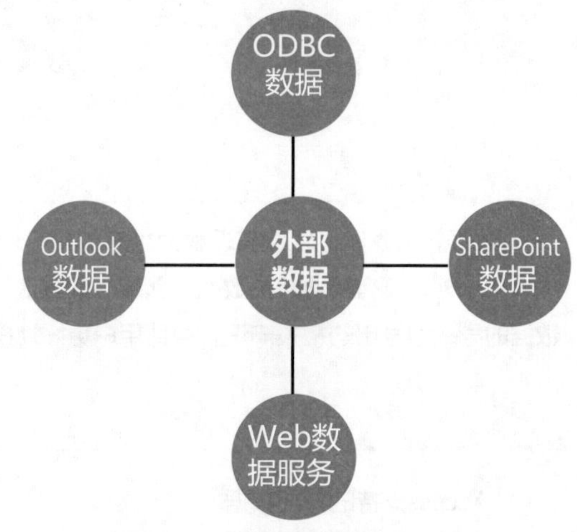

图6-2 不常用的外部数据类型

6.1.2 Access与外部数据交互

知道了Access支持的外部数据类型后，我们还需要掌握Access与外部数据交互的方式。

学习目标	了解Access与外部数据交互的多种方式
难度指数	★

导入

导入是将Access支持的外部文件类型数据导入Access中，并以指定方式存在，从而减轻手动输入的工作量。

导出

导出是将Access中的对象复制到它所支持的外部文件中，从而轻松实现数据库数据的收集和管理。

链接

链接，可以简单地理解为Access与外部文件建立的数据通道，可以实时进行数据的调用和管理。而且，它还会以特殊的方式显示，如图6-3所示。

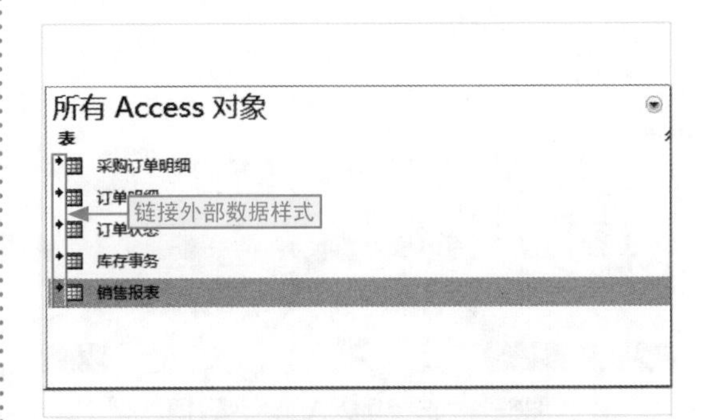

图6-3　在导航窗格中的链接样式

6.2 导入外部数据

小白：我们怎样将Access支持的外部数据导入Access中呢?

阿智：Access中有专门的外部数据导入功能。

导入外部数据，实际上是一个数据收集的过程，即将外部的数据集中到Access中，从而实现数据库数据的添加、补充和完善，方便以后数据的查看、管理以及调用等。

6.2.1 导入外部Access数据

Access数据库之间数据的相互调用或共享，不仅可以通过复制的传统方式来实现，而且可以通过导入的方式来轻松实现。下面我们以将“生产数据统计”数据库的“生产进度统计”数据表对象导入“生产销售与库存”数据库中为例，介绍具体操作。

本节素材	⊙\素材\Chapter06\导入Access数据
本节效果	⊙\效果\Chapter06\生产销售与库存.accdb
学习目标	导入外部Access数据库中的数据
难度指数	★★

步骤01 打开“生产销售与库存”素材文件，在“库存量”数据表对象上❶右击，❷选择“导入”|“Access数据库”命令，如图6-4所示。

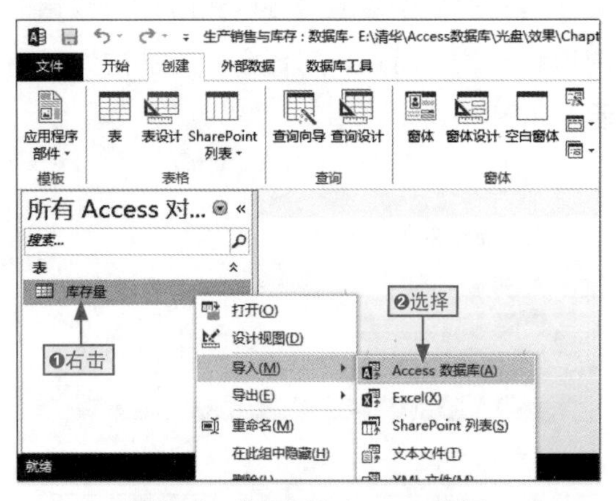

图6-4　选择导入Access数据

步骤02 打开“获取外部数据-Access数据库”对话框，❶选中“将表、查询、窗体、报表、宏和模块导入当前数据库”单选按钮，❷单击“浏览”按钮，如图6-5所示。

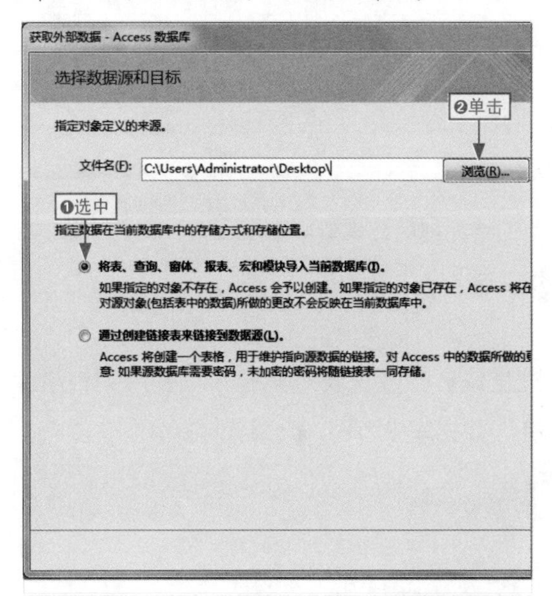

图6-5　设置导入数据的存储方式和位置

步骤03 在打开的对话框中选择数据库保存的路径，❶选择“生产数据统计”数据库文件，❷单击“打开”按钮，如图6-6所示。

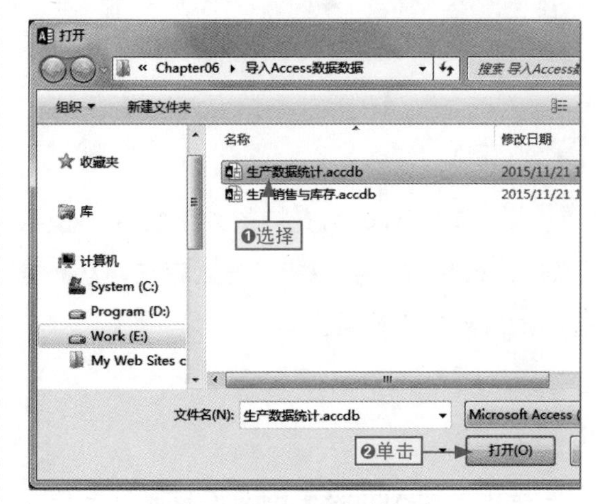

图6-6　打开目标数据库

步骤04 返回到“获取外部数据-Access数据库”对话框，单击“确定”按钮，打开“导入对象”对话框，如图6-7所示。

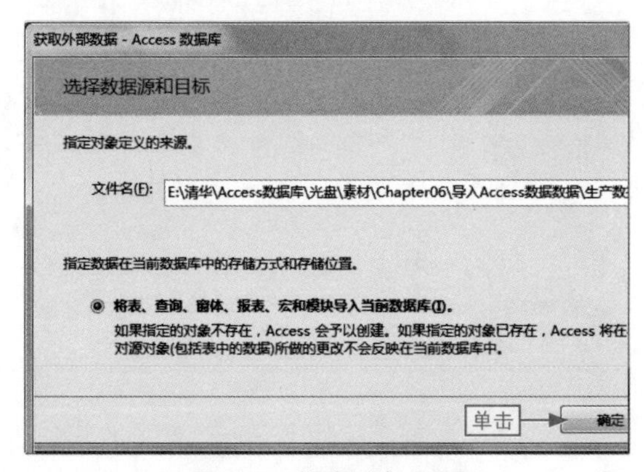

图6-7　指定对象来源

步骤05 ❶单击“表”选项卡，❷选择“生产进度统计”选项，❸单击“确定”按钮，如图6-8所示。

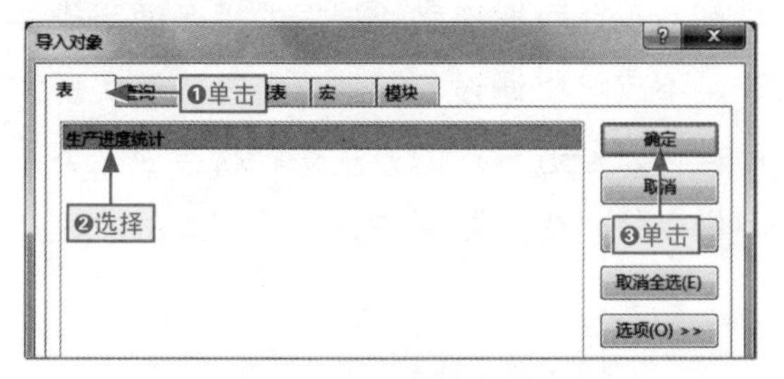

图6-8　选择数据对象

步骤06 打开“获取外部数据-Access数据库”对话框，直接单击“关闭”按钮，如图6-9所示。

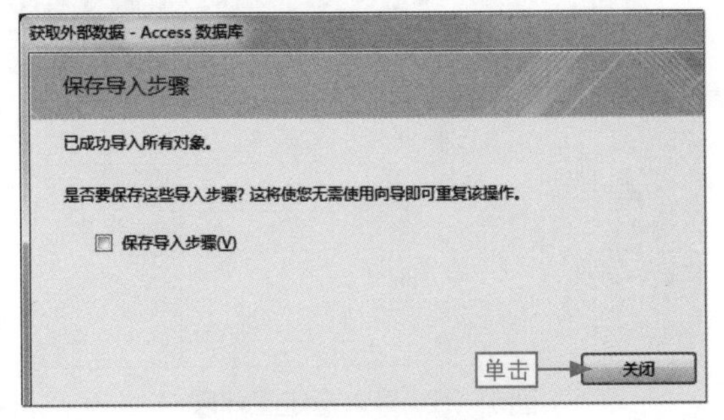

图6-9 完成导入

步骤07 系统自动将“生产进度统计”数据表对象调入“生产销售与库存”数据库中，在导航窗格中即可查看到结果，如图6-10所示。

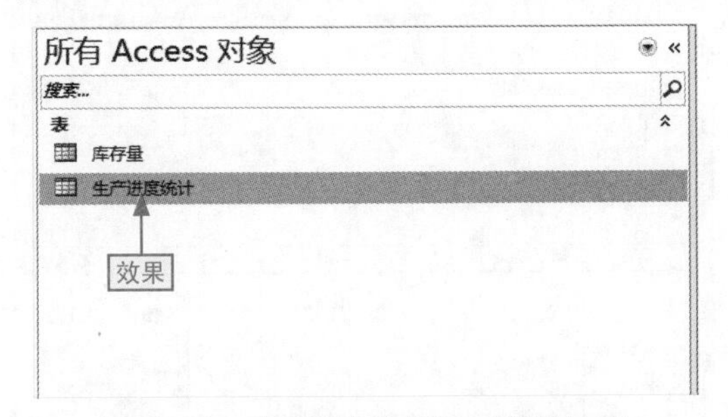

图6-10 查看导入数据表对象的结果

6.2.2 导入其他格式文件的数据

往Access中导入其他数据类型的外部数据的方法基本相同。

下面以导入Excel数据为例来讲解相关操作。

本节素材	◎\素材\Chapter06\导入Excel数据
本节效果	◎\效果\Chapter06\生产销售与库存1.accdb
学习目标	导入外部Excel数据
难度指数	★★

步骤01 打开“生产销售与库存1”素材文件，❶单击“外部数据”选项卡，❷单击Excel按钮，如图6-11所示。

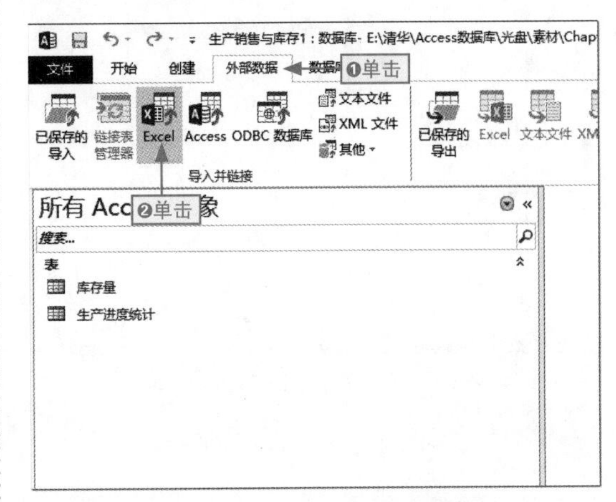

图6-11 导入Excel外部数据

步骤02 打开“获取外部数据-Excel电子表格”对话框，❶选中“将源数据导入当前数据库的新表中”单选按钮，❷单击“浏览”按钮，如图6-12所示。

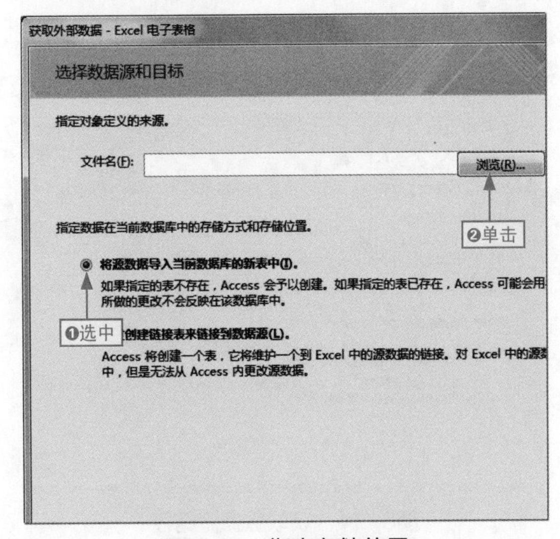

图6-12 指定存储位置

步骤03 打开“打开”对话框，❶选择数据库保存的位置路径，❷选择“生销存管理”Excel文件，❸单击“打开”按钮，如图6-13所示。

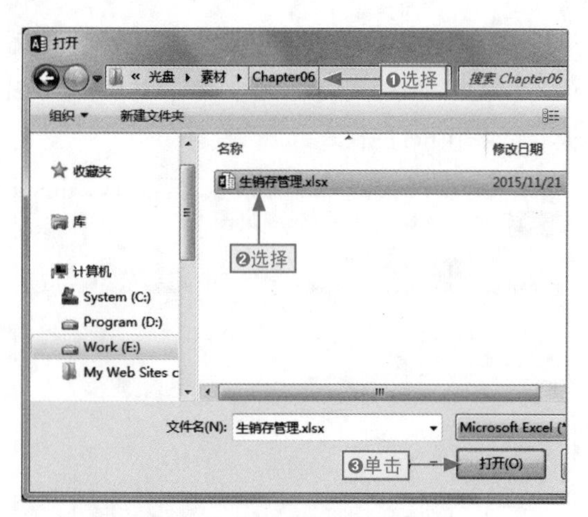

图6-13　选择目标Excel文件

输入文件路径

如果我们事先知道要导入对象的位置路径，可以将其复制，然后直接在获取外部数据对话框的"文件名"文本框中粘贴，这样可省去打开指定对象来查找路径的操作。

步骤04 返回"获取外部数据-Excel电子表格"对话框中，单击"确定"按钮，如图6-14所示。

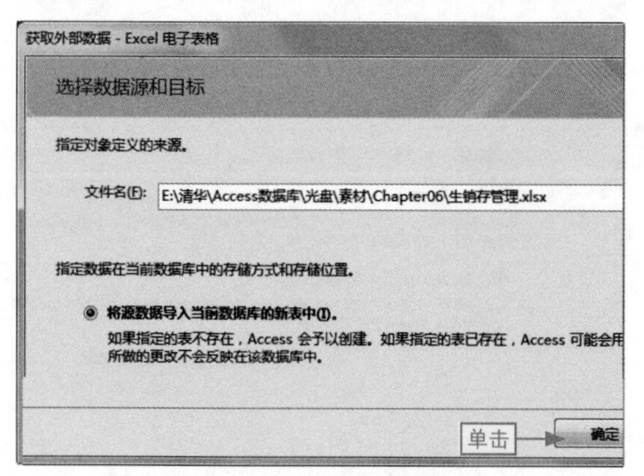

图6-14　获取数据源路径

步骤05 打开"导入数据表向导"对话框，❶选中"显示工作表"单选按钮，❷选择"销量分析"选项，单击"下一步"按钮，如图6-15所示。

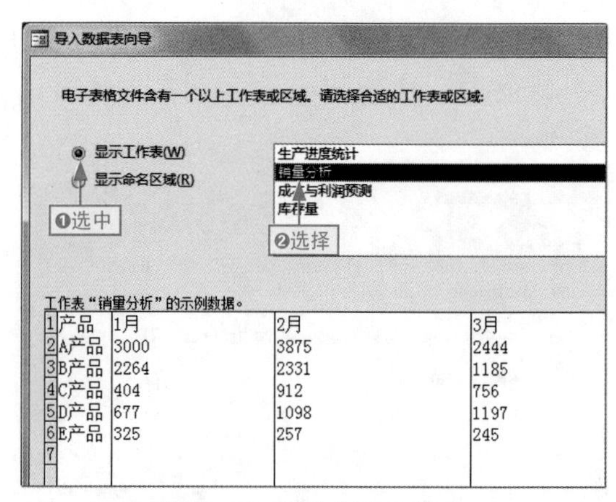

1	产品	1月	2月	3月
2	A产品	3000	3875	2444
3	B产品	2264	2331	1185
4	C产品	404	912	756
5	D产品	677	1098	1197
6	E产品	325	257	245
7				

图6-15　导入指定工作表

步骤06 进入下一步操作对话框中，选中"第一行包含列标题"复选框，单击"下一步"按钮，如图6-16所示。

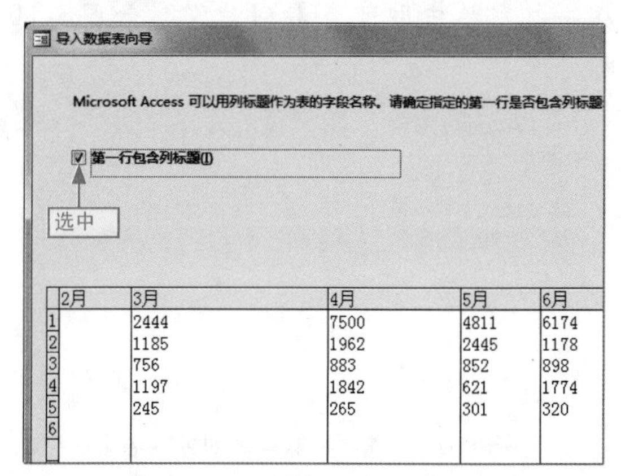

	2月	3月	4月	5月	6月
1		2444	7500	4811	6174
2		1185	1962	2445	1178
3		756	883	852	898
4		1197	1842	621	1774
5		245	265	301	320
6					

图6-16　让系统包含和识别标题行

步骤07 进入下一步操作对话框中，直接单击"下一步"按钮，如图6-17所示。

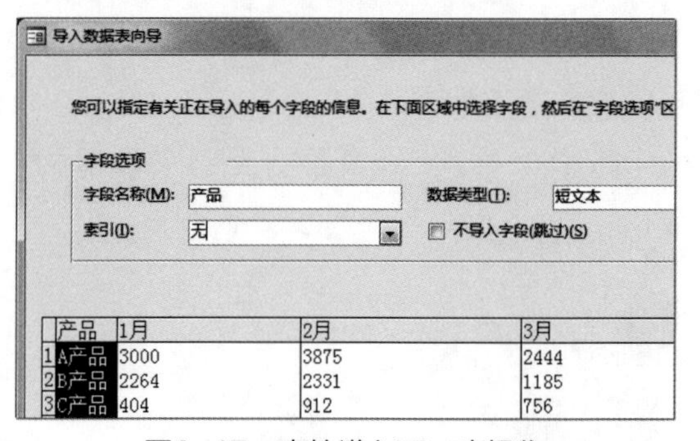

	产品	1月	2月	3月
1	A产品	3000	3875	2444
2	B产品	2264	2331	1185
3	C产品	404	912	756

图6-17　直接进入下一步操作

步骤08 进入下一步操作对话框中，❶选中“我自己选择主键”单选按钮，❷设置主键为“产品”，单击“下一步”按钮，如图6-18所示。

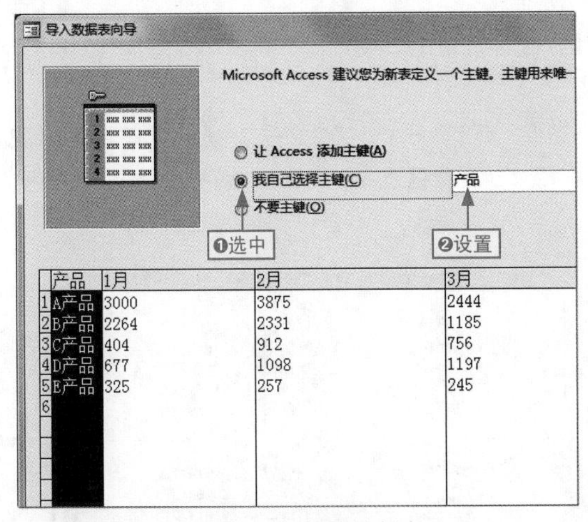

图6-18 设置主键

让系统自动添加主键

若我们导入的外部数据中没有主键字段，可以在对话框中选中“让 Access 添加主键”单选按钮或选中“不要主键”单选按钮，让系统自动添加数字编号主键字段。

步骤09 进入下一步操作对话框中，在“导入到表”文本框中输入“实时销量分析”，单击“完成”按钮，如图6-19所示。

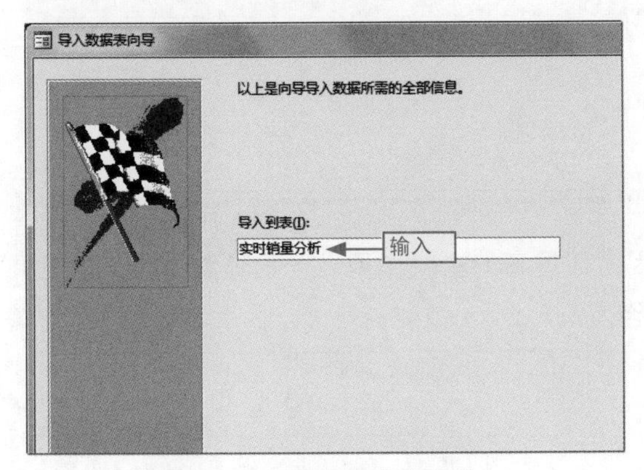

图6-19 设置导入表名称

步骤10 进入最后一步操作对话框中，单击“关闭”按钮，如图6-20所示。

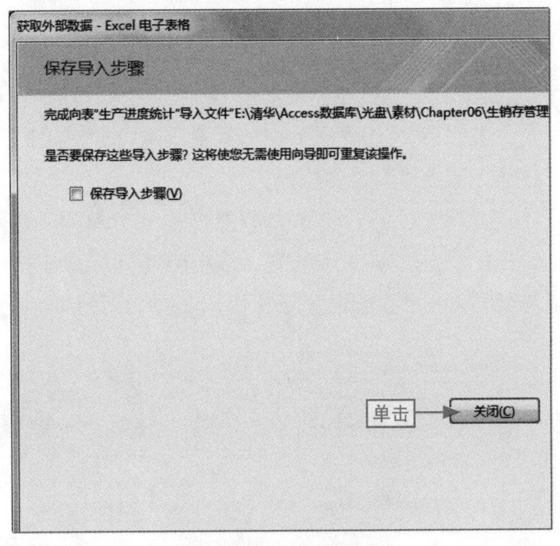

图6-20 完成操作

步骤11 返回到数据库中，在导航窗格中即可查看到导入的数据表对象，如图6-21所示。

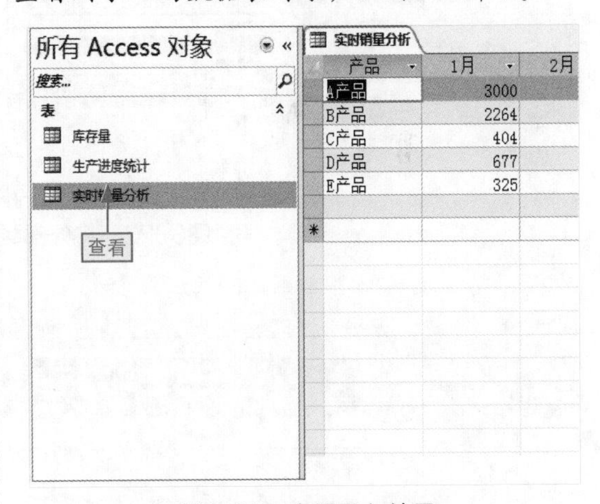

图6-21 查看导入结果

快速导入外部数据

在导入外部数据时，如果完全按照系统默认的方式进行，不需要进行任何操作和设置，只需在一开始打开的导入外部数据对话框中设置导入路径，直接单击“完成”按钮即可。

让Excel数据成为Access已有对象的附表

我们不仅可以将Excel数据变成Access中独立存在的对象，而且还能将其作为Access中数据表对象的附表，将内容直接添加到其中。

其方法为：打开“获取外部数据-Excel电子表格”对话框，❶选择Excel文件路径，❷选中“向表中追加一份记录的副本”单选按钮，❸单击数据表选项下拉按钮，❹选择目标数据表选项，单击“确定”按钮，然后再按照导入外部数据的方法进行操作即可，如图6-22所示。

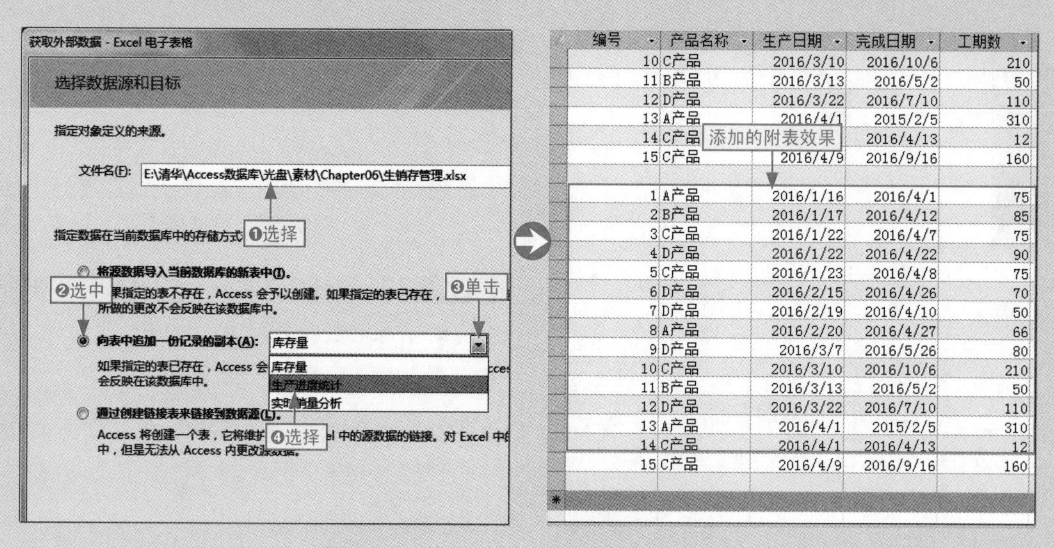

编号	产品名称	生产日期	完成日期	工期数
10	C产品	2016/3/10	2016/10/6	210
11	B产品	2016/3/13	2016/5/2	50
12	D产品	2016/3/22	2016/7/10	110
13	A产品	2016/4/1	2015/2/5	310
14	C产品		2016/4/13	12
15	C产品	2016/4/9	2016/9/16	160
1	A产品	2016/1/16	2016/4/1	75
2	B产品	2016/1/17	2016/4/12	85
3	C产品	2016/1/22	2016/4/7	75
4	D产品	2016/1/22	2016/4/22	90
5	C产品	2016/1/23	2016/4/8	75
6	D产品	2016/2/15	2016/4/26	70
7	D产品	2016/2/19	2016/4/10	50
8	A产品	2016/2/20	2016/4/27	66
9	D产品	2016/3/7	2016/5/26	80
10	C产品	2016/3/10	2016/10/6	210
11	B产品	2016/3/13	2016/5/2	50
12	D产品	2016/3/22	2016/7/10	110
13	A产品	2016/4/1	2015/2/5	310
14	C产品	2016/4/1	2016/4/13	12
15	C产品	2016/4/9	2016/9/16	160

图6-22　将外部数据以附表的方式导入

6.3 数据灵活导出

小白：可以将Access中的数据导出吗?

阿智：当然可以。导出与导入是相对的，有导入就有导出。

数据的导出与导入操作相反，但两者互补，因为数据库的主要作用之一就是数据的交换与调用。下面我们将具体介绍导出Access中的数据的操作方法。

6.3.1 导出Access数据

数据库中的数据除了可以通过导入的方式“拿进”外，还可以通过导出方式将本数据库中的数据“拿出”去。

下面以将“季末数据”数据库中的“年度销售”报表导出到“年度销售”数据库中为例，介绍具体操作。

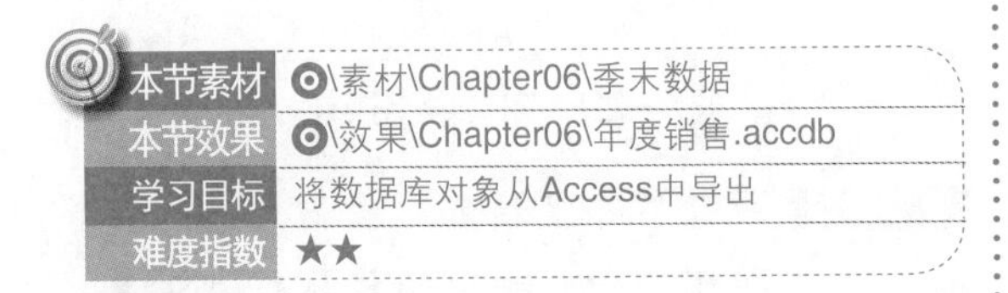

本节素材	\素材\Chapter06\季末数据
本节效果	\效果\Chapter06\年度销售.accdb
学习目标	将数据库对象从Access中导出
难度指数	★★

步骤01 打开“季末数据”素材文件，❶在“年度销售”报表上右击，❷选择“导出”|“Access”命令，如图6-23所示。

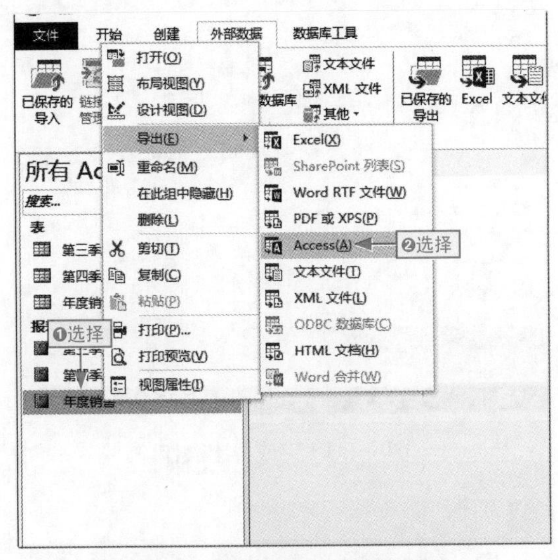

图6-23　导出Access报表对象

巧避对象导出错误

我们在将某个 Access 数据库中的数据导出到其他 Access 数据库中时，不要将目标数据库打开（若已打开应先将其关闭），这样可以避免导出错误和失败。

步骤02 打开“导出-Access数据库”对话框，单击“浏览”按钮，如图6-24所示。

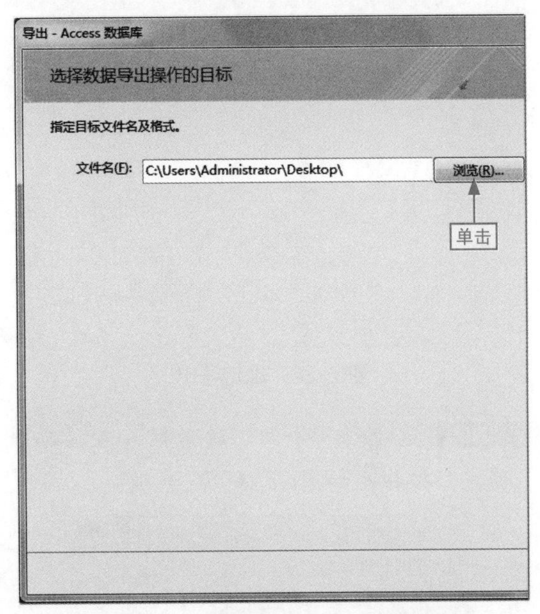

图6-24　浏览目标Access文件位置

步骤03 打开“保存文件”对话框，❶选择目标数据库位置，❷选择“年度销售”文件，❸单击“保存”按钮，如图6-25所示。

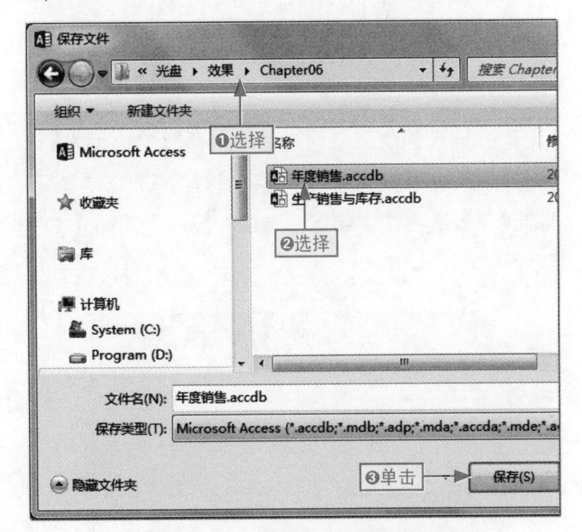

图6-25　选择导出的目标数据库

步骤04 返回到“导出-Access数据库”对话框，单击“确定”按钮，如图6-26所示。

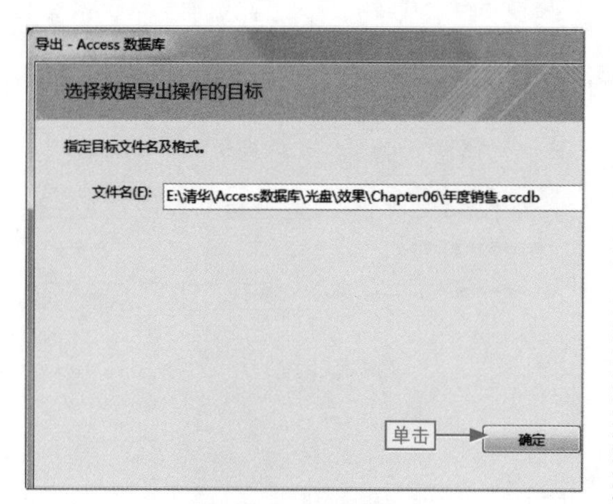

图6-26 确定导出

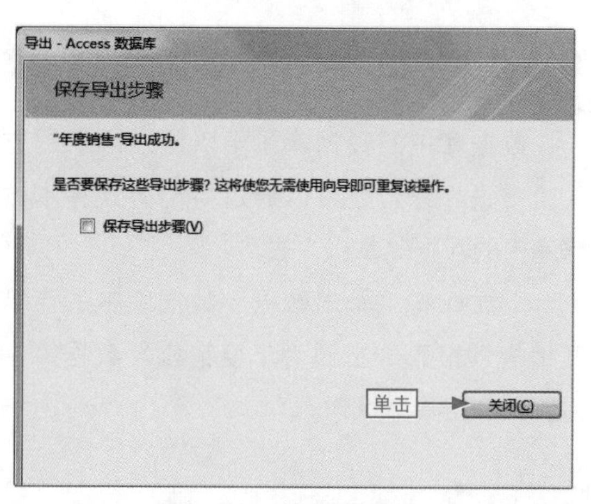

图6-29 完成导出操作

步骤05 返回到“导出”对话框，直接单击“确定”按钮，如图6-27所示。

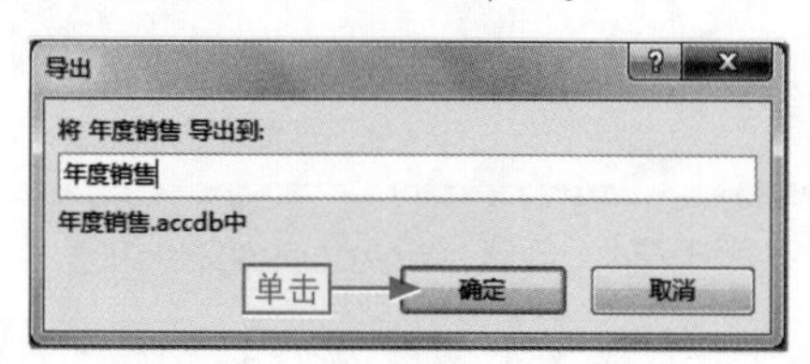

图6-27 确定导出目标对象

仅导出数据表定义

若从某个数据库中导出到其他数据库中的对象是数据表的定义（可简单将其理解为数据表结构），这时只需在打开的“导出”对话框，选中“仅定义”单选按钮，单击“确定”按钮，如图6-28所示。

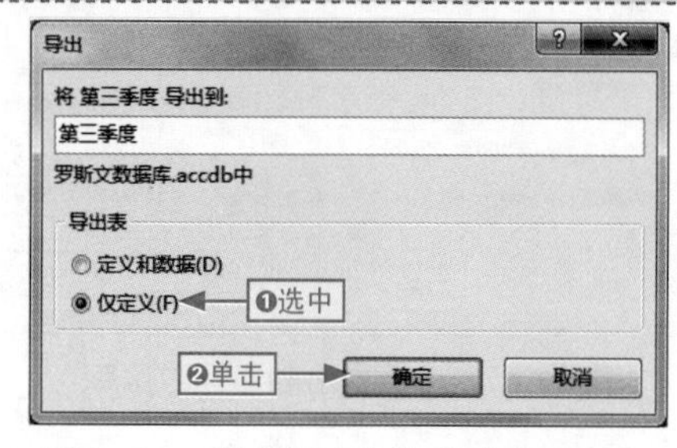

图6-28 以“仅定义”方式导出对象

步骤06 返回到“导出-Access数据库”对话框，直接单击“关闭”按钮，如图6-29所示。

步骤07 打开“年度销售”素材文件，在导航窗格中即可看到“年度销售”报表对象，而且能正常打开，如图6-30所示。

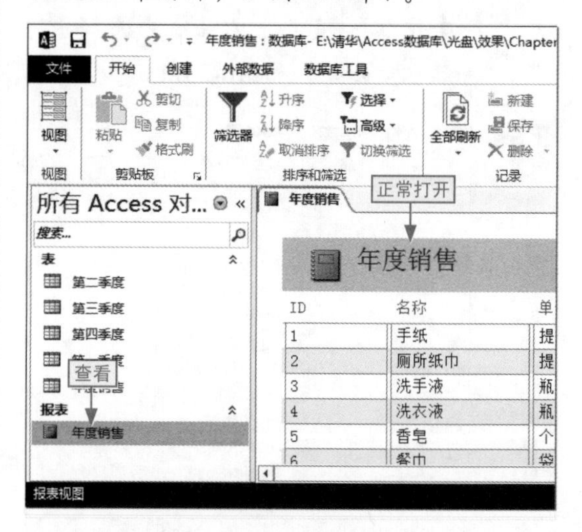

图6-30 完成导出操作

导出对象须知

导出对象到目标数据库中时，对于报表、查询、窗体这类对象，必须确保这些对象在当前数据库中所使用的数据源在目标数据库中同样存在，否则，即使将这些对象导入目标数据库中，在打开对象时将失败，因为对象找不到要处理的数据源。

6.3.2 导出其他文件格式

导出数据库中的对象不仅可以放置到指定的数据库中，而且还能以不同的文件格式存在，如XML文件、文本文件、PDF文件、Excel、Word、电子邮件和XPS文件、HTML文件等。

下面以将“年度销售1”中的“年度销售”数据表导出为XML文件为例，介绍具体操作。

本节素材	\素材\Chapter06\年度销售1.accdb
本节效果	\效果\Chapter06\导出XML文件
学习目标	导出其他文件格式
难度指数	★★

步骤01 打开“年度销售1”素材文件，❶选择“年度销售”数据表，❷单击“外部数据”选项卡，❸单击“XML文件”按钮，如图6-31所示。

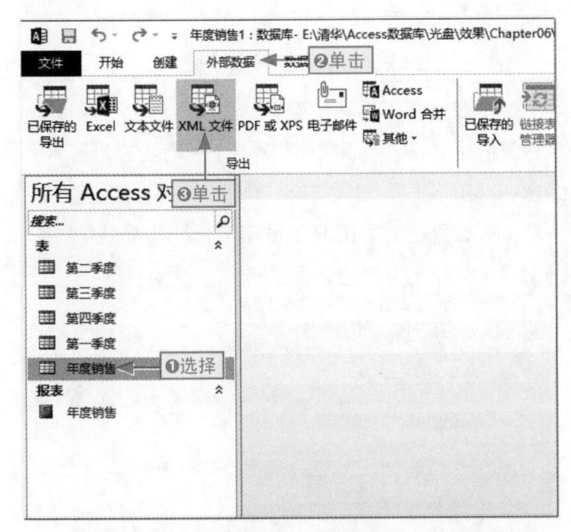

图6-31　选择导出目标对象和文件类型

步骤02 打开“导出-XML文件”对话框，单击“文件名”文本框右侧的“浏览”按钮，如图6-32所示。

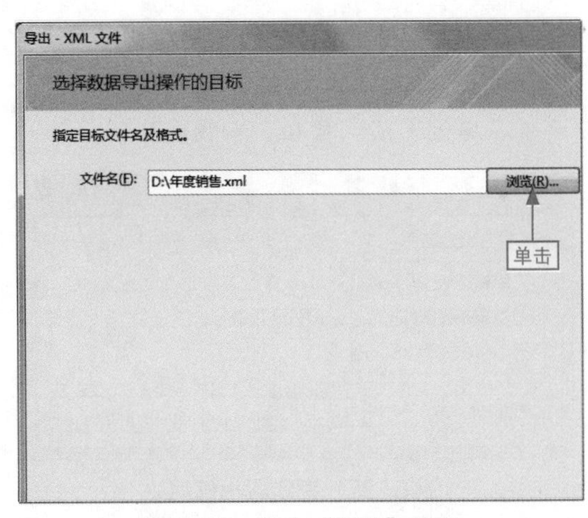

图6-32　单击“浏览”按钮

步骤03 打开“保存文件”对话框，❶设置导出XML文件的保存位置，在“文件名”文本框中❷输入“2015年百货全年销售数据”，❸单击“保存”按钮，如图6-33所示。

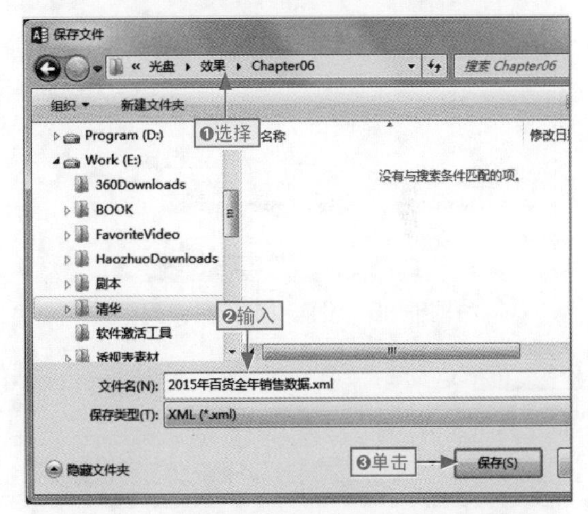

图6-33　设置导出对象的保存位置以及名称

步骤04 返回到“导出-XML文件”对话框，单击“确定”按钮，如图6-34所示。

图6-34　确定导出

步骤05 打开“导出XML”对话框，❶选中要导出信息的相应复选框，这里全部选中，❷单击“其他选项”按钮，如图6-35所示。

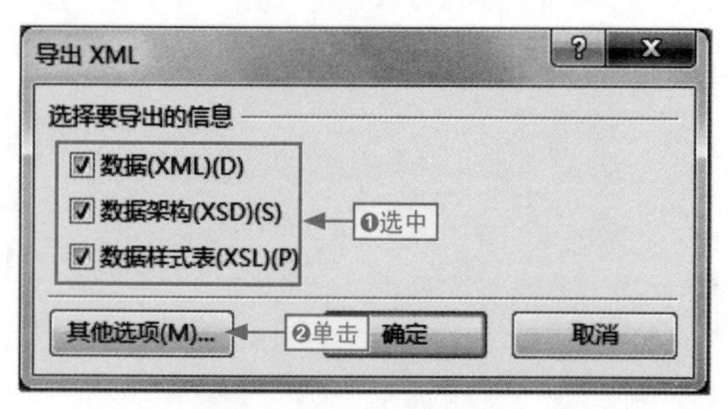

图6-35　指定导出信息

步骤06 打开“导出XML”对话框，❶单击“编码”下拉按钮，❷选择UTF-8选项，❸单击“确定”按钮，如图6-36所示。

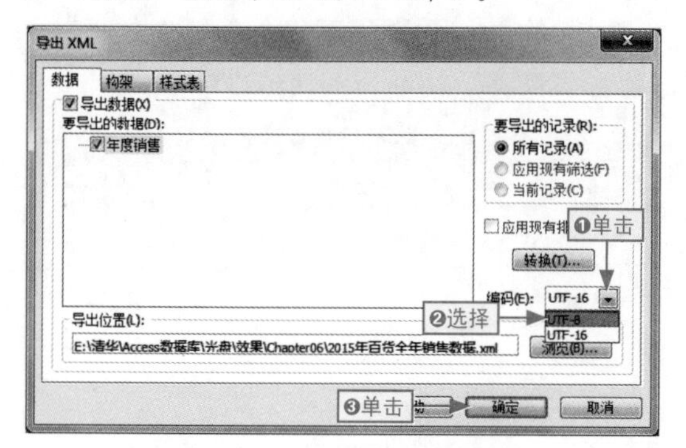

图6-36　设置XML文件编码

步骤07 返回到“导出XML”对话框中，单击“确定”按钮，如图6-37所示。

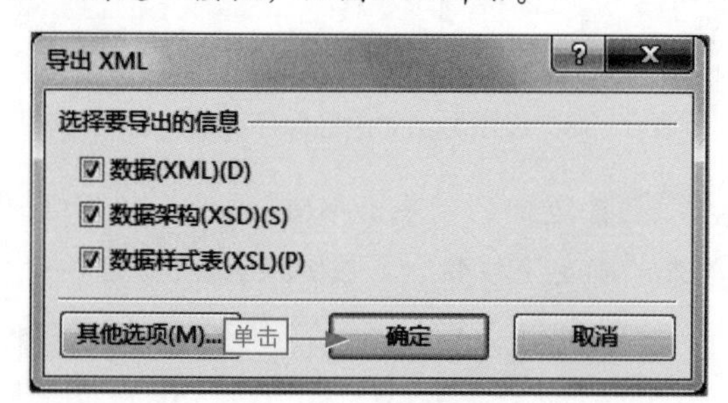

图6-37　确定设置

步骤08 打开“导出-XML文件”对话框，单击“关闭”按钮，如图6-38所示。

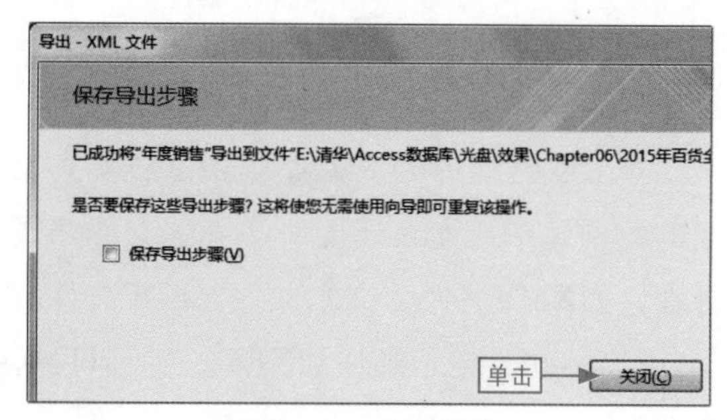

图6-38　完成操作

步骤09 在导出XML文件的目标位置即可看到效果，如图6-39所示。

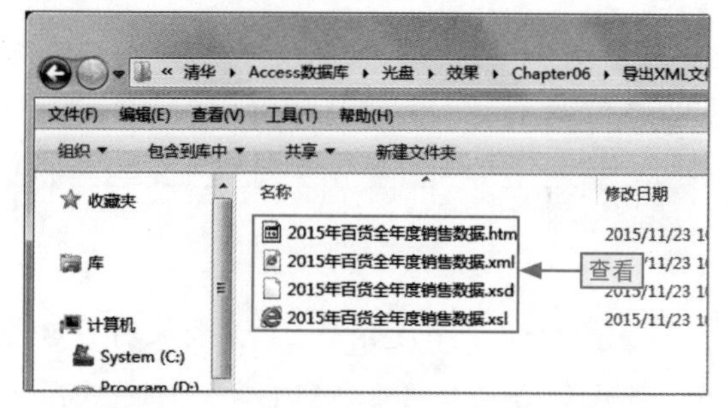

图6-39　查看导出XML文件的结果

保存导入和导出步骤

若要反复进行导出或导入，我们可以将操作步骤进行保存，以便以后重复操作。其方法为：在“导出 -XML 文件”对话框中，❶选中“保存导出步骤”复选框，❷在激活的文本框中进行相应描述，❸单击“保存导出”按钮，如图 6-40 所示。

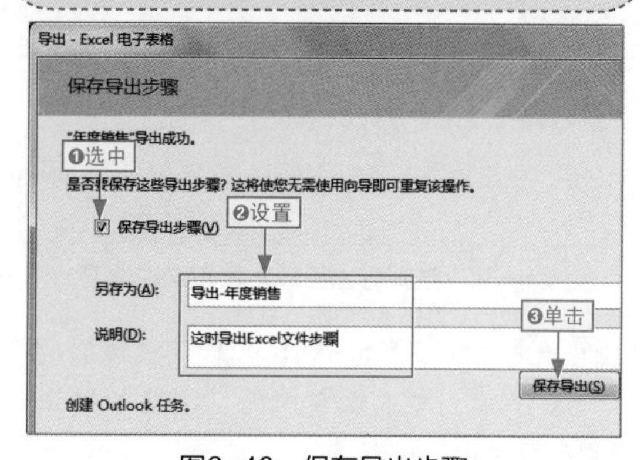

图6-40　保存导出步骤

6.4 链接外部数据

小白：如果我把所有要用的外部数据都导入数据库中，数据库会不会太大了？

阿智：这种情况，最直接的解决方法就是进行数据链接。

链接外部数据，其实就是一个动态数据引用过程。它能保证数据库中的数据实时更新，同时可以节省Access空间，减少整个文件的大小。

6.4.1 链接的情况

在实际操作中，并不是所有的外部数据都适合进行链接，它主要适合以下一些外部数据。

学习目标	了解最适合使用链接的情况
难度指数	★

数据超大

数据库需要的外部数据大小超过了数据库本身的容量或占用数据库本身大部分容量，使其他对象的存储空间不充裕，这时使用链接方式非常实用。

数据必须与数据库分离

进行链接的外部数据相对独立，必须要求外部数据与数据库分离。

多用户修改或完善数据

当外部数据需要满足其他用户不定时修改或调用的需要时，可以采用链接方式。

6.4.2 链接至Access数据库

链接外部数据时，首先我们要考虑与外部数据库进行链接，以保证数据库数据的灵活调用。

下面我们以在“年度销售2”数据库中链接“季末数据2”数据库中“年度销售”表对象为例，其具体操作如下。

本节素材	⊙\素材\Chapter06\链接数据
本节效果	⊙\效果\Chapter06\年度销售2.accdb
学习目标	链接外部数据/对象
难度指数	★★

步骤01 打开“年度销售2”素材文件，❶单击“外部数据”选项卡，❷单击Access按钮，如图6-41所示。

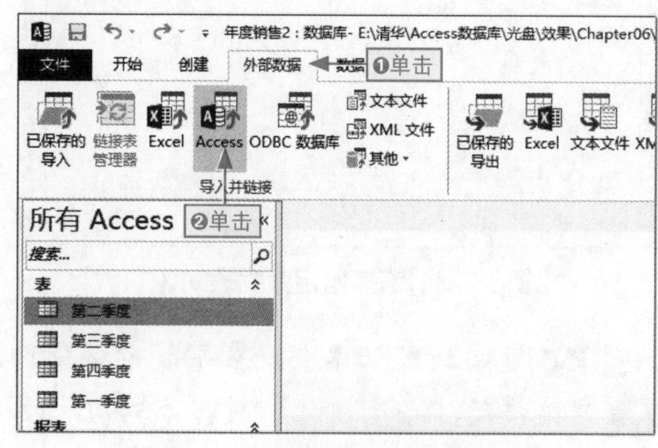

图6-41　选择链接外部数据类型

步骤02 打开“获取外部数据-Access数据库”对话框，❶选择“季末数据2”所在路径，❷选中“通过创建链接表来链接到数据源”单选按钮，❸单击“确定”按钮，如图6-42所示。

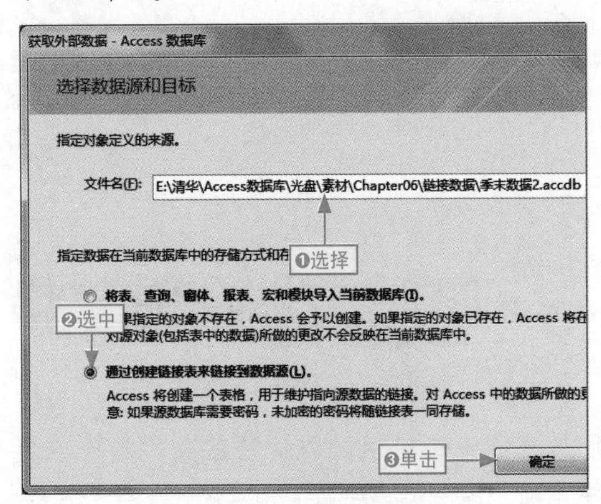

图6-42　设置链接文件路径

步骤03 打开“链接表”对话框，❶选择“年度销售”选项，❷单击“确定”按钮，如图6-43所示。

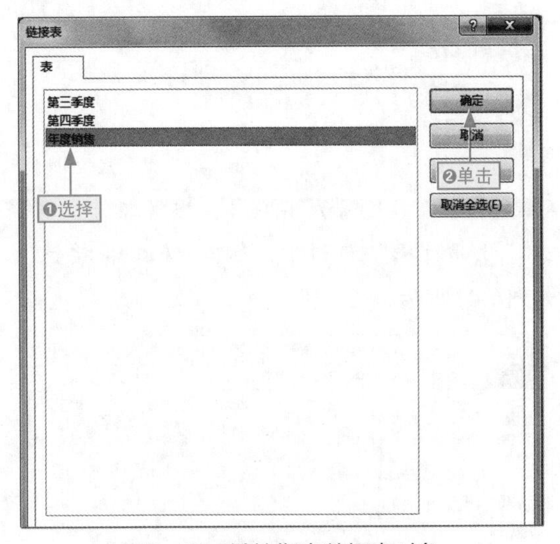

图6-43　链接指定数据表对象

步骤04 返回到数据库中，在导航窗格中即可看到链接的“年度销售”数据表对象，如图6-44所示。

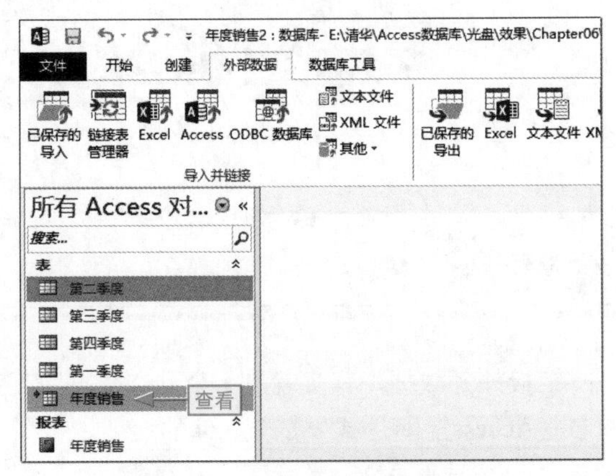

图6-44　查看链接数据表对象

6.4.3 链接至文本文件

对于文本文件中的外部数据，我们可以通过链接的方式来调用。

下面我们以在“票据”数据库中链接“采购订单明细”文本文件中的数据为例，介绍具体操作如下。

本节素材	⊙\素材\Chapter06\链接文本数据
本节效果	⊙\效果\Chapter06\链接文本数据.accdb
学习目标	链接外部的文本文件数据
难度指数	★★

步骤01 打开“票据”素材文件，在任意数据对象上右击，选择“导入”|“文本文件”命令，如图6-45所示。

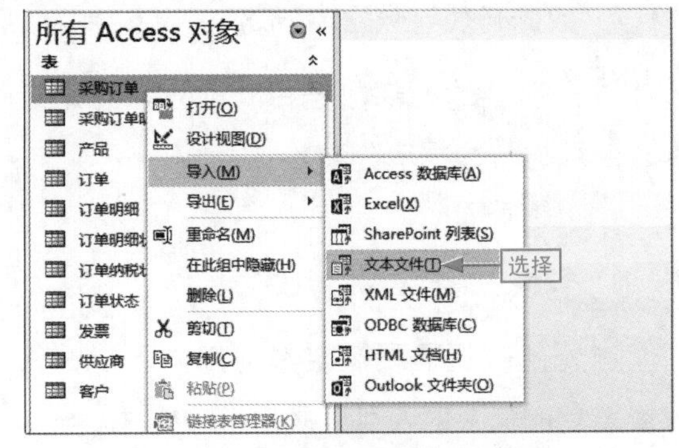

图6-45　选择链接文本文件数据

步骤02 打开“获取外部数据-文本文件”对话框，❶选择“采购订单明细”文件所在路径，❷选中“通过创建链接表来链接到数据源”单选按钮，❸单击“确定”按钮，如图6-46所示。

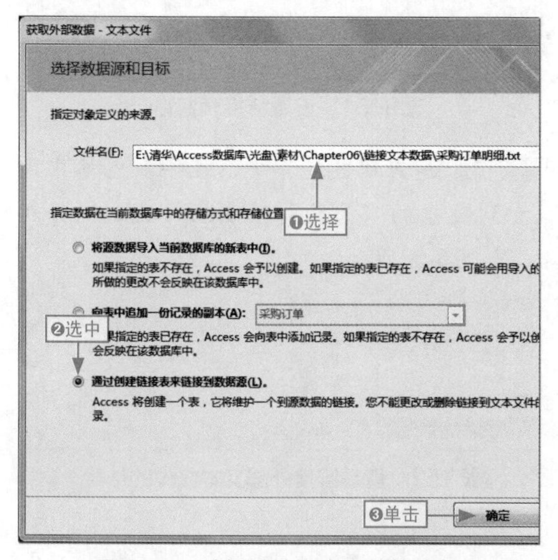

图6-46 选择链接文本文件的路径

步骤03 打开“链接文本向导”对话框，选中“带分隔符-用逗号或制表符之类的符号分隔每个字段”单选按钮，单击“下一步”按钮，如图6-47所示。

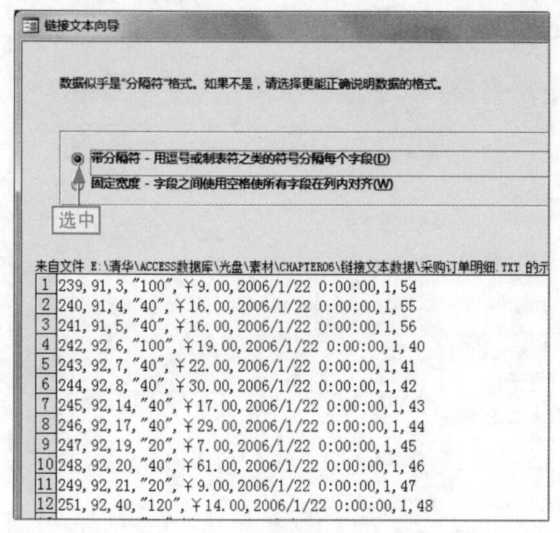

图6-47 选择数据分隔符

步骤04 进入下一步操作对话框中，❶选中“逗号”单选按钮，❷选中“第一行包含字段名称”复选框，如图6-48所示。

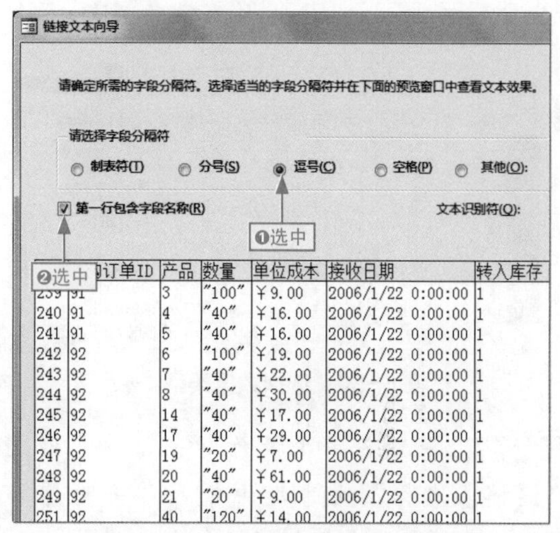

图6-48 选择分割符及字段名称

步骤05 ❶单击“文本识别符”下拉按钮，❷选择“"”符号，❸单击“下一步”按钮，如图6-49所示。

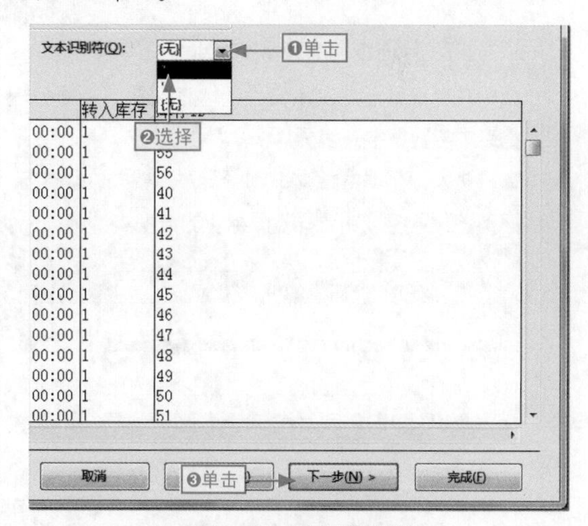

图6-49 选择分割符

步骤06 进入下一步操作对话框中，❶单击“数据类型”下拉按钮，❷选择“长整型”选项，❸单击“下一步”按钮，如图6-50所示。

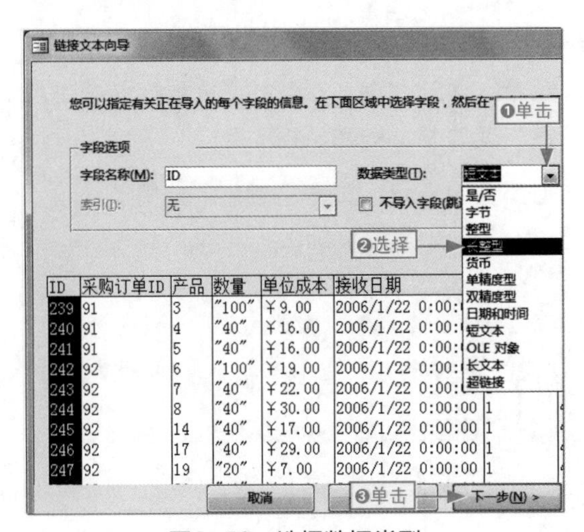

图6-50　选择数据类型

步骤07 进入下一步操作对话框中，❶在“链接表名称”文本框中输入“采购订单明细”，❷单击“完成”按钮完成操作，如图6-51所示。

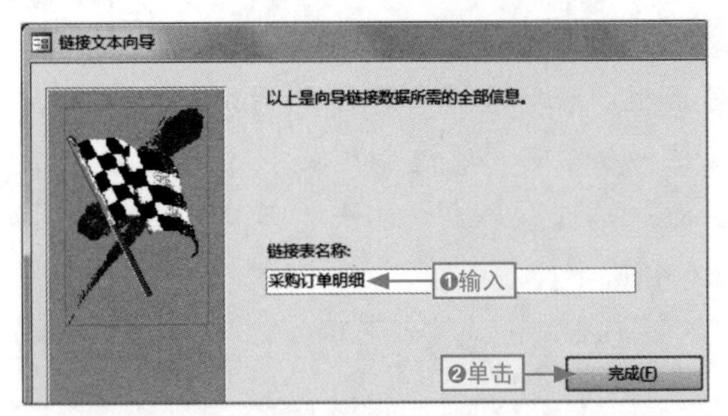

图6-51　设置链接表名称

步骤08 返回到数据库中，在导航窗格中即可看到链接的“采购订单明细”文本文件对象，如图6-52所示。

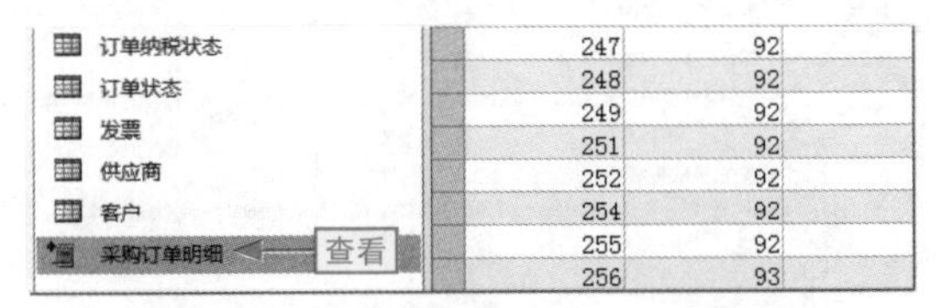

图6-52　查看链接外部文本文件的结果

分别设置文本文件中的各字段类型

我们在链接外部的文本文件时，不仅可以设置分隔符，而且还能兼顾设置每一个字段的类型，以保证链接到数据库中的数据能正常显示。

其方法为：在“链接文本向导”对话框中，❶单击“高级”按钮，打开链接规格对话框，❷单击相应字段的“数据类型”下拉按钮，❸选择相应的数据类型选项，❹单击“确定”按钮，如图 6-53 所示。

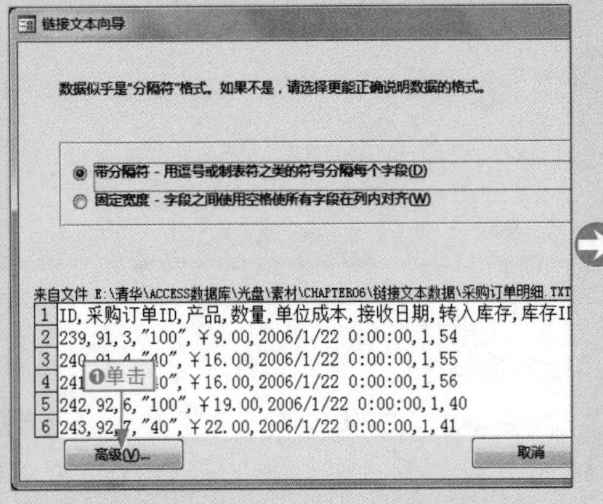

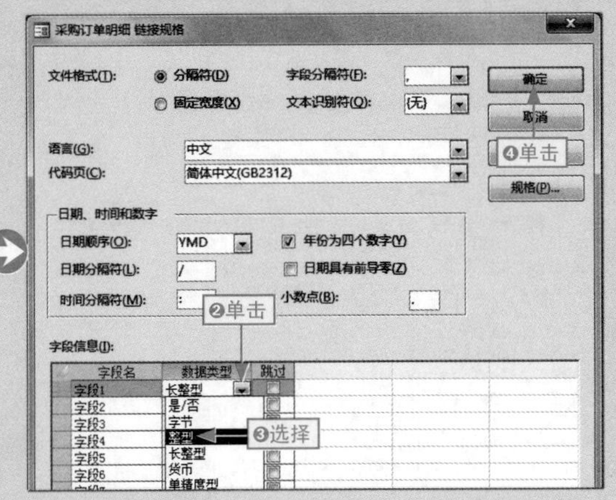

图6-53　设置字段数据类型

6.4.4 链接至HTML文件

面对一些以网页形式保存的数据，我们有非常简单的办法将其中的数据“抠”下来，这个办法就是链接HTML文件。

下面我们以在“网上教师报名人数收集”数据库中链接“网上报名数据”HTML文件中的数据为例，介绍具体操作。

本节素材	\素材\Chapter06\链接HTML数据
本节效果	\效果\Chapter06\链接HTML数据.accdb
学习目标	链接外部的HTML文件数据
难度指数	★★

步骤01 打开“网上教师报名人数收集”素材文件，❶单击“其他”下拉按钮，❷选择“HTML文档”命令，如图6-54所示。

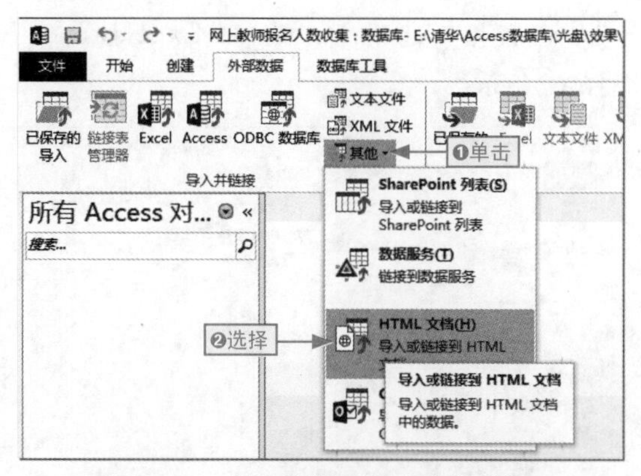

图6-54 选择链接HTML文件数据

步骤02 打开“获取外部数据-HTML文档”对话框，选择“网上报名数据.html”文件所在的路径，如图6-55所示。

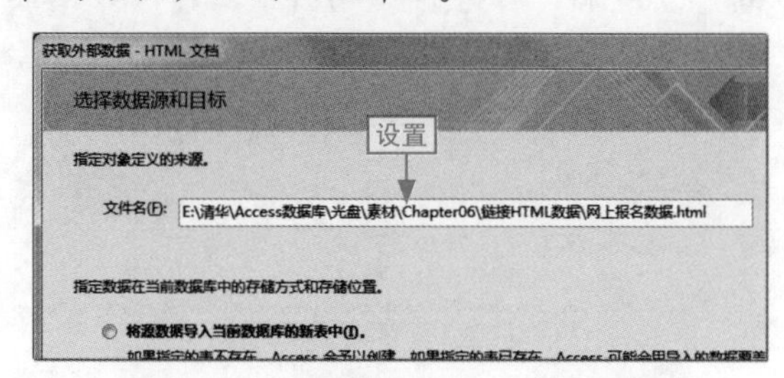

图6-55 设置链接HTML文件的路径

步骤03 ❶选中“通过创建链接表来链接到数据源”单选按钮，❷单击“确定”按钮，如图6-56所示。

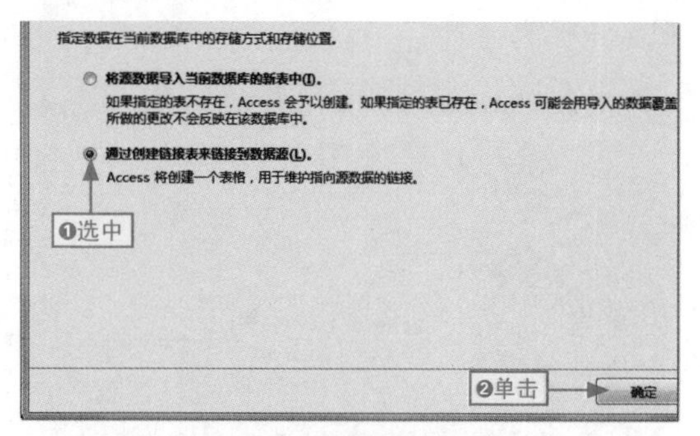

图6-56 选择链接方式

步骤04 打开“链接HTML向导”对话框，选中“第一行包含列标题”复选框，单击“下一步”按钮，如图6-57所示。

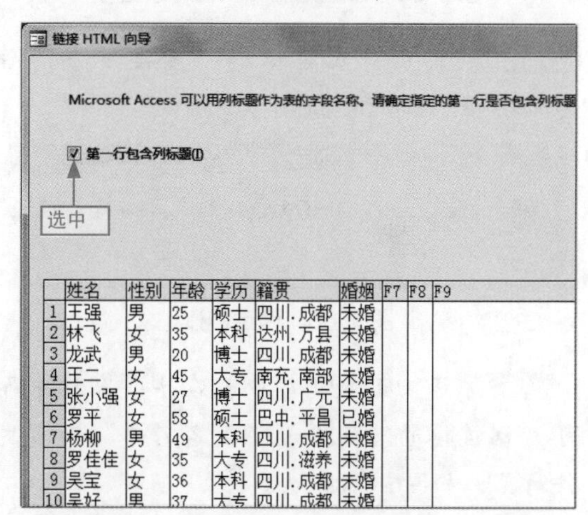

	姓名	性别	年龄	学历	籍贯	婚姻	F7	F8	F9
1	王强	男	25	硕士	四川.成都	未婚			
2	林飞	女	35	本科	达州.万县	未婚			
3	龙武	男	20	博士	四川.成都	未婚			
4	王二	女	45	大专	南充.南部	未婚			
5	张小强	女	27	博士	四川.广元	未婚			
6	罗平	女	58	硕士	巴中.平昌	已婚			
7	杨柳	男	49	本科	四川.成都	未婚			
8	罗佳佳	女	35	大专	四川.滋养	未婚			
9	吴宝	女	36	本科	四川.成都	未婚			
10	吴好	男	37	大专	四川.成都	未婚			

图6-57 选中“第一行包含列标题”复选框

步骤05 进入下一步操作对话框，直接单击“下一步”按钮，如图6-58所示。

图6-58 进入下一步操作

步骤06 进入下一步操作对话框，在“链接表名称”文本框中❶输入“网上教师报名名单”，❷单击“完成”按钮完成操作，如图6-59所示。

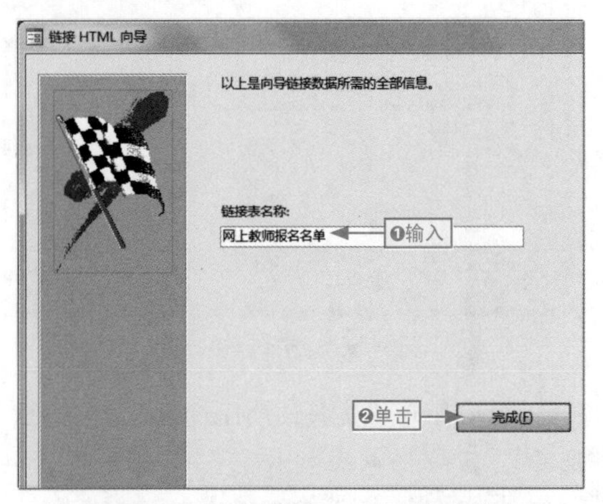

图6-59 设置链接HTML对象名称

步骤07 弹出提示对话框，直接单击“确定”按钮，如图6-60所示。

图6-60 确定链接

步骤08 返回到数据库中，在导航窗格中即可看到链接的“网上教师报名名单”网页文件对象，如图6-61所示。

姓名	性别	年龄
王强	男	25
林飞	女	35
龙武	男	20
王二	女	45
张小强	女	27
罗平	女	58
杨柳	男	49
罗佳佳	女	35
吴宝	女	36
吴好	男	37
宋宝	男	25
宋燕子	女	35
欧阳	男	20
朱小菲	女	45
杨光耀	女	27
林科	女	58
杨柳	男	49
罗慢慢	女	35
吴宝	女	36

图6-61 查看链接HTML文件的结果

6.4.5 链接至Excel电子表格

Excel是电子表格专业软件，可以进行各种数据的处理和统计分析。当数据库需要使用Excel数据，又希望与Excel进行数据协同处理的，采用链接的方式是最佳的。

下面我们以在“生产销售与库存1”数据库中链接“生销存管理”Excel文件中的数据为例，介绍具体操作。

本节素材	\素材\Chapter06\链接Excel数据
本节效果	\效果\Chapter06\链接Excel数据
学习目标	链接外部的Excel文件数据
难度指数	★★

步骤01 打开“链接Excel数据”素材文件夹中的“生产销售与库存1”素材文件，❶单击“外部数据”选项卡，❷单击Excel按钮，如图6-62所示。

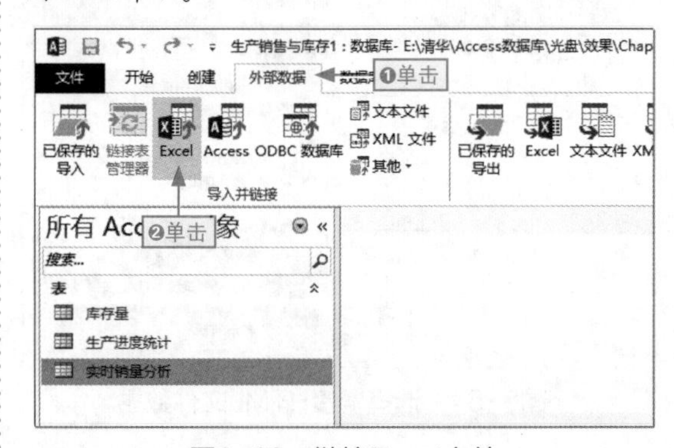

图6-62 链接Excel文件

步骤02 打开“获取外部数据-Excel电子表格”对话框，选择“生销存管理”电子表格文件所在的路径，如图6-63所示。

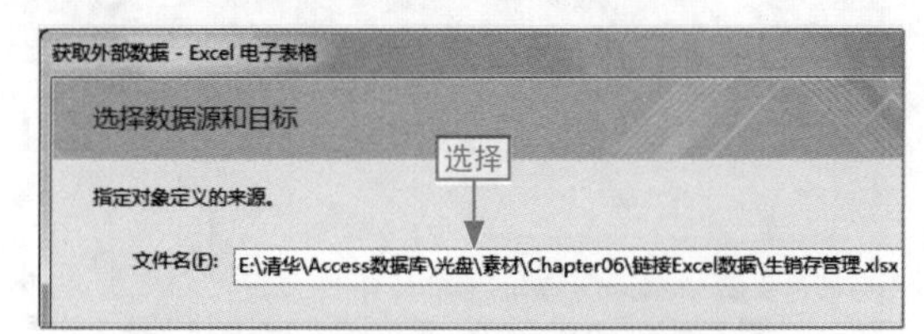

图6-63 选择Excel文件所在的路径

步骤03 ❶选中“通过创建链接表来链接到数据源”单选按钮，❷单击“确定”按钮，如图6-64所示。

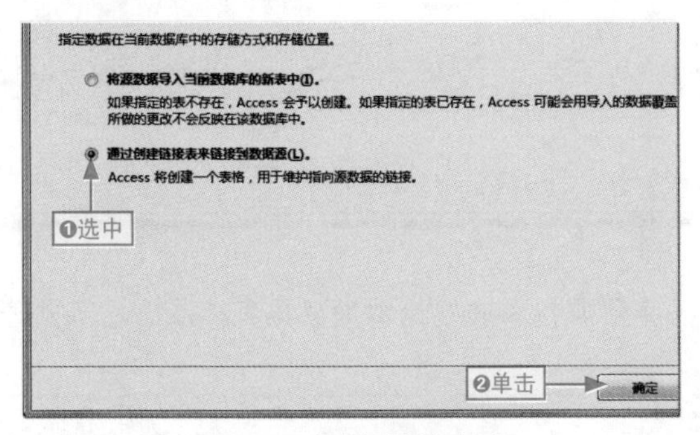

图6-64　选择链接方式

步骤04 打开“链接数据表向导”对话框，❶选中“显示工作表”单选按钮，❷选择“成本与利润预测”选项，单击“下一步”按钮，如图6-65所示。

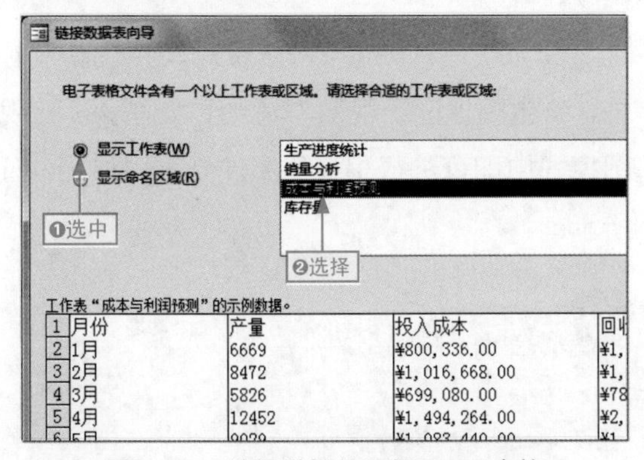

图6-65　选择链接的目标Excel表格

步骤05 打开“链接数据表向导”对话框，选中“第一行包含列标题”复选框，单击“下一步”按钮，如图6-66所示。

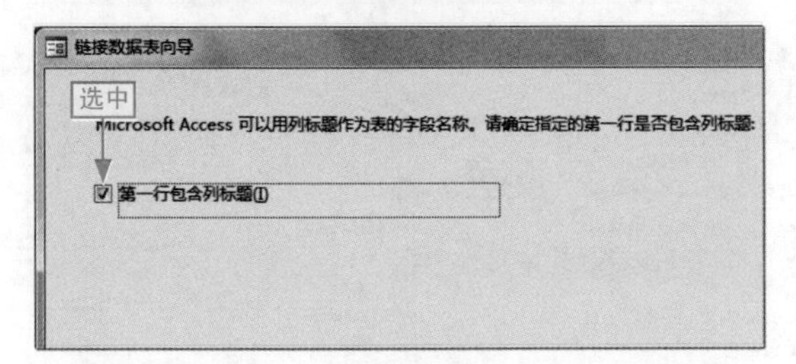

图6-66　选中“第一行包含列标题”复选框

步骤06 进入下一步操作对话框中，在“链接表名称”文本框中❶输入“成本与利润数据”，❷单击“完成”按钮完成操作，如图6-67所示。

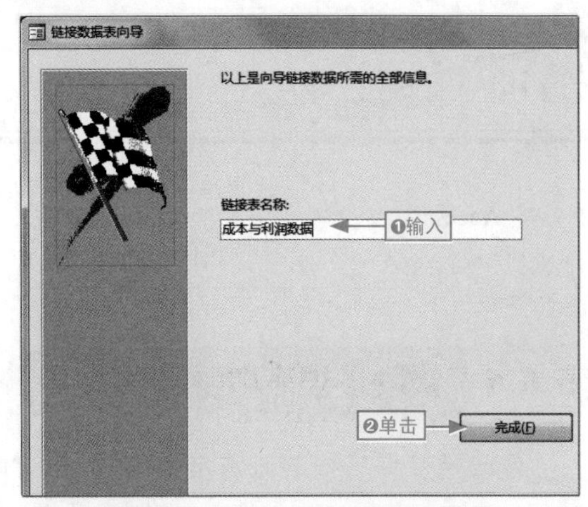

图6-67　输入“成本与利润数据”

步骤07 弹出提示对话框，单击“确定”按钮，如图6-68所示。

图6-68　确定链接

步骤08 返回到数据库中，在导航窗格中即可查看到链接的“成本与利润数据”Excel电子表格对象，如图6-69所示。

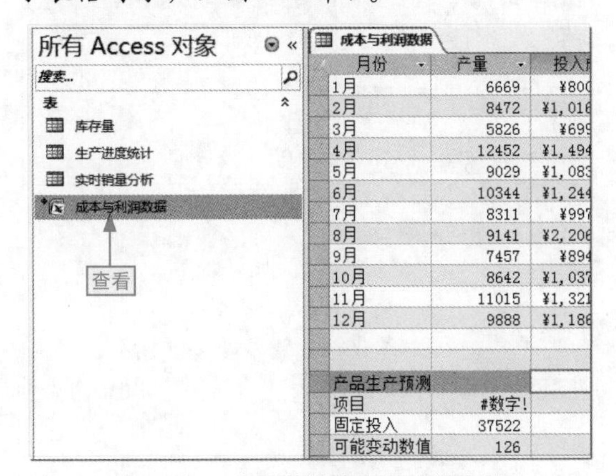

图6-69　查看链接的电子表格文件

6.5 编辑链接表

小白：我们链接到Access数据库中的对象，是否可以对其进行编辑，如果可以，该怎样操作呢?

阿智：只要是在Access数据库中存在的对象，我们都可以对其进行相应的操作。

在Access中编辑链接表主要包括更改名称、设置字段属性和转换为本地数据表等操作，下面分别进行讲解。

6.5.1 修改链接表名称

修改链接表名称的方法与重命名本地对象基本相同，其方法为：❶选择链接表对象并在其上右击，❷选择“重命名”命令或按F2键，进入名称编辑状态，❸修改原有的名称，按Enter键确认，如图6-70所示。

学习目标 对链接对象名称进行重命名

难度指数 ★

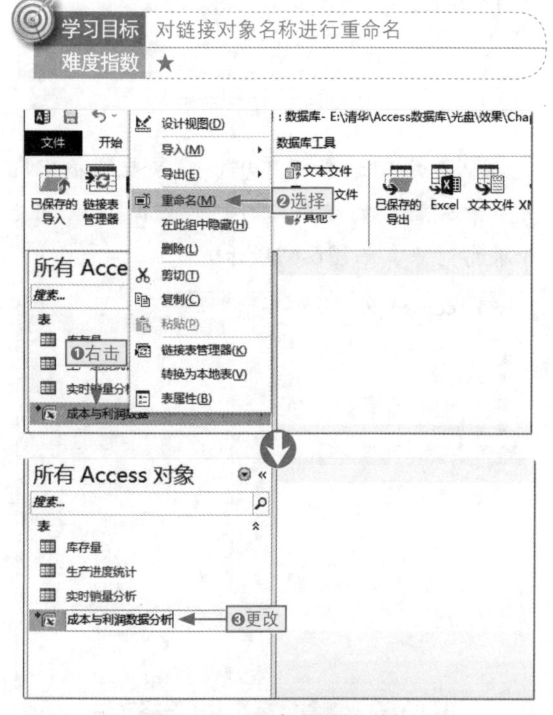

图6-70 重命名链接对象

6.5.2 修改链接数据表的属性

链接的数据表，不仅能对其进行名称的重命名或修改，还能对其属性进行相应的修改。

其方法为：❶选择链接表对象并在其上右击，❷选择“设计视图”命令，❸进入设计视图模式中即可进行相应的属性修改，如图6-71所示。

学习目标 将外部链接的数据表转换为本地表

难度指数 ★

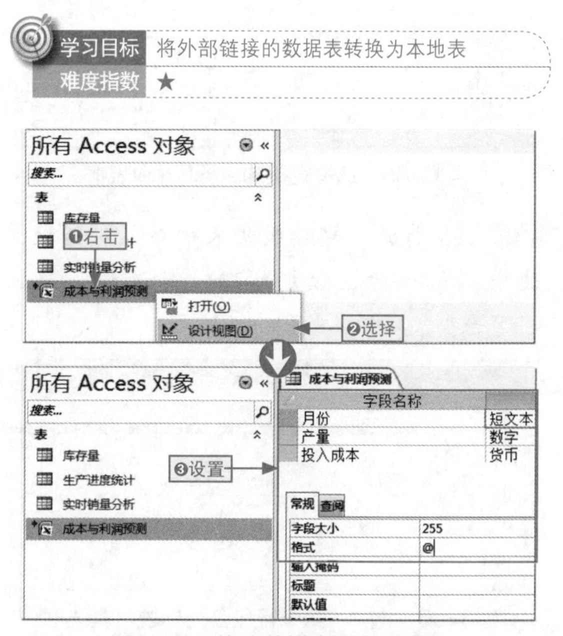

图6-71 修改数据表对象的属性

巧妙查看不可修改的属性

数据库中链接的数据表对象，有些属性是可以修改的，有些是不能修改的。我们要进行判断，❶只需选择相应的字段，❷若看到该属性有不能修改的字样，则表示不能修改，反之就能修改，如图6-72所示。

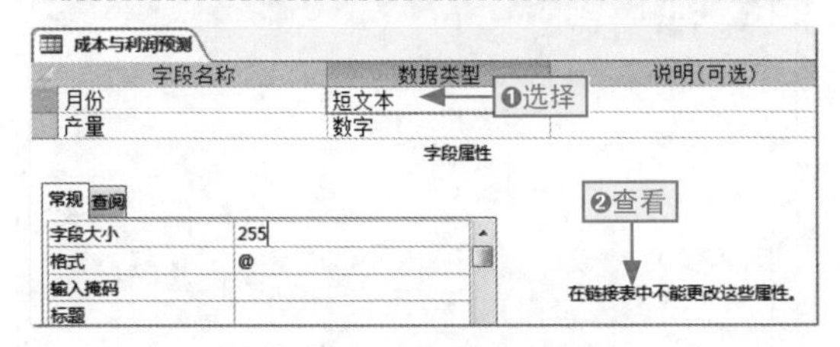

图6-72　属性不可修改

6.5.3 转换链接表为本地表

我们链接的数据表对象，会随着外部数据的变化而变化，所以，有时为了防止数据意外丢失或被修改，我们可以将其转换为本地表。

其方法为：❶选择链接表对象并在其上右击，❷选择“转换为本地表”命令，如图6-73所示。

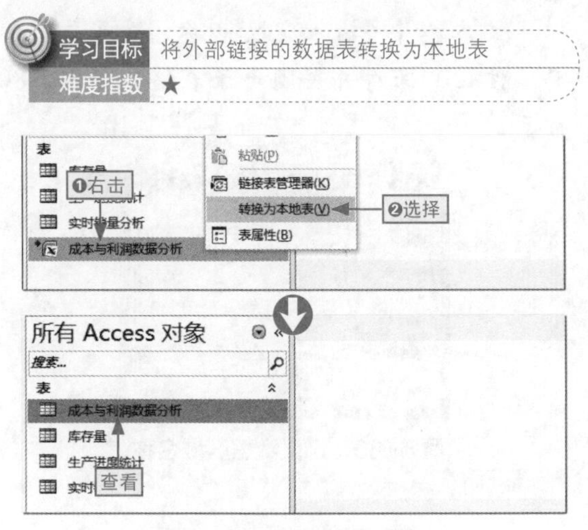

图6-73　转换成本地表

6.5.4 更新数据链接

我们链接外部文件的目的之一，就是让数据库中链接的数据能随着外部数据的变化而变化。因此，一旦外部文件数据发生变化，需要对其进行更新，以保证数据的准确和及时，其具体操作如下。

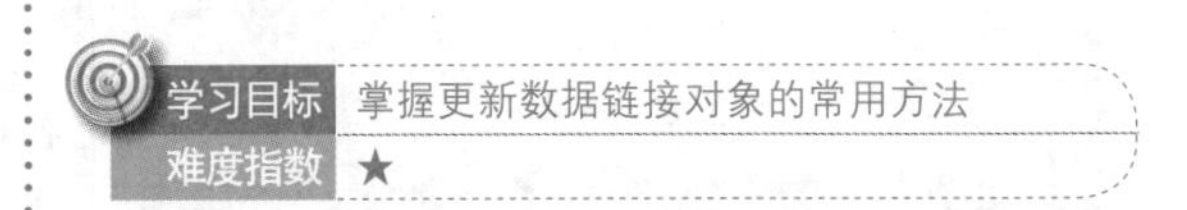

步骤01　在目标数据库中，❶单击“外部数据”选项卡，❷单击“链接表管理器”按钮，如图6-74所示。

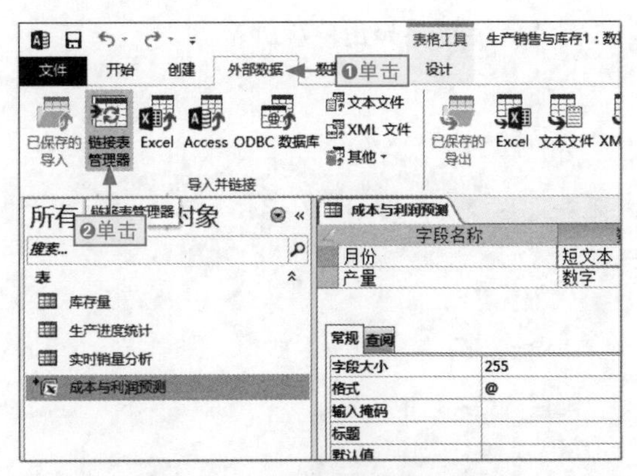

图6-74　启用链接表管理功能

用菜单命令启用链接表管理功能

在导航窗格中的链接表对象上❶右击，❷选择“链接表管理器”命令，亦可启用链接表管理功能，如图6-75所示。

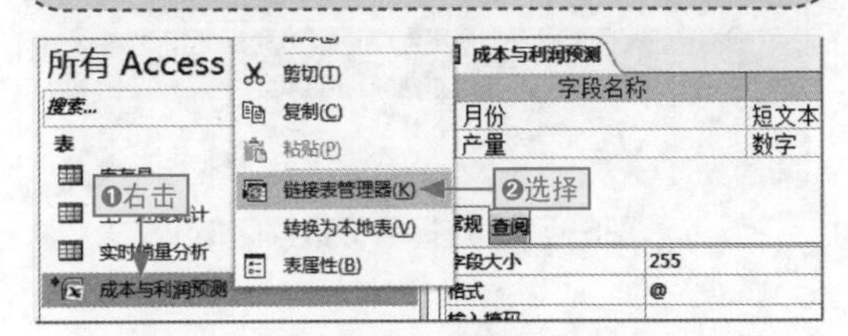

图6-75　用命令启用链接表管理功能

步骤02 打开“链接表管理器”对话框，❶选中要更新的数据表复选框，❷单击“确定”按钮，如图6-76所示。

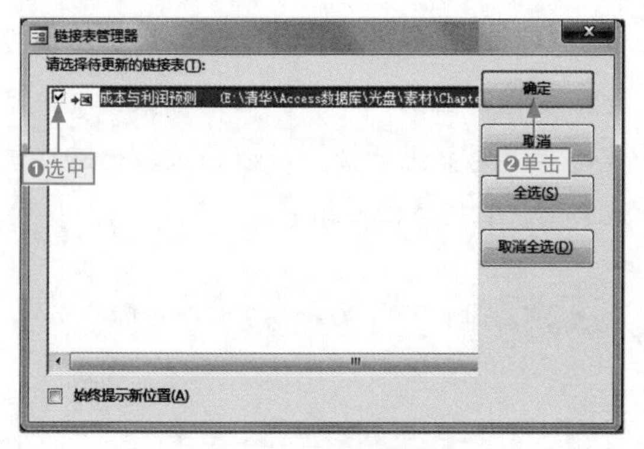

图6-76 链接表管理器

步骤03 打开更新成功的提示对话框，单击“确定”按钮，如图6-77所示。

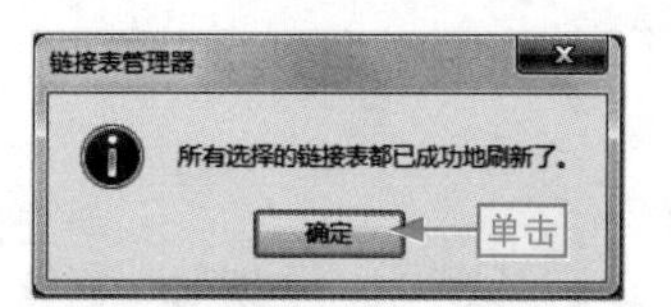

图6-77 更新链接数据表提示

步骤04 返回到“链接表管理器”对话框，单击“关闭”按钮，如图6-78所示。

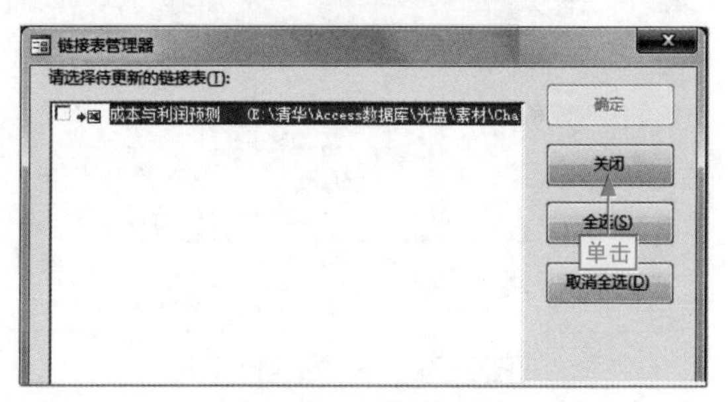

图6-78 关闭对话框

给你支招 | 导入 Excel 的指定区域数据

小白：我们在导入Excel文件数据时，可不可以导入其中的一部分数据？

阿智：当然可以。不过导入的部分也就是指定区域数据必须有一个定义名称，若没有则需要我们手动进行创建，具体操作如下。

步骤01 打开要导入部分数据的Excel工作簿，❶选择目标单元格区域，❷单击“公式”选项卡，❸单击“定义名称”按钮，如图6-79所示。

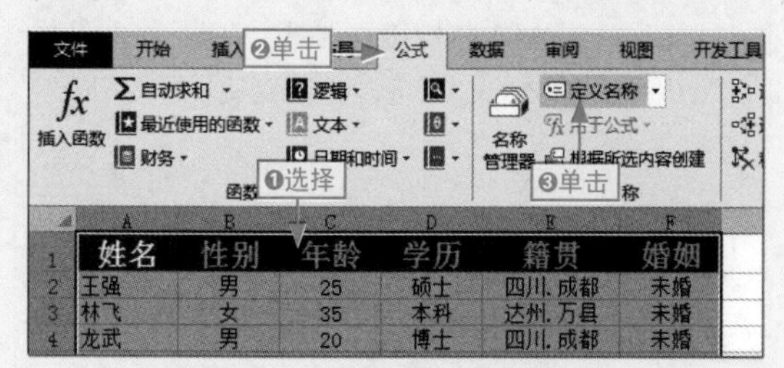

图6-79 选择目标数据区域

步骤02 打开“新建名称”对话框，在“名称”文本框中❶输入定义名称，❷单击“确定”按钮，保存并关闭电子表格，如图6-80所示。

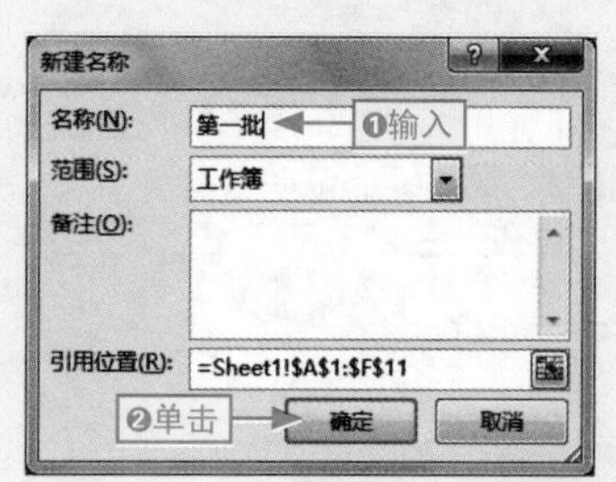

图6-80 定义数据区域名称

步骤03 打开目标数据库，❶单击"外部数据"选项卡，❷单击Excel按钮，如图6-81所示，打开"获取外部数据-Excel电子表格"对话框。

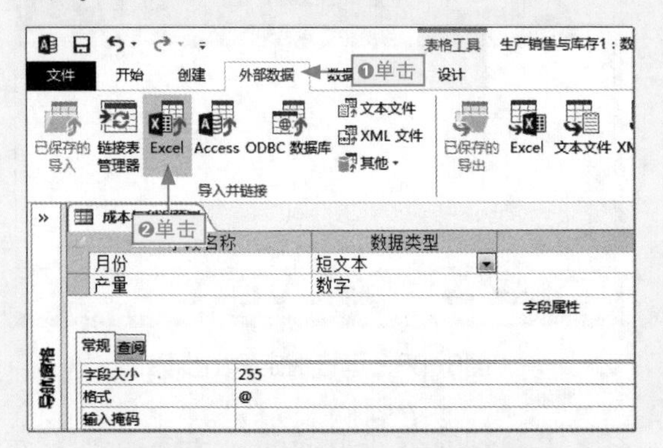

图6-81　导入外部Excel文件数据

步骤04 ❶选择Excel文件保存位置，❷选中"将源数据导入当前数据库的新表中"单选按钮，单击"确定"按钮，如图6-82所示。

图6-82　选择数据源与目标

步骤05 打开"导入数据表向导"对话框，❶选中"显示命名区域"单选按钮，❷选择定义的名称选项，单击"下一步"按钮，如图6-83所示。

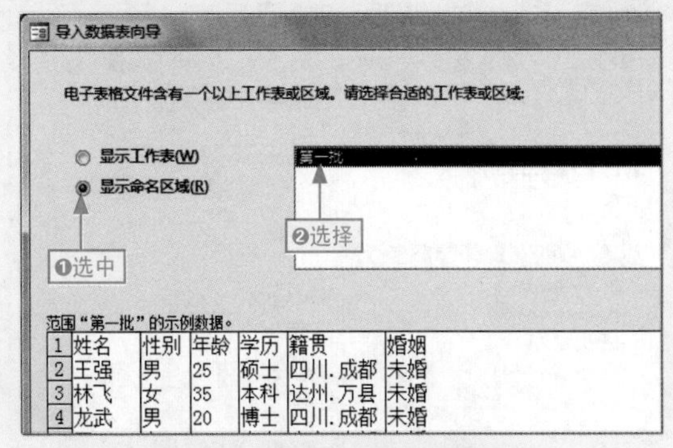

图6-83　导入指定区域数据

步骤06 根据对话框操作提示，依次完成剩余的操作步骤，实现指定数据区域的导入。图6-84所示是选择是否包含标题行操作。

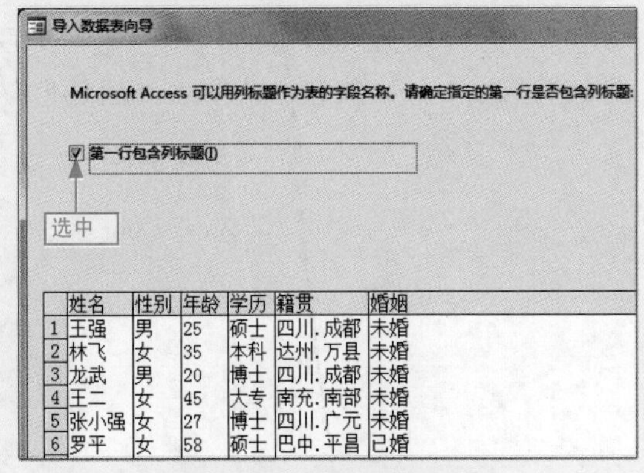

图6-84　选择包含标题行

给你支招　|　运行保存的导入/导出步骤

小白：可以将导入/导出步骤保存起来，那又该怎样来运行它们，才能节省操作呢？

阿智：运行保存的导入/导出步骤非常简单，下面以运行导出保存步骤为例进行介绍。

步骤01 ❶选择任一数据表对象，❷单击“外部数据”选项卡，❸单击“已保存的导出”按钮，如图6-85所示。

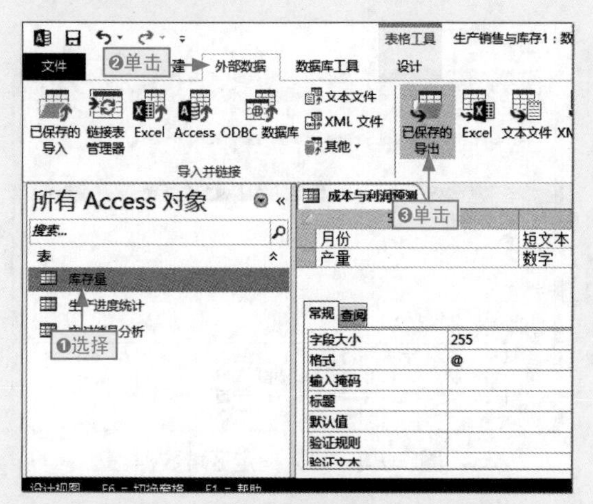

图6-85　单击“已保存的导出”按钮

步骤02 打开“管理数据任务”对话框，❶选择需要运行的导出步骤选项，❷单击“运行”按钮（若要运行保存的导入操作，只需单击“已保存的导入”按钮，然后进行同样的操作即可），如图6-86所示。

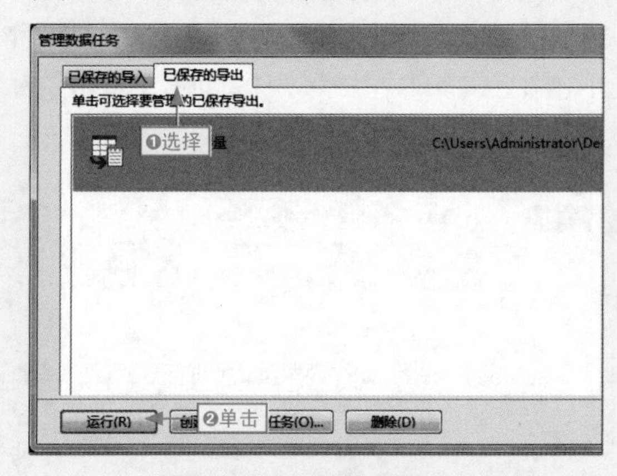

图6-86　运行指定导出步骤

步骤03 打开提示对话框，单击“是”按钮，重新运行操作步骤，替换当前文件（若要替换），如图6-87所示。

图6-87　重新运行导出操作步骤

Chapter 07 通用数据查询

学习目标

数据库就像一个大仓库，不仅可以将数据放置到每个格子中，而且还能随时对格子中的数据进行查询，如追加、删除、生成表、更新、选择等查询方式。本章将会具体介绍这些数据查询方法和技巧，帮助用户查询自己想要的数据。

本章要点

- 查询的类型
- 查询的功能
- 通过简单查询向导查询
- 通过交叉表查询向导查询
- 通过重复项查询向导进行查询
- 创建删除查询
- 创建追加查询
- 创建生成表查询
- 字段的添加和删除
- 字段的重命名

知识要点	学习时间	学习难度
查询基础知识	10 分钟	★★
创建和设计查询	20 分钟	★★
编辑查询字段	15 分钟	★

7.1 查询基础知识

小白：数据库中那么多表，表里那么多数据，怎么找到自己需要的数据？

阿智：很简单，数据库中可以对数据进行单一或多个条件的查询，让用户轻松地进行数据的查找。

使用查询前，应该了解和知道它是什么，有什么功能，能实现什么作用，能达到什么效果，有哪些分类，以及记录集的工作方法。将它们摸透，这样才能更好地使用。

7.1.1 查询是什么

查询是在数据库中按照指定条件进行逐条搜索，然后将符合条件的数据记录显示出来的功能。

在实际操作中我们可以从这样几个方面来认识它，下面分别进行介绍。

学习目标　查询能做些什么

难度指数　★

作用一

查询使用SQL SELECT语句将表或查询对象中的数据按照指定要求搜索出来（查询的本质也就是SQL语句，这也是它与表的本质区别）。

作用二

查询不仅可以查找数据，而且还可以进行最值、求和、平均值以及计数等计算检索。

作用三

一旦建立查询，每次都会随着数据库的打开重新进行查找检索，从而保证查询结果的最新。

7.1.2 查询的类型

Access 2013提供的查询类型，主要包括5种：选择查询、参数查询、交叉表查询、操作查询和SQL查询。下面分别进行介绍。

学习目标　Access中主要的查询类型

难度指数　★

选择查询

它是查询中最为基础的一种查询方式，用于一个或多个表的数据字段提取并返回。同时，它还分为这样几类，如图7-1所示。

简单查询

它是最为常用的一种查询方式，能快速从表中将符合条件的数据查找出来，同时允许用户进行编辑。

重复项查询

重复项查询，就是将数据记录中重复的数据查找出来显示在一起。

不匹配查询

它是将不符合查询条件的数据查找、显示出来，好与正常查询结果互补。

汇总查询

它包括两部分：一是查询，二是将查询结果按类进行统计汇总。

图7-1 选择查询类型

参数查询

参数查询，也就是查询需要用户在指定的对话框或提示框中输入查询参数（可以是后台自动获取的参数）进行查找，如图7-2所示。

图7-2 参数查询

交叉表查询

它主要强调查询条件的交叉性，也就是将表中行和列标签字段作为检索条件进行统计，如图7-3所示。

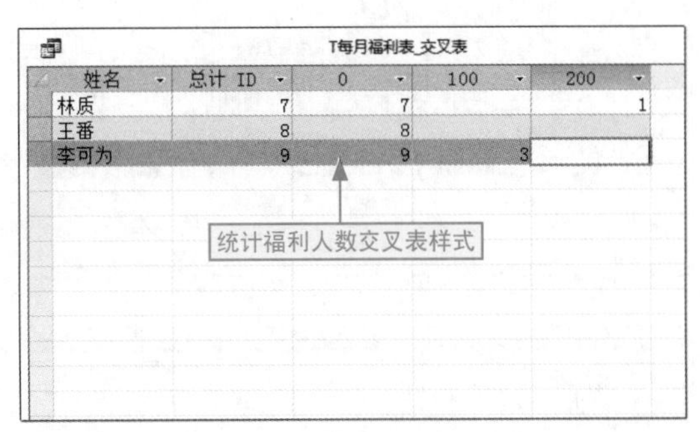
T每月福利表_交叉表

姓名	总计 ID	0	100	200
林质	7	7		1
王番	8	8		
李可为	9	9	3	

图7-3 交叉查询样式

操作查询

操作查询的重点在于操作，而查询主要是用于数据量上的控制。它主要包括这样几种类型，如图7-4所示。

追加查询

用于数据追加，主要是将数据添加到指定的表中。

更新查询

主要用于数据的统一更新，可以是当前表也可以是其他多张表。

删除查询

将表中符合条件的数据记录进行查找，同时将其删除。

生产表查询

使用查询结果来创建新表。

图7-4 操作查询

SQL查询

SQL查询，我们可以简单地将其理解为编写SQL语句来进行数据的查找和检索。图7-5所示是一个简单的数据查询的SQL样式。

Q考勤工资
```
SELECT Q考勤工资辅助.姓名, Q考勤工资辅助.年月, Q考勤工资辅助.考勤类别, T考勤标准.考勤
或天数之合计, IIf(IsNull([次数或天数之合计]),50,[考勤扣除]*[次数或天数之合计]) AS 考勤
FROM T考勤标准 RIGHT JOIN Q考勤工资辅助 ON T考勤标准.[ID] = Q考勤工资辅助.[考勤类别]
WHERE (((Q考勤工资辅助.姓名) Like IIf(IsNull([Forms]![考勤奖惩查询]![姓名]),"*",[Form
])) AND ((Q考勤工资辅助.年月) Like IIf(IsNull([Forms]![考勤奖惩查询]![年月]),"*",[For
])) AND ((Q考勤工资辅助.考勤类别) Like IIf(IsNull([Forms]![考勤奖惩查询]![考勤类别]),
询]![考勤类别])));
```

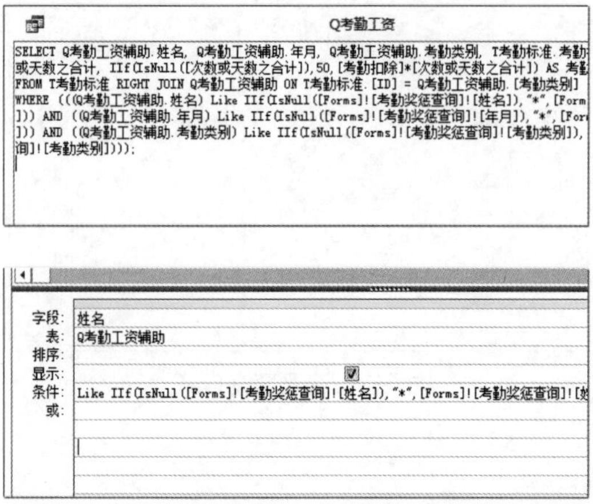

字段：姓名
表：Q考勤工资辅助
排序：
显示：☑
条件：Like IIf(IsNull([Forms]![考勤奖惩查询]![姓名]),"*",[Forms]![考勤奖惩查询]![姓
或：

图7-5 SQL查询

7.1.3 查询的功能

Access的查询功能能让用户查看到想要查看的数据记录，它具有这样一些常用功能，下面分别进行介绍。

选择记录

这是查询的最基本功能之一，就是将符合条件的数据记录全部查找出来。图7-6所示是查询出实得工资大于2200的数据记录。

员工工资核算

员工编号	姓名	食宿补助	提成	基本工资	实得工
1	龙小五	￥200	￥500.00	￥1,400.00	￥2,1
2	李小菲	￥200	￥100.00	￥1,800.00	￥2,1
3	武大	￥200	￥150.00	￥1,600.00	￥1,9
4	周小莉	￥200	￥500.00	￥1,400.00	￥2,1
5	陈飞	￥200	￥150.00	￥1,600.00	￥1,9

原数据记录

员工基本资料 | 查询1

员工编号	姓名	提成	基本工资	实得工资
18	陈浩	￥750.00	￥1,400.00	￥2,250.
19	赵鹏	￥100.00	￥2,000.00	￥2,300.
20	任金初	￥100.00	￥2,000.00	￥2,250.
0				

查询数据记录

图7-6 选择指定数据记录

选择字段

将指定字段选择出来并显示在查询中，也是最常见的简单查询。图7-7所示是从工资表中通过查询选择字段的效果样式。

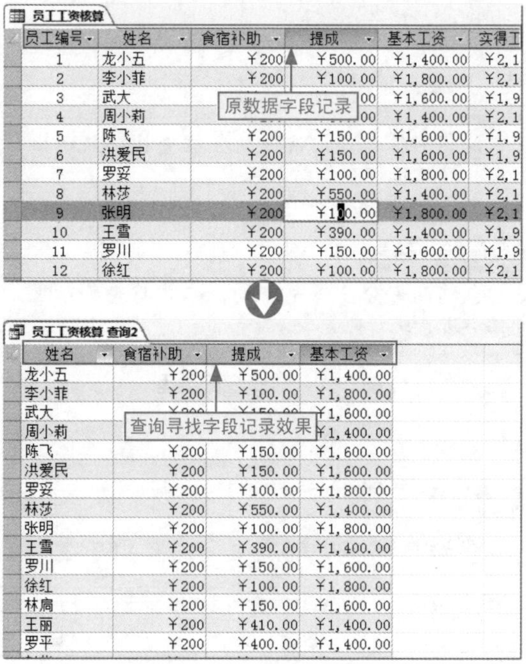

员工工资核算

员工编号	姓名	食宿补助	提成	基本工资	实得工
1	龙小五	￥200	￥500.00	￥1,400.00	￥2,1
2	李小菲	￥200	￥100.00	￥1,800.00	￥2,1
3	武大			￥1,600.00	￥1,9
4	周小莉			￥1,400.00	￥2,1
5	陈飞	￥200	￥150.00	￥1,600.00	￥1,9
6	洪爱民	￥200	￥150.00	￥1,600.00	￥1,9
7	罗妥	￥200	￥100.00	￥1,800.00	￥2,1
8	林莎	￥200	￥550.00	￥1,400.00	￥2,1
9	张明	￥200	￥100.00	￥1,800.00	￥2,1
10	王雪	￥200	￥390.00	￥1,400.00	￥1,9
11	罗川	￥200	￥150.00	￥1,600.00	￥1,9
12	徐红	￥200	￥100.00	￥1,800.00	￥2,1

原数据字段记录

员工工资核算 查询2

姓名	食宿补助	提成	基本工资
龙小五	￥200	￥500.00	￥1,400.00
李小菲	￥200	￥100.00	￥1,800.00
武大			￥1,600.00
周小莉			￥1,400.00
陈飞	￥200	￥150.00	￥1,600.00
洪爱民	￥200	￥150.00	￥1,600.00
罗妥	￥200	￥100.00	￥1,800.00
林莎	￥200	￥550.00	￥1,400.00
张明	￥200	￥100.00	￥1,800.00
王雪	￥200	￥390.00	￥1,400.00
罗川	￥200	￥150.00	￥1,600.00
徐红	￥200	￥100.00	￥1,800.00
林肩	￥200	￥150.00	￥1,600.00
王丽	￥200	￥410.00	￥1,400.00
罗平	￥200	￥400.00	￥1,400.00

查询寻找字段记录效果

图7-7 选择指定数据记录

计算或同级

该查询可对数据进行指定的计算，如最大值、最小值、求和等。最直观的查询就是在交叉表查询向导对话框中的检索，如图7-8所示。

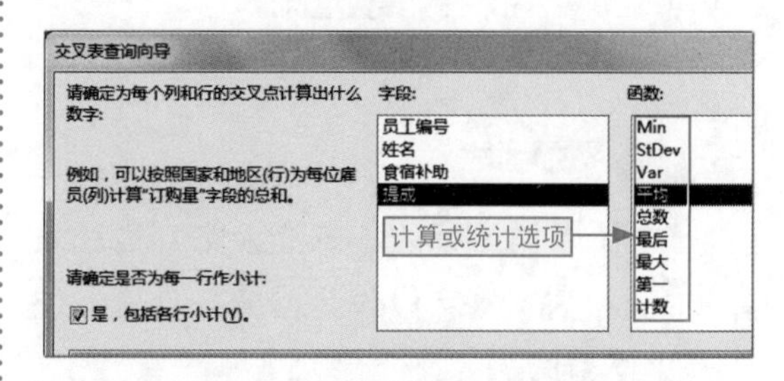

图7-8 查询执行计算或统计

创建对象

通过查询功能，让系统将查询结果创建为实时对象，如表、图表、窗体、报表等。

对外部数据进行获取并进行操作

查询可以对外部导入或链接的数据进行获取，并对其进行追加、删除、修改以及另存这些数据。

记录集的工作方法

记录集，其实就是由查询返回的结果集合组成，所以也可将其叫作动态集，因此它的结果是放置在内存中，而不是表中，以保证系统快速地对其进行信息检索查找。一旦系统不再需要，它们就会被丢弃，从而节省系统的存储空间，同时保证数据结果是最新的。

7.2 常规查询创建

小白：表的查询知识掌握后，现在可以进行实际的操作了吗？

阿智：打好基础后，我们就可以进行实战操作了，接下来我们就学习一些实用的常规查询方法。

常规查询的创建分为两种：通过查询向导创建查询和通过查询设计来创建。其中，查询向导又包括4种常规查询，即简单查询、交叉表查询、重复项查询和不匹配查询。下面我们就逐渐进行讲解和介绍。

7.2.1 通过简单查询向导查询

通过简单查询向导进行查询，是最基础的，也是最简单的查询方式，同时，也是最为实用的查询方式之一。

下面我们以在“员工资料”中通过简单查询向导，根据“员工工资核算”和“员工基本资料”数据表来查询得出员工与其对应的实得工资为例，其具体操作如下。

本节素材	\素材\Chapter07\员工资料.xlsx
本节效果	\效果\Chapter07\员工资料.xlsx
学习目标	使用简单查询向导进行多表字段选择
难度指数	★

步骤01 打开“员工资料”素材文件，❶单击“创建”选项卡，❷单击“查询向导”按钮，如图7-9所示。

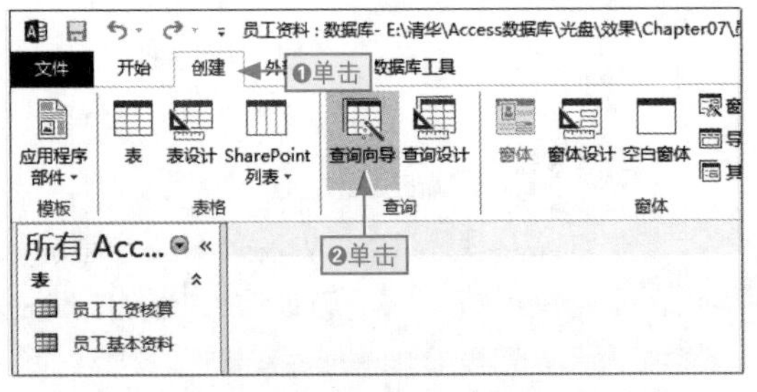

图7-9 启用查询向导功能

步骤02 打开“新建查询”对话框，❶选择“简单查询向导”选项，❷单击“确定”按钮，如图7-10所示。

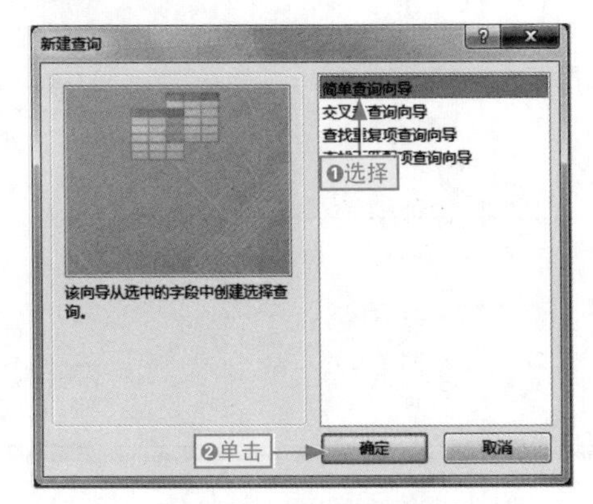

图7-10 选用简单查询

步骤03 打开“简单查询向导”对话框，❶在“可用字段”列表框中选择“姓名”选项，❷单击添加按钮，如图7-11所示。

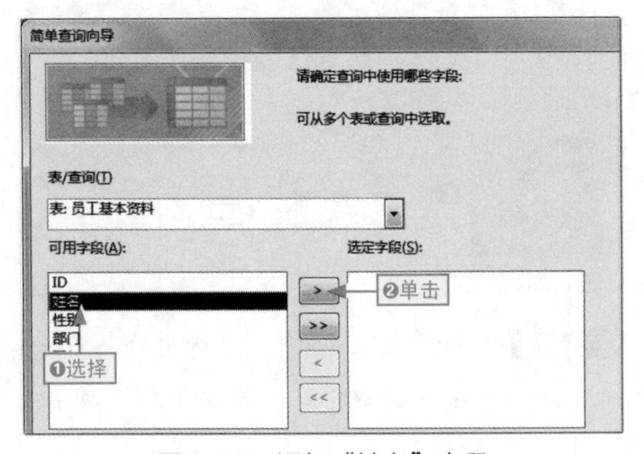

图7-11 添加“姓名”字段

步骤04 ❶选择“职务”选项，❷单击添加按钮，如图7-12所示。

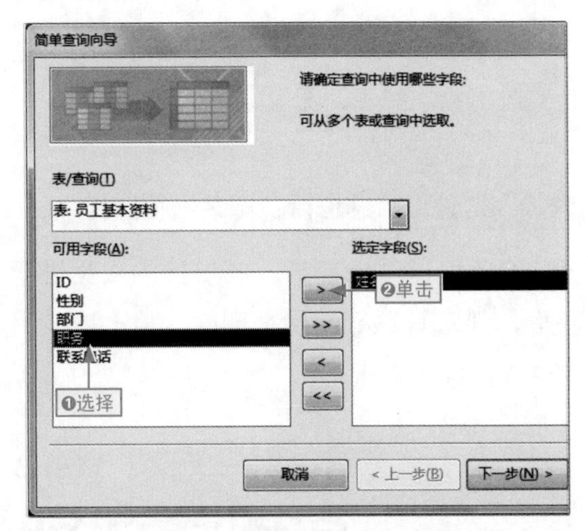

图7-12 添加“职务”字段

步骤05 ❶单击“表/查询”下拉按钮，❷选择“表:员工工资核算”选项，切换到“员工工资核算”表，如图7-13所示。

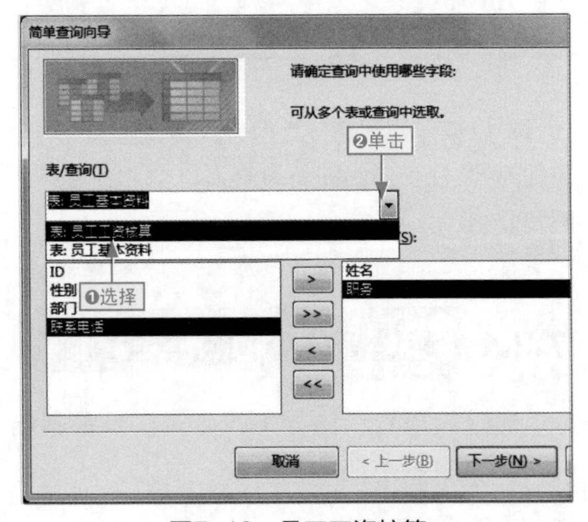

图7-13 员工工资核算

步骤06 ❶选择“实得工资”选项，❷单击添加按钮，❸单击“下一步”按钮，如图7-14所示。

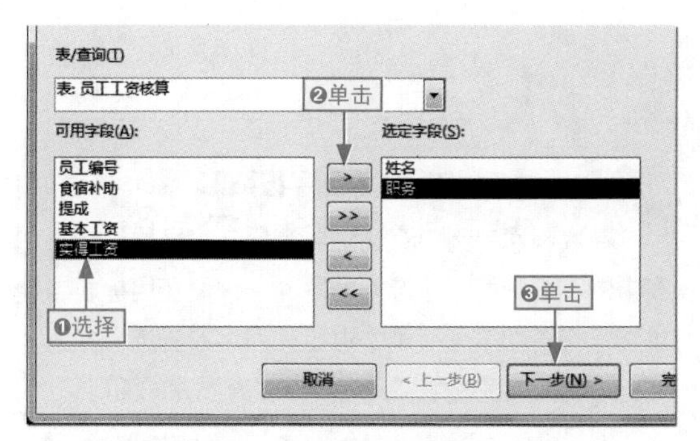

图7-14 添加“实得工资”字段

一步操作添加全部字段

若我们要将“可用字段”列表框中所有字段添加到“选定字段”列表框中，只需单击全部添加按钮即可，如图7-15所示。

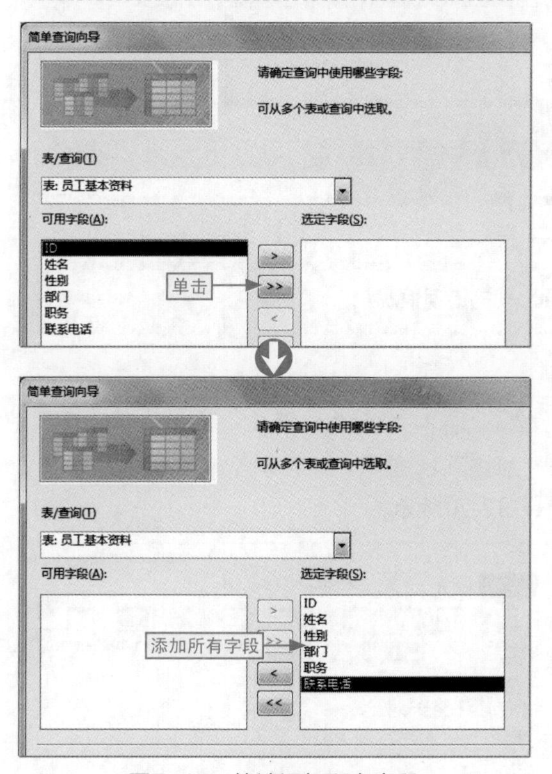

图7-15 快速添加所有字段

步骤07 进入下一步向导对话框中，❶选中“明细(显示每个记录的每个字段)”单选按钮，❷单击“下一步”按钮，如图7-16所示。

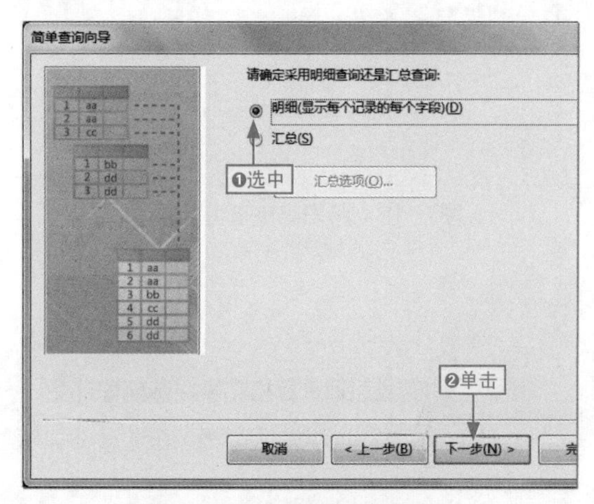

图7-16 选择明细查询方式

步骤08 进入下一步向导对话框中，在“请为查询指定标题”文本框中❶输入“员工实得工资 查询”，❷单击“完成”按钮，如图7-17所示。

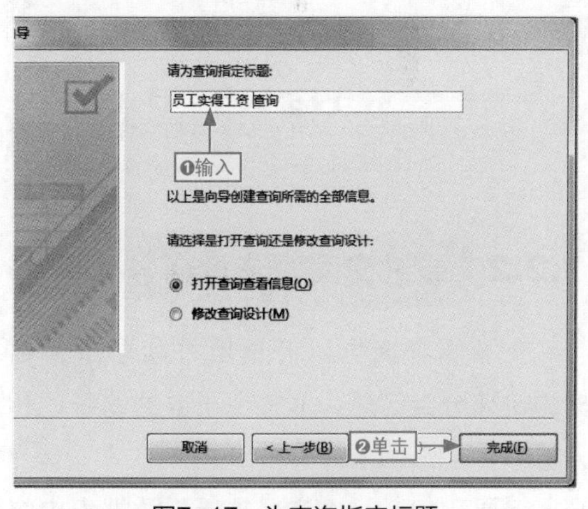

图7-17 为查询指定标题

步骤09 返回到工作区中，即可查看到系统自动创建的查询效果（若要保存查询结果，直接按Ctrl+S组合键或关闭时确认保存），如图7-18所示。

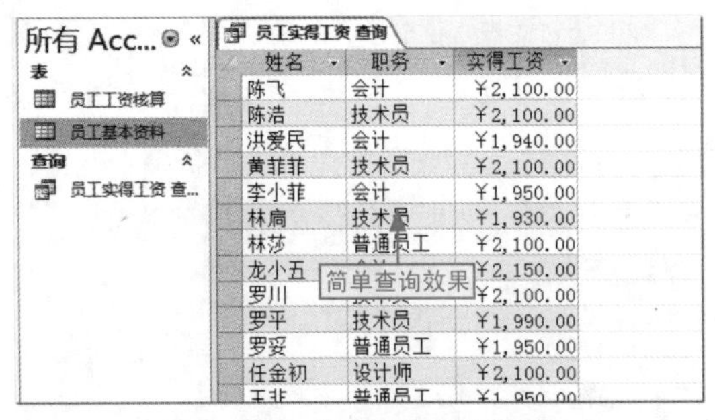

姓名	职务	实得工资
陈飞	会计	￥2,100.00
陈浩	技术员	￥2,100.00
洪爱民	会计	￥1,940.00
黄菲菲	技术员	￥2,100.00
李小菲	会计	￥1,950.00
林扇	技术员	￥1,930.00
林莎	普通员工	￥2,100.00
龙小五		￥2,150.00
罗川		￥2,100.00
罗平	技术员	￥1,990.00
罗妥	普通员工	￥1,950.00
任金初	设计师	￥2,100.00

图7-18　跨表简单查询效果

查询选择单表字段数据

若我们通过简单查询向导选择指定字段是同一表中的字段数据，在选用字段时，只需在目标表中添加字段，而不需在表中进行任何字段的选择和添加，然后按照上面所讲进行操作，直到完成即可。

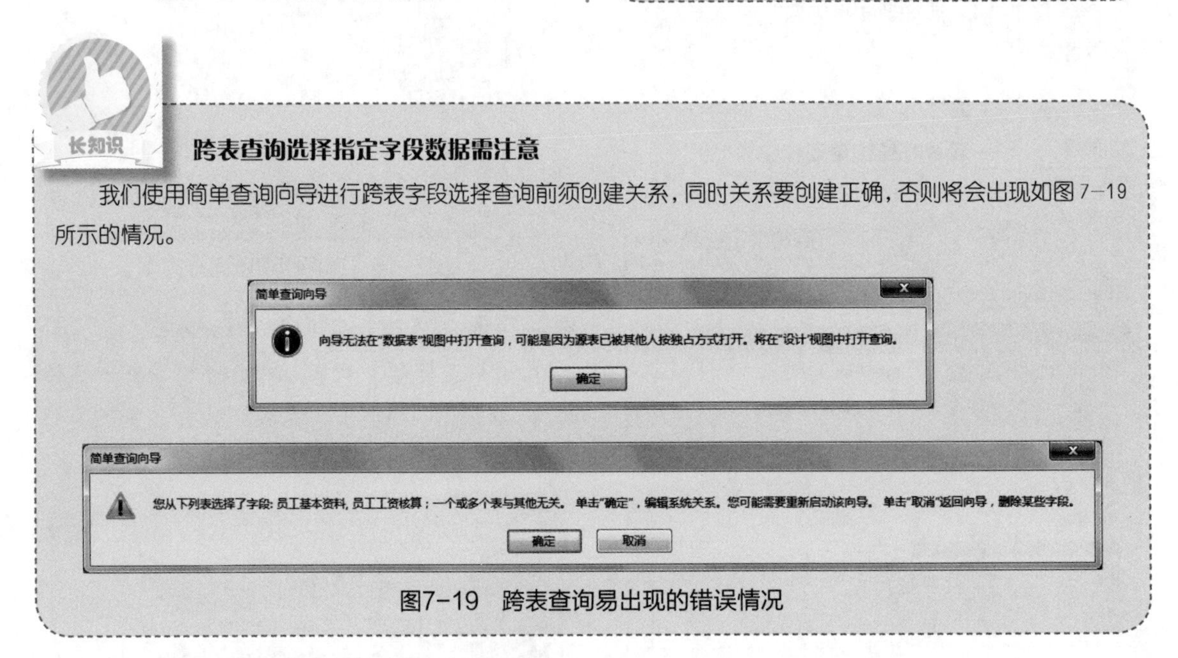

跨表查询选择指定字段数据需注意

我们使用简单查询向导进行跨表字段选择查询前须创建关系，同时关系要创建正确，否则将会出现如图7-19所示的情况。

图7-19　跨表查询易出现的错误情况

7.2.2 通过交叉表查询向导查询

交叉表查询可以简单地将其理解为数据的快速分类汇总，非常便于数据的统计和分析。

下面我们以从"产品销量"数据表中统计出各类产品数据销售额总和为例，其具体操作如下。

本节素材	◎\素材\Chapter07\产品销量.xlsx
本节效果	◎\效果\Chapter07\产品销量.xlsx
学习目标	使用交叉表查询统计季度销售额
难度指数	★★

步骤01 打开"产品销量"素材文件，❶单击"创建"选项卡，❷单击"查询向导"按钮，如图7-20所示。

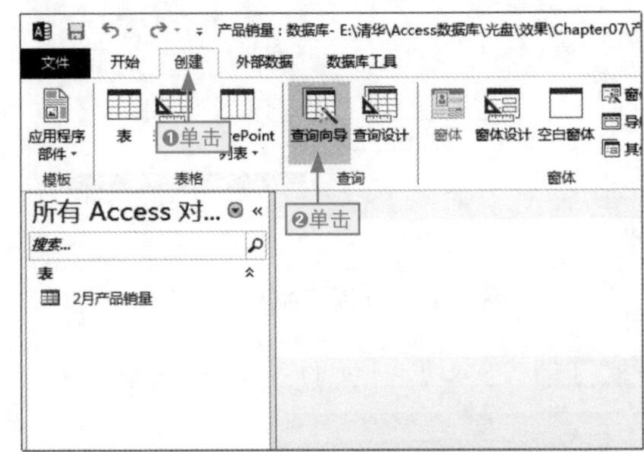

图7-20　创建查询向导

步骤02 打开“新建查询”对话框，❶选择“交叉表查询向导”选项，❷单击“确定”按钮，如图7-21所示。

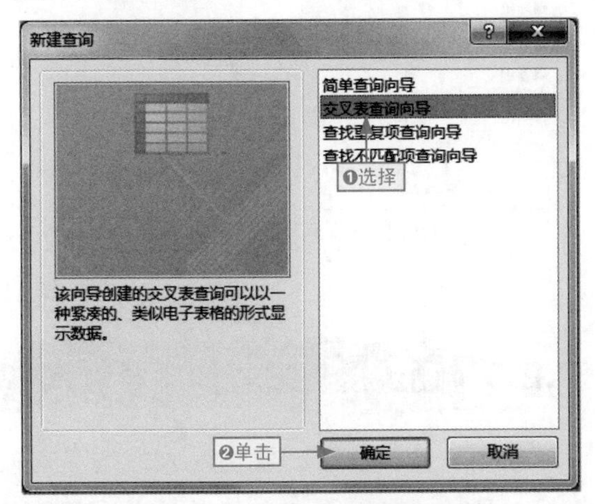

图7-21 选择交叉表查询向导

步骤03 打开“交叉表查询向导”对话框，❶选择“表:2月产品销量”选项，❷单击“下一步”按钮，如图7-22所示。

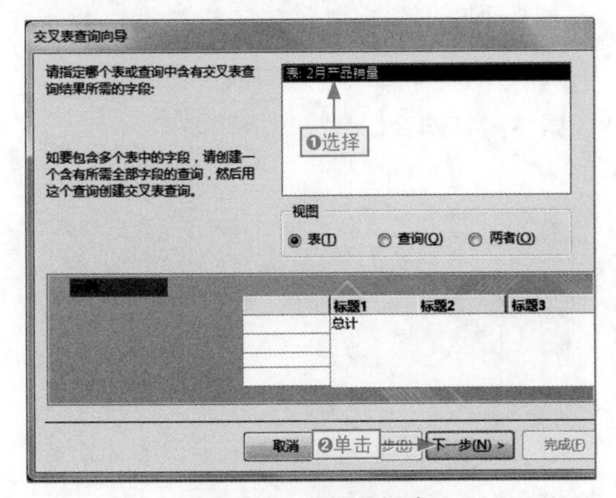

图7-22 选择目标表

步骤04 进入下一步向导对话框中，在“可用字段”下方的列表框中❶选择“产品名称”选项，❷单击添加按钮，❸单击“下一步”按钮，如图7-23所示。

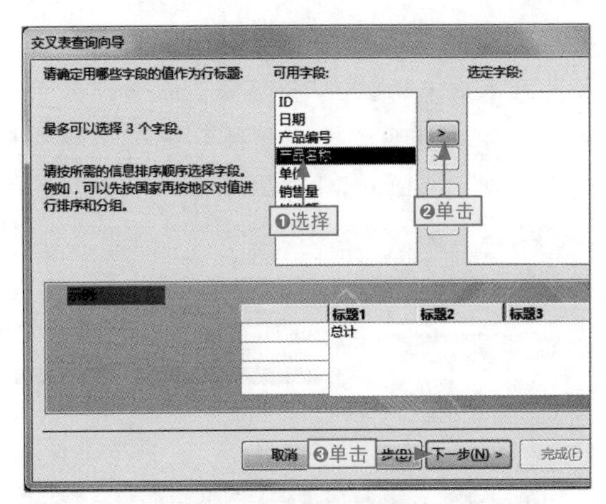

图7-23 添加可用字段

步骤05 进入下一步向导对话框中，❶选择“月”选项，❷单击“下一步”按钮，如图7-24所示。

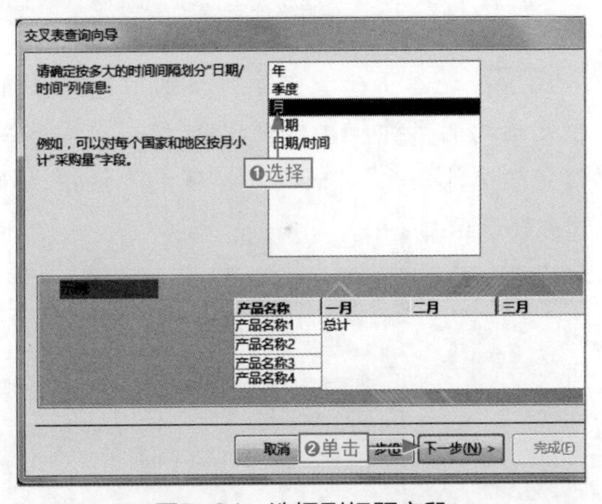

图7-24 选择列标题字段

字段设置的顺序

在使用交叉表查询向导时设置字段的顺序是：目标表、行标题字段选项、列标题字段选项和统计字段选项。

步骤06 进入下一步向导对话框中，在“字段”列表框中❶选择“销售额”选项，在“函数”列表框中❷选择“总数”选项，❸单击“下一步”按钮，如图7-25所示。

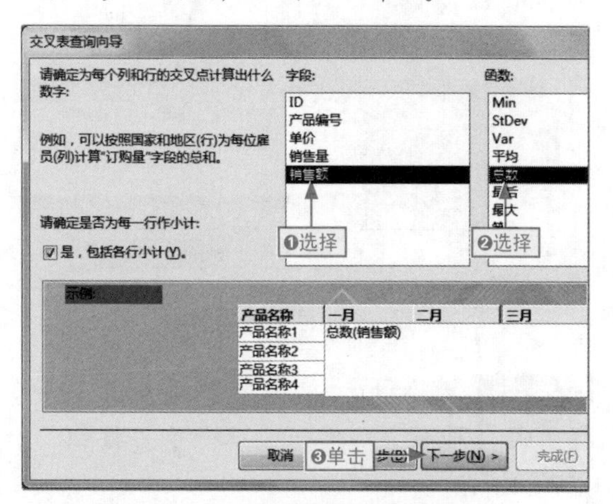

图7-25　添加统计字段和函数

步骤07 进入下一步向导对话框中，在“请指定查询的名称”文本框中❶输入“2月产品销售额统计分析”，❷单击“完成”按钮，如图7-26所示。

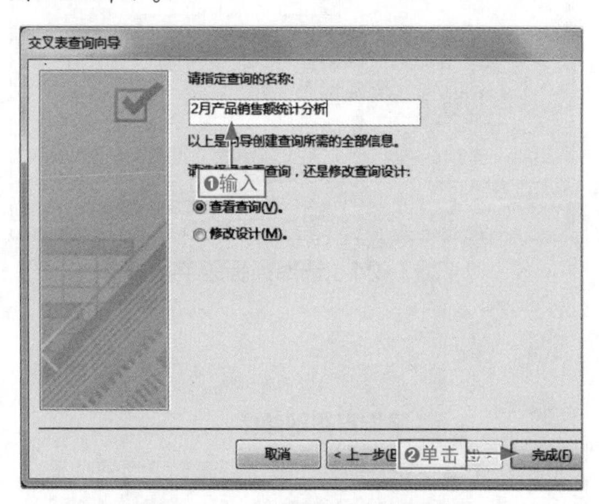

图7-26　设置查询字段名称

步骤08 系统自动在查询对象中显示出相应的数据查询结果，按Ctrl+S组合键进行保存，如图7-27所示。

产品名称	总计 销售额	一月	二月	三月
按摩器	¥2,328.00			
冰箱	¥39,688.00			
电磁炉	¥8,088.00			
电饭煲	¥7,689.00			
电视机	¥123,648.00			
豆浆机	¥1,495.00			
空调	¥105,777.00			
微波炉	¥11,883.00			
洗衣机	¥40,849.00			
饮水机	¥5,491.00			

图7-27　交叉表查询效果

7.2.3 通过重复项查询向导查询

在一些数据表中，我们是人为指定的关键字，所以不能像系统自动生成的关键字ID那样可以避免重复数据，但也没有关系，我们可以通过重复项查询功能，将这些重复的数据轻松查找出来并删除。

下面我们将在“员工工资数据”数据库中通过重复项查询来查找出重复的员工工资数据并将其删除，其具体操作如下。

本节素材	\素材\Chapter07\员工工资数据.xlsx
本节效果	\效果\Chapter07\员工工资数据.xlsx
学习目标	使用重复项查询、删除重复项数据记录
难度指数	★★

步骤01 打开“员工工资数据”素材文件，❶单击“创建”选项卡，❷单击“查询向导”按钮，如图7-28所示。

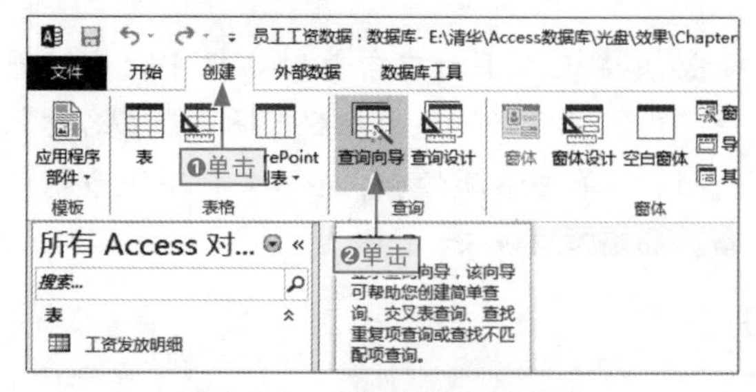

图7-28　启用查询向导功能

步骤02 打开“新建查询”对话框，❶选择“查找重复项查询向导”选项，❷单击“确定”按钮，如图7-29所示。

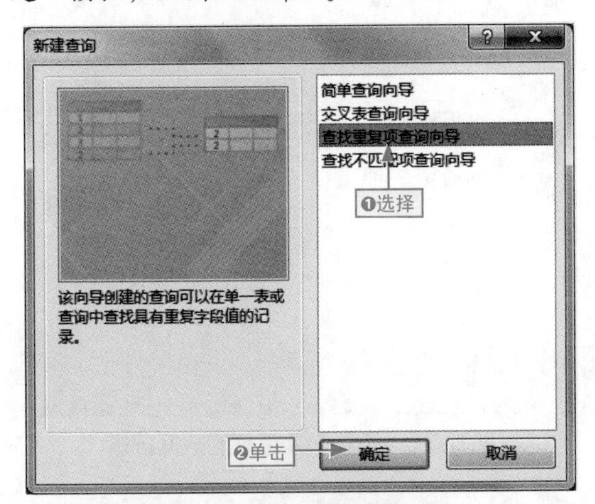

图7-29 选择重复项向导

步骤03 打开“查找重复项查询向导”对话框，❶选择“表:工资发放明细”选项，❷选中“表”单选按钮，❸单击“下一步”按钮，如图7-30所示。

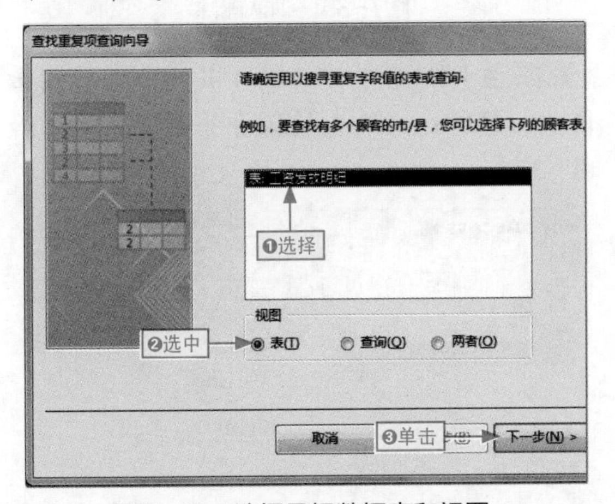

图7-30 选择目标数据表和视图

步骤04 进入下一步向导对话框中，在“可用字段”下方的列表框中❶选择“姓名”选项，❷单击添加按钮，❸单击“下一步”按钮，如图7-31所示。

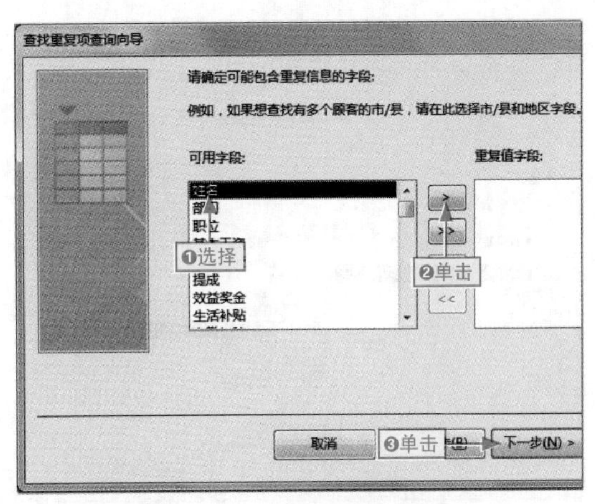

图7-31 添加重复值字段

步骤05 进入下一步向导对话框中，❶单击全部添加按钮，❷单击“下一步”按钮，如图7-32所示。

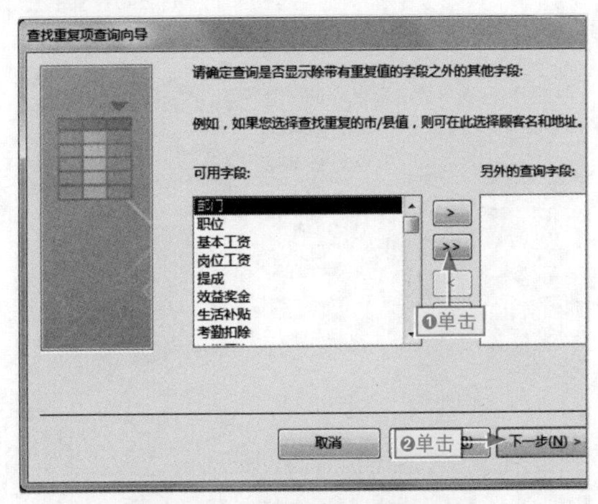

图7-32 添加另外的查询字段

移除添加字段选项

在查询向导对话框中通过手动添加的字段选项，都可以将其移除，只需在添加的列表框中❶选择相应的字段选项，❷单击移除按钮（若要全部移除，只需单击全部移除按钮）即可，如图7-33所示。

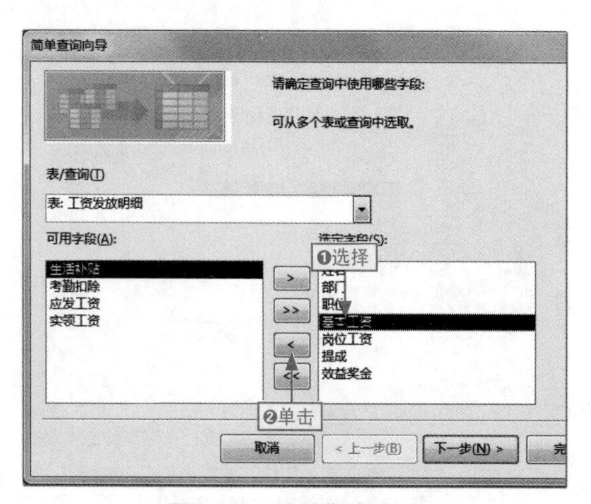

图7-33　移除指定字段

步骤06 进入下一步向导对话框中，在“请指定查询的名称”文本框中❶输入“重复工资数据记录”，❷单击“完成”按钮，如图7-34所示。

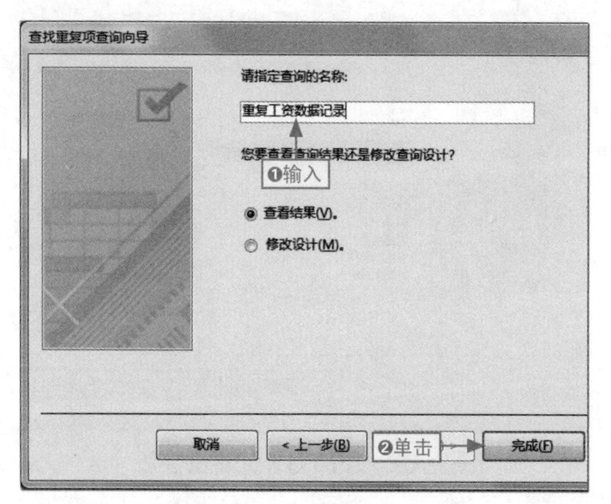

图7-34　指定查询名称

步骤07 系统自动创建查询并显示出所有的重复项数据记录，❶选择多余的重复项数据记录（要留一条数据记录，不能全选，因为数据表中要有一条唯一记录）并在其上右击，❷选择“删除记录”命令，如图7-35所示。

步骤08 弹出提示对话框，单击“是”按钮，如图7-36所示。

图7-35　删除多余重复的数据记录

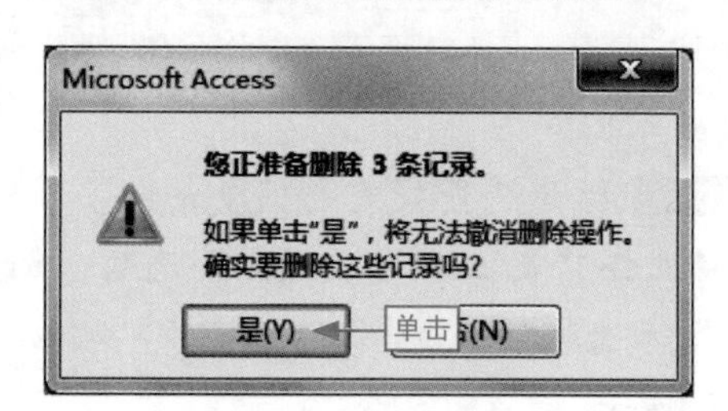

图7-36　确认删除

步骤09 以同样的方法删除其他多余的数据记录，按Ctrl+S组合键保存并将其关闭，如图7-37所示。

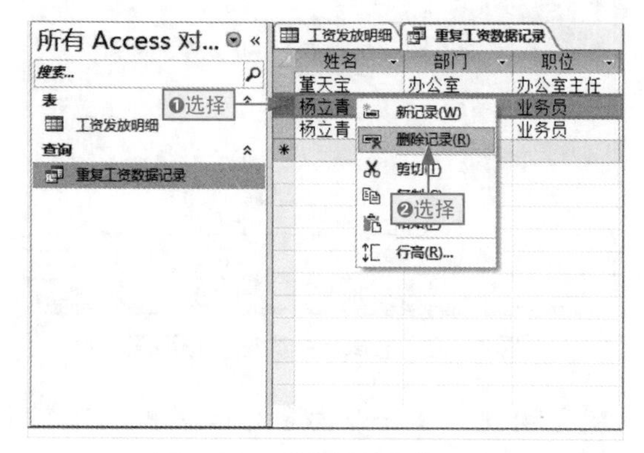

图7-37　删除其他重复记录

步骤10 在导航窗格中双击“工资发放明细”数据表对象将其打开，即可查看数据记录的唯一性，如图7-38所示。

所有 Access 对...
表：工资发放明细（双击）
查询：重复工资数据记录

姓名	部门	职位
董天宝	办公室	办公室主任
张嘉利	办公室	办公室文员
曹思思	生产部	工人
马田东	财务部	会计
钟嘉惠	财务部	出纳
高雅婷	策划部	策划师
刘星星	策划部	策划助理
赵大宝	销售部	销售经理
邓丽梅	销售部	销售经理
杨天雄	销售部	业务员
杨立青	销售部	业务员
潘世昌	销售部	业务员
顾平安	销售部	业务员
李大仁	销售部	业务员
张婷婷	生产部	质检主管

图7-38 查看删除重复项后的效果

已删除数据记录不用手动删除

在创建重复项查询向导进行查询前，数据表对象已打开，进行重复查询并进行手动删除重复记录后，在数据表中即可查看到已删除的标记，如图7-39所示。这时，我们无须再次手动进行删除这些行，只需关闭数据表再次打开，系统自动将它们删除。

姓名	部门	职位	基本工资	岗位工资
董天宝	办公室	办公室主任	¥4,500.00	¥500.00
张嘉利	办公室	办公室文员	¥1,500.00	¥250.00
曹思思	生产部	工人	¥1,200.00	¥.00
马田东	财务部	会计	¥3,000.00	¥500.00
钟嘉惠	财务部	出纳	¥3,000.00	¥500.00
高雅婷	策划部	策划师	¥3,000.00	¥450.00
#已删除的	#已删除的	#已删除的	#已删除的	#已删除的
刘星星	策划部	策划助理	¥1,500.00	¥150.00
赵大宝	销售部	销售经理	¥2,500.00	¥500.00
邓丽梅	销售部	销售经理	¥2,500.00	¥500.00
杨天雄	销售部	业务员	¥1,200.00	¥.00
#已删除的	#已删除的	#已删除的	#已删除的	#已删除的
杨立青	销售部	业务员	¥1,200.00	¥.00
潘世昌	销售部	业务员	¥1,200.00	¥.00
顾平安	销售部	业务员	¥1,200.00	¥.00
李大仁	销售部	业务员	¥1,200.00	¥.00
#已删除的	#已删除的	#已删除的	#已删除的	#已删除的
张婷婷	生产部	质检主管	¥2,500.00	¥450.00

图7-39 带有删除重复项记录的效果

7.2.4 通过不匹配查询向导查询

通过不匹配查询向导进行查询，比较两张表或查询中的数据记录是否完全匹配，从而找出那些不匹配或多余的数据，保证指定表或查询对象中数据一一对应。

下面我们将在“员工工资数据1”数据库中通过不匹配向导查询来自动找出那些不是在职人员也领取工资的数据记录，其具体操作如下。

步骤01 打开“员工工资数据1”素材文件，❶单击“创建”选项卡，❷单击“查询向导”按钮，如图7-40所示。

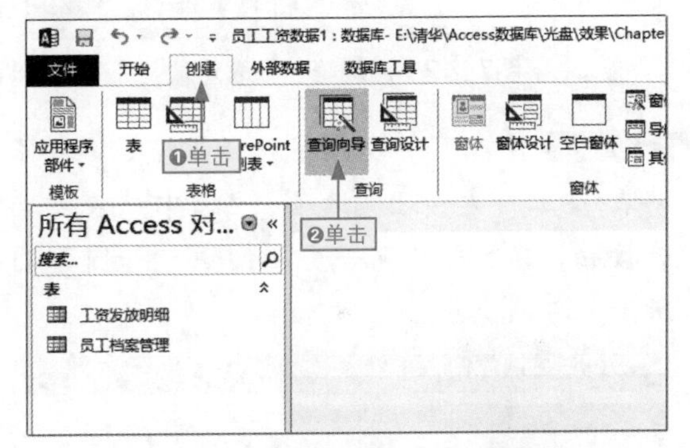

图7-40 启用查询向导功能

步骤02 打开“新建查询”对话框，❶选择“查找不匹配项查询向导”选项，❷单击“确定”按钮，如图7-41所示。

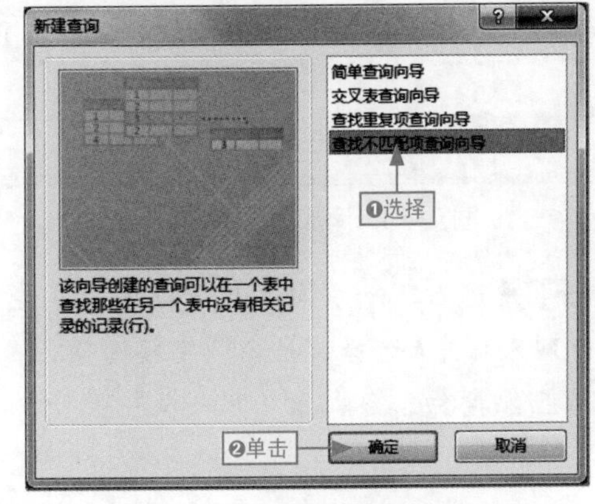

图7-41 选择不匹配查询向导

步骤03 打开“查找不匹配项查询向导”对话框，❶选择“表:工资发放明细”选项，❷选中“表”单选按钮，❸单击“下一步”按钮，如图7-42所示。

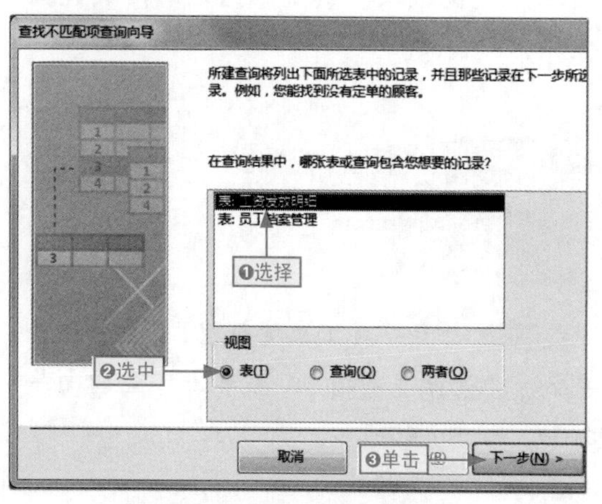

图7-42 添加第一张表对象

步骤04 进入下一步向导对话框中，❶选择“表:员工档案管理”选项，❷选中“表”单选按钮，❸单击“下一步”按钮，如图7-43所示。

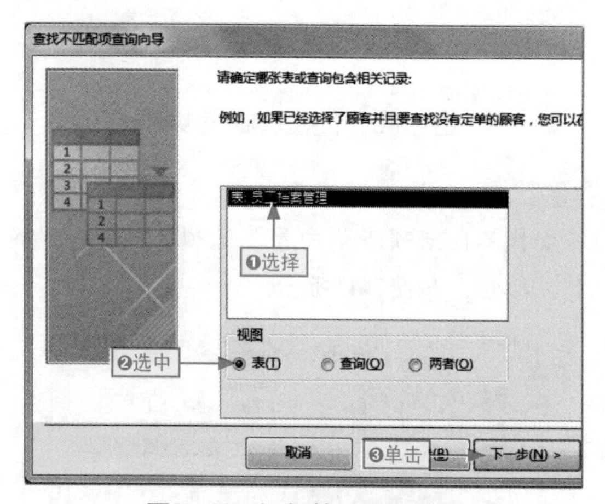

图7-43 添加第二张表对象

步骤05 进入下一步向导对话框中，在左右两个列表框中❶选择“姓名”字段选项，❷单击不匹配按钮，❸单击“下一步”按钮，如图7-44所示。

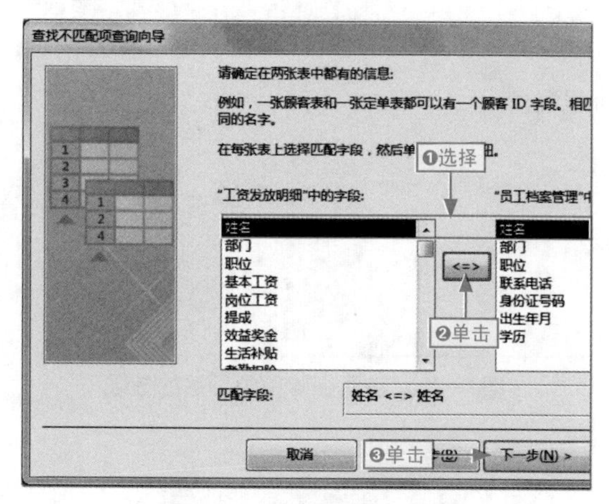

图7-44 设置字段不匹配

步骤06 进入下一步向导对话框中，❶单击全部添加按钮，❷单击“下一步”按钮，如图7-45所示。

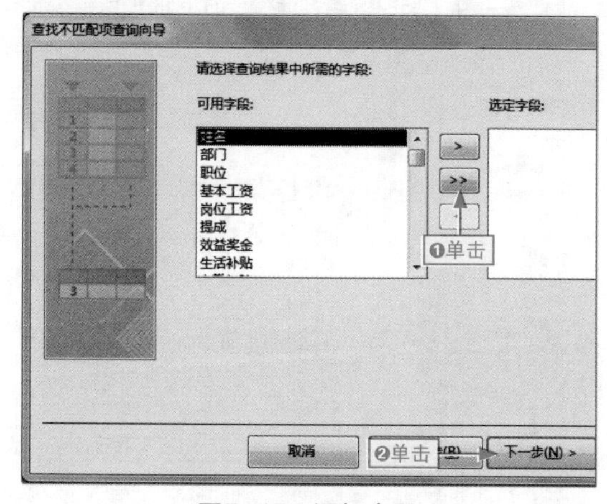

图7-45 添加字段

步骤07 进入下一步向导对话框中，在“请指定查询名称”文本框中❶输入“多余领工资人员”，❷单击“完成”按钮，如图7-46所示。

步骤08 系统自动将多余领工资的人员数据显示出来，如图7-47所示。

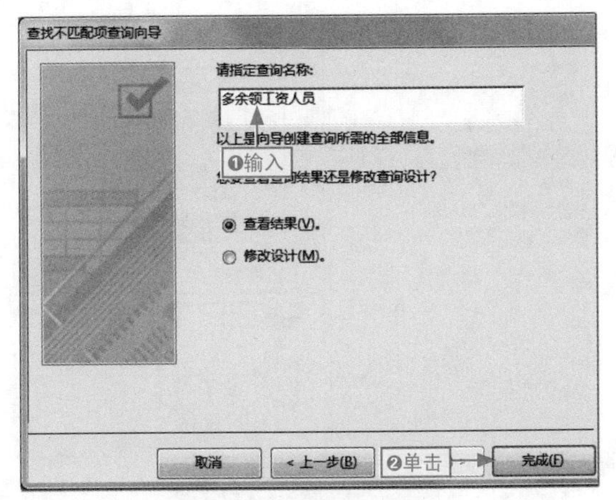

图7-46 指定查询名称

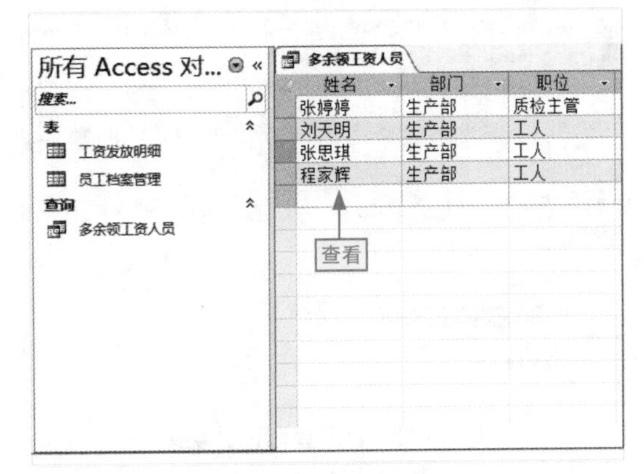

图7-47 查看结果

7.3 设计查询创建

小白：我们在数据表中进行的查询，只能通过向导进行指定查询吗？

阿智：除了使用向导查询外，我们还可以通过自定义设计查询来进行设计查找、更新、删除以及追加等。

在Access中设计查询分为：选择、生成表、追加、交叉表、更新和删除等。其中追加、删除、生成表和更新查询通过查询向导能轻松实现，同时还能实现查询参数值的动态输入。下面我们就分别对这部分内容进行讲解和介绍。

7.3.1 创建动态查询

动态查询其实就是用户手动输入参数，系统根据输入的参数进行查询，然后返回查询结果。下面我们将在“员工工资数据2”数据库中为“员工档案管理”数据表创建动态的部门参数的查询，其具体操作如下。

本节素材	\素材\Chapter07\员工工资数据2.xlsx
本节效果	\效果\Chapter07\员工工资数据2.xlsx
学习目标	使用设计查询创建动态查询对象
难度指数	★★

步骤01 打开“员工工资数据2”素材文件，❶单击“创建”选项卡，❷单击“查询设计”按钮，如图7-48所示。

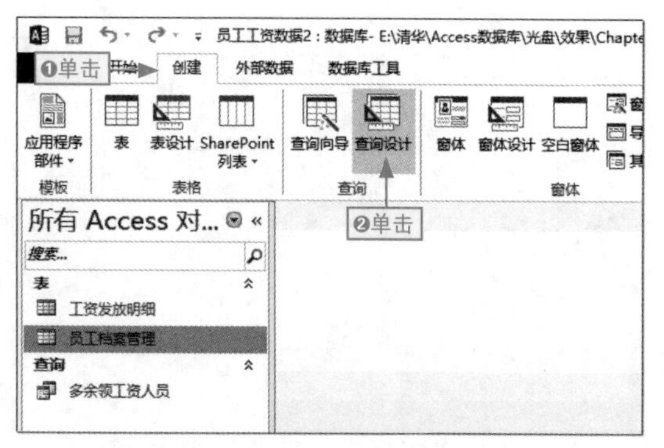

图7-48　启用查询设计功能

步骤02 打开“显示表”对话框，❶单击“表”选项卡，❷选择“员工档案管理”选项，❸单击“添加”按钮，❹单击“关闭”按钮，如图7-49所示。

图7-49　添加目标数据表

步骤03 ❶选择所有的字段选项，然后按住鼠标左键不放，❷将其拖动到下方的查询表格中，释放鼠标，如图7-50所示。

选择所有字段选项

先选择第一个字段选项，然后按住Shift键，同时单击最后一个字段选项，系统自动将所有字段选项选择。

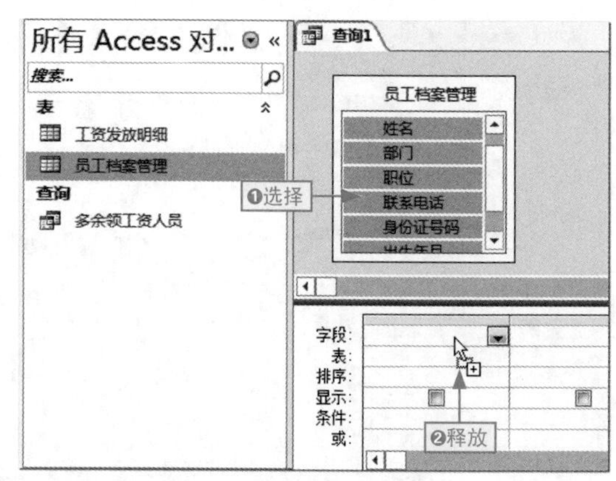

图7-50　添加所有字段

快速添加单个字段

我们要添加指定的单个字段到选项表中，只需在目标选项上进行双击即可。

步骤04 在“部门”字段下方的“条件”单元格中输入“[输入要查看的部门:]”，如图7-51所示。

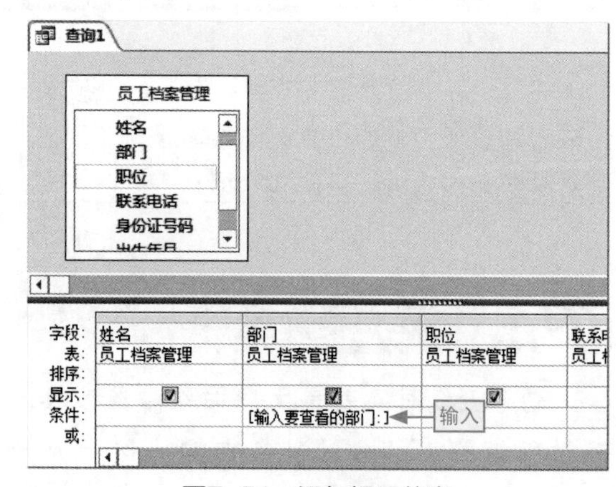

图7-51　添加提示信息

步骤05 在查询标签上❶右击，❷选择“关闭”命令，如图7-52所示。

步骤06 弹出是否保存查询设计提示对话框，单击“是”按钮，如图7-53所示。

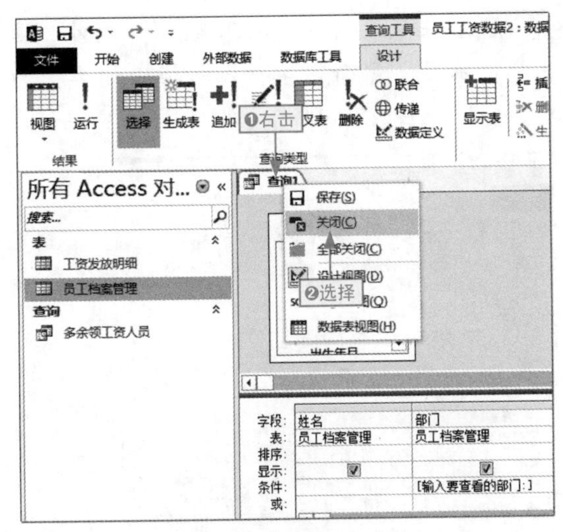

图7-52　关闭查询设计

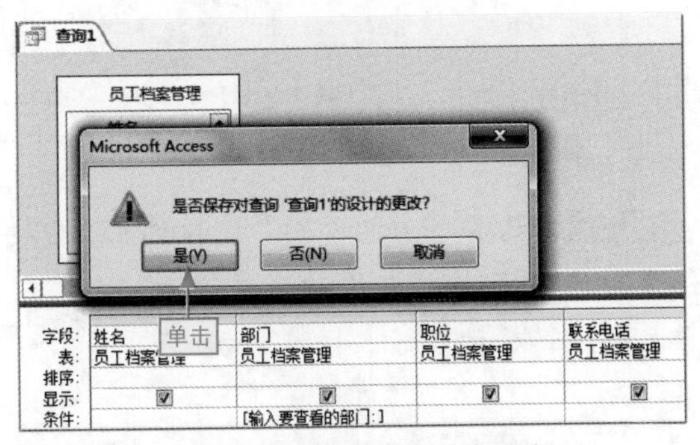

图7-53　确认查询设计的保存

步骤07 打开“另存为”对话框，在“查询名称”文本框中❶输入“查看部门数据”，❷单击“确定”按钮，如图7-54所示。

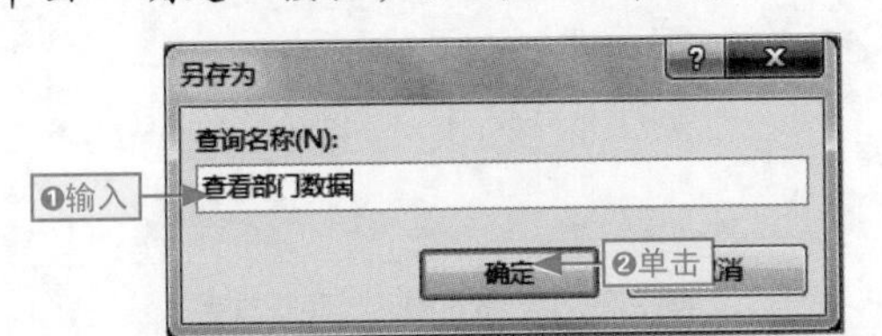

图7-54　设置查询保存名称

步骤08 在导航窗格中❶双击“查看部门数据”查询对象，打开“输入参数值”对话框，在“输入要查看的部门”文本框中❷输入“销售部”，❸单击“确定”按钮，如图7-55所示。

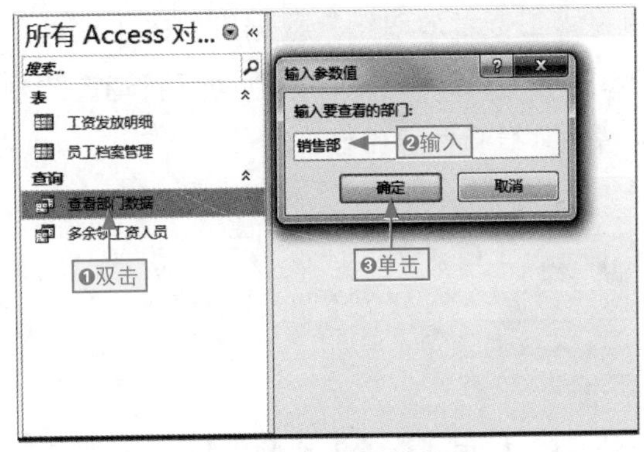

图7-55　输入查询参数

步骤09 系统自动将销售部的数据全部显示出来，如图7-56所示。

姓名	部门	职位	联系电话	身份证号码	出生
赵大宝	销售部	销售经理	1334678****	77****19750	5年
邓丽梅	销售部	销售经理	1398066****	85****19761	6年
杨天雄	销售部	业务员	1359641****	69****19921	2年
杨立青	销售部	业务员	1342674****	55****19621	2年
潘世昌	销售部	业务员	1369787****	50****19720	2年
顾平安	销售部	业务员	1514545****	54****19810	1年
李大仁	销售部	业务员	1391324****	28****19720	2年
杨立青	销售部	业务员	1531121****	10****19960	6年

图7-56　查看查询结果

再次进行查询

若我们想要再次进行指定数据的查询，必须先将当前查询关闭，然后再次打开查询对象，输入相应的参数，单击“确定”按钮即可，与“步骤08”的操作完全相同。

7.3.2　创建更新查询

更新查询主要用于数据更新操作，也就是将数据表中已有的数据更新为指定的数据，可简单将其理解为替换功能。

下面我们以在“员工工资数据3”数据库

中将“工资发放明细”数据表中的生活补贴300更新为330为例来讲解创建更新查询的相关操作，其具体操作如下。

本节素材	⊙\素材\Chapter07\员工工资数据3.xlsx
本节效果	⊙\效果\Chapter07\员工工资数据3.xlsx
学习目标	创建更新查询来更新已有数据
难度指数	★★

步骤01 打开“员工工资数据3”素材文件，❶单击“创建”选项卡，❷单击“查询设计”按钮，如图7-57所示。

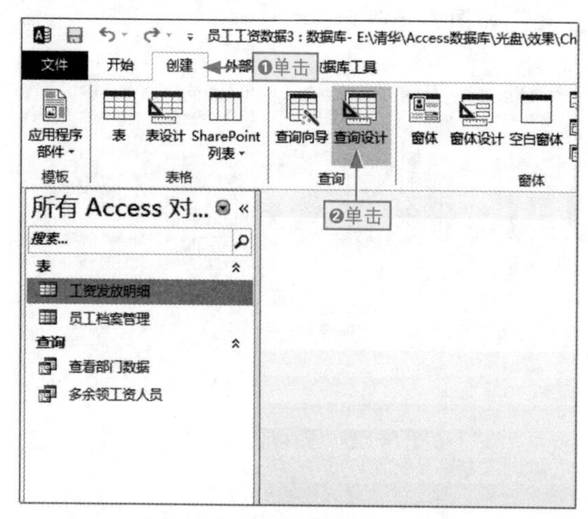

图7-57 启用查询设计功能

步骤02 打开“显示表”对话框，❶单击“表”选项卡，❷选择“工资发放明细”选项，❸单击“添加”按钮，❹单击“关闭”按钮，如图7-58所示。

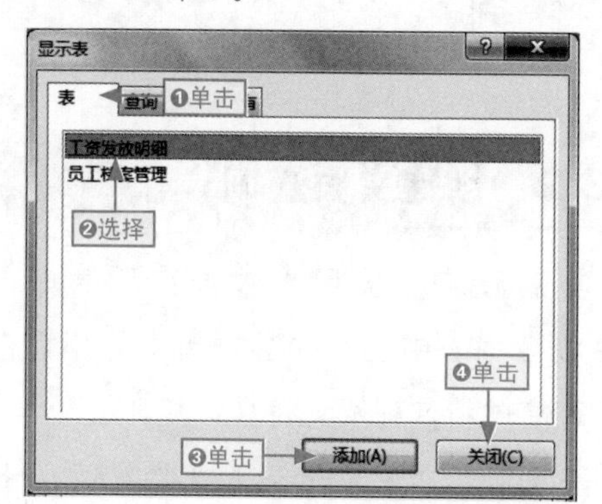

图7-58 添加目标数据表

步骤03 在激活的“查询工具”|“设计”选项卡中单击“更新”按钮，转换查询类型为“更新”，如图7-59所示。

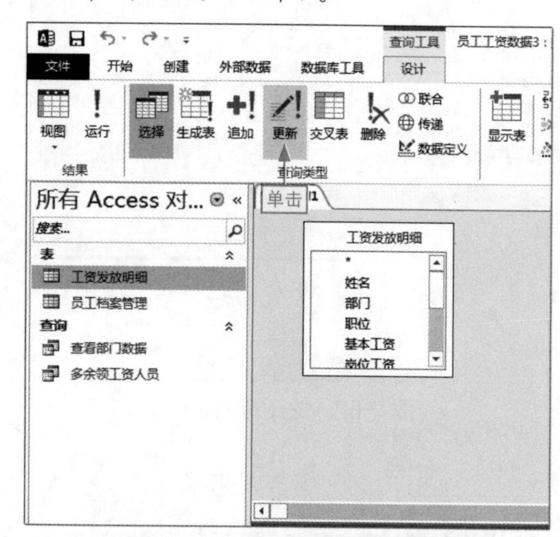

图7-59 设置查询类型为“更新”

步骤04 ❶选择“生活补贴”字段选项，❷按住鼠标左键不放将其拖动到左边第一个字段单元格上，释放鼠标，如图7-60所示。

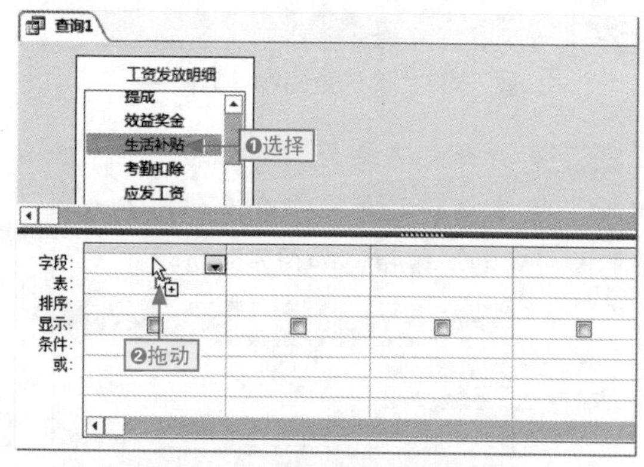

图7-60 添加指定更新字段

步骤05 分别在“生活补贴”字段下的“条件”和“更新到”单元格中输入“300”和“330”（其中“条件”单元格中的数据是数据表中已存在的数据，是被更新/替换的数据；“更新到”单元格的数据是要更新/替换为的数据，也就是最新需要的数据），如图7-61所示。

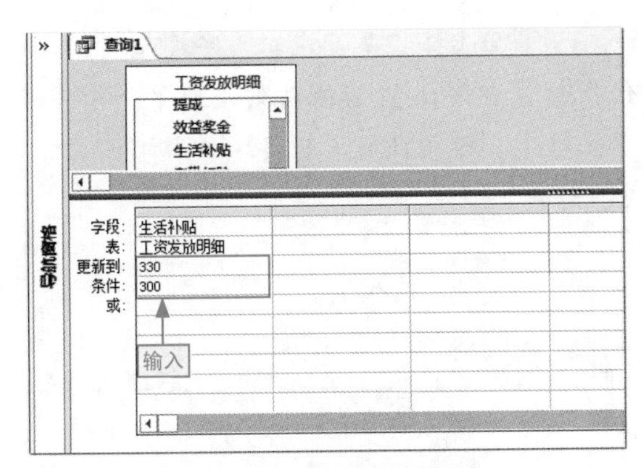

图7-61　设置更新条件数据

步骤06 按Ctrl+S组合键，打开“另存为”对话框。在“查询名称”文本框中❶输入“更新生活补贴数据”，❷单击“确定”按钮，如图7-62所示。

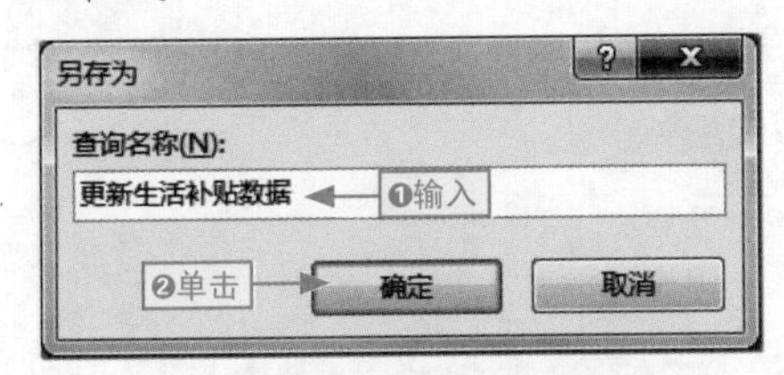

图7-62　设置更新查询名称

步骤07 ❶单击“结果”组中的“运行”按钮，❷在标签上右击，❸选择“关闭”命令，关闭查询设计，如图7-63所示。

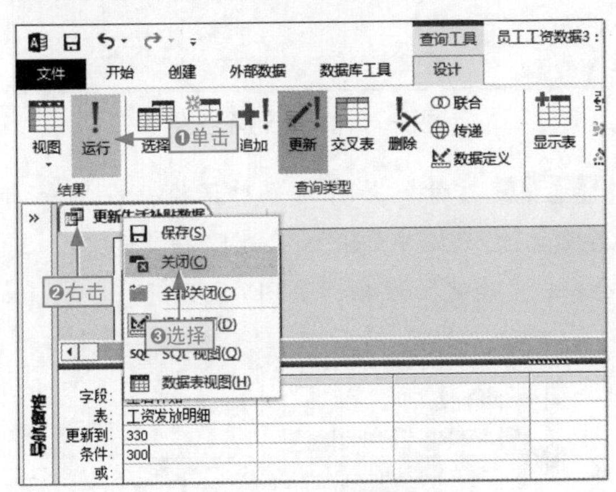

图7-63　关闭查询设计

步骤08 弹出提示对话框，单击“是”按钮，如图7-64所示。

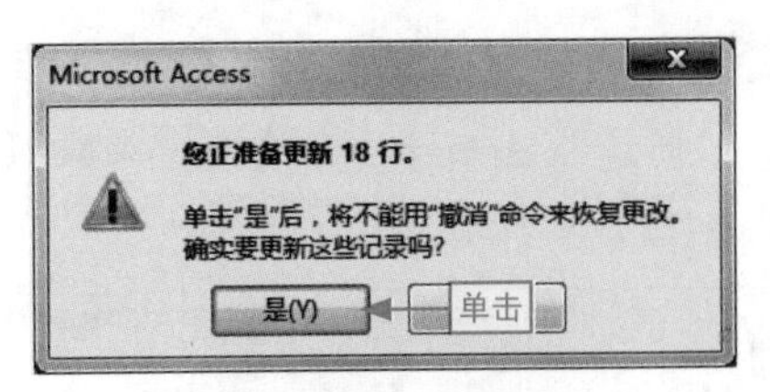

图7-64　确认更新

步骤09 在导航窗格中双击“工资发放明细”数据表对象将其打开，即可查看到“生活补贴”列中的数据变成了“330”，如图7-65所示。

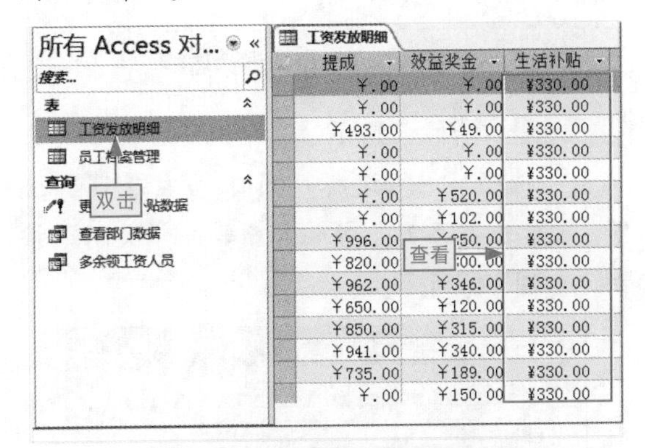

图7-65　查看更新查询结果

7.3.3 创建删除查询

删除查询是指将符合条件的数据查找出来，然后将其删除。其实就是一个删除指定数据的操作功能。

下面我们以在“员工工资数据4”数据库中将“员工档案管理”数据表中已离职的员工数据信息删除为例来讲解创建删除查询的相关操作，其具体操作如下。

本节素材	\素材\Chapter07\员工工资数据4.xlsx
本节效果	\效果\Chapter07\员工工资数据4.xlsx
学习目标	创建删除查询来删除指定数据
难度指数	★★

步骤01 打开“员工工资数据4”素材文件，❶单击“创建”选项卡，❷单击“查询设计”按钮，如图7-66所示。

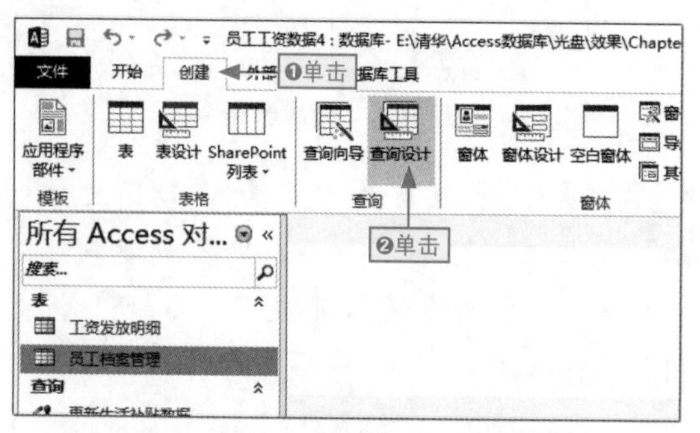

图7-66　启用查询设计功能

步骤02 打开“显示表”对话框，❶单击“表”选项卡，❷选择“员工档案管理”选项，❸单击“添加”按钮，❹单击“关闭”按钮，如图7-67所示。

图7-67　添加目标数据表

步骤03 在激活的“查询工具”|“设计”选项卡中单击“删除”按钮，如图7-68所示。

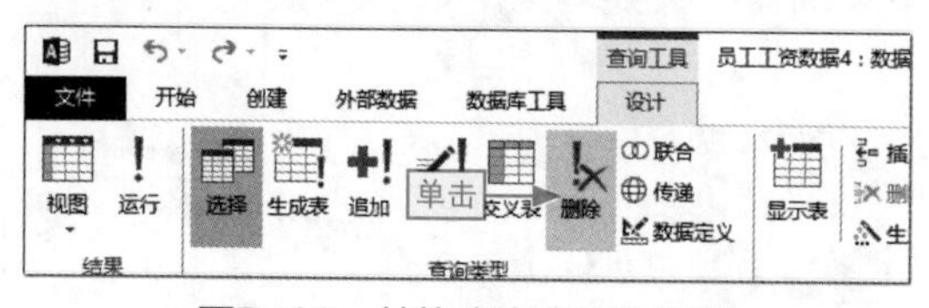

图7-68　转换查询类型为删除

步骤04 ❶选择“是否在职”字段选项，❷按住鼠标左键不放将其拖动到左边第一个字段单元格上，释放鼠标，如图7-69所示。

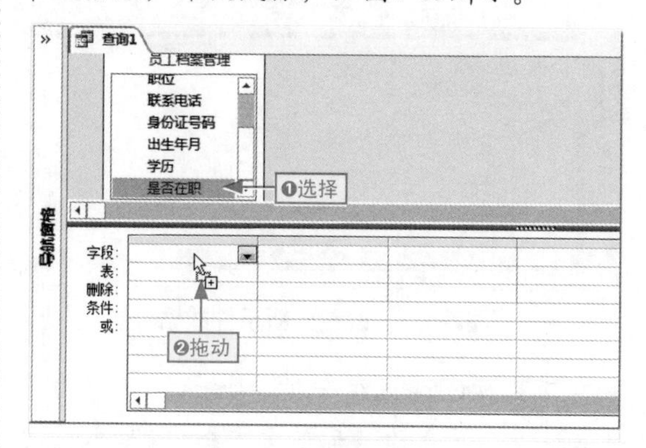

图7-69　添加字段选项

步骤05 在“是否在职”字段下的“条件”单元格中输入“否”，按Ctrl+S组合键，如图7-70所示。

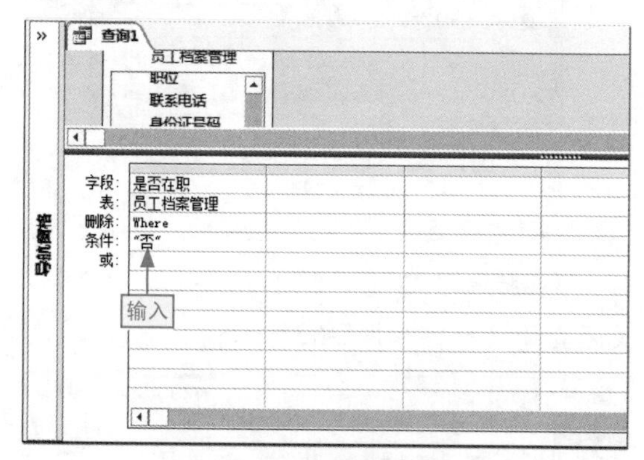

图7-70　设置删除条件

步骤06 打开“另存为”对话框，在“查询名称”文本框中❶输入“删除指定数据”，❷单击“确定”按钮，如图7-71所示。

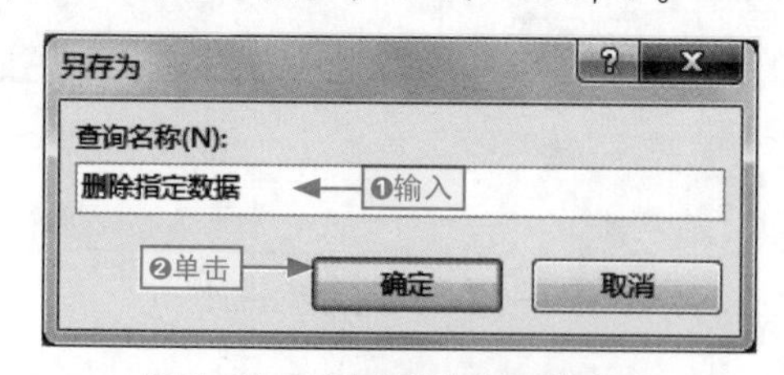

图7-71　设置删除查询的名称

步骤07 单击“结果”组中的“运行”按钮，运行查询，如图7-72所示。

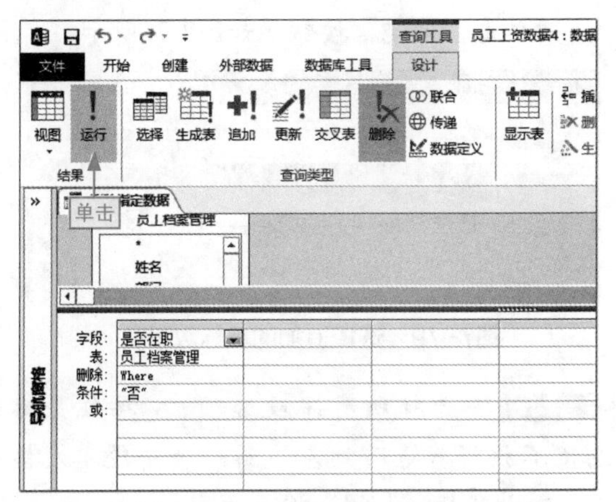

图7-72　添加字段选项

步骤08 弹出提示对话框，单击“是”按钮，如图7-73所示。

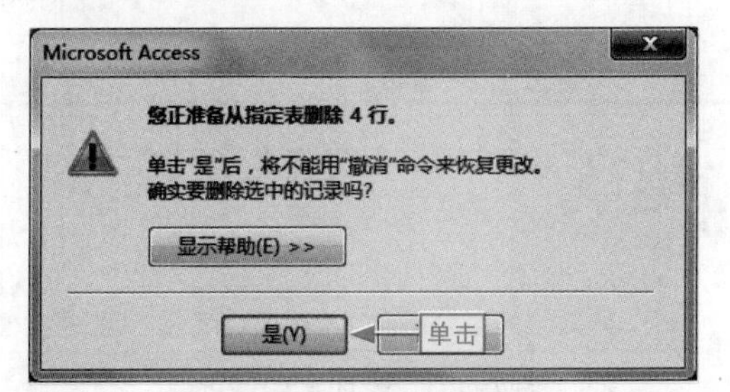

图7-73　确认删除

步骤09 打开“员工档案管理”数据表，即可查看到其中所有在“是否在职”列中为否的数据记录全部被删除（也就是将离职员工数据记录删除），如图7-74所示。

图7-74　查看删除结果

这样来避免查询失效

我们打开目标数据库后，在功能区下方有一条安全警告的浮动提示栏，单击上面的“启用内容”按钮，如图7-75所示。否则，我们创建的查询设计可能不能正常的工作，也没有任何的报错提示。

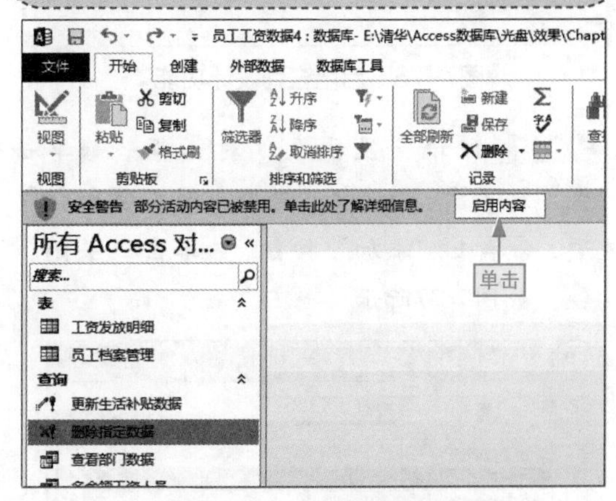

图7-75　启用禁用内容

7.3.4 创建追加查询

追加查询是将指定对象中的数据追加到指定对象中，类似于数据转移或添加。下面以在“员工工资数据5”数据库中将“兼职人员工资数据”数据表中的数据追加到“工资发放明细”数据表中为例来讲解创建追加查询的相关操作，其具体操作如下。

本节素材	⊙\素材\Chapter07\员工工资数据5.xlsx
本节效果	⊙\效果\Chapter07\员工工资数据5.xlsx
学习目标	创建追加查询将数据追加到指定对象中
难度指数	★★

步骤01 打开“员工工资数据5”素材文件，❶单击“创建”选项卡，❷单击“查询设计”按钮，如图7-76所示。

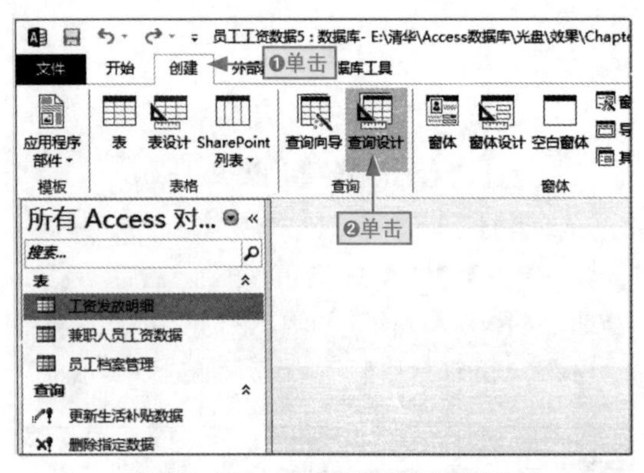

图7-76　启用查询设计功能

步骤02　打开“显示表”对话框，❶单击“表”选项卡，❷选择“兼职人员工资数据”选项，❸单击“添加”按钮，❹单击“关闭”按钮，如图7-77所示。

图7-77　添加目标数据数据表

步骤03　在激活的“查询工具”|“设计”选项卡中单击“追加”按钮，如图7-78所示。

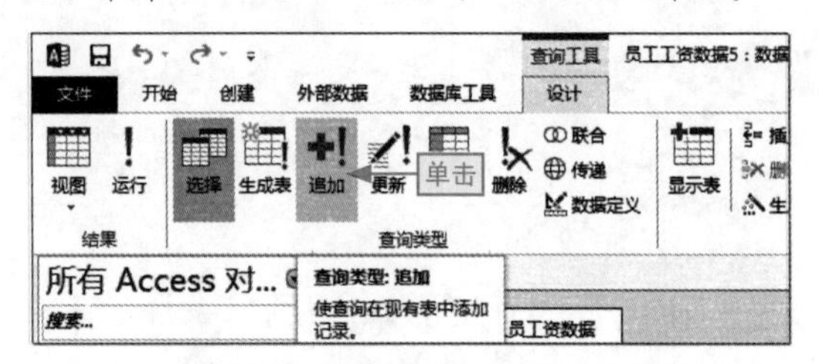

图7-78　转换查询类型为追加

步骤04　打开“追加”对话框，❶单击“表名称”下拉按钮，❷选择“工资发放明细”选项，❸单击“确定”按钮，如图7-79所示。

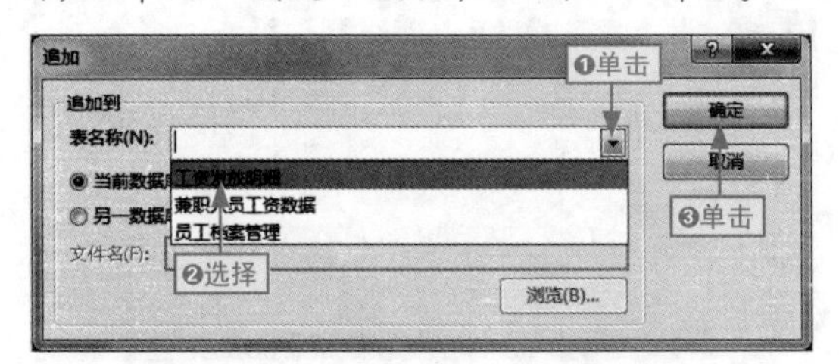

图7-79　选择追加的目标数据表

步骤05　❶选择所有字段选项，❷按住鼠标左键不放将其拖动到左边第一个字段单元格上，释放鼠标，如图7-80所示。

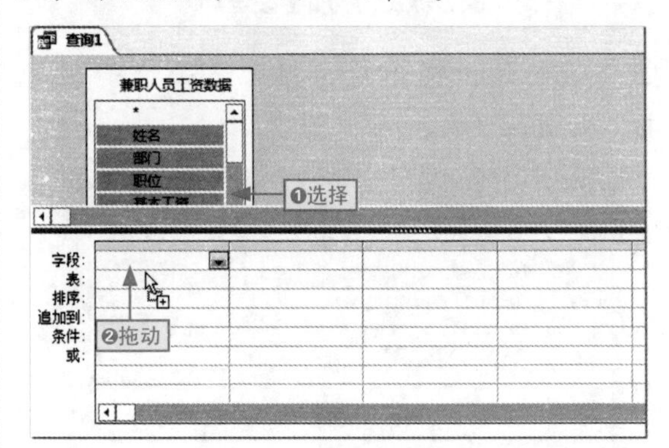

图7-80　添加字段选项

步骤06　按Ctrl+S组合键，打开“另存为”对话框，在“查询名称”文本框中❶输入“兼职人员工资数据追加”，❷单击“确定”按钮，如图7-81所示。

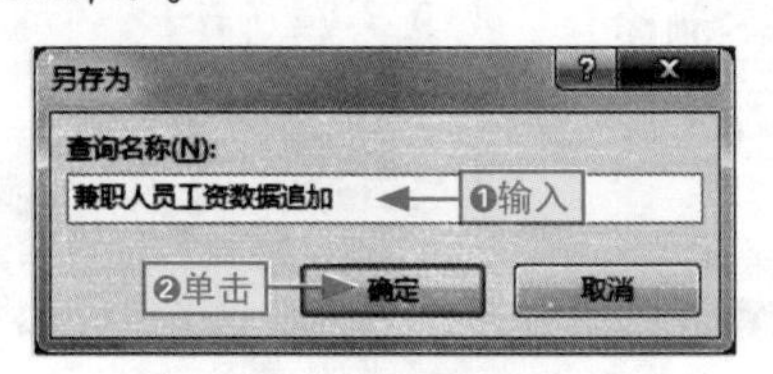

图7-81　保存追加查询

步骤07　❶单击“运行”按钮，❷弹出提示对话框，单击“是”按钮，确认数据追加，如图7-82所示。

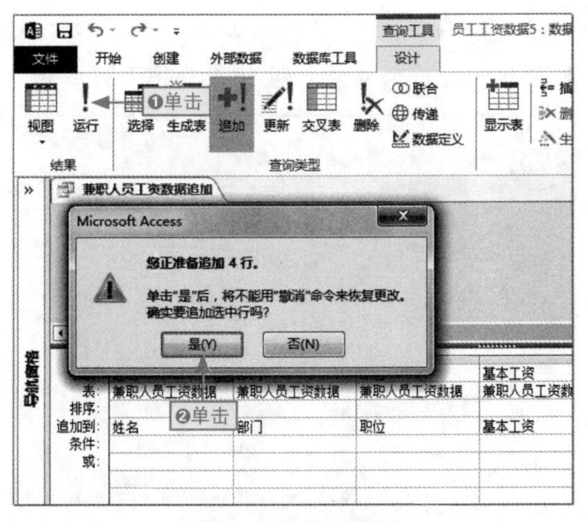

图7-82 追加数据

步骤08 双击“工资发放明细”数据表，即可查看到新追加的数据，如图7-83所示。

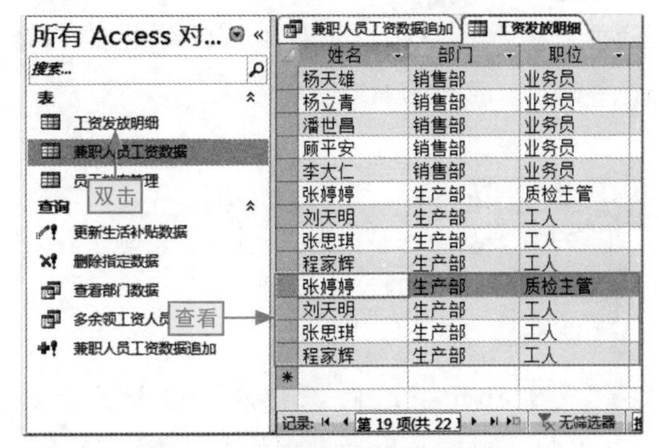

图7-83 查看追加数据的结果

追加其他数据库中的数据

我们要将其他数据库中的数据添加到指定数据表中，可以在打开的“追加”对话框中❶选中“另一数据库”单选按钮，❷单击“浏览”按钮，打开“追加”对话框，❸选择目标数据库选项。这里选择“票据3”选项，❹单击“确定”按钮，将其数据添加进去，如图7-84所示。

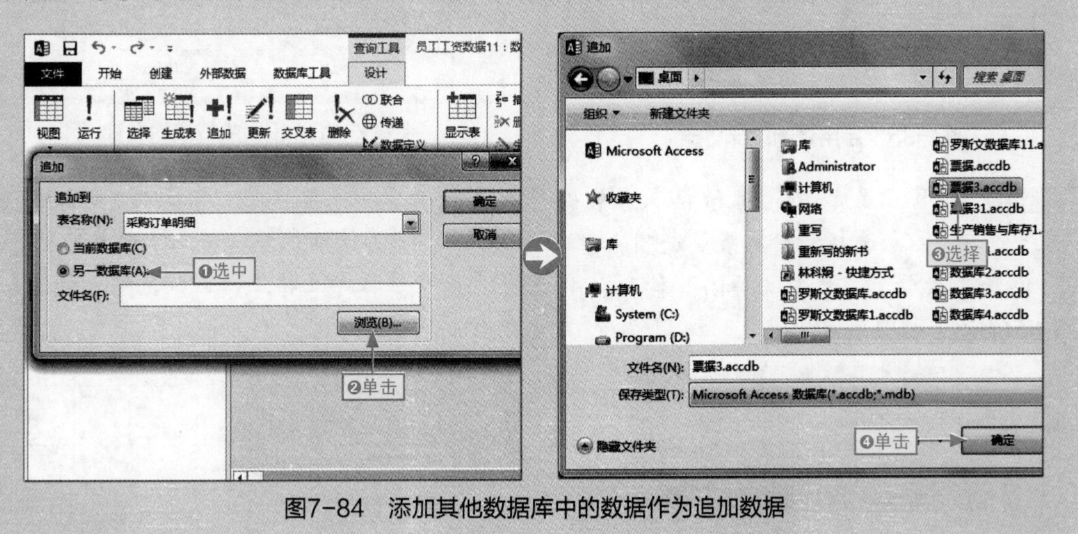

图7-84 添加其他数据库中的数据作为追加数据

7.3.5 创建生成表查询

生成表查询，我们可以简单地将其理解为由多条数据记录组成新的数据表。这些数据记录可能分布在多个数据表或查询对象中，单一对象中的数据不能完全展示数据的整体信息。

下面我们以在“选修课信息”数据库中将所有数据表中的相应数据通过创建生成表查询生成新表为例，直观地展示学生的选修课信息，其具体操作如下。

本节素材	\素材\Chapter07\选修课信息.xlsx
本节效果	\效果\Chapter07\选修课信息.xlsx
学习目标	选择数据来进行新表的生成
难度指数	★★

步骤01 打开“选修课信息”素材文件，❶单击“创建”选项卡，❷单击“查询设计”按钮，如图7-85所示。

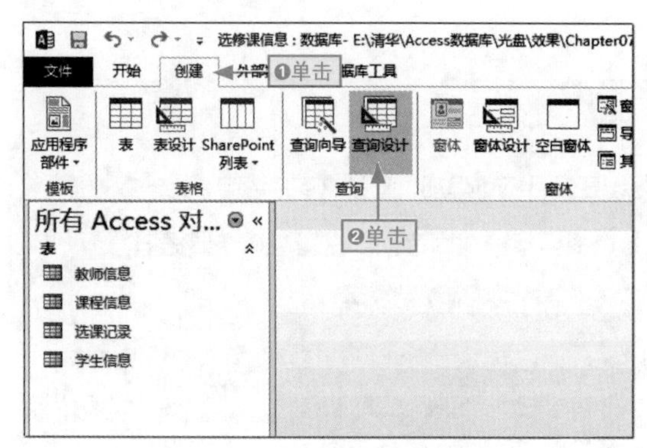

图7-85　启用查询设计功能

步骤02 打开“显示表”对话框，❶单击“表”选项卡，❷选择“所有表”选项，❸单击“添加”按钮，❹单击“关闭”按钮，如图7-86所示。

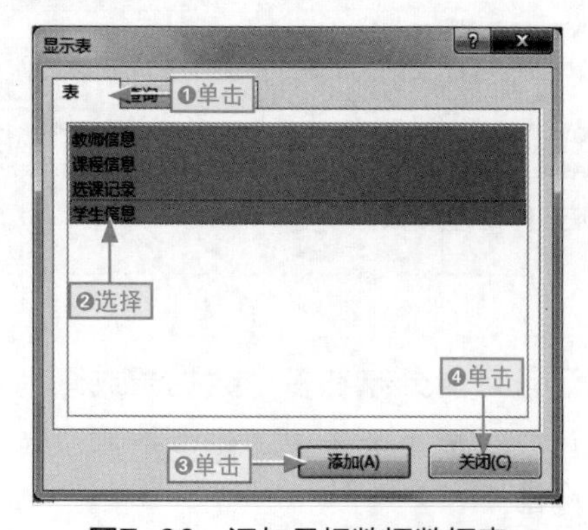

图7-86　添加目标数据数据表

步骤03 在激活的“查询工具”|“设计”选项卡中单击“生成表”按钮，如图7-87所示。

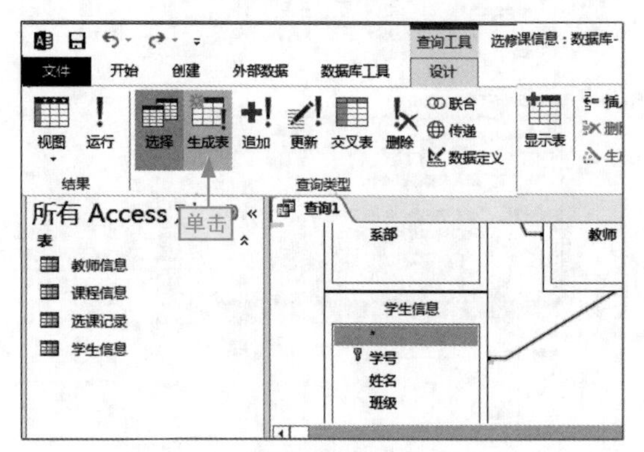

图7-87　转换查询类型为生成表

步骤04 打开“生成表”对话框，在“表名称”文本框中❶输入“选修课 成绩”，❷单击“确定”按钮，如图7-88所示。

图7-88　设置生成表的名称

步骤05 在“学生信息”列表框中❶选择所有字段选项，❷按住鼠标左键不放将其拖动到左边第一个字段单元格上，释放鼠标，如图7-89所示。

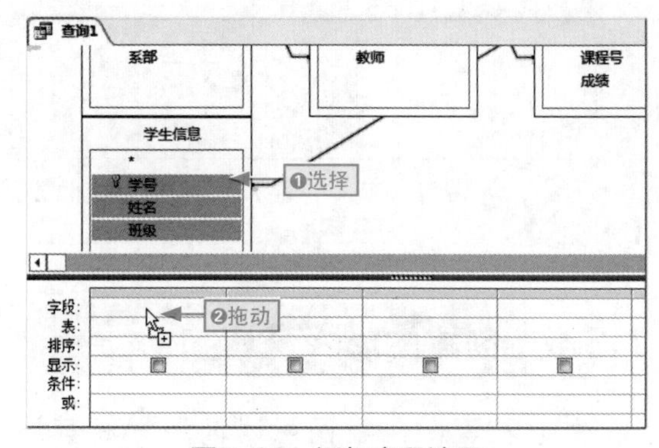

图7-89　添加字段选项

步骤06 在"课程信息"列表框中❶选择"名称"字段选项，❷按住鼠标左键不放将其拖动到左边第4个字段单元格上，释放鼠标，如图7-90所示。

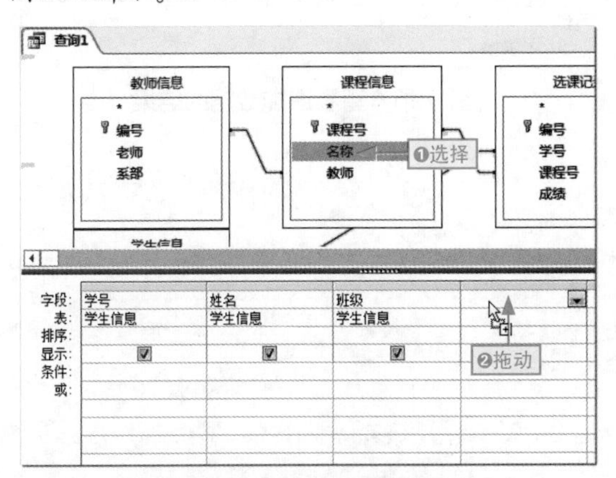

图7-90 添加课程信息字段

步骤07 ❶选择并单击"表"对应单元格右侧的下拉按钮，❷选择"选课记录"选项，如图7-91所示。

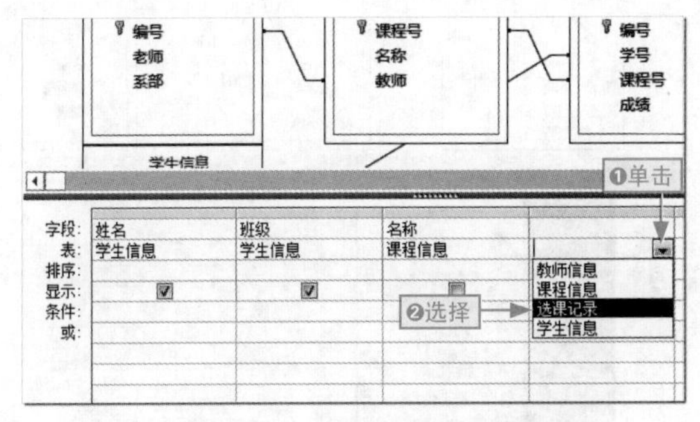

图7-91 添加其他表对象

步骤08 ❶选择并单击"选课记录"对应单元格右侧的下拉按钮，❷选择"成绩"选项，如图7-92所示。

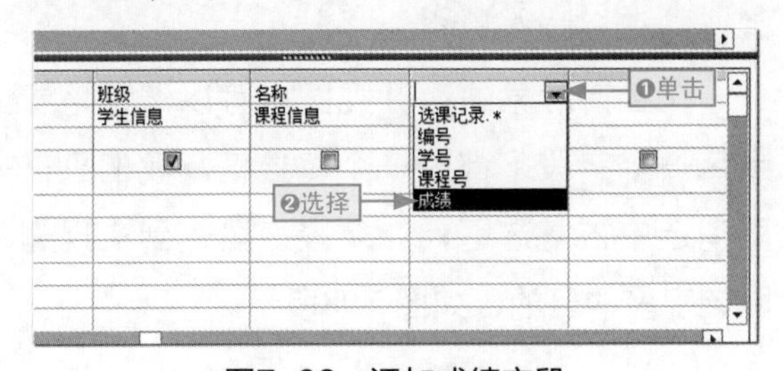

图7-92 添加成绩字段

步骤09 以同样的方法将"教师信息"表中的"老师"字段数据添加到查询中，如图7-93所示。

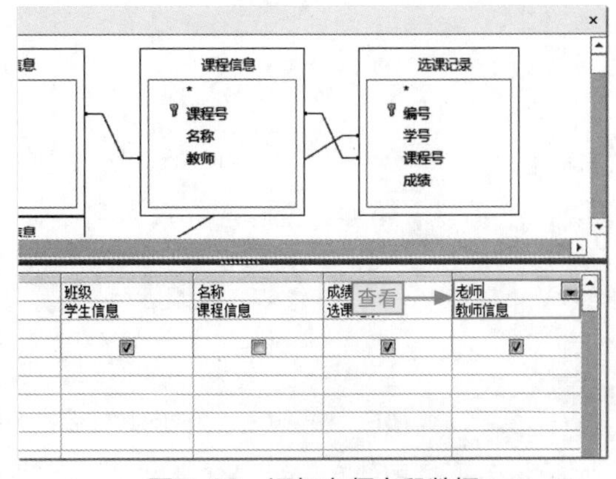

图7-93 添加老师字段数据

步骤10 按Ctrl+S组合键，打开"另存为"对话框，❶在"查询名称"文本框中输入"学生选修情况"，❷单击"确定"按钮，如图7-94所示。

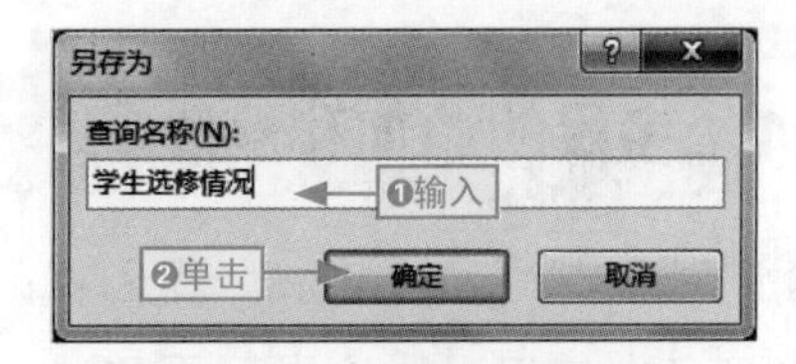

图7-94 保存追加查询

步骤11 ❶单击"运行"按钮，❷弹出提示对话框，单击"是"按钮生成新表，如图7-95所示。

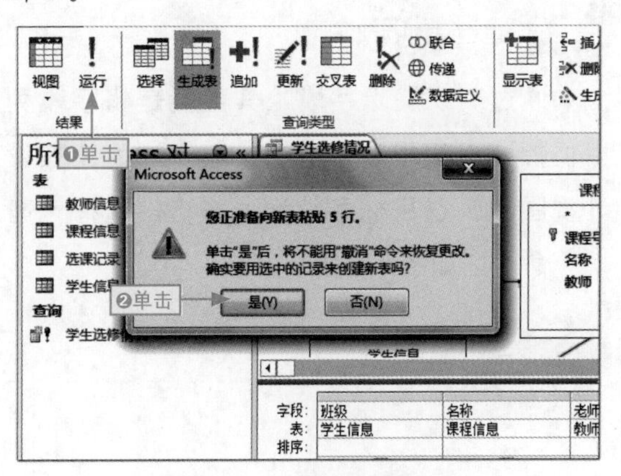

图7-95 运行生成表查询

步骤12 双击“选修课 成绩”数据表，即可查看到新生成表的数据结果，如图7-96所示。

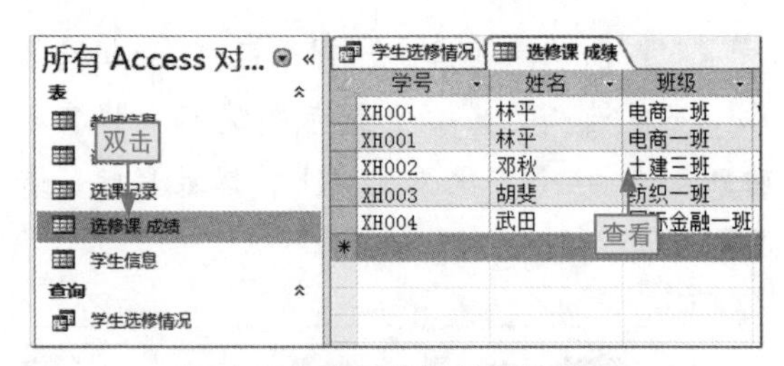

图7-96　查看追加数据的结果

7.4 编辑查询字段

小白：找到我们想要的数据后，可以对其进行字段的编辑，如增减、修改和移动吗？

阿智：查询是Access中的六大对象之一，所以它也可以进行编辑操作，而且操作方法与数据表有很多相似之处。

编辑查询字段，常用的操作包括：增加、删除、重命名（或修改字段名称）和列位置移动。下面我们就分别进行讲解。

7.4.1 字段的添加和删除

查询对象中的字段增加，我们在前面的知识中已多次使用过，这里不再赘述。删除字段操作也非常简单，常用的方法有这样两种，下面分别进行介绍。

通过剪切删除

通过剪切删除字段，其实就是将字段列剪切掉，以实现删除目的。其方法为：在设计视图中，在目标字段列上右击，选择“剪切”命令，如图7-97所示。

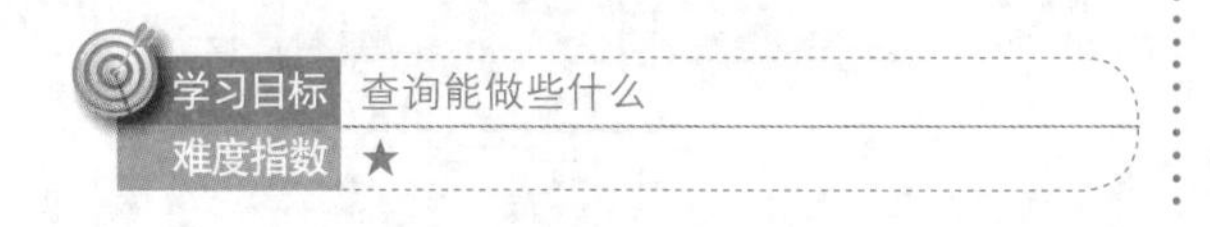

学习目标　查询能做些什么

难度指数　★

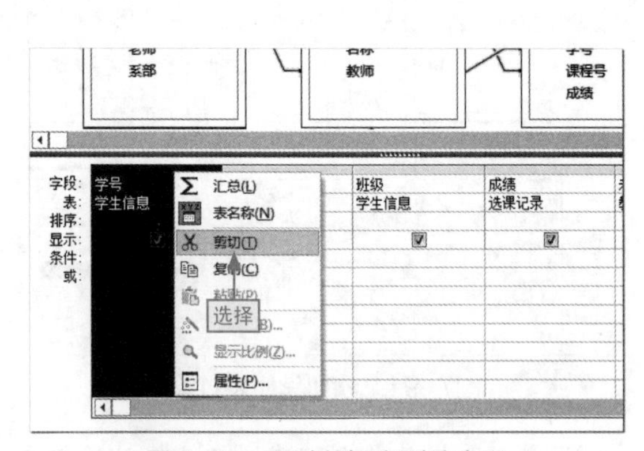

图7-97　通过剪切来删除字段

通过隐藏删除

在查询对象的设计视图中可以清楚地看到每一个字段下都有一个复选框，我们只需取消选中该复选框，让字段隐藏达到实现删除该字段的目的，如图7-98所示。

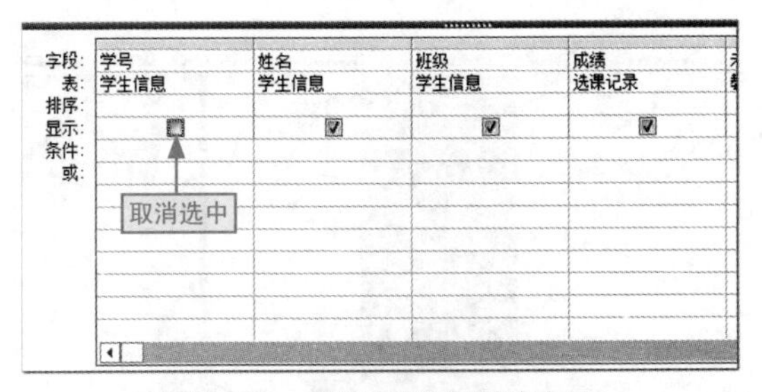

图7-98 通过隐藏来删除字段

7.4.2 字段的重新命名

对于查询对象中的字段名称，我们仍然可以根据实际情况的需要来对其字段进行重命名。

下面我们将在“学生选修情况”中把“学生选修情况”查询对象中的“成绩”字段重命名为“选修成绩”，其具体操作如下。

本节素材	⊙\素材\Chapter07\选修课信息1.xlsx
本节效果	⊙\效果\Chapter07\选修课信息1.xlsx
学习目标	对查询对象中的字段名称进行重命名
难度指数	★★

步骤01 打开“选修课信息1”素材文件，❶在“学生选修情况”查询对象上右击，❷选择“设计视图”命令，如图7-99所示。

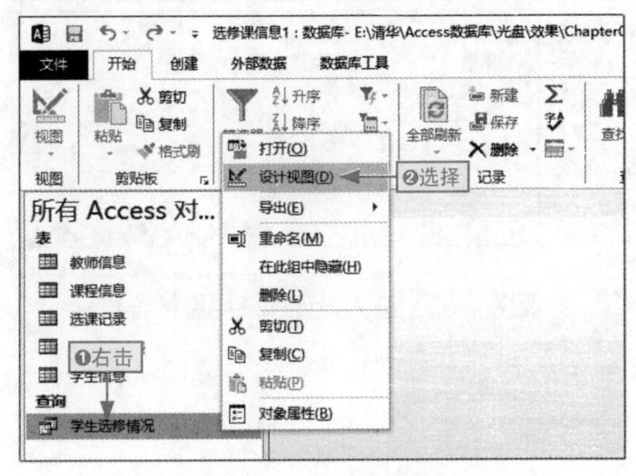

图7-99 创建查询设计

步骤02 ❶将文本插入点定位在“成绩”字段单元格中，❷单击“属性表”按钮，如图7-100所示。

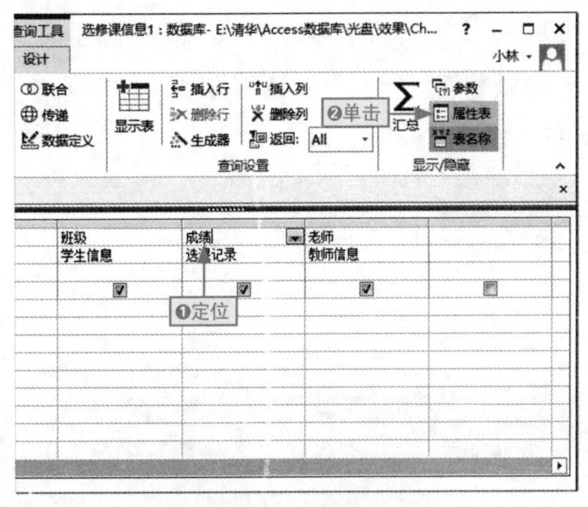

图7-100 选择目标字段

步骤03 打开“属性表”窗格，在“标题”文本框中输入“选修成绩”，按Ctrl+S组合键保存。在标签上右击，选择“数据表视图”命令，如图7-101所示。

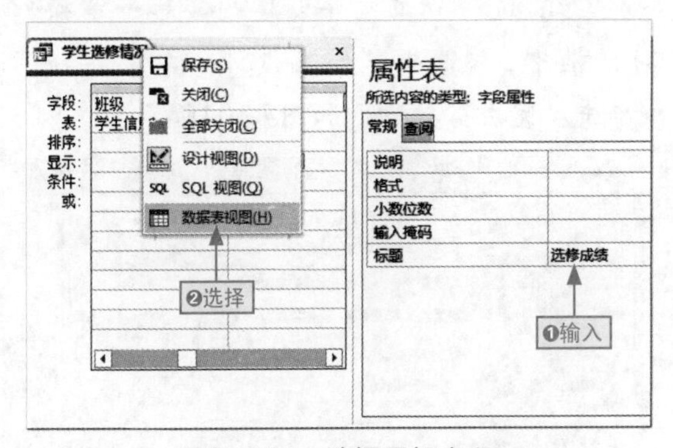

图7-101 选择目标字段

步骤04 在数据表视图中即可查看到字段重命名的结果，如图7-102所示。

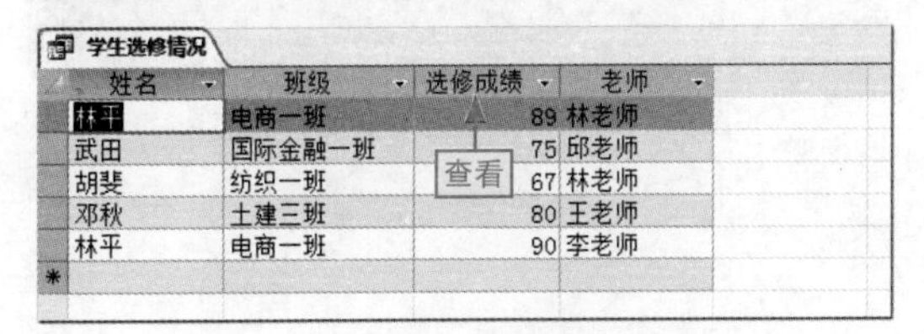

图7-102 查看字段重命名的结果

7.4.3 字段位置移动

查询对象中字段位置的移动相对简单，只需选择相应字段后按住鼠标左键不放，拖动鼠标直到合适位置释放鼠标即可，如图7-103所示。

学习目标 查询字段位置移动

难度指数 ★

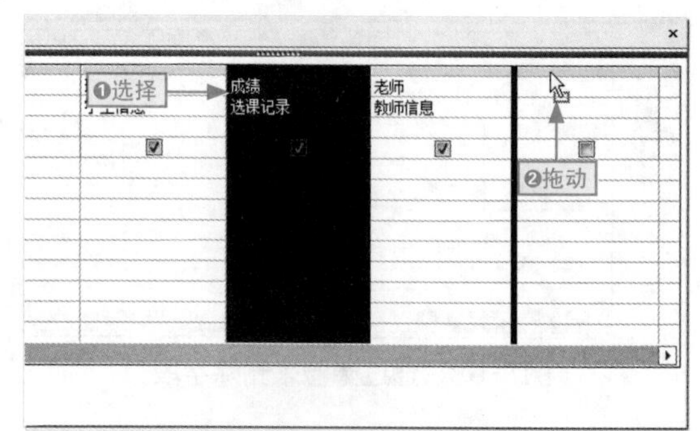

图7-103 移动字段位置

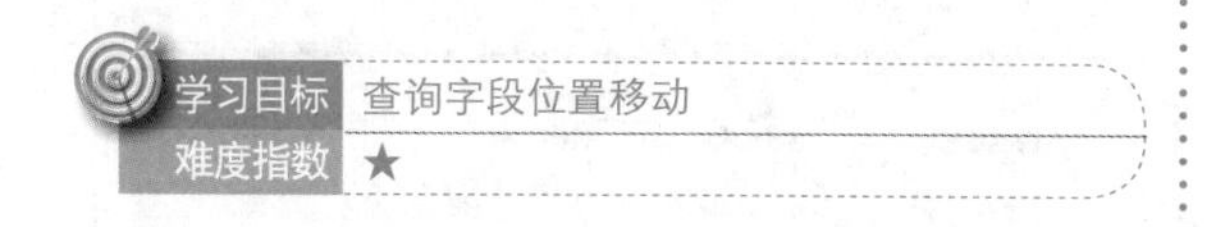

给你支招 | 从查询向导直接转换为查询设计

小白：我们学习了两种查询创建方式：查询向导和查询设计。那么，在查询向导创建过程中可以转换到查询设计吗？

阿智：查询向导创建过程中直接过渡到查询设计，可以通过修改设计来完成，但此时查询向导的创建也接近尾声，其具体操作如下。

步骤01 进入查询向导创建的最后一步操作对话框中，❶选中“修改设计”单选按钮，❷单击“完成”按钮，如图7-104所示。

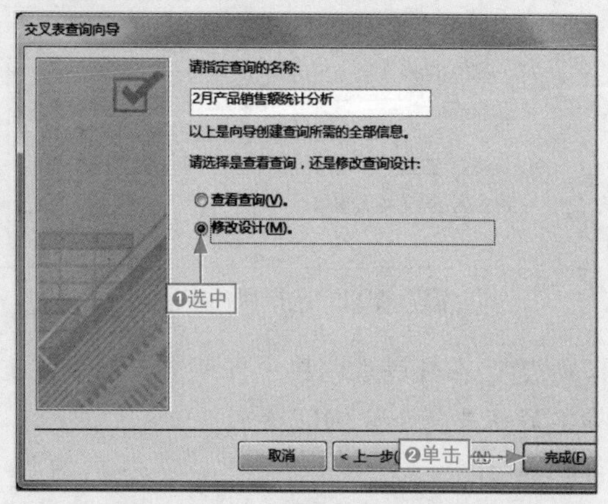

图7-104 向查询设计过渡操作

步骤02 系统自动切换到设计视图中，这时，我们可以在其中进行继续设置，如图7-105所示。

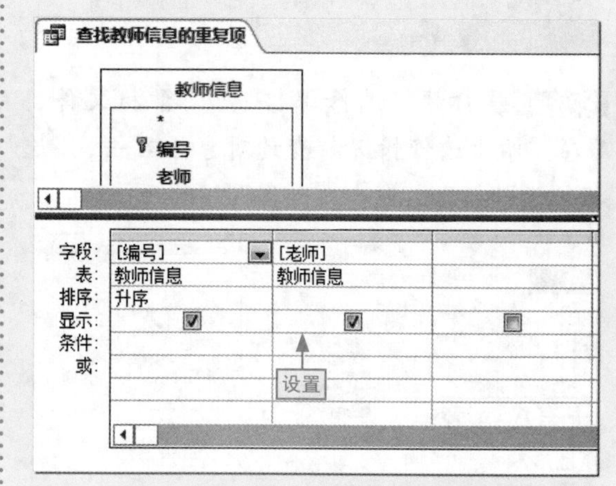

图7-105 进入设计视图中继续设置

给你支招 | 巧解更新数据时出现的不匹配问题

小白：我们在运行更新查询时，系统提示数据类型不匹配，是怎么回事?

阿智：我们通过创建更新查询来更新数据表中的指定数据时，更新到的数据类型一定要与目标数据的类型一样，才能正常进行。若不一样就需设置，否则就会出现数据类型不匹配而更新失败的情况，其具体操作如下。

步骤01 ❶将文本插入点定位在目标数据单元格中，❷单击“属性表”按钮，如图7-106所示。

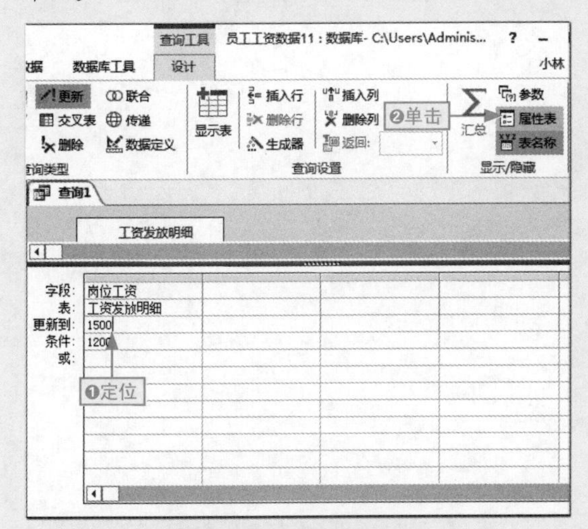

图7-106 打开属性表

步骤02 打开“属性表”窗格，❶单击“格式”下拉按钮，❷选择相应的数据格式选项，如图7-107所示。

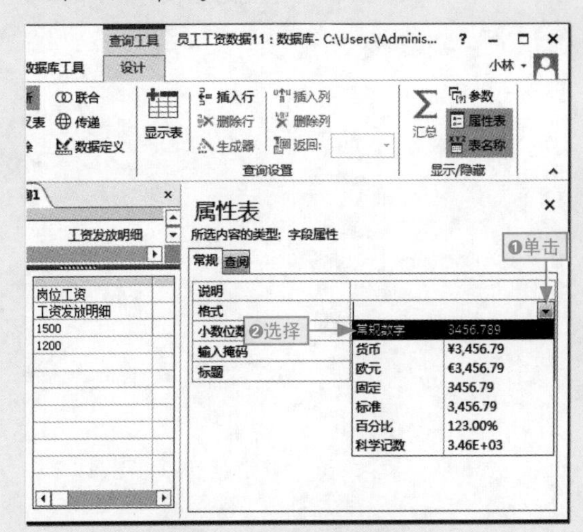

图7-107 设置数据类型

给你支招 | 将查询结果进行汇总

小白：我们在使用简单查询对数据进行查询的过程中，如果想让查询结果进行指定方式汇总统计，如求和、平均值等，该怎样操作呢?

阿智：让查询结果按指定方式进行统计汇总，非常简单，只需进行简单的几步设置，其具体操作如下。

步骤01 进入简单查询向导对话框中，❶选中“汇总”单选按钮，❷单击“汇总选项”按钮，打开“汇总选项”对话框，如图7-108所示。

步骤02 ❶选中相应的汇总方式复选框。这里选中“平均”复选框，❷单击“确定”按钮，返回到上级对话框中，继续完成操作即可，如图7-109所示。

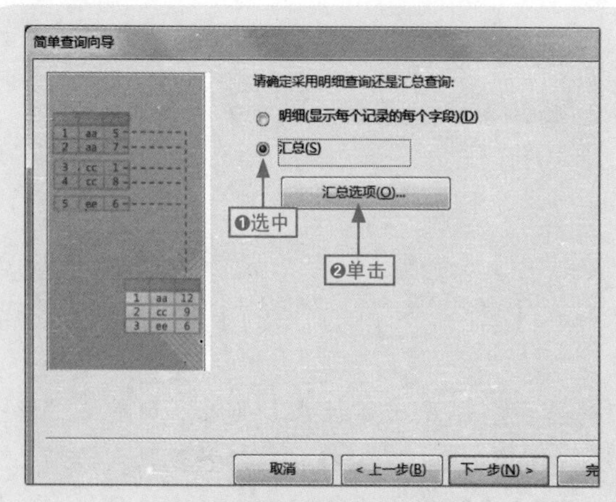

图7-108　设置汇总选项

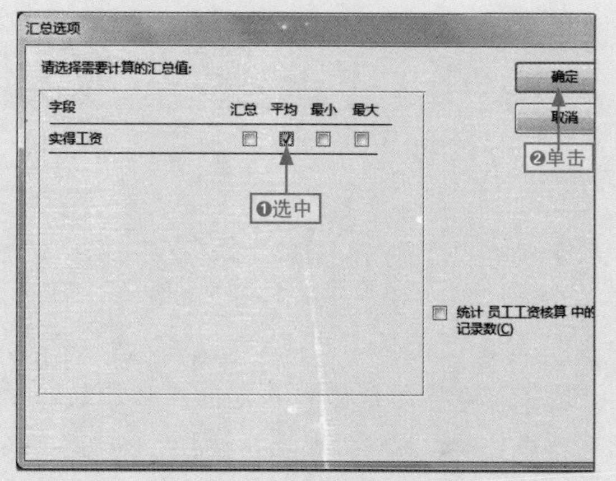

图7-109　指定汇总方式

Chapter 08 SQL 数据查询

学习目标

上一章我们学习和掌握了使用查询向导等功能建立普通查询的方法，在本章中，我们将介绍一些常用和实用的SQL代码查询的方法，进一步查询关系数据库中的数据，帮助用户更全面、灵活地查询到想要的数据。

本章要点

- Access中的SQL
- SQL的特点
- SQL可以做什么
- 使用SELECT语句查询数据
- 使用INSERT INTO语句插入记录
- 使用DELETE语句删除记录
- 指定范围数据的查询
- 文本匹配查询
- 使用聚合函数查询
- 多表嵌套查询

知识要点	学习时间	学习难度
SQL 基础	15 分钟	★★
使用 SQL 查询数据	20 分钟	★★★
数据精确查询	20 分钟	★★★

8.1 SQL 基础

小白：在Access中，怎样进行一些复杂的查询操作?

阿智：我们可以使用SQL来实现。

小白：SQL是什么?

阿智：它是数据库查询的专用语言之一。

SQL是结构化查询语言（Structured Query Language)的简称，是关系数据库管理系统的标准语言，常用于完成数据库的查询操作任务，如数据的更新、查询和检索等。

8.1.1 Access中的SQL

Access数据库中的SQL主要在两个场合出现：一是各类查询操作中；二是VBA代码中，如图8-1所示。

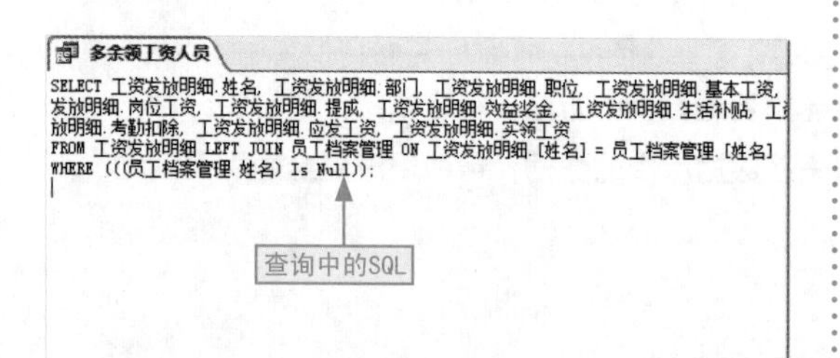

图8-1　Access中的SQL

8.1.2 SQL的特点

SQL之所以能很好地适应和体现关系数据库，是因为其自身具有这样一些特点，如图8-2所示。

1. 语言简洁，易学易用。
2. 面向集合的操作方式。
3. 以一种语法结构提供多种使用方式。
4. 方便直观地统计数据。
5. 高度非过程化。

图8-2　SQL的特点

8.1.3 SQL可以做什么

SQL是一种功能非常强大的语言，但在Access中，我们只需学习和掌握那些需要的功能。下面分别进行介绍。

DML(数据操作语言)

它的全称是Data Manipulation Language，用于数据检索或修改等。

表8-1所示是DML在Access中常用的命令。

表8-1 Access中常用的DML命令

命令	作用
SELECT	检索/选择数据
UPDATE	更新/修改数据
INSERT	插入数据
DELETE	删除数据

DDL(数据定义语言)

它的全称是Data Definition Language，用于定义数据的结构等。

表8-2所示是DDL在Access中常用的命令。

表8-2 Access中常用的DDL命令

命令	作用
CREATE TABLE	创建表
ALTER TABLE	更改表
DROP TABLE	删除表
CREATE INDEX	创建索引

8.2 使用SQL查询数据

小白：在Access中，我们怎样使用SQL来查询数据?

阿智：进入SQL视图中输入相应的SQL命令即可。

小白：请详细讲解。

在Access中使用SQL语句进行数据的查询、检索以及修改、删除等，分为两种方式：一是初级简单的，二是高级较为复杂的。下面我们先介绍使用SQL语句进行初级简单的数据查询。

8.2.1 使用SELECT语句查询数据

在Access中使用SELECT语句能快速查找出数据表中指定条件的数据，而且操作简单方便。

下面通过在“应收账款”数据库中使用SELECT语句查询客户、未收款金额和是否到期数据，其具体操作如下。

本节素材	⊙\素材\Chapter08\应收账款.accdb
本节效果	⊙\效果\Chapter08\应收账款.accdb
学习目标	灵活应用SELECT语句进行数据查询
难度指数	★★★

步骤01 打开“应收账款”素材文件，❶单击“创建”选项卡，❷单击“查询设计”按钮，如图8-3所示。

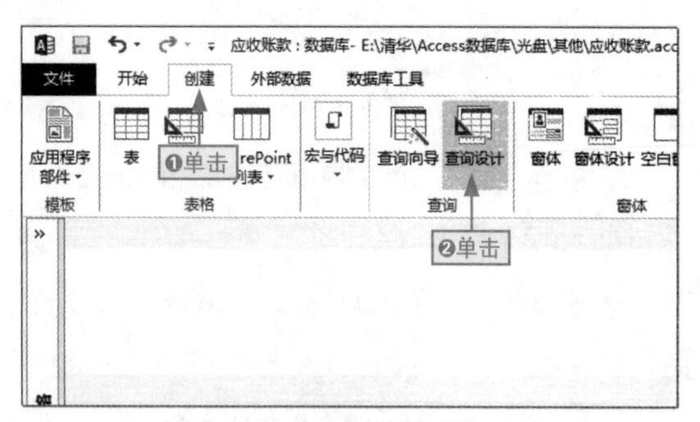

图8-3　创建查询设计

步骤02 打开“显示表”对话框，❶选择“应收账款”选项，❷单击“添加”按钮，❸单击“关闭”按钮，如图8-4所示。

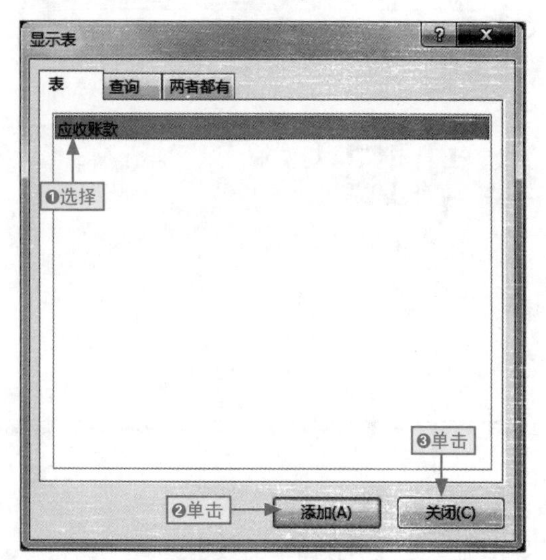

图8-4　添加表数据

步骤03 在查询标签上右击，选择“SQL视图”命令，如图8-5所示。

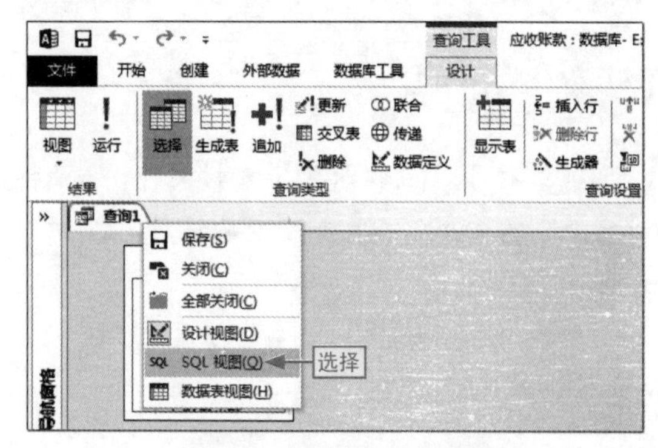

图8-5　切换到SQL视图

步骤04 在SELECT后输入“客户名称,未收款金额,是否到期”，按Ctrl+S组合键，如图8-6所示。

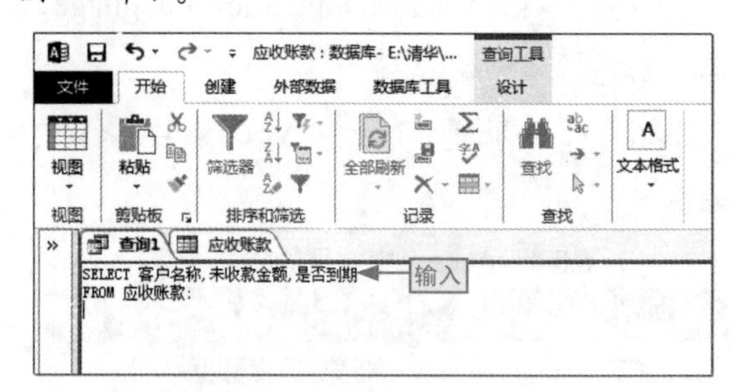

图8-6　输入查询条件并保存

步骤05 打开“另存为”对话框，在“查询名称”文本框中❶输入“客户账务是否到期”，❷单击“确定”按钮，如图8-7所示。

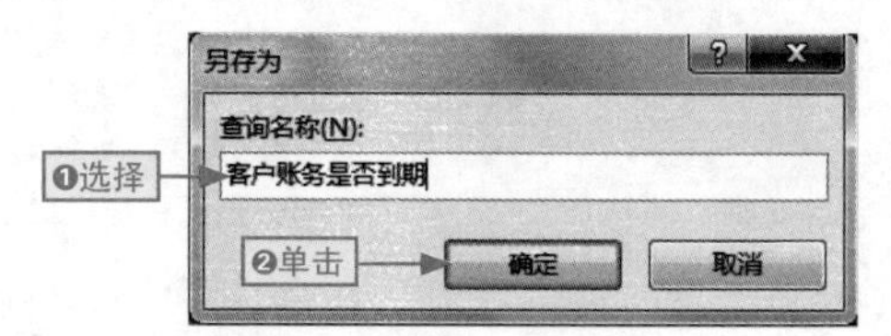

图8-7　保存SQL查询

步骤06 切换到“数据库”视图中即可查看到使用SELECT语句查询数据的结果，如图8-8所示。

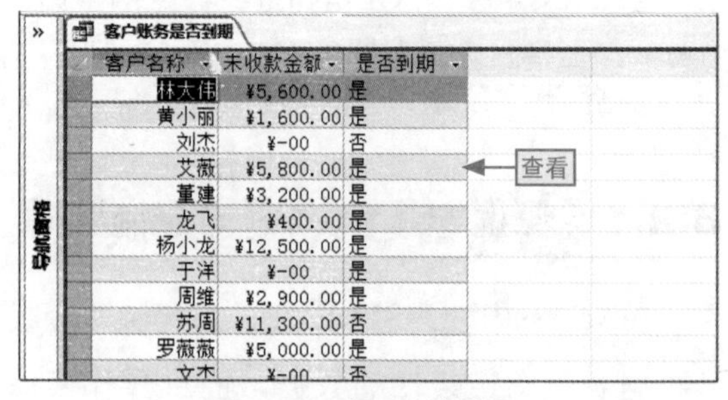

客户名称	未收款金额	是否到期
林大伟	¥5,600.00	是
黄小丽	¥1,600.00	是
刘杰	¥-00	否
艾薇	¥5,800.00	是
董建	¥3,200.00	是
龙飞	¥400.00	是
杨小龙	¥12,500.00	是
于洋	¥-00	是
周维	¥2,900.00	是
苏周	¥11,300.00	否
罗薇薇	¥5,000.00	是

图8-8　查看查询结果

查询符合条件数据

使用 SELECT 语句查询出符合条件的数据，只需添加 WHERE 进行标记。图 8-9 所示是查询应收账款中已超期的账款数据。

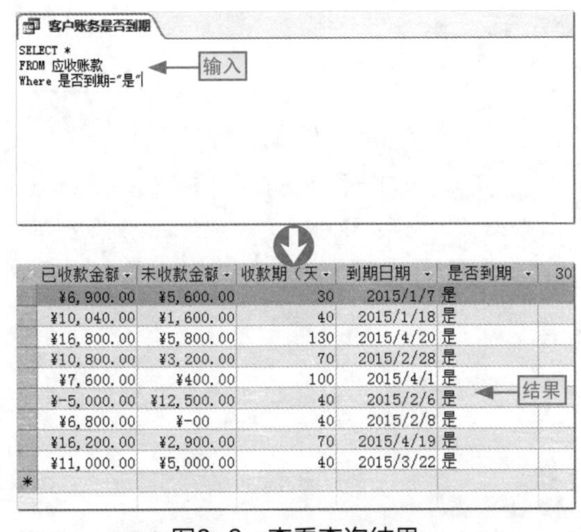

图8-9 查看查询结果

8.2.2 使用INSERT INTO语句插入记录

在表中添加数据，我们可以使用INSERT INTO语句来轻松实现。

下面通过在“应收账款1”数据库中使用INSERT INTO语句来添加部分字段值为例，其具体操作如下。

本节素材	⊙\素材\Chapter08\应收账款1.accdb
本节效果	⊙\效果\Chapter08\应收账款1.accdb
学习目标	使用INSERT INTO语句插入数据记录
难度指数	★★★

步骤01 打开“应收账款1”素材文件，❶创建“插入数据记录”查询设计，❷在其中输入INSERT INTO语句以及相应部分的字段数据，如图8-10所示。

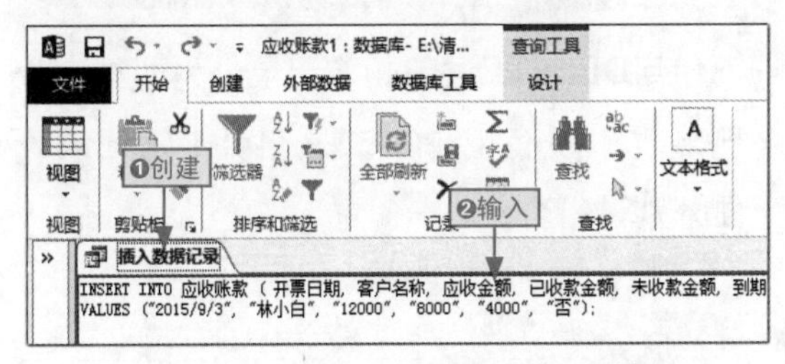

图8-10 输入INSERT INTO语句

步骤02 保存并关闭查询设计，双击导航窗格中的“插入数据记录”查询对象，如图8-11所示。

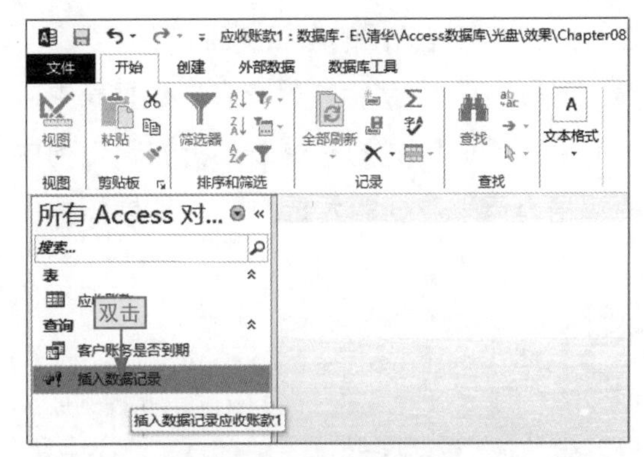

图8-11 运行查询

步骤03 弹出提示对话框，依次单击“是”按钮，如图8-12所示。

图8-12 运行查询

步骤04 打开“应收账款”数据表即可查看到添加的新数据记录，如图8-13所示。

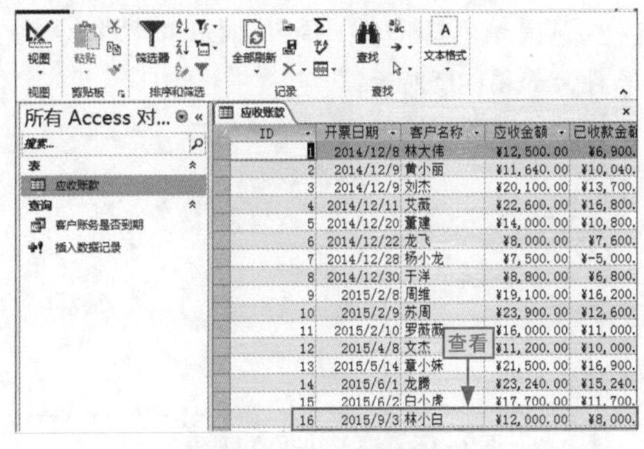

图8-13 运行查询

8.2.3 使用UPDATE语句修改数据

UPDATE语句能对数据表中的指定数据进行更改，实现数据的轻松更新。

下面以在“5月销售数量表”数据表中通过使用IUPDATE语句来更改“折扣价”列中的数据为原来数据的九折为例，其具体操作如下。

本节素材	\素材\Chapter08\销售数据明细.accdb
本节效果	\效果\Chapter08\销售数据明细.accdb
学习目标	灵活使用UPDATE语句进行数据修改/更新
难度指数	★★★

步骤01 打开“销售数据明细”素材文件，❶创建“折扣价”查询设计并切换到SQL视图中，❷清除原有的SQL语句，如图8-14所示。

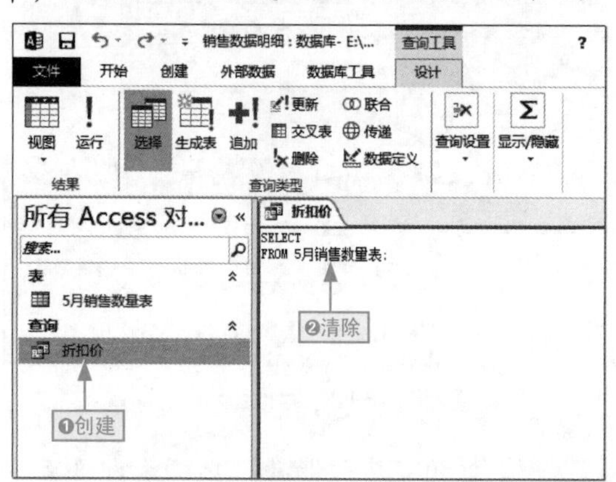

图8-14　创建空白查询设计

步骤02 输入UPDATE语句，按Ctrl+S组合键保存，如图8-15所示。

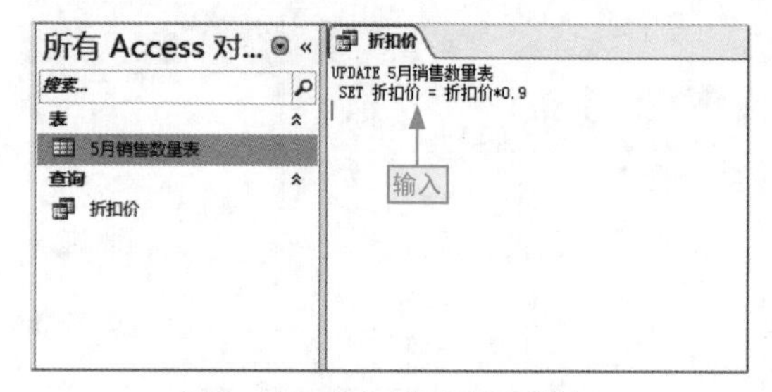

图8-15　输入UPDATE语句

让指定的数据更新

使用UPDATE语句进行数据更改，可通过WHERE来轻松实现对指定数据的更新。比如在本例中只需将单价大于2000的设置折扣价为0.9。我们只需将代码进行简单更改，如图8-16所示。

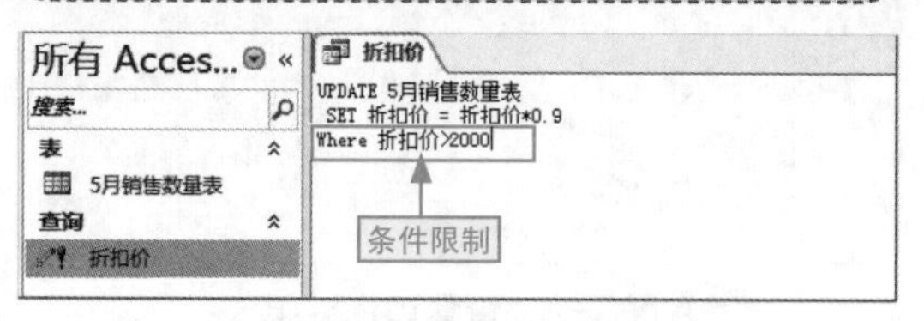

图8-16　指定条件数据更改

步骤03 打开“5月销售数量表”数据表即可在“折扣价”列中查看到数据更改的结果，如图8-17所示。

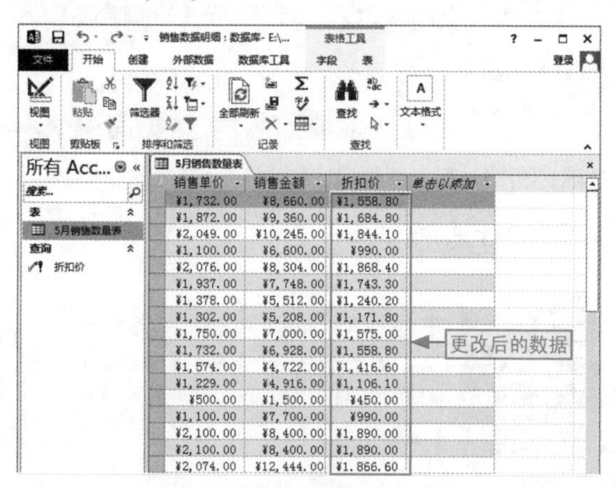

图8-17　数据更新效结果

8.2.4 使用DELETE语句删除记录

使用DELETE语句删除记录分为两种：一是删除表中所有记录，二是删除指定记录。下面分别进行介绍。

学习目标	使用DELETE语句删除所有或指定记录
难度指数	★★

删除指定表中的所有记录

要删除指定表中的所有记录，只需在查询中输入“DELETE FROM <表名>”，然后保存执行即可。

例如，想要删除“5月销售数量表”中的所有记录，只需编写、保存和执行SQL代码“DELETE FROM 5月销售数量表”即可。

删除表中指定的记录

要删除表中指定的记录，只需添加WHERE语句。图8-18所示是删除表中规格型号为“BCD-210TGSM水墨红”的产品。

图8-18　删除指定的数据记录

8.3 数据精确查询

小白： 在Access中怎样进行较为精确的查询呢?

阿智： 要进行较为精确的查询，同样需要使用SQL语句，只不过编写的语句稍微复杂一些。

在Access中进行较为复杂的查询，如指定数据或记录的查询、多表嵌套查询和多表链接查询等，都可以通过SQL语句来轻松实现。

8.3.1 指定范围数据的查询

指定范围的数据查询，主要借助于BETWEEN（在指定范围内的）语句或NOT BETWEEN（不在指定范围内的）语句。其表达式为<列名>|<表达式> [NOT] BETWEEN <下限值> AND <上限值>。

例如，查询销售金额在8000~10000之间的数据，可以在查询中输入这样的SQL语句，如图8-19所示。

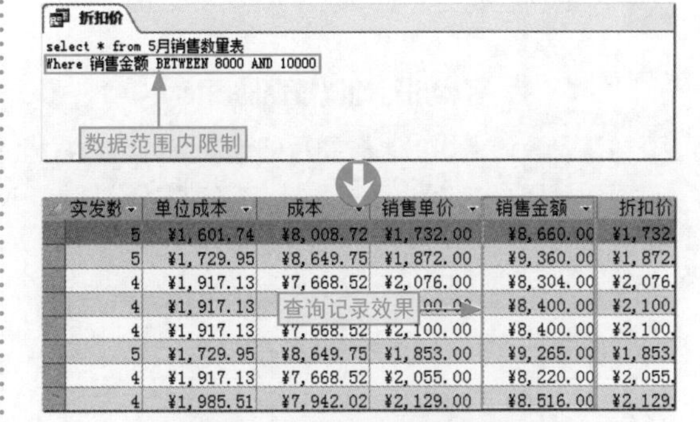

图8-19　指定范围数据查询

8.3.2 文本匹配查询

文本匹配查询就是指定一个或多个文本在数据记录中进行逐一匹配，只要符合条件，就将相应数据记录查找出来。它的表

达式是：<字段名> IN <常量表>或<字段名> NOT IN <常量表>

例如，查询发货城市在“北京、昆明和深圳”的数据记录，只需在查询中输入如图8-20所示的SQL语句，保存并执行即可。

学习目标 文本记录的匹配查询

难度指数 ★★

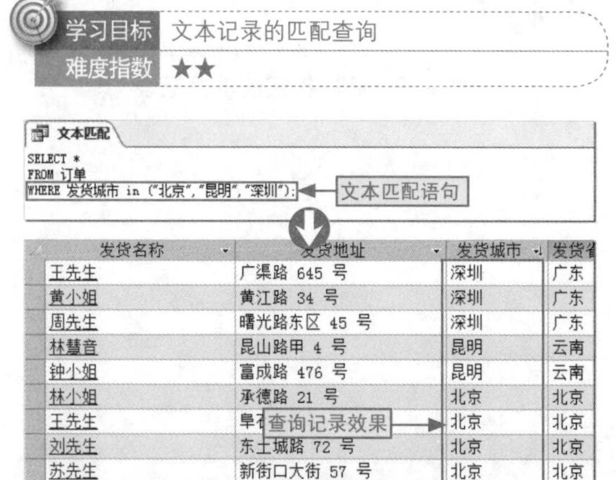

```
SELECT *
FROM 订单
WHERE 发货城市 in ("北京","昆明","深圳");
```

发货名称	发货地址	发货城市	发货省
王先生	广渠路 645 号	深圳	广东
黄小姐	黄江路 34 号	深圳	广东
周先生	曙光路东区 45 号	深圳	广东
林慧音	昆山路甲 4 号	昆明	云南
钟小姐	富成路 476 号	昆明	云南
林小姐	承德路 21 号	北京	北京
王先生	阜[illegible]	北京	北京
刘先生	东土城路 72 号	北京	北京
苏先生	新街口大街 57 号	北京	北京
陈先生	建外大街 77 号	北京	北京
王俊元	盐城街甲 2 号	北京	北京
周先生	和平路 794 号	北京	北京
余小姐	海淀区明成大街 29 号	北京	北京

图8-20 文本匹配查询

轻松进行相似数据的查询

若要查询出包含某些字符的记录或数据，我们可以使用LIKE标记和通配符，它的表达式为：WHERE<字段名> [NOT] LIKE "*字符*"。图8-21所示是在“商品名称”列中查询包含毛巾的产品数据记录。

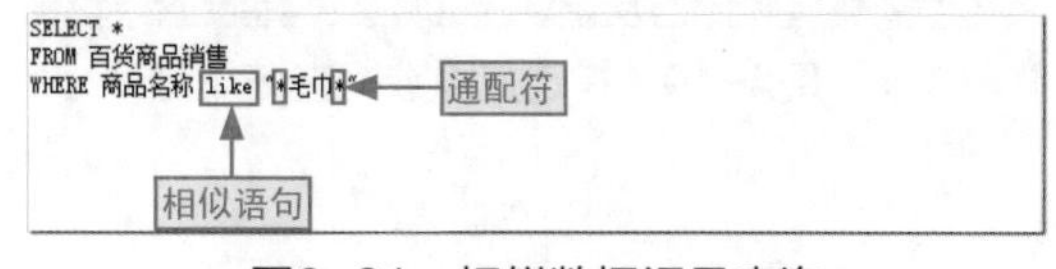

```
SELECT *
FROM 百货商品销售
WHERE 商品名称 like "*毛巾*"
```


图8-21 相似数据记录查询

8.3.3 使用聚合函数查询

聚合函数查询就是将查询限制条件语句用函数或表达式来表示，而不是数值或文本。

例如，查询出利润大于平均值的数据记录，可在查询中输入聚合函数的SQL代码，如图8-22所示。

学习目标 聚合函数的使用

难度指数 ★★

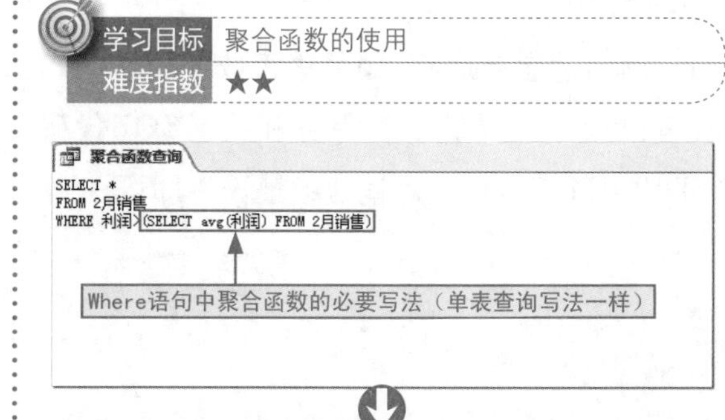

```
SELECT *
FROM 2月销售
WHERE 利润>(SELECT avg(利润) FROM 2月销售)
```

ID	商品名称	活动价	月销量	利润
3	宝瓜香皂120G	¥6.60	1093	¥2,568.55
8	竹盐牙膏80G	¥9.00	939	¥2,347.50
11	竹盐牙膏220G	¥16.48	674	¥2,615.12
13	佳爽牙膏121G	¥11.40	709	¥2,304.25
15	傲酷牙膏170G	¥10.00	1178	¥4,064.10
18	儿童牙刷	[illegible]	1364	¥3,778.28
19	柔细舒爽牙刷	¥11.40	1093	¥3,552.25
20	护色洗发水200ml	¥17.50	564	¥2,538.00
21	护色洗发水400ml	¥29.60	669	¥4,616.10
22	护色洗发水600ml	¥39.60	561	¥4,992.90
（新建）				

图8-22 聚合函数查询数据记录

8.3.4 多表嵌套查询

多表嵌套查询，可简单地将其理解为在多张创建了关系的数据表中进行跨表数据记录查询。

图8-23所示是使用多表嵌套进行查询教师与课程信息的SQL代码。

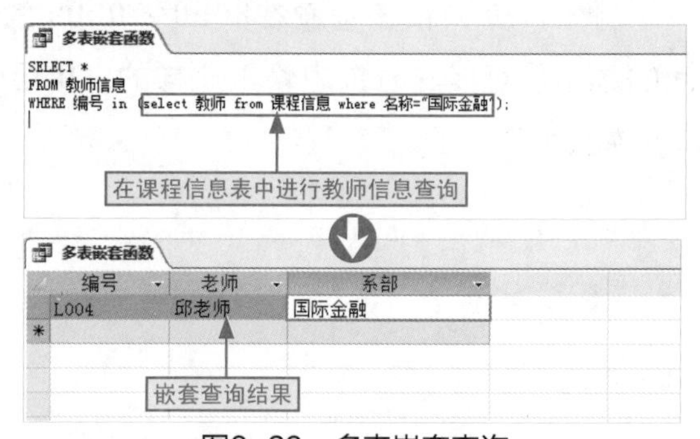

```
SELECT *
FROM 教师信息
WHERE 编号 in (select 教师 from 课程信息 where 名称="国际金融");
```

编号	老师	系部
L004	邱老师	国际金融

图8-23 多表嵌套查询

8.3.5 使用UNION连接查询结果

使用UNION连接查询结果，就是将没有任何关系的数据表之间的查询结果放置在一起，其中最关键的语句就是UNION（并运算）。

下面以在“应收账款2”数据库中通过使用并运算UNION语句来联合查询出2014年和2015年的到期账款为例，其具体操作如下。

本节素材	⊙\素材\Chapter08\应收账款2.accdb
本节效果	⊙\效果\Chapter08\应收账款2.accdb
学习目标	掌握并运算查询方法
难度指数	★★

步骤01 打开“应收账款2”素材文件，❶创建“查询结果联合”查询，❷输入联合查询SQL代码，如图8-24所示。

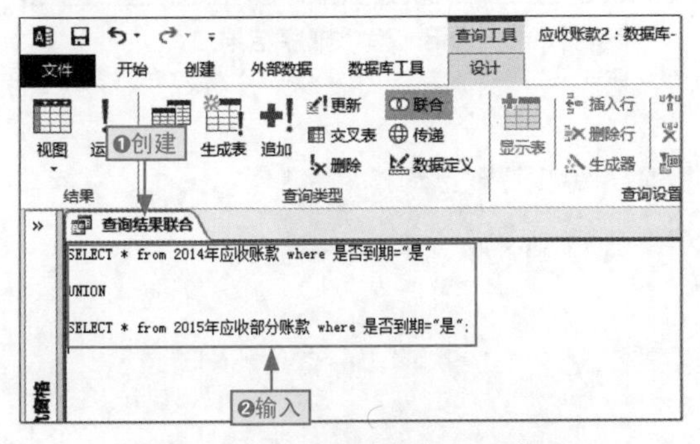

图8-24 创建连接查询SQL代码

步骤02 保存查询，切换到数据表视图中即可查看到连接查询的结果，如图8-25所示。

ID	开票日期	客户名称	应收金额	已收款金额
1	2014/12/8	林大伟	¥12,500.00	¥6,900.00
1	2015/2/8	周维	¥19,100.00	¥16,200.00
2	2014/12/9	黄小丽	¥11,640.00	¥10,040.00
3	2015/2/10	罗薇薇	¥16,000.00	¥11,000.00
4	2014/12/11	艾薇	¥22,600.00	¥16,800.00
5	2014/12/20	董建	¥14,000.00	¥10,800.00
6	2014/12/22	龙飞	¥8,000.00	¥7,600.00

图8-25 查看连接查询结果

8.3.6 普通多表连接查询

普通多表连接查询，可简单地将其理解为多张表格中共同数据的查询。下面以在“应收账款3”数据库中查找最近和去年都有账目的客户为例，其具体操作如下。

本节素材	⊙\素材\Chapter08\应收账款3.accdb
本节效果	⊙\效果\Chapter08\应收账款3.accdb
学习目标	灵活应用多表连接进行数据查询
难度指数	★★★

步骤01 打开“应收账款3”素材文件，❶创建“内连接查询”查询，❷输入联合查询SQL代码，如图8-26所示。

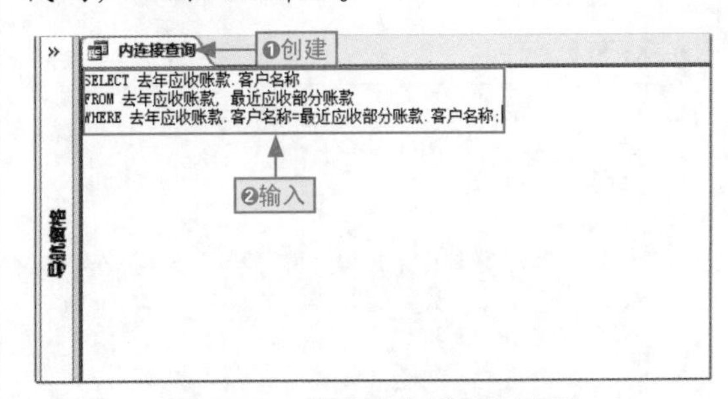

图8-26 输入内连接查询代码

步骤02 保存并切换到数据表视图中即可查看到去年和最近都有账款的客户名称，如图8-27所示。

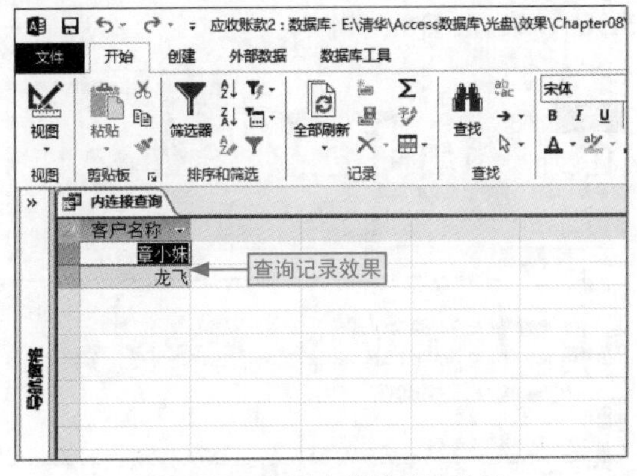

图8-27 查看内连接查询效果

给你支招 | 让查询结果有序化

小白：我们通过SQL查询到的数据信息，通常情况下都没有顺序，看起来不太方便，怎样才能让查询结果排列有序？

阿智：要使SQL代码查询的数据结果排列有序非常简单，只需添加排序语句即可，其具体操作如下。

步骤01 输入相应的SQL代码，在代码后添加排序语句ORDER BY，如图8-28所示。

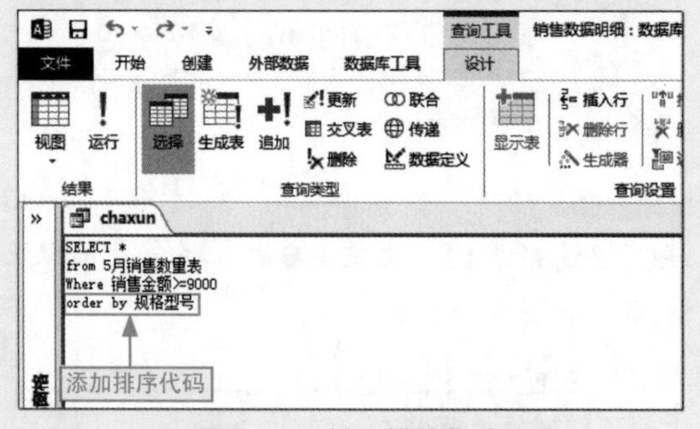

图8-28 输入排序指令

步骤02 保存并切换到数据表视图中即可查看到指定数据进行排序的结果，如图8-29所示。

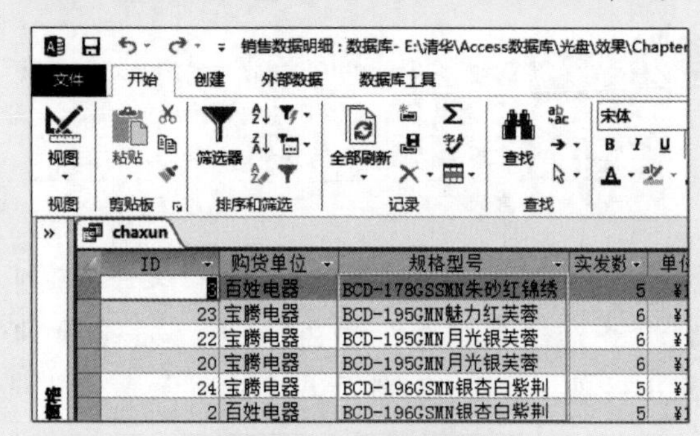

图8-29 排序结果

给你支招 | 快速统计和展示想要的值和字段名

小白：在SQL数据查询中，怎样才能轻松统计出数据表中的最大值、最小值和平均值，同时展示相对应的字段名称？

阿智：使用一般的查询方法会比较麻烦，但使用聚合函数就能轻松解决，其具体操作如下。

步骤01 在目标查询中输入带有聚合函数的SQL代码，如图8-30所示。

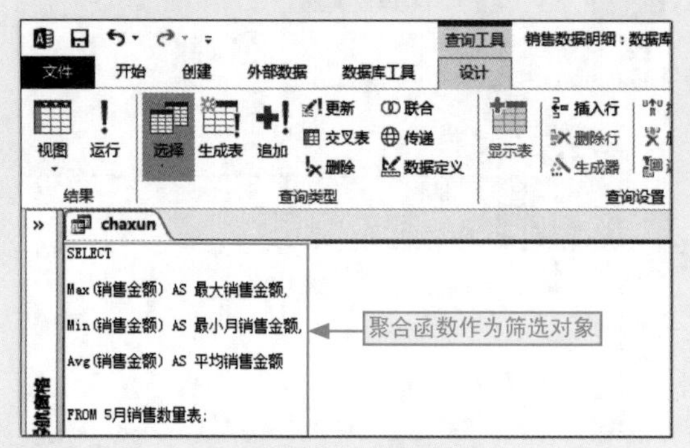

图8-30 输入查询代码

步骤02 保存并切换到数据表视图中即可查看到查询到数据和自动生成字段的结果，如图8-31所示。

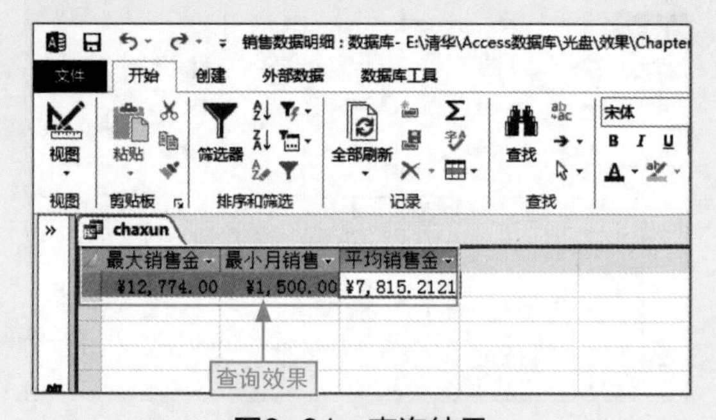

图8-31 查询结果

Chapter 09 构建 Access 窗体

学习目标

在前面的章节中我们学习了数据表和查询对象的相关知识与操作方法等内容。在本章中，我们将具体介绍Access的又一对象——窗体。包括常用窗体和高级窗体两部分。帮助用户更好、更快地使用窗体来解决实际工作问题。

本章要点

- 窗体的功能
- 根据已有数据创建窗体
- 通过窗体向导创建窗体
- 创建导航窗体
- 创建空白窗体
- 添加控件的常用方法
- 设置控件格式
- 数据动态切换
- 查询子窗体数据记录
- 创建切换面板窗体

知识要点	学习时间	学习难度
认识和创建基本窗体	10 分钟	★★
在窗体中添加控件	20 分钟	★★★
创建高级窗体	15 分钟	★★★★

9.1 认识窗体

小白： 在Access中可不可以实现人机互动的功能?

阿智： 是可以的。我们只需借助于窗体对象，就能很好地实现。

小白： 赶快教教我吧。

阿智： 别急，窗体并不是那么简单，我们需先好好地认识它。

窗体是Access的重要对象之一，是用户和数据库操作的接口，是人机交互的界面。鉴于它的重要性，我们在使用它之前应好好对其进行认识、了解和掌握。

9.1.1 窗体的功能

Access中窗体的功能主要有三种：数据显示、数据输入和流程控制。下面分别进行介绍。

学习目标	窗体能做什么
难度指数	★

数据显示

窗体最基本的功能之一就是数据的显示，为用户显示需要的信息。

数据输入

一些动态窗体中允许用户进行数据的输入，实现人机交互，信息反馈。

流程控制

通过窗体中的控件来实现流程或操作的控制、切换或跳转。

9.1.2 窗体的分类

从窗体的功能可以看出，窗体大体分为两种：静态的数据信息显示窗体和动态的人机互动窗体。更细化一些可以分为这样三种，下面分别进行介绍和展示。

学习目标	窗体的类型
难度指数	★

数据信息显示窗体

我们可以简单地将这类窗体理解为静态窗体，专门用于数据信息的显示，供用户查阅或作为其他窗体的子窗体，如图9-1所示。

图9-1　静态数据信息显示窗体

数据操作窗体

操作窗体，可以简单地将其理解为可以在窗体中进行数据的输入、选择或其他对象的设置的窗体，如图9-2所示。

图9-2 数据操作窗体

登录和切换窗体

登录和切换窗体，主要功能之一就是实现对象直接的切换和跳转，最明显的就是导航窗体和登录窗体，如图9-3所示。

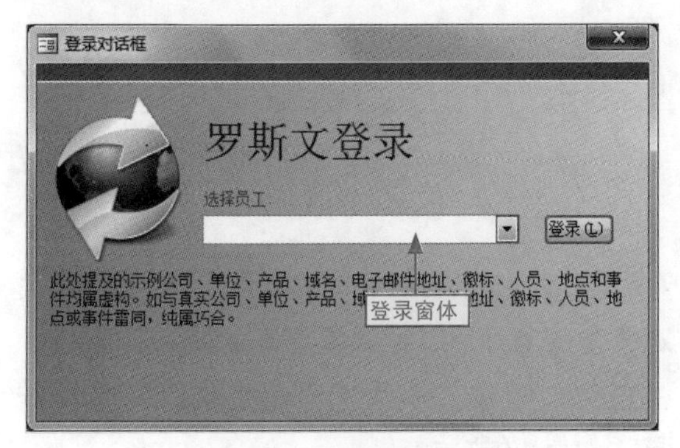

图9-3 登录窗体

9.1.3 窗体的视图

窗体的视图模式有4种：窗体视图、布局视图、设计视图和数据表视图，如图9-4所示。下面分别进行展示。

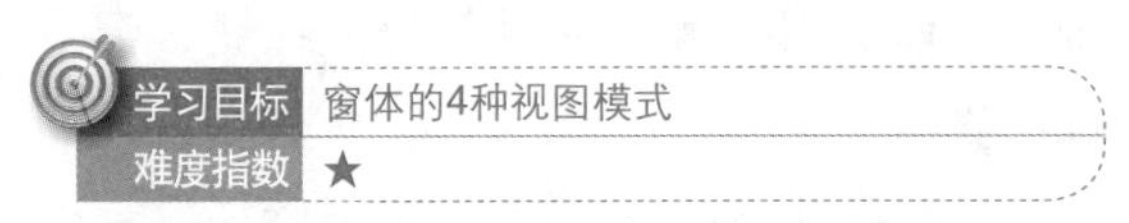

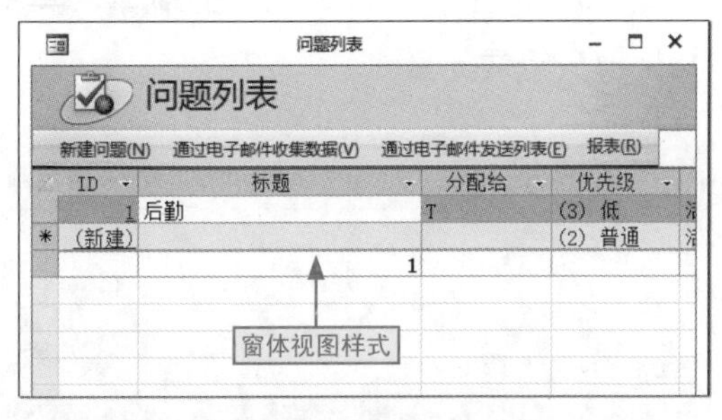

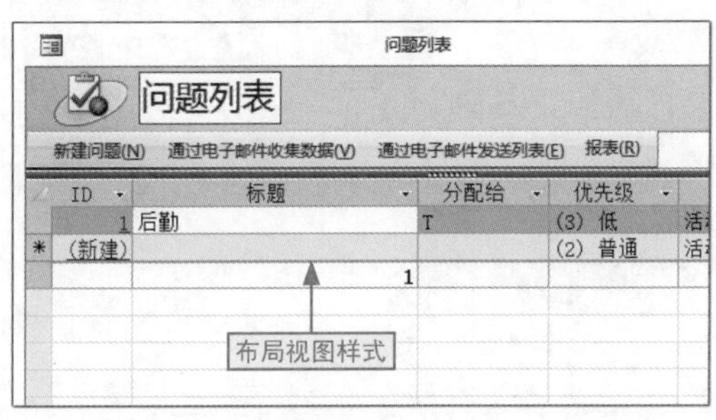

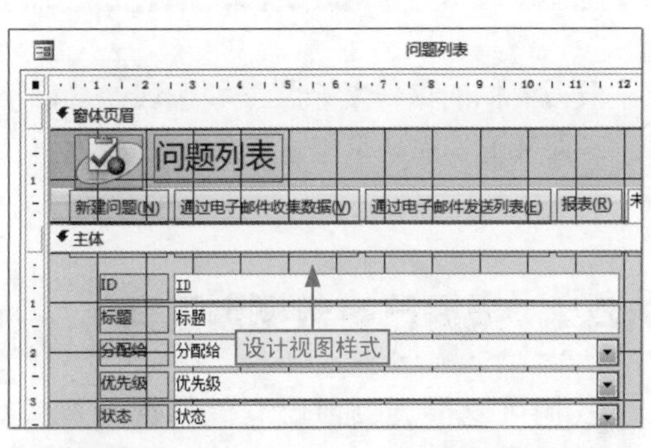

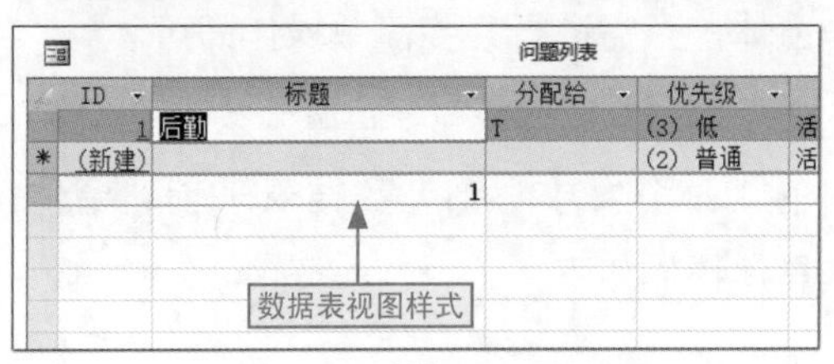

图9-4 窗体的不同视图样式

9.1.4 窗体的组成

窗体是由多个部分组成的整体，而这些组成部分可有可无，完全根据用户的设计需要。其中常见的组成部分有：窗体页眉/页脚、页面页眉/页脚、主体、导航按钮、记录选择器等。

图9-5所示是一个较为完整的窗体，其中包含大部分组成元素。

学习目标　窗体的组成部分
难度指数　★

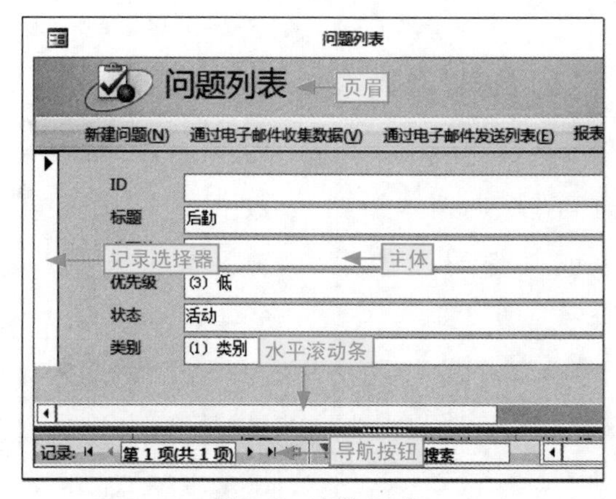

图9-5　窗体组成

9.2 创建基本窗体

小白：对窗体已经有清楚的认识了，现在可以进行窗体的设置了吗？

阿智：Access中的窗体，需要我们手动进行创建，不是一开始就有的。因此，必须先创建窗体，然后再对其进行相应的设置。

小白：赶快教教我吧。

根据窗体的操作复杂程度和实现的功能不同，我们可以将窗体分为两类：普通窗体和高级窗体。下面我们先来学习创建普通的基本窗体，为后面高级窗体的创建和制作打下基础。

9.2.1 根据已有数据创建窗体

我们可以根据当前已有的数据来直接制作窗体，只需进行几步简单操作即可。

下面我们根据“员工工资数据”数据库中的“工资发放明细”数据表来创建窗体，其具体操作如下。

本节素材　⊙\素材\Chapter09\员工工资数据.accdb
本节效果　⊙\效果\Chapter09\员工工资数据.accdb
学习目标　创建基本窗体
难度指数　★

步骤01 打开“员工工资数据”素材文件，在导航窗格中❶选择“工资发放明细”选项，❷单击“创建”选项卡，❸单击“窗体”按钮，如图9-6所示。

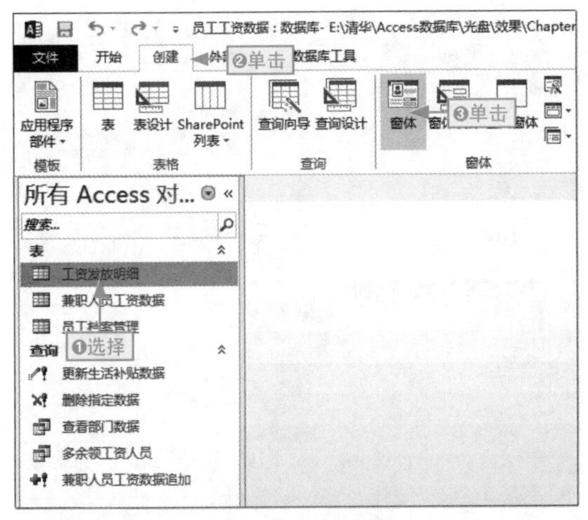

图9-6 创建窗体

步骤02 按Ctrl+S组合键，打开“另存为”对话框，在“窗体名称”文本框中❶输入“工资发放明细”，❷单击“确定”按钮，如图9-7所示。

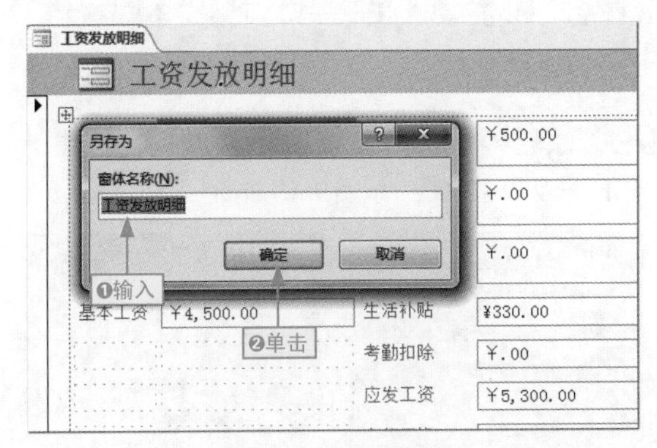

图9-7 保存窗体

步骤03 在导航窗格中即可查看到保存的窗体对象，如图9-8所示。

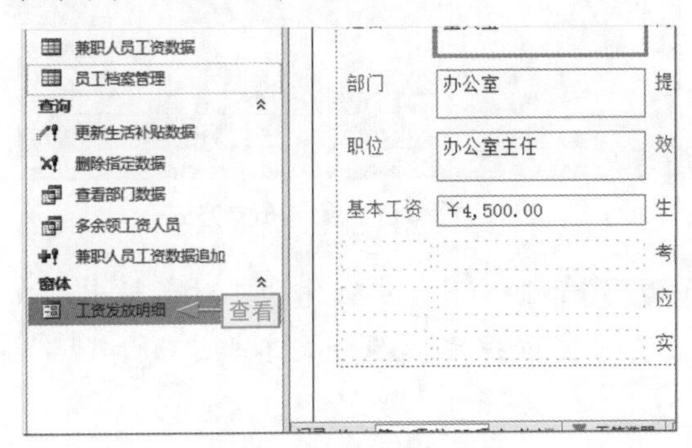

图9-8 查看保存的窗体

9.2.2 通过窗体向导创建窗体

根据已有的数据直接创建窗体，会将对象中所有数据全部放到所创建的窗体中。若我们要指定哪些数据在窗体中显示以及显示方式，可以通过窗体向导来轻松实现。

下面我们在“员工工资数据1”数据库中引用“工资发放明细”和“员工档案管理”表中的数据来创建窗体，其具体操作如下。

本节素材	\素材\Chapter09\员工工资数据1.accdb
本节效果	\效果\Chapter09\员工工资数据1.accdb
学习目标	根据窗体向导来创建多表数据的窗体
难度指数	★★

步骤01 打开“员工工资数据1”素材文件，❶单击“创建”选项卡，❷单击“窗体向导”按钮，如图9-9所示。

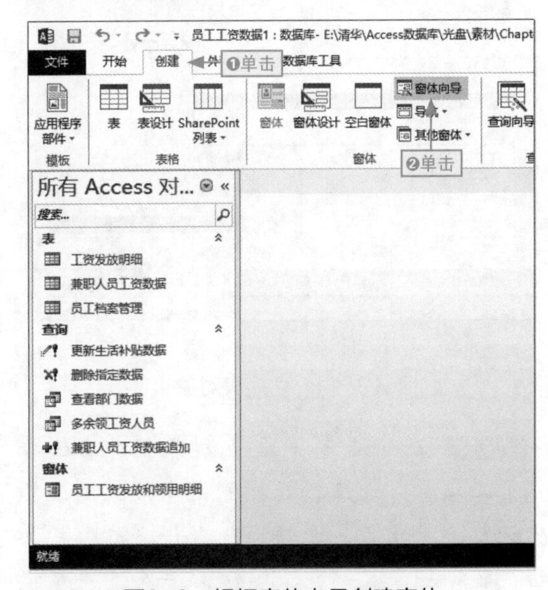

图9-9 根据窗体向导创建窗体

步骤02 打开“窗体向导”对话框，单击全部添加字段，将“可用字段”选项中的所有字段全部添加到“选定字段”列表框中，如图9-10所示。

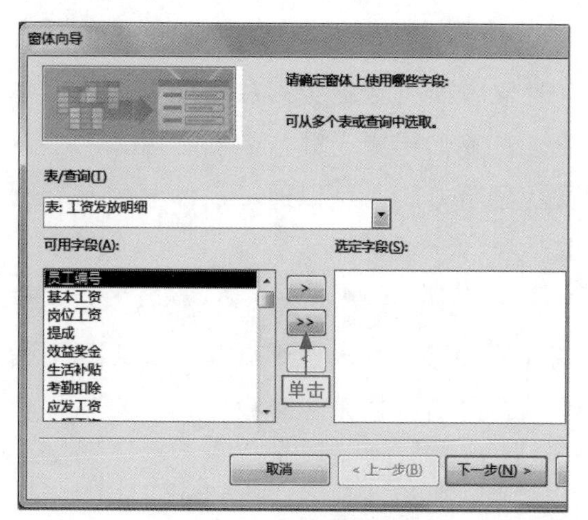

图9-10　添加所有字段

步骤03 ❶单击“表/查询”下拉按钮，❷选择“表：员工档案管理”选项，如图9-11所示。

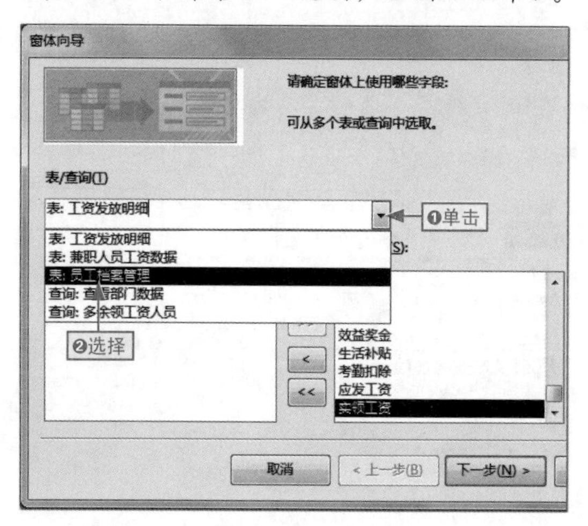

图9-11　切换表对象

步骤04 在“选定字段”列表框中❶选择“员工编号”选项，在“可用字段”列表框中❷选择“姓名”选项，❸单击“添加”按钮，❹单击“下一步”按钮，进入下一步操作，如图9-12所示。

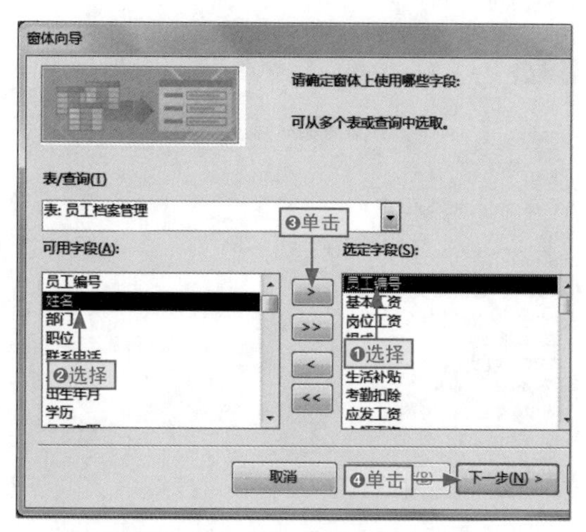

图9-12　添加“姓名”字段

跨表字段添加

我们在窗体向导对话框中添加多个表的字段数据时，一定要事先创建表关系，否则在添加跨表字段时将会报错。

步骤05 ❶选中“表格”单选按钮，❷单击“下一步”按钮，如图9-13所示。

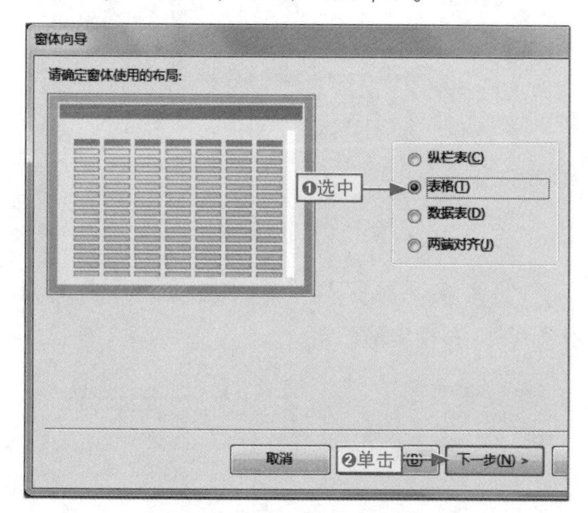

图9-13　选择窗体布局方式

步骤06 进入下一步窗体向导对话框中，在“请为窗体指定标题”文本框中❶输入“员

工工资发放和领用明细”，❷单击“完成”按钮，完成操作，如图9-14所示。

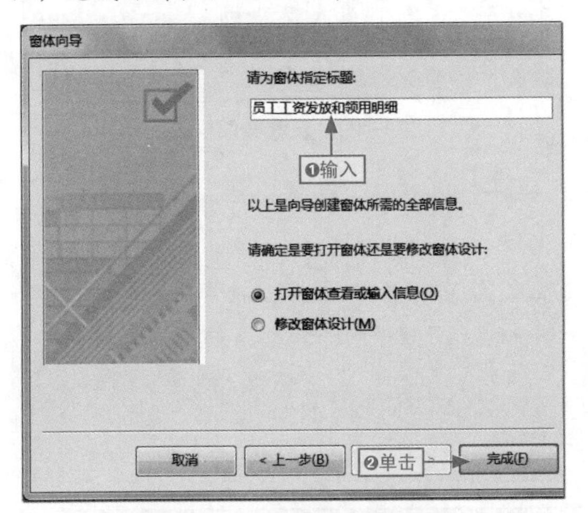

图9-14 选择窗体布局方式

9.2.3 创建导航窗体

在数据库中若有多个对象，而且我们想进行对象的快速切换和跳转，这时，可以通过创建导航窗体来实现。

下面我们根据“项目问题”数据库创建导航窗体，其具体操作如下。

本节素材	\素材\Chapter09\项目问题.accdb
本节效果	\效果\Chapter09\项目问题.accdb
学习目标	创建水平标签窗体
难度指数	★★

步骤01 打开“项目问题”素材文件，❶单击“创建”选项卡中的“导航”下拉按钮，❷选择“水平标签”选项，如图9-15所示。

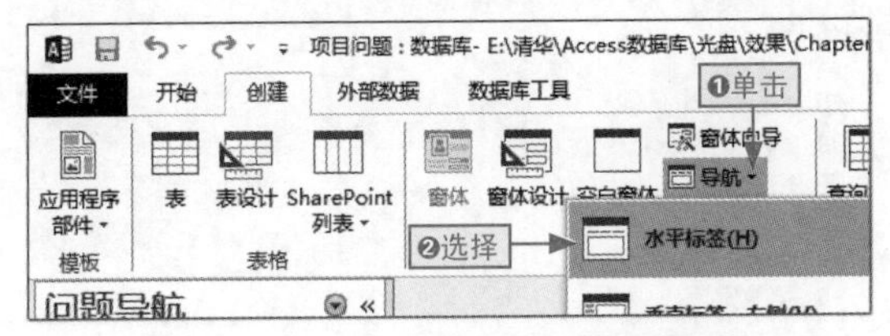

图9-15 创建水平标签样式的导航窗体

步骤02 在导航窗体中❶选择“问题列表”窗体对象，按住鼠标左键不放，❷拖动到导航窗体的“新增”标签之上，如图9-16所示。

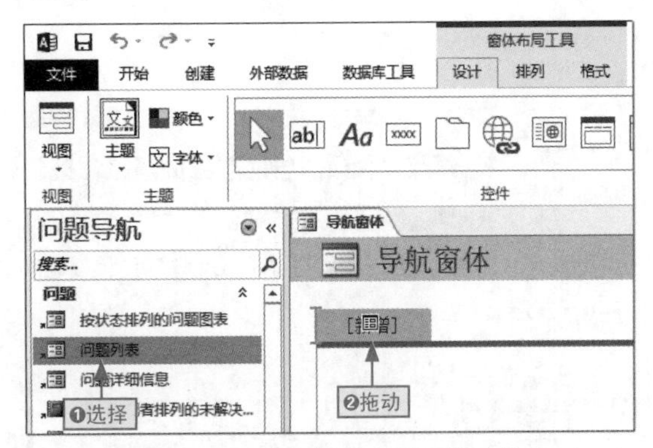

图9-16 添加窗体对象到导航窗体中

步骤03 以同样的方法将“联系人列表”窗体和“未解决问题”报表拖放到“新增”标签上，如图9-17所示。

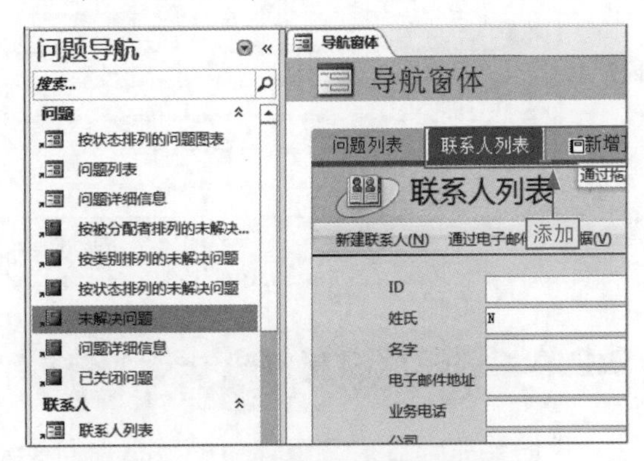

图9-17 添加其他对象到导航窗体中

步骤04 按Ctrl+S组合键，打开“另存为”对话框。在“窗体名称”文本框中❶输入“问题 联系人”，❷单击“确定”按钮，如图9-18所示。

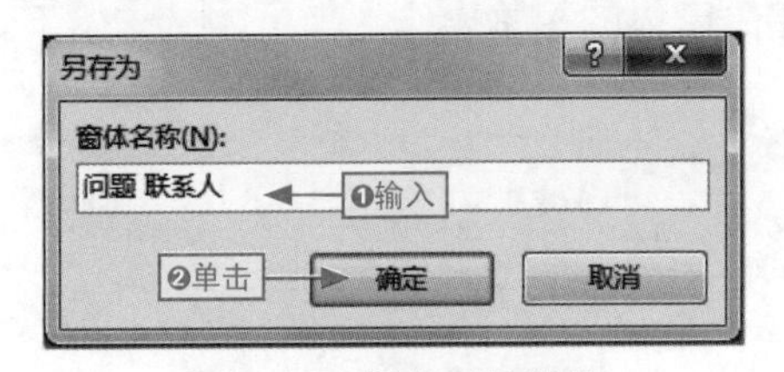

图9-18 保存导航窗体

步骤05 在导航窗格自动生成窗体对象中，将导航窗体名称更改为“问题 联系人”，如图9-19所示。

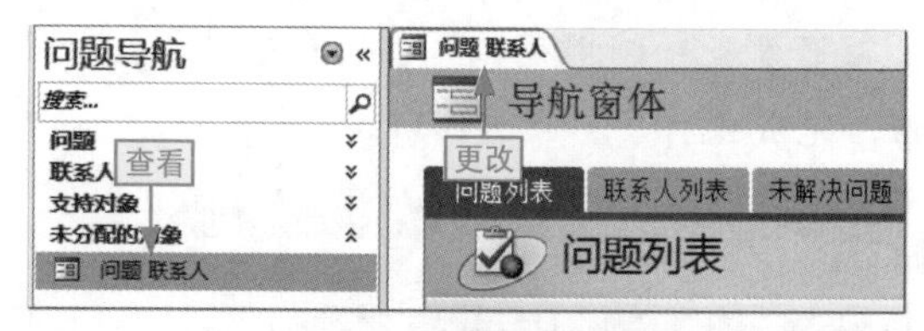

图9-19 查看导航窗体

长知识

修改保存后的导航窗体页眉和标签名称

在导航窗体中，若要修改窗体的页眉和标签名称，❶只需切换到设计视图中，然后在相应字段上单击，进入编辑状态，❷输入或修改相应的名称，按Enter键确认即可，如图9-20左图所示。它们的具体作用如图9-20右图所示。

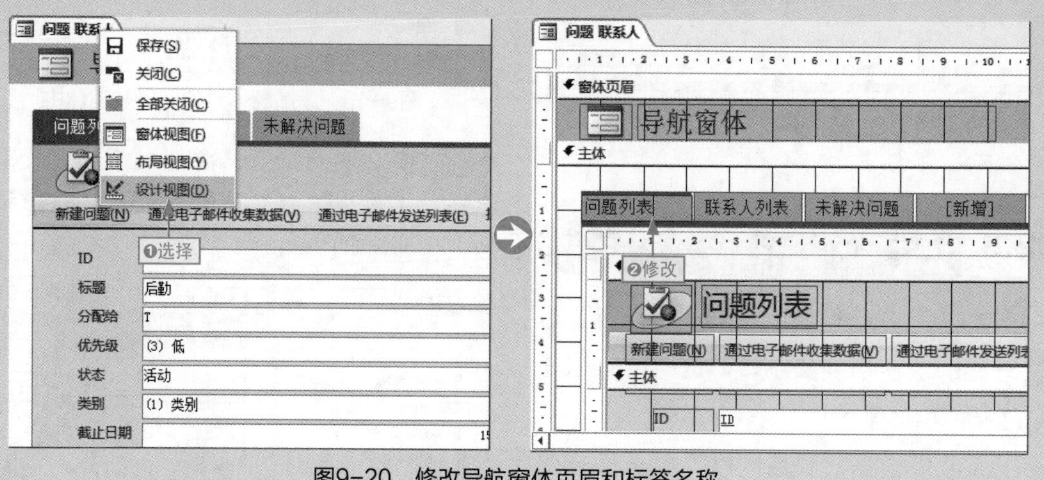

图9-20 修改导航窗体页眉和标签名称

9.2.4 创建空白窗体

我们要完全自定义窗体中的数据，可通过空白窗体来实现，但窗体中所有数据需进行手动添加。

下面我们根据“员工工资数据2”数据库创建带有员工简易工资数据的窗体，讲解创建空白窗体的相关操作，其具体操作如下。

本节素材	\素材\Chapter09\员工工资数据2.accdb
本节效果	\效果\Chapter09\员工工资数据2.accdb
学习目标	创建空白窗体
难度指数	★★

步骤01 打开“员工工资数据2”素材文件，单击“创建”选项卡中的“空白窗体”按钮，如图9-21所示。

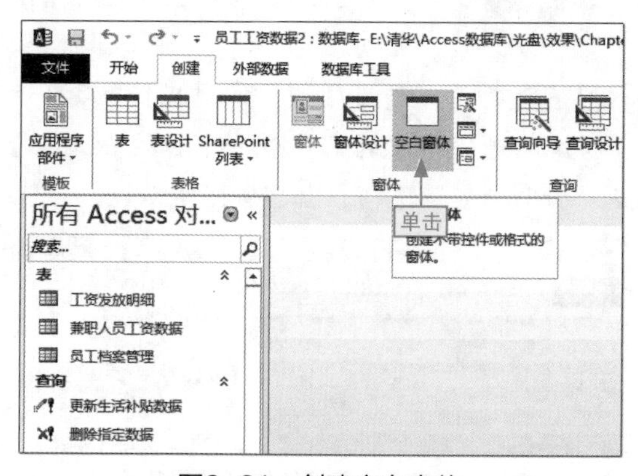

图9-21 创建空白窗体

指定空白窗体的数据源

我们创建的空白窗体只需使用指定表中的数据时，先选择相应对象，再单击“空白窗体”按钮，这样就可以节省第 2 步中显示所有字段的单击操作。

步骤02 系统自动创建空白“窗体1”窗体，❶单击“窗体布局工具”|“设计”选项卡，❷单击“添加现有字段”按钮，❸单击“显示所有表”超链接，如图9-22所示。

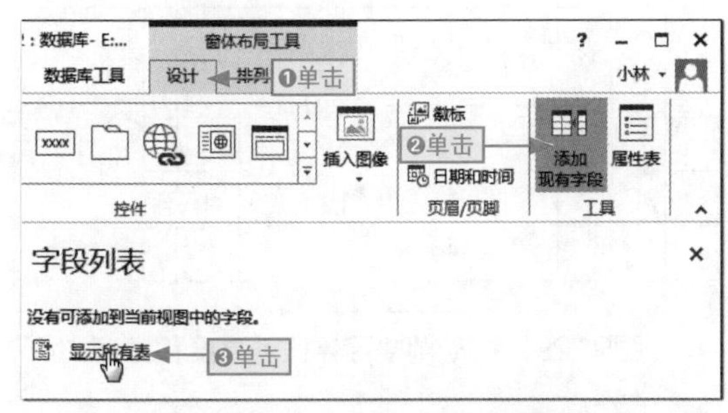

图9-22　添加相应字段数据表

步骤03 ❶展开“员工档案管理”选项，❷选择“员工编号”字段选项。按住鼠标左键不放，❸将其拖动到空白窗体中，释放鼠标，如图9-23所示。

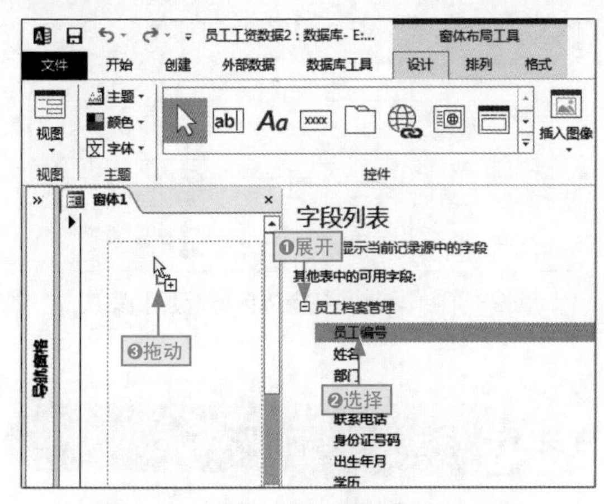

图9-23　添加“员工编号”字段数据

步骤04 以同样的方法将“姓名”字段拖动添加到窗体中，如图9-24所示。

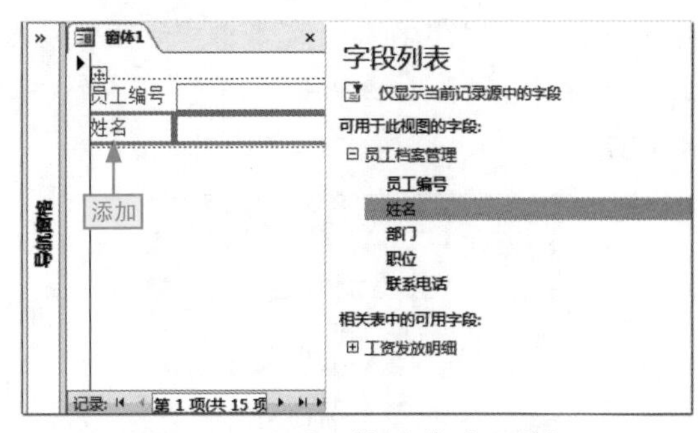

图9-24　添加“姓名”字段数据

步骤05 ❶展开“工资发放明细”选项，在“应发工资”字段选项上❷右击，选择“向视图添加字段”命令，如图9-25所示。

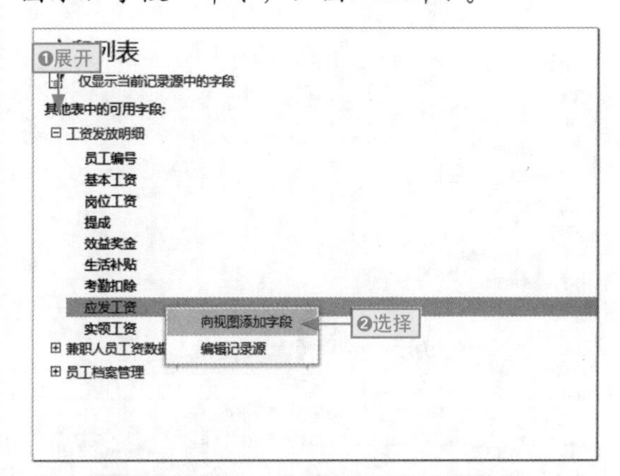

图9-25　添加“应发工资”字段数据

步骤06 以同样的方法将“实领工资”字段数据添加到窗体中，如图9-26所示。

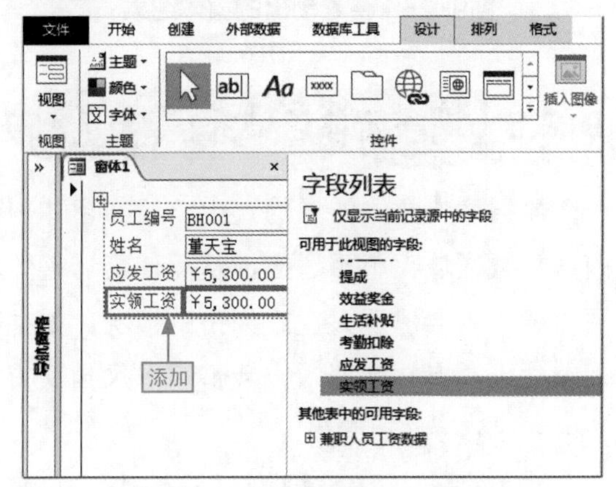

图9-26　添加“实领工资”字段数据

步骤07 按Ctrl+S组合键，打开“另存为”对话框。在“窗体名称”文本框中❶输入“员工工资快速查看”，❷单击“确定”按钮，如图9-27所示。

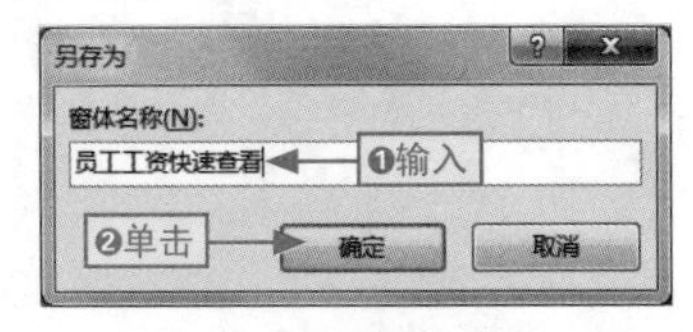

图9-27　保存窗体

步骤08 在“员工工资快速查看”标签上右击，选择“窗体视图”命令，切换到窗体视图中，即可查看到窗体的数据显示结果，如图9-28所示。

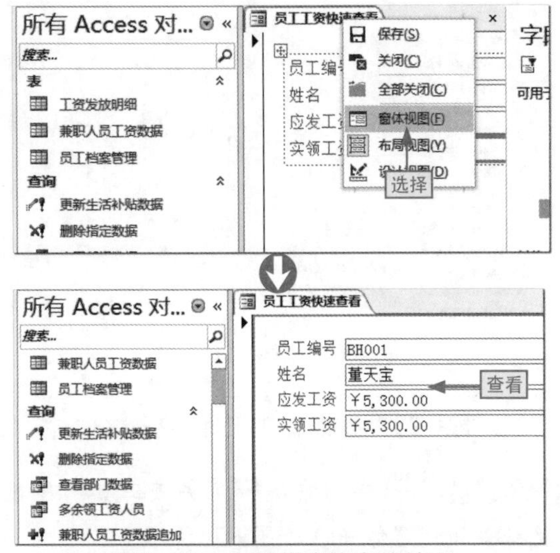

图9-28　查看创建的窗体结果

9.2.5 调整窗体区域大小

数据库中窗体区域的大小一般与窗体中内容放置区域大小相适应，从而使窗体整体更协调。不会出现太空或太挤的情况。如果对窗体大小有特殊要求，我们可以采用最直接的方式——拖动调整。

其方法为：切换到设计视图中，将鼠标指针移动到底部或右边的边界处，当鼠标指针变成✣或✣形状时，按住鼠标左键进行拖动，适当调整窗体区域的高度或宽度，如图9-29所示。

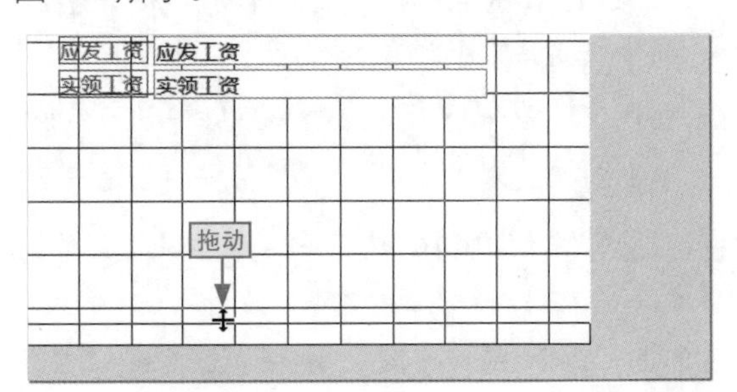

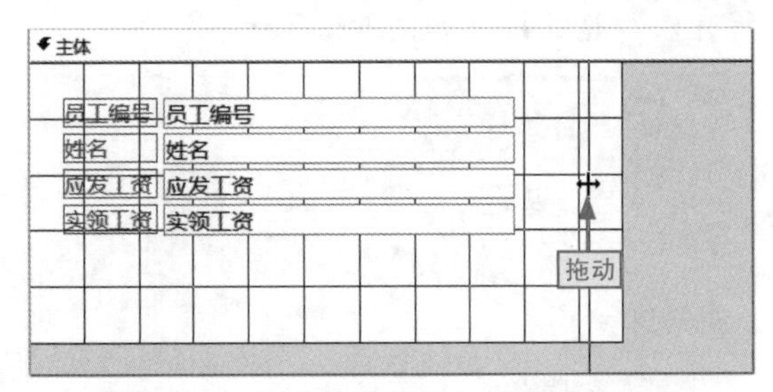

图9-29　拖动调整窗体区域高度和宽度

同时调整窗体区域宽度和高度

若要同时调整窗体区域的高度和宽度，我们可将鼠标指针移到窗体区域的右下角，当鼠标指针变成✥形状时，按住鼠标左键不放进行拖动，直到窗体大小合适后释放鼠标，如图 9-30 所示。

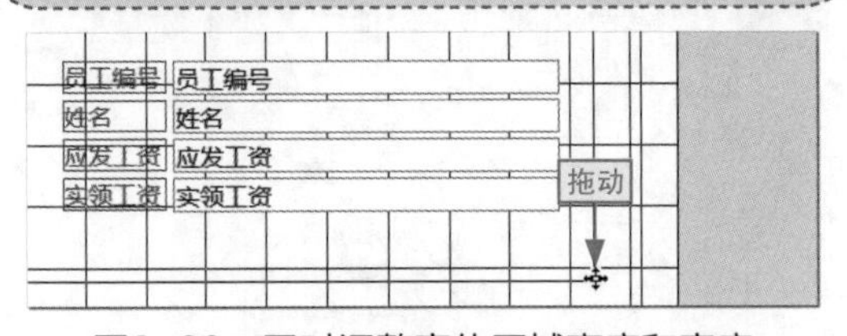

图9-30　同时调整窗体区域高度和宽度

9.2.6 添加页眉/页脚

在Access中页眉/页脚分为两种：窗体页眉/页脚和页面页眉/页脚。它们不仅在显

示上基本相同，而且在添加操作上也基本相同。

下面我们为“问题”数据库中的“问题详细信息”窗体添加窗体页眉/页脚，具体操作如下。

本节素材	⊙\素材\Chapter09\问题.accdb、问题.png
本节效果	⊙\效果\Chapter09\问题.accdb
学习目标	为数据库添加图片和文字的窗体页眉
难度指数	★★

步骤01 打开“问题”素材文件，在“问题详细信息”窗体对象上❶右击，❷选择“设计视图”命令，如图9-31所示。

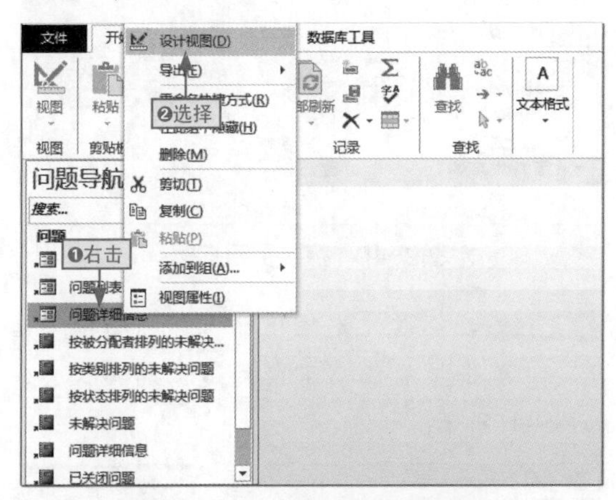

图9-31　以设计视图打开窗体

步骤02 在窗体区域的空白位置右击，选择“窗体页眉/页脚”命令，如图9-32所示。

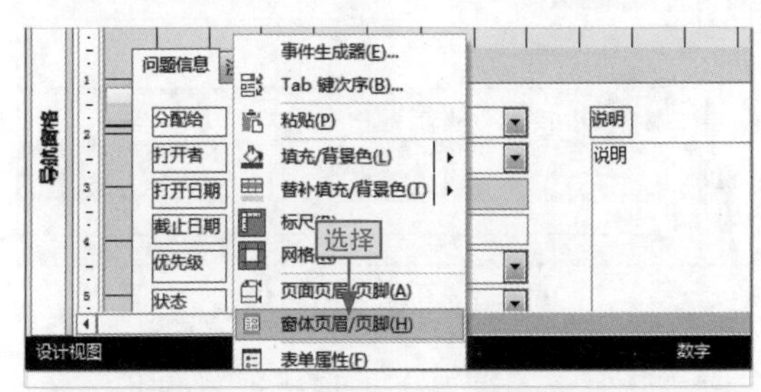

图9-32　添加窗体页眉/页脚

步骤03 ❶单击“窗体设计工具”下的“设计”选项卡，❷单击“徽标”按钮，如图9-33所示。

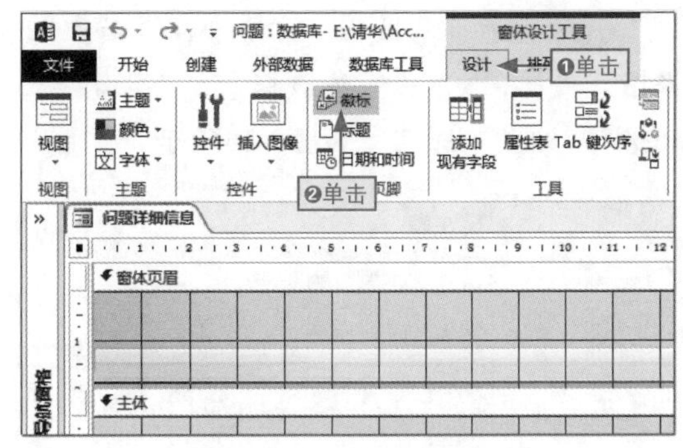

图9-33　添加页眉徽标

步骤04 打开“插入图片”对话框，❶选择徽标图片保存路径，❷选择“问题.png”选项，❸单击“确定”按钮，如图9-34所示。

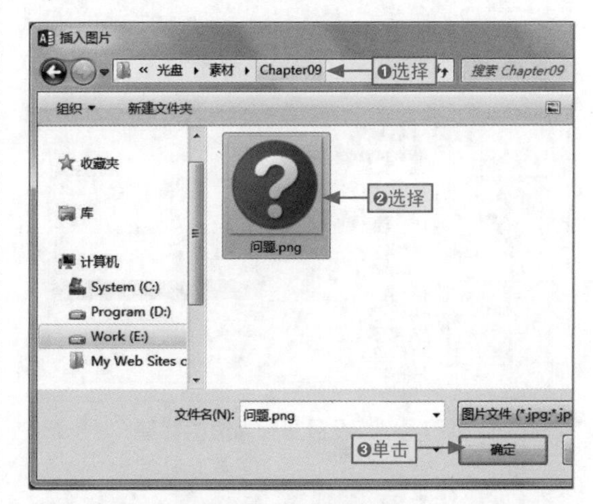

图9-34　添加徽标图片

步骤05 在页眉中的空白处右击，选择“属性”命令，如图9-35所示。

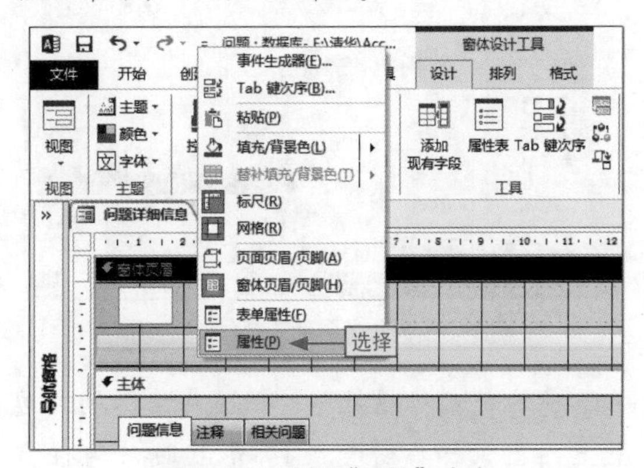

图9-35　选择“属性”命令

步骤06 打开“属性表”窗格，在页眉中❶选择图片徽标，❷单击“缩放模式”下拉按钮，❸选择“缩放”选项，如图9-36所示。

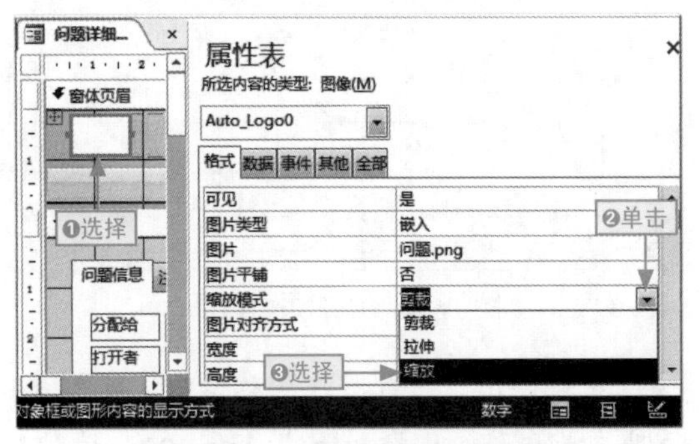

图9-36 设置图片的缩放模式

步骤07 ❶单击“边框样式”下拉按钮，❷选择“透明”选项，如图9-37所示。

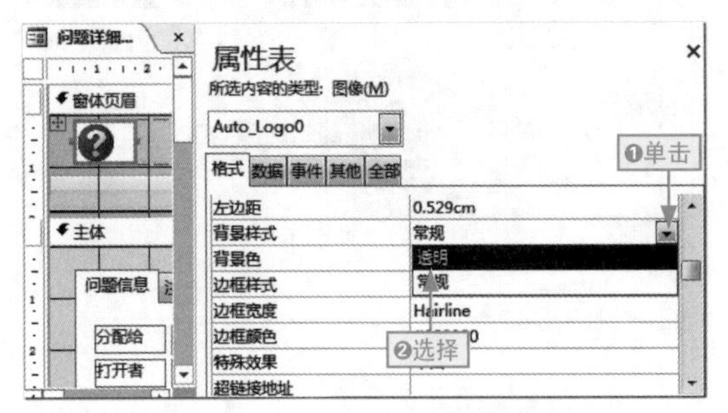

图9-37 设置图片为透明背景

步骤08 ❶单击“背景样式”下拉按钮，❷选择“透明”选项，如图9-38所示。

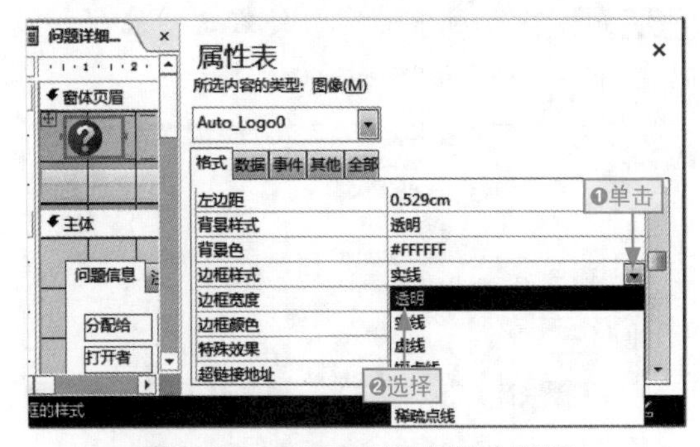

图9-38 设置图片边框线为透明

步骤09 将鼠标指针移动到图片徽标的右边框上，当鼠标指针变成↔形状时，按住鼠标左键不放向右拖动，使其完全适应图片宽度，如图9-39所示。

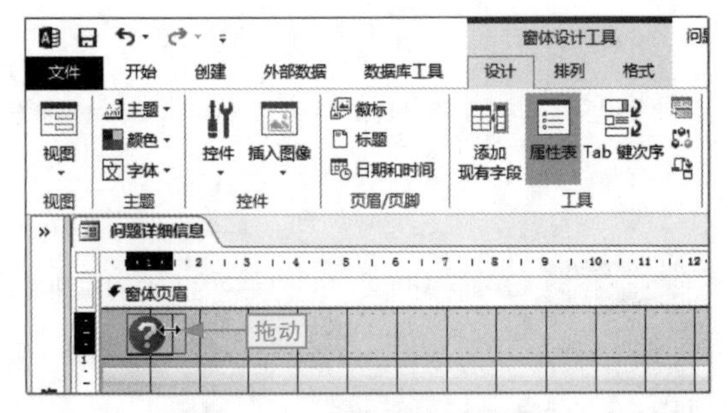

图9-39 调整徽标控制宽度

步骤10 单击“标题”按钮，添加页眉标题，如图9-40所示。

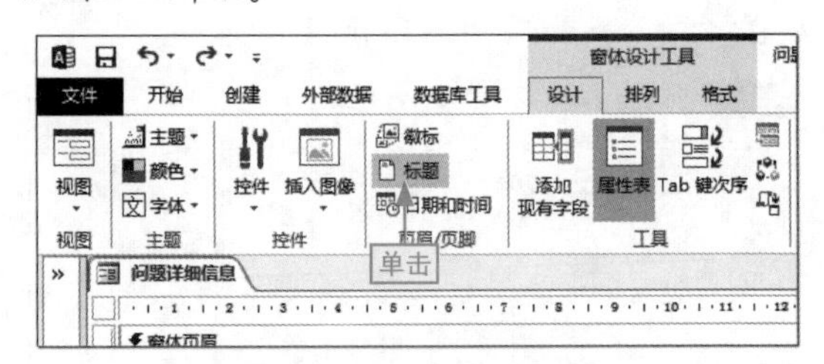

图9-40 添加页眉标题

步骤11 在标题文本框中输入“问题详细信息”，单击页眉任意空白处退出编辑状态，如图9-41所示。

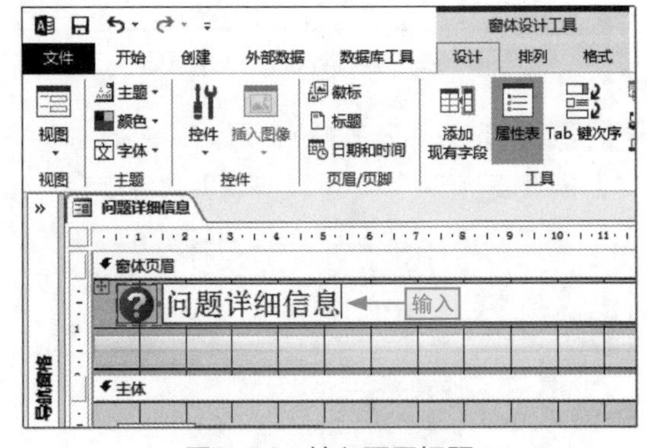

图9-41 输入页眉标题

步骤12 ❶单击标题文本框边框处将其选择，❷单击出现的⊞按钮，选择徽标和标题对象，按↓键3次，如图9-42所示。

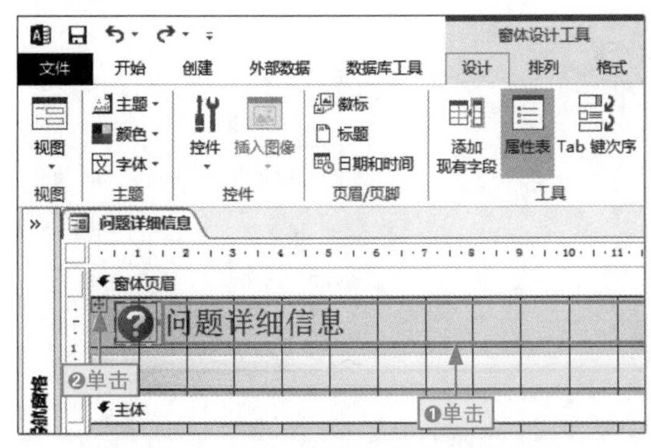

图9-42　移动页眉内容对象整体位置

步骤13 ❶单击“视图”下拉按钮，❷选择“窗体视图”命令，如图9-43所示。

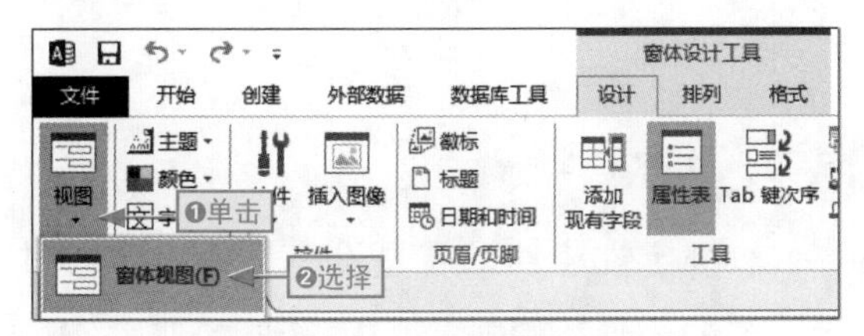

图9-43　切换到窗体视图

步骤14 在窗体视图中即可查看到添加的窗体页眉的效果，如图9-44所示。

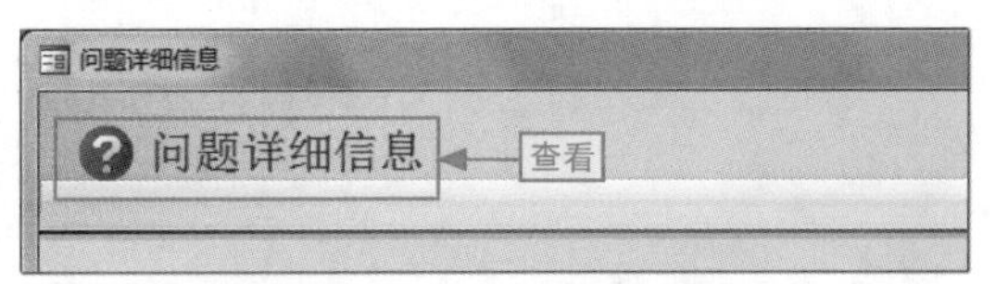

图9-44　查看添加页眉效果

小绝招

快速删除页眉/页脚

要删除刚才添加的页眉／页脚，不用手动逐一删除其中的对象，只需在窗体区域的任意空白位置右击，❶选择“窗体页眉／页脚”或“页面页眉／页脚”命令，打开提示对话框，❷单击“是”按钮，如图 9-45 所示。

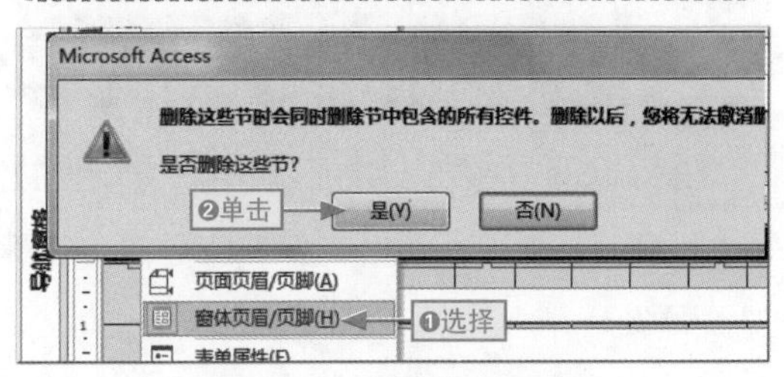

图9-45　删除页眉/页脚

长知识

窗体视图不可用

有时用户会发现，我们的窗体视图不可用，也就是“窗体视图”命令或选项没有，如图 9-46 所示。这时，我们只需将其激活，其方法为：在“属性表”窗格中设置“允许窗体视图”参数为“是”即可，如图 9-47 所示。

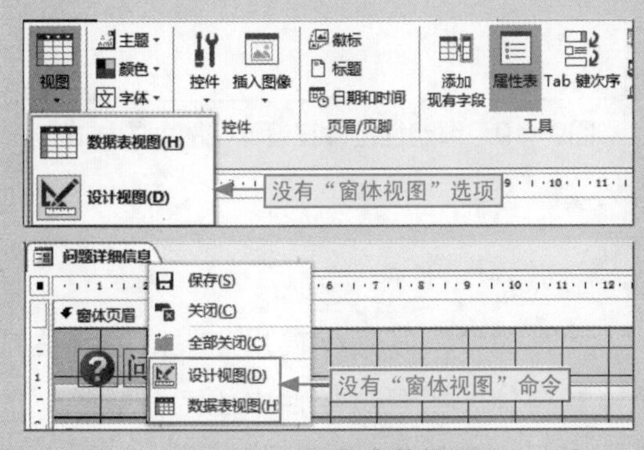

图9-46　没有窗体视图

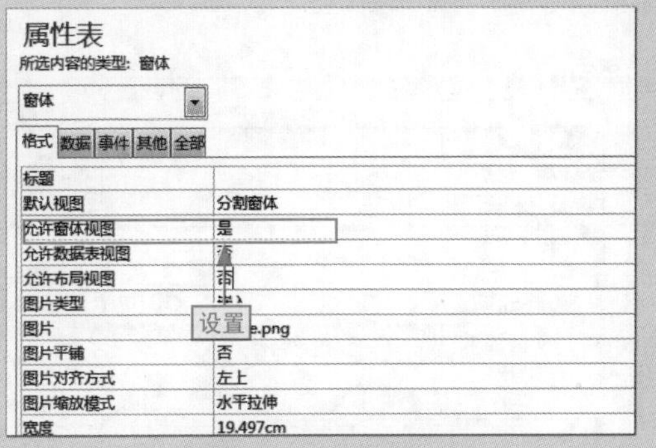

图9-47　允许窗体视图

9.3 为窗体添加控件

小白：前面的窗体基本上都是展示数据信息，我们怎样让窗体成为动态互动的，拥有人机交互功能？

阿智：要让窗体具有人机交互功能，需要在窗体上添加相应的控件。

小白：怎样添加？赶快教教我吧。

控件，我们可以简单地将其理解为流程操作和控制的开关，人机互动的桥梁，常用于窗体和报表中。下面我们就来认识和添加常用控件。

9.3.1 认识控件

在Access中控件分为三大类：绑定性控件、非绑定性控件和计算控件。下面分别来进行了解。

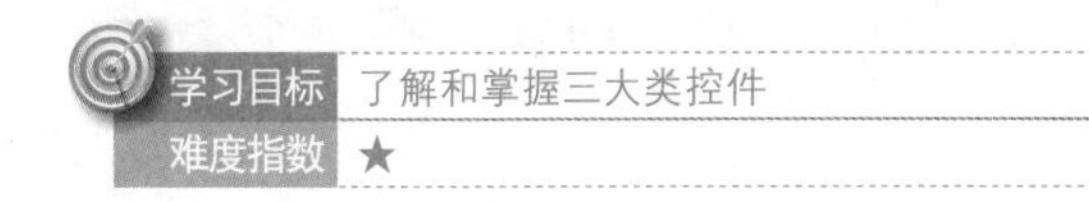

绑定性控件

绑定性控件，强调绑定，也就是控件的数据源与指定的字段捆绑在一起，一方变化，另一方也随着变化。图9-48所示为设计视图中绑定控件的样式。

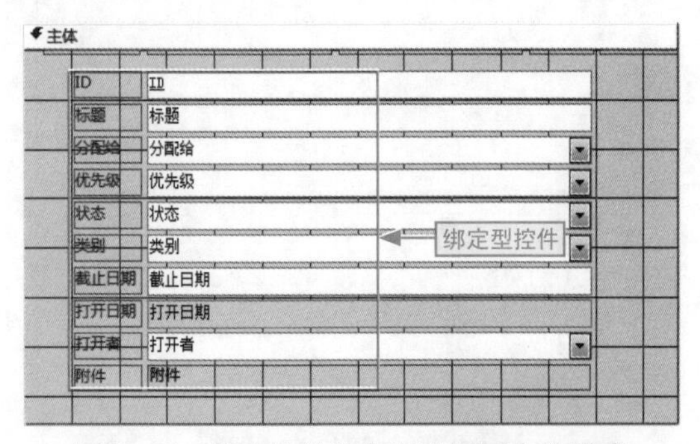

图9-48　绑定性控件在设计视图中的样式

非绑定性控件

非绑定性控件，就是没有与指定字段进行捆绑的控件，是独立的。常见的非绑定性控件有控制按钮、标题、输入文本框等，如图9-49所示。

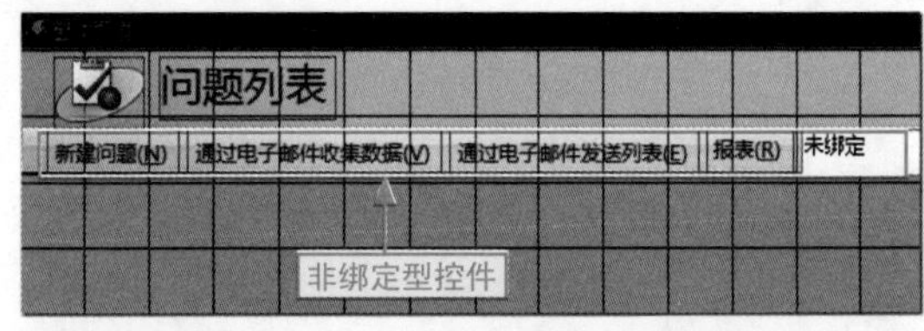

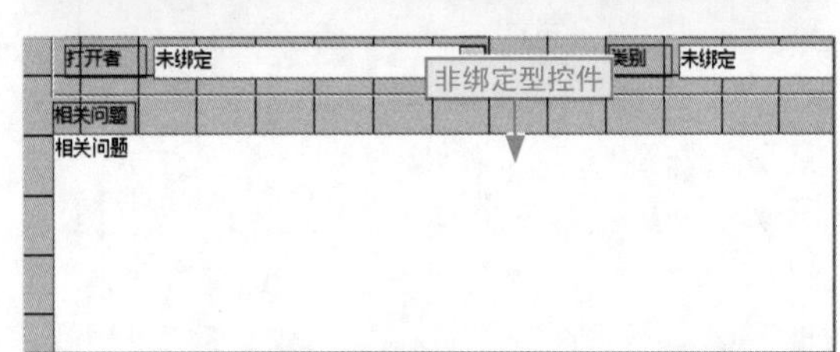

图9-49　绑定性控件在设计视图中的样式

计算控件

计算控件，它是根据用户设定的表达式来计算窗体、报表或控件中的字段数据，同时，不会对数据源产生影响。

9.3.2 添加控件的常用方法

在Access中添加控件的方法主要有两种：一是从“控件”列表框中选择添加，二是通过拖动字段列表添加。其中，第二种添加方法在创建空白窗体已进行过详细讲解，这里就不再赘述。

下面以在“员工工资数据3”数据库中，为“员工工资明细 速查”窗体添加“实领工资”字段数据和控制按钮为例，讲解从“控件”列表框中选择添加控件的相关操作，具体操作如下。

本节素材	\素材\Chapter09\员工工资数据3.accdb
本节效果	\效果\Chapter09\员工工资数据3.accdb
学习目标	添加控件的方法
难度指数	★★

步骤01 打开“员工工资数据3”素材文件，在“员工工资明细 速查”窗体对象上❶右击，❷选择“设计视图”命令，如图9-50所示。

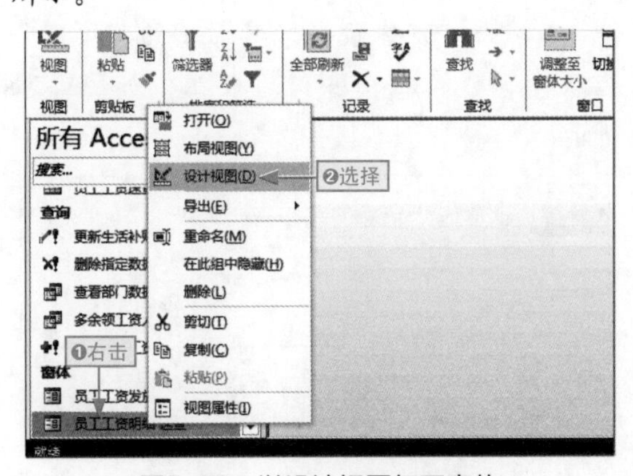

图9-50 以设计视图打开窗体

步骤02 ❶单击“窗体设计工具”下的“设计”选项卡，❷在“控件”组中选择“文本框”控件，❸在窗体主体中单击，如图9-51所示。

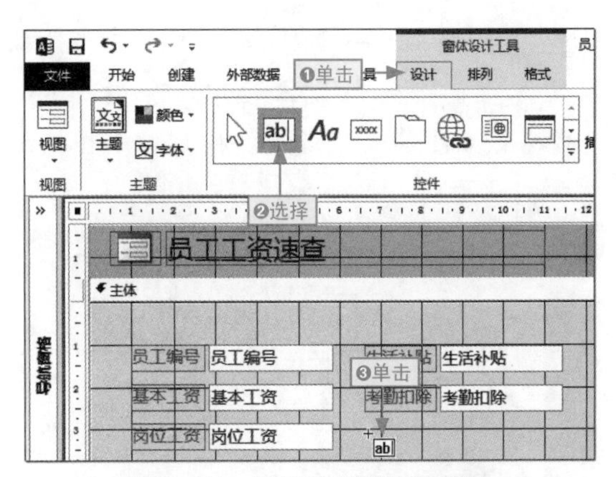

图9-51 以设计视图打开窗体

步骤03 打开“文本框向导”对话框，❶设置文本框控件内容的格式，❷单击“下一步”按钮，如图9-52所示。

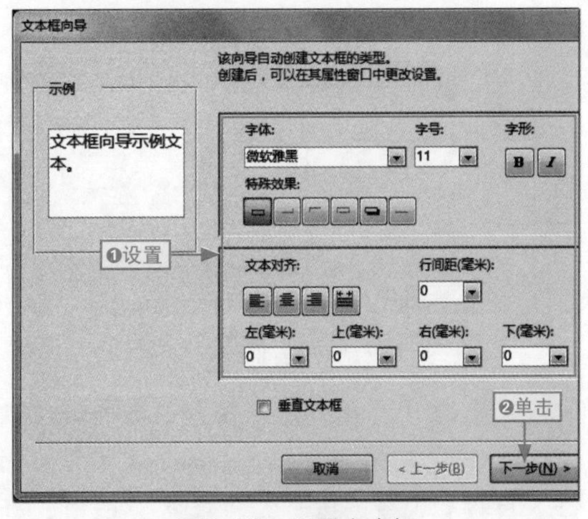

图9-52 设置文本框

步骤04 进入下一步对话框中，直接单击“下一步”按钮，如图9-53所示。

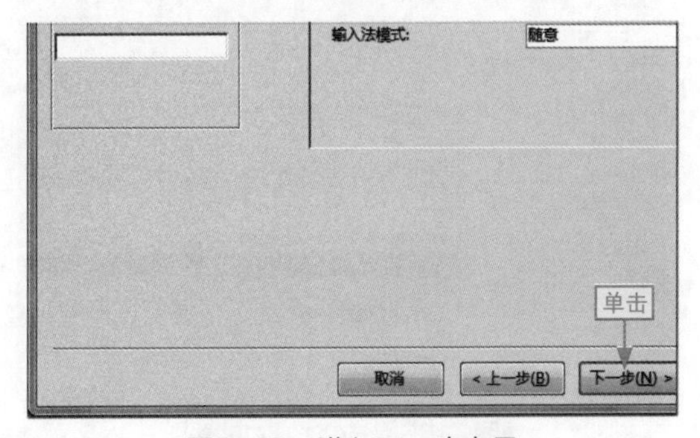

图9-53 进入下一步向导

步骤05 进入下一步对话框中，在“请输入文本框的名称”文本框中❶输入“实领工资”，❷再单击“完成”按钮，如图9-54所示。

图9-54 输入文本框的名称

步骤06 在插入的文本框控件的文本框部分右击，选择“属性”命令，如图9-55所示。

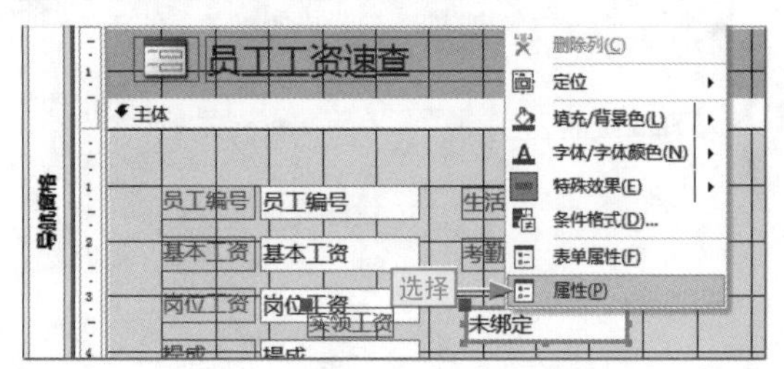

图9-55 选择“属性”命令

步骤07 打开“属性表”窗格，❶单击“数据”选项卡，❷单击“控件来源”文本框右侧的下拉按钮，❸选择“实领工资”选项，如图9-56所示。

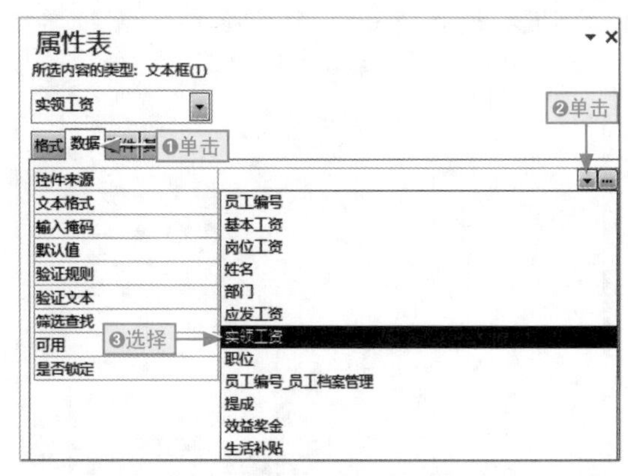

图9-56 选择控件来源

小绝招

在属性表中选择或切换对象

选择设置属性的目标对象，可直接在“属性表”窗格中进行选择或切换，我们只需❶单击“属性表”窗格中的下拉按钮，❷选择相应的对象选项即可，如图9-57所示。

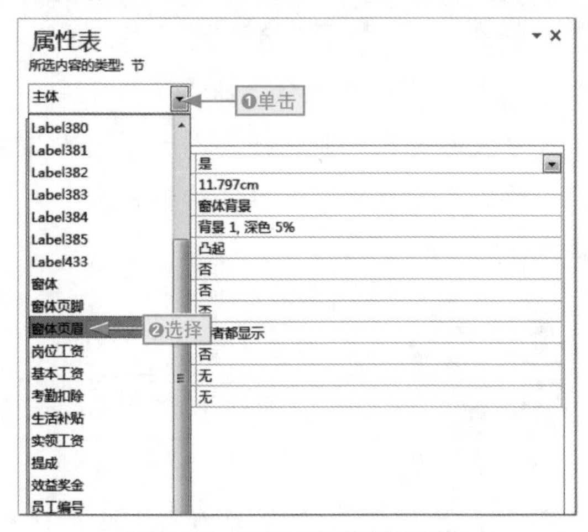

图9-57 选择或切换目标对象

步骤08 ❶按住Shift键的同时拖动鼠标指针选择“生活补贴”和“考勤扣除”文本框控件，❷单击“窗体设计工具”下的“排列”选项卡，❸单击“堆积”按钮，如图9-58所示。

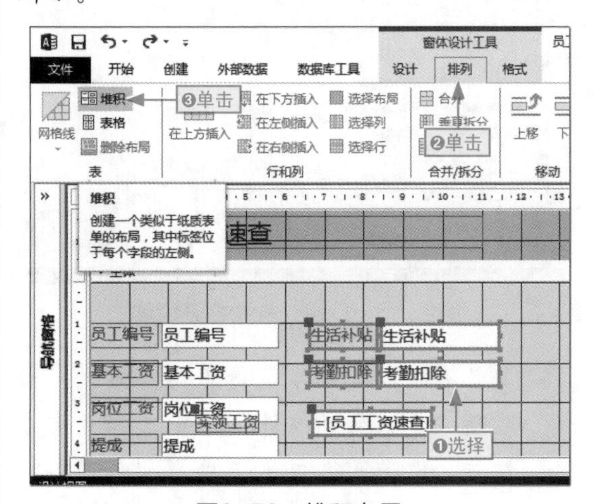

图9-58 堆积布局

步骤09 ❶单击“窗体设计工具”下的“设计”选项卡，在“控件”组中❷选择“按钮”控件选项，❸在窗体主体中单击，如图9-59所示。

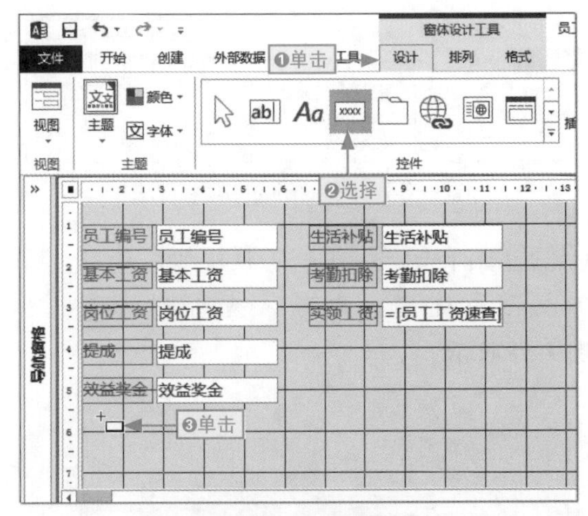

图9-59 添加按钮控件

步骤10 打开“命令按钮向导”对话框，❶选择“记录导航”选项，❷选择“转至第一项记录”选项，❸单击“下一步”按钮，如图9-60所示。

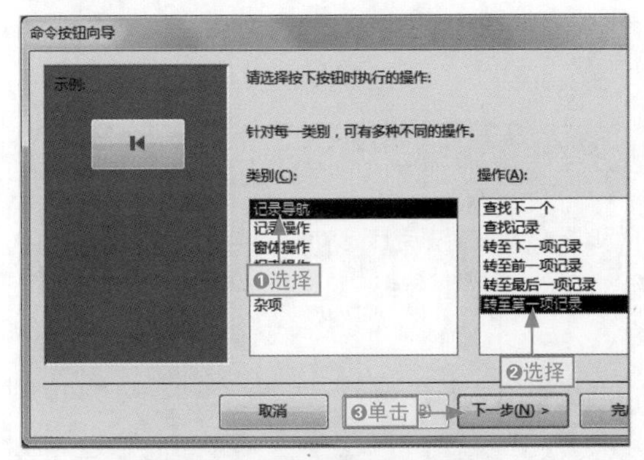

图9-60 指定按钮执行操作

步骤11 进入下一步向导对话框中，❶选中“图片”单选按钮，❷选择“转至第一项”选项，❸单击“下一步”按钮，如图9-61所示。

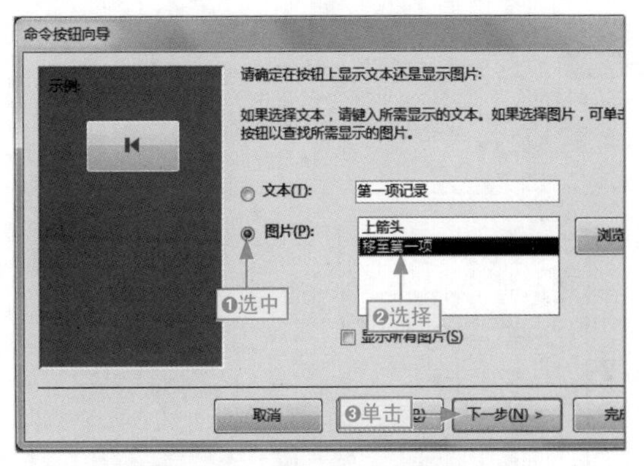

图9-61 在按钮上显示图片

步骤12 进入下一步向导对话框中，在文本框中❶输入“btn1”，❷单击“完成”按钮，如图9-62所示。

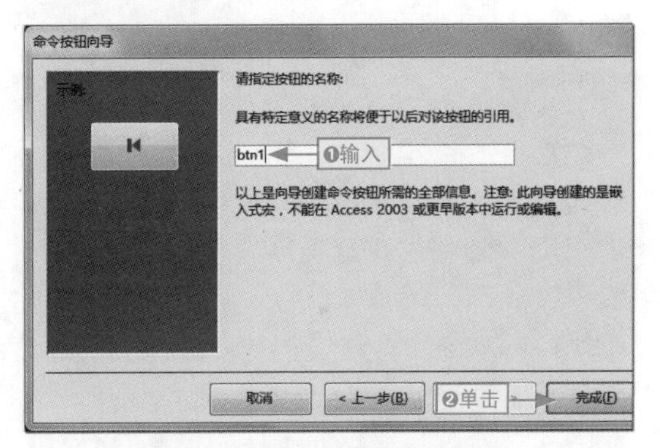

图9-62 输入按钮应用的名称

对象命名有巧妙

在Access中对对象命名，要求易记和系统易识别，所以通常情况下都是以英文字符+数字格式搭配。

步骤13 ❶以同样的方法添加其他记录切换按钮并将它们选择，❷单击“窗体设计工具”下的“排列”选项卡，❸单击“表格”按钮，如图9-63所示。

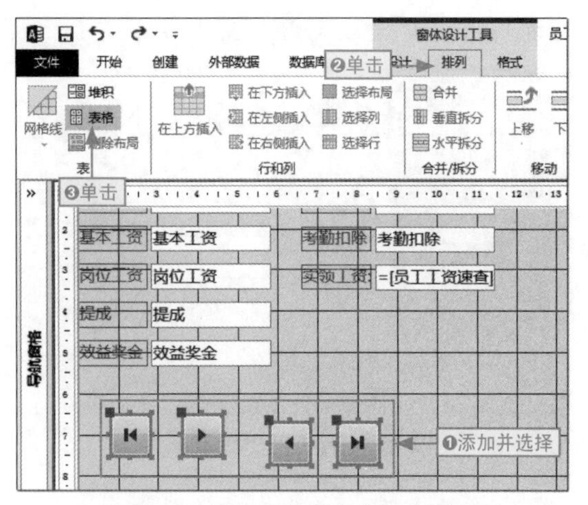

图9-63 添加其他按钮并调整布局

取消布局

为对象应用布局样式后，系统对象会以特定的方式排列和对齐，同时自动将所选对象组合成一个整体。这时，要将它们再次解散，可直接单击“窗体设计工具”|“排列”选项卡中的“删除布局”按钮或在其上右击，选择“布局”|“删除布局”命令，如图 9-64 所示。

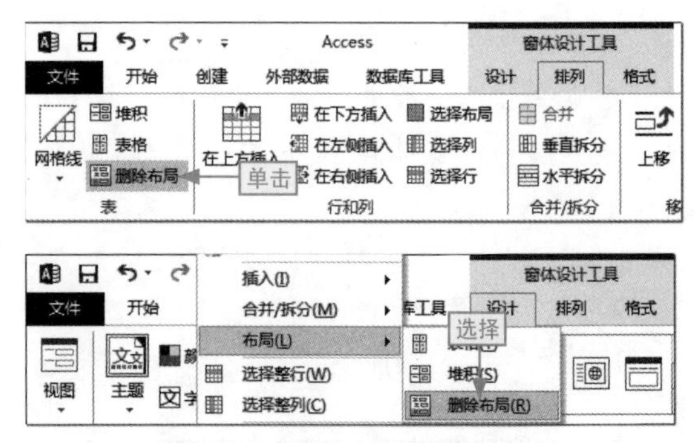

图9-64 删除布局的常用方法

步骤14 单击“视图”下拉按钮，选择“窗体视图”选项，即可，查看到控件，如图9-65所示。

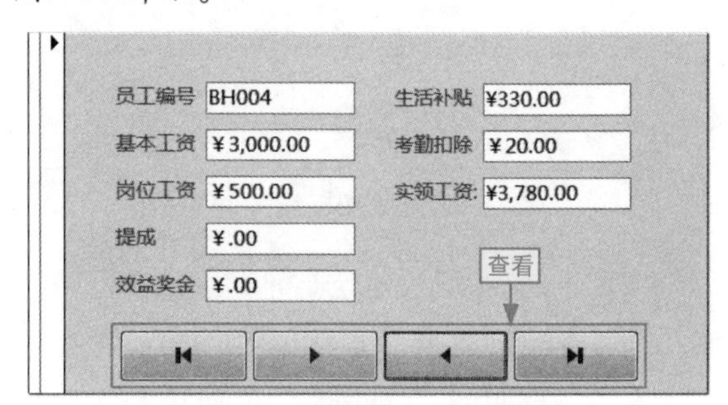

图9-65 查看添加控件的结果

命令按钮图片自定义

我们添加的按钮，除了直接应用系统自带的图片外，还可以自定义设置，使其更加美观和实用。其方法为：进入“图片按钮向导”对话框中，❶选中“图片”单选按钮，❷单击“浏览”按钮，打开“选择图片”对话框，❸选择相应图片，❹单击“打开”按钮完成，如图 9-66 所示。

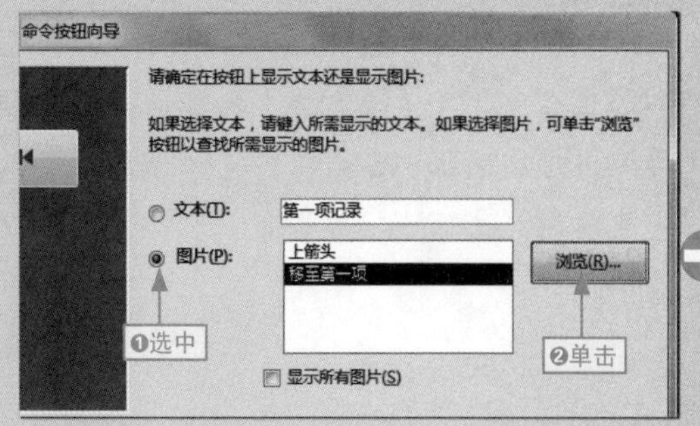

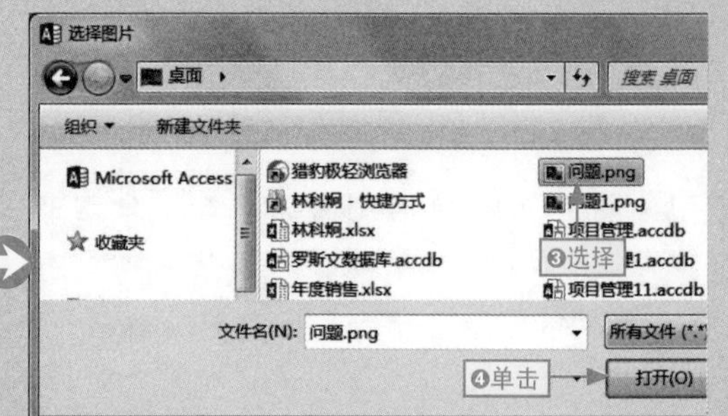

图9-66 自定义按钮的图片

9.3.3 设置控件格式

数据库中控件的格式，可以分为控件的数据字体格式和本身的形状格式。它们设置的方法都较为简单。

下面以“罗斯文数据库”数据库中对登录窗体中控件字体和“登录”按钮样式进行设置为例，其具体操作如下。

本节素材	◎\素材\Chapter09\罗斯文数据库.accdb
本节效果	◎\效果\Chapter09\罗斯文数据库.accdb
学习目标	设置控件字体格式和外观样式
难度指数	★★

步骤01 打开“罗斯文数据库”素材文件，在“登录对话框”窗体对象上❶右击，❷选择“设计视图”命令，如图9-67所示。

图9-67 以设计视图打开窗体

步骤02 在窗体主体中❶移动鼠标指针选择目标控件对象，❷单击“窗体设计工具”|“格式”选项卡，在“字体”文本框中❸输入“微软雅黑”，按Enter键确认，如图9-68所示。

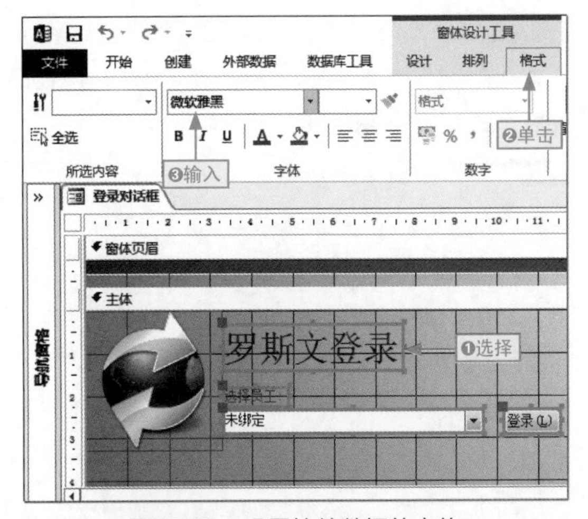

图9-68 设置控件数据的字体

快速选择窗体中所有对象

要选择窗体中的所有对象，不用依次选择，也不用按住 Shift 键拖选，只需单击“窗体设计工具”|“格式”选项卡中“所选内容”组中的“全选”按钮。

步骤03 ❶选择“选择员工”标签控件，在“字号”文本框中❷输入“10”，❸单击“加粗”按钮，如图9-69所示。

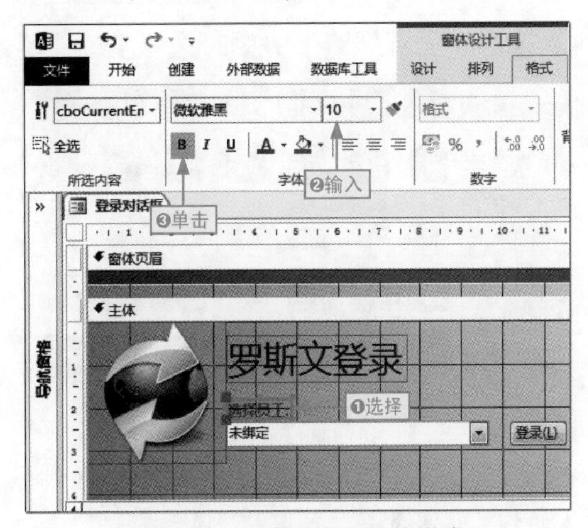

图9-69 设置字号和加粗样式

步骤04 ❶选择“登录”标签控件，❷单击“更改形状”下拉按钮，❸选择“剪去单角的矩形”选项，如图9-70所示。

图9-70　更改按钮的形状样式

步骤05 ❶单击“快速样式”下拉按钮，❷选择“强烈效果-蓝色，强调颜色5”选项，如图9-71所示。

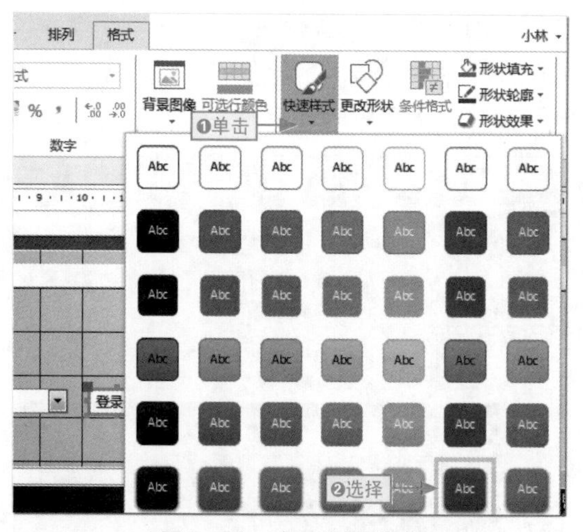

图9-71　应用快速样式

步骤06 切换到窗体视图中，即可查看到整体的格式设置效果，如图9-72所示。

图9-72　查看设置窗体控件格式的效果

其他地方设置字体格式

设置控件字体格式，不仅可以在“窗体设计工具”|“设计”选项卡的“字体”组中设置，还可以在“属性表”窗格的“格式”选项卡中进行，另外，还可以在“开始”选项卡的“文本格式”组中设置，如图9-73所示。

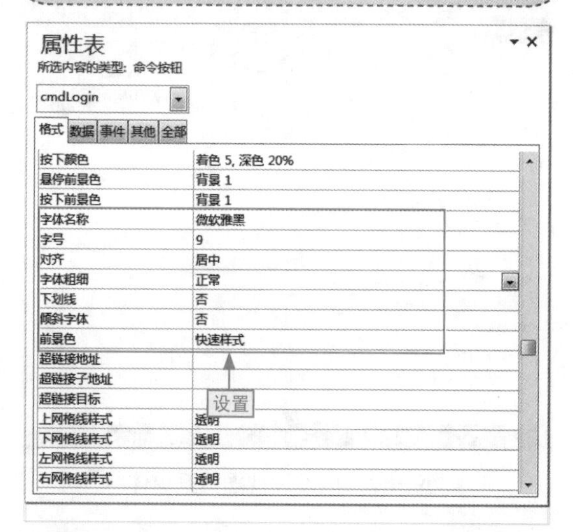

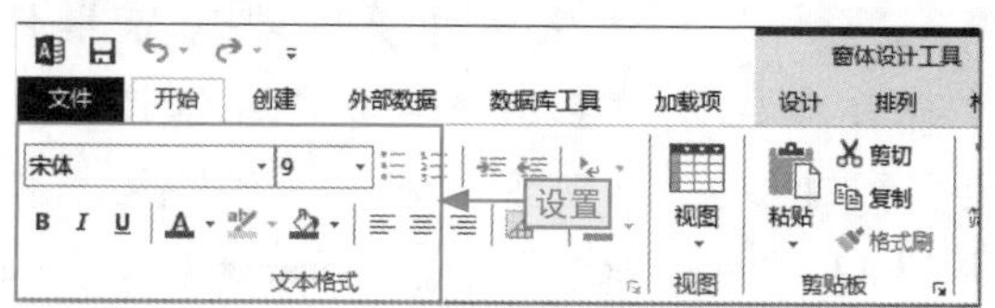

图9-73　其他设置控件数据字体格式的途径

9.4 创建高级窗体

小白：你讲的简单窗体知识，我大概掌握了，如果我需要创建高级窗体，该如何操作呢?

阿智：高级窗体包括很多方面的内容，如动态切换数据、查询子窗体数据记录等。

了解和掌握了窗体的基础操作和通用操作后，我们就可以对窗体进行更复杂的操作和设置，使其更加专业化，更能解决实际问题，也更能体现出数据库的全面性。下面分别进行介绍。

9.4.1 数据动态切换

在Access窗体中，我们可以通过关键字段选项的切换来实现窗体数据内容的切换，从而实现数据的快速切换。

下面以在“员工工资数据4”数据库中为“员工档案 查看”添加数据动态切换为例，其具体操作如下。

本节素材	⊙\素材\Chapter09\员工工资数据4.accdb
本节效果	⊙\效果\Chapter09\员工工资数据4.accdb
学习目标	下拉选项控制窗体数据的切换和显示
难度指数	★★★

步骤01 打开“员工工资数据4”素材文件，以设计视图，打开“员工档案查看”窗体。选择“员工编号”文本框控件的文本框部分，❶单击“窗体设计工具”下的“设计”选项卡，❷单击“属性表”按钮，如图9-74所示。

图9-74 单击“属性表”按钮

更改控件类型

如果我们不太满意在窗体中添加的控件，可以进行快速更改，其快速操作为：在目标控件上❶右击，❷选择“更改为”命令，❸在弹出的子菜单中选择相应的控件类型即可，如图 9-75 所示。

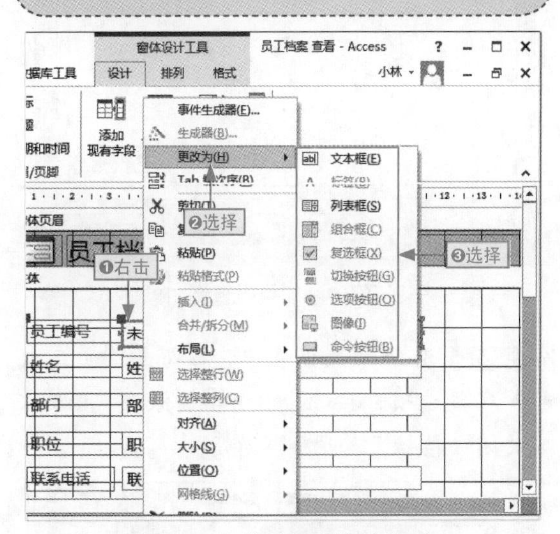

图9-75 快速更改控件类型

步骤02 打开“属性表”窗格，❶单击“数据”选项卡，❷清除“控件来源”文本框中的数据，❸单击“行来源”选项后的“对话框启动器”按钮，如图9-76所示。

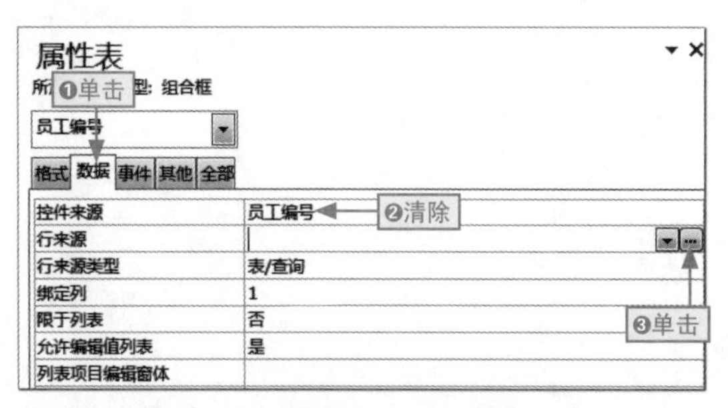

图9-76　清除控件默认数据来源

步骤03 打开“显示表”对话框，❶单击“查询”选项卡，❷选择“员工档案管理 查询”选项，❸单击“添加”按钮，❹单击“关闭”按钮，如图9-77所示。

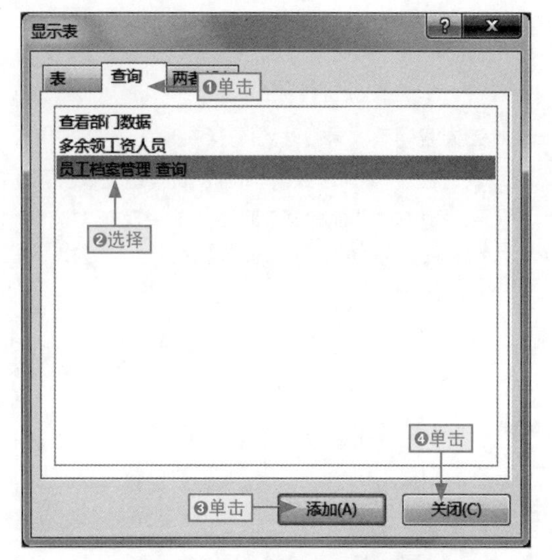

图9-77　添加目标查询对象

步骤04 在条件数据表中，❶双击“员工编号”字段选项，按Ctrl+S组合键保存，❷单击“关闭”按钮，如图9-78所示。

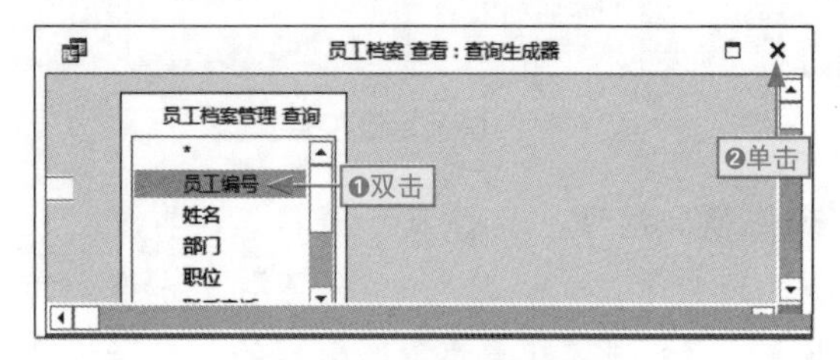

图9-78　添加字段数据

步骤05 在“属性表”窗格中，❶单击“事件”选项卡，❷单击“更新后”选项后的“对话框启动器”按钮，如图9-79所示。

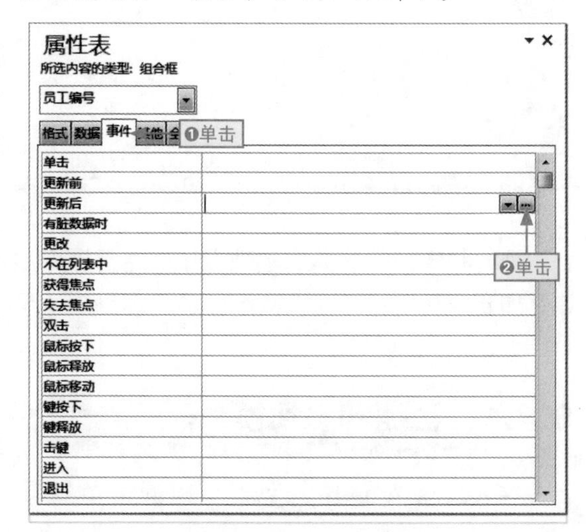

图9-79　添加更新事件

步骤06 打开“选择生成器”对话框，❶选择“宏生成器”选项，❷单击“确定”按钮，如图9-80所示。

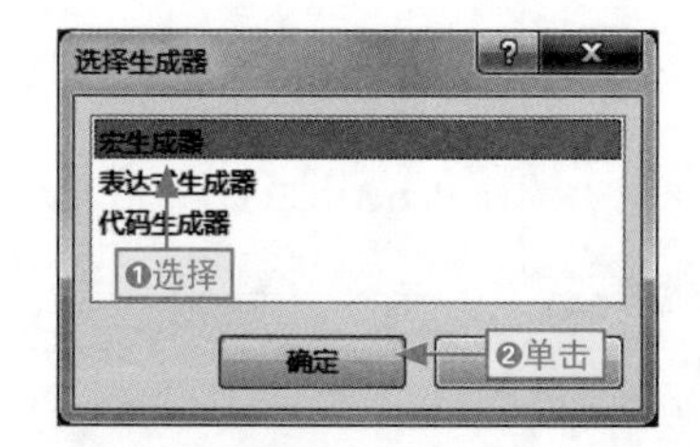

图9-80　选择“宏生成器”选项

步骤07 打开宏生成器窗口，❶单击事件下拉按钮，❷选择SearchForRecord选项，如图9-81所示。

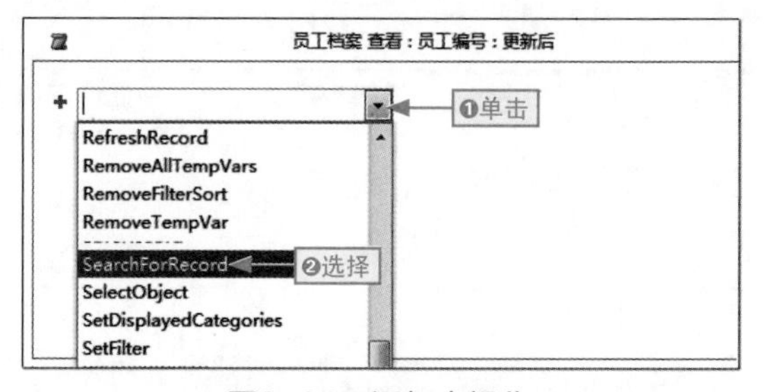

图9-81　添加宏操作

步骤08 在“当条件”文本框中❶输入“="[员工编号] = " & """ & [Screen].[ActiveControl] & """”，❷单击“关闭”按钮，如图9-82所示。

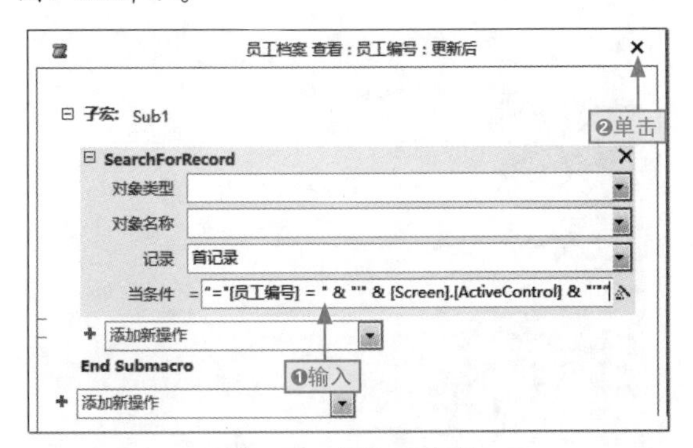

图9-82 添加宏条件

步骤09 打开提示对话框，单击“是”按钮，如图9-83所示。

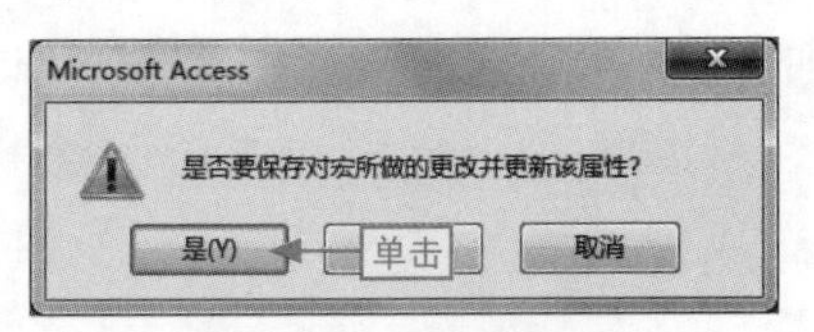

图9-83 保存事件宏

步骤10 切换到窗体视图中，❶单击“员工编号”下拉按钮，❷选择任一编号选项，这里选择BH007选项，如图9-84所示。

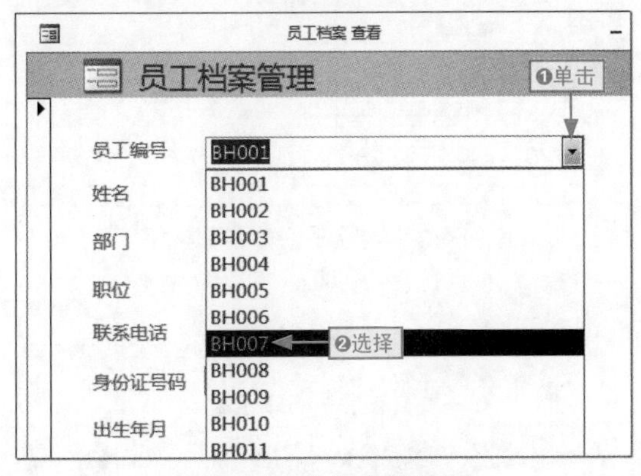

图9-84 选择字段数据

步骤11 系统自动切换到员工编号为BH007的数据信息，如图9-85所示。

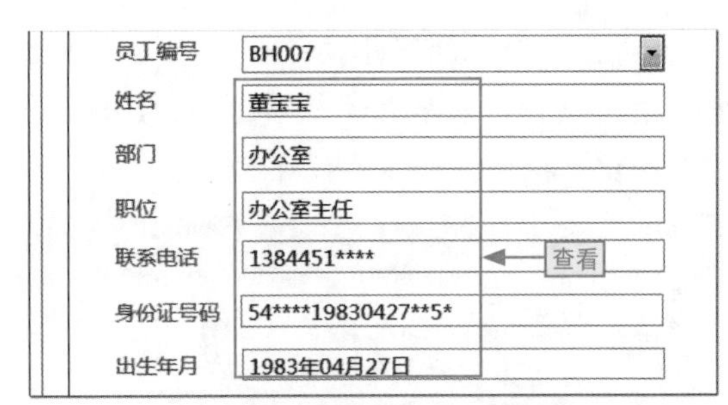

图9-85 查看切换数据效果

9.4.2 查询子窗体数据记录

对数据的查询不仅可以通过输入参数或选择选项来完成，还可以动态地输入指定数据进行查询。

下面以在“员工工资数据5”数据库中为“F_查询”添加子窗体数据查询为例，其具体操作如下。

本节素材	\素材\Chapter09\员工工资数据
本节效果	\效果\Chapter09\员工工资数据5.accdb
学习目标	通过控件、代码实现子窗体数据的查询
难度指数	★★★★

步骤01 打开“员工工资数据5”素材文件，❶以设计视图打开“F_查询”窗体，❷单击“窗体设计工具”下的“设计”选项卡，在“控件”列表框中❸选择“子窗体”控件选项，在窗体区域中❹单击，如图9-86所示。

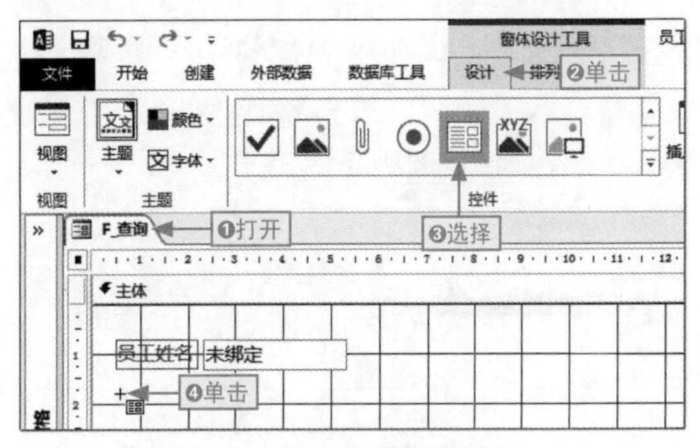

图9-86 添加子窗体控件

步骤02 打开“子窗体向导”对话框，❶选中“使用现有的表和查询”单选按钮，❷单击“下一步”按钮，如图9-87所示。

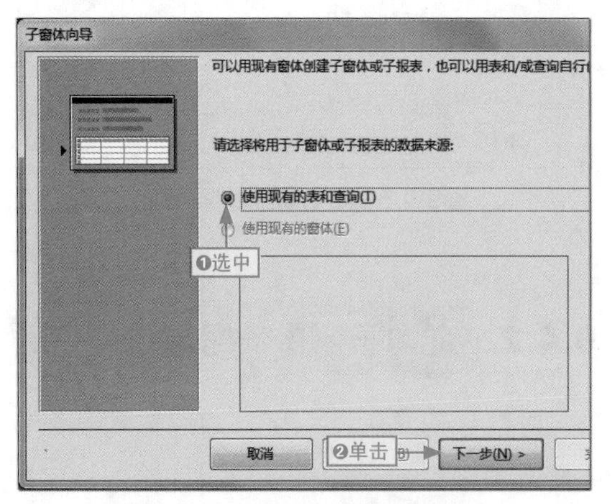

图9-87 选择子窗体的数据来源

步骤03 进入下一步向导对话框中，❶单击“表/查询”右侧的下拉按钮，❷选择“查询:员工档案管理 查询”选项，如图9-88所示。

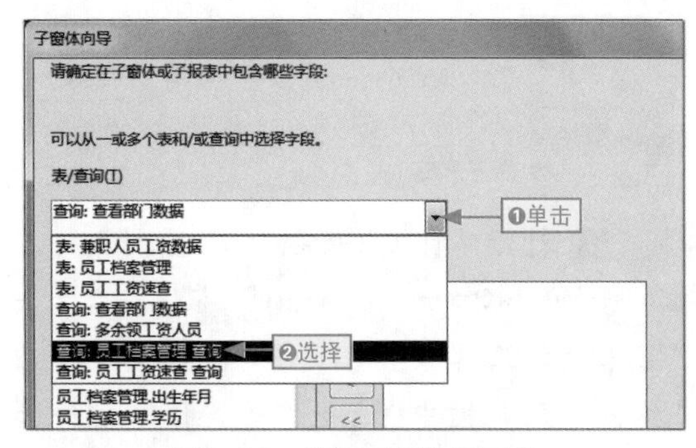

图9-88 选择目标数据对象

步骤04 ❶单击全部添加按钮，将所有字段添加到“选定字段”列表框中，❷单击“下一步”按钮，如图9-89所示。

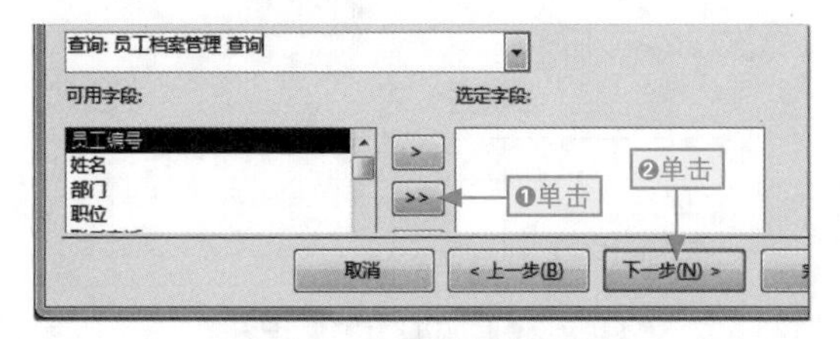

图9-89 添加所有字段选项

步骤05 进入下一步向导对话框中，在“请指定子窗体或子报表的名称”文本框中❶输入“FD_查询”，❷单击“完成”按钮，如图9-90所示。

图9-90 设置子窗体的名称

步骤06 在窗体主体中❶选择子窗体的名称标签，按Delete键将其删除，❷选择子窗体整体将其移到合适位置，如图9-91所示。

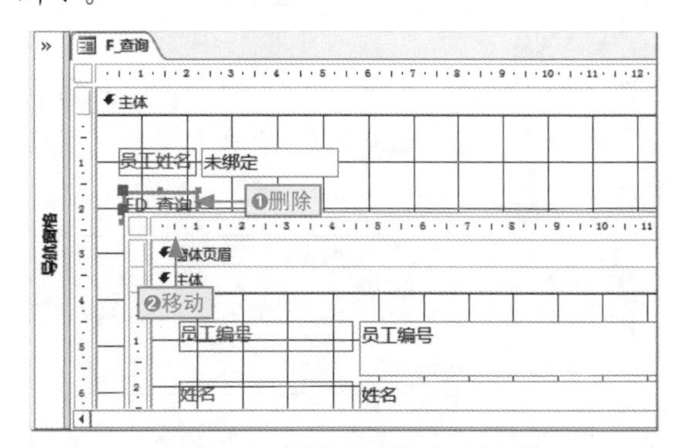

图9-91 删除子窗体名称标签

快速添加子窗体对象

若我们添加的子窗体不需要进行特殊设置，特别是对窗体对象而言，可以在导航窗体中将其选中，按住鼠标左键不放将其拖到目标窗体中，释放鼠标即可，如图 9-92 所示。

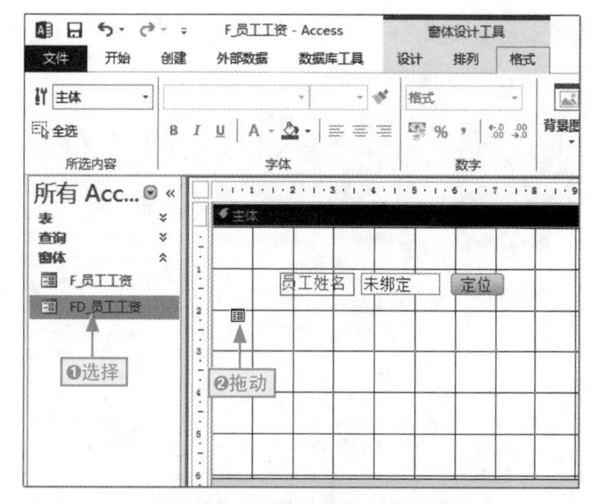

图9-92 拖动添加子窗体

步骤07 ❶在“控件”组中选择“按钮”控件选项，在窗体中❷单击，如图9-93所示。

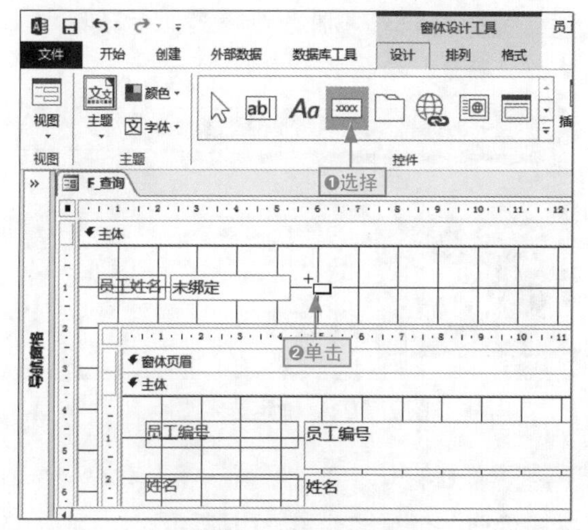

图9-93 添加按钮控件

步骤08 打开“命令按钮向导”对话框，单击“取消”按钮，如图9-94所示。

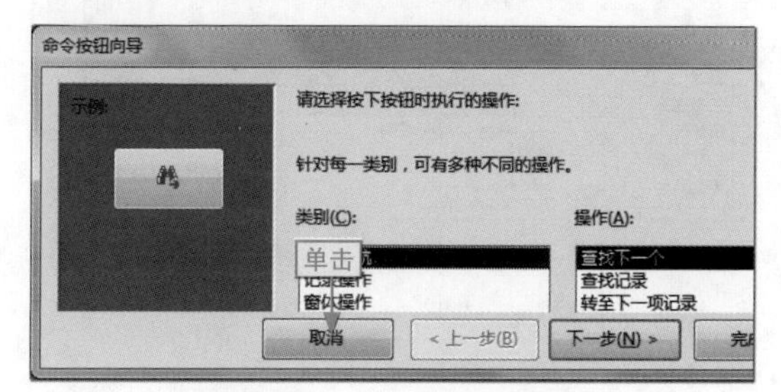

图9-94 不进行任何设置

步骤09 打开“属性表”窗格，❶单击“全部”选项卡，分别在“名称”和“标题”文本框中❷输入“ch”和“查询”，❸单击“图片标题排列”右侧的下拉按钮，❹选择“常规”选项，如图9-95所示。

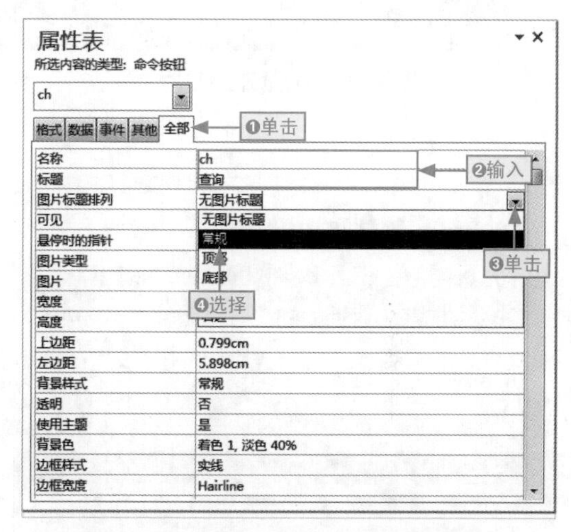

图9-95 设置按钮控件的名称和标题

步骤10 ❶选择“图片”选项，❷单击激活“对话框启动器”按钮，如图9-96所示。

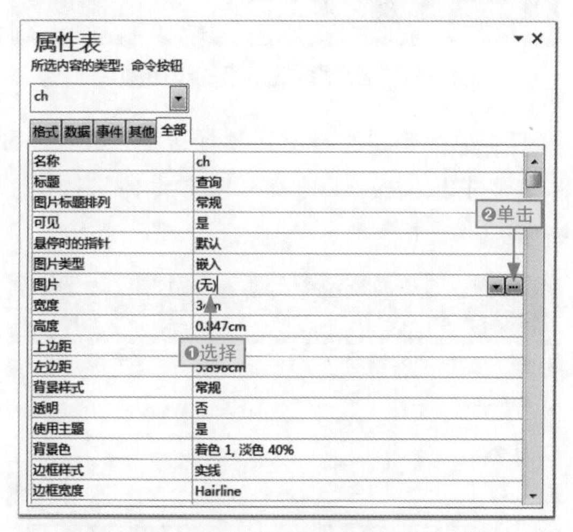

图9-96 单击“对话框启动器”按钮

步骤11 打开“图片生成器”对话框，单击“浏览”按钮，如图9-97所示。

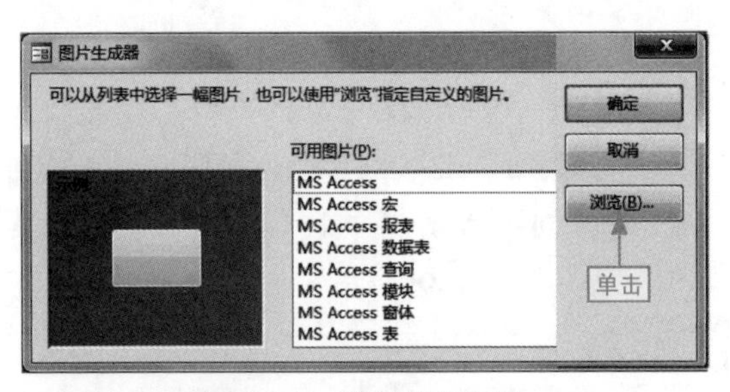

图9-97　浏览外部图片

添加系统内部图标

系统中自带了很多样式的图片，我们可以在"图片生成器"对话框的"可用图片"列表框中❶直接进行选择，❷单击"确定"按钮，如图9-98所示。

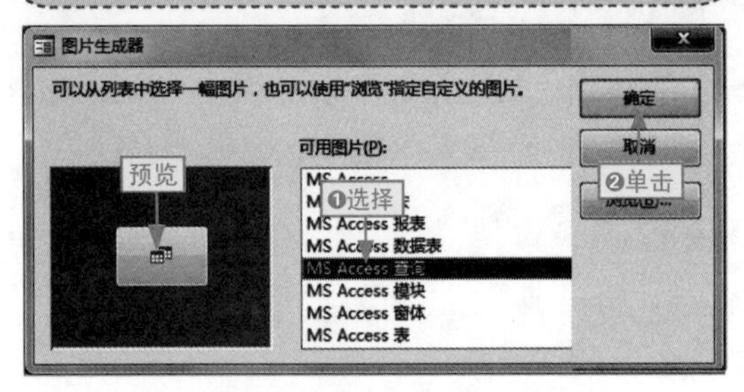

图9-98　使用系统自带的按钮图片

步骤12 打开"选择图片"对话框，❶单击图片类型下拉按钮，❷选择"所有文件"选项，如图9-99所示。

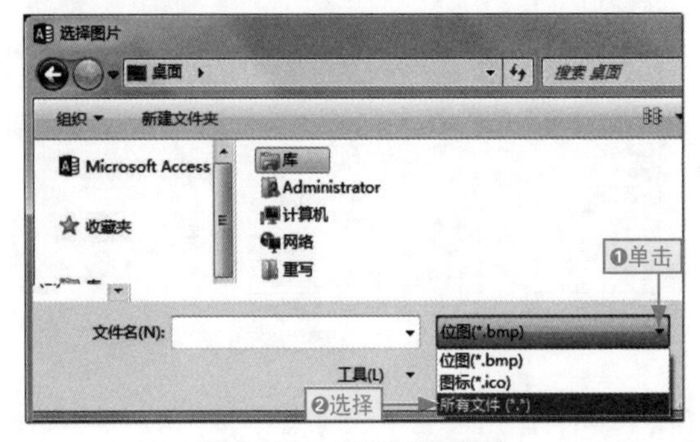

图9-99　显示所有文件

步骤13 ❶选择"查找.png"图片选项，❷单击"打开"按钮，如图9-100所示。

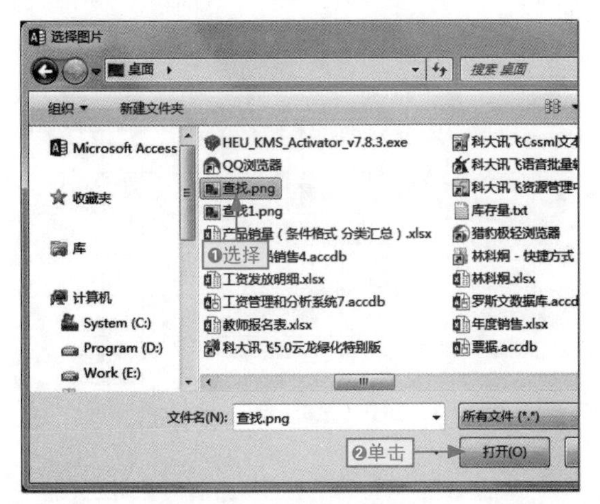

图9-100　打开指定图片

步骤14 返回到"图片生成器"对话框中，单击"确定"按钮，如图9-101所示。

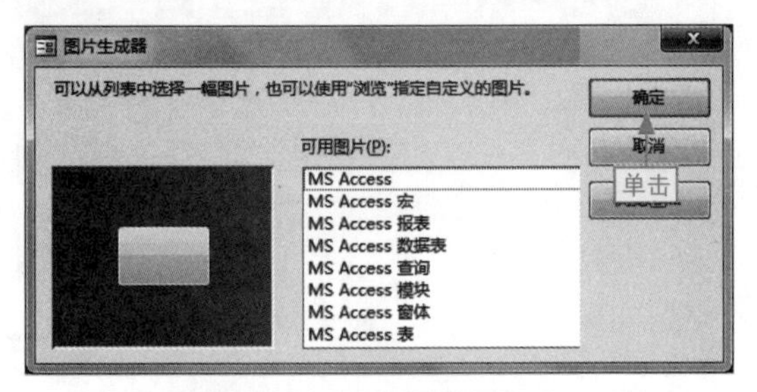

图9-101　确定选用图片

步骤15 ❶单击"背景样式"下拉按钮，❷选择"透明"选项，如图9-102所示。

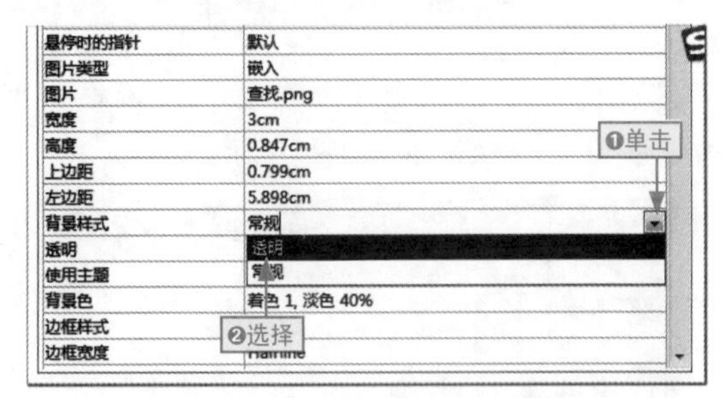

图9-102　设置按钮背景为透明

步骤16 ❶单击“悬停时的指针”下拉按钮，❷选择“超链接指针”选项，如图9-103所示。

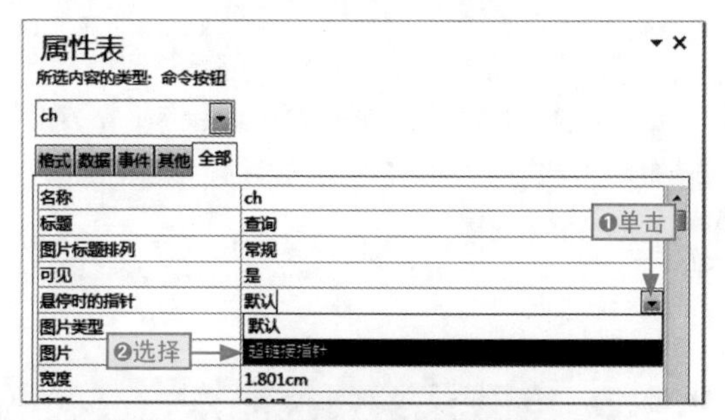

图9-103 设置按钮指针悬停的样式

步骤17 在“宽度”文本框中❶输入“1.8”，❷再单击“事件”选项卡，如图9-104所示。

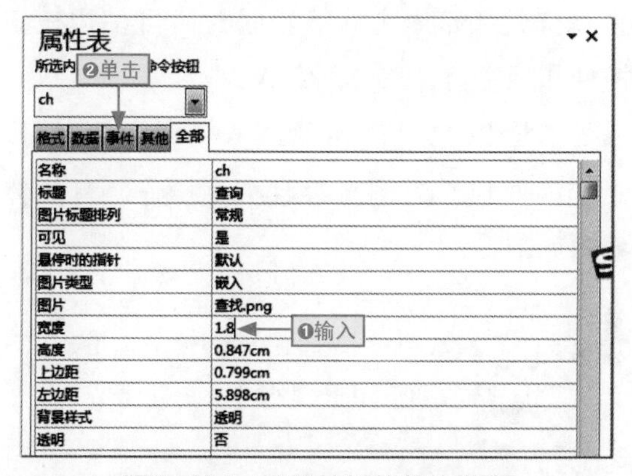

图9-104 设置按钮的整体宽度

步骤18 ❶选择“单击”选项，❷单击激活“对话框启动器”按钮，打开“图片生成器”对话框，如图9-105所示。

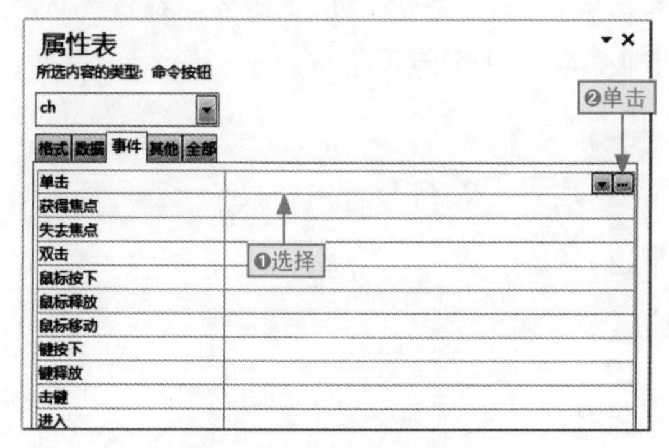

图9-105 添加单击事件

步骤19 打开“选择生成器”对话框，❶选择“代码生成器”选项，❷单击“确定”按钮，如图9-106所示。

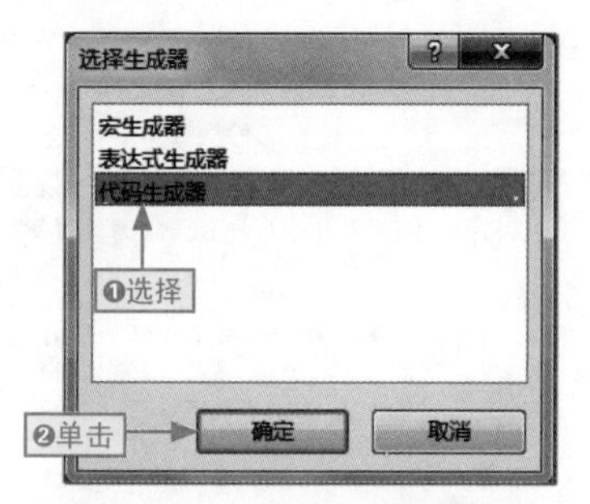

图9-106 添加代码生成器

步骤20 打开VBA窗口，输入定位查询代码，按Ctrl+S组合键保存，单击“关闭”按钮，如图9-107所示。

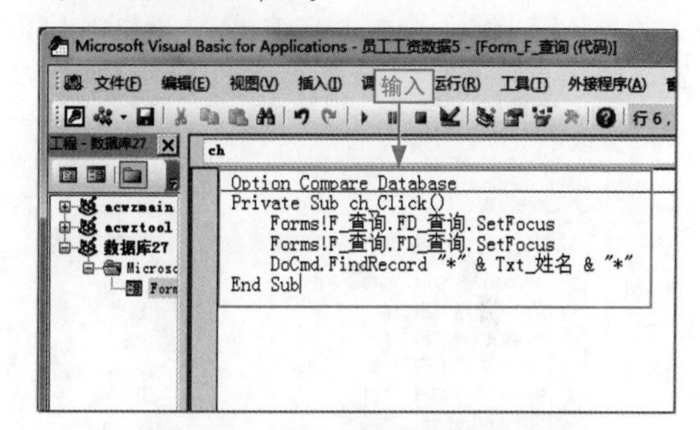

图9-107 输入记录查询定位代码

步骤21 ❶移动“查询”按钮控件的相对位置，使其与前面的文本框控件水平居中对齐，❷单击“视图”下拉按钮，❸选择“布局视图”选项，如图9-108所示。

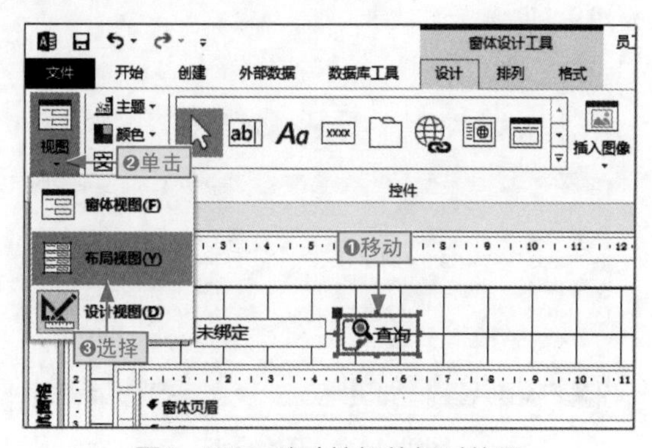

图9-108 移动按钮的相对位置

步骤22 选择子窗体，将鼠标指针移到右边界上，当鼠标指针变成⇔形状时，按住鼠标左键不放进行拖动，如图9-109所示。

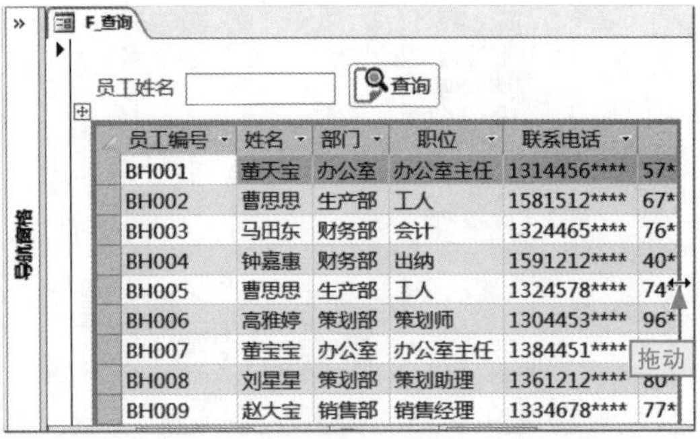

图9-109　调整子窗体的显示宽度

步骤23 在窗体中将鼠标指针移到列字段的交界处，当鼠标指针变成✛形状时，双击，让列宽自动适应内容宽度，如图9-110所示。

图9-110　让列宽自动适应内容宽度

步骤24 切换到窗体视图中，在“员工姓名”文本框中❶输入要查询定位的员工姓名。这里输入“刘星星”，❷单击“查询”按钮，如图9-111所示。

图9-111　开始查询

窗体命名技巧

我们制作的查询窗体，对于有子窗体的情况，窗体和子窗体的命名以及其中对象的命名，最好采用以英文字符开头的命名方式，这样便于系统识别，从而减少报错的情况。

9.4.3 创建切换面板窗体

切换面板窗体，专用于窗体的快速打开，类似于导航窗体，不同的是用户可自定义其样式和布局方式等。同时，可使用按钮控件和标签控件来分别完成。

下面以在“项目管理”数据库中制作“切换面板”为例来讲解相关操作，其具体操作如下。

本节素材	⊙\素材\Chapter09\项目管理.accdb
本节效果	⊙\效果\Chapter09\项目管理.accdb
学习目标	创建切换面板窗体
难度指数	★★★

步骤01 打开“项目管理”素材文件，❶以设计视图打开“切换面板”窗体，❷单击“窗体设计工具”|“设计”选项卡，在“控件”列表框中❸选择“按钮”控件选项，在窗体区域中❹单击，如图9-112所示。

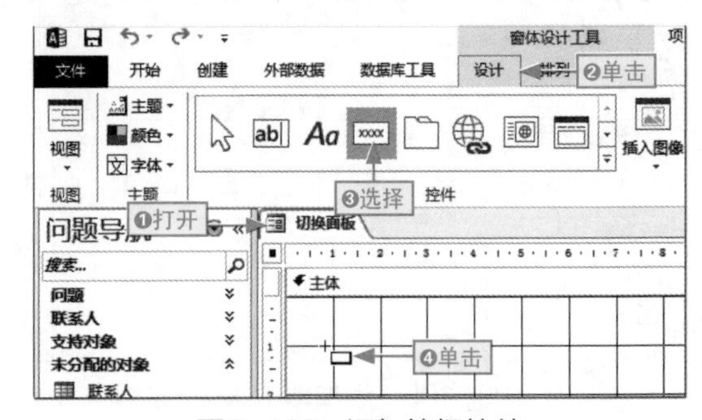

图9-112　添加按钮控件

步骤02 打开“命令按钮向导”对话框，❶选择“窗体操作”选项，❷选择“打开窗体”选项，❸再单击“下一步”按钮，如图9-113所示。

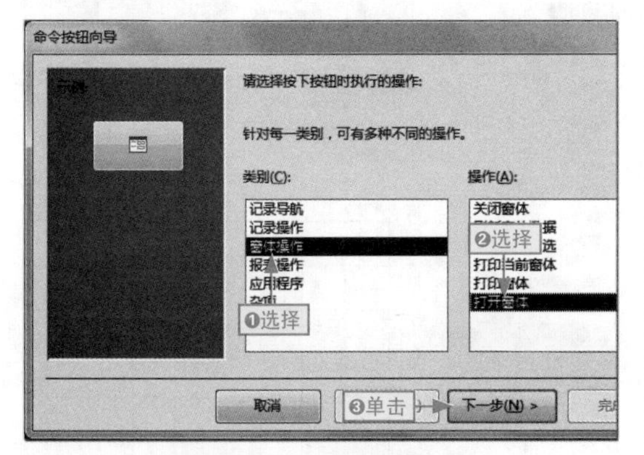

图9-113 选择窗体操作

步骤03 进入下一步操作向导对话框中，❶选择“问题列表”选项，❷单击“下一步”按钮，如图9-114所示。

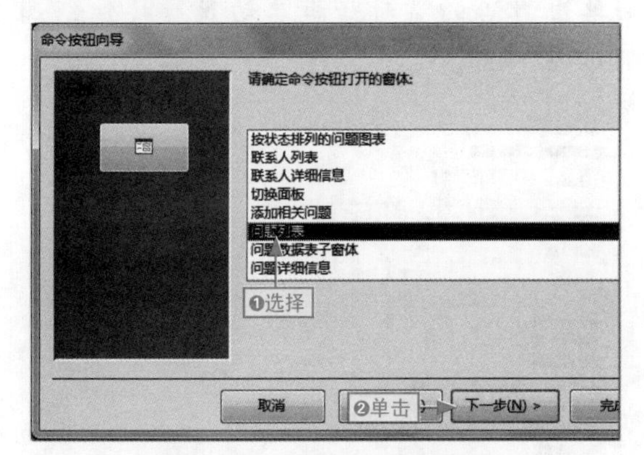

图9-114 选择打开目标窗体

步骤04 进入下一步操作向导对话框中，❶选中“打开窗体并显示所有记录”单选按钮，❷再单击“下一步”按钮，如图9-115所示。

步骤05 进入下一步操作向导对话框中，❶选中“图片”单选按钮，❷选中“显示所有图片”复选框，如图9-116所示。

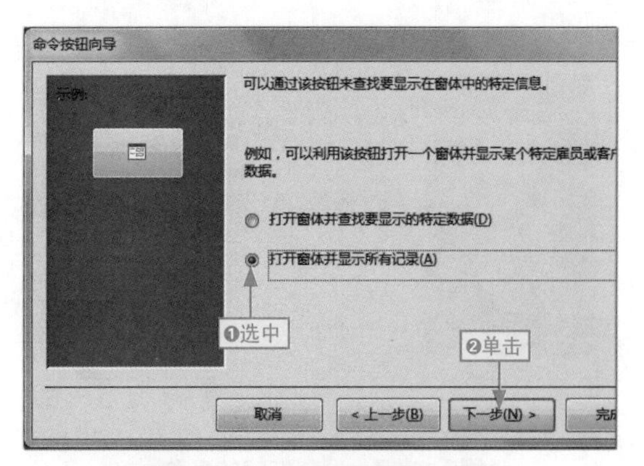

图9-115 设置数据显示方式

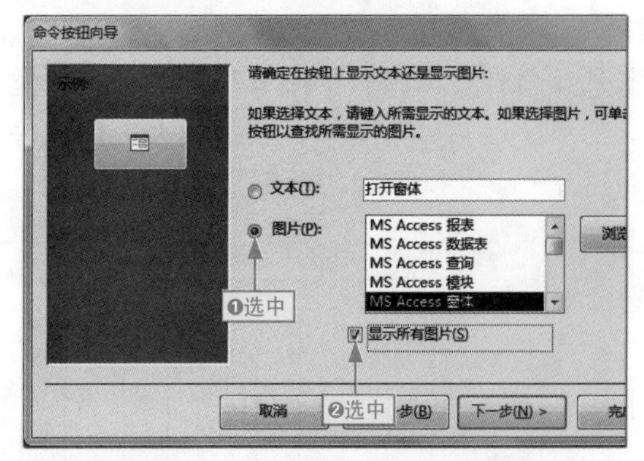

图9-116 让按钮以图片方式显示

步骤06 ❶选择“SharePoint列表同步”选项后，❷再单击“下一步”按钮，如图9-117所示。

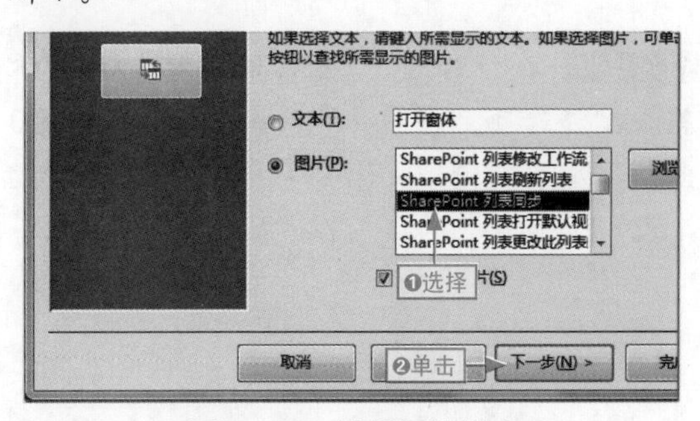

图9-117 选择图片样式

步骤07 进入下一步操作向导对话框中，在文本框中❶输入“cmd_1”，❷单击“完成”按钮，如图9-118所示。

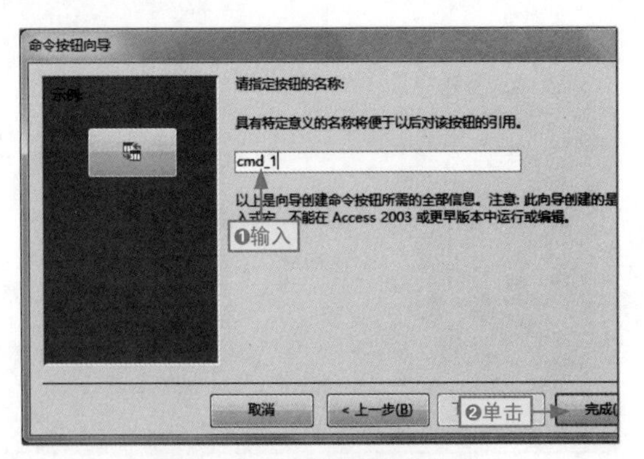

图9-118　设置按钮的名称

步骤08 在窗体中即可查看到添加的按钮。将鼠标指针移到控制框的右下角，当鼠标指针变成↗形状时，双击，使按钮大小适应按钮图片大小，如图9-119所示。

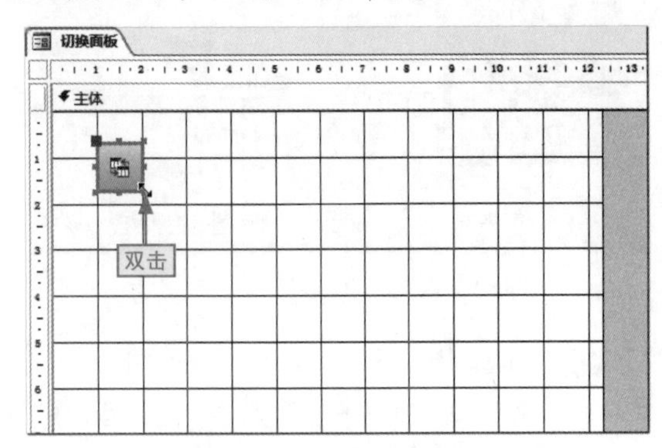

图9-119　调整按钮的大小

步骤09 在“控件”列表框中❶选择“标签”控件选项，在窗体中❷单击，如图9-120所示。

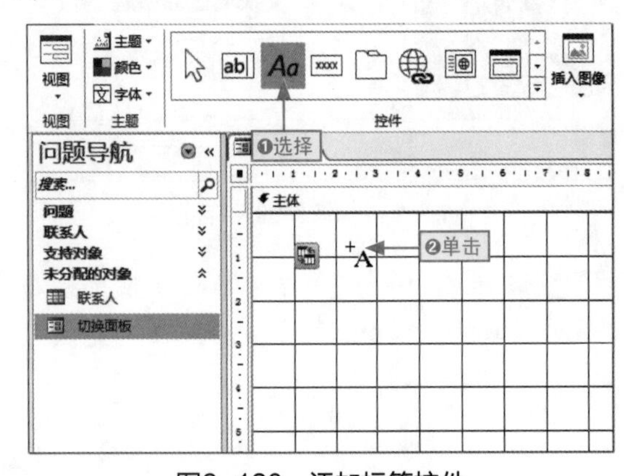

图9-120　添加标签控件

步骤10 在标签控件文本框中❶输入“问题列表”，❷单击“属性表”按钮，如图9-121所示。

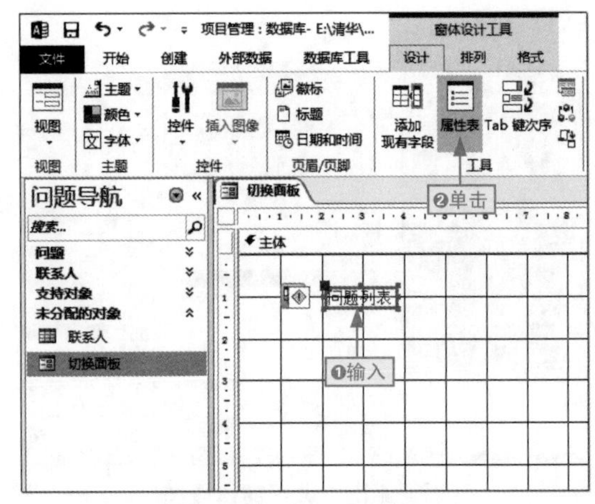

图9-121　输入标签内容

步骤11 打开“属性表”窗格，❶单击“全部”选项卡，❷选择“超链接地址”选项，❸单击激活的“对话框启动器”按钮，如图9-122所示。

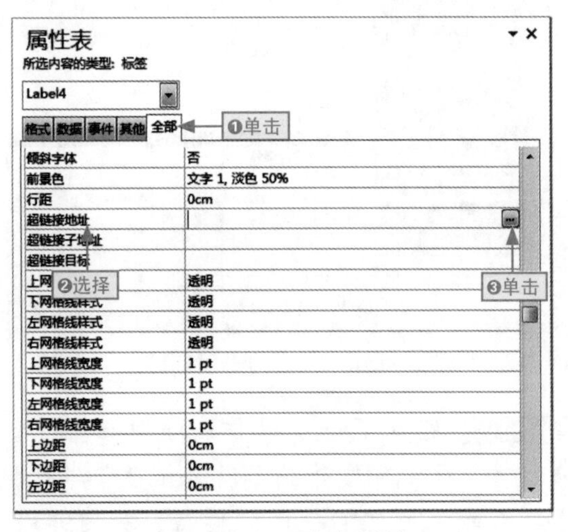

图9-122　添加超链接

步骤12 打开“插入超链接”对话框，❶单击“此数据库中的对象”选项卡。❷单击“窗体”展开按钮，❸选择“问题列表”窗体选项，❹单击“确定”按钮，如图9-123所示。

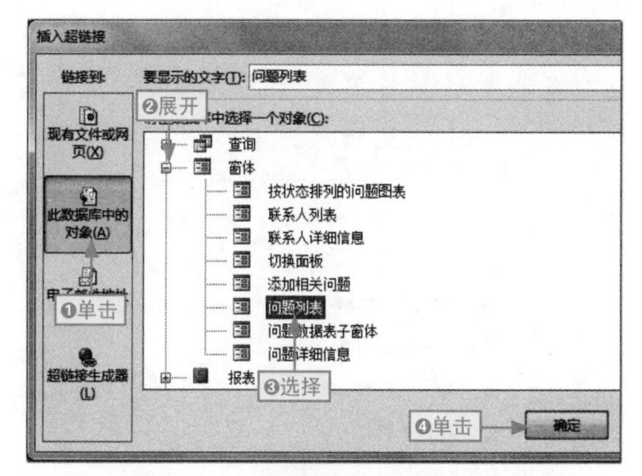

图9-123 设置超链接的目标对象

步骤13 ❶单击“前景色”下拉按钮，❷选择“黑色文本”选项，如图9-124所示。

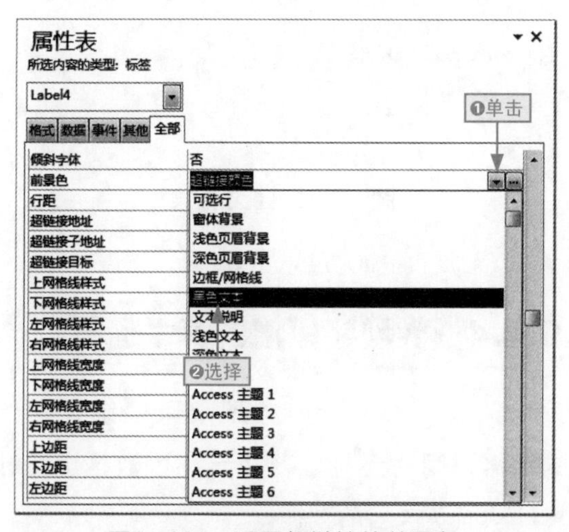

图9-124 设置超链接的前景色

步骤14 分别设置字体、字号、加粗，如图9-125所示。

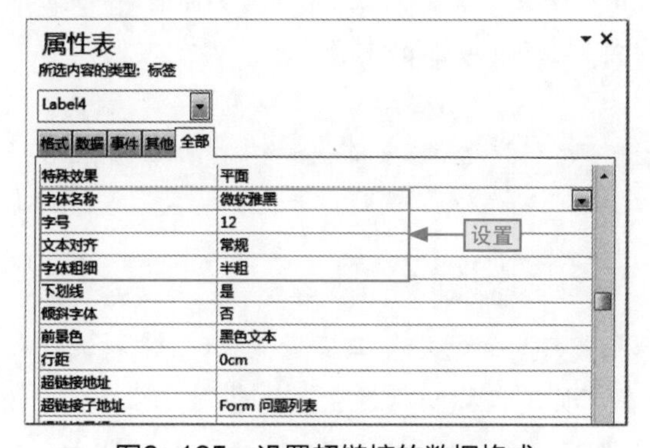

图9-125 设置超链接的数据格式

步骤15 ❶单击“下划线”文本框右侧的下拉按钮，❷选择“否”选项，如图9-126所示。

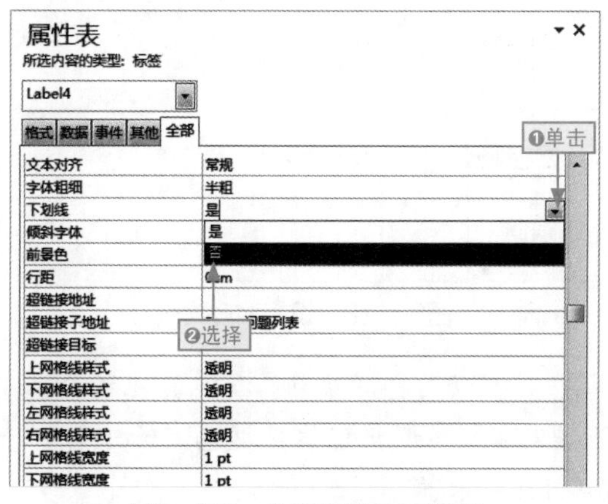

图9-126 取消超链接下划线

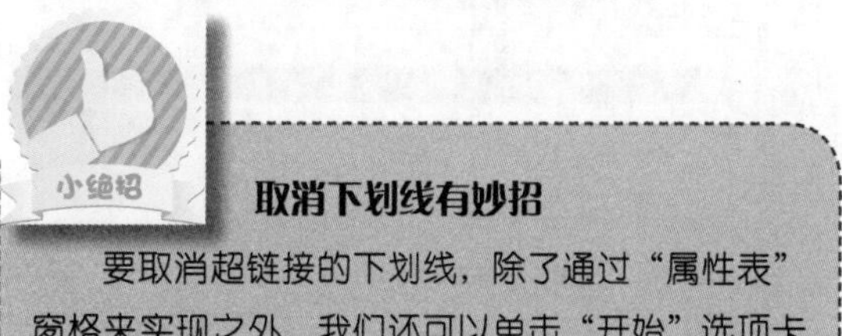

取消下划线有妙招

要取消超链接的下划线，除了通过“属性表”窗格来实现之外，我们还可以单击“开始”选项卡中的“下划线”按钮轻松取消，如图9-127所示。

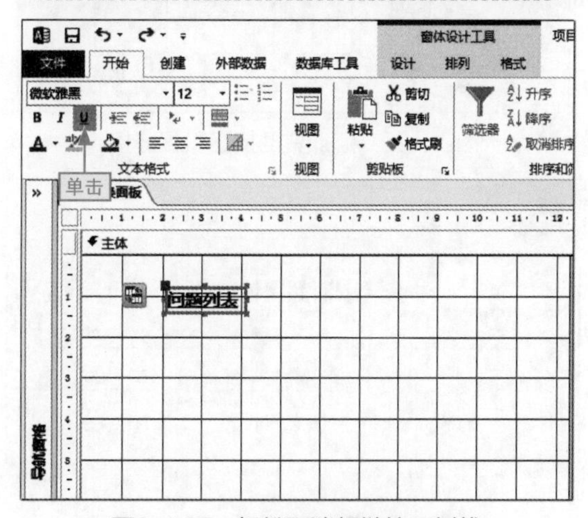

图9-127 轻松取消超链接下划线

步骤16 在窗体中，❶拖动按钮控件和标签控件，❷单击“窗体设计工具”下的“排列”选项卡，❸单击“对齐”下拉按钮，❹选择“靠上”选项，如图9-128所示。

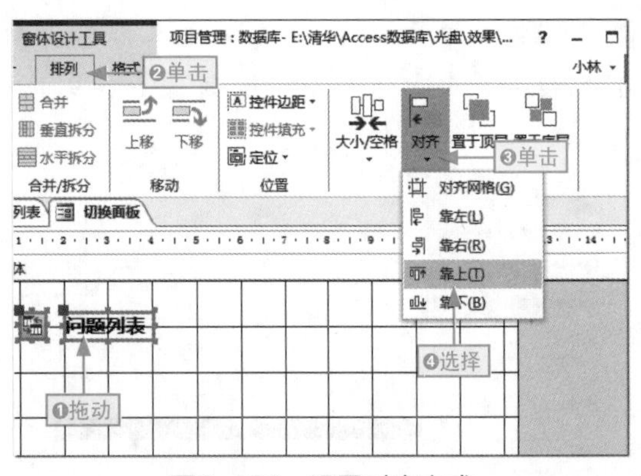

图9-128 设置对齐方式

步骤17 以同样的方法❶添加其他按钮和超链接对象，❷调整窗体区域的显示大小，如图9-129所示。

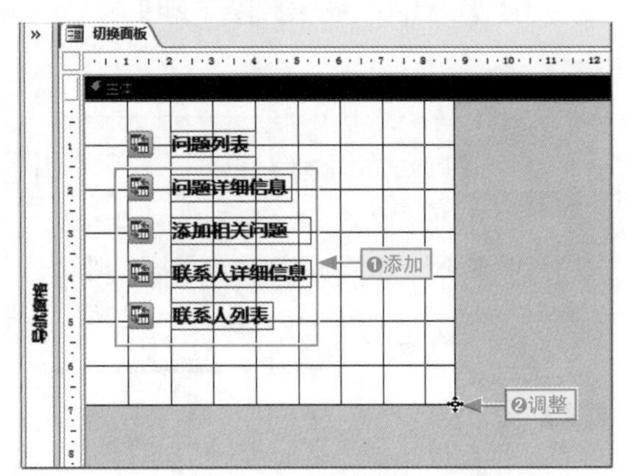

图9-129 添加其他按钮和超链接

快速取消超链接效果

超链接之所以能显示，是因为它有对应的链接目标，所以，要快速取消超链接效果，只需在“属性表”窗格中清除其链接对象即可，如图9-130所示。

图9-130 取消超链接效果

步骤18 切换到窗体视图中，单击相应的按钮对象或超链接标签即可快速打开相应的窗体对象，如图9-131所示。

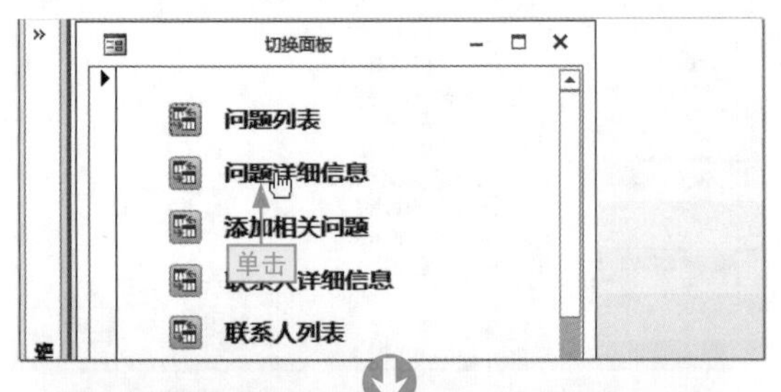

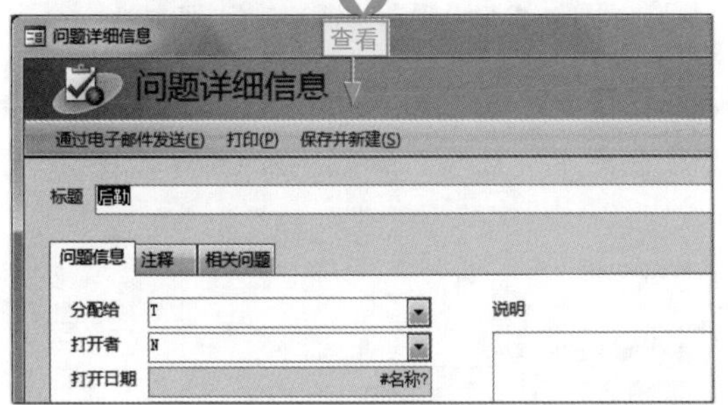

图9-131 查看效果

9.4.4 实现字段值的算术运算

窗体中的字段控件不仅可以绑定相应的数据，同时还可以对指定字段数据进行计算，从而获得当前数据。

下面以对“员工工资数据6”数据库中的“员工工资明细 速查”窗体字段数据添加“应发工资计算运算”为例来讲解相关操作，其具体操作如下。

本节素材	\素材\Chapter09\员工工资数据6.accdb
本节效果	\效果\Chapter09\员工工资数据6.accdb
学习目标	为字段控件添加算术运算
难度指数	★★★

步骤01 打开“员工工资数据6”素材文件，在“员工工资明细速查”窗体对象上❶右击，❷选择“设计视图”命令，如图9-132所示。

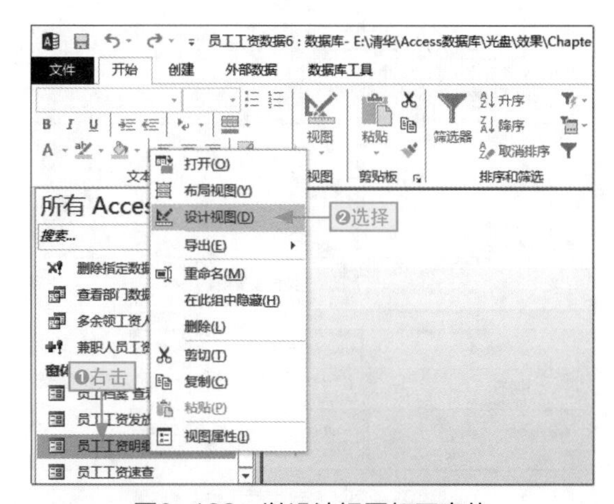

图9-132 以设计视图打开窗体

步骤02 在“应发工资”控件的文本框上❶右击，❷选择“属性”命令，如图9-133所示。

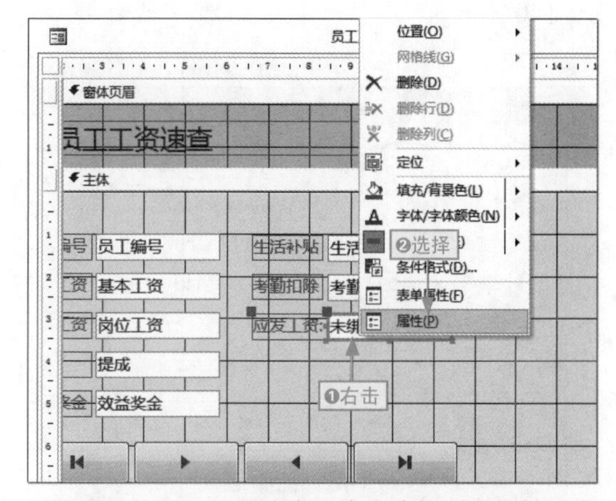

图9-133 设置应发工资文本框对象属性

步骤03 ❶单击“数据”选项卡，❷单击“控件来源”文本框右侧的“对话框启动器”按钮，如图9-134所示。

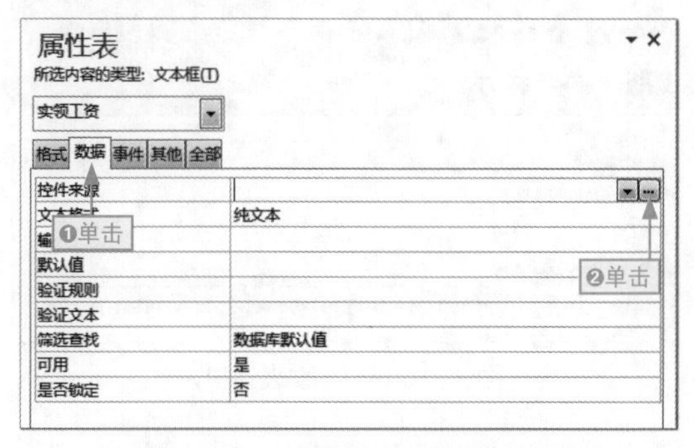

图9-134 设置控件的数据来源

步骤04 打开“表达式生成器”对话框，❶单击“员工工资数据6”前的展开按钮，❷单击“Forms”前的展开按钮，❸单击“所有窗体”前的展开按钮，如图9-135所示。

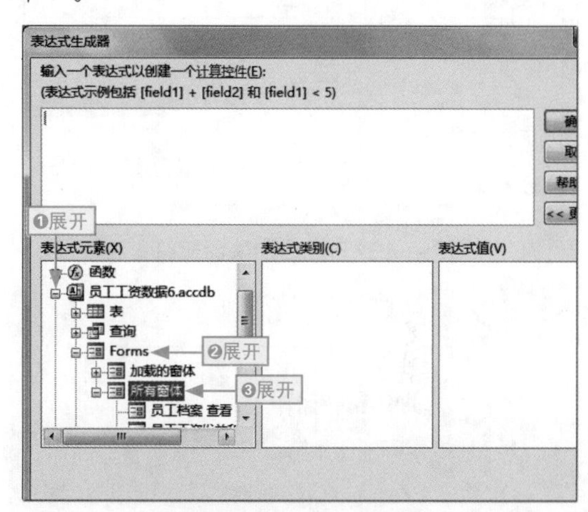

图9-135 展开路径

步骤05 ❶选择“员工工资明细 速查”选项，❷选择“<字段列表>”选项，❸双击“岗位工资”选项，如图9-136所示。

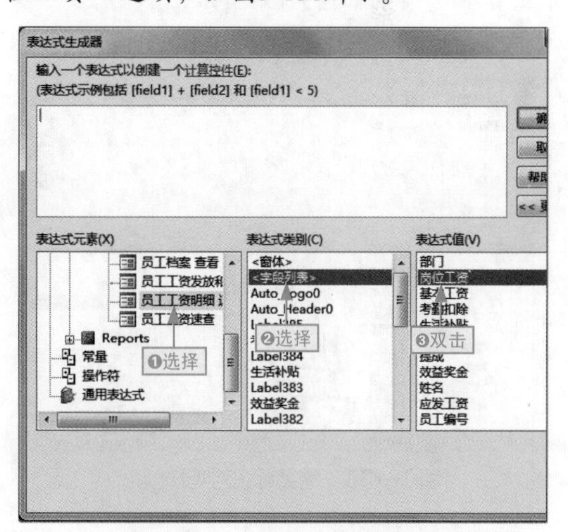

图9-136 添加岗位工资表达式

步骤06 ❶选择“操作符”选项，❷选择“算术”选项，❸双击+选项，添加加法运算符，如图9-137所示。

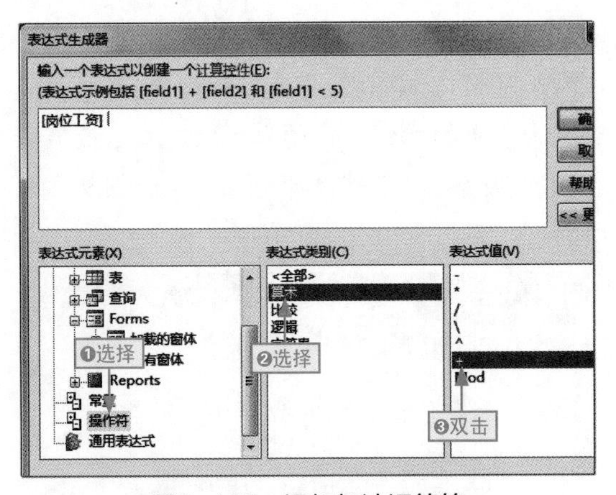

图9-137　添加加法运算符

操作符快速输入

对于一些常用的操作符，如加（+）、减（-）、乘（*）、除（/）等，我们可直接通过键盘上的按键来快速输入。

步骤07 ❶选择“员工工资明细 速查”选项，❷选择“<字段列表>”选项，❸双击“基本工资”选项，如图9-138所示。

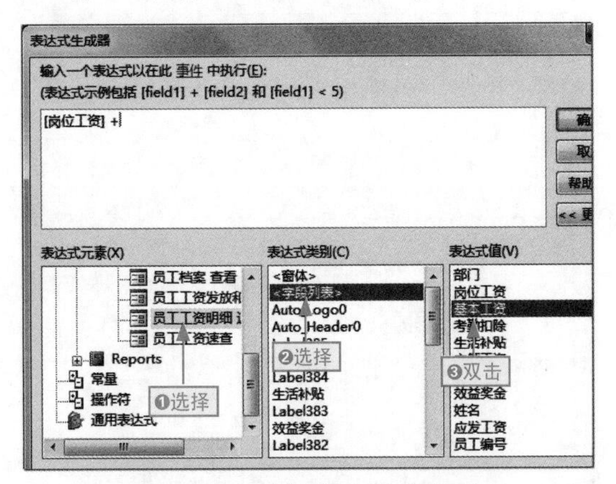

图9-138　继续添加字段选项

步骤08 以同样的方法❶添加其他字段列表和操作符号，❷单击“确定”按钮，如图9-139所示。

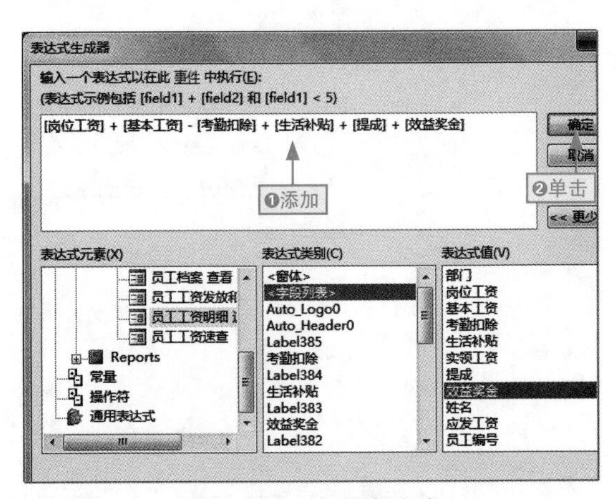

图9-139　完善表达式

步骤09 切换到窗体视图中即可查看到系统自动计算出相应“应发工资”数据，如图9-140所示。

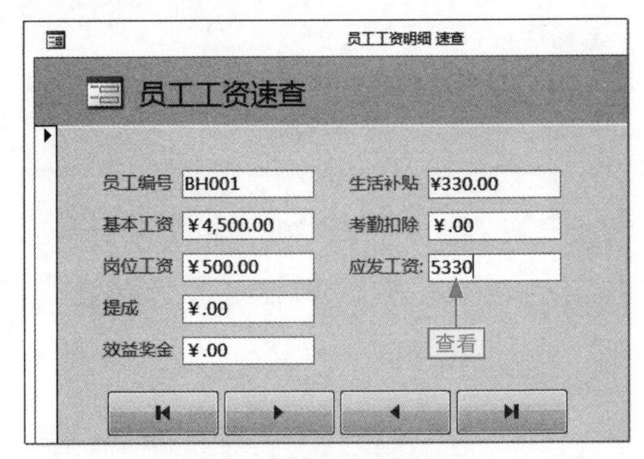

图9-140　查看结果

快速修改表达式

若要修改已有的表达式，可直接在“属性表”窗格的“控件来源”文本框中进行相应的编辑修改，如图 9-141 所示。

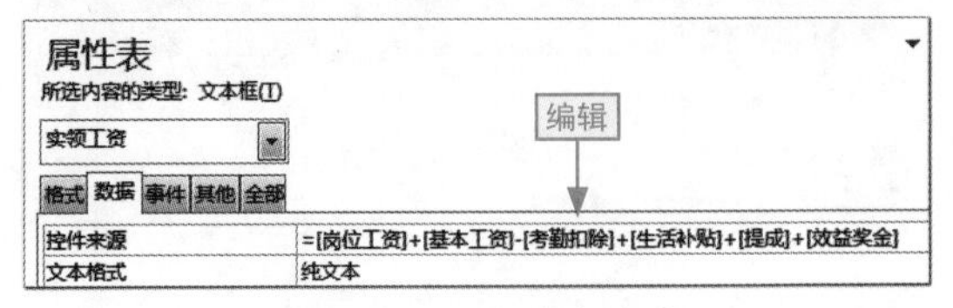

图9-141　修改表达式

给你支招 | 快速创建带有结构样式的窗体

小白：我们在Access中创建窗体，只能通过手动设置的方式来构建其结构和样式吗？有没有一些简便或偷懒的方法？

阿智：在Access中，我们可以调用应用程序部件功能来快速创建带有结构样式的窗体，其具体操作如下。

步骤01 ❶单击"创建"选项卡，❷单击"应用程序部件"下拉按钮，❸选择"对话框"选项，如图9-142所示。

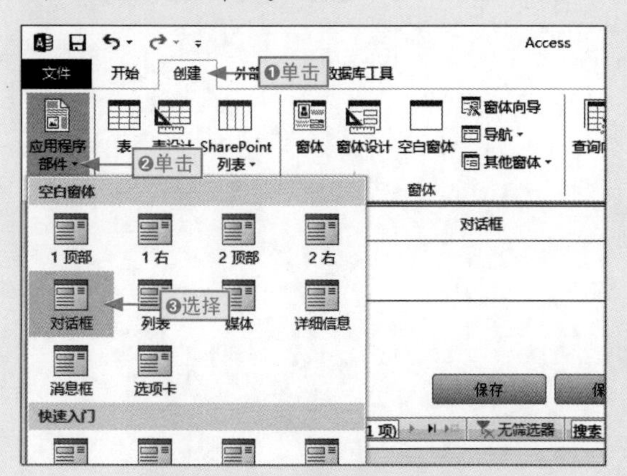

图9-142 添加应程序部件

步骤02 系统自动加载相应的程序部件，打开即可查看到其结构样式，如图9-143所示。

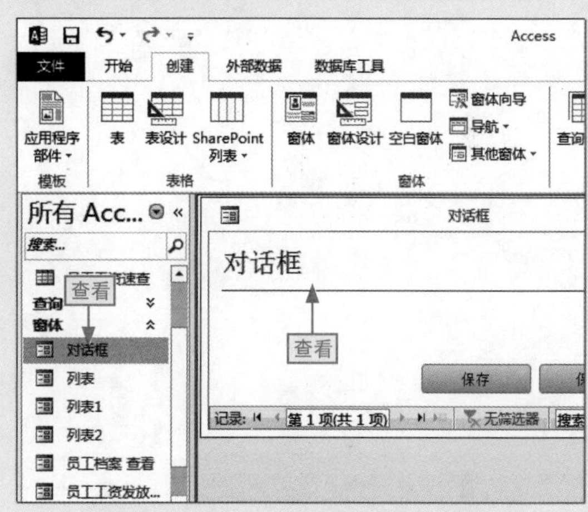

图9-143 查看调用程序部件的结果

给你支招 | 让系统默认打开指定窗体

小白：在数据库中，我们可以让导航窗体或切换窗体自动打开，使其直接呈现在用户眼前，从而直接进行操作吗？

阿智：当然可以，而且操作也非常简单，其具体操作如下。

步骤01 进入Backstage界面，选择"选项"命令，打开"Access选项"对话框，如图9-144所示。

步骤02 ❶单击"当前数据库"选项卡，❷单击"显示窗体"下拉按钮，❸选择相应的窗体选项，最后确认即可，如图9-145所示。

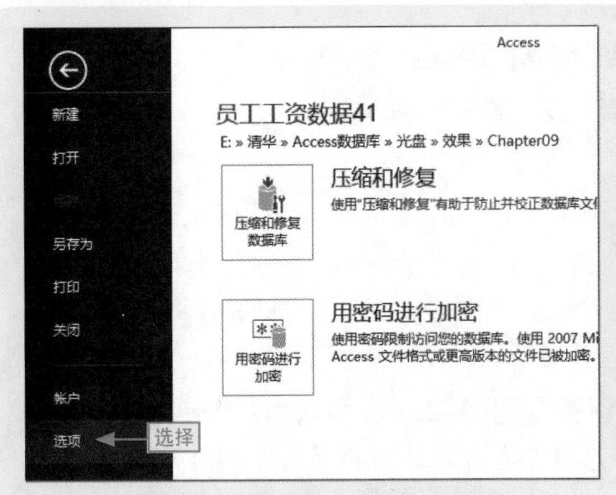

图9-144　选择“选项”命令

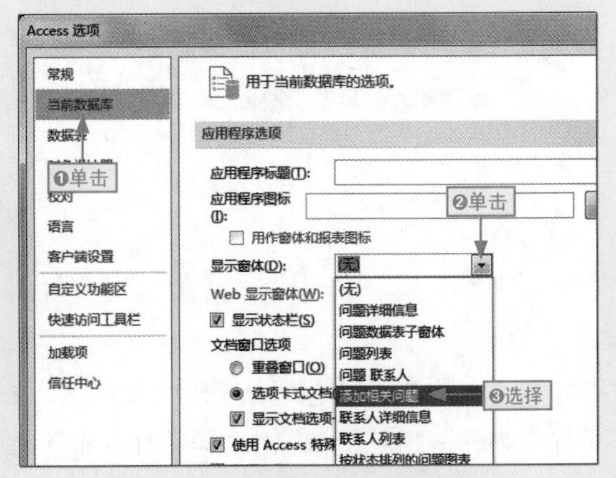

图9-145　设置默认打开的窗体

Chapter 10 将 Access 数据报表化

学习目标

报表，是在工作中经常听到的一个专业名词。在Access中，我们可以将数据进行报表化，以便用户对数据进行查看、管理和操作等。在本章中，我们将会具体介绍将Access数据制作成报表并进行美化、编辑和打印的相关知识。

本章要点

- 报表的组成
- 报表的4种视图
- 创建基本报表
- 创建空报表
- 通过报表向导创建报表
- 在报表中进行数据筛选
- 使用条件格式突出数据
- 在报表中添加控件
- 手动设置报表格式
- 使用主题快速美化报表

知识要点	学习时间	学习难度
了解和创建报表	15 分钟	★★
编辑报表	20 分钟	★★★
美化和打印报表	15 分钟	★★

10.1 了解报表

小白：数据库中除了使用静态窗体来展示数据信息以外，还可以用其他对象来实现吗?

阿智：还有一种常用的数据信息展示对象——报表。

报表是Access的主要对象之一，它能轻松对数据进行操作和管理，如排序、筛选和汇总等操作，下面我们就先来认识和了解报表。

10.1.1 报表的组成

报表是由多个部分组成的整体，最完善的报表由7个部分组成。图10-1所示是一个常规报表，下面分别进行介绍。

图10-1 报表的组成结构

报表页眉

它位于报表的开头位置，在打印时不会重复，是唯一的。通常用于放置一些标题文字和图形等。

页面页眉

它通常是一些标题数据，而且一旦进行显示或打印分析，系统会自动添加，无须用户手动添加。

组页眉

它是报表中独有的组成部分，用于报表数据分组输出和统计。

主体

它是数据信息显示的主要区域，是操作设置的主要场所。

组页脚

它与组页眉相对应，但可以分别出现和设置。主要用于数据的分组统计。

页面页脚

它与页面页眉相对应，多用于页码等信息显示。

报表页脚

它与报表页眉相对应，处于报表的最底部，多用于数据的统计和汇总等。

报表与窗体的区别

在Access中报表与窗体很相似，组成结构也很相近，但它们又有很多不同点，使两个对象相互独立存在，如图10-2所示。

功能不同

报表较于窗体能更好地显示数据信息，同时，报表不支持数据的输入，而窗体支持数据的输入。

组成不同

报表的组成部分最多有7个，而窗体最多有5个。其中，组页眉/页脚就是多出的两个部分。

图10-2 报表与窗体的区别

10.1.2 报表的分类

在Access中报表按内容的显示方式可分为4类：表格式报表、纵栏式报表、图表报表和标签报表。下面分别进行介绍和展示。

表格式报表

它以行和列的形式来显示数据信息，每一行就是一条完整的数据记录。通常情况下，字段标题在页面页眉中存在。图10-3所示为表格式报表样式。

员工基本资料

姓名	性别	部门	职务	联系电话
陈飞	男	财务部	会计	1394170**
陈浩	男	后勤部	技术员	1376767**
洪爱民	男	财务部	会计	1374108**

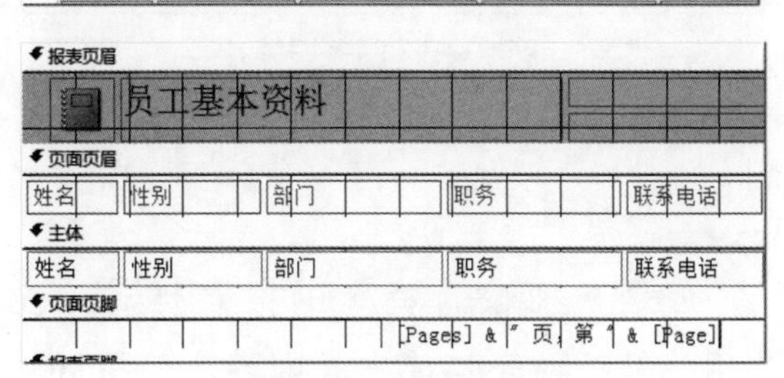

图10-3 表格式报表

纵栏式报表

它以纵向或垂直的方式来显示数据，每一栏数据可能只是一条完整数据中的某一个字段，如图10-4所示。

图10-4　纵栏式报表

图表报表

它是报表中放置的图表，用来展示和分析数据，如图10-5所示。

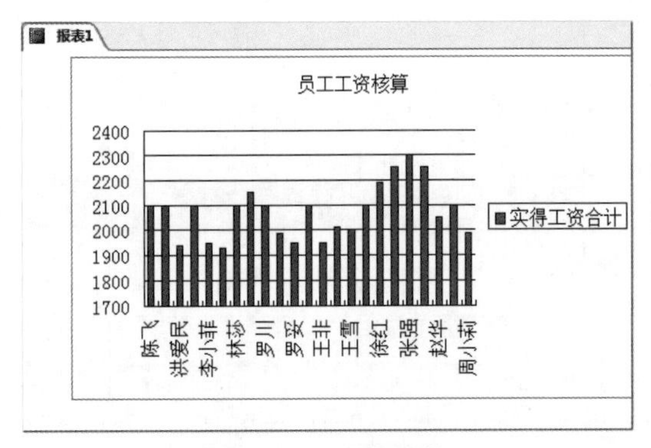

图10-5　图表报表

标签报表

它是一种较为特殊的报表样式，主要用标签控件来构成报表内容，如图10-6所示。

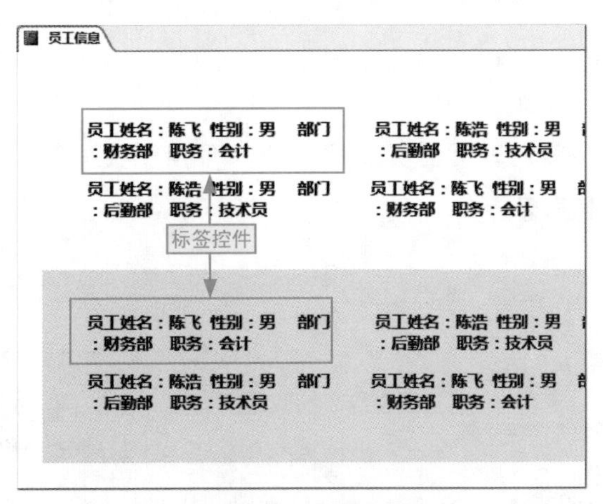

图10-6　标签报表

10.1.3 报表的4种视图

报表在Access中有4种不同的视图模式，每一种显示方式都不一样，而且功能和作用也不一样，下面分别进行介绍。

报表视图

它是显示报表设计的最好样式，同时允许对数据进行筛选、排序等操作，如图10-7所示。

员工基本资料

姓名	性别	部门	职务	联系电话
陈飞	男	财务部	会计	1394170**
陈浩	男	后勤部	技术员	1376767**
洪爱民	男	财务部	会计	1374108**
黄菲菲	女	后勤部	技术员	1385615**
李小菲	女	财务部	会计	1390246**
林扇	男	后勤部	技术员	1582569**

图10-7　报表视图样式

设计视图

它是制作和设计报表显示内容的视图模式，如图10-8所示。

报表页眉
员工基本资料
页面页眉
姓名 性别 部门 职务 联系电话
主体
姓名 性别 部门 职务 联系电话
页面页脚
[Pages] & " 页，第 " & [Page]
报表页脚
=Count(

图10-8　报表设计视图样式

布局视图

它是专门提供用户对报表的整体结构进行功能调整的视图样式，如图10-9所示。

员工基本资料

姓名	性别	部门	职务	联系电话
陈飞	男	财务部	会计	1394170***
陈浩	男	后勤部	技术员	1376767***
洪爱民	男	财务部	会计	1374108***
黄菲菲	女	后勤部	技术员	1385615***

图10-9　布局视图样式

打印视图

它是用来查看报表打印效果的样式，如图10-10所示。

员工基本资料

姓名	性别	部门	职务	联系电
陈飞	男	财务部	会计	13941
陈浩	男	后勤部	技术员	13767
洪爱民	男	财务部	会计	13741
黄菲菲	女	后勤部	技术员	13856

图10-10　打印视图样式

10.2 创建报表

小白：在Access中怎样创建报表呢，它有哪些创建方法?

阿智：创建报表，通用的方法有4种：创建基本报表、创建空报表、通过报表向导创建报表和通过标签创建报表。

报表是数据库中使用频率较高的对象之一，我们必须掌握创建报表的常用方法，以便制作出需要的报表。

10.2.1 创建基本报表

创建基本报表，其实就是根据目标数据直接创建报表，是最快速和最基本的报表创建方法之一。

下面以在“财务会计”数据库中根据“15年资产负债表”创建基本报表为例，其具体操作如下。

本节素材	⊙\素材\Chapter10\财务会计.accdb
本节效果	⊙\效果\Chapter10\财务会计.accdb
学习目标	创建报表最直接的方法
难度指数	★★

步骤01 打开“财务会计”素材文件，❶选择“15年资产负债表”选项，❷单击“创建”选项卡，❸单击“报表”按钮，如图10-11所示。

图10-11　创建报表

步骤02 按Ctrl+S组合键，打开“另存为”对话框。❶在“报表名称”文本框中输入报表名称，❷单击“确定”按钮，如图10-12所示。

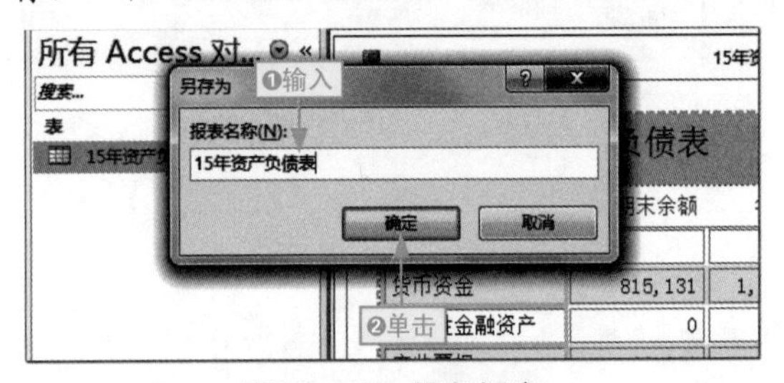

图10-12　保存报表

步骤03 在报表页眉空白位置右击，在弹出的快捷菜单中选择“报表视图”命令，切换到报表视图中，如图10-13所示。

图10-13　选择“报表视图”命令

步骤04 切换到报表视图，即可查看到报表的最终样式效果，如图10-14所示。

15年资产负债表

查看

资产	期末余额	年初余额	负债和股东权益
流动资产：			流动负债：
货币资金	815,131	1,406,300	短期借款
交易性金融资产	0	15,000	交品性金融负债
应收票据	66,000	246,000	应付票据

图10-14　查看创建报表的效果

10.2.2 创建空报表

创建空报表，就是创建一张空白的报表，可以让用户按照实际的需求进行数据或对象的选取、使用，最后完成报表的制作和设计。

下面以在“财务会计1”数据库中创建“14年财务报表”为例来讲解创建空白报表的相关操作，其具体操作如下。

本节素材	⊙\素材\Chapter10\财务会计1.accdb
本节效果	⊙\效果\Chapter10\财务会计1.accdb
学习目标	创建空报表
难度指数	★★

步骤01 打开“财务会计1”素材文件，❶单击“创建”选项卡，❷单击“空报表”按钮，如图10-15所示。

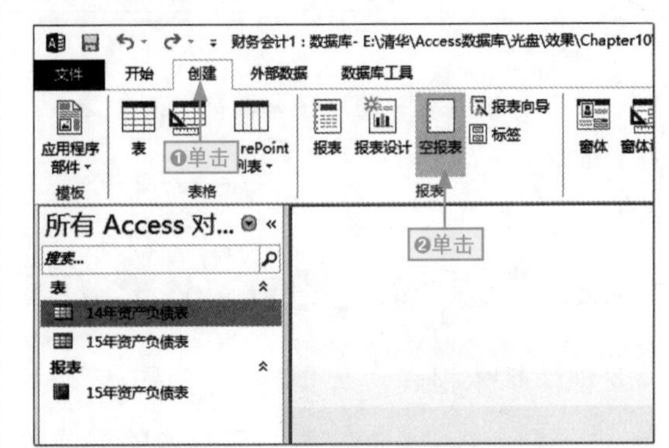

图10-15　单击“空报表”按钮

步骤02 在空白位置右击，在弹出的快捷菜单中选择“设计视图”命令，如图10-16所示。

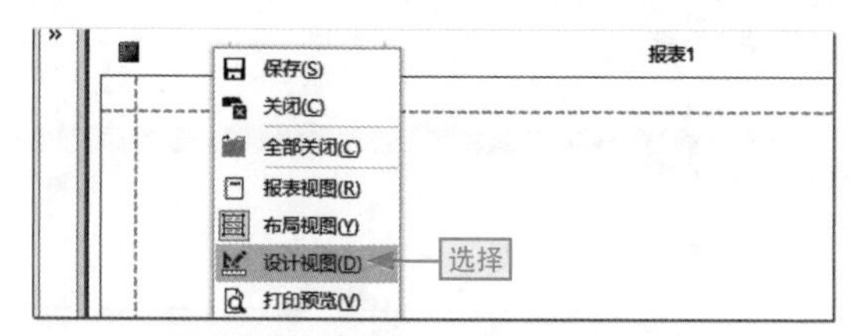

图10-16 选择“设计视图”命令

步骤03 在空白位置右击，在弹出的快捷菜单中选择“页面页眉/页脚”命令，如图10-17所示。

图10-17 选择“页面页眉/页脚”命令

步骤04 ❶单击“报表设计工具”下的“设计”选项卡，❷单击“标题”按钮，如图10-18所示。

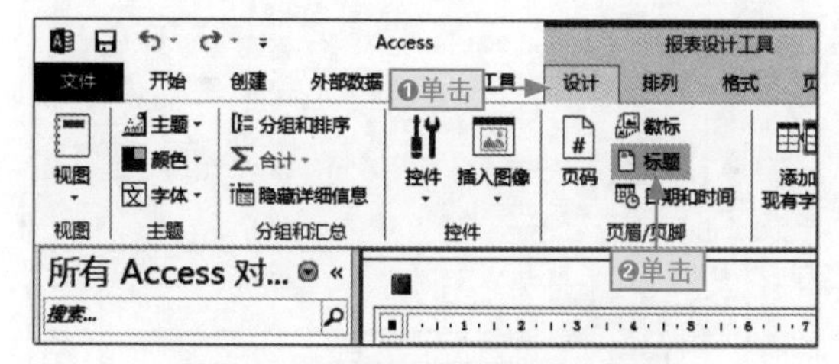

图10-18 单击“标题”按钮

步骤05 系统自动添加报表页眉，在标题文本框中输入“2014年资产负债表”，如图10-19所示。

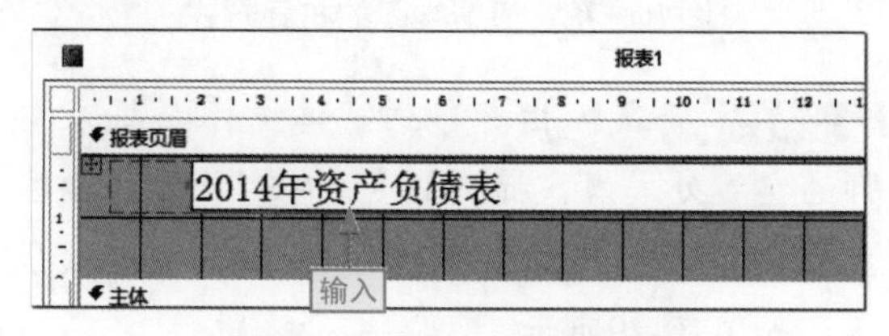

图10-19 输入报表的标题

步骤06 ❶单击“报表设计工具”下的“格式”选项卡，分别在“字体”和“字号”下拉列表框中❷输入“微软雅黑”和“20”，如图10-20所示。

图10-20 设置报表标题字体格式

步骤07 ❶选择标题文本框前面的图标框，并在其上右击，❷选择“删除”命令，如图10-21所示。

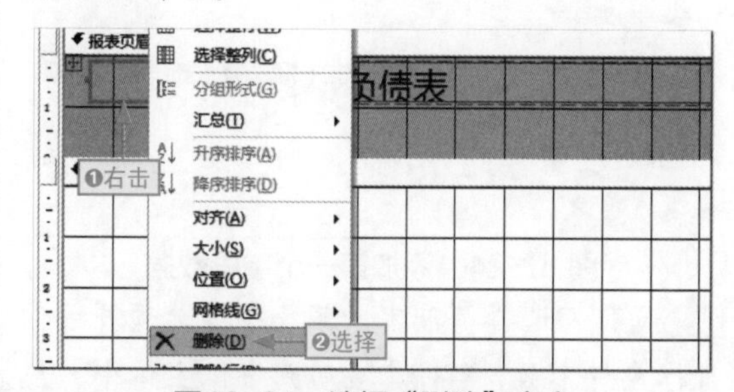

图10-21 选择“删除”命令

步骤08 ❶将鼠标指针移动到页眉下方与窗体主体的交界处，当鼠标指针变成✛形状时，按住鼠标左键不放拖动到合适位置，释放鼠标。❷移动报表标题到水平居中的位置，如图10-22所示。

图10-22 调整报表标题位置和高度

步骤09 ❶单击“报表设计工具”下的“设计”选项卡，❷单击“添加现有字段”按钮，❸单击“显示所有表”超链接，如图10-23所示。

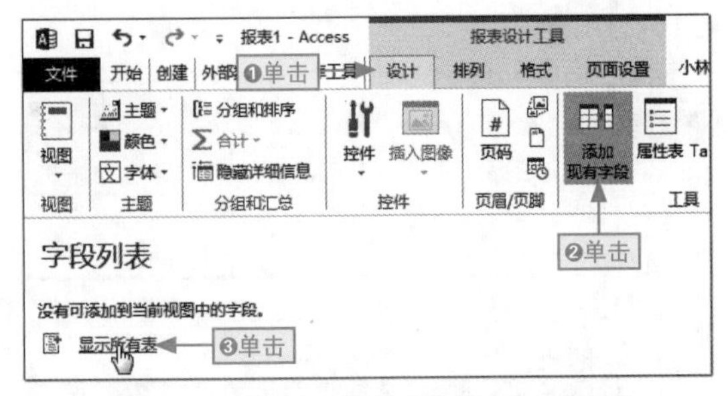

图10-23 单击“显示所有表”超链接

步骤10 ❶展开“14年资产负债表”，❷选择“资产”字段选项，并在其上右击，❸在弹出的快捷菜单中选择“向视图添加字段”命令，如图10-24所示。

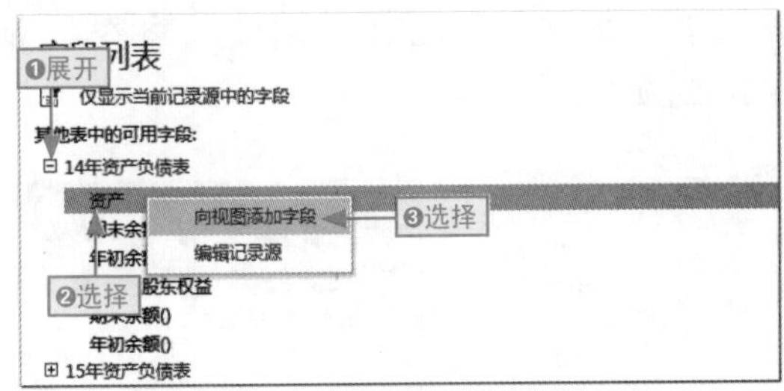

图10-24 添加第一个字段数据

步骤11 ❶选择“期末余额”字段选项并按住鼠标左键不放，❷将其拖动到窗体主体中，然后释放鼠标，如图10-25所示。

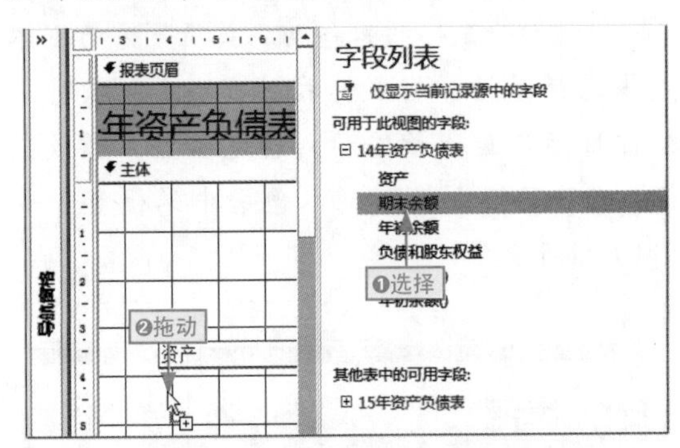

图10-25 添加第二个字段数据

步骤12 选择“年初余额”字段选项，并在其上双击，如图10-26所示。

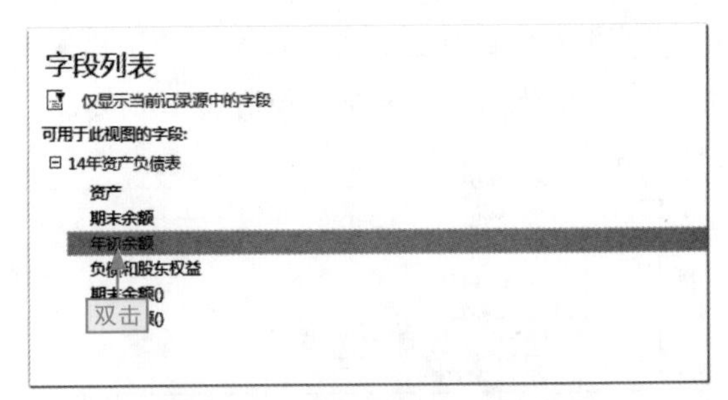

图10-26 添加第三个字段数据

步骤13 选用以上3种方法的任一方法，将其他字段数据全部添加到窗体主体中，如图10-27所示。

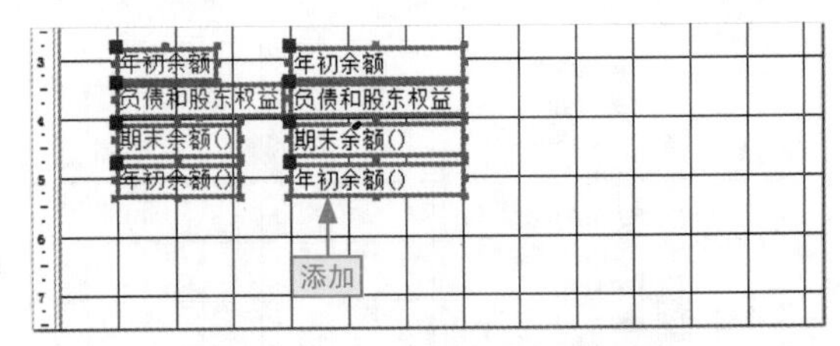

图10-27 添加其他字段数据

步骤14 ❶选择添加的字段数据，并将其移到合适位置。❷单击“报表设计工具”下的“排列”选项卡，❸单击“堆积”按钮，如图10-28所示。

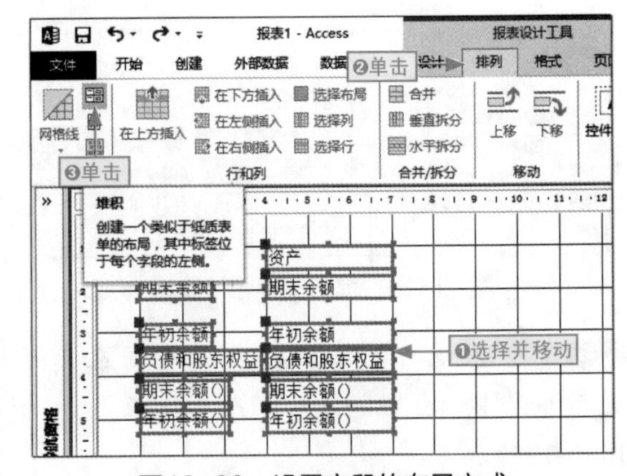

图10-28 设置字段的布局方式

步骤15 将鼠标指针移到窗体主体与报表页脚的交界处，当鼠标指针变成‡形状时，按住鼠标左键不放拖动到合适高度，然后释放鼠标，如图10-29所示。

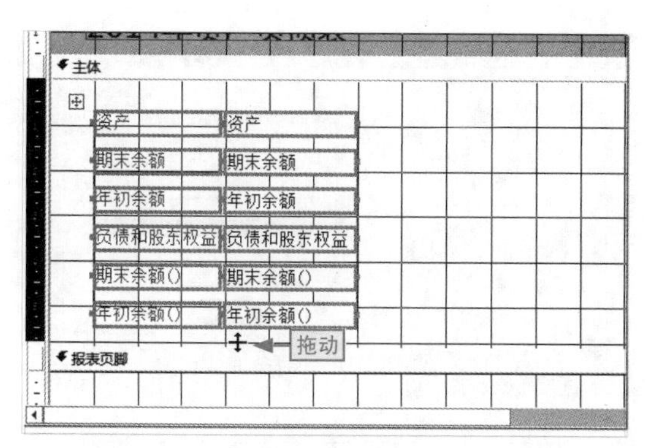

图10-29　调整窗体主体区域显示高度

步骤16 按Ctrl+S组合键，打开“另存为”对话框。❶在“报表名称”文本框中输入“2014年资产负债报表”，❷单击“确定”按钮，如图10-30所示。

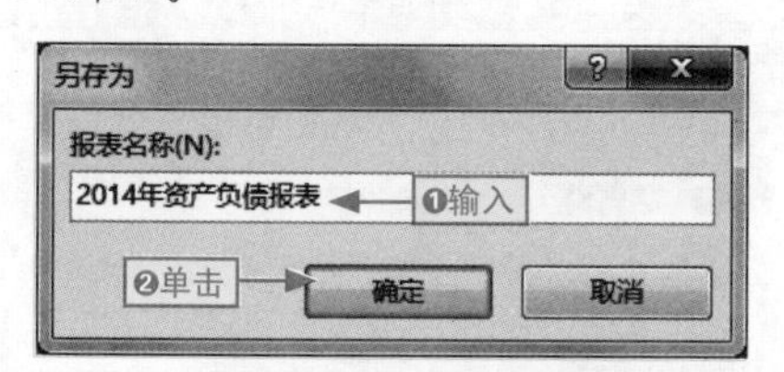

图10-30　保存报表

步骤17 在标题栏上右击，在弹出的快捷菜单中选择“报表视图”命令，如图10-31所示。

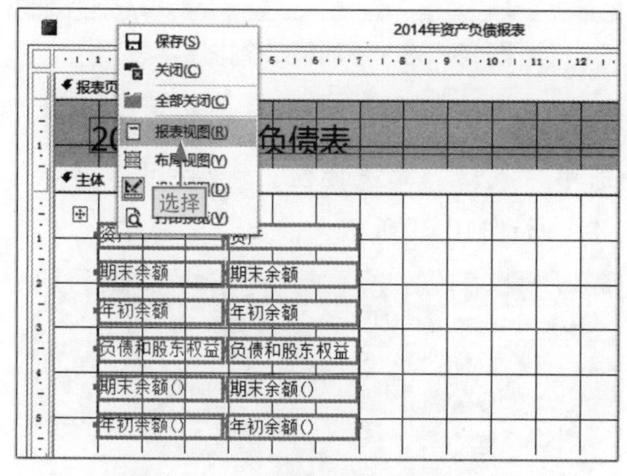

图10-31　选择“报表视图”命令

步骤18 切换到报表视图，即可查看到创建的报表效果，如图10-32所示。

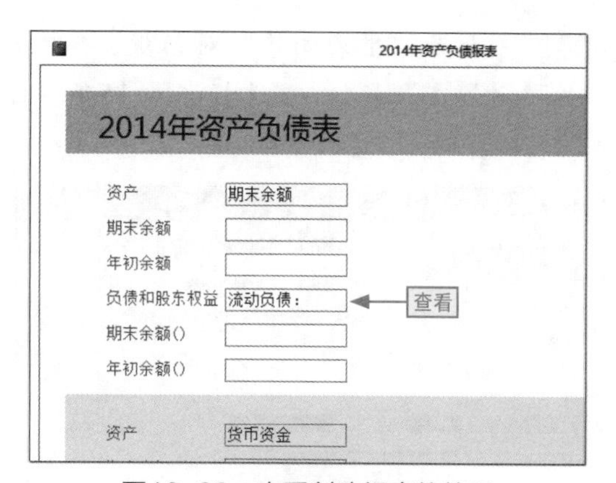

图10-32　查看创建报表的效果

10.2.3 通过报表向导创建报表

创建报表，也可以像创建窗体那样通过向导来轻松完成。

下面以在“财务会计2”数据库中创建“2015年科目余额表”报表为例来讲解通过报表向导创建报表的相关操作，其具体操作如下。

本节素材	\素材\Chapter10\财务会计2.accdb
本节效果	\效果\Chapter10\财务会计2.accdb
学习目标	使用报表向导创建报表
难度指数	★★

步骤01 打开“财务会计2”素材文件，❶单击“创建”选项卡，❸单击“报表向导”按钮，如图10-33所示。

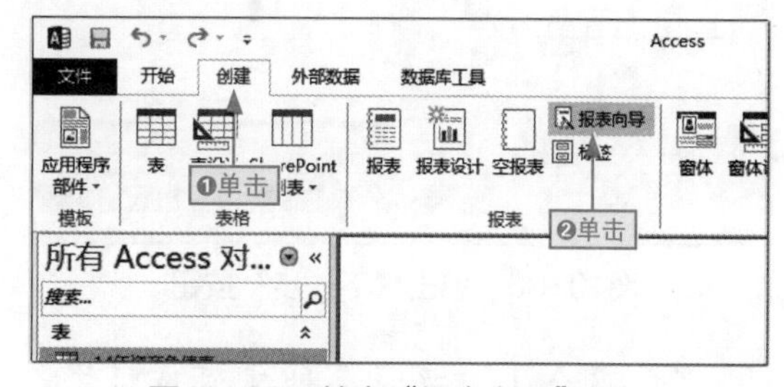

图10-33　单击“报表向导”按钮

步骤02 打开“报表向导”对话框，❶单击“表/查询”下拉按钮，❷选择“表:15年科目余额表”选项，如图10-34所示。

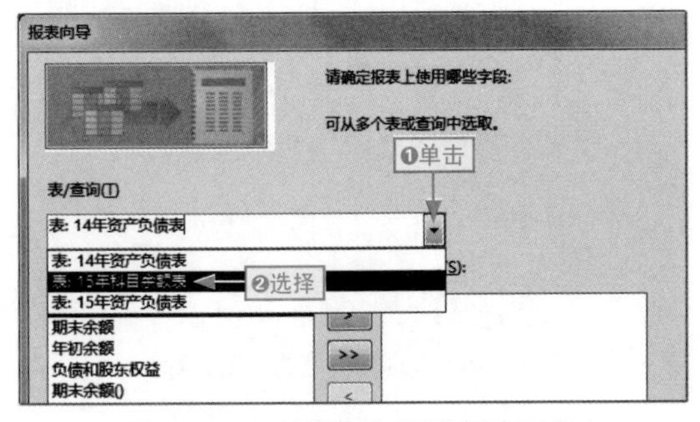

图10-34 选择添加的目标表对象

步骤03 ❶单击全部添加按钮，❷单击“下一步”按钮，如图10-35所示。

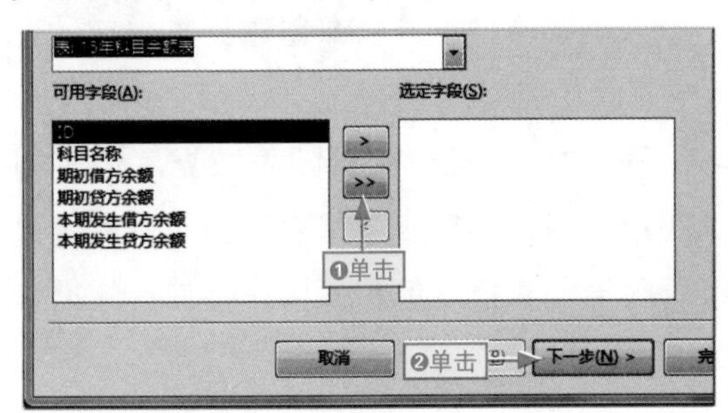

图10-35 单击全部添加按钮

步骤04 进入下一步报表向导对话框中，单击“下一步”按钮，如图10-36所示。

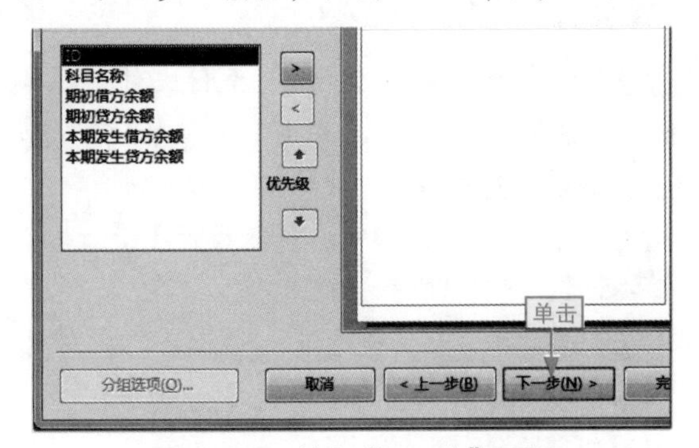

图10-36 单击“下一步”按钮

步骤05 进入下一步报表向导对话框中，❶单击第一个下拉按钮，❷选择ID选项，如图10-37所示。

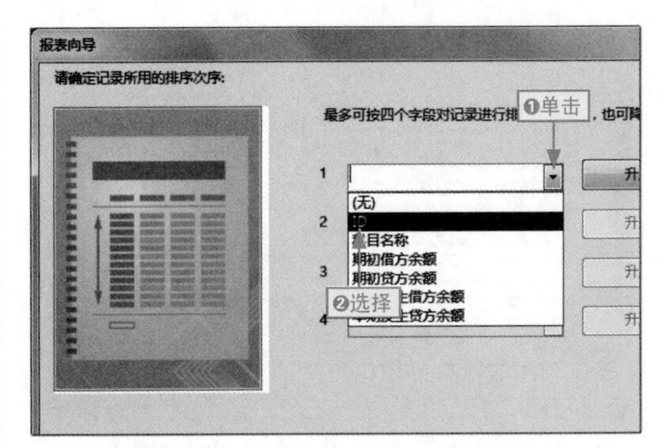

图10-37 添加第一个排序字段

步骤06 ❶单击第二个下拉按钮，❷选择“科目名称”选项，❸单击“下一步”按钮，如图10-38所示。

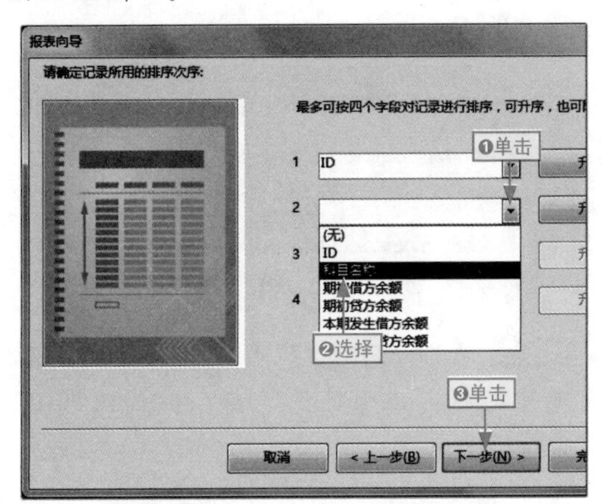

图10-38 添加第二个排序字段

步骤07 进入下一步报表向导对话框中，❶选中“表格”单选按钮，❷单击“下一步”按钮，如图10-39所示。

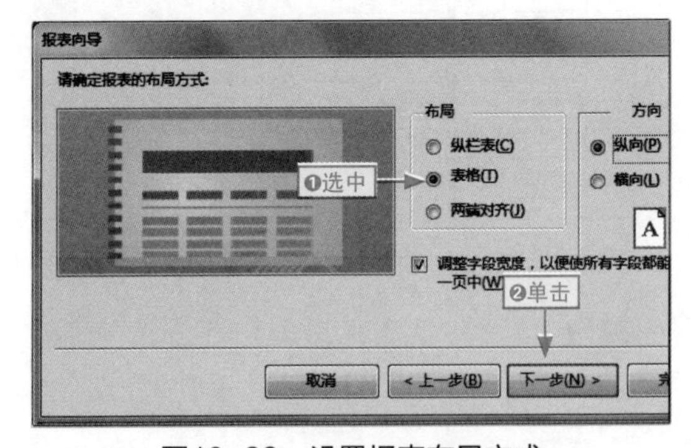

图10-39 设置报表布局方式

步骤08 进入下一步报表向导对话框中，❶在“请为报表指定标题”文本框中输入“2015年科目余额报表”，❷单击“完成”按钮，如图10-40所示。

图10-40　设置报表名称

步骤09 系统自动创建“15年科目余额表”的报表，并以打印视图方式显示，如图10-41所示。

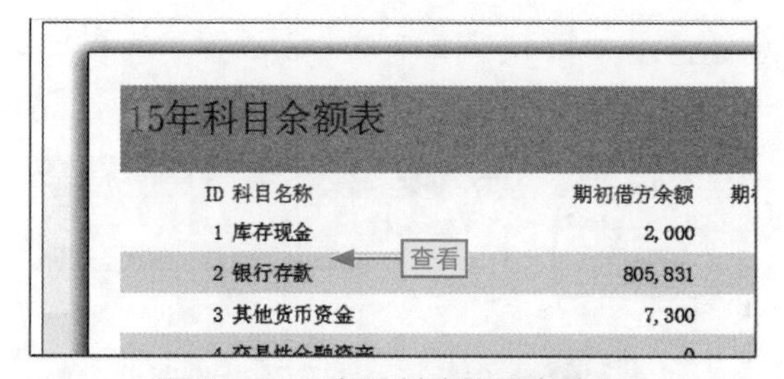

图10-41　查看创建的报表效果

10.2.4 创建标签报表

Access报表不仅可以将数据记录按照常规的方向显示，而且还可以将数据记录按照标签的方式显示。

下面以在“员工工资数据”数据库中创建“员工信息便签”报表为例来讲解创建标签报表的相关操作，其具体操作如下。

本节素材	⊙\素材\Chapter10\员工工资数据.accdb
本节效果	⊙\效果\Chapter10\员工工资数据.accdb
学习目标	创建标签报表
难度指数	★★★

步骤01 打开“员工工资数据”素材文件，❶选择“员工档案管理”表对象，❷单击“创建”选项卡，❸单击“报表”组中的“标签”按钮，如图10-42所示。

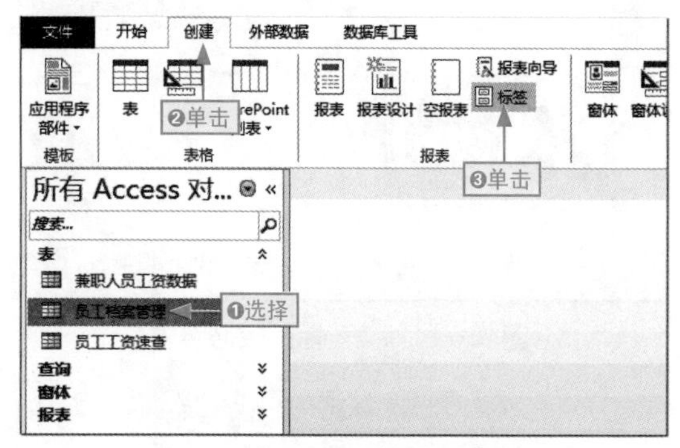

图10-42　单击“标签”按钮

步骤02 打开“标签向导”对话框，❶选择需要的标签尺寸，这里选择C9358选项，❷单击“下一步”按钮，如图10-43所示。

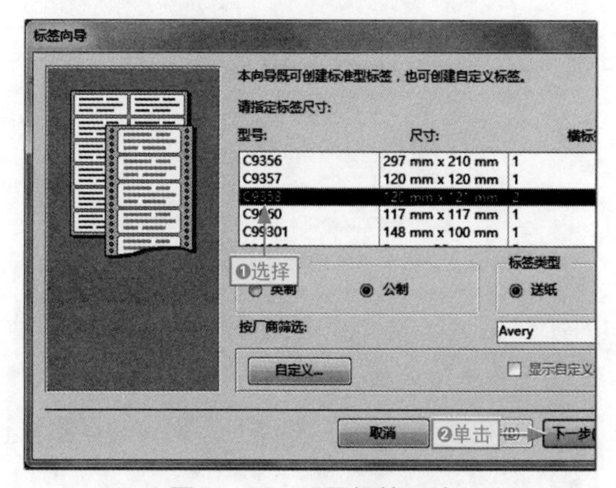

图10-43　设置标签尺寸

步骤03 进入下一步标签向导对话框中，❶分别设置“字体”和“字号”为“微软雅黑”和“11”，❷单击按钮，如图10-44所示。

步骤04 打开“颜色”对话框，❶选择“墨蓝”颜色选项，❷单击“确定”按钮，如图10-45所示。

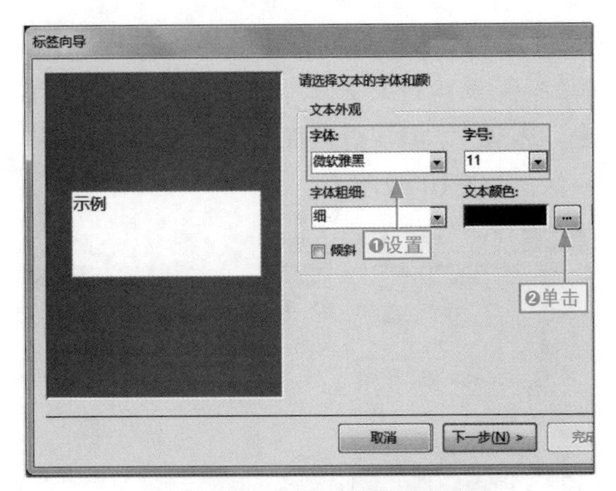

图10-44　设置标签数据字体

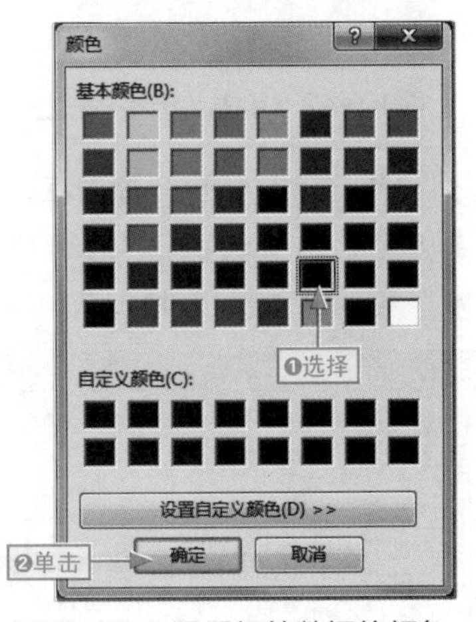

图10-45　设置标签数据的颜色

步骤05 返回到“标签向导”对话框中，单击“下一步”按钮，如图10-46所示。

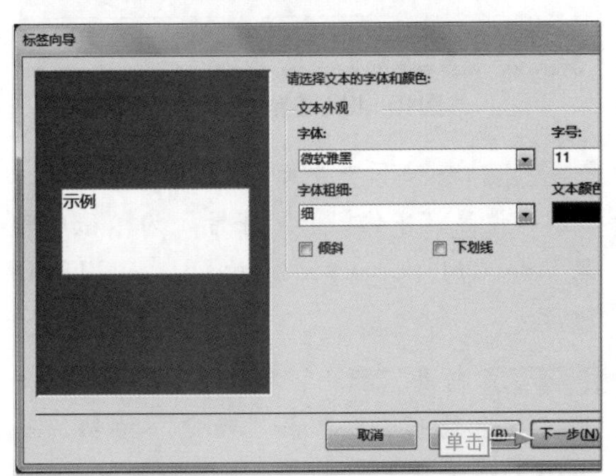

图10-46　“标签向导”对话框

步骤06 进入下一步标签向导对话框中，❶选择“姓名”选项，❷单击添加按钮，按空格键，如图10-47所示。

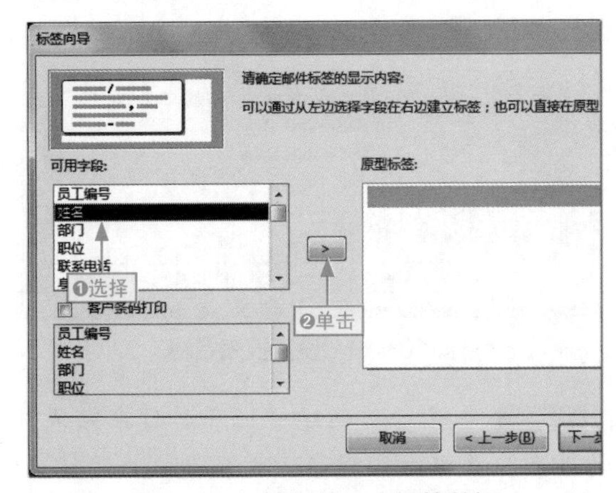

图10-47　添加第一个标签数据

步骤07 ❶选择“员工编号”选项，❷单击添加按钮，按Enter键，如图10-48所示。

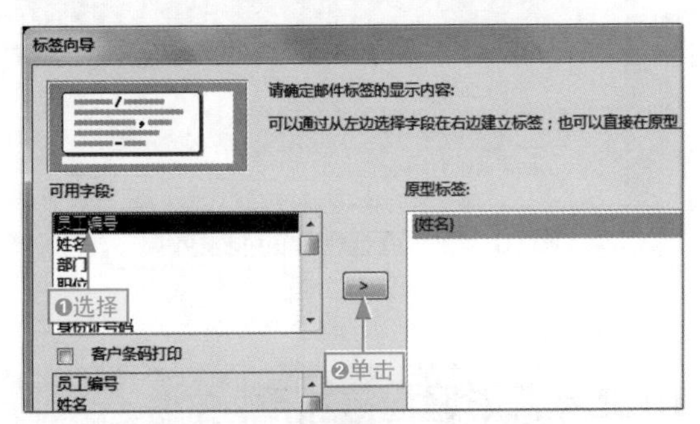

图10-48　添加第二个标签数据

步骤08 ❶输入“部门：”，❷选择“部门”选项，❸单击添加按钮，按Enter键，如图10-49所示。

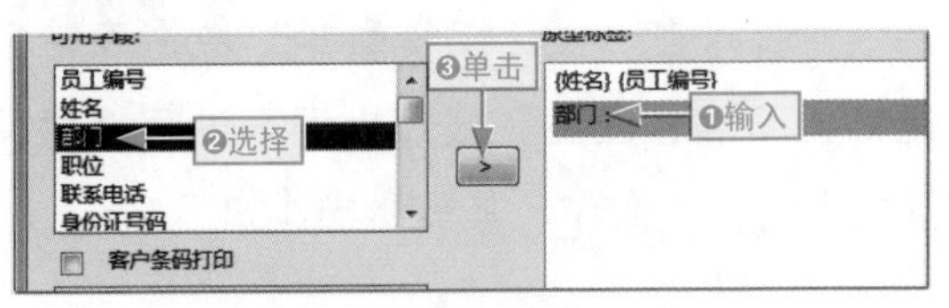

图10-49　添加标签主体数据

步骤09 ❶以同样的方法添加其他标签主体字段数据，❷单击“下一步”按钮，如图10-50所示。

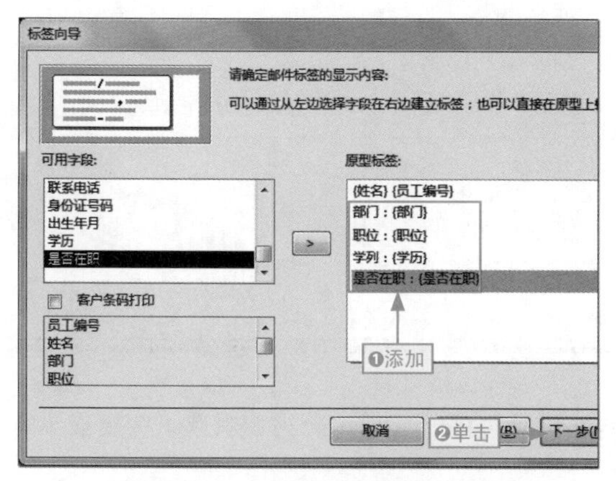

图10-50 添加其他标签主体数据

步骤10 进入下一步标签向导对话框中，❶选择“员工编号”选项，❷单击添加按钮，❸单击“下一步”按钮，如图10-51所示。

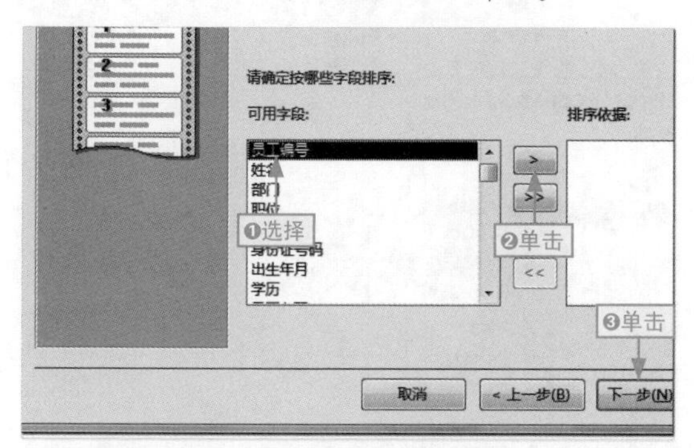

图10-51 添加排序字段

步骤11 进入下一步标签向导对话框中，❶在“请指定报表的名称”文本框中输入“员工信息便签”，❷单击“完成”按钮，如图10-52所示。

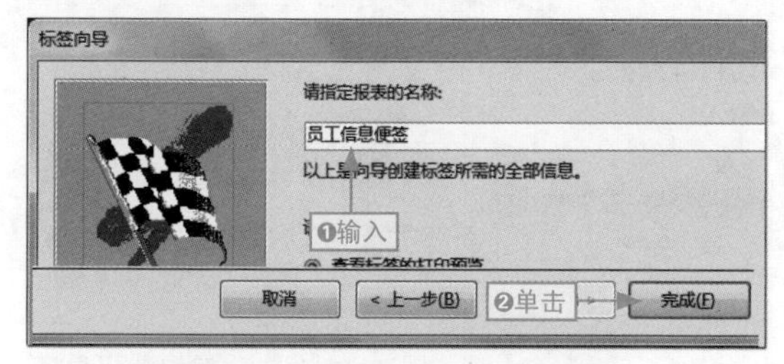

图10-52 设置标签报表的名称

步骤12 在标题标签上右击，在弹出的快捷菜单中选择“设计视图”命令，如图10-53所示。

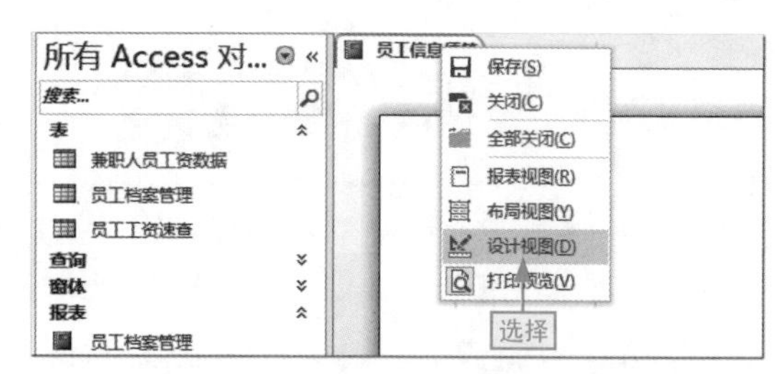

图10-53 选择“设计视图”命令

步骤13 将鼠标指针移到报表主体与页眉页脚交界处，当鼠标指针变成✢形状时，按住鼠标左键不放进行拖动，直到合适高度位置后释放鼠标，如图10-54所示。

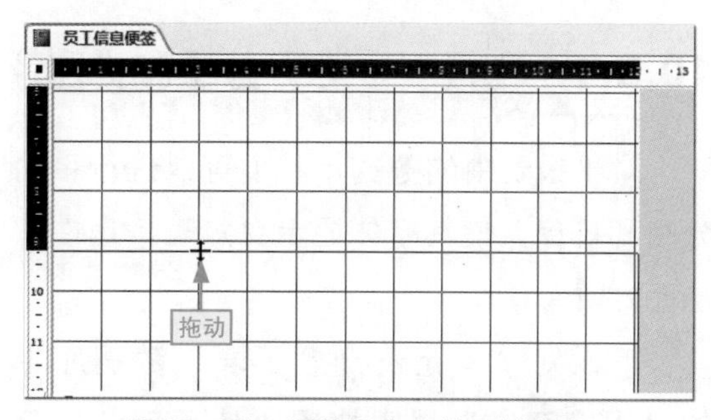

图10-54 调整报表主体区域高度

步骤14 ❶单击“报表设计工具”下的“设计”选项卡中的“视图”下拉按钮，❷选择“报表视图”选项，如图10-55所示。

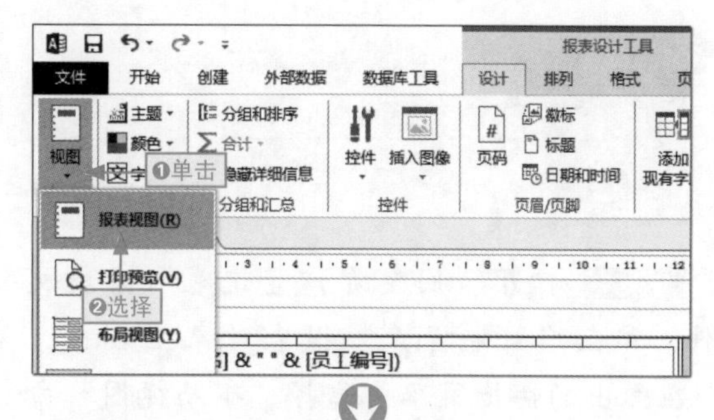

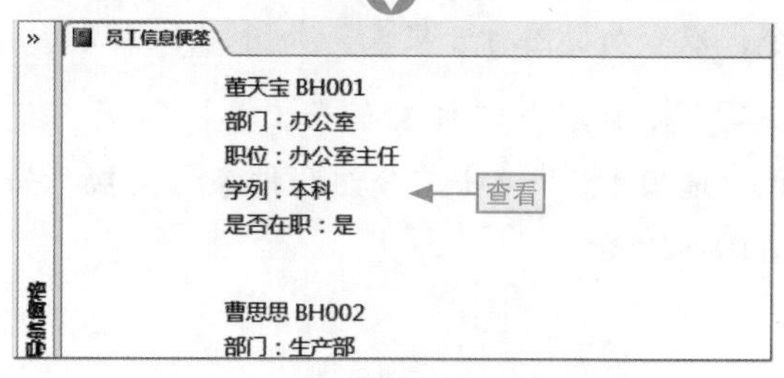

图10-55 切换视图查看的效果

10.3 编辑报表

小白：报表中的数据是否可以进行编辑，如排序、筛选等操作？

阿智：报表虽然是静态显示数据信息，但我们还是可以对其中的数据信息进行编辑操作，从而使报表样式更加符合实际需求。

报表中的数据虽然是静态的，但用户仍然可以对其进行排序、汇总、分组、筛选、突出显示等操作，甚至还可以使用控件进行控制，下面分别进行介绍。

10.3.1 在报表中进行分组和排序

对于报表中的数据，我们可以进行手动分组和排序，使其整体显示更加有条理性，从而方便查看。

下面对“固定资产登记表”数据库中的“固定资产”报表按照“使用部门”分组和“设备名称”排序为例来讲解报表中手动分组和排序的相关操作，其具体操作如下。

本节素材	⊙\效果\Chapter10\固定资产登记表.accdb
本节效果	⊙\效果\Chapter10\固定资产登记表.accdb
学习目标	对报表数据进行分组和排序
难度指数	★★★

步骤01 打开“固定资产登记表”素材文件，❶在“固定资产”报表对象上右击，❷在弹出的快捷菜单中选择“布局视图”命令，以布局视图打开报表，如图10-56所示。

步骤02 ❶单击“报表布局工具”下的“设计”选项卡，❷单击“分组和排序”按钮，如图10-57所示。

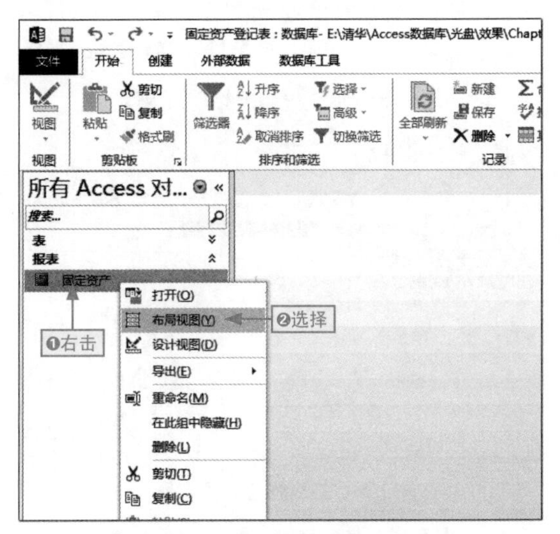

图10-56 选择“布局视图”命令

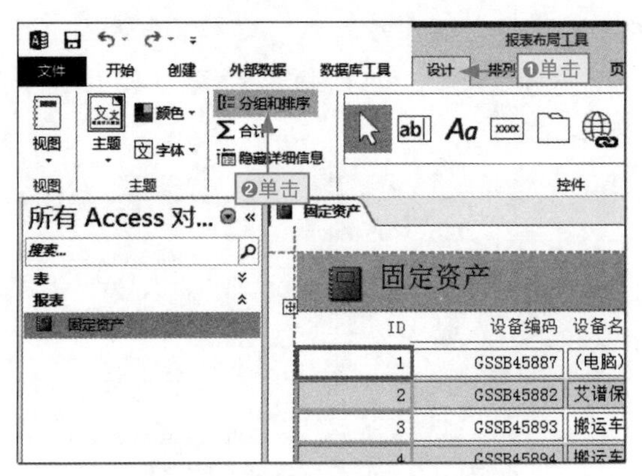

图10-57 启用分组和排序功能

步骤03 在显示的“分组、排序和汇总”区域，单击“添加组”按钮，如图10-58所示。

图10-58 单击“添加组”按钮

步骤04 在弹出的备选框中，选择“使用部门”选项，如图10-59所示。

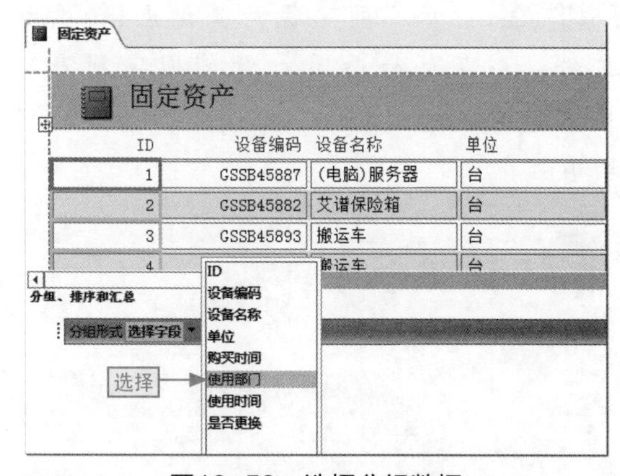

图10-59 选择分组数据

步骤05 单击“添加排序”按钮，如图10-60所示。

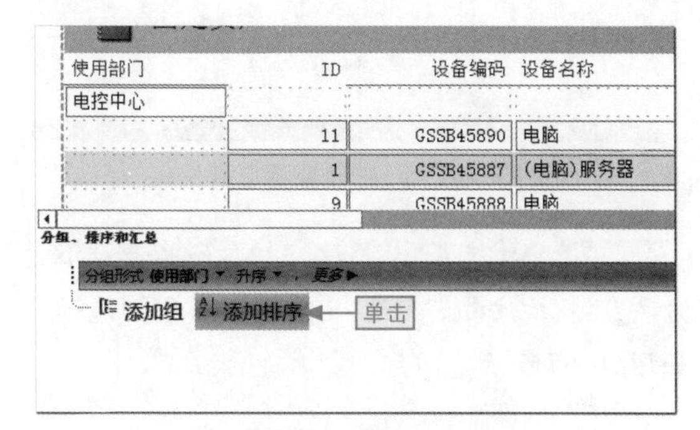

图10-60 启用排序功能

步骤06 在弹出的备选框中，选择ID选项，如图10-61所示。

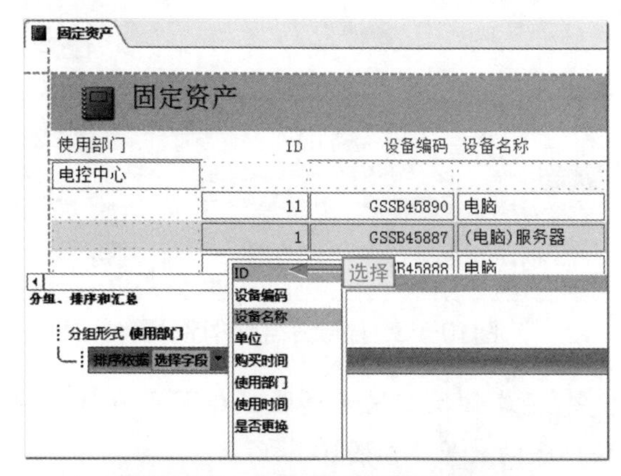

图10-61 添加排序关键字段数据

添加多个排序条件

若需要多个排序数据字段记录，可多次重复步骤05和步骤06的操作。

步骤07 ❶单击“视图”下拉按钮，❷选择“报表视图”选项，如图10-62所示。

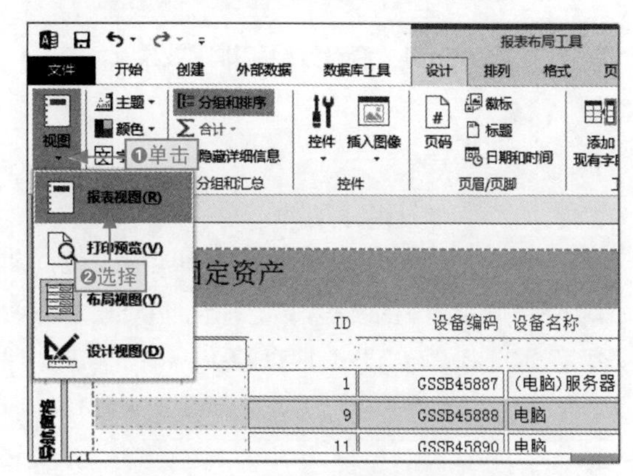

图10-62 选择“报表视图”命令

删除分组或排序设置

对于设置的分组/排序（或汇总）条件，可单击“分组、排序和汇总”区域的“删除”按钮或单击“分组和排序”按钮，将其删除，如图10-63所示。

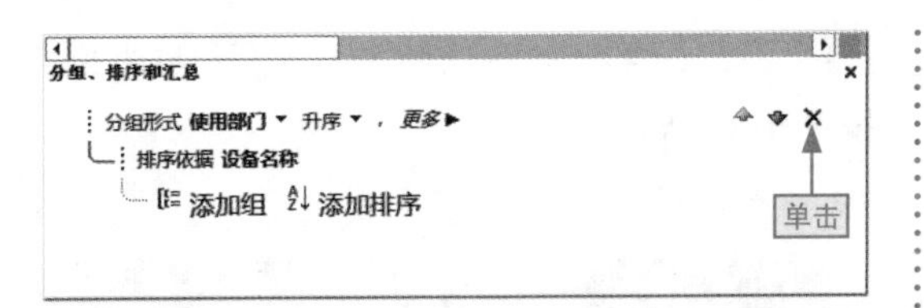

图10-63 删除分组或排序设置

步骤08 切换到报表视图，即可查看到分组和排序的效果，如图10-64所示。

固定资产			
后勤部			
	2	GSSB45882	艾谱保险箱
	7	GSSB45875	打印机
	14	GSSB45876	复印机
	18	GSSB45881	空调
查看		GSSB45880	条形码标签打印机
	26	GSSB45885	鞋柜
	29	GSSB45883	音响
生产部			
	3	GSSB45893	搬运车
	4	GSSB45894	搬运车
	5	GSSB45896	搬运台车

图10-64 查看分组和排序效果

快速进行分组

若只对报表数据进行单一字段数据排序，我们可以在布局视图下的报表字段上右击，在弹出的快捷菜单中选择“分组形式＋字段名称”命令。这里选择“分组形式 使用部门”命令，如图10-65所示。

图10-65 快速进行指定字段分组

10.3.2 在报表中进行数据汇总

在Access中对报表数据进行汇总分为两种方法：一是通过快捷菜单命令，二是通过分组和排序功能。

下面以在“固定资产登记表1”数据库中的“固定资产”报表对“设备名称”字段数据进行计算为例，讲解对数据进行汇总的相关操作，具体操作如下。

本节素材	⊙\素材\Chapter10\固定资产登记表1.accdb
本节效果	⊙\效果\Chapter10\固定资产登记表1.accdb
学习目标	对报表数据进行指定数据字段汇总
难度指数	★★

步骤01 打开“固定资产登记表1”素材文件，❶以布局视图打开“固定资产”报表，❷单击“更多”按钮，如图10-66所示。

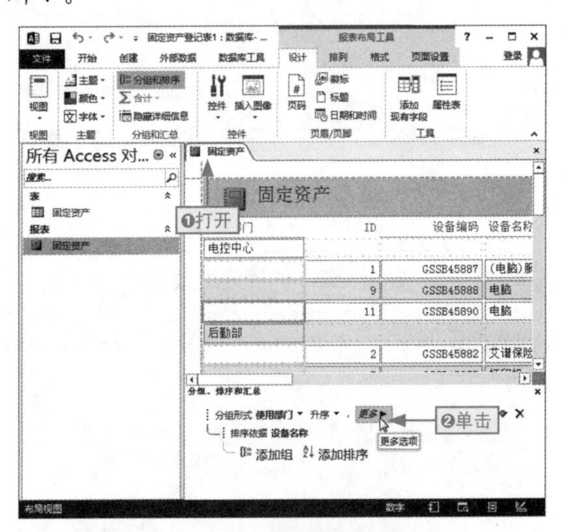

图10-66 以布局视图打开报表

步骤02 ❶单击汇总下拉按钮，❷单击“汇总方式”下拉按钮，❸选择“设备名称”选项，如图10-67所示。

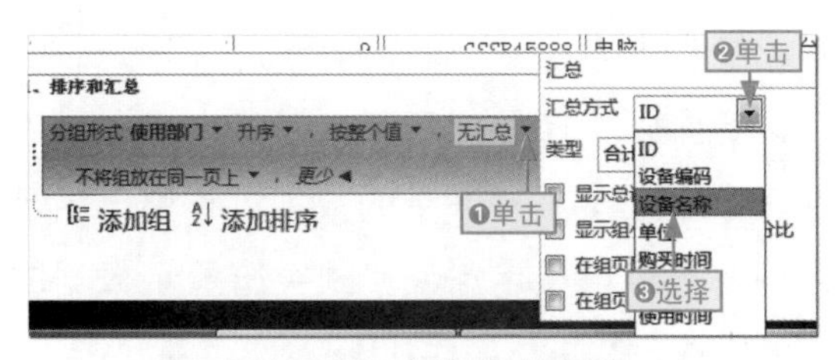

图10-67 添加汇总字段

步骤03 选中“在组页脚中显示小计”复选框，如图10-68所示。

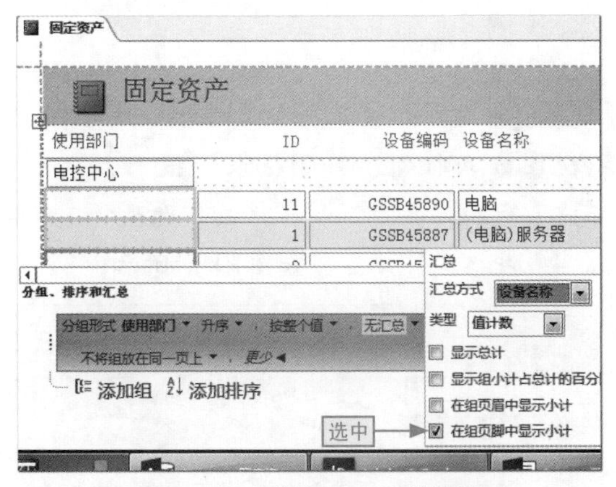

图10-68 指定显示汇总位置

添加多个字段汇总

若需要多个数据字段进行共同汇总，可再次重复步骤02～03的操作。

步骤04 在报表中即可查看到对“设备名称”字段汇总的结果，如图10-69所示。

电控中心			
	11	GSSB45890	电脑
	1	GSSB45887	(电脑)服务器
	9	GSSB45888	电脑
			3
后勤部			
	7	GSSB45875	打印机
	29	GSSB45883	音响
	26	GSSB45885	鞋柜
	2	GSSB45882	艾谱保险箱
	14	GSSB45876	复印机
	23	GSSB45880	条形码标签打印机

查看

图10-69 查看汇总结果

快速进行汇总

对报表数据进行快速汇总，其实可通过快捷菜单命令，其操作为：在报表字段上右击，在弹出的快捷菜单中选择“汇总＋字段名称”命令，在弹出的子菜单中选择相应的命令，如图10-70所示。

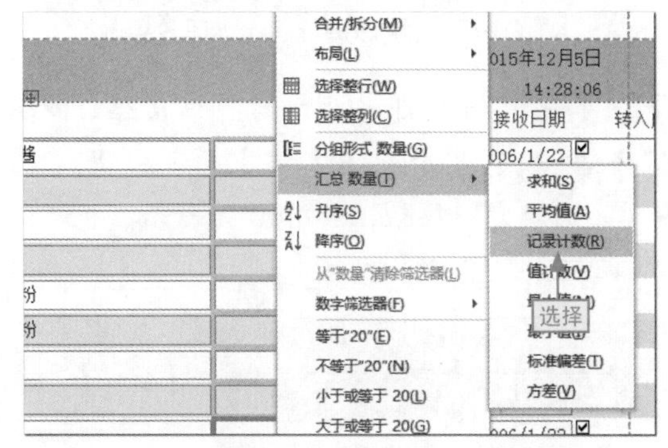

图10-70 快速进行指定字段分组

10.3.3 在报表中进行数据筛选

对报表中指定的数据进行筛选后，排序和汇总的显示要简洁一些。

下面以将“固定资产1”报表中要进行更换的设备数据筛选出来为例，讲解报表数据筛选的相关操作，具体操作如下。

本节素材	\素材\Chapter10\固定资产登记表2.accdb
本节效果	\效果\Chapter10\固定资产登记表2.accdb
学习目标	筛选出报表中指定的数据
难度指数	★★

步骤01 打开“固定资产登记表2”素材文件，❶以报表视图方式打开“固定资产1”报表，❷在“是否更换”列上右击，❸选择“文本筛选器”|“等于”命令，如图10-71所示。

图10-71　快速进行指定字段分组

步骤02 打开“自定义筛选”对话框，❶在“是否更换 等于”文本框中输入“是”，❷单击“确定”按钮，如图10-72所示。

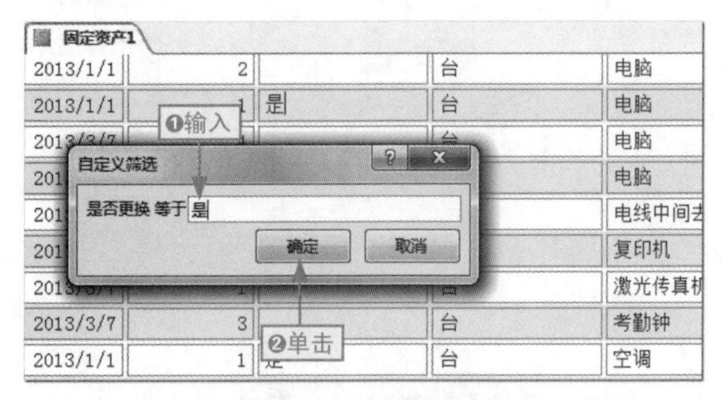

图10-72　设置筛选条件

步骤03 系统自动根据用户设置的筛选条件筛选出相应数据。图10-73所示是筛选出要进行更换的固定资产设备数据的结果。

图10-73　查看筛选结果

10.3.4 使用条件格式突出数据

要突出显示报表中的指定数据，无须进行其他手动的格式设置，只需使用条件格式功能就能快速实现。

下面以将“员工薪酬”报表中“提成”字段数据大于“3000”的数据记录突出显示为例，来讲解使用条件格式突出显示数据的相关操作，其具体操作如下。

本节素材	⊙\素材\Chapter10\员工薪酬.accdb
本节效果	⊙\效果\Chapter10\员工薪酬.accdb
学习目标	在报表中突出显示指定数据记录
难度指数	★★★

步骤01 打开“员工薪酬”素材文件，以布局视图方式打开“薪酬报表”报表，❶单击“报表布局工具”下的“格式”选项卡，❷单击“条件格式”按钮，如图10-74所示。

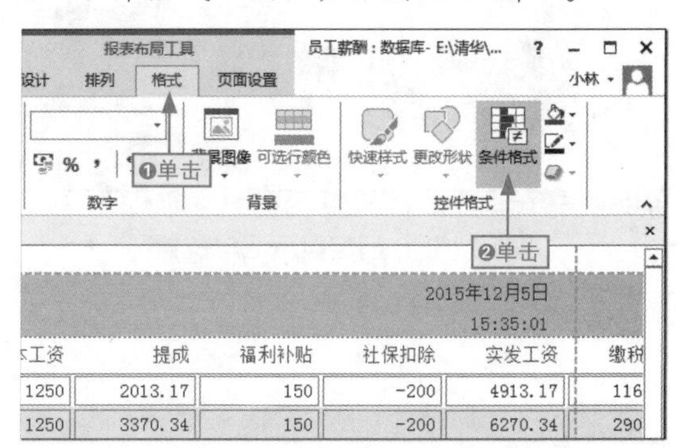

图10-74　启用条件格式功能

步骤02 打开“条件格式规则管理器”对话框，❶单击“显示其格式规则”下拉按钮，❷选择“提成”选项，❸单击“新建规则”按钮，如图10-75所示。

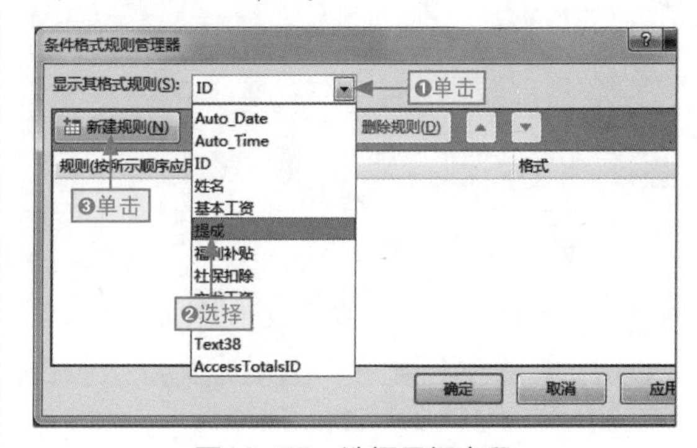

图10-75　选择目标字段

步骤03 打开“新建格式规则”对话框，❶单击“介于”后的下拉按钮，❷选择“大于”选项，如图10-76所示。

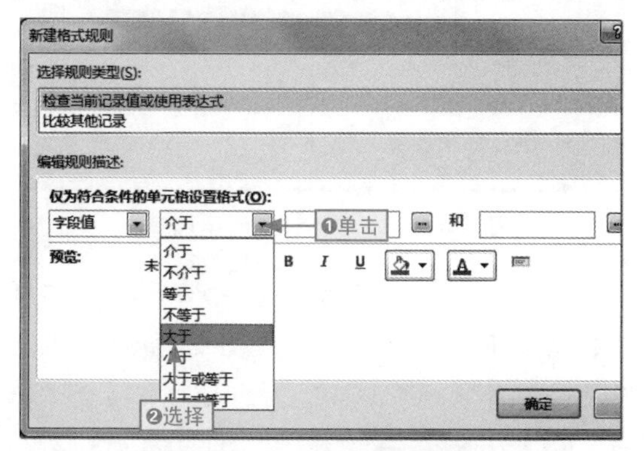

图10-76 选择比较运算符

步骤04 ❶在条件文本框中输入“3000”，❷单击“加粗”按钮，如图10-77所示。

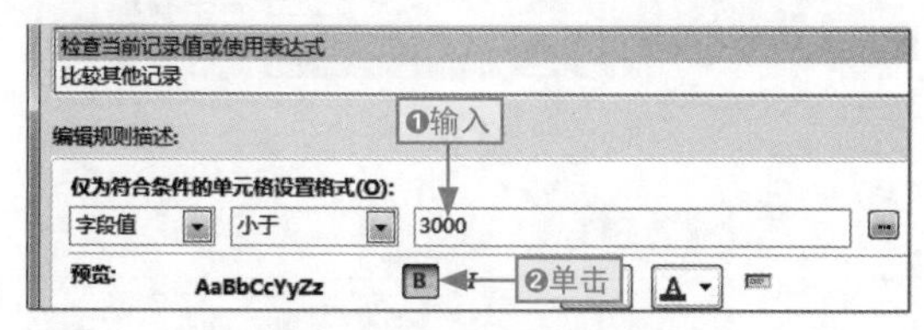

图10-77 设置条件参数

步骤05 ❶单击“背景色”下拉按钮，❷选择“深蓝5”选项，如图10-78所示。

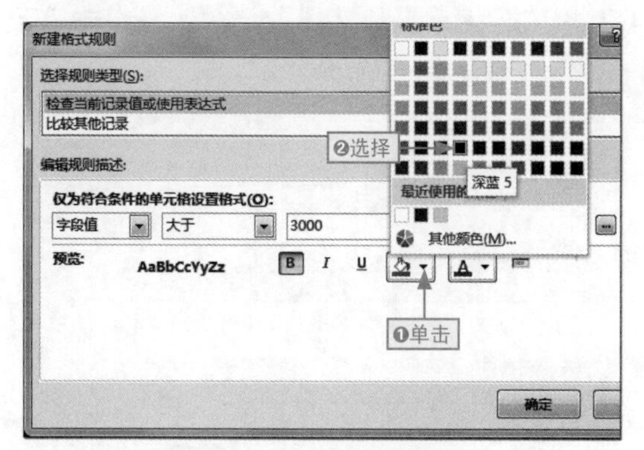

图10-78 设置背景色

步骤06 ❶单击“字体颜色”下拉按钮，❷选择“白色”选项，然后单击“确定”按钮，如图10-79所示。

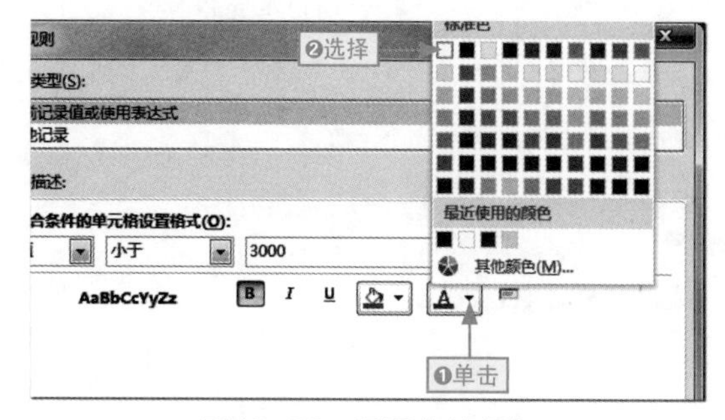

图10-79 设置字体颜色

步骤07 在报表中即可查看到系统将“提成”字段大于3000的数据突出显示，如图10-80所示。

ID	姓名	基本工资	提成	福利
1	林大伟	1250	2013.17	
2	黄小丽	1250	3370.34	
3	刘杰	1250	2465.53	
4	艾薇	1250	2126.26	

图10-80 查看条件格式突出显示效果

10.3.5 在报表中添加控件

在报表中添加控件与在窗体中添加控件的操作基本相似。

下面以在“员工薪酬2”数据库中添加图表控件，制作三维条形图来直观展示和分析员工的提成数据为例，讲解在报表中插入控件的相关操作，具体操作如下。

本节素材	◎\素材\Chapter10\员工薪酬2.accdb
本节效果	◎\效果\Chapter10\员工薪酬2.accdb
学习目标	在报表中添加图表控件
难度指数	★★★

步骤01 打开“员工薪酬2”素材文件，❶单击“创建”选项卡，❷单击“报表设计”按钮，如图10-81所示。

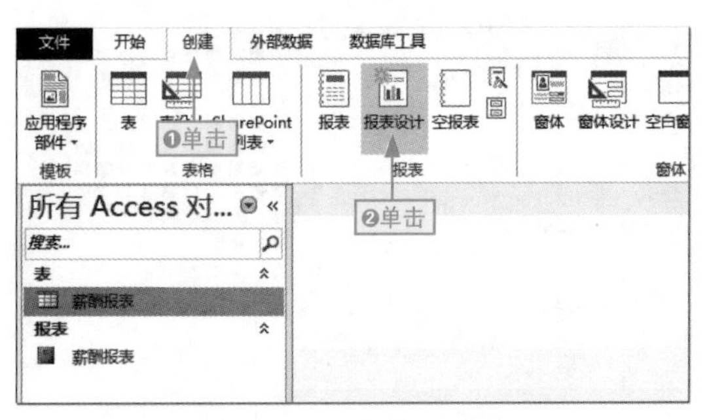

图10-81 单击“报表设计”按钮

步骤02 进入设计视图中，在任意位置右击，在弹出的快捷菜单中选择“页面页眉/页脚”命令，如图10-82所示。

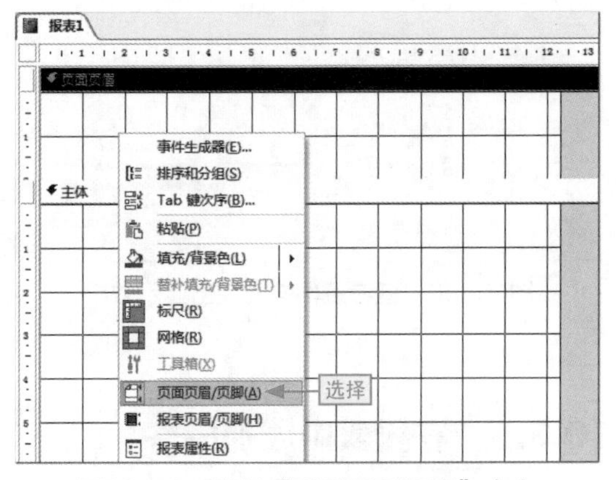

图10-82 选择“页面页眉/页脚”命令

步骤03 ❶单击“报表设计工具”下的“设计”选项卡，❷在“控件”组中选择“图表”控件，❸在报表中单击，如图10-83所示。

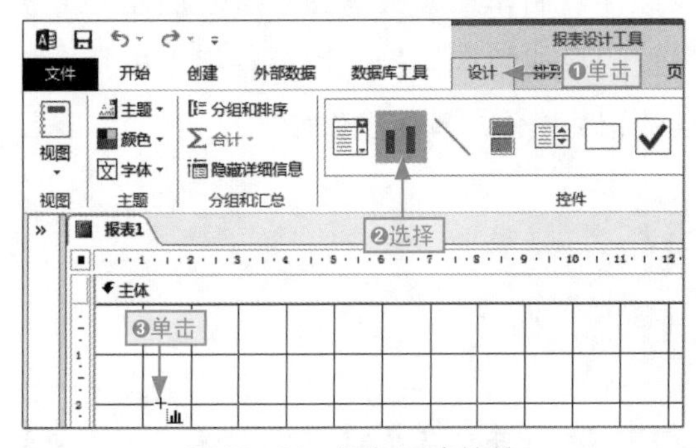

图10-83 添加图表控件

步骤04 打开“图表向导”对话框，保持默认设置，单击“下一步”按钮，如图10-84所示。

图10-84 “图表向导”对话框

步骤05 进入下一步图表向导对话框中，❶将“姓名”和“提成”字段数据添加到“用于图表的字段”列表框中，❷单击“下一步”按钮，如图10-85所示。

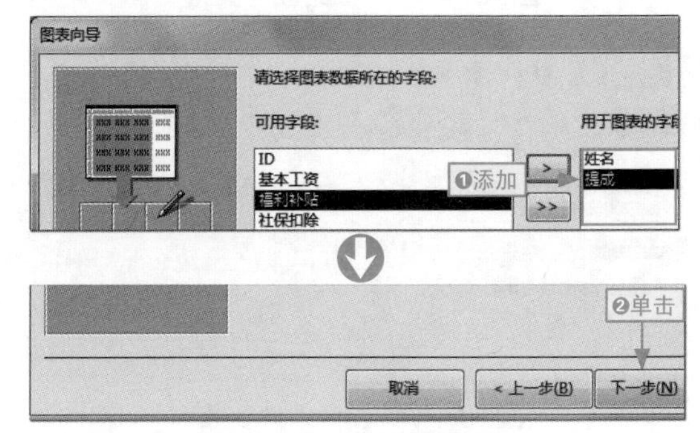

图10-85 添加图表字段

步骤06 进入下一步图表向导对话框中，❶选择“三维条形圆柱图”选项，❷单击“下一步”按钮，如图10-86所示。

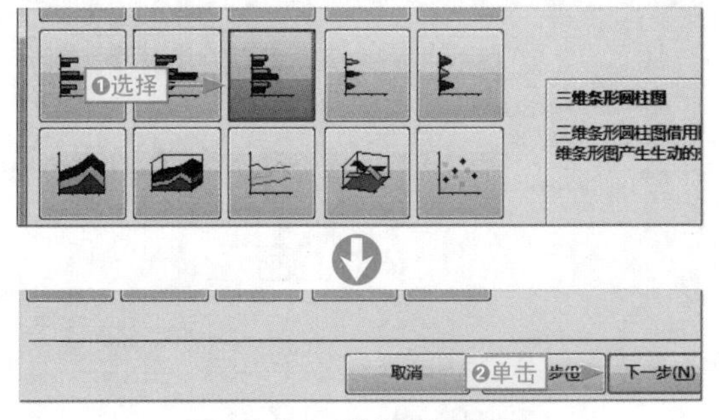

图10-86 选择图表类型

步骤07 进入下一步图表向导对话框中，保持默认不变，单击“下一步”按钮，如图10-87所示。

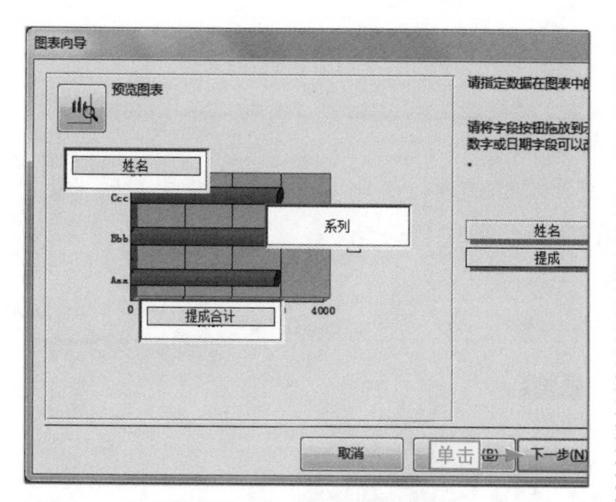

图10-87 默认图表数据

步骤08 进入下一步图表向导对话框中，❶在"请指定图表的标题"文本框中输入"提成数据分析"，❷单击"完成"按钮，如图10-88所示。

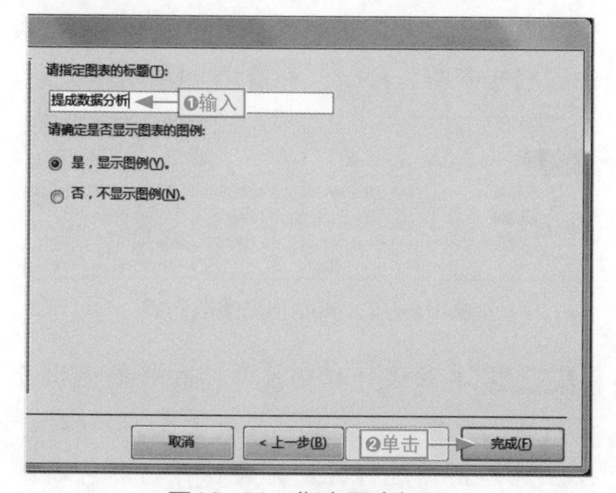

图10-88 指定图表标题

步骤09 在系统创建的图表中，将鼠标指针移到图表的右下角，当鼠标指针变成形状时，按住鼠标左键向右下角拖动，直到合适大小，然后释放鼠标，如图10-89所示。

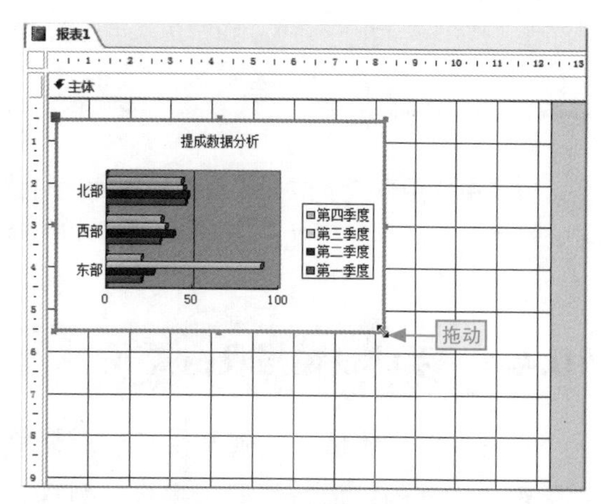

图10-89 调整图表大小

步骤10 按Ctrl+S组合键，打开"另存为"对话框，❶在"报表名称"文本框中输入"提成数据展示分析"，❷单击"确定"按钮，如图10-90所示。

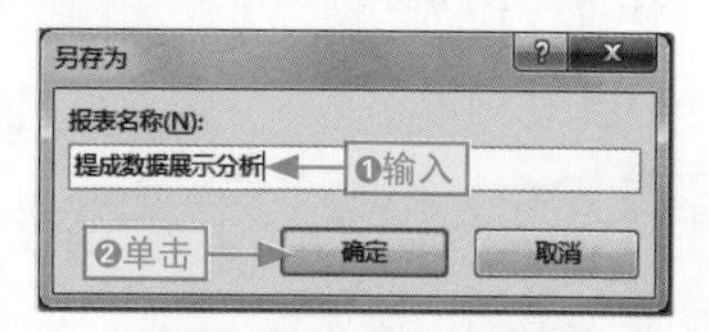

图10-90 保存报表

步骤11 切换到报表视图，即可查看到所创建的三维条形圆柱图样式，如图10-91所示。

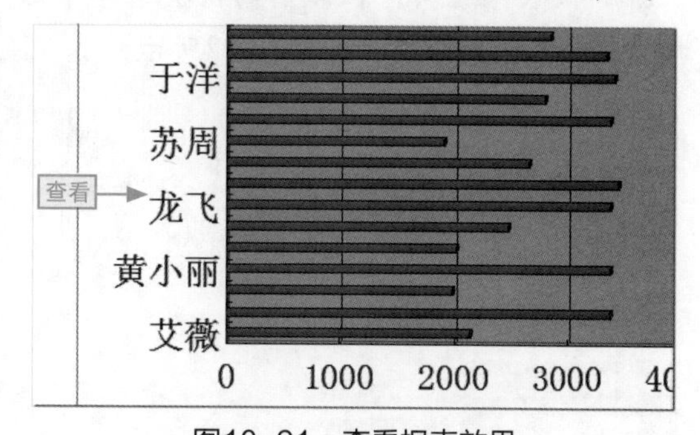

图10-91 查看报表效果

10.4 美化和打印报表

小白：默认创建出来的报表整体样式不太美观，能不能设置得好看一些？

阿智：我们可以采用一些实用的美化方法来进行样式的设置，如应用主题、页面设置等，最后还可以将报表打印出来。

报表主要用来展示数据信息，所以我们需要将其外观样式进行美化设置，让用户查看起来更加赏心悦目。同时，还可以将其打印出来供用户查看，下面分别进行介绍。

10.4.1 手动设置报表格式

手动设置报表格式，就是用户按照需要对报表中数据的字体、类型、字号、列宽、边框、填充以及控件的相对位置进行调整等，使整个报表样式美观、专业。

下面以对“员工薪酬3”数据库中的“薪酬报表”报表进行格式设置为例来讲解相关的操作，其具体操作如下。

本节素材	⊙\素材\Chapter10\员工薪酬3.accdb
本节效果	⊙\效果\Chapter10\员工薪酬3.accdb
学习目标	自定义报表格式
难度指数	★★★

步骤01 打开“员工薪酬3”素材文件，右击“薪酬报表”选项，在弹出的快捷菜单中选择“设计视图”命令，如图10-92所示。

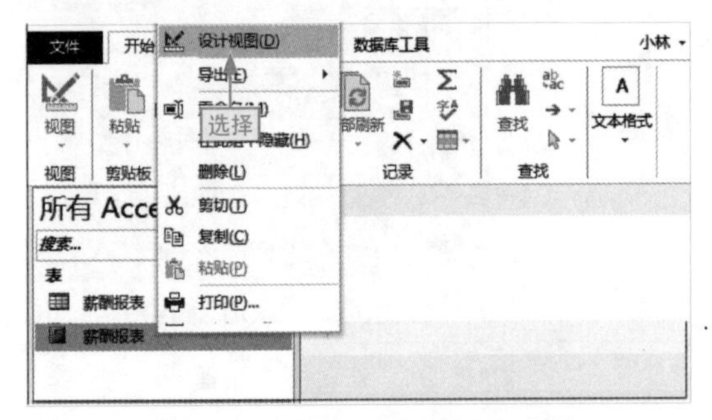

图10-92 选择“设计视图”命令

步骤02 ❶单击报表页眉中的对象全选按钮，❷单击“报表设计工具”下的“格式”选项卡，❸在“字体”文本框中输入“微软雅黑”，如图10-93所示。

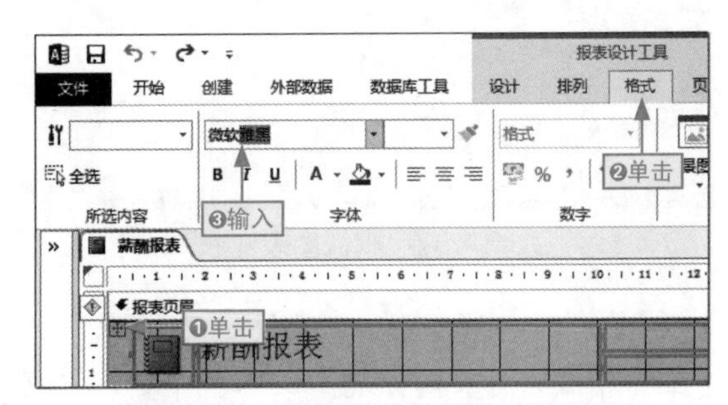

图10-93 设置报表页眉字体的格式

步骤03 保持页眉对象的全选状态，❶单击“报表设计工具”下的“排列”选项卡，❷单击“删除布局”按钮，如图10-94所示。

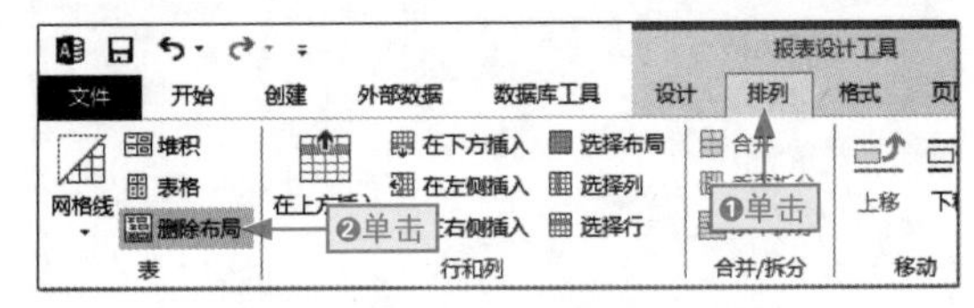

图10-94 删除布局解散对象

步骤04 单独选择标题控件，并将鼠标指针移到其上边框上，当鼠标指针变成↕形状时，按住鼠标左键进行拖动，使控件内容与右侧的图标居中对齐，如图10-95所示。

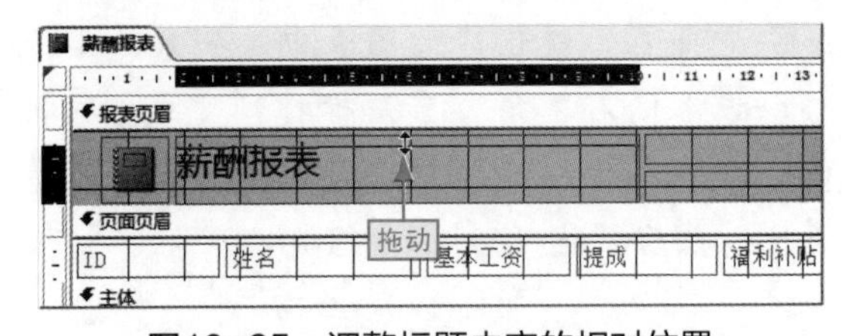

图10-95 调整标题内容的相对位置

步骤05 按住Shift键选择日期和时间控件，将鼠标指针移到任意控件边框上，当鼠标指针变成✥形状时，按住鼠标左键将其移动到与

“缴税金额”控件右侧对齐位置，然后释放鼠标，如图10-96所示。

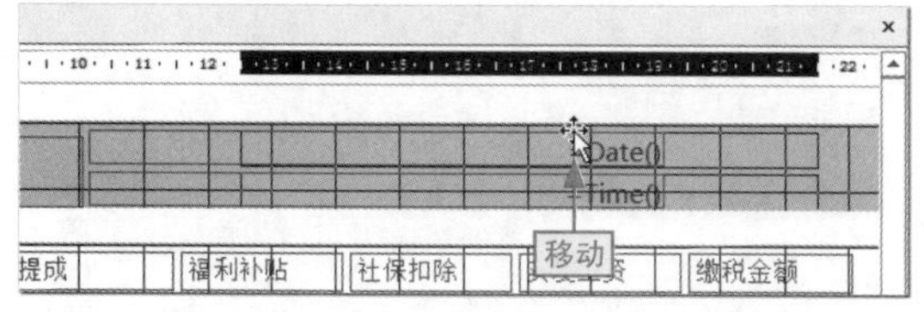

图10-96 调整日期和时间控件的位置

步骤06 在报表页眉区域的任意空白位置右击，在弹出的快捷菜单中选择“填充/背景色”命令，在弹出的拾色器中选择“褐紫红色2”选项，如图10-97所示。

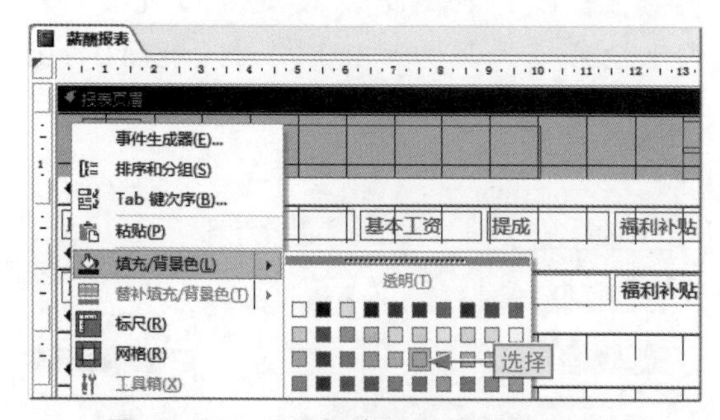

图10-97 设置报表页眉底纹填充颜色

步骤07 在页面页眉区域选择任一控件，单击出现的全选按钮，❶选择页面页眉、主体和报表页脚中的所有对象，❷在“字体”文本框中输入“微软雅黑”，按Enter键，如图10-98所示。

图10-98 设置字体格式

步骤08 保持控件对象的选中状态，单击“居中”按钮，如图10-99所示。

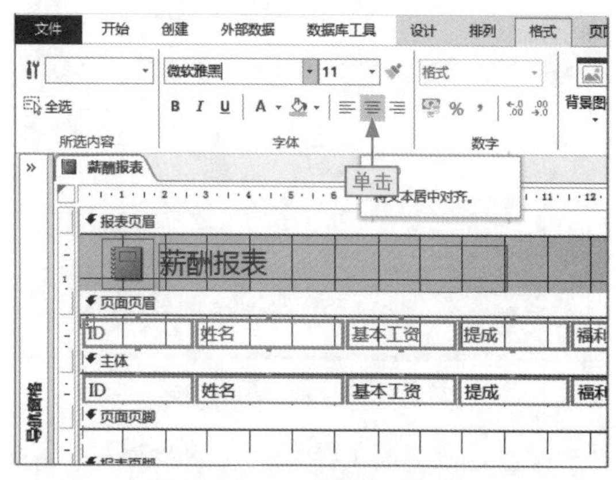

图10-99 设置对齐方式

步骤09 ❶按住Shift键，选择页眉区域中的控件对象，❷单击“填充颜色”下拉按钮，❸选择“深红”颜色选项，如图10-100所示。

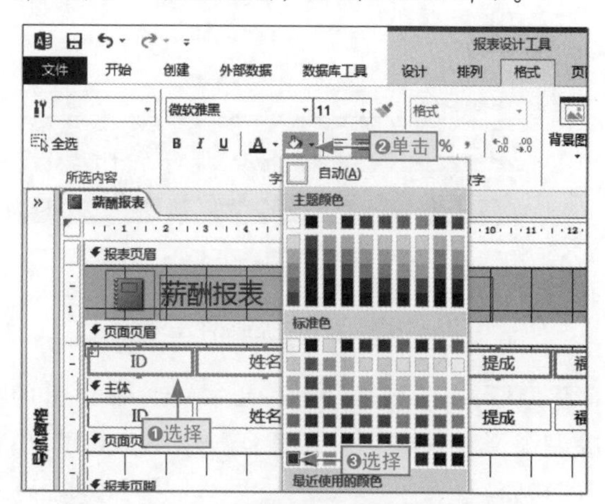

图10-100 设置页面页眉底纹的填充颜色

步骤10 ❶单击“字体颜色”下拉按钮，❷选择“白色”选项，如图10-101所示。

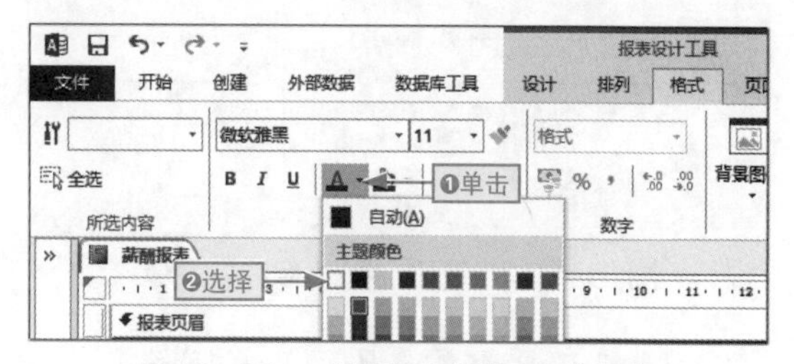

图10-101 设置页面页眉字体颜色

步骤11 保持页面页眉控件对象的选中状态，单击“加粗”按钮，如图10-102所示。

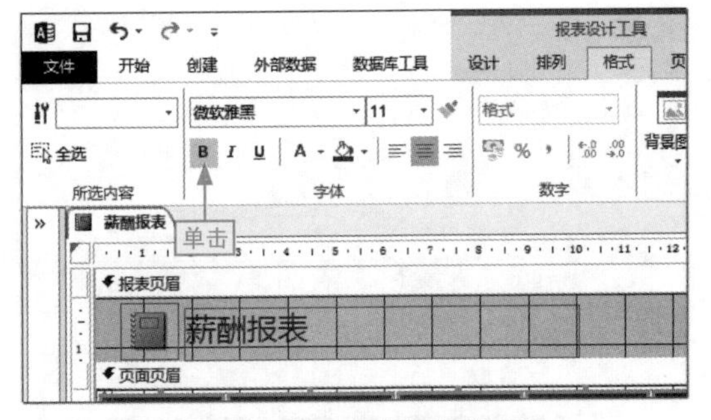

图10-102 加粗页面页眉

步骤12 ❶在主体中选择“姓名”控件，❷单击“左对齐”按钮，如图10-103所示。

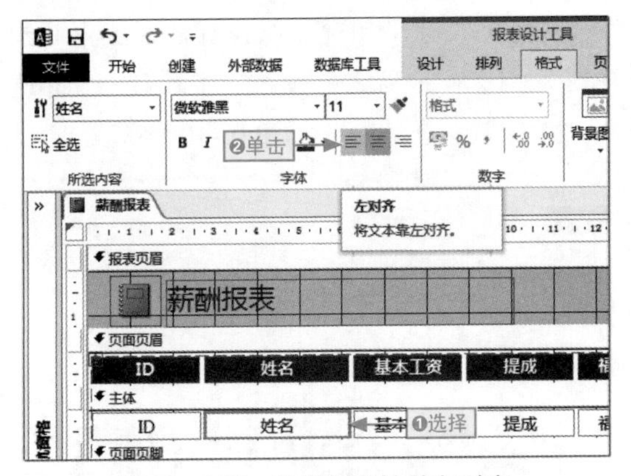

图10-103 设置姓名控件左对齐

步骤13 在“姓名”控件上右击，在弹出的快捷菜单中选择“报表属性”命令，如图10-104所示。

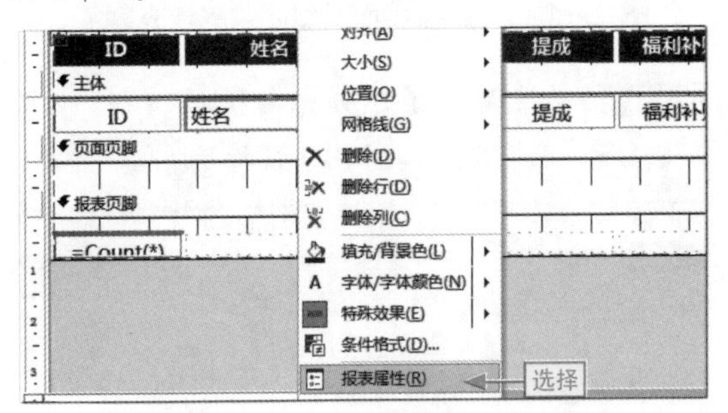

图10-104 选择“报表属性”命令

步骤14 ❶在页面页眉区域选择“姓名”控件，❷单击“边框样式”下拉按钮，❸选择“透明”选项，如图10-105所示。

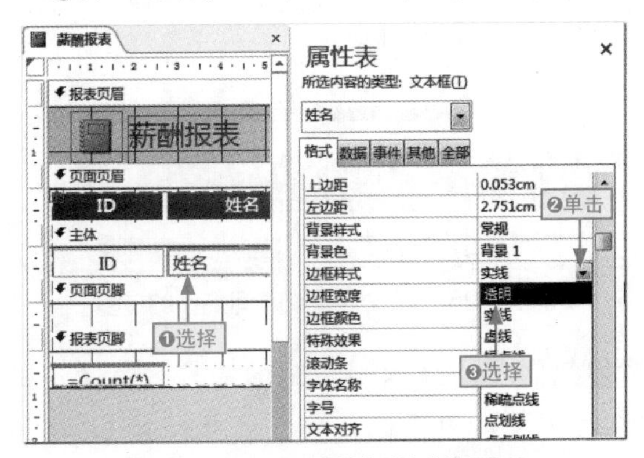

图10-105 设置边框样式为透明

步骤15 以同样的方法设置页面页眉区域其他控件的边框为“透明”，如图10-106所示。

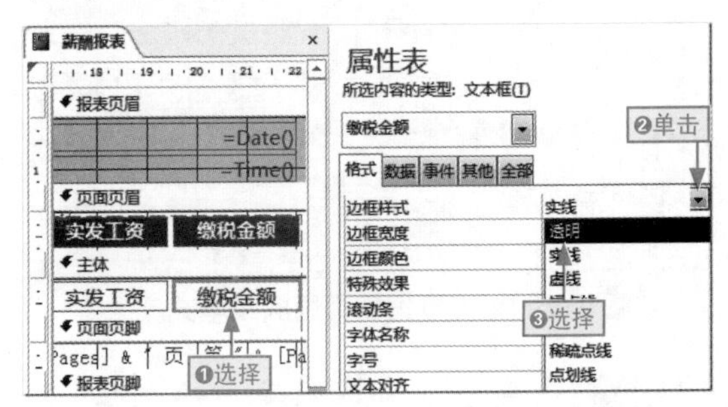

图10-106 设置其他控件边框样式为透明

步骤16 在“报表页脚”区域中选择统计控件，按Delete键将其删除，如图10-107所示。

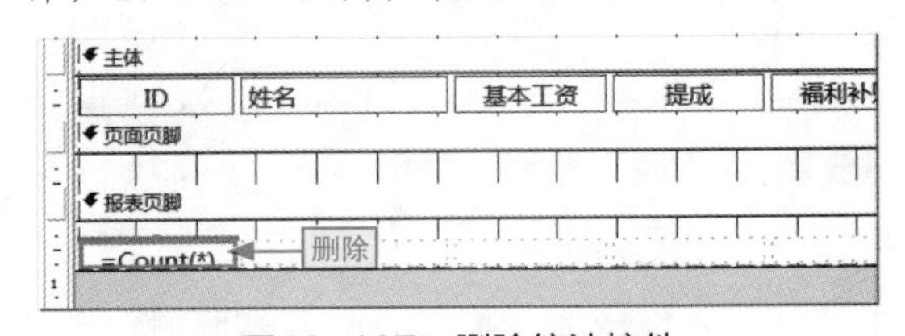

图10-107 删除统计控件

步骤17 在报表名称标签上右击，在弹出的快捷菜单中选择“布局视图”命令，如图10-108所示。

步骤18 选择报表数据区域外的任意区域，❶单击“可选行颜色”下拉按钮，❷选择“无颜色”选项，如图10-109所示。

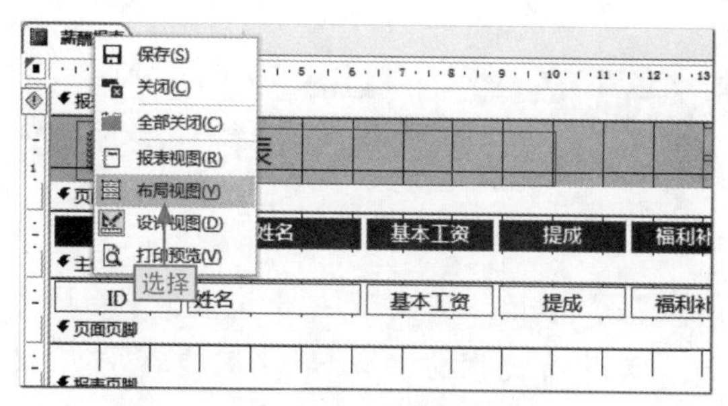

图10-108 选择“布局视图”命令

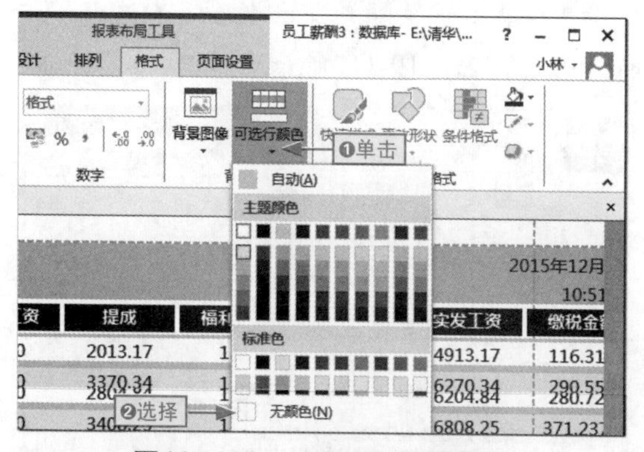

图10-109 设置可选行的颜色

步骤19 选择主体区域的所有数据列字段，❶单击“报表布局工具”下的“排列”选项卡，❷单击“网格线”下拉按钮，❸选择“下”选项，如图10-110所示。

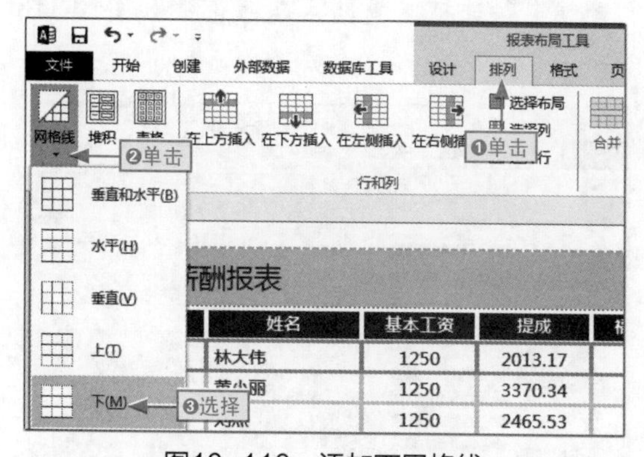

图10-110 添加下网格线

步骤20 保持主体中所有字段列的选中状态，❶再次单击“网格线”下拉按钮，❷选择“边框”选项，❸选择点线选项，如图10-111所示。

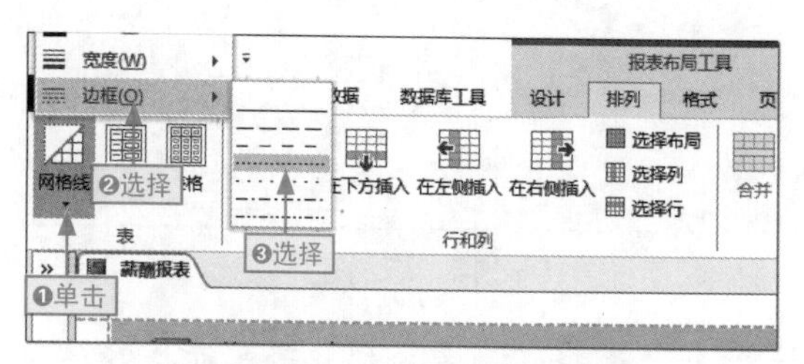

图10-111 设置网格线的样式

步骤21 ❶按住Shift键，选择“基本工资”列到“缴税金额”列之间的所有列，❷单击“报表布局工具”下的“格式”选项卡，❸单击“数字格式”下拉按钮，❹选择“货币”选项，如图10-112所示。

图10-112 设置数字格式

步骤22 ❶按住Shift键，选择报表主体中的所有控件对象，❷单击“报表布局工具”下的“排列”选项卡，❸单击“控件边距”下拉按钮，❹选择“无”选项，如图10-113所示。

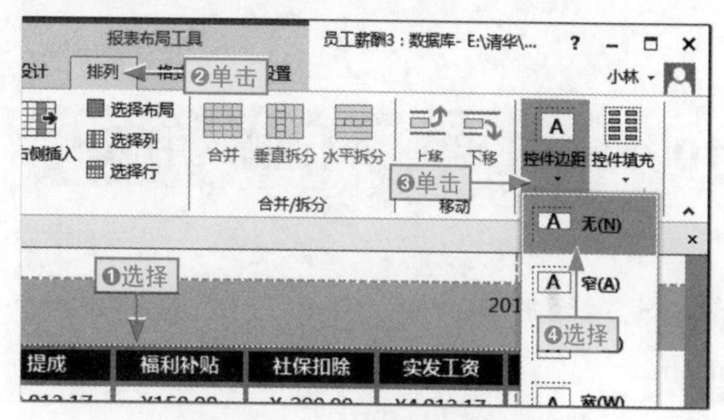

图10-113 取消控件边距

步骤23 ❶单击“控件填充”下拉按钮，❷选择“无”选项，如图10-114所示。

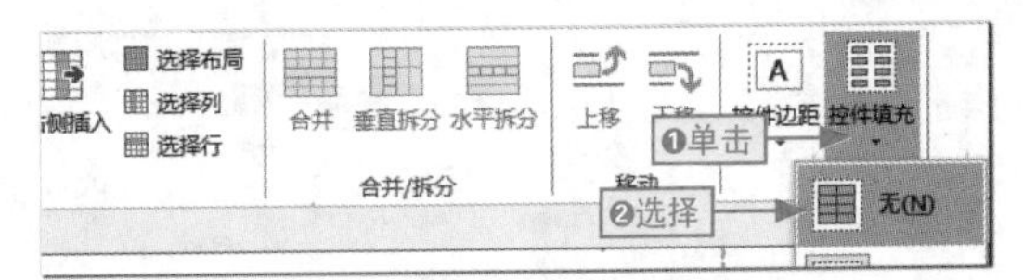

图10-114　取消控件填充

步骤24　选择“姓名”列并将鼠标指针移动到其右侧的列边框上，按住鼠标左键不放进行拖动，调整其列宽到合适位置，然后释放鼠标，如图10-115所示。

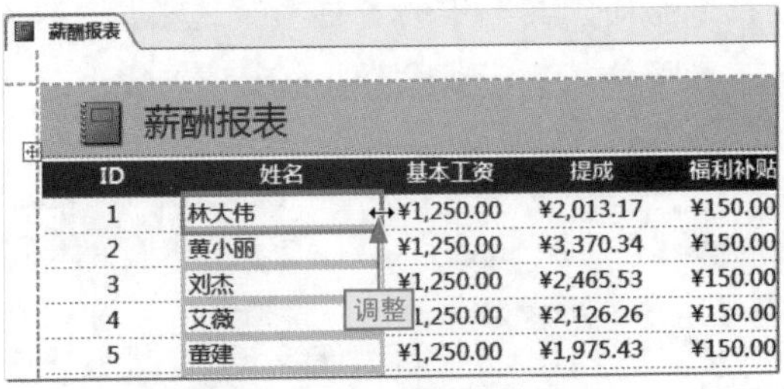

薪酬报表

ID	姓名	基本工资	提成	福利补贴
1	林大伟	¥1,250.00	¥2,013.17	¥150.00
2	黄小丽	¥1,250.00	¥3,370.34	¥150.00
3	刘杰	¥1,250.00	¥2,465.53	¥150.00
4	艾薇	¥1,250.00	¥2,126.26	¥150.00
5	董建	¥1,250.00	¥1,975.43	¥150.00

调整

图10-115　调整列的宽度

步骤25　以同样的方法分别调整其他数字列的宽度，完成操作，如图10-116所示。

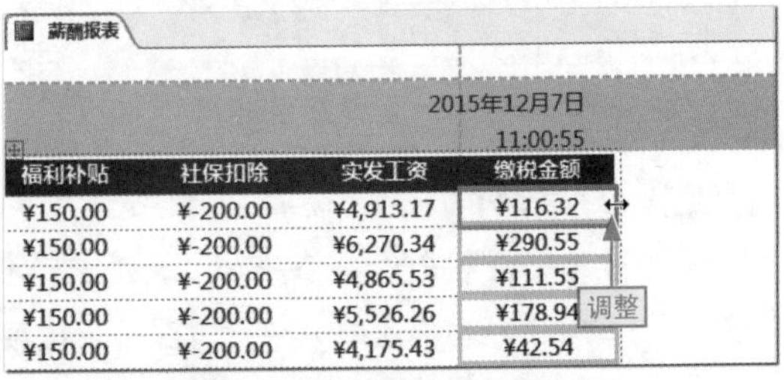

薪酬报表

2015年12月7日
11:00:55

福利补贴	社保扣除	实发工资	缴税金额
¥150.00	¥-200.00	¥4,913.17	¥116.32
¥150.00	¥-200.00	¥6,270.34	¥290.55
¥150.00	¥-200.00	¥4,865.53	¥111.55
¥150.00	¥-200.00	¥5,526.26	¥178.94
¥150.00	¥-200.00	¥4,175.43	¥42.54

调整

图10-116　调整其他列的宽度

10.4.2 使用主题快速美化报表

除了手动对报表进行美化外，我们还可以直接使用系统自带的主题样式来快速美化报表。

下面以对“固定资产登记表3”数据库中的“固定资产”报表应用主题样式，并分别设置主题颜色和主体字体为例，讲解相关的操作，其具体操作如下。

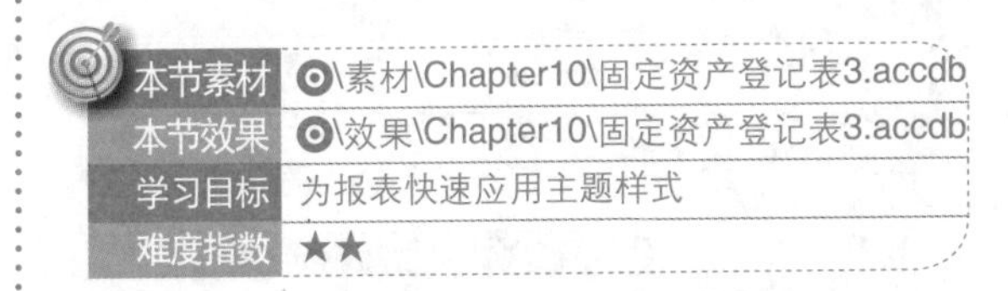

本节素材	⊙\素材\Chapter10\固定资产登记表3.accdb
本节效果	⊙\效果\Chapter10\固定资产登记表3.accdb
学习目标	为报表快速应用主题样式
难度指数	★★

步骤01　打开“固定资产登记表3”素材文件，以布局视图方式打开“固定资产”报表，❶单击“报表布局工具”下的“设计”选项卡，❷单击“主题”下拉按钮，❸选择“平面”选项，如图10-117所示。

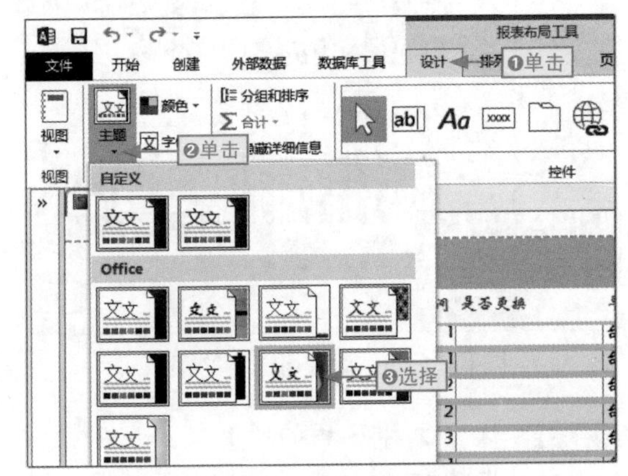

图10-117　应用主题样式

步骤02　❶单击“颜色”下拉按钮，❷选择“黄绿色”选项，更改主题颜色，如图10-118所示。

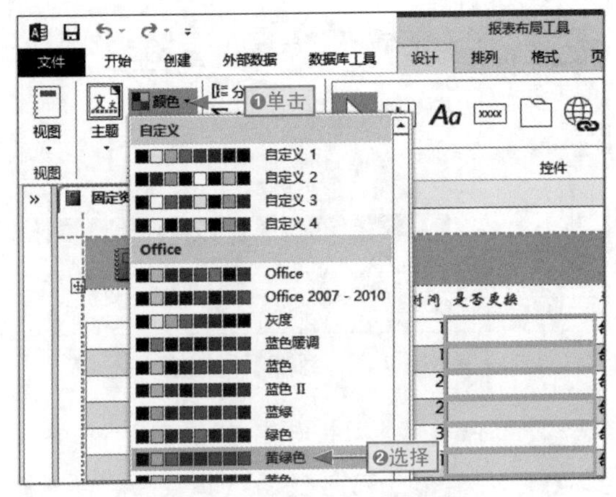

图10-118　应用主题颜色

步骤03　❶单击“字体”下拉按钮，❷选择

Times New Roman-Arial选项，更改主题字体，如图10-119所示。

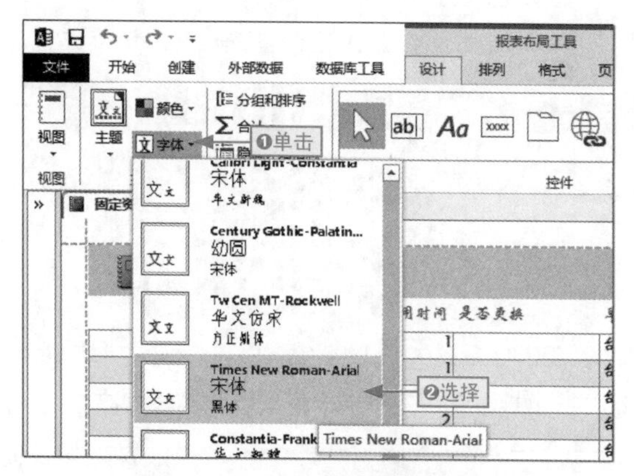

图10-119 更改主题字体格式

步骤04 按F5键，系统自动切换到报表视图，即可查看到应用和设置主题样式的效果，如图10-120所示。

图10-120 查看应用和更改主题的效果

自定义主题字体

系统提供的主题字体是有限的，不能完全满足实际的需要，我们可以通过自定义方式来解决。其方法为：❶单击“字体”下拉按钮，❷选择“自定义字体”命令，❸在打开的“新建主题字体”对话框中进行相应的设置。❹输入主题字体名称，❺单击“保存”按钮（自定义主题颜色的操作方法基本相同），如图 10–121 所示。

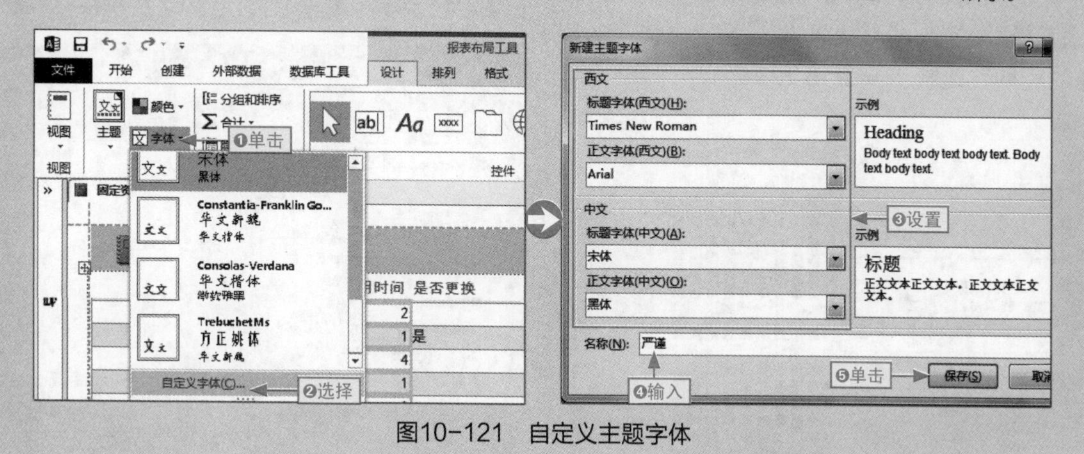

图10–121 自定义主题字体

10.4.3 使用图片美化报表

使用图片美化报表，就是在报表中添加图片，达到充实和美化的效果，如报表的图标图片(与在窗体中添加图片的操作方法完全相同)、用图片作为报表背景等。

下面以在“固定资产登记表4”数据库中为报表添加背景图像为例，讲解相关操作，其具体操作如下。

本节素材	◎\素材\Chapter10\固定资产登记表4.accdb
本节效果	◎\效果\Chapter10\固定资产登记表4.accdb
学习目标	插入报表图片背景
难度指数	★★

步骤01 打开“固定资产登记表4”素材文件，❶以布局视图方式打开“固定资产”报表，❷单击“报表布局工具”下的“格式”选项卡，❸单击报表主体中的全选按钮，选择主体中的所有控件对象，如图10-122所示。

图10-122　选择主体控件对象

步骤02 ❶单击“形状填充”下拉按钮，❷选择“透明”选项，如图10-123所示。

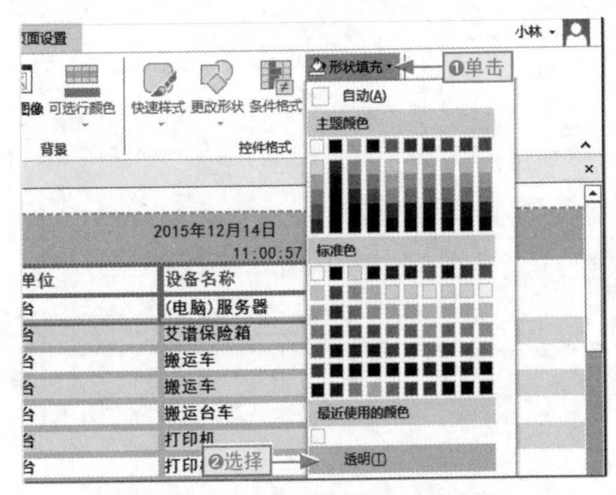

图10-123　取消主体控件填充色

步骤03 ❶单击“形状轮廓”下拉按钮，❷选择“透明”选项，如图10-124所示。

步骤04 ❶单击“背景图像”下拉按钮，❷选择“浏览”选项，如图10-125所示。

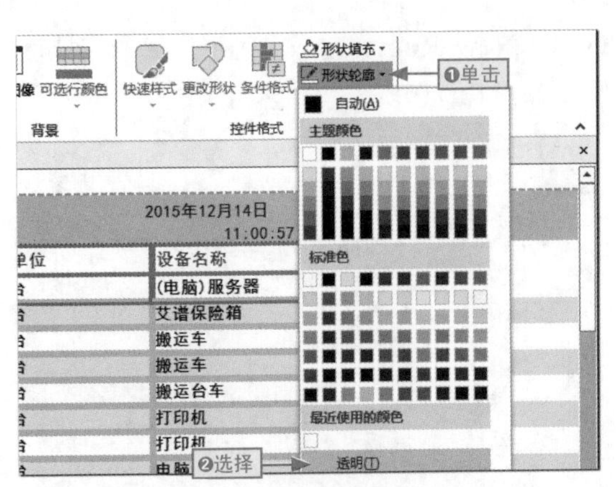

图10-124　取消主体控件轮廓的颜色

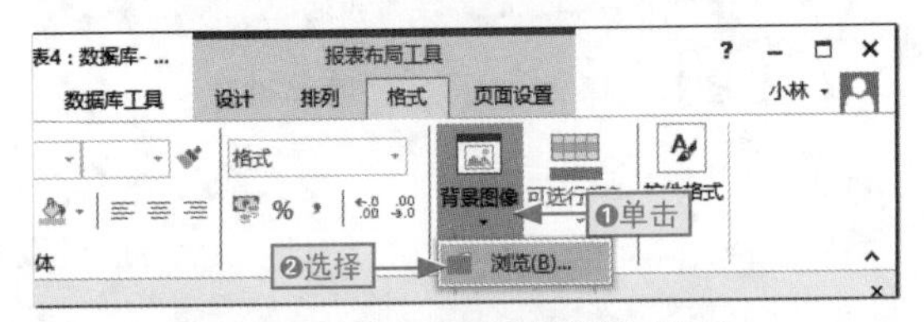

图10-125　选择“浏览”选项

步骤05 打开“插入图片”对话框，❶选择图片的保存位置，❷选择“背景”图片选项，❸单击“确定”按钮，如图10-126所示。

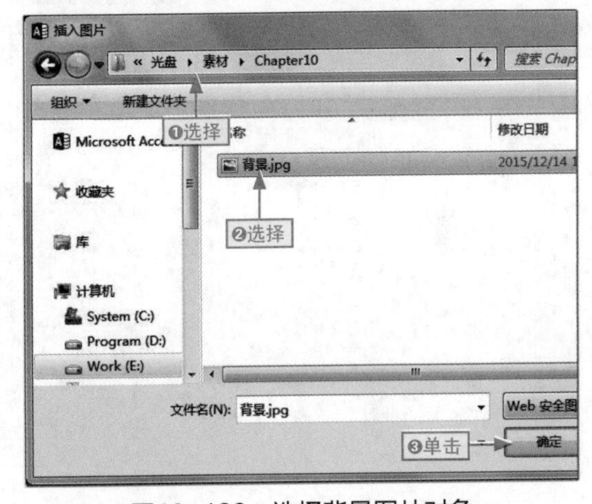

图10-126　选择背景图片对象

步骤06 在报表主体中右击，在弹出的快捷菜单中选择“报表属性”命令，如图10-127所示。

步骤07 打开“属性表”窗格，❶单击“全部”选项卡，❷单击“图片对齐方式”选项右侧的下拉按钮，❸选择“左上”选项，如图10-128所示。

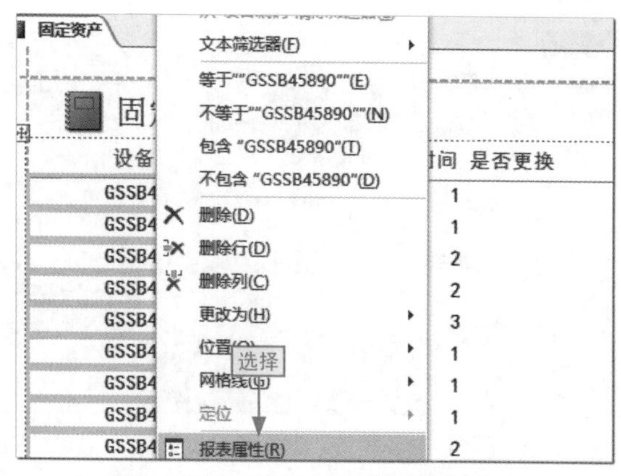

图10-127　选择“报表属性”命令

图10-128　设置图片的对齐位置

步骤08 在报表标签上右击，在弹出的快捷菜单中选择“报表视图”命令，切换到报表视图中，即可查看添加背景图像的效果，如图10-129所示。

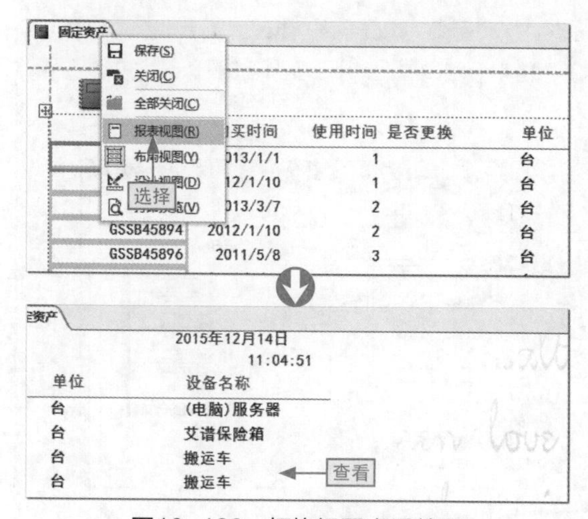

图10-129　切换视图查看效果

10.4.4 报表的页面设置

报表页面设置是指对报表的页边距、方向以及纸张大小等进行设置，使制作的报表更加符合实际需要。

下面以设置“固定资产”报表的方向为纵向、纸张大小为A4、页边距为宽样式为例介绍报表的页面设置，其具体操作如下。

本节素材	\素材\Chapter10\固定资产登记表5.accdb
本节效果	\效果\Chapter10\固定资产登记表5.accdb
学习目标	报表页面设置
难度指数	★★

步骤01 打开“固定资产登记表5”素材文件，❶在“固定资产”报表对象上右击，❷在弹出的快捷菜单中选择“打印预览”命令，如图10-130所示。

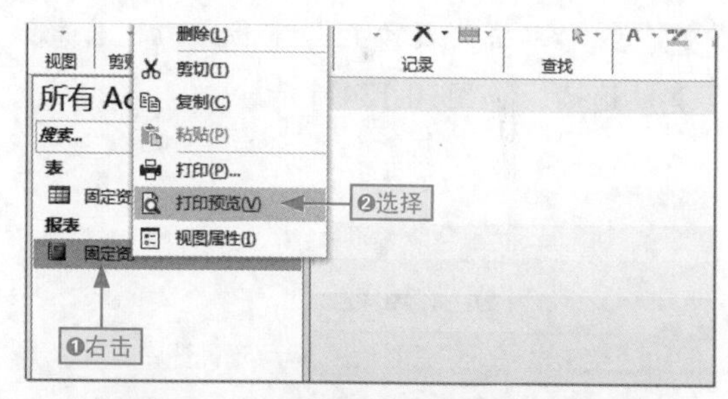

图10-130　选择“打印预览”命令

步骤02 系统自动激活并切换到“打印预览”选项卡，❶单击“纸张大小”下拉按钮，❷选择A4选项，如图10-131所示。

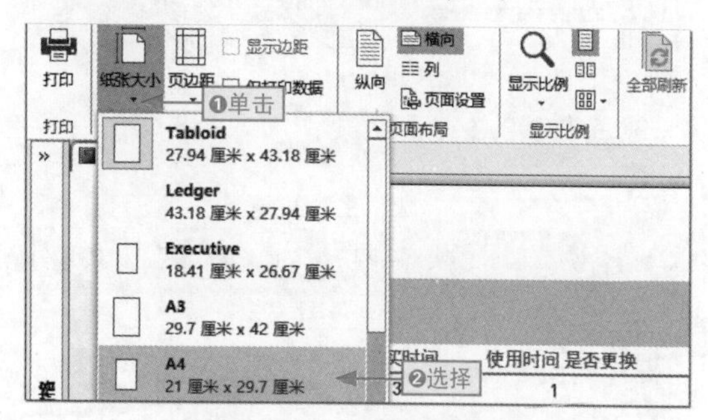

图10-131　设置纸张大小

步骤03 打开提示对话框，单击“确定”按钮，如图10-132所示。

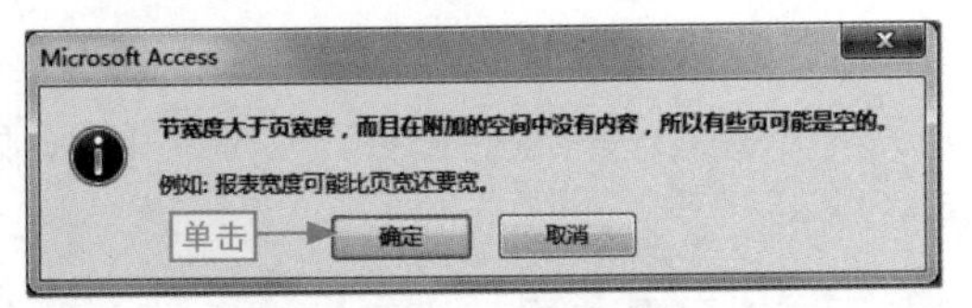

图10-132 确定纸张大小

步骤04 在“页面布局”组中单击“纵向”按钮，调整页面方向，如图10-133所示。

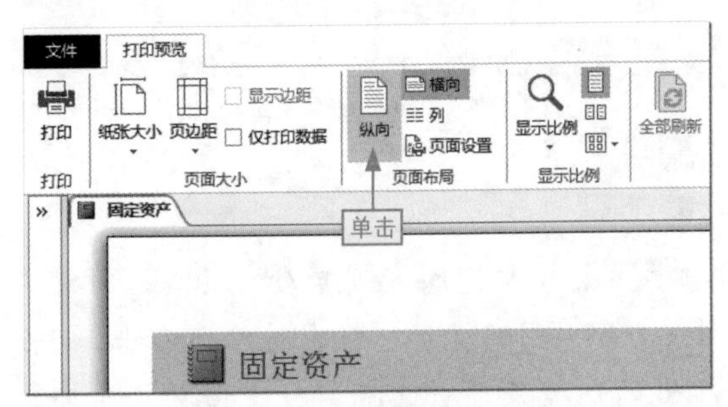

图10-133 确定纸张的方向

步骤05 ❶单击“页边距”下拉按钮，❷选择“宽”选项，如图10-134所示。

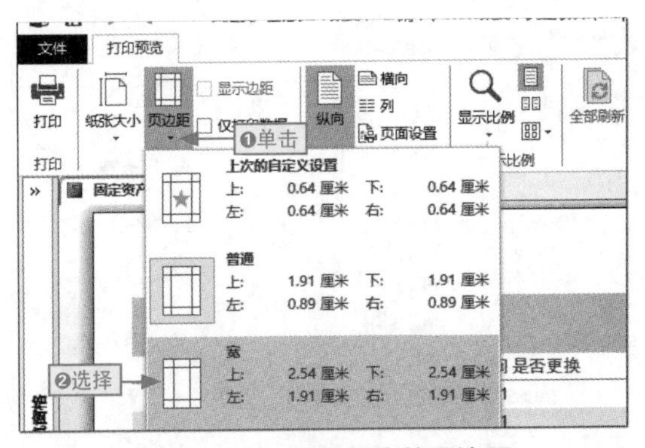

图10-134 设置纸张的页边距

小绝招

仅显示（或打印）报表数据

要让系统只显示（或打印）报表数据，只需选中“仅打印数据”复选框即可，如图10-135所示。

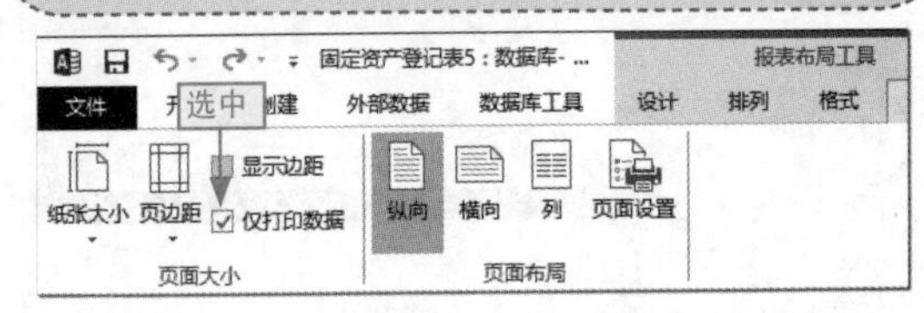

图10-135 只显示（或打印）报表数据

长知识

自定义页边距

系统中默认的页边距有3种方式：宽、窄和普通，无法完全符合实际的需要，这时，我们可以通过自定义页边距的方式来解决。

其方法为：在“报表布局工具”下的“页面设置”选项卡中，❶单击“页面设置”按钮，打开“页面设置”对话框。❷单击“打印选项”选项卡，❸在“页边距（毫米）”栏中分别设置上、下、左、右的值，然后单击“确定”按钮，如图10-136所示。

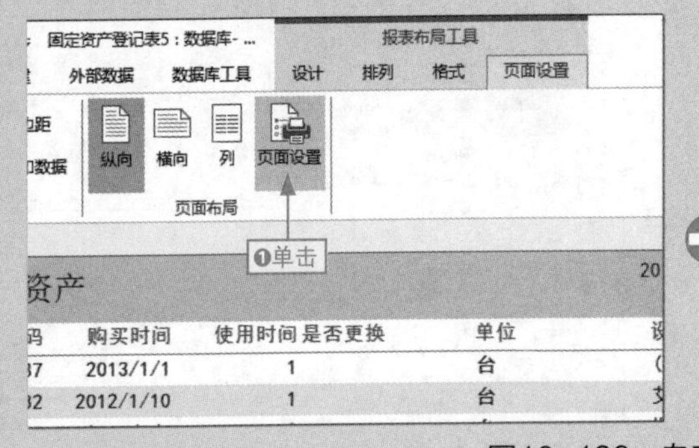

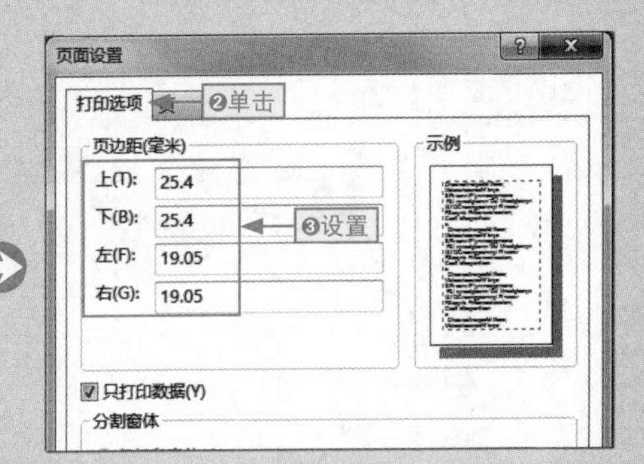

图10-136 自定义页边距

10.4.5 为报表添加页码

对于有多页的数据报表，为了方便报表的查看和资料的管理，我们可以为其添加页码。

下面以在“固定资产登记表6”数据库中为“固定资产”报表添加居中显示的页码为例，讲解添加页码的相关操作，具体操作如下。

本节素材	◎\素材\Chapter10\固定资产登记表6.accdb
本节效果	◎\效果\Chapter10\固定资产登记表6.accdb
学习目标	在报表中添加页码
难度指数	★★

步骤01 打开“固定资产登记表6”素材文件，❶以布局视图方式打开“固定资产”报表，❷单击“报表布局工具”下的“设计”选项卡，❸单击“页码”按钮，如图10-137所示。

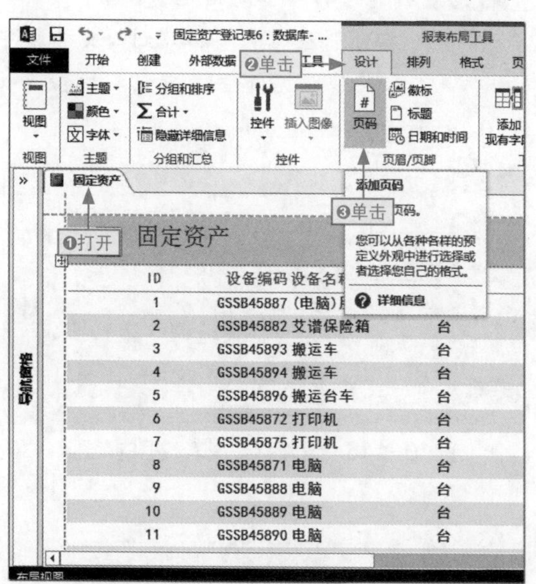

图10-137 单击“页码”按钮

步骤02 打开“页码”对话框，❶选中“第N页,共M页”单选按钮，❷选中“页面底端（页脚）”单选按钮，❸设置“对齐”方式为“居中”，❹单击“确定”按钮，如图10-138所示。

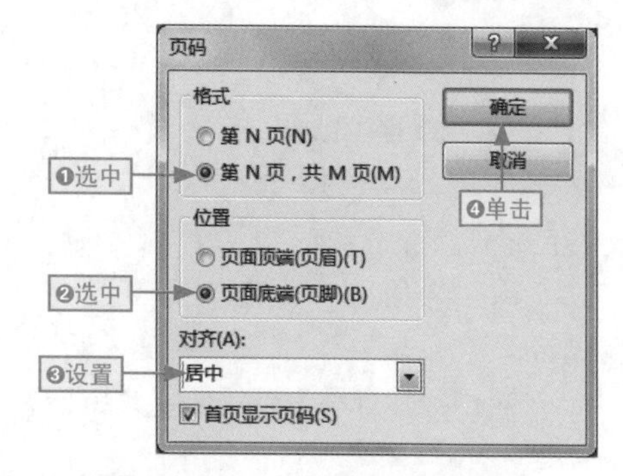

图10-138 设置报表页码样式

首页不显示页码

若要使报表首页不显示页码，我们可以在“页码”对话框中取消选中“首页显示页码”复选框，最后单击“确定”按钮，如图10-139所示。

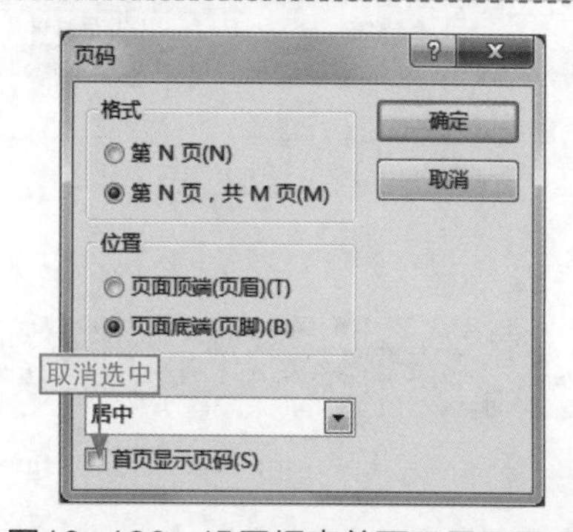

图10-139 设置报表首页不显示页码

步骤03 切换到打印预览视图中，在报表底部即可查看到添加的页码效果，如图10-140所示。

图10-140 查看添加的报表页码效果

取消添加页码

在 Access 中没有直接取消添加页码的功能，但我们可以切换到设计视图中，在“报表页脚”区域选择页码控件，按 Delete 键删除，如图 10-141 所示。若报表中没有页眉，可在任意空白区域右击，在弹出的快捷菜单中选择“报表页眉 / 页脚”命令，添加页眉 / 页脚，如图 10-142 所示。

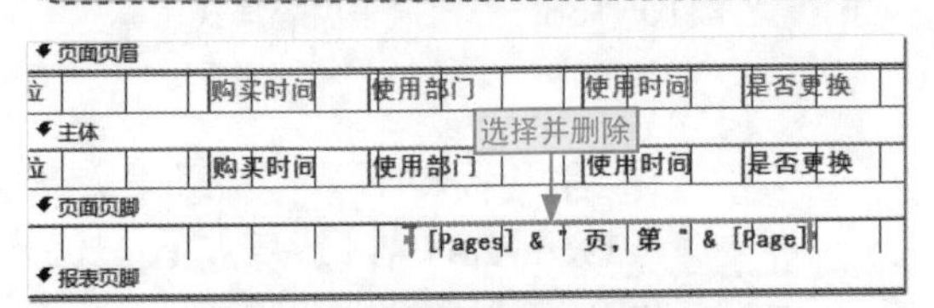

图10-141　直接删除报表页码

图10-142　添加报表页脚

10.4.6　打印报表

通过打印报表，可以让报表以纸质方式展示，方便数据的查看、保管。

我们以打印“固定资产登记表6”数据库中的“固定资产”报表的第1~2页为例，讲解打印报表的相关操作，具体操作如下。

本节素材	◎\素材\Chapter10\固定资产登记表6.accdb
本节效果	◎\效果\Chapter10\无
学习目标	打印数据报表
难度指数	★★

步骤01 打开“固定资产登记表6”素材文件，以任意视图方式打开“固定资产”报表。这里以报表视图为打开状态，单击状态栏中的“打印预览”按钮，如图10-143所示。

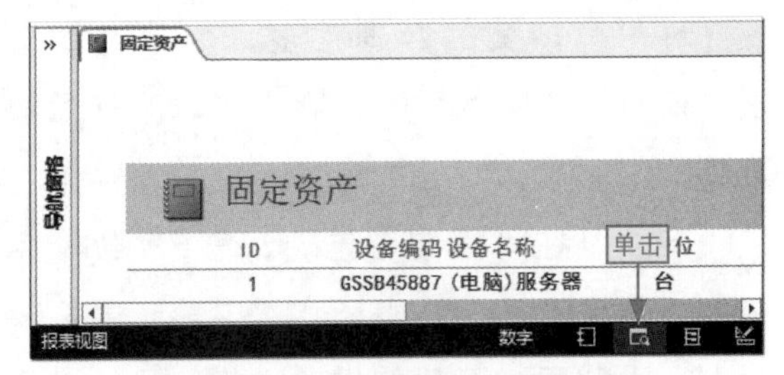

图10-143　切换到打印预览视图

步骤02 单击“打印”组中的“打印”按钮，如图10-144所示。

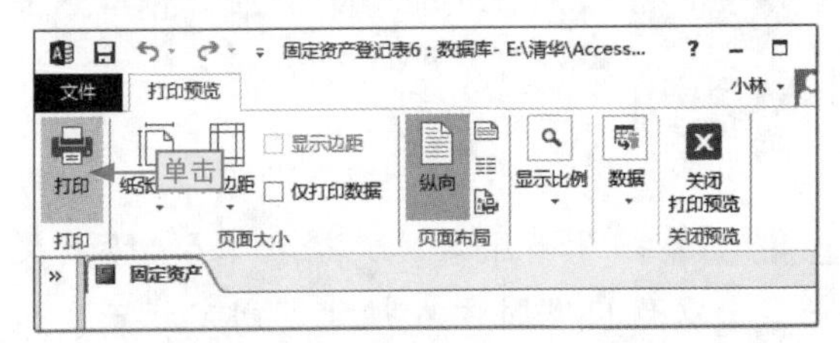

图10-144　单击“打印”按钮

步骤03 打开“打印”对话框，❶选中“页”单选按钮，❷分别在“从”和“到”文本框中输入“1”和“2”，❸单击“确定”按钮，如图10-145所示。

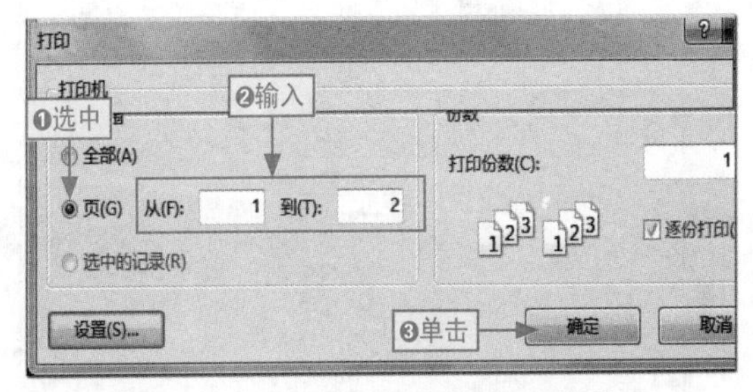

图10-145　设置打印报表数据的范围

设置打印报表数据份数

系统默认的报表份数是 1 份，我们可以进行更改，只需在“打印”对话框的“打印份数”微调框中输入相应数字，然后单击“确定”按钮即可。

给你支招 | 自定义标签

小白：我们在创建标签报表时，发现没有需要的尺寸标签，该怎么办呢？

阿智：我们可以通过自定义设置来创建一些指定规格的标签，从而满足实际的需要，其具体操作如下。

步骤01 打开“标签向导”对话框，单击“自定义”按钮，如图10-146所示。

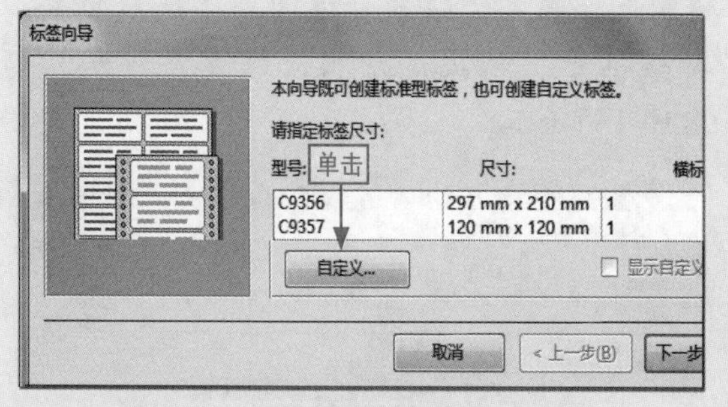

图10-146 单击“自定义”按钮

步骤02 打开“新建标签”对话框，❶选中相应的度量单位单选按钮和标签类型单选按钮，❷单击“新建”按钮，如图10-147所示。

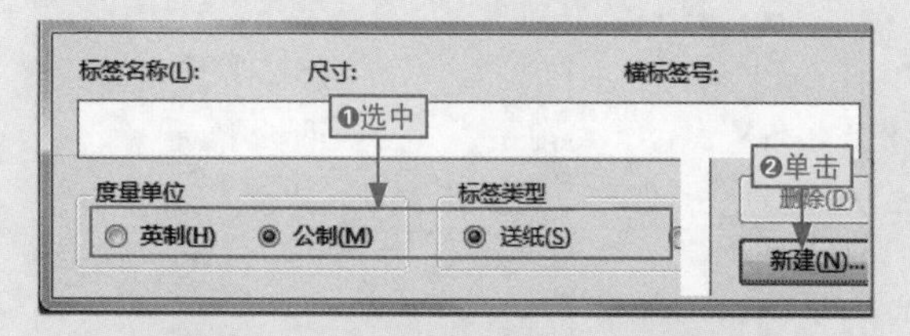

图10-147 设置标签的单位和类型

步骤03 打开“编辑标签”对话框，❶输入标签名称，❷在相应的标签尺寸文本框中输入相应的数字，❸单击“确定”按钮，如图10-148所示。

步骤04 返回到“新建标签尺寸”对话框，单击“关闭”按钮，返回到“标签向导”对话框，即可查看到自定义的标签处于已选中状态，如图10-149所示。

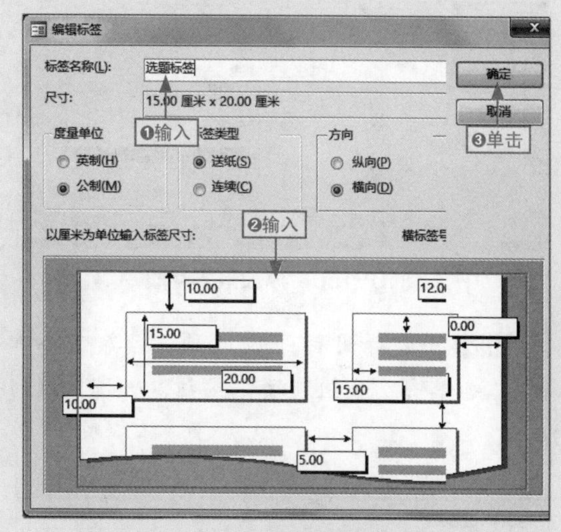

图10-148 设置标签的尺寸

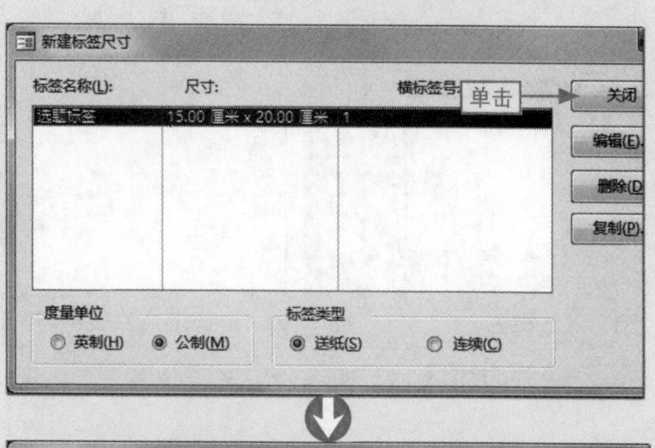

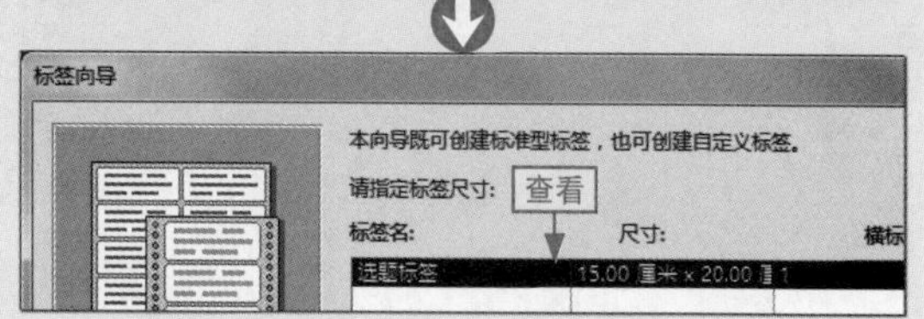

图10-149 确认并查看自定义标签

给你支招 | 同类数据分组

小白：在创建报表的过程中，可以实现数据的分类和汇总吗？

阿智：当然可以，而且操作非常简便，其具体操作如下。

步骤01 打开“报表向导”对话框，❶添加相应的字段数据，❷单击“下一步”按钮，如图10-150所示。

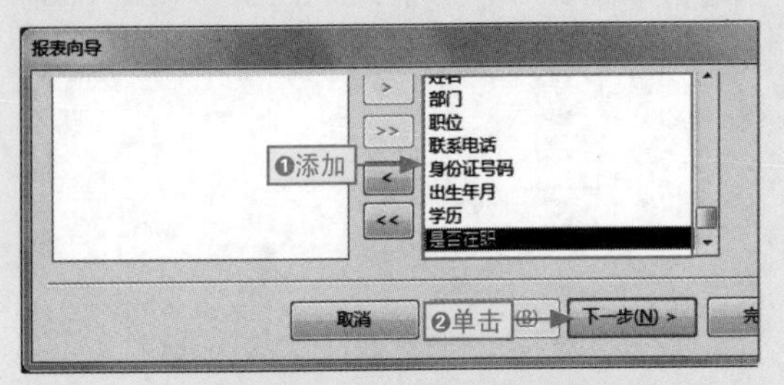

图10-150 添加报表字段

步骤02 ❶选择目标字段选项，❷单击添加按钮，❸单击“分组选项”按钮，如图10-151所示。

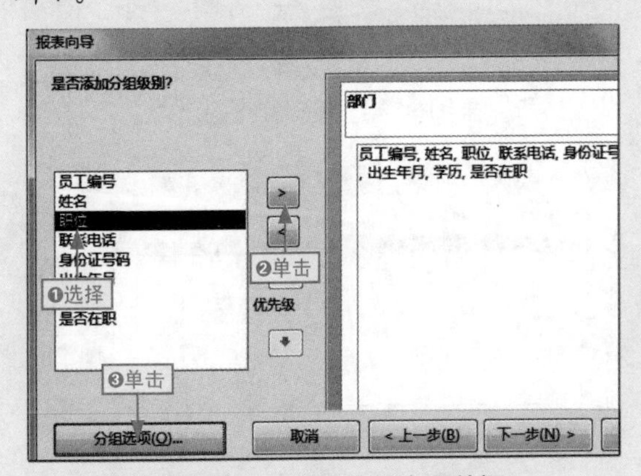

图10-151 选择分组字段数据

步骤03 打开“分组间隔”对话框，❶单击“分组间隔”下拉按钮，❷选择相应的分组间隔选项。这里选择“两个首写字母”选项，❸单击“确定”按钮，返回到“报表向导”对话框中，依次进行相应的设置即可，如图10-152所示。

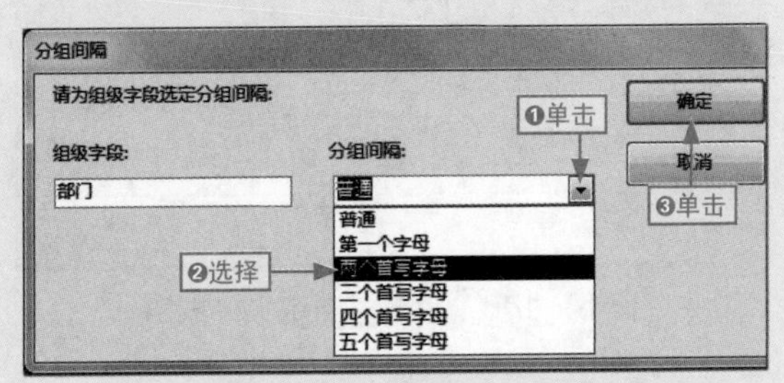

图10-152 设置分组间隔

步骤04 所创建的分组报表效果，如图10-153所示。

部门 通过 两个	员工编号	姓名
办公	BH007	董宝宝
	BH001	董天宝
财务	BH004	钟嘉惠
	BH003	马田东
策划	BH008	刘星星
	BH006	高雅婷
生产	BH011	曹思念
	BH005	曹思思
	BH002	曹思思
销售	BH014	李青
	BH013	潘世昌

查看

图10-153 查看数据分组效果

Chapter 11

Access 宏设计

学习目标

在Access中我们可以根据实际需要，设计一些特有的操作或指令来解决实际问题，这些特有操作需借助宏来完成。本章，我们就介绍这个能让用户实现特定操作的宏，以及其设计的方法和技巧。

本章要点

- 宏的结构
- 宏的作用
- 宏操作
- 标准宏的创建和执行
- 事件宏的创建和执行
- 数据宏的创建和执行
- 条件宏的创建和执行

知识要点	学习时间	学习难度
认识宏	15 分钟	★
创建和使用宏	20 分钟	★★★

11.1 认识宏

小白：在前面的动态窗体中，基本上都是使用Access动态控件按钮来实现交互，但这些交互都是固定的。我们可以进行自定义交互的设置和操作吗？

阿智：对于基本的交互功能，我们还可以使用宏来实现。

宏是一种操作的集合，专门用来执行一系列的操作或命令，在Access的人机交互和自动化中起到了相当重要的作用。下面我们就一起来认识Access宏。

11.1.1 宏的结构

Access中的宏，我们可以将其结构拆分为两个部分：宏操作和宏参数，如图11-1所示。

学习目标　了解Access中宏的组成结构

难度指数　★

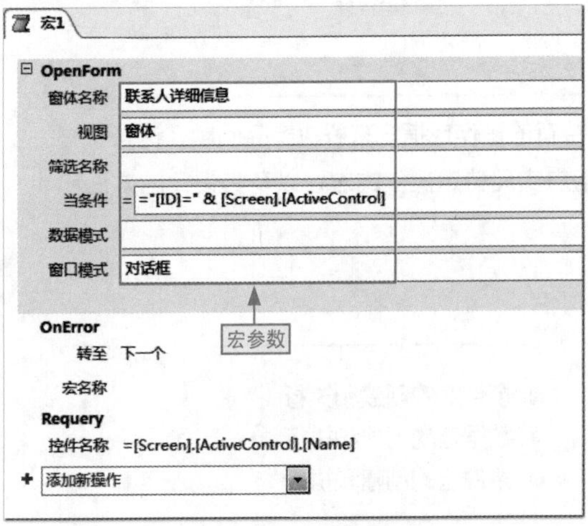

宏1

⊟ OpenForm

窗体名称　联系人详细信息

视图　窗体

筛选名称

当条件　= ="[ID]=" & [Screen].[ActiveControl]

数据模式

窗口模式　对话框

OnError

转至　下一个

宏名称

Requery

控件名称　=[Screen].[ActiveControl].[Name]

＋ 添加新操作

宏参数

图11-1　宏的组成结构

11.1.2 宏的作用

在Access中用与不用宏，完全根据实际的需要以及想要达到的目的来决定。

在Access中，宏能实现的目的和达到的作用如图11-2所示。

筛选和查找数据记录。

打开、关闭、移动以及更改窗口大小等。

提示信息框的显示和响铃警告。

为控件赋予指定值以及数据。

图11-2　使用宏的目的和作用

11.1.3 宏操作

宏操作类似于表达式，用于执行一系列的命令和操作。在“操作目录”窗格中，我们能看到所有可用的宏操作。

图11-3所示是在标准宏下的“操作目录”。

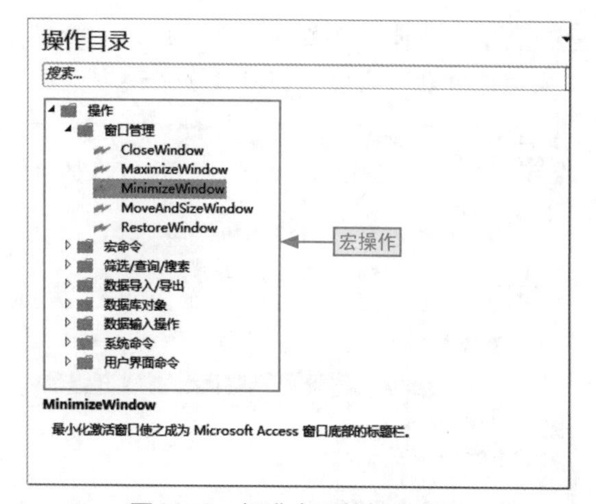

图11-3　标准宏下的操作目录

快速查找宏操作

Access 中宏的操作选项较多，我们在选择时，可进行汉化搜索，也就是在“操作目录”文本框中输入相应的描述。如这里输入“查找”，系统自动筛选出相应或类似的宏操作，如图 11-4 所示。

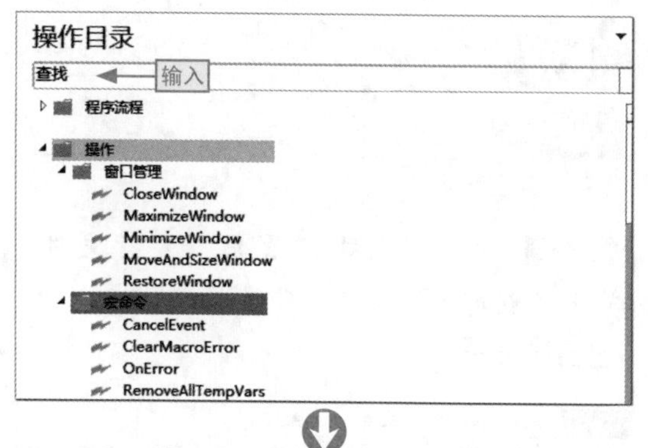

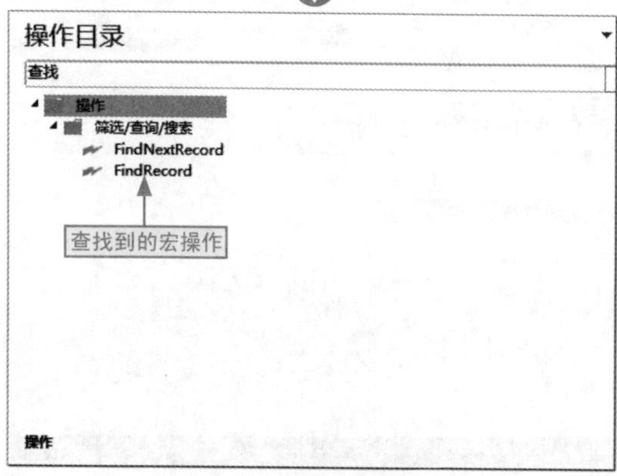

图11-4　查找宏操作

11.2 创建和使用宏

小白：在Access中怎样创建宏并让宏起作用呢？

阿智：在Access中，不同宏的创建方法不大一样，不过执行和使用宏的方法基本相同。

宏就是用户给系统下达的一些指令或操作，在执行宏之前，我们必须创建这些宏。下面分别介绍不同类型宏的创建和执行方法。

11.2.1 标准宏的创建和执行

标准宏是Access中最基础的宏，其创建方法较为简单。

下面我们以在“采购记录表”数据库中创建并执行“添加采购记录”宏为例进行介绍，其具体操作如下。

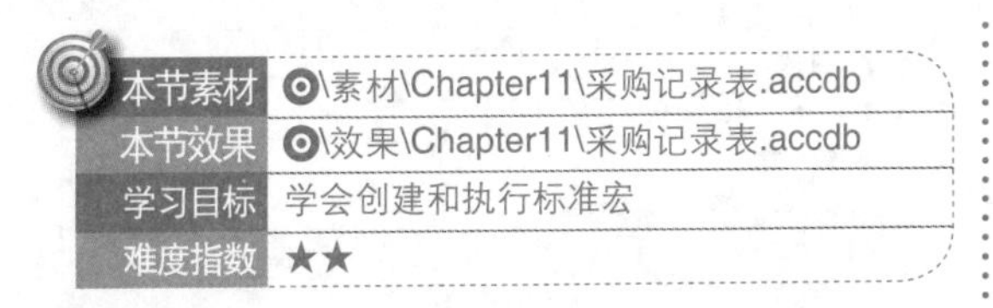

本节素材	⊙\素材\Chapter11\采购记录表.accdb
本节效果	⊙\效果\Chapter11\采购记录表.accdb
学习目标	学会创建和执行标准宏
难度指数	★★

步骤01 打开“采购记录表”素材文件，❶单击“创建”选项卡，❷单击“宏”按钮，如图11-5所示。

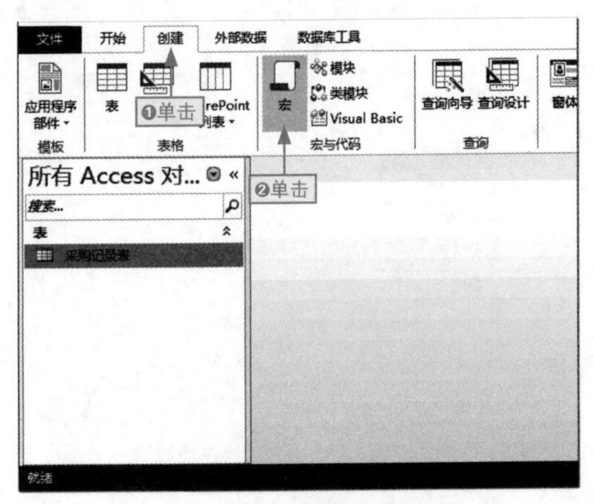

图11-5 创建标准宏

步骤02 ❶单击宏操作下拉按钮，❷选择OpenTable选项，如图11-6所示。

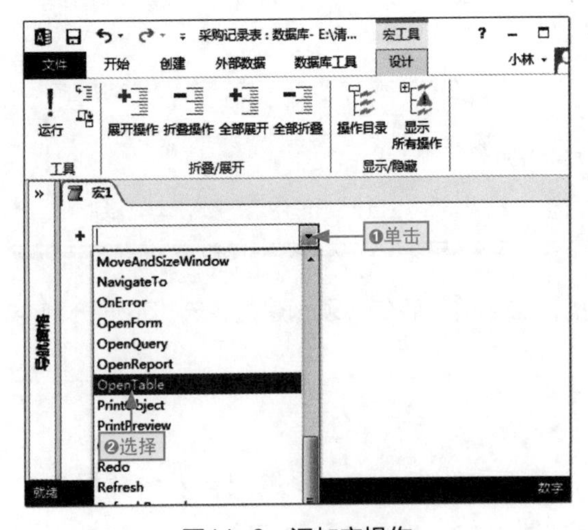

图11-6 添加宏操作

步骤03 ❶单击“表名称”下拉按钮，❷选择“采购记录表”选项，如图11-7所示。

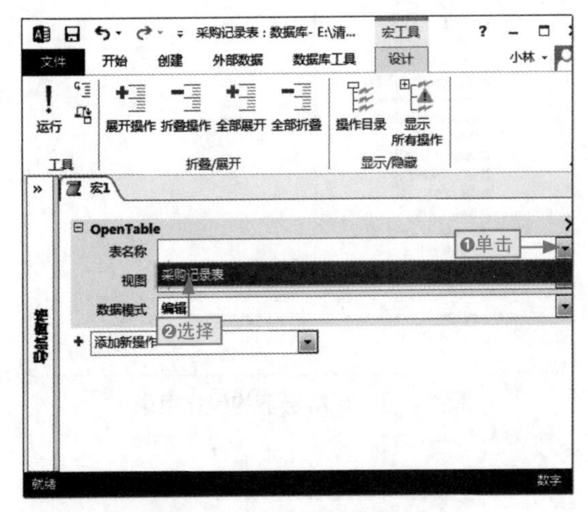

图11-7 添加打开操作对象

步骤04 ❶单击“数据模式”下拉按钮，❷选择“增加”选项，如图11-8所示。

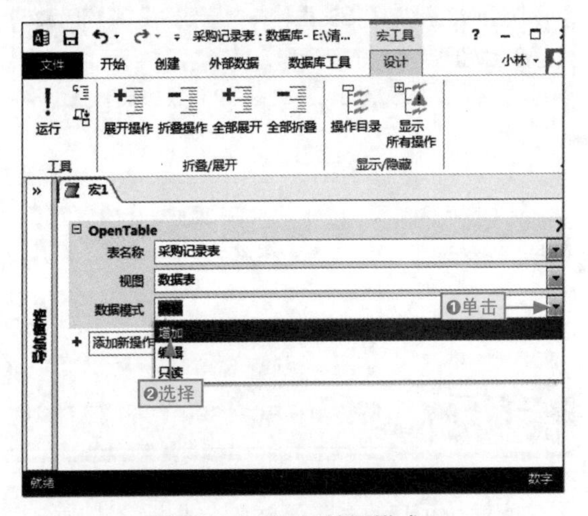

图11-8 添加数据模式

步骤05 按Ctrl+S组合键，打开“另存为”对话框。❶输入“添加采购单”文本，❷单击“确定”按钮，如图11-9所示。

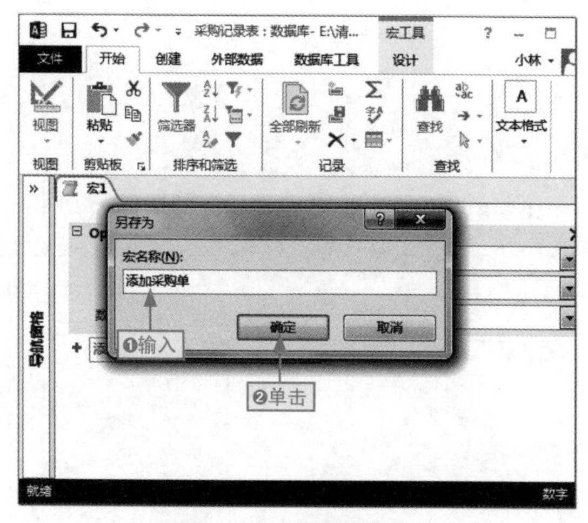

图11-9 保存标准宏

步骤06 ❶单击“宏工具”下的“设计”选项卡，❷单击“运行”按钮，如图11-10所示。

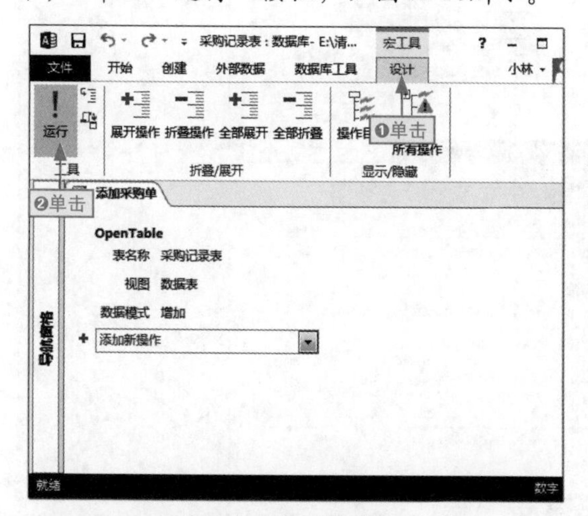

图11-10 执行宏

运行已有宏

要运行系统中已有的宏，可在导航窗格中直接双击或右击，选择“运行”命令，如图11-11所示。

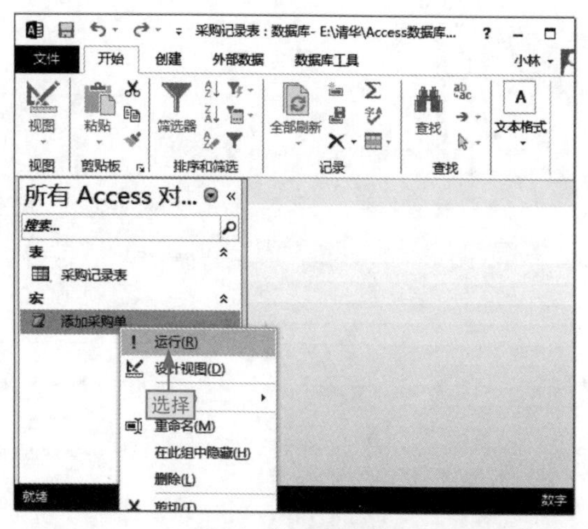

图11-11 运行宏

步骤07 系统自动打开空白的“采购记录表”供用户添加数据，最后按Ctrl+S组合键保存，如图11-12所示。

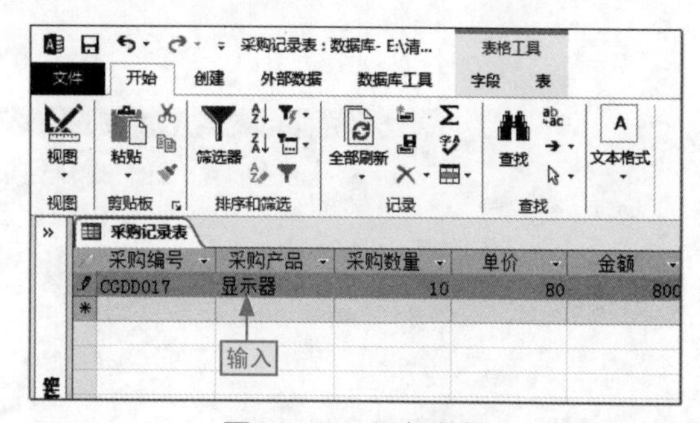

图11-12 添加数据

步骤08 关闭当前添加数据的采购记录表，打开原有的采购记录表，即可查看到添加数据的结果，如图11-13所示。

采购记录表

采购编号	采购产品	采购数量	单价	金额	订购
CGDD012	显示器	8	1800	14400	201
CGDD013	显示器	10	1800	18000	201
CGDD014	硬盘	8	800	6400	201
CGDD015	硬盘	7	800	5600	201
CGDD016	硬盘	12	800	9600	201
CGDD017	显示器	10	80	800	201

查看

图11-13 查看结果

其他添加宏操作的方法

在添加宏操作时，除了像11.2.1节中第02～03步操作添加宏操作外，我们还可以用其他两种方法来添加：一是在“操作目录”窗格中双击相应的宏操作选项，如图11-14所示；二是直接将导航窗格中的目标对象拖动到当前宏界面中，如图11-15所示。

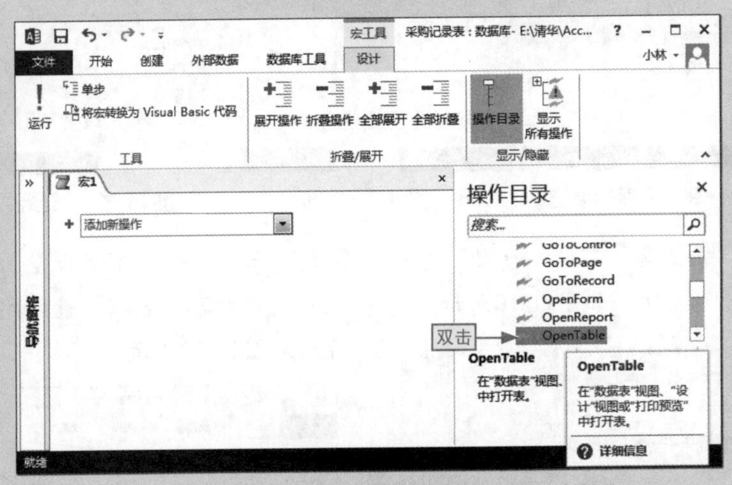

图11-14　在“操作目录”窗格中双击添加宏操作

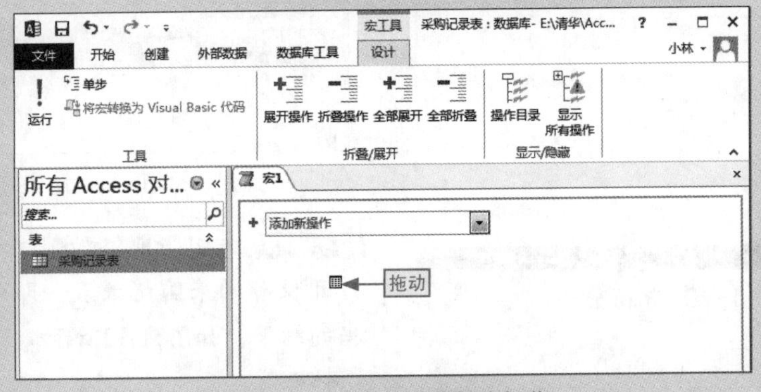

图11-15　通过拖动添加宏操作

11.2.2 事件宏的创建和执行

事件宏，可简单地将其理解为触发或执行指定事件时，如鼠标事件、键盘事件等，系统执行的预定操作或命令。

下面我们以在“项目管理”数据库中为“切换面板”窗体的按钮添加打开窗体事件宏为例进行介绍，其具体操作如下。

本节素材	⊙\素材\Chapter11\项目管理.accdb
本节效果	⊙\效果\Chapter11\项目管理.accdb
学习目标	学会创建和执行事件宏
难度指数	★★

步骤01 打开“项目管理”素材文件，在“切换面板”对象上右击，选择“设计视图”命令，如图11-16所示。

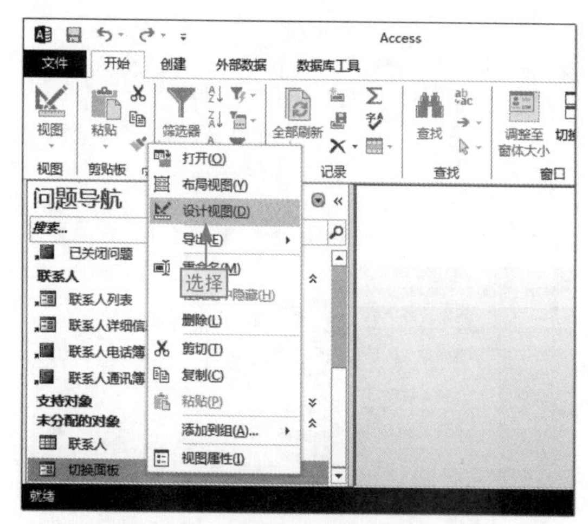

图11-16 选择“设计视图”命令

步骤02 在第一个控件上右击，选择“事件生成器”命令，如图11-17所示。

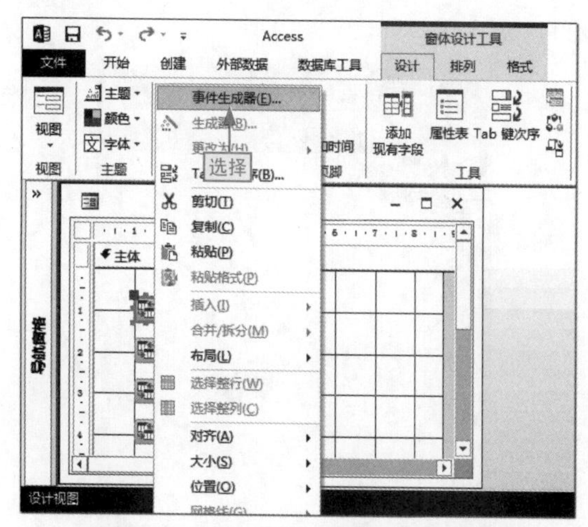

图11-17 选择“事件生成器”命令

步骤03 打开“选择生成器”对话框，双击“宏生成器”选项，如图11-18所示。

步骤04 ❶单击宏操作下拉按钮，❷选择OpenForm选项，如图11-19所示。

步骤05 ❶单击“窗体名称”下拉按钮，❷选择“问题列表”选项，如图11-20所示。

图11-18 选择宏生成器

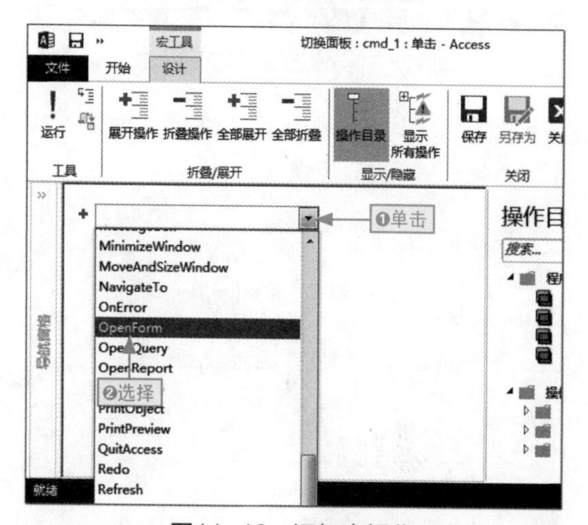

图11-19 添加宏操作

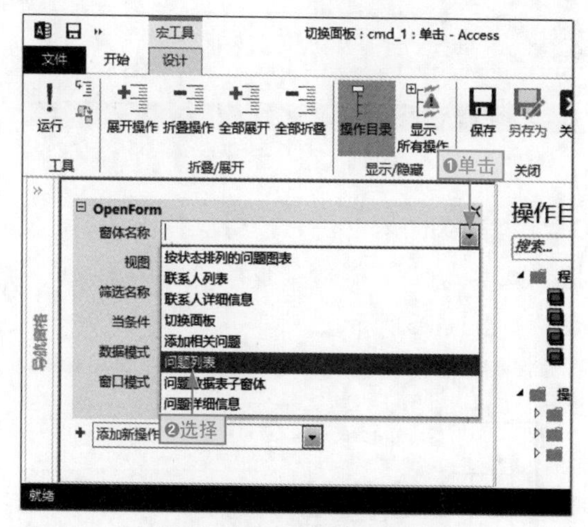

图11-20 选择窗体名称

步骤06 ❶单击“窗体模式”下拉按钮，❷选择“对话框”选项，如图11-21所示。

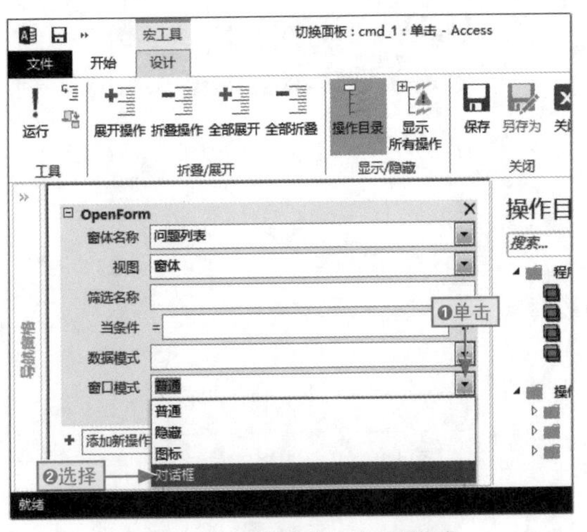

图11-21　设置窗口打开模式

步骤07　按Ctrl+S组合键保存宏，单击“关闭”按钮，如图11-22所示。

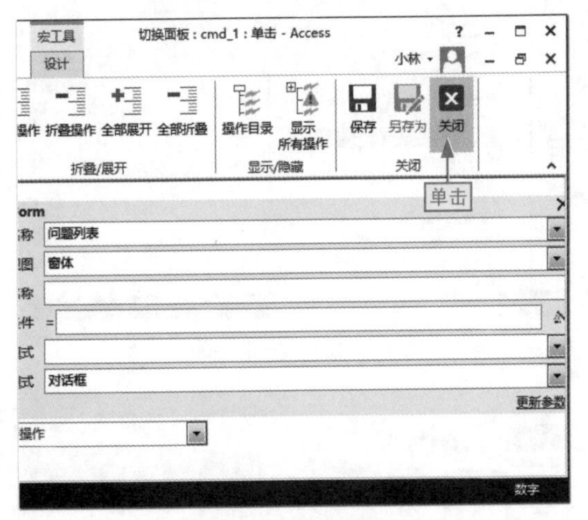

图11-22　保存宏

步骤08　在窗体中任意按钮控件上右击，选择“表单属性”命令，选择“表单属性”命令，如图11-23所示。

图11-23　选择“表单属性”命令

步骤09　❶选择第二个控件按钮，在“属性表”窗格中❷单击“事件”选项卡，❸单击“对话框启动器”按钮，如图11-24所示。

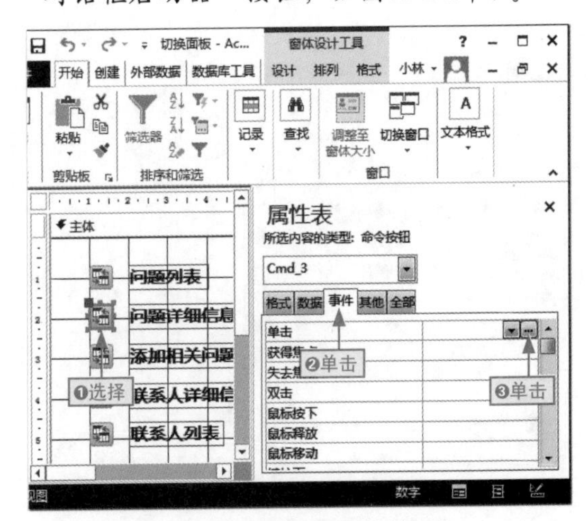

图11-24　选择目标控件对象

步骤10　打开“选择生成器”对话框，❶选择“宏生成器”选项，❷单击“确定”按钮，如图11-25所示。

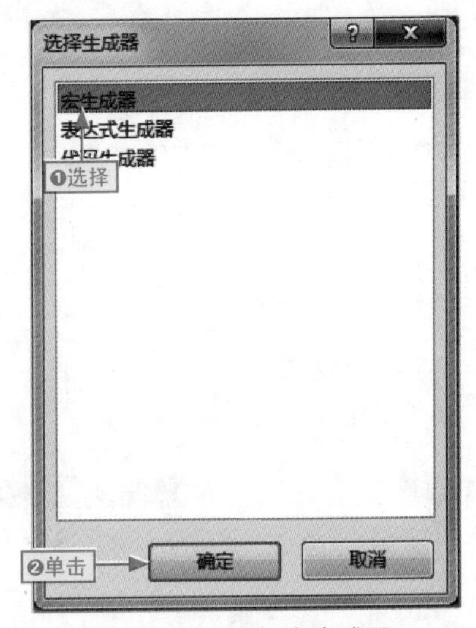

图11-25　添加宏生成器

步骤11　添加OpenForm宏操作并进行相应参数的设置，按Ctrl+S组合键保存，单击“关闭”按钮，如图11-26所示。

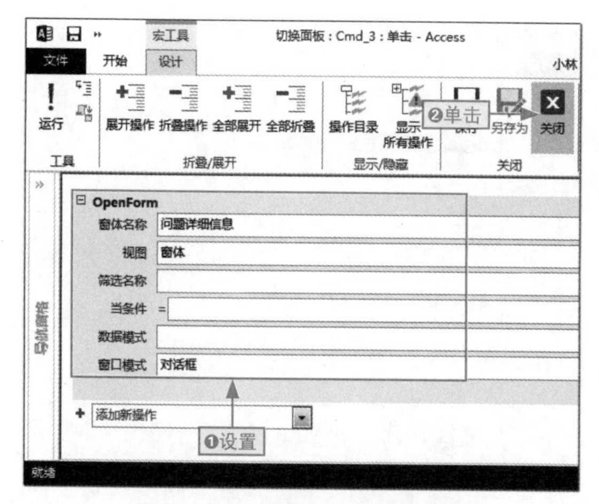

图11-26　保存OpenForm宏

步骤12　以同样的方法为窗体中的其他按钮添加事件宏，如图11-27所示。

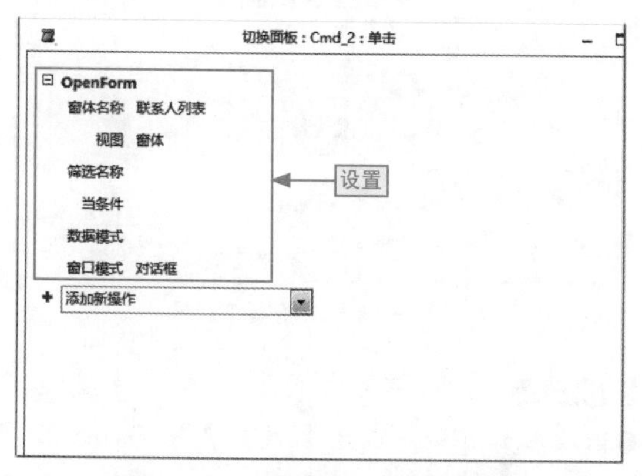

图11-27　为其他按钮添加事件宏

步骤13　保存窗体设置，切换到窗体视图中，单击“问题详细信息”按钮，添加事件宏对象如图11-28所示。

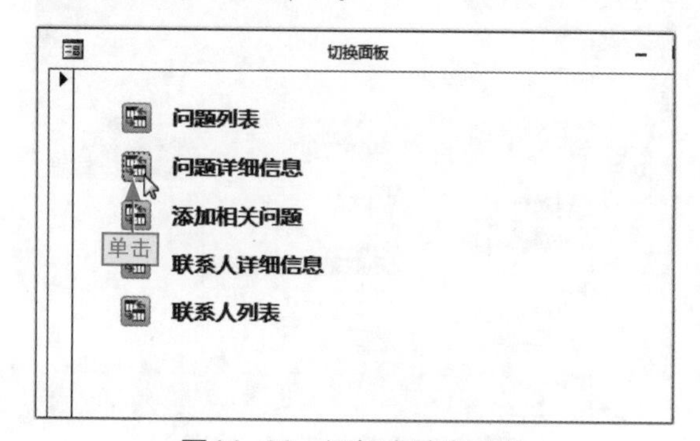

图11-28　添加事件宏对象

小绝招

快速添加事件宏

我们要创建事件宏不一定要完全手动进行，对于已存在的宏，可以通过快速加载的方法来为其赋予相应的对象，从而快速添加。其方法为：选择相应对象后，❶单击“单击”下拉按钮，❷选择相应的宏事件选项，如图11-29所示。

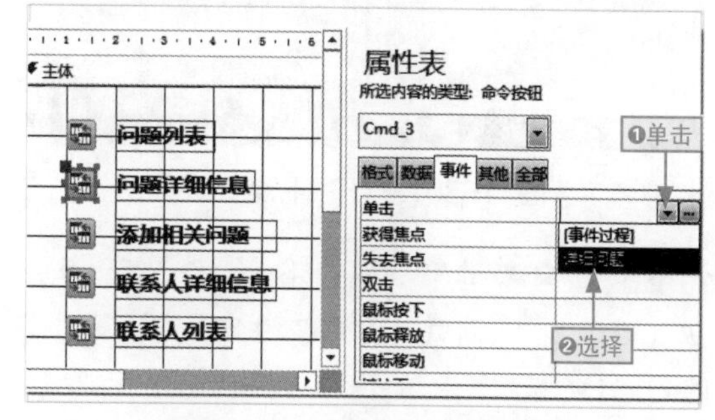

图11-29　添加单击事件宏

11.2.3　数据宏的创建和执行

数据宏就是处理数据的宏，如对数据进行删除、添加或更新等，与标准宏的创建有一定的差异。

下面我们以在“财务工资”数据库中创建“删除已发工资的数据信息”数据宏并执行为例，介绍其具体操作。

本节素材	\素材\Chapter11\财务工资.accdb
本节效果	\效果\Chapter11\财务工资.accdb
学习目标	创建和执行数据宏
难度指数	★★

步骤01　打开“财务工资”素材文件，在导航窗格中❶双击“工资发放情况”数据表对

象，❷单击激活的“表格工具”下的“表”选项卡，如图11-30所示。

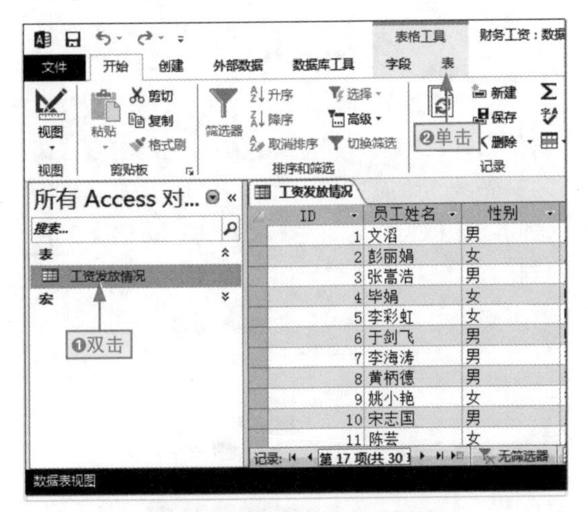

图11-30　打开目标数据表

步骤02 ❶单击“已命名的宏”下拉按钮，❷选择“创建已命名的宏”选项，如图11-31所示。

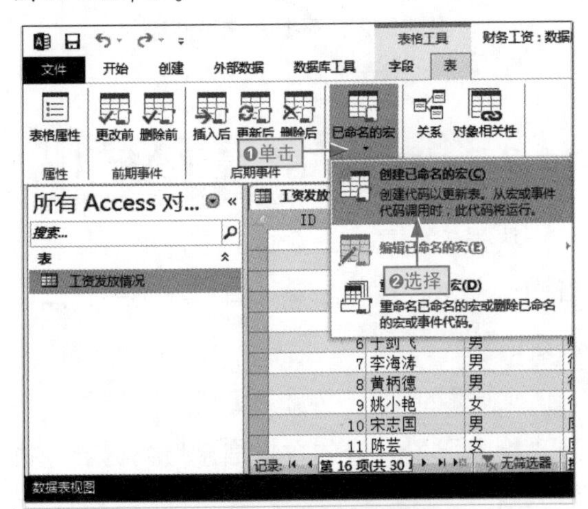

图11-31　创建已命名的宏

步骤03 ❶单击添加操作下拉按钮，❷选择ForEachRecord选项，如图11-32所示。

步骤04 ❶选择“对于所选对象中的每个记录”选项为“工资发放情况”，❷单击“当条件”文本框后的“表达式生成器”按钮，如图11-33所示。

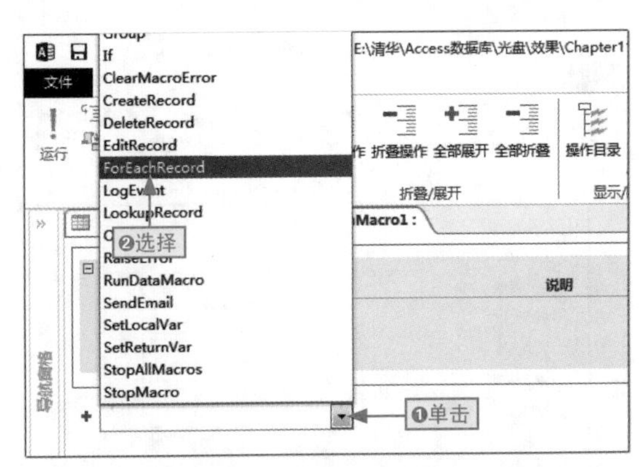

图11-32　添加查找记录宏操作

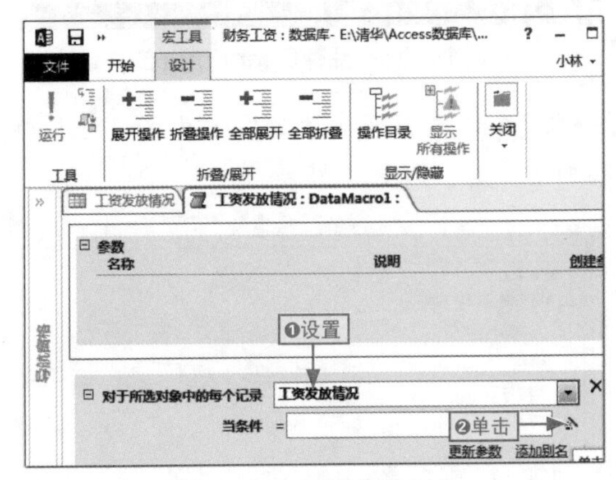

图11-33　添加操作对象

步骤05 打开“表达式生成器”对话框，❶依次展开“财务工资”及“表”下拉选项，❷选择“工资发放情况”选项，❸双击“是否发放”选项，如图11-34所示。

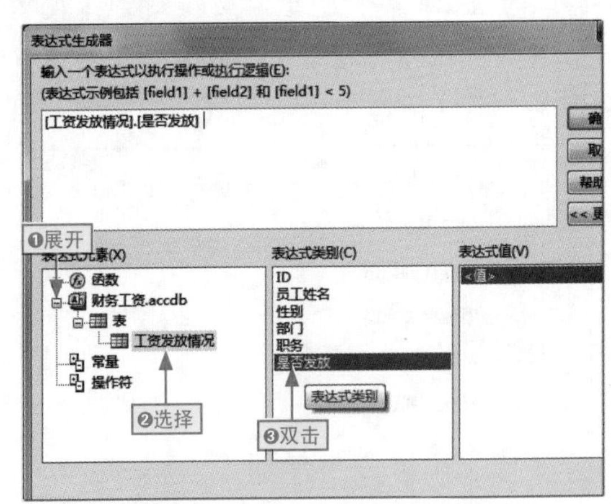

图11-34　添加表达式字段

步骤06 ❶在表达式后输入“="是"”，❷单击“确定”按钮，如图11-35所示。

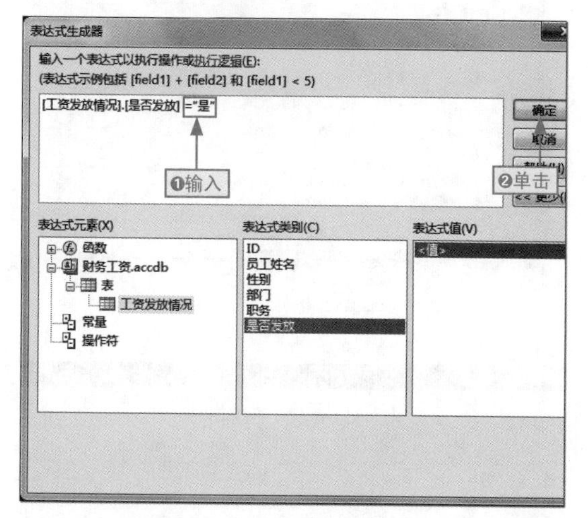

图11-35 添加判定方式

表达式赋值时要注意

在为宏表达式赋值时（Access 中的所有表达式、SQL 等）要用到符号，如上一步骤中的双引号，必须要求用西文状态下的双引号，否则将会出现系统不能识别的情况。

步骤07 单击“关闭”按钮，在打开的提示对话框中单击“是”按钮，如图11-36所示。

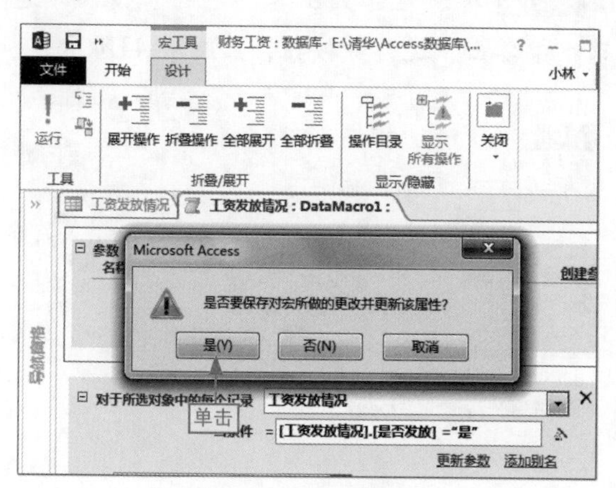

图11-36 保存宏

步骤08 打开“另存为”对话框，❶在“宏名称”文本框中输入“删除已发工资数据”，❷单击“确定”按钮，如图11-37所示。

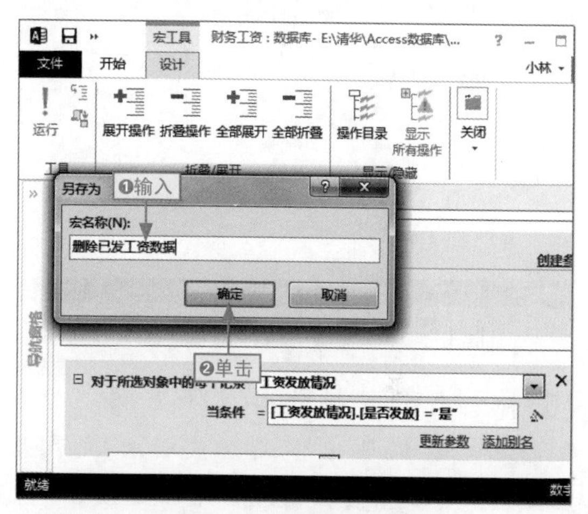

图11-37 设置宏的名称

步骤09 ❶单击“创建”选项卡，❷单击“宏”按钮，如图11-38所示。

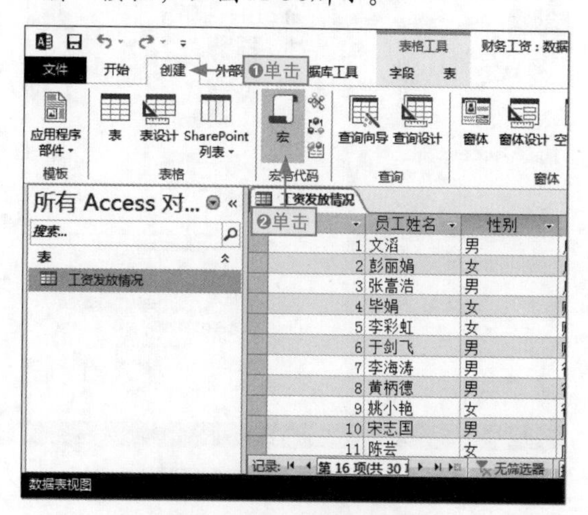

图11-38 创建标准宏

步骤10 ❶单击激活的“宏工具”下的“设计”选项卡，❷单击“操作目录”按钮，如图11-39所示。

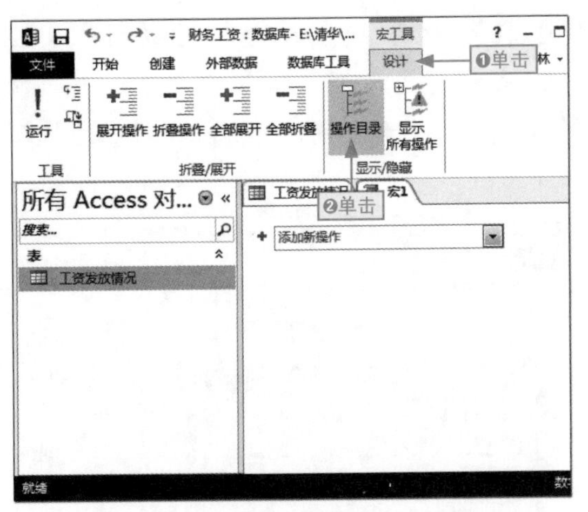

图11-39　单击“操作目录”按钮

步骤11　打开“操作目录”窗格，❶展开“在此数据库中”文件夹，依次展开“表”和“工资发放情况”下拉选项，❷双击“删除已发工资数据”选项，如图11-40所示。

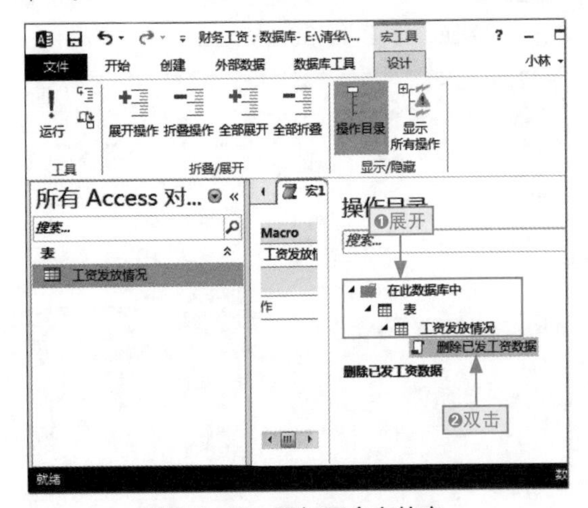

图11-40　添加已命名的宏

步骤12　❶单击“运行”按钮，打开提示对话框。❷单击“是”按钮保存宏，如图11-41所示。

步骤13　打开“另存为”对话框，❶在“宏名称”文本框中输入“删除已发工资人员信息”，❷再单击“确定”按钮，如图11-42所示。

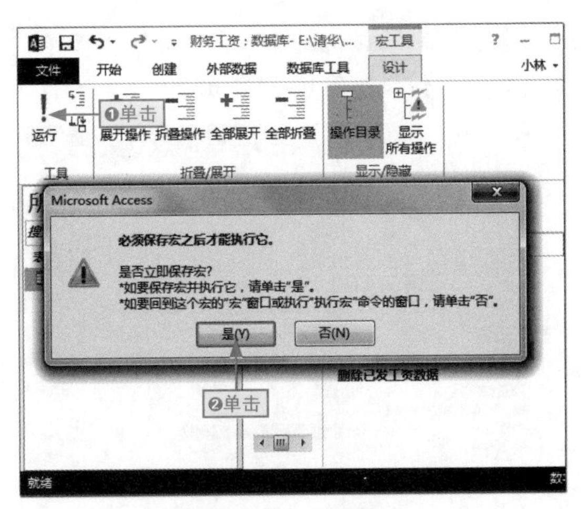

图11-41　保存宏

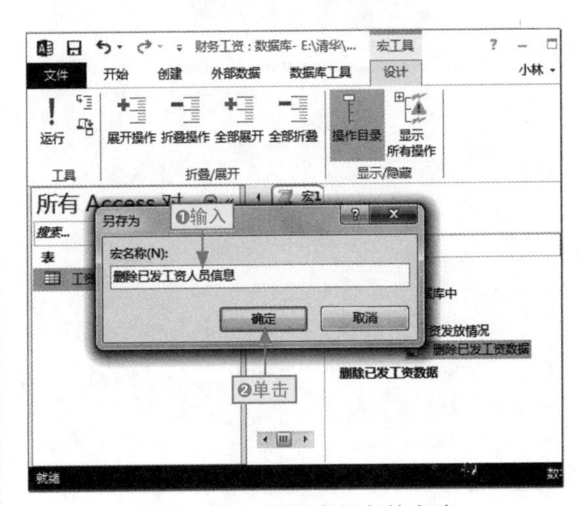

图11-42　设置宏保存的名称

步骤14　再次在“宏工具”下的“设计”选项卡中单击“运行”按钮，如图11-43所示。

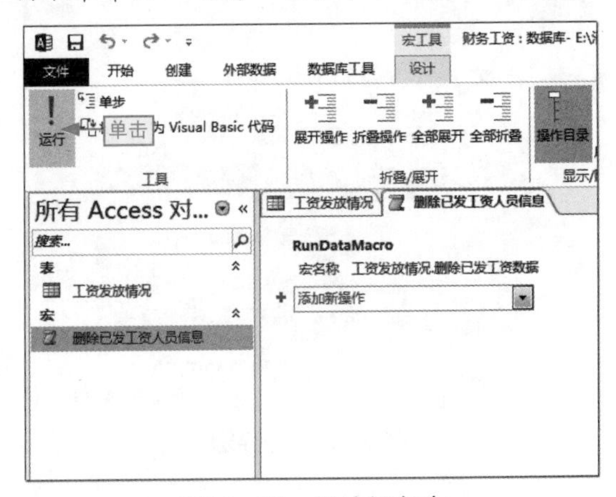

图11-43　再次运行宏

步骤15 切换到“工资发放情况”数据表中，即可查看到系统删除数据的样式，如图11-44所示。

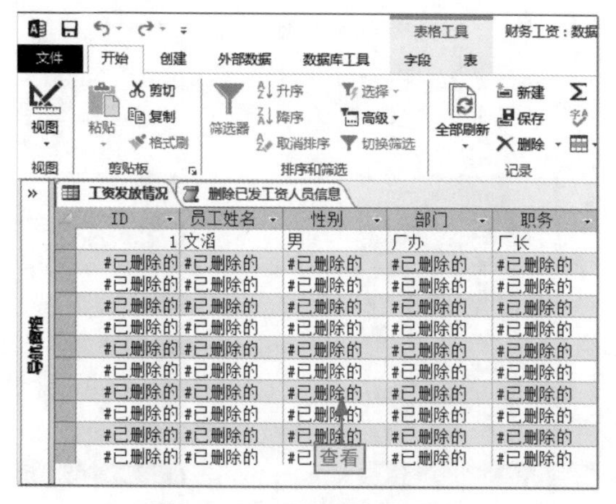

图11-44 删除数据的结果

步骤16 关闭“工资发放情况”数据表，再次将其以数据表视图打开，即可查看到已经没有发放工资的数据信息，如图11-45所示。

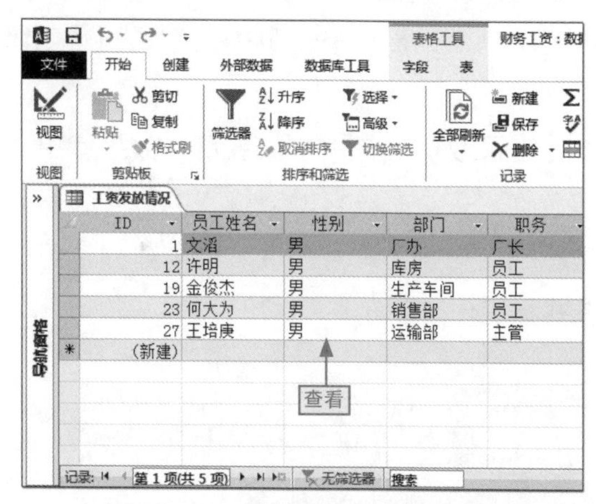

图11-45 删除数据后的数据样式

编辑宏

在Access中，对于普通宏，我们可以直接在导航窗格中以设计视图方式将其打开，然后进行编辑。对于已命名的宏，若直接打开，则无法对其进行编辑。这时，我们可以打开已命名宏所在的数据表对象。❶单击“表格工具”|“表”选项卡，❷单击“已命名的宏”下拉按钮，❸选择“编辑已命名的宏”选项，在弹出的子菜单中选择要编辑的宏选项，进入编辑状态，❹单击相应的超链接进入相应的编辑界面，如图11-46所示。

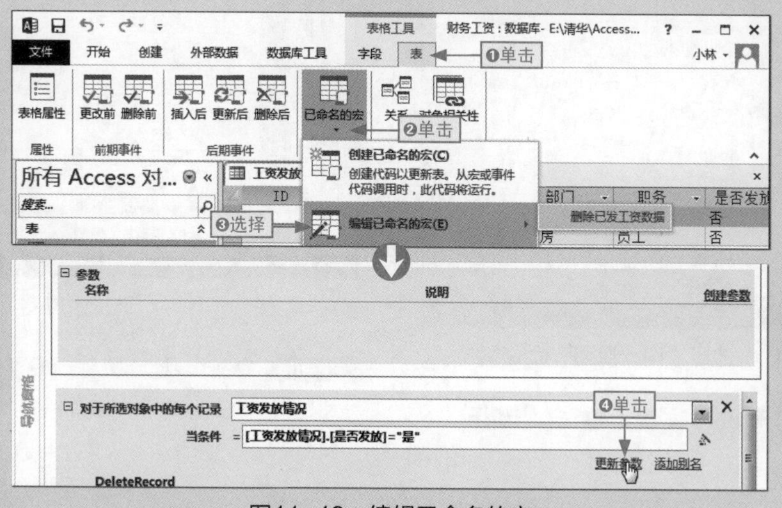

图11-46 编辑已命名的宏

11.2.4 条件宏的创建和执行

条件宏，我们可简单地将其理解为多种情况判断的宏，最常见的判断语句就是IF条件。

下面我们以在“市场项目”数据库中创建条件宏来让系统自动对输入的账号和密码进行判定为例，讲解条件宏的创建和执行，其具体操作如下。

本节素材	\素材\Chapter11\市场项目.accdb
本节效果	\效果\Chapter11\市场项目.accdb
学习目标	学会创建和执行条件宏
难度指数	★★

步骤01 打开“市场项目”素材文件，关闭所有打开的对象。在“用户登录”窗体上右击，选择“设计视图”命令，如图11-47所示。

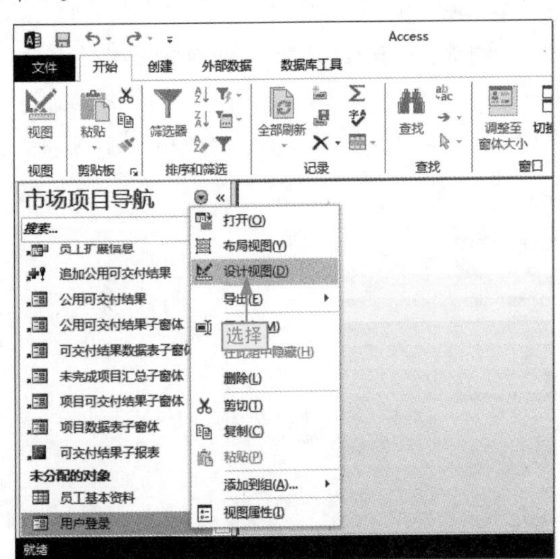

图11-47 选择“设计视图”命令

步骤02 在“确定”按钮上右击，选择“事件生成器”命令，如图11-48所示。

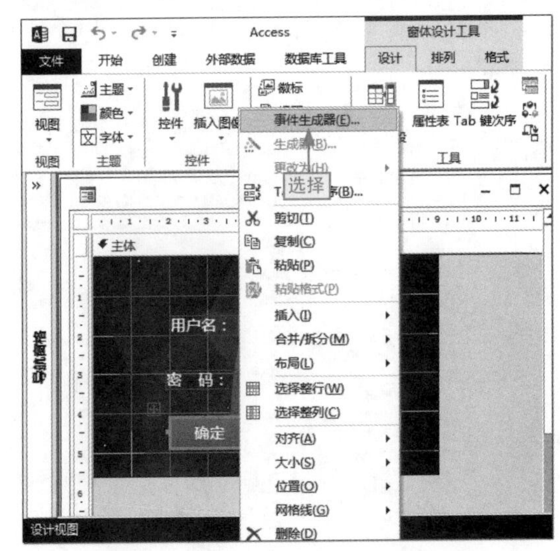

图11-48 选择“事件生成器”命令

步骤03 打开“选择生成器”对话框，❶选择“宏生成器”选项，❷单击“确定”按钮，如图11-49所示。

图11-49 “选择生成器”对话框

步骤04 ❶添加IF宏操作，❷单击“表达式生成器”按钮，如图11-50所示。

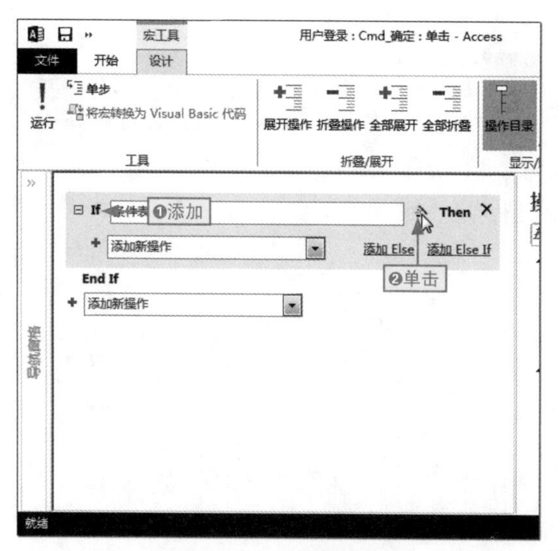

图11-50 添加IF操作

步骤05 打开“表达式生成器”对话框，❶输入“IsNull()”并将文本框插入点定位在括号中。❷双击“用户登录”窗体对象中的“用户名”选项，❸单击“确定”按钮，如图11-51所示。

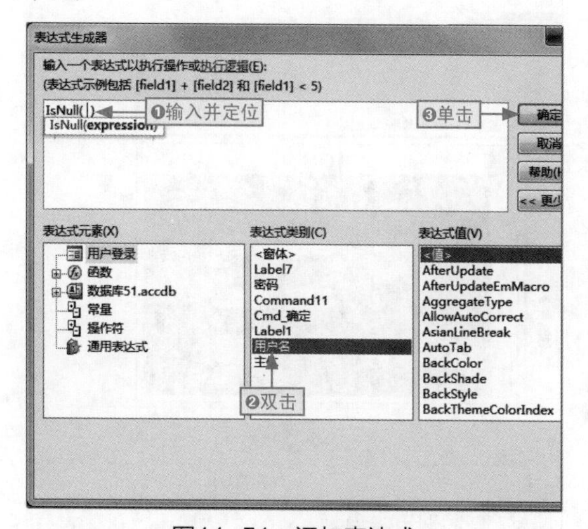

图11-51 添加表达式

步骤06 ❶添加MessageBox操作并进行参数设置，❷单击“添加Else If”超链接，如图11-52所示。

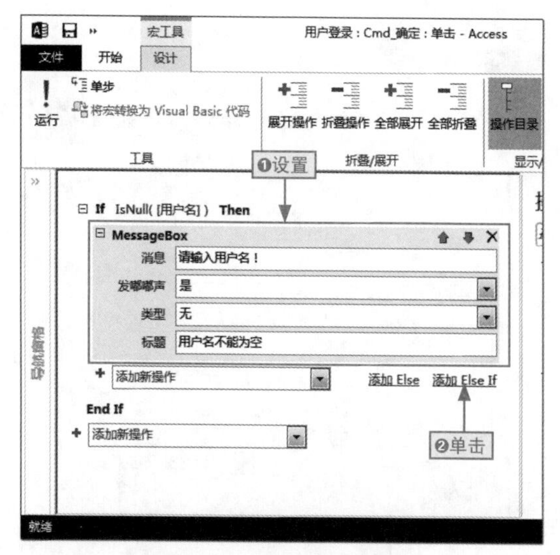

图11-52 添加提示信息框

步骤07 以同样的方法❶添加Else If判断方式和提示信息框参数，❷单击“添加 Else If”超链接，如图11-53所示。

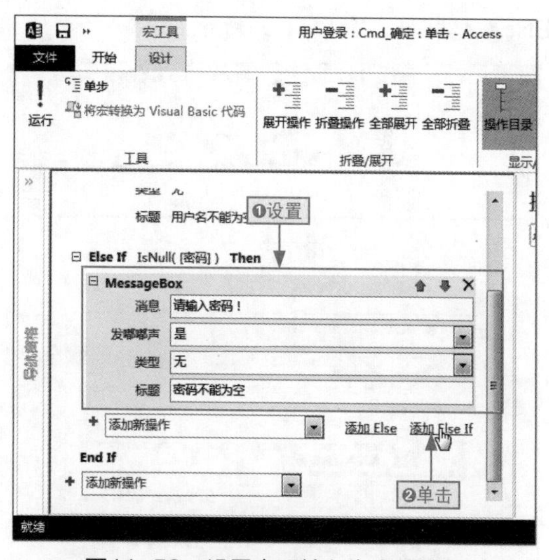

图11-53 设置密码输入为空的情况

步骤08 ❶设置Else If的参数为“[用户名]<>"adin"”，设置用户名输入错误的MessageBox提示信息框，❷单击“添加 Else If”超链接，如图11-54所示。

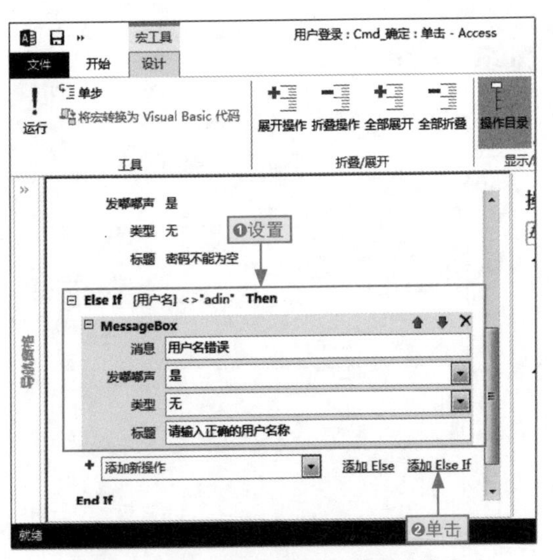

图11-54　设置密码录入错误的情况

步骤09 以同样的方法❶设置Else If的参数为“[密码]<>"123456"”，设置密码错误输入错误的MessageBox提示信息框，❷单击“添加Else”超链接，如图11-55所示。

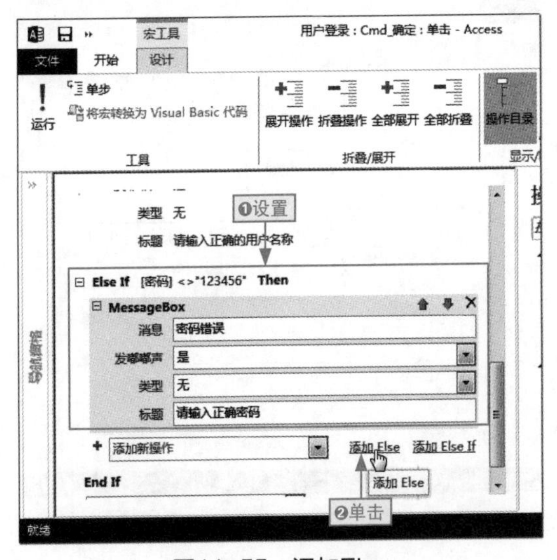

图11-55　添加Else

步骤10 添加OpenForm宏操作并设置其打开对象为“营销项目主页”窗体。按Ctrl+S组合键保存，如图11-56所示。

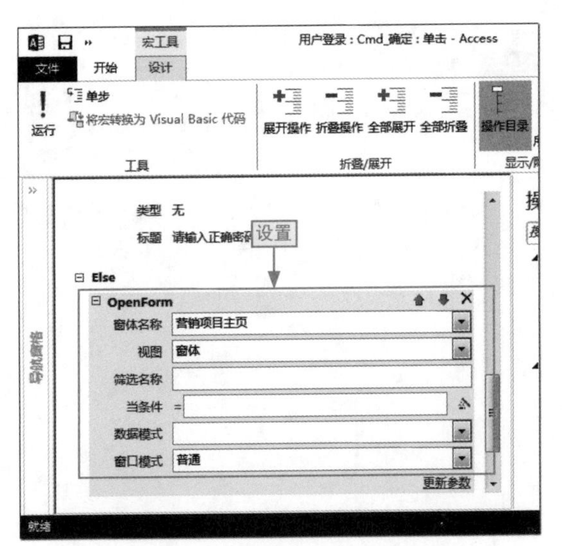

图11-56　设置登录成功的操作

步骤11 切换到窗体视图，❶输入正确的账号“adin”和密码“123456”，❷单击“确定”按钮，系统自动打开“营销项目主页”窗体，如图11-57所示。

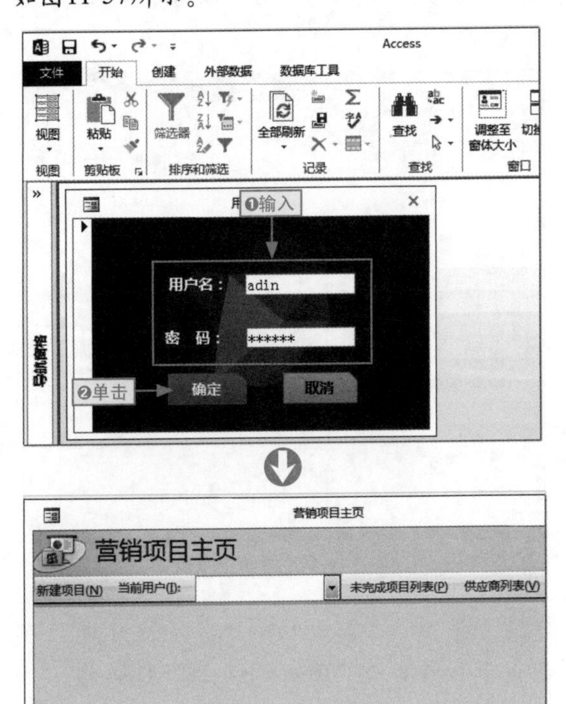

图11-57　成功登录

给你支招 | 启动 Access 应用程序后自动打开窗体

小白：我想在启动Access应用程序后自动打开用户登录对话框，只有成功登录后才能进入制作的数据库系统，该怎么设置呢?

阿智：要实现这个效果，需要使用AutoExec标准宏来实现，其具体操作如下。

步骤01 创建标准宏，按Ctrl+S组合键打开“另存为”对话框，在“宏名称”文本框中❶输入“AutoExec”，❷单击“确定”按钮，如图11-58所示。

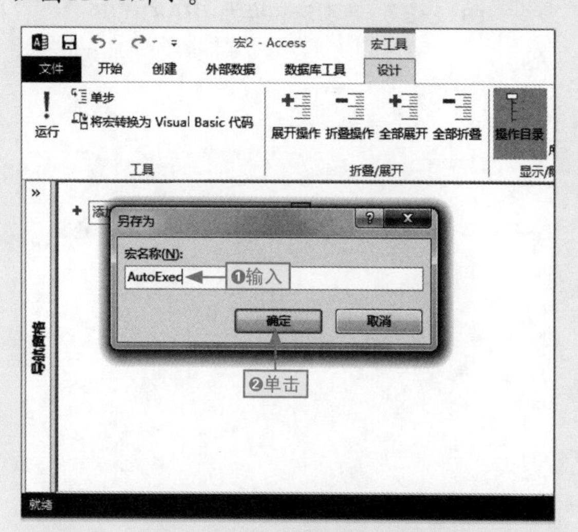

图11-58 创建自动启动宏

步骤02 添加要打开指定对象的宏操作，这里添加“OpenForm”，并设置相应的参数，按Ctrl+S组合键保存，如图11-59所示。

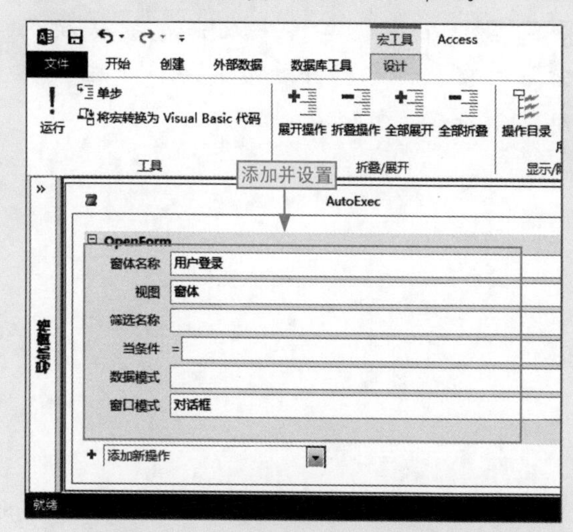

图11-59 设置自动启动对象和方式

给你支招 | 快速将宏转换为 VBA 代码

小白：听说宏的核心其实就是VBA代码，那么我们怎样将宏转换为VBA代码?

阿智：将宏转换为VBA代码较为简单，具体操作如下。

步骤01 以设计视图方式打开目标宏，❶单击“宏工具”下的“设计”选项卡中的“将宏转换为Visual Basic代码”按钮，在打开的对话框中❷选中相应的复选框，❸单击“转换”按钮，如图11-60所示。

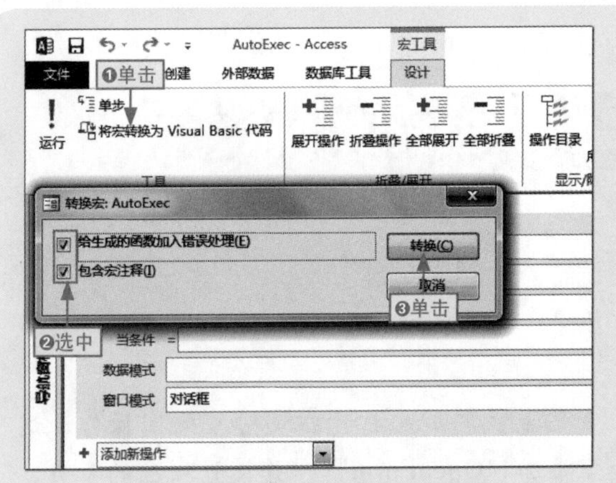

图11-60　将宏转化为VBA代码

步骤02　在导航窗格中双击“被转换的宏”选项，即可打开相应的转换代码，如图11-61所示。

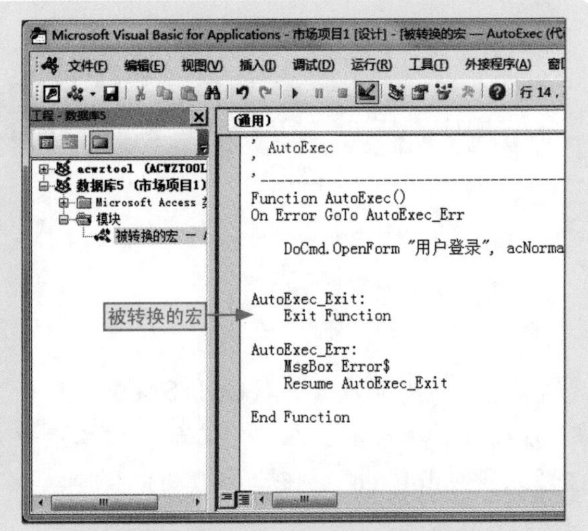

图11-61　查看宏转换为VBA的代码

Chapter 12 VBA 编程

学习目标

在前面一章中我们学习了宏的设计，使Access智能化和自动化。本章我们将介绍VBA编程的知识，让Access系统更加完善、智能。

本章要点

- 数据类型
- 常量和变量
- 标准函数
- 选择控制语句
- 循环控制语句
- 错误处理语句

知识要点	学习时间	学习难度
VBA 编程环境	15 分钟	★
VBA 编程和设计基础	15 分钟	★★
VBA 流程控制语句	20 分钟	★★

12.1 VBA编程环境

小白： VBA是什么，用来干什么呢？

阿智： Access中的VBA，我们可以将其理解为宏的程序代码。它有专门的编辑器。

VBA全称是Visual Basic for Application，也叫作宏程序，是执行通用的自动化（OLE）任务的编程语言。图12-1所示的VBA编辑器是其开发和编写专有界面，下面我们就来了解这个场所。

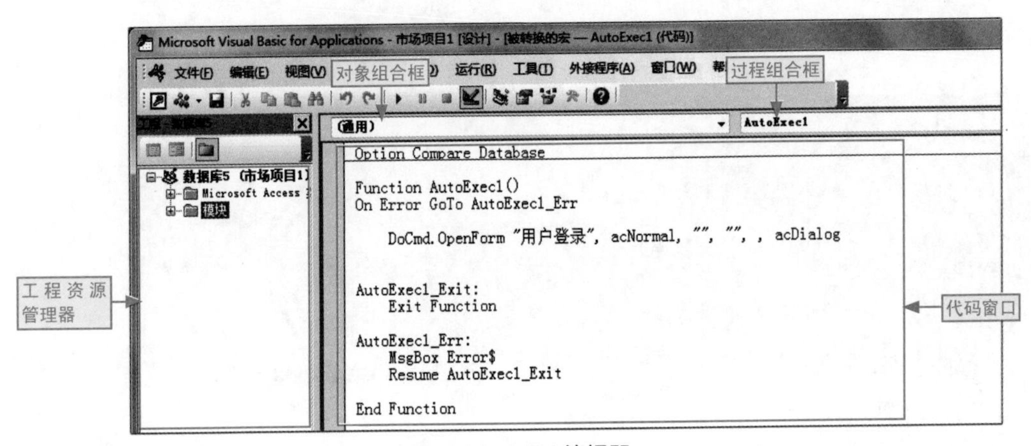

图12-1　VBA编辑器

学习目标　VBA的数据类型

难度指数　★

工程资源管理器

在工程资源管理器中，可以对窗体、模块等对象进行有效的查看、操作和管理。

对象组合框

对象组合框用来显示当前代码的作用对象，也就是显示当前代码属于或作用的具体对象。

过程组合框

过程组合框主要显示当前鼠标文本插入点所在位置的代码，以及所作用对象的时间或过程。

代码窗口

代码窗口是编写或修改VBA代码的主要场所，也是必不可少的场所，具有不可替代性。

12.2 VBA 编程和设计基础

小白：虽然知道了VBA的编辑场所，以及相应组成部分的名称及其作用，但还是不知道如何下手。

阿智：对，在编程之前，我们必须学习一些VBA的基础知识，为真正的编程做准备。

在进行VBA编程前，首先需要了解一些基础知识，如数据的类型、变量、常量、数组以及一些运算符和表达式等，为VBA编程打下基础。

12.2.1 数据类型

在Access中数据类型分为3种：标准型、对象型和自定义型，下面分别进行介绍和讲解。

学习目标	VBA的数据类型
难度指数	★

标准型

标准型数据，也就是Access中最基本的数据类型，是数据表结构设置过程中必要的选择和设定。表12-1所示为标准数据类型对应的VBA符号。

表12-1 标准型数据类型

数据类型	类型名称	类型符号
Integer	整数型	%
Date(Time)	日期型	无
Boolean	逻辑性	无
Single	单精度型	!
Double	双精度型	#
String	字符型	$
Currency	货币性	@
Long	长整型	&

对象型

对象型数据是指Access中的各种对象，包括数据库、窗体、报表等。表12-2所示为部分对象型数据。

表12-2 对象型数据类型

对象类型	对象名称
Database	数据库
TableDef	表
Form	窗体（包括子窗体）
Report	报表（包括子报表）
QueryDef	查询
Recordset	记录集
Record	记录
Text	文本框
Label	标签
Control	控件
Command	命令按钮

自定义型

自定义型就是系统中没有的数据类型，用户根据自身需要进行自定义的数据，它的定义模式如图12-2所示。

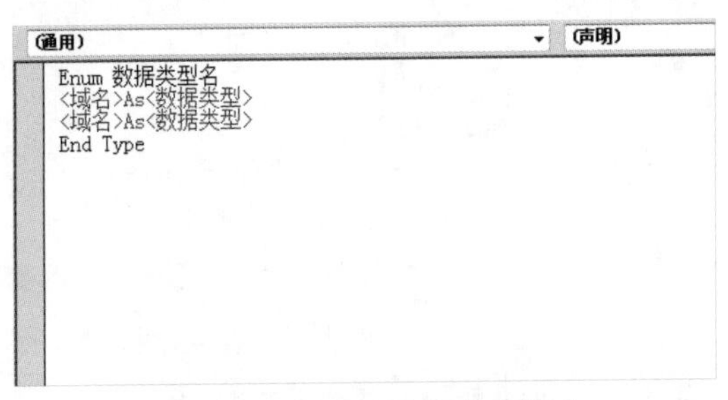

图12-2　自定义数据类型格式

12.2.2 常量和变量

常量和变量是VBA编程中赋值的重要手段，下面分别进行介绍。

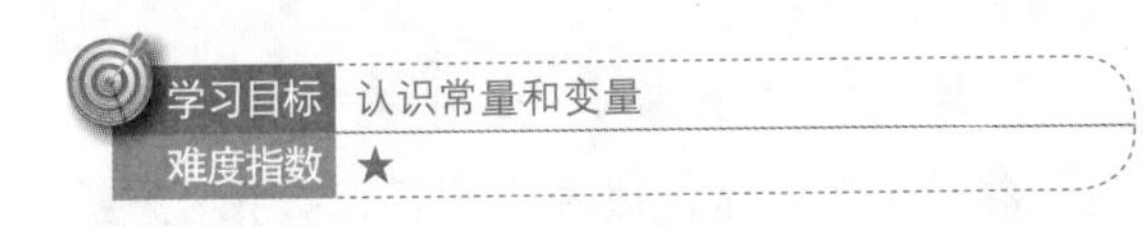

常量

常量，也就是经常使用到的常数。它分为两种：系统内置常量和用户自定义常量。其中，内置常量有三种明显打头标志：ac、ad和vb。

用户自定义常量需用Const来定义，它的结构为“Const 常量名 [as 数据类型]=值”。

变量

变量，顾名思义就是可以改变的量。它分为两种情况：一是定义变量，二是赋值变量（用等号进行赋值，如X=1、X=X+2等）。其中，定义变量有两种方法：使用Dim等关键字进行定义（它的语法结构是：Dim [变量名] as 数据类型）和使用类型符号定义，如intX、DouY、StrZ$等。

12.2.3 标准函数

标准函数，其实就是系统内置的程序，用来完成一些特定功能。在Access中分为5种：输入/输出函数、数学函数、字符串函数、日期/时间函数和类型转换函数。下面分别进行介绍。

输入/输出函数

在Access的VBA中输入/输出函数有两个：输出函数MsgBox()和输入函数InputBox()。其大体结构分别如图12-3和图12-4所示。

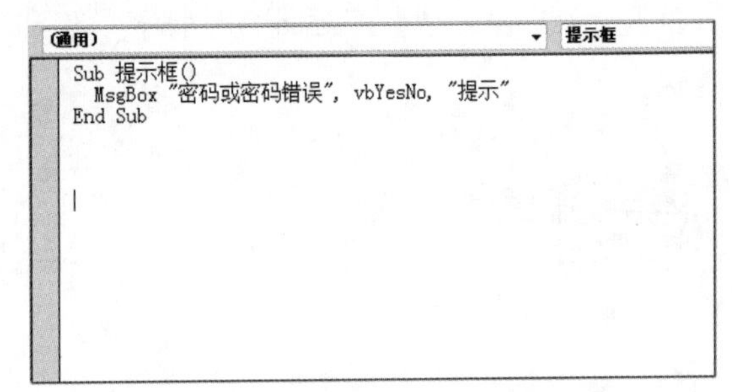

图12-3　输出函数MsgBox()简单定义

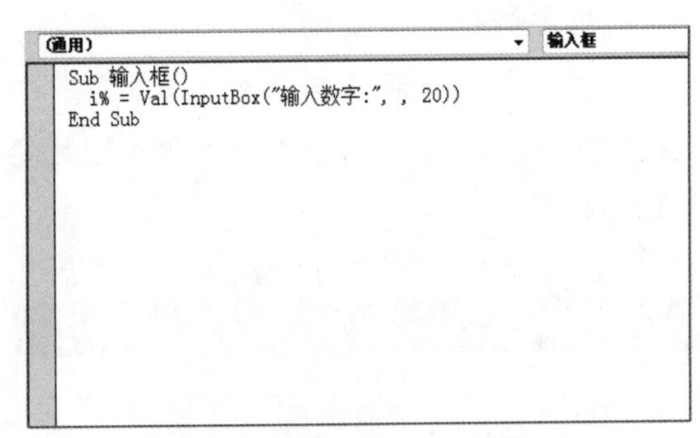

图12-4　输入函数InputBox()简单定义

数学函数

在Access中，VBA提供了8个标准数学函数，如表12-3所示。

表12-3 标准数学函数

函数	中文名称	说明
Abs()	绝对值函数	返回数值表达式的绝对值,如Abs(-4)=4
Int()	向下取整函数	返回数值表达式的向下取整数的结果，如Int(-3.7)=-4
Fix()	取整函数	返回数值表达式的整数部分，如Fix(-2.6)=-2
Sqr()	开平方函数	计算数值表达式的平方根，如Sqr(36)=6
Rnd()	随机数函数	返回一个0~1之间的随机数，为单精度类型函数
Avg()	平均值函数	返回一组数据或一个字段的平均值
Sum()	求和函数	返回一组数据或一个字段的和
Round()	四舍五入函数	按取舍位数对数值进行四舍五入

字符串函数

字符串函数是程序中处理数据的重要手段，也是必不可少的。在Access的VBA中有这样几类，如表12-4所示。

表12-4 字符串函数

函数	函数名称	语法结构
InStr()	字符串检索函数	InStr([Start,]<Strl>,<Str2>[，Compare])
Left()、Right()、Mid()和Left()	字符串截取函数	Left(<String>，<N>) Right<String>，<N>) Mid<String>，<N>) Left<String>，<N>)
Space()	生成空格字符函数	Space(<Number>)
Len()	字符长度检测函数	Len(String)

续表

函数	函数名称	语法结构
Ucase() Lcace() Ucase()	大小写转换函数	Ucase(<String>)) Lcase(<String>)) Ucase(<String>))
Ltrim()、Rtrim() Trim()	删除空格函数	Ltrim()

日期/时间函数

在Access的VBA中处理日期/时间的函数有4类，如表12-5所示，主要用来处理较为复杂的日期和时间。

表12-5 日期/时间函数

函数类型	函数名称
获取系统日期和时间的函数	Date()函数用于获取系统的日期； Time()函数用于获取系统的时间； Now()函数用于获取系统的日期和时间（这3个函数都没有参数）
截取日期和时间分量函数	Year()函数获取日期中的年份； Month()函数获取日期中的月份； Day()函数获取日期中的天数； Weekday()函数获取日期对应的星期； Hour()函数获取时间中的小时； Minute()函数获取时间中的分钟； Second()函数获取时间中的秒数
返回日期函数	DateSerial()根据给定的年月日数据返回对应的日期
日期格式化函数	Format()函数可根据给定的格式代码将日期转换为指定的格式

类型转换函数

在VBA编程中，我们需要将指定数据进行类型的转换，从而实现数据的正常传送或判定。在VBA中有这样几类转换函数，如表12-6所示。

表12-6　类型转换函数

函数类型	函数名称
字符串转换字符代码函数	Asc()函数，获取指定字符串第一个字符的ASCII值，且只有一个字符串参数
字符代码转换字符函数	Chr()函数，将字符代码转换为对应的字符。常用于在程序中输入一些不易直接输入的字符，如换行符、制表符等
数字转换成字符串函数	Str()函数，将数值转换为字符（注意：当数字转成字符串时，会在开始位置保留一空格来表示正负。若表达式值为正，返回的字符串最前面有一个空格，反之没有）
字符串转换成数值函数	Val()函数，将数字字符串转换成数值型数字，同时可自动将字符串中的空格、制表符和换行符去掉

12.3 VBA流程控制语句

小白：在VBA编程中，怎样对程序读取和执行流程进行控制?

阿智：在VBA中，我们可以通过一些流程控制语句来轻松完成，从而达到我们预想的目的和效果。

VBA流程控制语句大体有4类：选择控制语句、循环控制语句和错误处理语句，下面分别进行介绍。

12.3.1 选择控制语句

选择控制语句也称为分支语句。根据不同的情况来执行不同的语句和处理方法。

在VBA中主要有两个选择控制语句：IF和Select Case语句。下面分别进行介绍。

IF语句

IF语句大体分为两种：一是单一的结构IF…End…IF，用于单条件判断；二是嵌套的结构IF…Else…IF…Else…End…IF，用于多条件判断。

图12-5所示是单条件IF…End…IF在实际中的应用样式。

图12-6所示是嵌套的IF语句在实际中的应用样式。

```
cmd录入                          Click

Private Sub cmd录入_Click()
 '数据不完整不能录入
  If Nz(Me.姓名.Value) = "" Or Nz(Me.产品.Value) = "" Or
  Nz(Me.日期.Value) = "" Or Nz(Me.件数.Value) = "" Then
      MsgBox "信息没有输入完整，不能够录入！"
      Exit Sub
  End If
  '通过ADODB方法获取T计件表中的记录集
  Dim rst As ADODB.Recordset
  Dim strSQL As String
  strSQL = "select * from T计件表 "
  Set rst = New ADODB.Recordset
  rst.Open strSQL, CurrentProject.Connection, adOpenKeyset
  adLockOptimistic
      rst.AddNew '添加记录
      rst!姓名.Value = Me.姓名.Value
      rst!产品.Value = Me.产品.Value
      rst!日期.Value = Me.日期.Value
```

图12-5 单条件IF语句应用

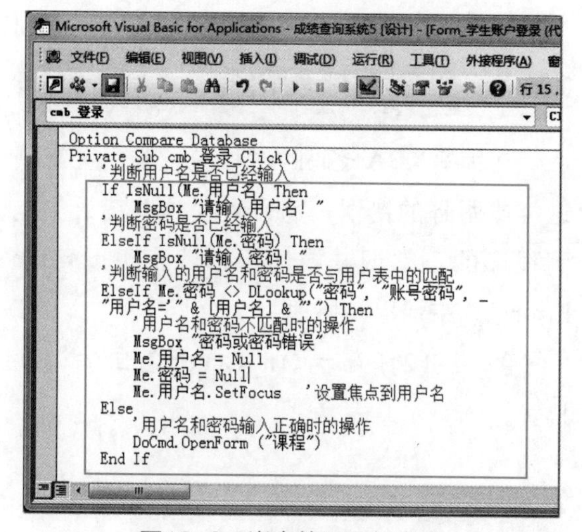

图12-6 嵌套的IF语句应用

Select Case语句

Select Case语句也就是情况语句，根据“测试表达式”的值，选择第一个符合条件的语句块执行。

它的执行顺序是先求“测试表达式”的值，然后依次进行比对，如果Case子句中有满足的，即执行该Case子句下面的语句块，并结束判定流程；如果没有满足的，则继续进行比对，直到结束。

图12-7所示是Select Case语句在实际中的应用样式。

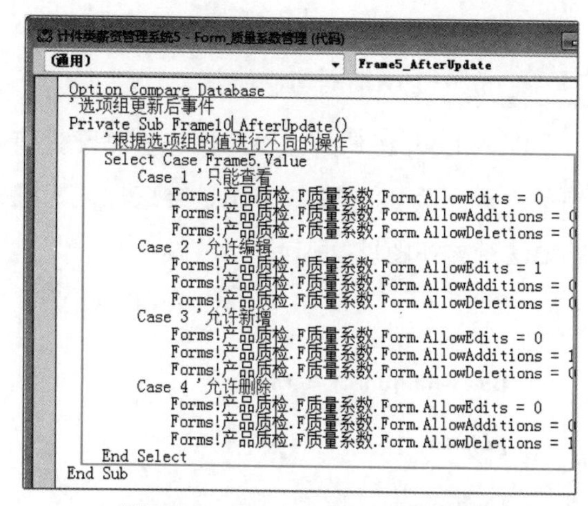

图12-7 Select Case语句应用

12.3.2 循环控制语句

循环控制语句专用于相同处理过程的数据，但处理的具体值不同的问题。

在VBA中主要有4个循环控制语句：While语句、Do…Loop语句、For…Next语句和For Each…Next语句。下面分别进行介绍。

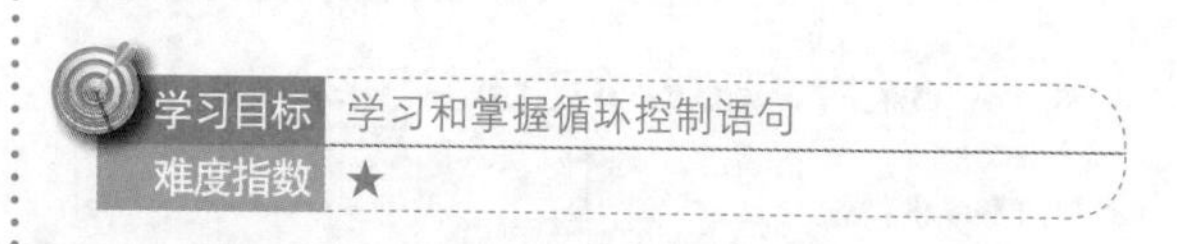

While语句

While语句主要用于不确定循环的次数，同时知道循环的控制条件，所以也称为当型循环。它的语法结构如图12-8所示。

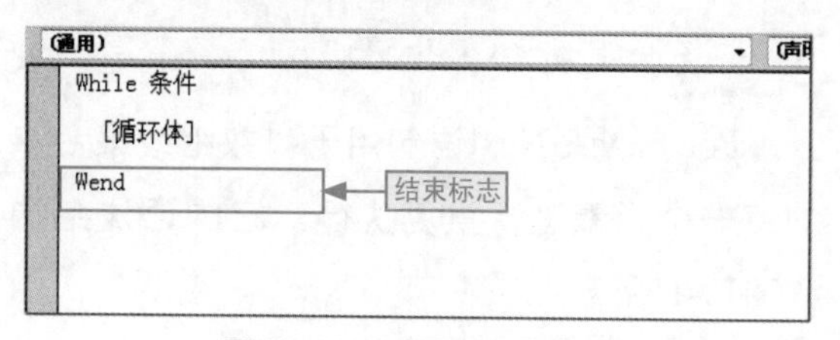

图12-8 While语法结构

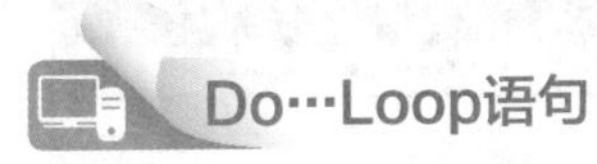

Do…Loop语句

Do…Loop语句是让循环体一直循环，直到条件满足为止，其中Loop是结束标记，它的语法结构如图12-9所示。

```
Do {while|until} <条件>
[<循环体>]
Loop
```

图12-9　Do…Loop语法结构

For…Next语句

For…Next语句专用来进行指定次数的循环，直到循环变量达到设定上限。它的语法结构如图12-10所示。

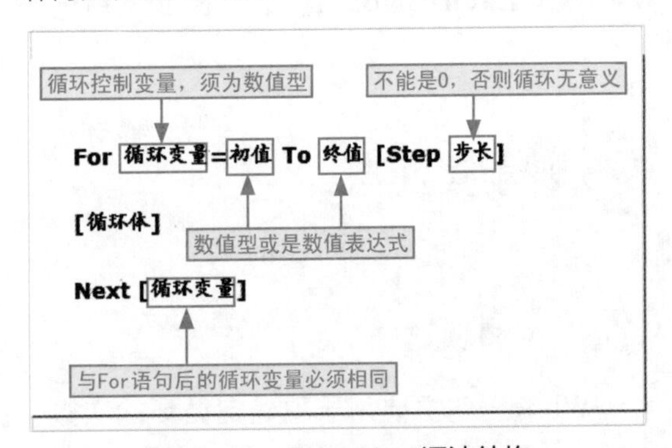

图12-10　For…Next语法结构

For Each…Next语句

For Each…Next语句用于对数组或集合中的每一个元素进行重复执行。它的语法结构如图12-11所示。

```
For Each 变量 in 集合
[循环体]
Next
```

图12-11　For Each…Next语法结构

12.3.3 错误处理语句

在编写VBA代码的过程中，难免会出现这样或那样的错误，为了避免这些错误影响到程序的正常调试或运行，我们可以用On Error语句来捕捉和处理。

图12-12所示为On Error语句的语法格式。

学习目标　捕获和处理编译错误
难度指数　★

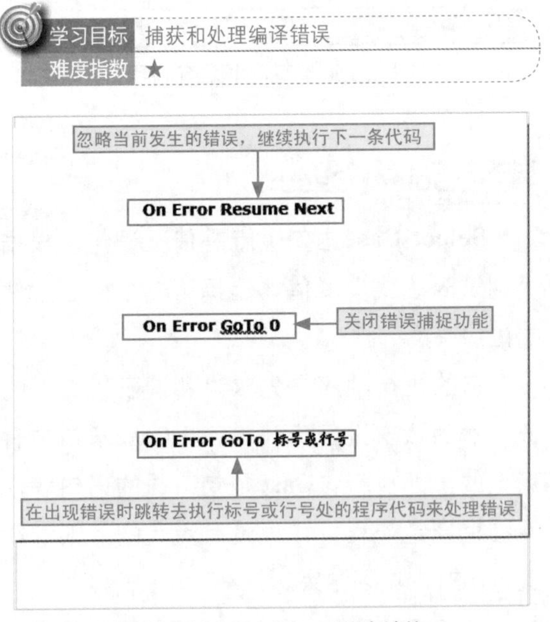

图12-12　On Error语法结构

给你支招 | 让 VBA 代码不因“无证”而过滤

小白：编写的VBA代码，在一些禁用了无数字签署的宏的电脑中，无法正常运行，这时该怎么办呢?

阿智：这是因为禁用了无数字签署的宏，我们无法要求他人重设宏的安全级别，只有通过为VBA添加数字证书来解决，同时，也可为VBA提供一定的保护，其具体操作如下。

步骤01 ❶选择“工具”菜单命令，❷选择“数字签名”命令，如图12-13所示。

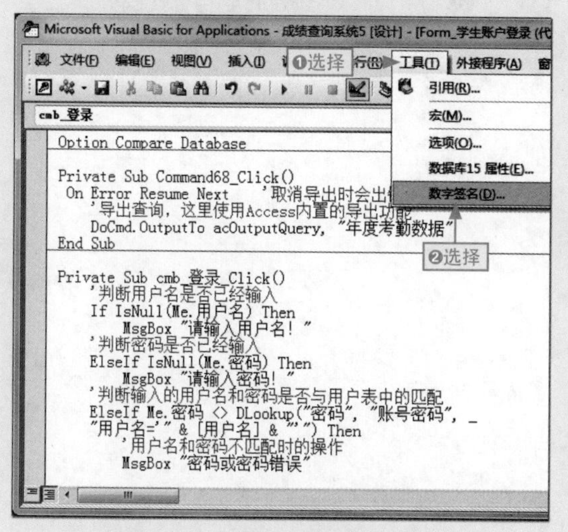

图12-13 选择“数字签名”命令

步骤02 在打开的“数字签名”对话框中单击“选择”按钮，如图12-14所示。

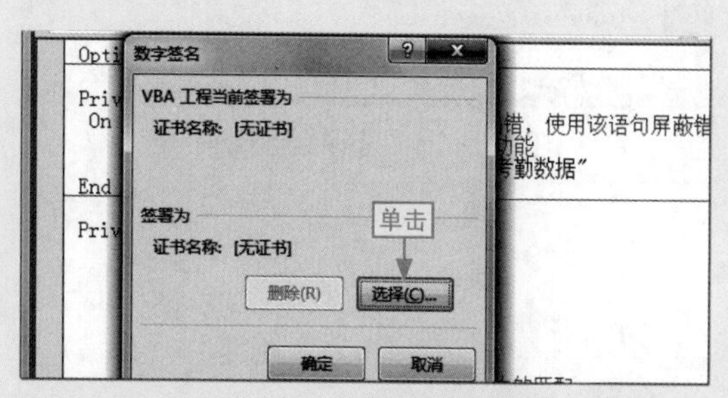

图12-14 添加数字证书

步骤03 打开“Windows 安全”对话框，❶选择数字证书，❷依次单击“确定”按钮，如图12-15所示。

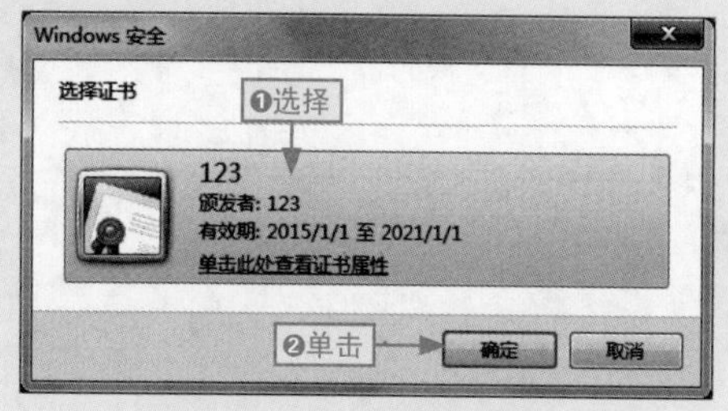

图12-15 选择数字证书

给你支招 | 为 VBA 代码手动制作证书

小白：在代码较多的界面中，要查找某项代码，该怎样操作呢?

阿智：若代码较多，这时就不能手动进行查找，可通过快速定位的方式来查找，其具体操作如下。

步骤01 ❶单击组合框下拉按钮，❷选择目标代码选项，如图12-16所示。

步骤02 系统快速跳转到目标代码处，如图12-17所示。

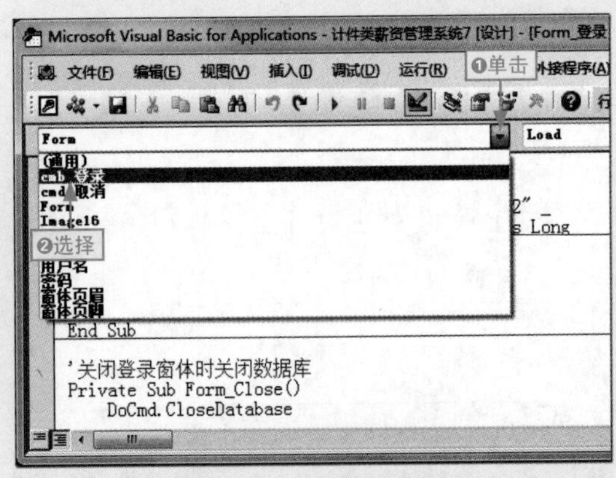

图12-16 选择目标代码

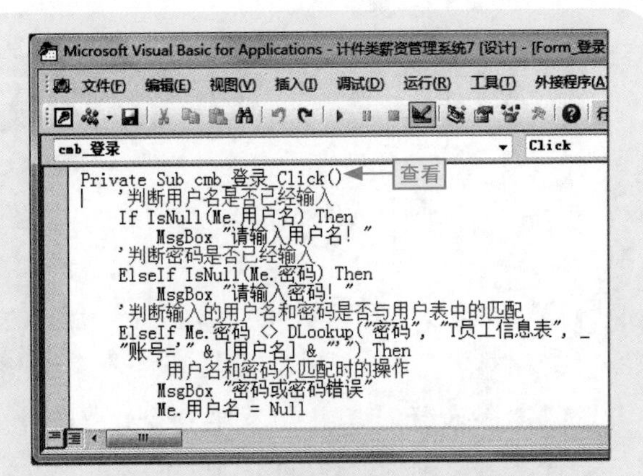

图12-17 系统跳转到目标代码处

学习目标

在本章中，我们将使用表、查询、窗体和报表对象来制作一个基础且实用的业务薪酬系统，帮助用户巩固Access的基础知识，从而制作出完整的系统。同时，实现理论与实际相结合的目的。

本章要点

- 手动创建基本表
- 导入外部数据创建表
- 创建表关系
- 创建C_工资查询
- 创建快速查询窗体
- 制作销售分析报表
- 制作销售汇总报表

知识要点	学习时间	学习难度
构建基本表对象	15 分钟	★★
制作工资速查窗体	15 分钟	★★★
制作分析报表	20 分钟	★★

13.1 案例制作效果和思路

小白：我们要制作一个与销售业绩有关的数据库，该怎样来实现？

阿智：我们可以使用表、查询、窗体、报表、控件和VBA代码来完成，其实操作难度并不大。

对于一些基础的数据库系统，我们可以使用基本的对象和少量的其他元素来轻松完成。图13-1所示是制作的业务薪酬系统的部分效果。图13-2所示是制作该案例的大体操作思路。

本节素材	\素材\Chapter13\销售业绩表.xlsx、查找.png
本节效果	\效果\Chapter13\业务薪酬系统.accdb
学习目标	巩固和使用表、查询、窗体和报表对象
难度指数	★★★★★

员工基本信息

编号	姓名	性别	出生日期	学历
HS_0001	姜英	女	1982年08月15日	硕士

员工姓名	基本工资	奖金	住房补助	车费补助
姜英	¥2,000.00	¥340.00	¥100.00	¥120.00
*				

编号	姓名	性别	出生日期	学历
HS_0002	王雅军	男	1981年11月04日	本科
HS_0003	余宇	男	1981年02月17日	本科
HS_0004	曾云	女	1981年06月06日	本科

员工姓名	基本工资	奖金	住房补助	车费补助
曾云	¥2,000.00	¥360.00	¥100.00	¥0.00
*				

编号	姓名	性别	出生日期	学历
HS_0005	张鹏举	男	1984年04月18日	本科
HS_0006	沈清	男	1982年11月11日	本科
HS_0007	蔡雨蓓	女	1983年04月06日	本科
HS_0008	陈小南	男	1980年06月29日	硕士
HS_0009	乔羽	女	1985年09月28日	本科
HS_0010	韦志飞	男	1981年09月12日	本科
HS_0011	金建军	男	1982年05月31日	本科

请输入员工姓名　查找　重新选

员工编号	员工姓名	基本工资	奖金
HS_0001	姜英	¥2,000.00	¥340.00
HS_0002	王雅军	¥3,000.00	¥340.00
HS_0003	余宇	¥1,500.00	¥450.00
HS_0004	曾云	¥2,000.00	¥360.00
HS_0005	张鹏举	¥2,000.00	¥120.00
HS_0006	沈清	¥3,000.00	¥120.00
HS_0007	蔡雨蓓	¥2,000.00	¥300.00
HS_0008	陈小南	¥2,000.00	¥300.00
HS_0009	乔羽	¥2,000.00	¥450.00

汇总报表

部门	姓名	第一季度	第二季度	第三季度
销售1部				
	余秀	533,655.00	192,420.00	304,940.00
	曾云	178,965.00	129,620.00	83,190.00
	余宇	157,968.00	697,641.00	362,784.00
	王雅军	486,575.00	426,972.00	730,572.00
	姜英	265,789.00	256,155.00	788,754.00
销售2部				
	江小兵	25,135.00	246,872.00	419,649.00
	赵志磊	497,018.00	794,842.00	195,353.00
	陈小南	236,578.00	325,259.00	583,700.00
	蔡雨蓓	563,245.00	768,486.00	361,724.00
	沈清	589,654.00	385,210.00	366,697.00

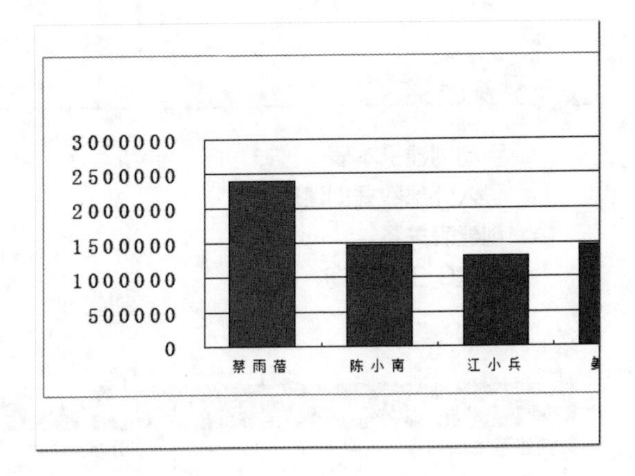

图13-1　案例部分效果

手动创建基本表 → 导入外部Excel创建表 → 编辑表-添加总额字段 → 创建表关系 → 创建“C_工资查询”查询 → 根据查询对象创建“工资速查”窗体 → 使用控件制作查询按钮 → 添加动态查询的VBA代码 → 使用控件创建图表报表 → 使用查询向导创建汇总报表

图13-2　案例制作大体思路

在整个系统中，查询窗体和两个销售业绩分析报表是相互对立的，不存在数据上的联系。因此，我们可以根据自己的操作习惯来进行这部分的操作，但查询、窗体和表之间有明显的先后顺序。同时，在“考勤表”和“福利表”中的员工姓名字段来自员工基本信息表，所以最先制作的应该是员工基本信息表，然后再制作其他表对象。

13.2 构建基本表对象

我们制作的“业务薪酬系统”数据库，是以数据表为主体，同时，根据部分基本表来创建查询和窗体，所以我们首先应该着手制作的就是这些基本表。

13.2.1 手动创建基本表

在Access中创建表，最基本的方法就是手动创建，使整个数据库有存在的基本意义，其具体操作如下。

步骤01 新建空白数据库并将其保存为“业务薪酬系统”，❶单击“创建”选项卡中的“表”按钮，❷按Ctrl+S组合键打开“另存为”对话框，设置表名称，❸单击“确定”按钮，如图13-3所示。

步骤02 ❶单击“单击以添加”下拉按钮，❷选择“短文本”选项，如图13-4所示。

图13-3　新建员工基本信息表

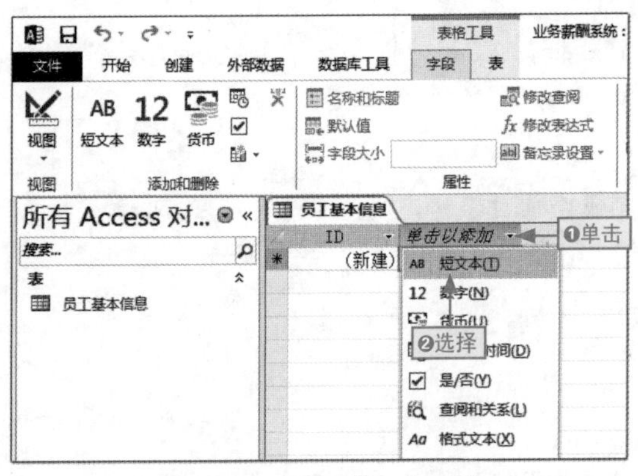

图13-4　添加第一个字段

步骤03 进入第一个字段标题单元格编辑状态，输入“编号”，如图13-5所示。

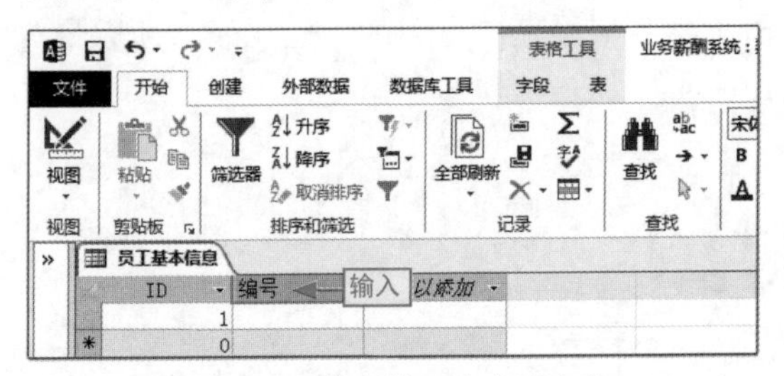

图13-5　命名第一个字段名称

步骤04 以同样的方法添加其他字段，设置相应的字段名称，并输入相应的数据，如图13-6所示。

编号	姓名	性别	出生日期	学历
HS_0001	姜英	女	1982年08月15日	硕士
HS_0002	王雅军	男	1981年11月04日	本科
HS_0003	余宇	男	1981年02月17日	本科
HS_0004	曾云	女	1981年06月06日	本科
HS_0005	张鹏举	男	1984年04月18日	本科
HS_0006	沈清	男	1982年11月11日	本科
HS_0007	蔡雨蓓	女	1983年04月06日	本科
HS_0008	陈小南	男	1980年06月29日	硕士
HS_0009	乔羽	女	1985年09月28日	本科
HS_0010	韦志飞	男	1981年09月12日	本科

图13-6　添加其他字段并输入数据

步骤05 切换到“设计视图”中，❶选择“编号”行，❷单击“主键”按钮，❸选择“ID”行并在其上右击，选择“删除行”命令，如图13-7所示。

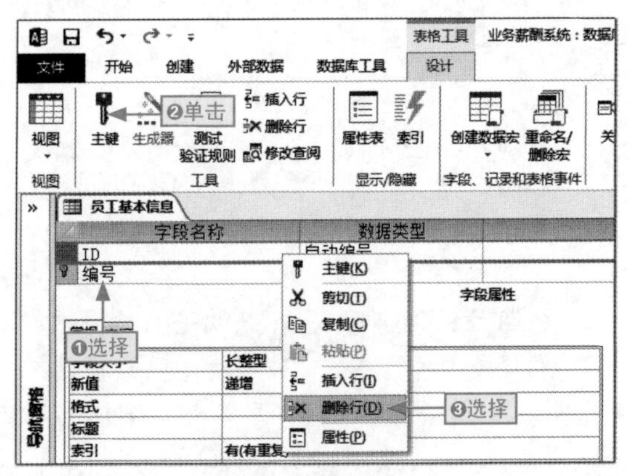

图13-7　删除字段

步骤06 打开提示对话框，❶单击“是”按钮。❷再次打开提示对话框，单击“是”按钮。按Ctrl+S组合键保存设计，如图13-8所示。

图13-8　确认删除ID列

步骤07 ❶单击“创建”选项卡，在“表格”组中❷单击“表设计”按钮，创建空白表格，如图13-9所示。

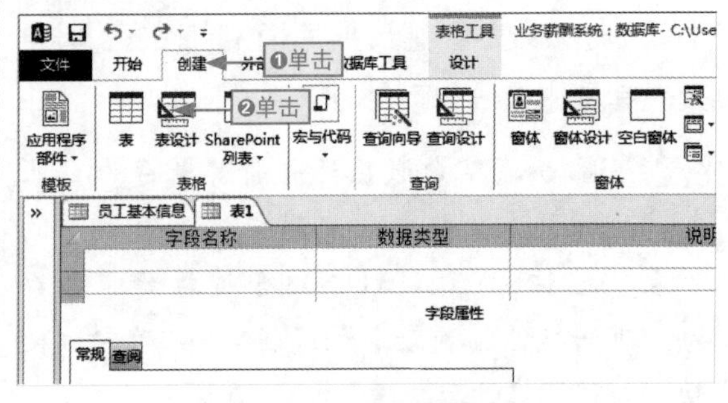

图13-9　创建考勤表

步骤08 添加相应字段和类型，设置“员工编号”为关键字，并将工作表保存为“考勤

表”，如图13-10所示。

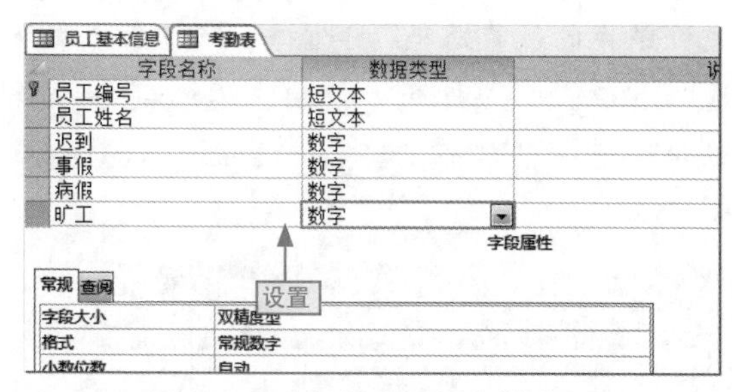

图13-10 添加和设置考勤字段

步骤09 ❶选择“员工姓名”字段数据类型单元格，❷单击“查阅”选项卡，设置显示控件为“组合框”，❸选择“行来源”选项，并单击其文本框后的⊡按钮，如图13-11所示。

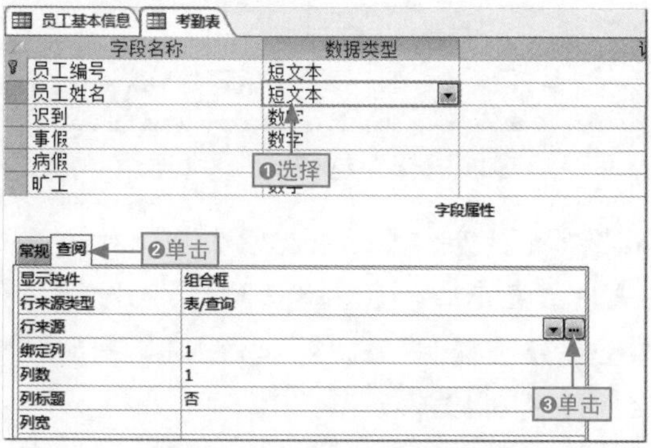

图13-11 添加行来源数据

步骤10 打开“显示表”对话框，❶选择“员工基本信息”选项，❷单击“添加”按钮，❸单击“关闭”按钮，如图13-12所示。

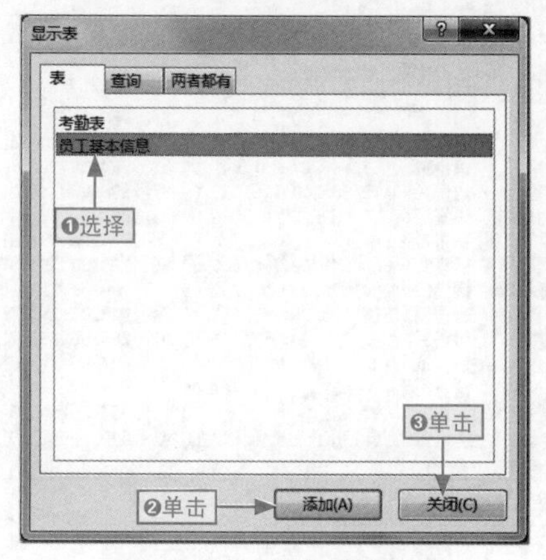

图13-12 添加表数据

步骤11 在查询中，双击“姓名”选项，按Ctrl+S组合键保存，然后关闭查询，如图13-13所示。

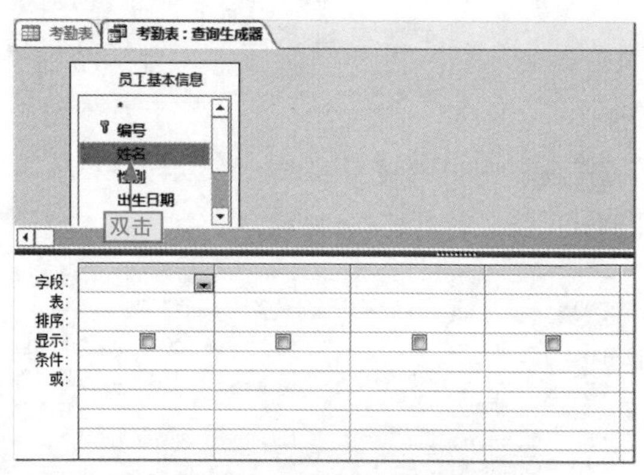

图13-13 添加姓名字段数据

步骤12 切换到数据表视图中，录入相应考勤数据，然后保存数据表，如图13-14所示。

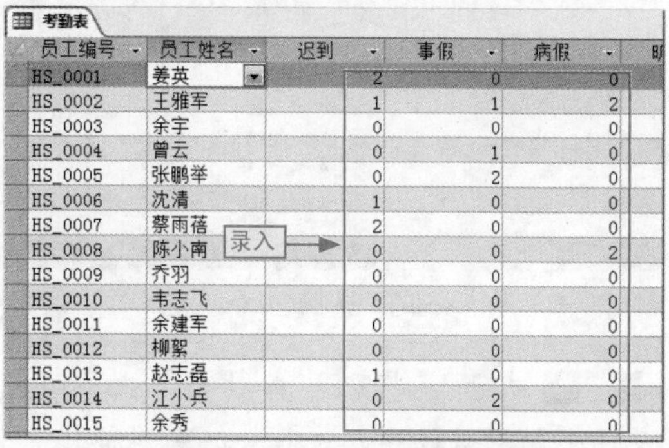

图13-14 录入员工考勤数据

步骤13 以同样的方法创建员工福利和工资表，如图13-15所示。

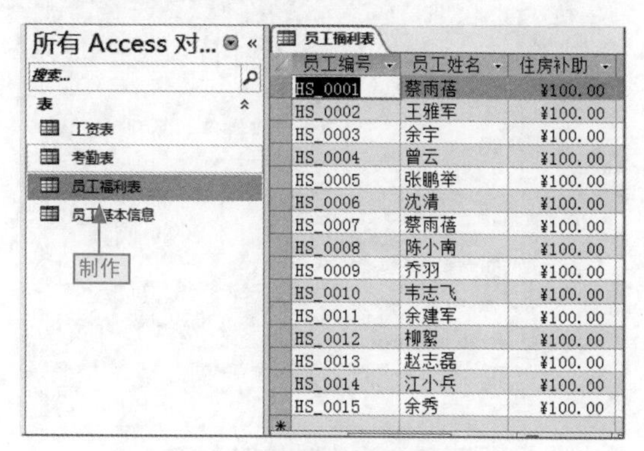

图13-15 制作员工福利表和工资表

13.2.2 导入外部数据创建表

“销售业绩表”在外部已经存在，这时，我们不用再手动进行制作，可将其直接导入，其具体操作如下。

步骤01 在任意表上右击，选择“导入”|Excel命令，如图13-16所示。

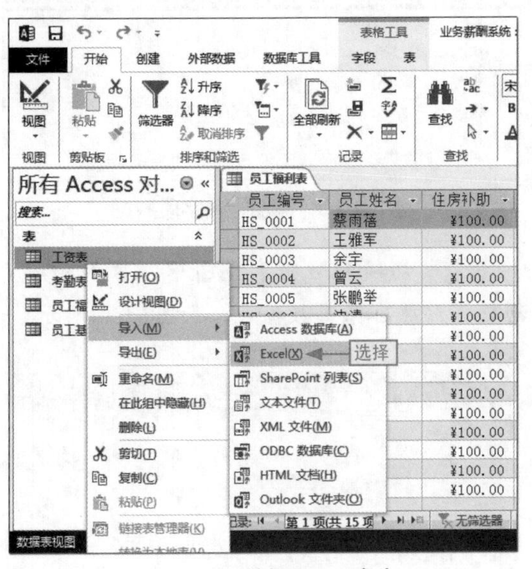

图13-16 选择Excel命令

步骤02 打开“获取外部数据”对话框，❶选中“将源数据导入当前数据库的新表中”单选按钮，❷单击“浏览”按钮，如图13-17所示。

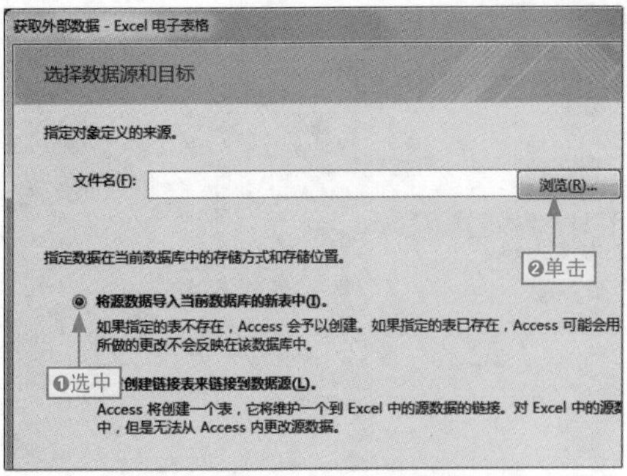

图13-17 指定存储位置

步骤03 在“打开”对话框中，❶选择Excel文件保存的位置路径，❷选择“销售业绩表”选项，❸单击“打开”按钮，返回到导入数据对话框中，单击“确定”按钮，如图13-18所示。

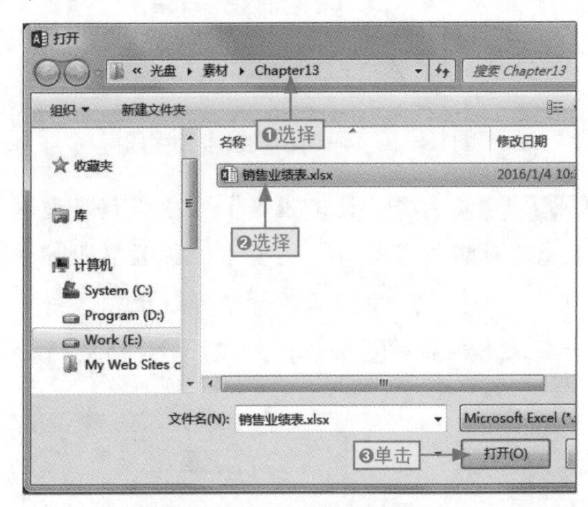

图13-18 导入指定Excel表

步骤04 打开“导入数据表向导”对话框，❶选中“显示工作表”单选按钮，❷选择“员工全年销售数据”选项，单击“下一步”按钮，如图13-19所示。

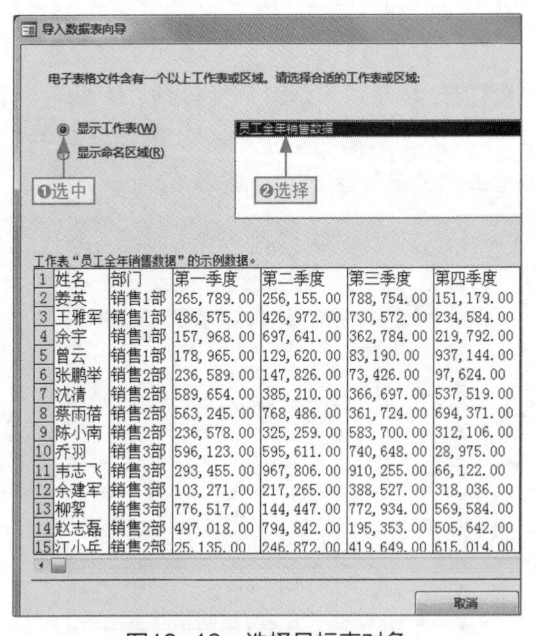

图13-19 选择目标表对象

步骤05 单击“下一步”按钮，进入主键设置对话框中，选中“不要主键”单选按钮，然后直接单击“完成”按钮，如图13-20所示。

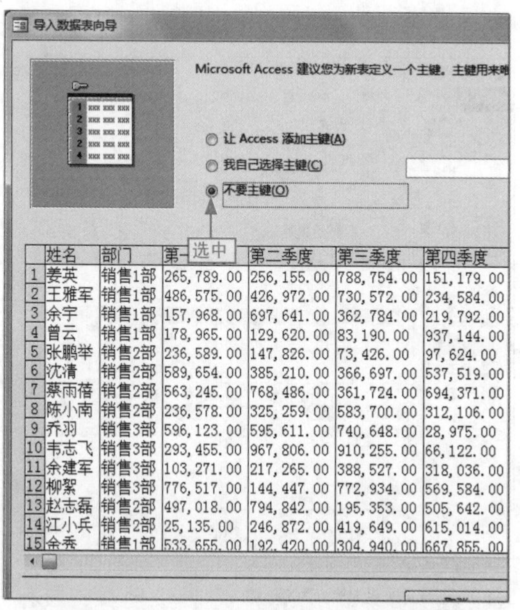

	姓名	部门	第一	第二季度	第三季度	第四季度
1	姜英	销售1部	265,789.00	256,155.00	788,754.00	151,179.00
2	王雅军	销售1部	486,575.00	426,972.00	730,572.00	234,584.00
3	余宇	销售1部	157,968.00	697,641.00	362,784.00	219,792.00
4	曾云	销售1部	178,965.00	129,620.00	83,190.00	937,144.00
5	张鹏举	销售2部	236,589.00	147,826.00	73,426.00	97,624.00
6	沈清	销售2部	589,654.00	385,210.00	366,697.00	537,519.00
7	蔡雨蓓	销售2部	563,245.00	768,486.00	361,724.00	694,371.00
8	陈小南	销售2部	236,578.00	325,259.00	583,700.00	312,106.00
9	乔羽	销售3部	596,123.00	595,611.00	740,648.00	28,975.00
10	韦志飞	销售3部	293,455.00	967,806.00	910,255.00	66,122.00
11	余建军	销售3部	103,271.00	217,265.00	388,527.00	318,036.00
12	柳絮	销售3部	776,517.00	144,447.00	772,934.00	569,584.00
13	赵志磊	销售2部	497,018.00	794,842.00	195,353.00	505,642.00
14	江小兵	销售2部	25,135.00	246,872.00	419,649.00	615,014.00
15	余秀	销售1部	533,655.00	192,420.00	304,940.00	667,855.00

图13-20　选中“不要主键”单选按钮

步骤06 进入最后的导入操作对话框中，直接单击“关闭”按钮，如图13-21所示。

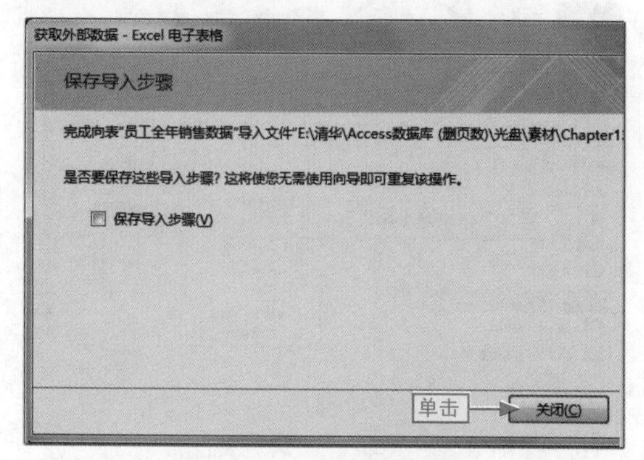

图13-21　完成导入操作

步骤07 ❶选择“第四季度”列，❷单击“表格工具”下的“字段”选项卡，❸单击“其他字段”下拉按钮，❹选择“计算字段”|“货币”选项，如图13-22所示。

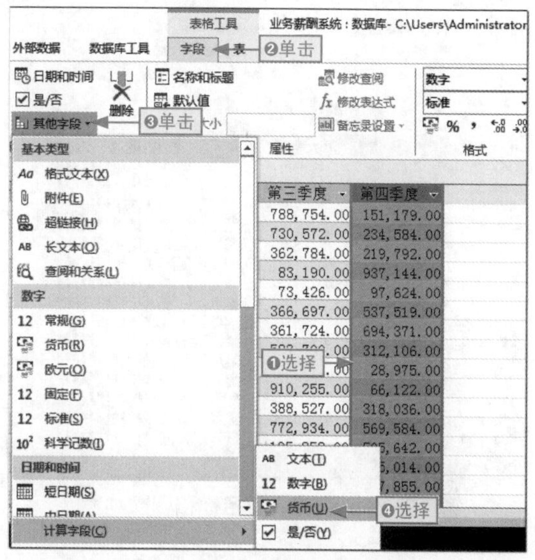

图13-22　添加计算字段

步骤08 打开“表达式生成器”对话框，❶输入求和表达式，❷单击“确定”按钮，如图13-23所示。

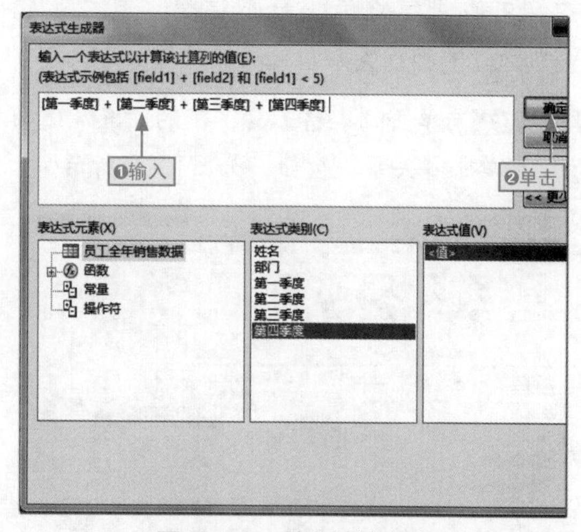

图13-23　输入计算方式

步骤09 返回到数据表中，❶设置字段名称为“总额”，❷调整列宽，让数据全部显示，然后保存设置，如图13-24所示。

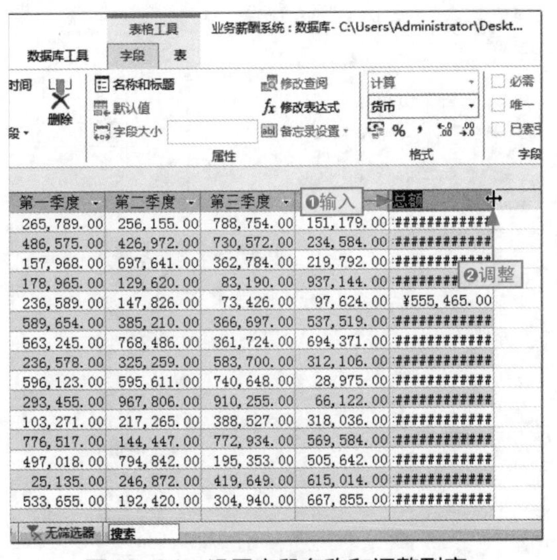

图13-24　设置字段名称和调整列宽

13.2.3 创建表关系

为了方便员工与工资数据的对应查看，我们可以创建“员工基本信息”和“工资表”之间的相互关系，其具体操作如下。

步骤01 ❶单击“表格工具”下的“表”选项卡，❷单击“关系”按钮，如图13-25所示。

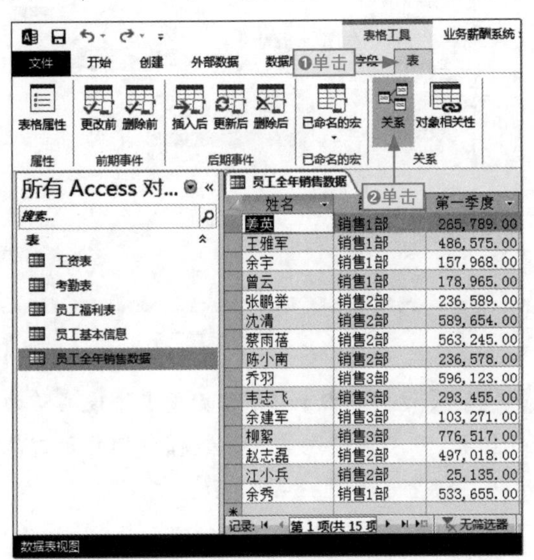

图13-25　创建表关系

步骤02 ❶在激活的“关系工具”下的“设计”选项卡中单击“显示表”按钮，打开“显示表”对话框。❷选择“工资表”和“员工基本信息表”选项，❸单击“添加”按钮，❹单击“关闭”按钮，如图13-26所示。

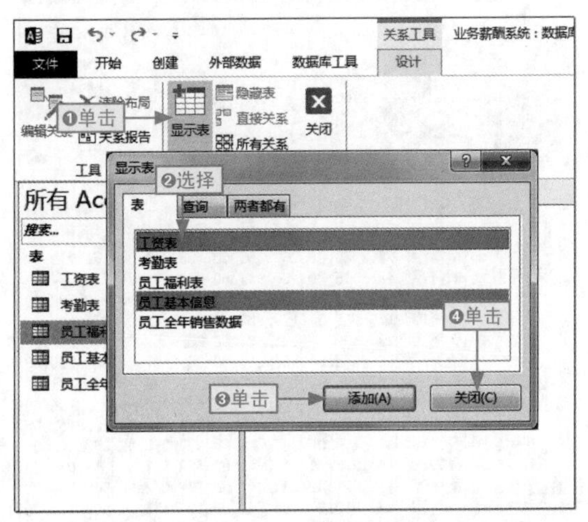

图13-26　添加表数据

步骤03 ❶单击“编辑关系”按钮，❷打开“编辑关系”对话框，单击“新建”按钮，如图13-27所示。

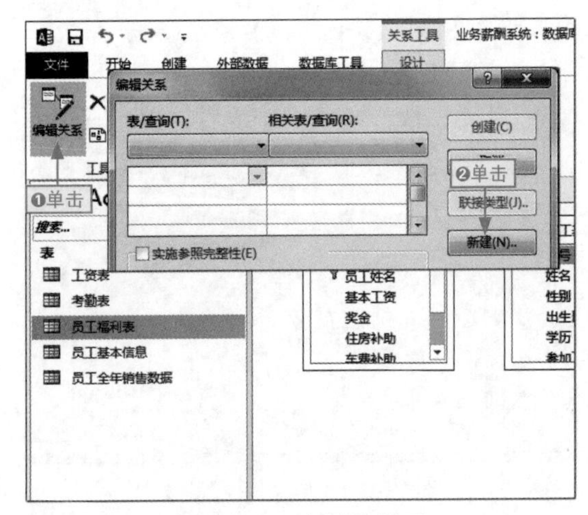

图13-27　新建表关系

步骤04 打开“新建”对话框，❶设置左右表对应的名称和字段，❷单击“确定”按钮，如图13-28所示。

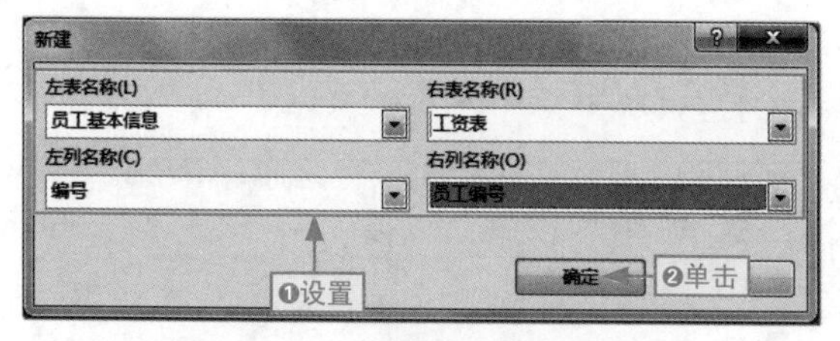

图13-28 设置关系的表和字段

步骤05 返回到“编辑关系”对话框中，直接单击“创建”按钮，然后按Ctrl+S组合键保存表关系，如图13-29所示。

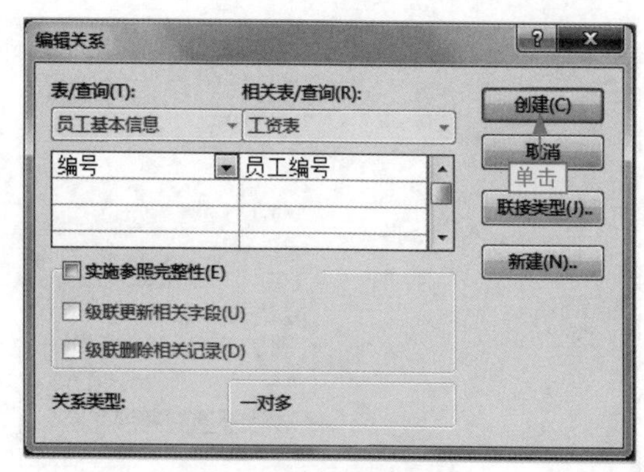

图13-29 创建表关系

13.3 制作工资速查窗体

我们在对员工工资进行对比分析和查看时，希望能快速精确地查找出指定员工的工资数据，这时，我们可以通过如下操作来实现。

13.3.1 创建C_工资查询

要对工资数据进行快速查询，就必须使用查询对象。下面我们就着手创建“C_工资查询”对象，其具体操作如下。

步骤01 在导航窗格中❶选择“工资表”选项，❷单击“创建”选项卡中的“查询向导”按钮，打开“新建查询”对话框。❸选择“简单查询向导”选项，❹单击“确定”按钮，如图13-30所示。

步骤02 打开“简单查询向导”对话框，❶添加所有的“可用字段”为“选定字段”，❷单击“完成”按钮，如图13-31所示。

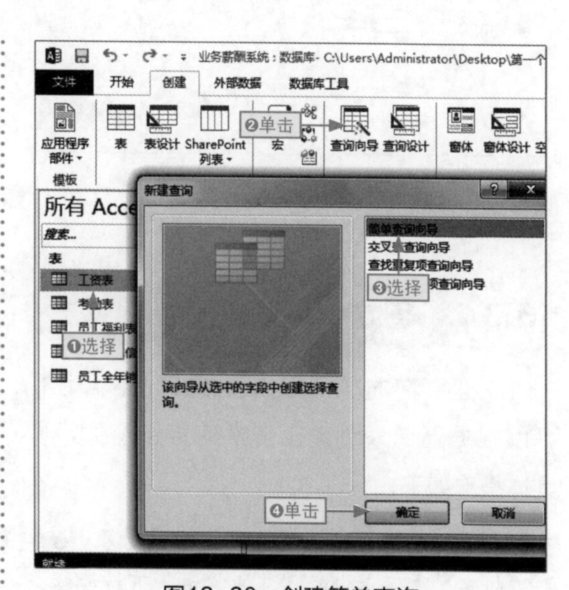

图13-30 创建简单查询

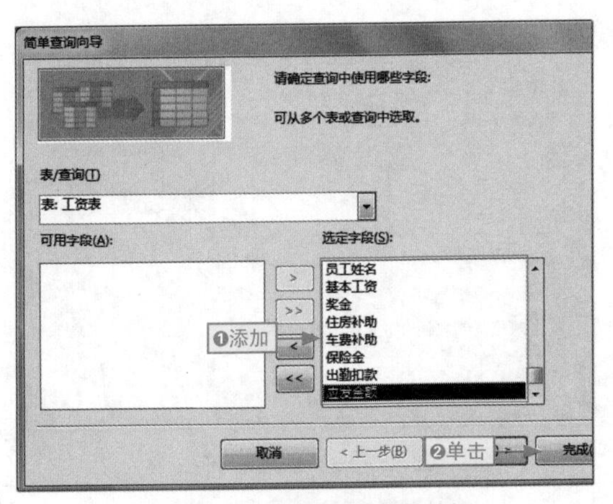

图13-31　添加查询字段数据

步骤03 保存并关闭查询对象，重命名其名称为“C_工资查询”，如图13-32所示。

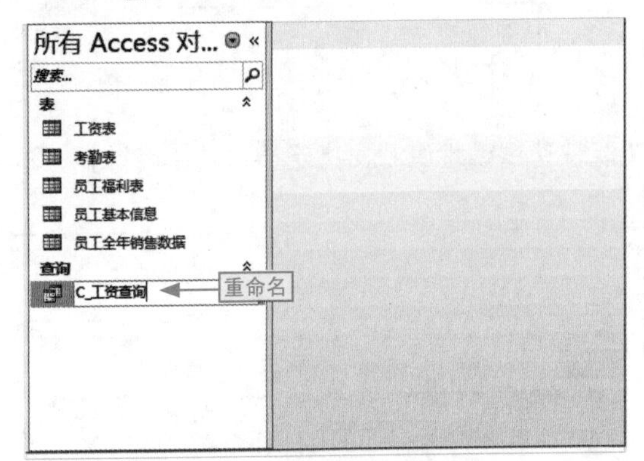

图13-32　重命名查询名称

13.3.2 创建快速查询窗体

快速查询的准备工作已就绪，下面我们可以根据查询来创建工资快速查询窗体，其具体操作如下。

步骤01 ❶选择“C_工资查询”查询对象，❷单击“创建”选项卡中的“其他窗体”下拉按钮，❸选择“多个项目”选项，如图13-33所示。

步骤02 切换到设计视图中，❶选择标题和正文文本框控件，在“窗体设计工具”|“格式”选项卡中❷设置字体、字号和对齐方式，如图13-34所示。

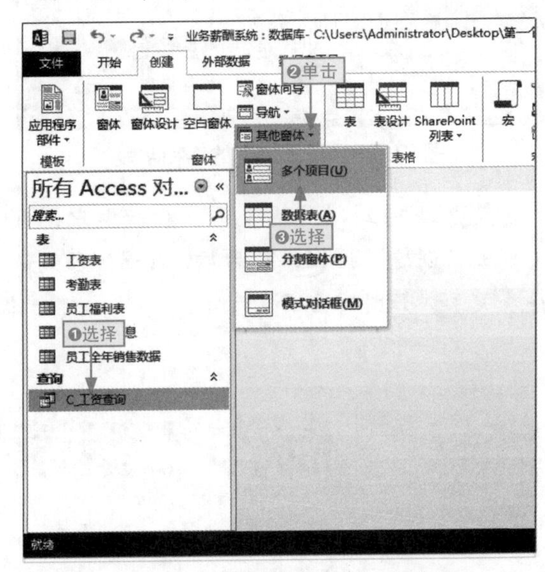

图13-33　创建多个项目窗体

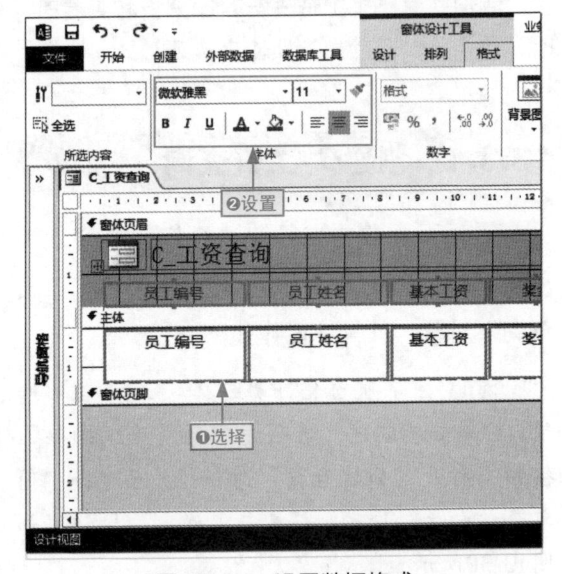

图13-34　设置数据格式

步骤03 ❶调整窗体主体中文本框控件的高度，使其刚好适合内容，❷调整窗体主体部分高度，使其与文本框控件高度基本一致，❸修改窗体页眉的内容和宽度，❹双击图标图片，如图13-35所示。

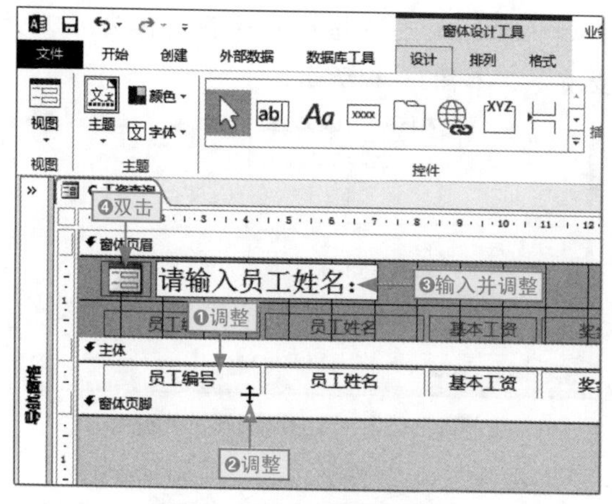

图13-35 调整控件高度

步骤04 ❶单击“格式”选项卡，❷选择“图片”选项并❸单击右侧的▣按钮，如图13-36所示。

图13-36 更换页眉图标图片

步骤05 打开“插入图片”对话框，❶选择“查找.png”选项，❷单击“确定”按钮，如图13-37所示。

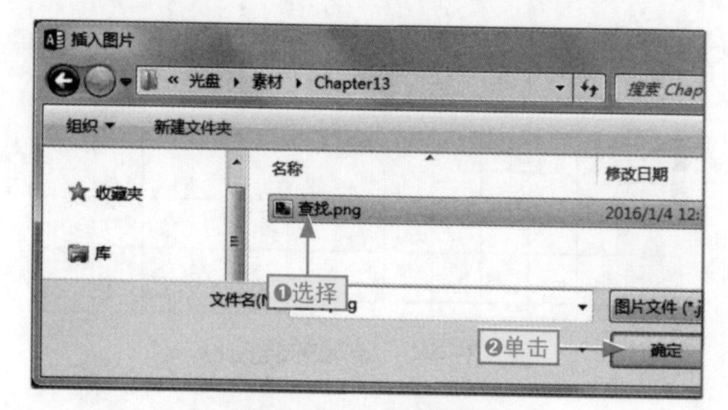

图13-37 选择图片

步骤06 设置图片的“缩放模式”为“缩放”，“图片平铺”为“否”，“背景样式”为“透明”，如图13-38所示。

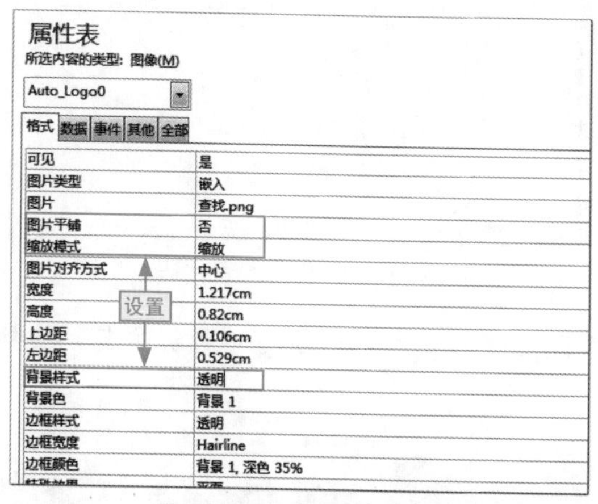

图13-38 设置图片样式

步骤07 ❶添加“查找”和“数据恢复”控件按钮，❷将其名称分别设置为“cmd_查询”和“cmd_恢复”，如图13-39所示。

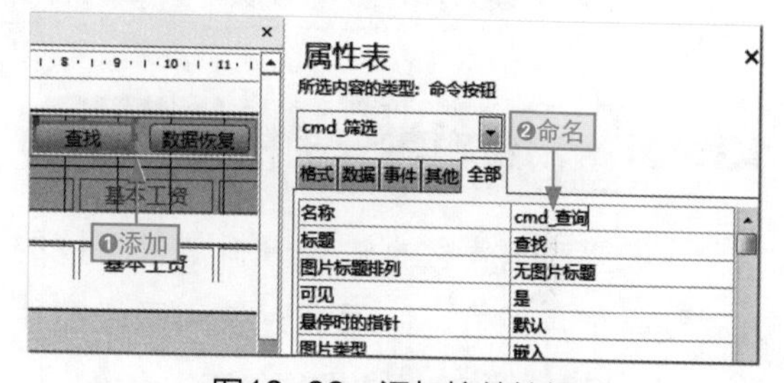

图13-39 添加控件按钮

步骤08 在“查找”按钮上右击，选择“事件生成器”命令，打开“选择生成器”对话框。❶选择“代码生成器”选项，❷单击“确定”按钮，如图13-40所示。

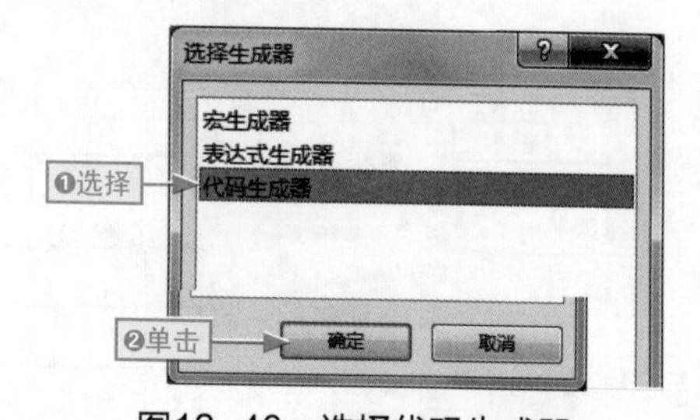

图13-40 选择代码生成器

步骤09 打开VBA编辑器，在其中输入查询代码，如图13-41所示。

```
(通用)                                    cmd_重新选择_C
Option Compare Database
Private Sub cmd_查询_Click()
    Dim sch As String
    If IsNull(txt_姓名) Then
        MsgBox "请输入筛选条件"
        txt_姓名.SetFocus
    Else
        Me.Filter = "[员工姓名] like " & "'*" & txt_姓名
        Me.FilterOn = True
        Me.txt_姓名 = Null
        End If

End Sub
```

图13-41 添加查询代码

步骤10 以同样的方法为“数据恢复”按钮添加代码，关闭窗格后，保存窗体为“工资查看”，如图11-42所示。

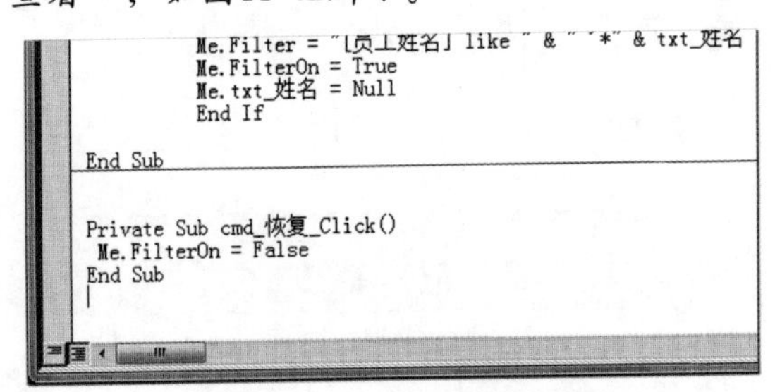

图13-42 添加撤销筛选代码

13.4 制作分析报表

作为相应管理人员，我们必须对员工的业绩进行分析，从而发现问题和解决问题。

13.4.1 制作销售分析报表

我们要对销售数据进行分析，最有效的方式就是使用图表，下面通过使用图表控件来制作分析报表，其具体操作如下。

步骤01 ❶创建“销售分析”空白图表，切换到报表设计视图。在任意位置右击，❷选择“页面页眉/页脚”命令，隐藏页眉页脚，如图13-43所示。

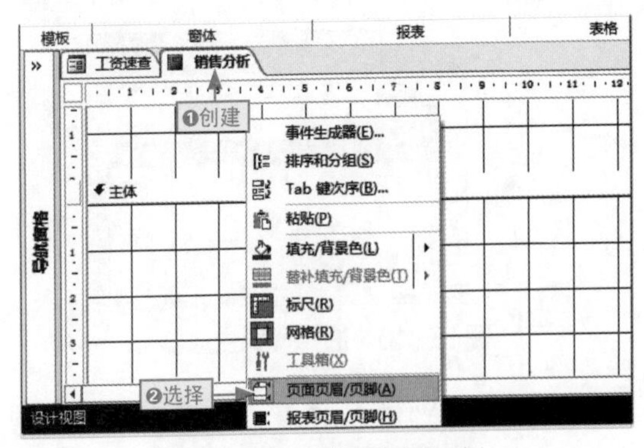

图13-43 创建空白报表

步骤02 切换到“报表设计”下的“设计”选项卡中，在“控件”列表框中❶选择“图表”控件，在窗体中❷单击鼠标进行添加，如图13-44所示。

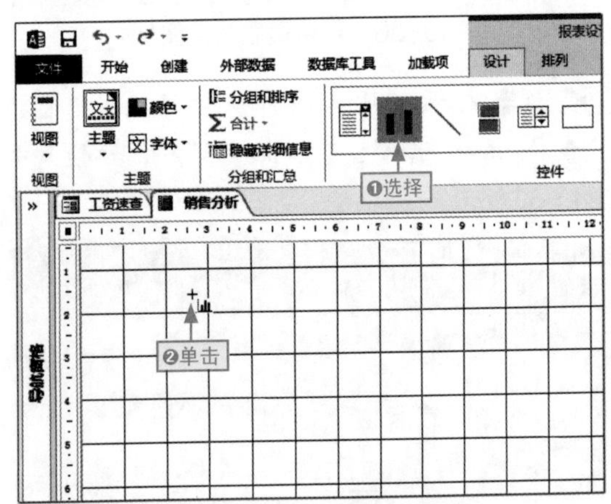

图13-44 添加图表控件

步骤03 打开“图表向导”对话框，❶选择“表:员工全年销售数据”选项，❷单击“下一步”按钮，如图13-45所示。

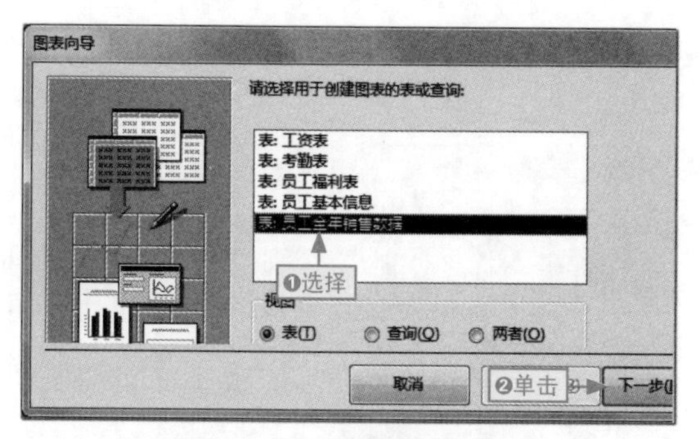

图13-45 选择图表数据源

步骤04 ❶将“姓名”和“总额”添加到“用于图表的字段”列表框，❷单击“下一步”按钮，如图13-46所示。

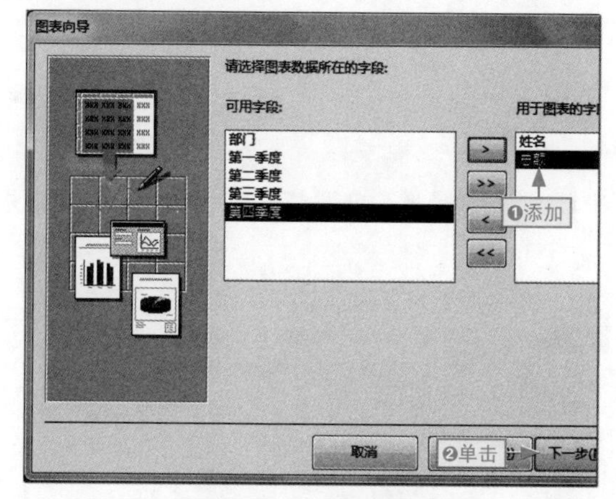

图13-46 添加字段

步骤05 进入最后一步操作对话框中，❶输入图表标题，❷选中“否,不显示图例”单选按钮，❸单击“完成”按钮，如图13-47所示。

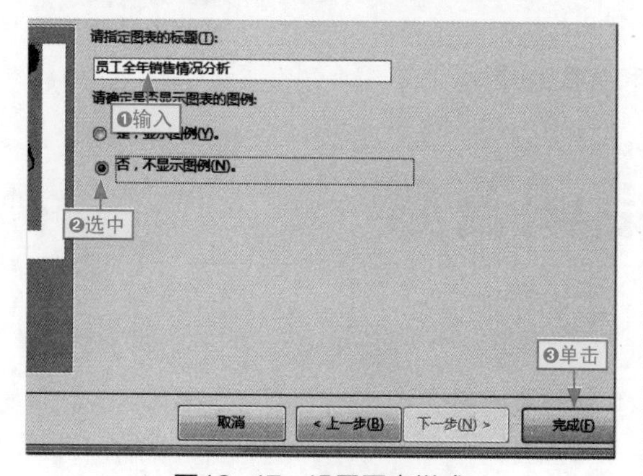

图13-47 设置图表样式

步骤06 返回到报表设计视图中，调整画布和图表宽度，然后保存报表，如图13-48所示。

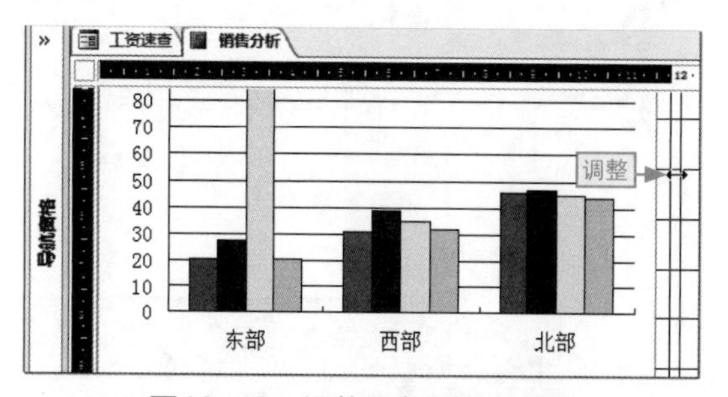

图13-48 调整画布和图表宽度

13.4.2 制作销售汇总报表

对销售数据的分析，我们不仅可以使用图表来分析，同时还可以创建汇总报表来进行分析，其具体操作如下。

步骤01 单击“创建”选项卡中的“报表向导”按钮，打开“报表向导”对话框，❶选择“表/查询”选项为“表：员工全年销售数据”，❷添加所有字段为选定字段，❸单击“下一步”按钮，如图13-49所示。

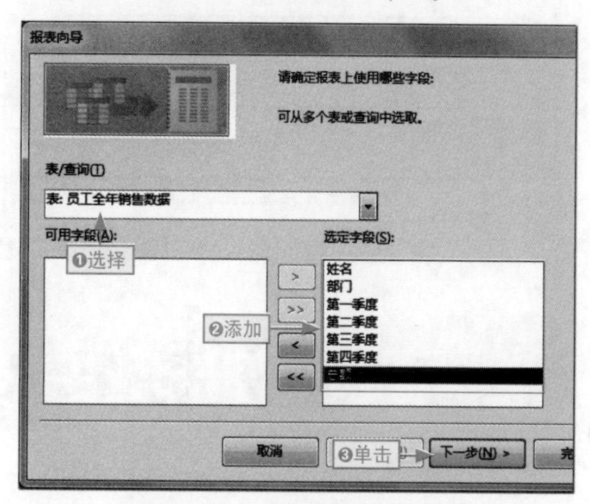

图13-49 添加报表字段数据

步骤02 ❶将“部门”字段添加为排列字段，❷再单击“下一步”按钮，如图13-50所示。

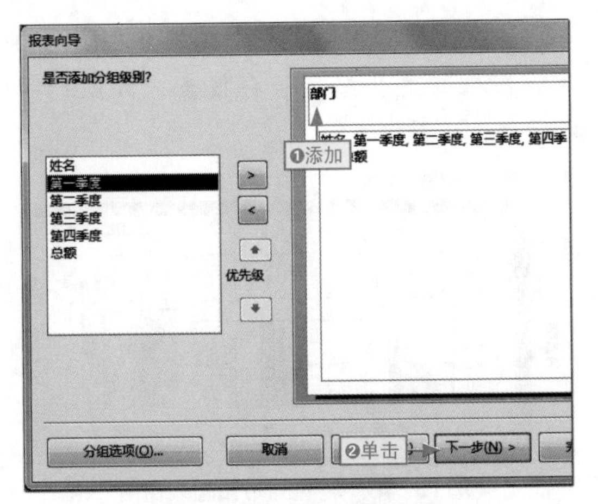

图13-50　添加排列字段

步骤03 进入最后一步向导对话框中，❶输入报表标题，❷选中“修改报表设计”单选按钮，❸再单击“完成”按钮，如图13-51所示。

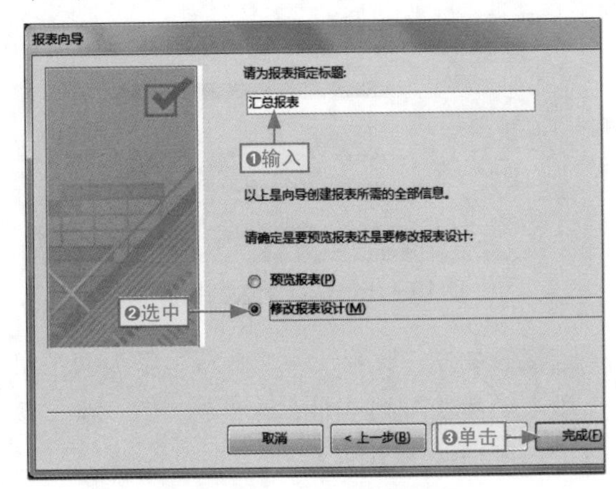

图13-51　添加报表标题

步骤04 进入报表设计视图中，分别❶调整各个字段控件的宽度，❷调整的字体格式，最后按Ctrl+S组合键保存，如图13-52所示。

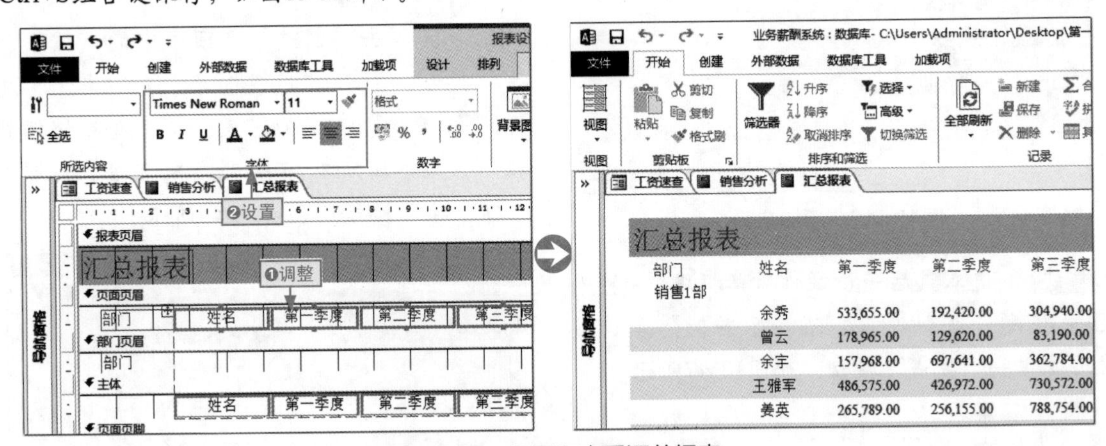

图13-52　设置和查看汇总报表

13.5 案例制作总结和答疑

在本章中，使用的对象主要是：表、查询、窗体和报表，而且使用的都是基本操作，当然这些操作都是非常实用的。其中，对于控件的使用，除了添加查询和事件代码外，其他图表控件和报表

向导都是根据操作提示对话框来完成，所以整个案例的制作都是较为轻松和容易的。

在制作过程中，大家可能会遇到一些操作上的问题，下面就可能遇到的几个问题做简要回答，帮助大家顺利地完成制作。

给你支招 | 让文本框控件大小与内容适合

小白：我们在制作“C_工资查询”窗体的过程中，特别是在调整窗体主体中文本框控件的大小时，怎样更加方便快捷地让其与内容相适合，且控件之间的高度一致？

阿智：我们可以先任选一个控件，单击“大小/空格”下拉按钮，选择“正好容纳”选项（或手动进行微调），❶再选择所有控件，单击“大小/空格”下拉按钮，❷选择“至最短”选项即可，如图13-53所示。

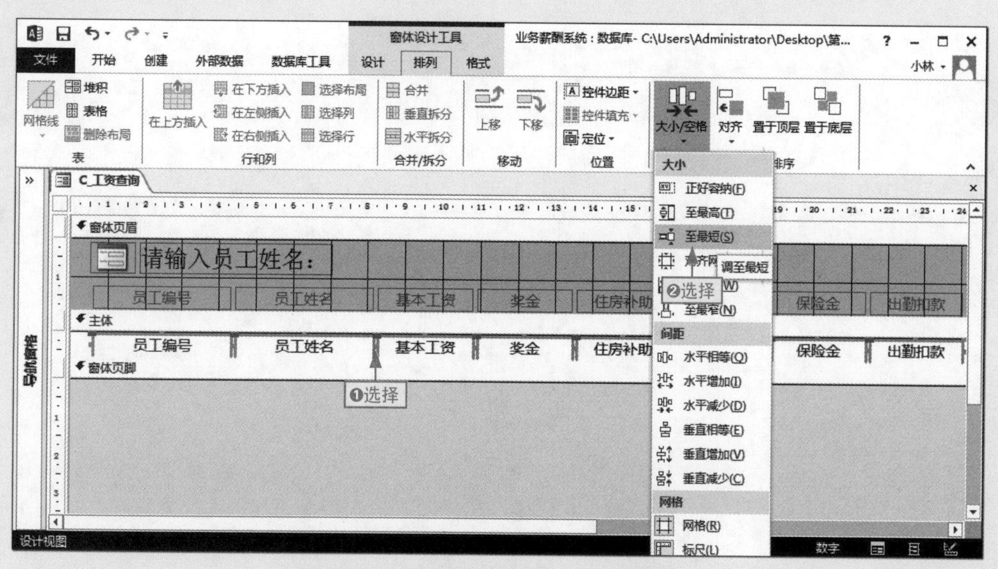

图13-53　快速让控件大小与内容适合

给你支招 | 解决任意更改窗体数据导致数据源被破坏的问题

小白：我们创建的“工资速查”窗体，在查看时发现可以任意更改其中的数据，从而导致数据源被更改，造成数据破坏，怎样来避免呢？

阿智：这是由于文本框控件默认处于可编辑状态，我们只需将其锁定，也就是将“是否锁定”参数设置为“是”即可，如图13-54所示。

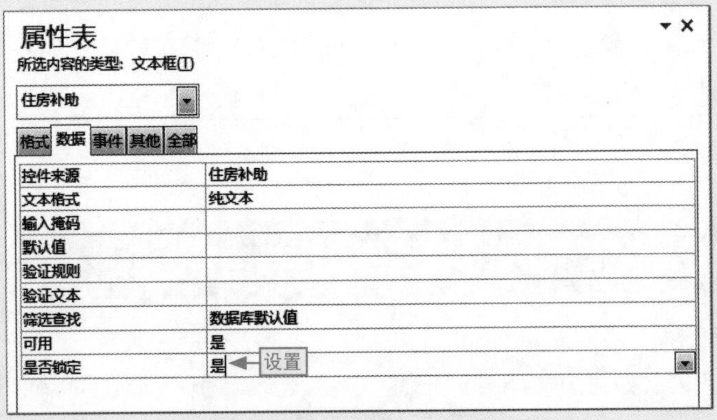

属性表

所选内容的类型：文本框(T)

住房补助

格式 数据 事件 其他 全部

属性	值
控件来源	住房补助
文本格式	纯文本
输入掩码	
默认值	
验证规则	
验证文本	
筛选查找	数据库默认值
可用	是
是否锁定	是 ←设置

图13-54　锁定文本框控件

学习目标

在本章中，将制作一个会员管理系统，提供登录、注册、密码找回以及会员的内部管理功能。其中将会对窗体、控件和VBA进行多次使用，以便很好地帮助用户巩固和掌握这部分知识，从而提升数据库的使用能力和认知水平，同时增强用户的动手能力。

本章要点

- 制作“会员界面”窗体
- 制作“会员登录”窗体
- 制作“会员注册”窗体
- 制作“找回密码”窗体
- 制作“管理员登录”窗体
- 制作“会员信息管理”窗体
- 制作“欢迎界面”窗体
- 设置数据库整体操作环境

知识要点	学习时间	学习难度
制作会员模块	25 分钟	★★★★★
制作管理员模块	15 分钟	★★★★
系统集成	10 分钟	★★

14.1 案例制作效果和思路

小白：随着公司业务的发展，人气的增加，公司的会员越来越多，现在打算使用Access数据库对会员进行管理，该怎样来实现？

阿智：使用会员管理系统即可。这是一个动态交互的数据库，我们可以借助窗体、查询、宏和VBA以及其他功能来实现。

会员管理系统是一种较为常见的数据库系统，但制作难度并不高，我们可以使用Access部分功能来实现，图14-1所示是制作的会员管理系统的部分效果。图14-2（a）所示为制作该案例的大体操作思路。图14-2（b）所示为数据库的整体结构示意图。

本节素材	◎\素材\Chapter14\会员管理系统.accdb、图片
本节效果	◎\效果\Chapter14\会员管理系统.accdb
学习目标	巩固和使用表、查询、窗体和报表对象
难度指数	★★★★★

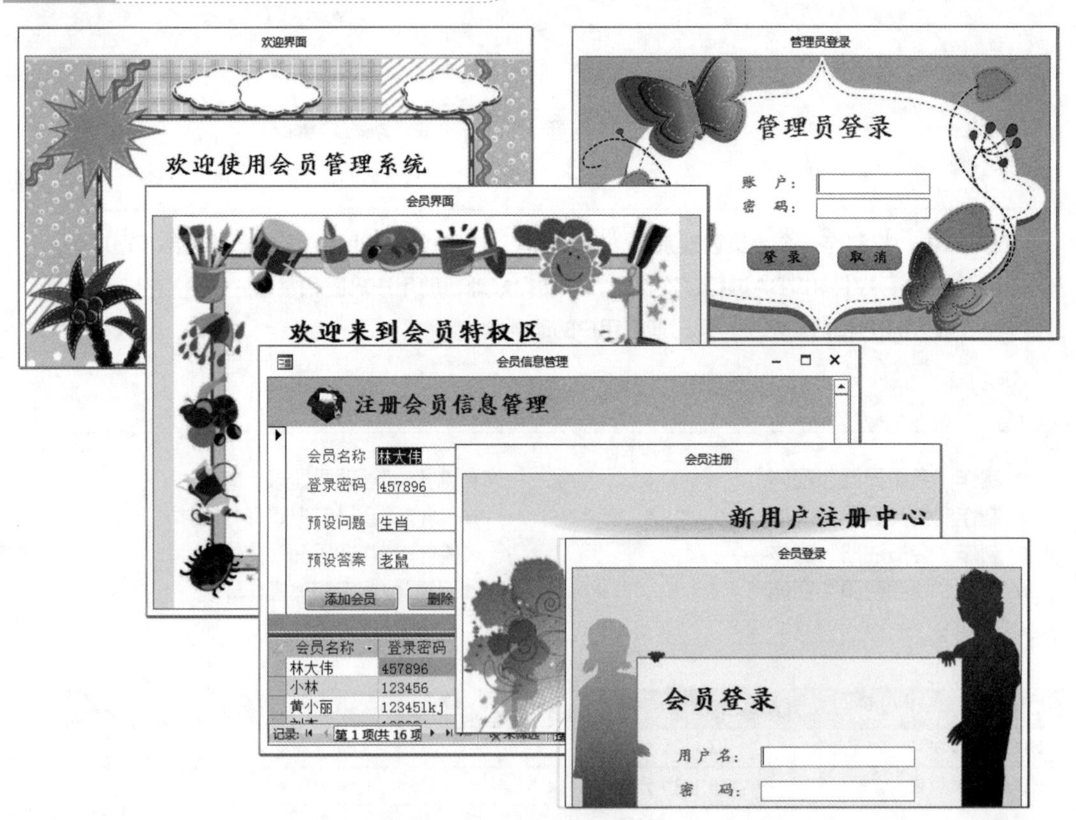

图14-1 案例部分界面图

创建“会员界面”窗体 → 创建“会员登录”窗体 → 创建“C_注册会员”查询 → 创建“会员注册”窗体 → 创建“找回密码”窗体 → 创建“管理员登录”窗体 → 创建“会员添加”查询和宏 → 创建“会员信息管理”窗体 → 数据库集成

（a）案例制作大体流程

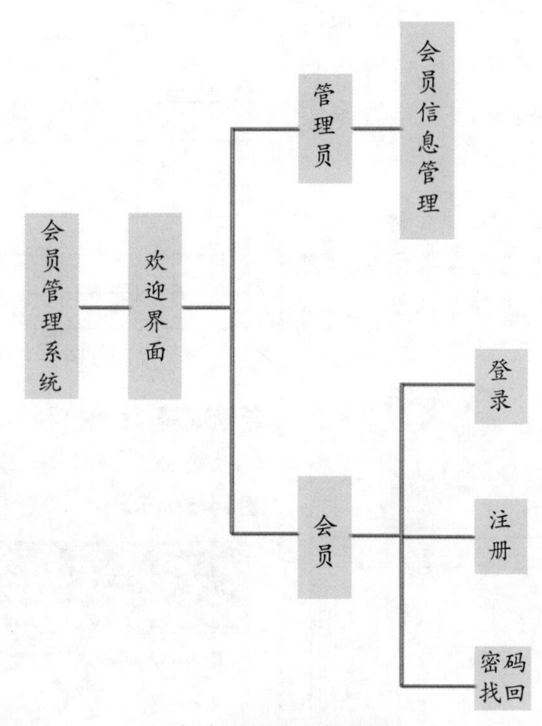

（b）数据库大体结构

图14-2 案例制作流程和结构

从数据库大体结构图可以看出，整个系统分为两个部分：一是管理员部分；二是会员部分。其中，管理员部分主要是对会员信息进行管理；会员部分主要涉及日常使用到的登录、注册和密码找回。用户在熟悉Access的操作后，可根据自己的习惯来决定两大部分制作的顺序。同时，数据集成不一定要在最后来完成，这里放在最后主要是让整个操作流程更加清晰，便于知识的讲解。

14.2 制作会员模块

会员模块是本案例的主要部分之一，而且占据的比例较大，其中将会涉及窗体、查询、控件和VBA代码等。下面我们就从制作“会员界面”窗体开始入手。

14.2.1 制作“会员界面”窗体

会员界面中包括会员拥有的权限：登录、注册和密码找回。它相对于一个切换面板或导航面板的功能，在其中将会应用到图片、超链接和控件等对象，其具体操作如下。

步骤01 打开“会员管理系统”素材文件，单击“创建”选项卡中的“窗体”按钮，创建空白窗体并将其保存为“会员界面”，如图14-3所示。

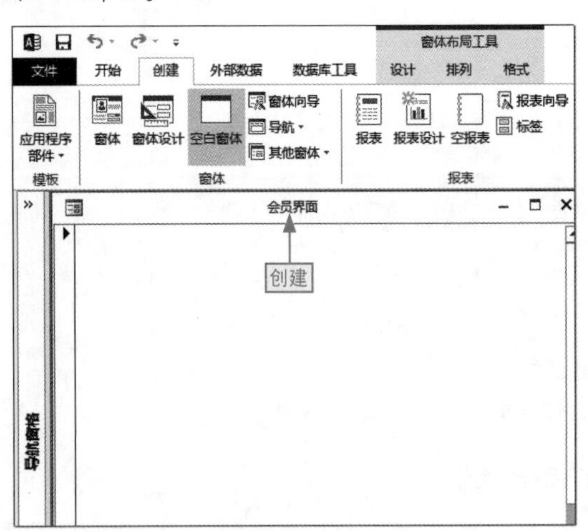

图14-3 创建“会员界面”窗体

步骤02 切换到设计视图中，❶单击“窗体设计工具”|“格式”选项卡中的“背景图像”下拉按钮，❷选择“浏览”命令，如图14-4所示。

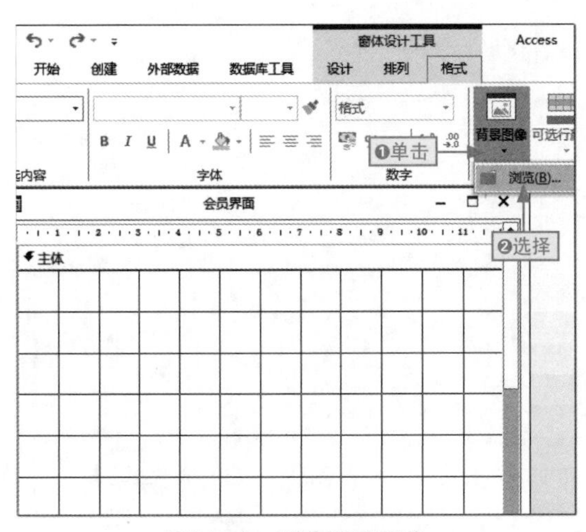

图14-4 浏览背景图像

步骤03 打开“插入图片”对话框，❶选择“欢迎会员”图片，❷单击“确定”按钮，如图14-5所示。

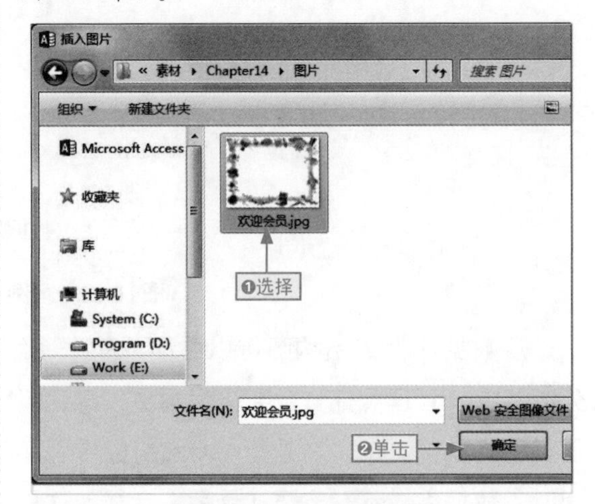

图14-5 选择背景图像

步骤04 打开“属性表”窗格，❶选择“窗体”选项，❷分别设置“图片缩放模式”为“缩放”，“记录选择器”为“否”，“导航按钮”为“否”，“分割线”为“否”，“滚动条”为“两者均无”，“控制框”为“否”，“最大最小化按钮”为“无”，如图14-6所示。

属性表

所选内容的类型：窗体

窗体 ❶选择

格式 数据 事件 其他 全部

属性	值
图片	欢迎会员.jpg
图片平铺	否
图片对齐方式	中心
图片缩放模式	缩放
宽度	12.335cm
自动居中	否
自动调整	是
适应屏幕	是
边框样式	可调边框
记录选择器	否
导航按钮	否
导航标题	
分隔线	否
滚动条	两者均无
控制框	否
关闭按钮	是
最大最小化按钮	无

❷设置

图14-6　设置窗体样式

步骤05 ❶单击“窗体设计工具”下的“设计”选项卡中的“插入图像”下拉按钮，❷选择“浏览”命令，如图14-7所示。

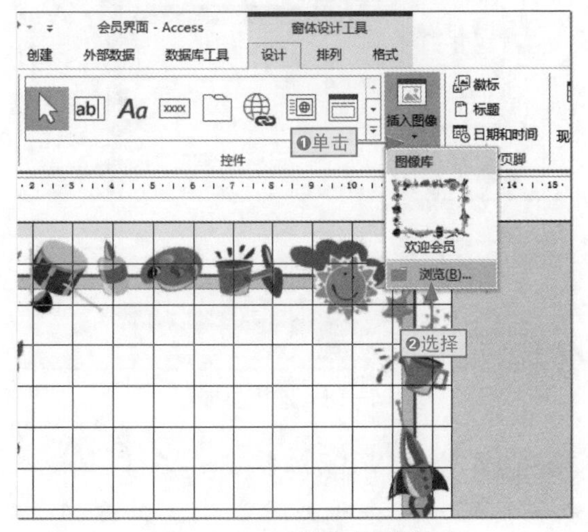

图14-7　设置窗体样式

步骤06 打开“插入图片”对话框，❶选择“装饰1”选项，❷单击“确定”按钮，如图14-8所示。

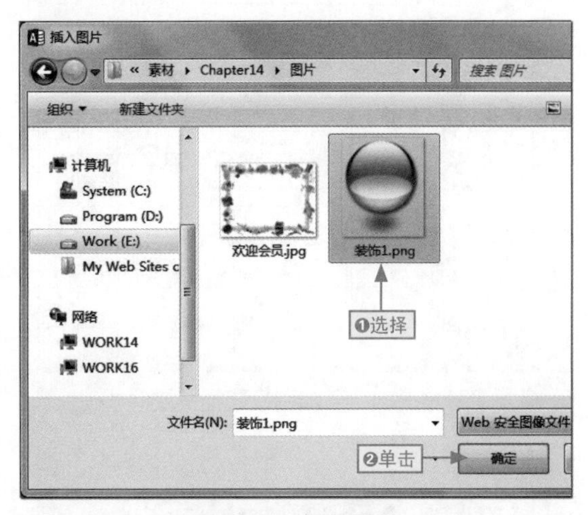

图14-8　插入图片

步骤07 以同样的方法添加其他图片并调整它们的大小和相对位置，如图14-9所示。

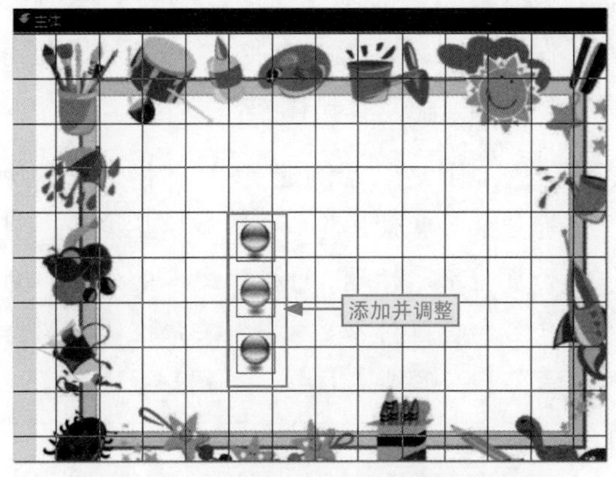

图14-9　继续添加图片并调整相对位置

步骤08 在窗体中添加4个标签控件，输入相应的内容并设置对应格式和调整位置，作为标题和超链接选项。按Ctrl+S组合键保存窗体，然后将其关闭，如图14-10所示。

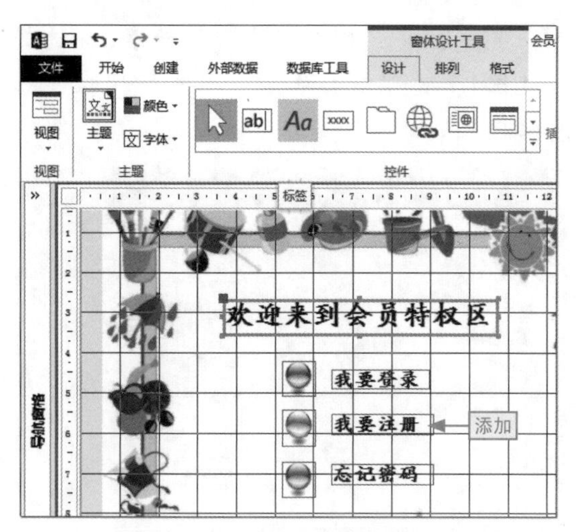

图14-10　添加和设置标签控件

14.2.2　制作“会员登录”窗体

会员登录是会员的基本权限之一，我们的会员管理系统必须包含这一窗体。同时，为了保证会员成功登录，必须对账号和密码进行判定和匹配，其具体操作如下。

步骤01 ❶创建“会员登录”窗体，❷添加“会员登录”背景图像，❸添加标签控件，制作“会员登录”标题，❹添加文本框控件，制作用户名和密码对象，❺添加按钮控件，制作“登录”和“取消”按钮，如图14-11所示。

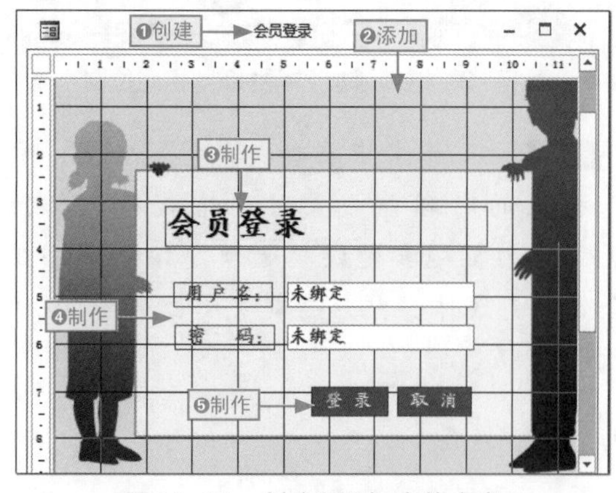

图14-11　创建和添加窗体内容

步骤02 ❶将“登录”按钮的“名称”设置为“cmb_登录”，❷为“登录”和“取消”按钮应用形状样式和快速样式，效果如图14-12所示。

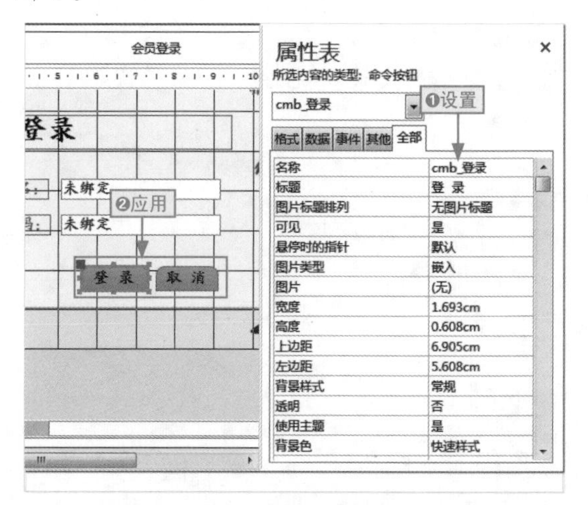

图14-12　设置按钮名称和样式

步骤03 在“登录”按钮上右击，选择“事件生成器”命令，打开“选择生成器”对话框。❶选择“代码生成器”选项，❷单击“确定”按钮，如图14-13所示。

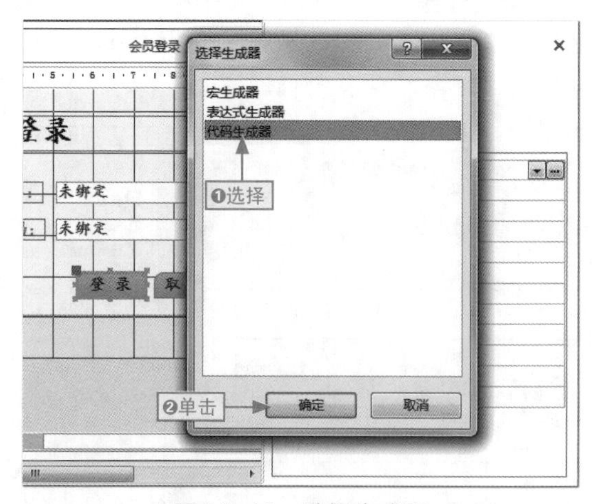

图14-13　选择生成器

步骤04 打开VBE编辑器，在其中输入登录代码，保存并关闭窗口，如图14-14所示。

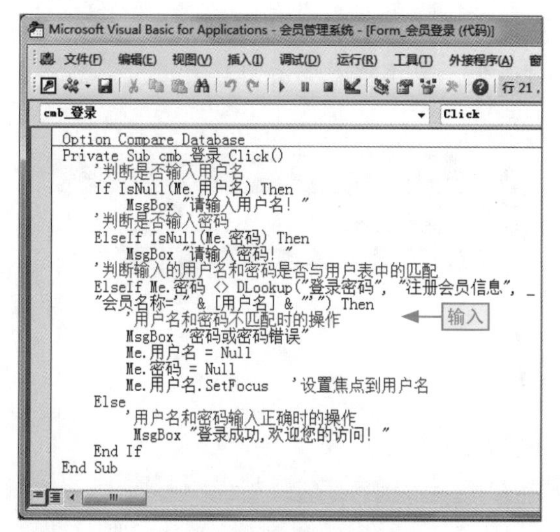

图14-14 输入VBA代码

步骤05 在“取消”按钮上❶右击，选择“事件生成器”命令，打开“选择生成器”对话框。❷选择“宏生成器”选项，❸单击“确定”按钮，如图14-15所示。

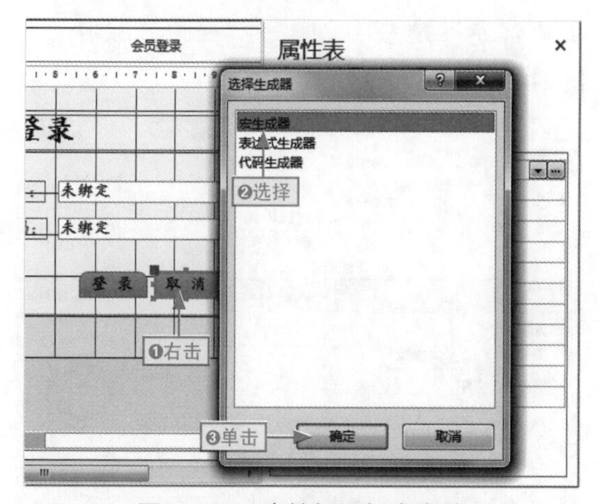

图14-15 为按钮添加宏事件

步骤06 ❶添加CloseWindow宏操作，❷分别设置“对象类型”为“窗体”，“对象名称”为“会员登录”，“保存”为“否”，然后保存并关闭宏窗口，如图14-16所示。

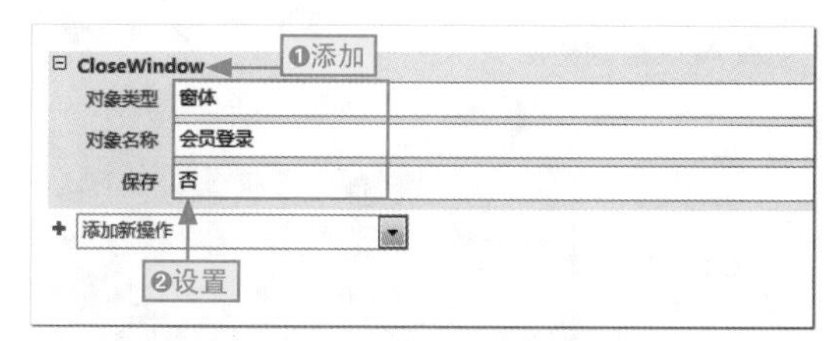

图14-16 添加关闭窗体的宏

步骤07 在“属性表”窗格中设置窗体的整体样式，然后保存窗体并将其关闭，如图14-17所示。

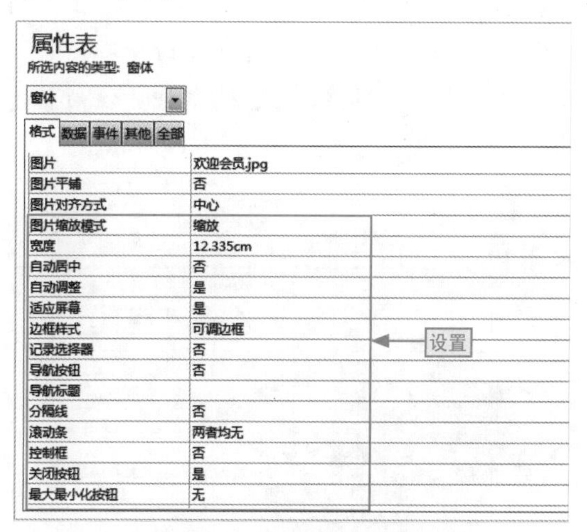

图14-17 设置窗体样式

14.2.3 制作“会员注册”窗体

对于一些不是会员、没有权限的新客户，需要有一个注册会员的渠道。下面我们就着手制作“会员注册”窗体，为其提供成为会员的渠道，其具体操作如下。

步骤01 ❶选择“会员登录”窗体，按Ctrl+C组合键复制，❷再按Ctrl+V组合键粘贴，打开“粘贴为”对话框。设置“窗体名称”为“会员注册”，❸单击“确定”按钮，如图14-18所示。

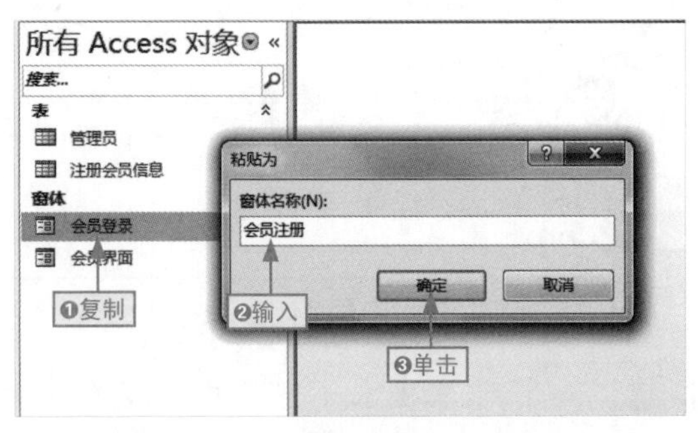

图14-18 创建“会员注册”窗体

步骤02 更换窗体的背景图像为“注册背景”，窗体标题为“新用户注册中心”，使用文本框控件和按钮控件制作会员注册信息输入部分和提交按钮，如图14-19所示。

图14-19 添加和设置注册窗体

步骤03 ❶调整窗体区域的显示高度和宽度，在“创建”选项卡中❷单击“查询设计”按钮，如图14-20所示。

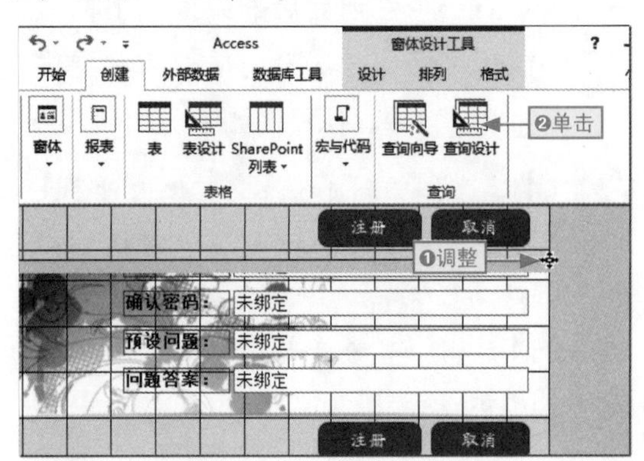

图14-20 调整窗体大小

步骤04 打开“显示表”对话框，不选择任何选项，直接单击“关闭”按钮，如图14-21所示。

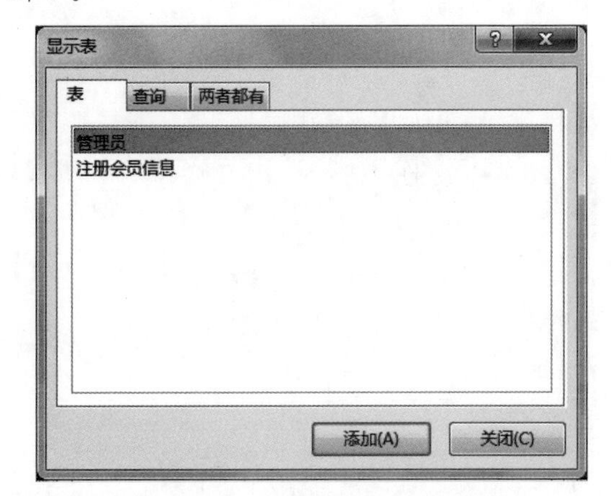

图14-21 不添加任何数据对象

步骤05 系统自动切换到“查询工具”下的“设计”选项卡，❶单击“追加”按钮，打开“追加”对话框。❷设置“表名称”为“注册会员信息”选项，❸单击“确定”按钮，如图14-22所示。

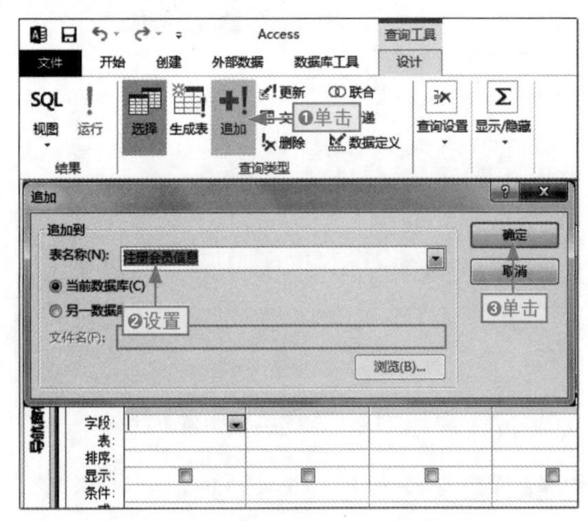

图14-22 更改查询为“追加”类型

步骤06 在“字段”的第一到第四单元格中❶输入字段表达式，在“追加到”的第一到第四单元格中❷设置数据追加字段名称，然后将查询保存为“会员添加”，关闭查询，如图14-23所示。

字段:	表达式1: [Forms]![会员注册]![用户名]	表达式2: [Forms]![会员注册]![密码]
表:		
排序:		
追加到:	会员名称 ❶输入	登录密码
条件:		
或:		

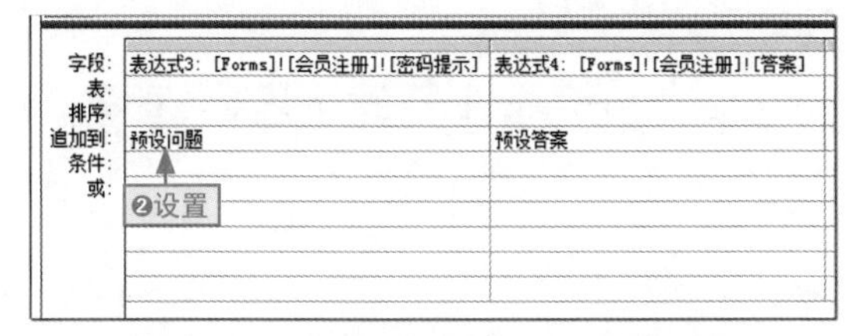

字段:	表达式3: [Forms]![会员注册]![密码提示]	表达式4: [Forms]![会员注册]![答案]
表:		
排序:		
追加到:	预设问题	预设答案
条件:		
或:	❷设置	

图14-23 设置追加表达式和字段位置

步骤07 打开VBE窗口，为“注册”和“取消”按钮添加VBA代码，实现注册和关闭功能，然后保存和关闭窗口，如图14-24所示。

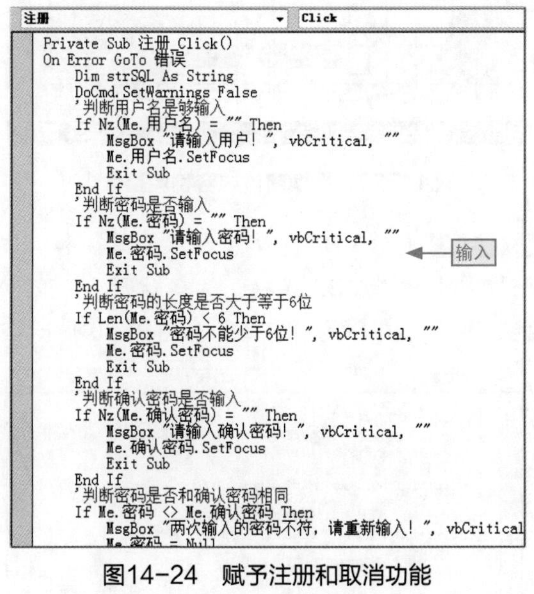

```
注册                                Click
Private Sub 注册_Click()
On Error GoTo 错误
    Dim strSQL As String
    DoCmd.SetWarnings False
    '判断用户名是够输入
    If Nz(Me.用户名) = "" Then
        MsgBox "请输入用户！", vbCritical, ""
        Me.用户名.SetFocus
        Exit Sub
    End If
    '判断密码是否输入
    If Nz(Me.密码) = "" Then
        MsgBox "请输入密码！", vbCritical, ""
        Me.密码.SetFocus
        Exit Sub
    End If
    '判断密码的长度是否大于等于6位
    If Len(Me.密码) < 6 Then
        MsgBox "密码不能少于6位！", vbCritical, ""
        Me.密码.SetFocus
        Exit Sub
    End If
    '判断确认密码是否输入
    If Nz(Me.确认密码) = "" Then
        MsgBox "请输入确认密码！", vbCritical, ""
        Me.确认密码.SetFocus
        Exit Sub
    End If
    '判断密码是否和确认密码相同
    If Me.密码 <> Me.确认密码 Then
        MsgBox "两次输入的密码不符，请重新输入！", vbCritical
        Me.密码 = Null
```


图14-24 赋予注册和取消功能

14.2.4 制作“找回密码”窗体

会员在经过一段时间后可能会忘记自己的账户密码，作为一个较为完整的数据库系统，我们必须为会员提供一个找回密码的渠道，只要会员能记住自己的预设问题和答案即可找回，其具体操作如下。

步骤01 ❶复制“会员注册”窗体，❷在“粘贴为”对话框中输入“找回密码”，❸单击“确定”按钮，如图14-25所示。

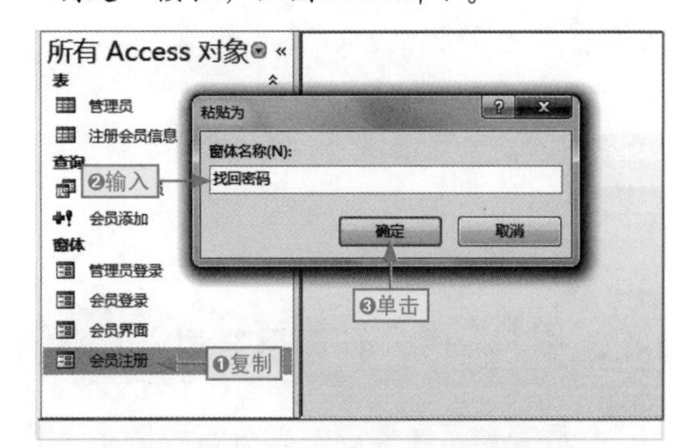

图14-25 创建“找回密码”窗体

步骤02 更改窗体背景样式、内容以及区域显示大小，如图14-26所示。

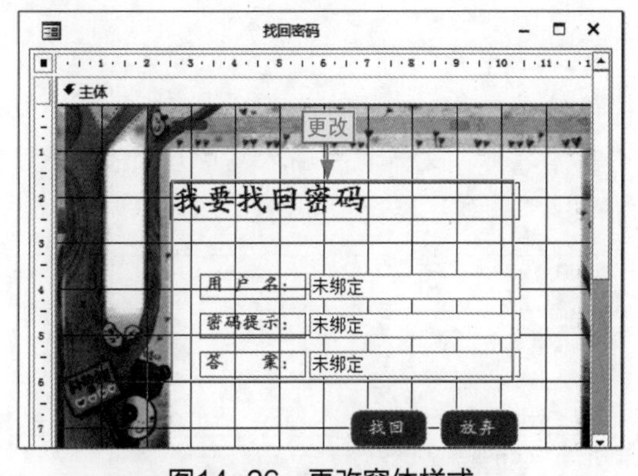

图14-26 更改窗体样式

步骤03 在VBE窗口中为“找回”和“放弃”按钮添加VBA代码，保存并关闭窗口和窗体，如图14-27所示。

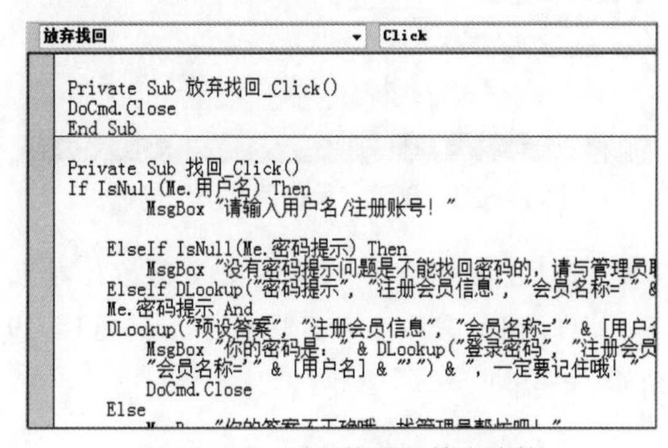

```
放弃找回                            Click
Private Sub 放弃找回_Click()
DoCmd.Close
End Sub

Private Sub 找回_Click()
If IsNull(Me.用户名) Then
    MsgBox "请输入用户名/注册账号！"

  ElseIf IsNull(Me.密码提示) Then
    MsgBox "没有密码提示问题是不能找回密码的，请与管理员联
  ElseIf DLookup("密码提示", "注册会员信息", "会员名称='" &
  Me.密码提示 And
  DLookup("预设答案", "注册会员信息", "会员名称='" & [用户名
    MsgBox "你的密码是：" & DLookup("登录密码", "注册会员
    "会员名称='" & [用户名] & "'") & "，一定要记住哦！"
    DoCmd.Close
  Else
```

图14-27 赋予找回和放弃功能

14.3 制作管理员模块

制作完成会员模块后，接下来需要制作管理员模块，它主要分为管理员登录和会员信息管理两大窗体。

14.3.1 制作“管理员登录”窗体

会员管理系统需要一部分有权限的人员对会员进行管理，所以我们要制作一个权限判定窗口来判定哪些人有这些权限，其具体操作如下。

步骤01 ❶选择并复制“会员登录”窗体，执行粘贴操作，打开“粘贴为”对话框。❷在“窗体名称”文本框中输入“管理员登录”，❸单击“确定”按钮，如图14-28所示。

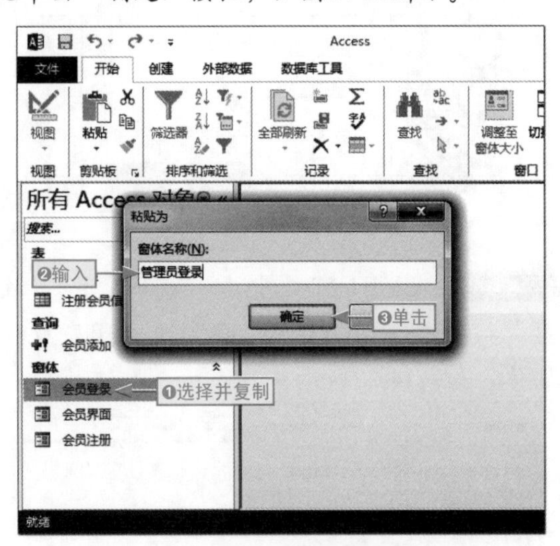

图14-28 创建“管理员登录”窗体

步骤02 更改窗体中的背景图片和控件对象等，同时调整窗体显示区域大小，如图14-29所示。

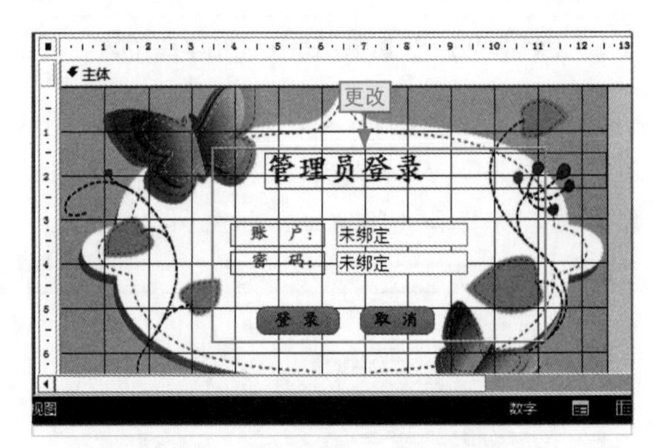

图14-29 更换窗体内容和调整大小

步骤03 打开VBE窗口，为“注册”和“取消”按钮添加VBA代码，实现注册和关闭功能，然后保存和关闭窗口，如图14-30所示。

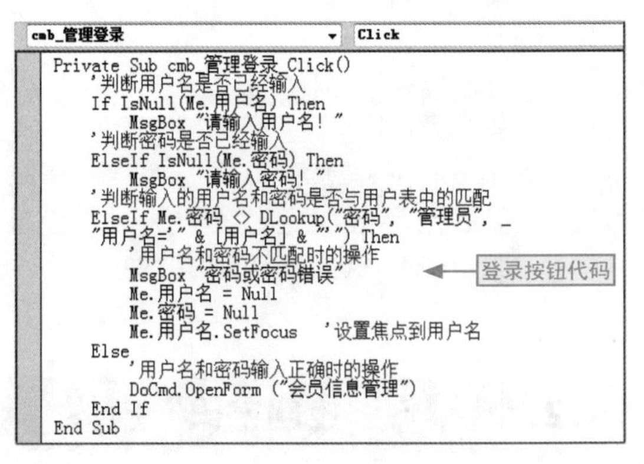

```
cmb_管理登录        Click
Private Sub cmb_管理登录_Click()
    '判断用户名是否已经输入
    If IsNull(Me.用户名) Then
        MsgBox "请输入用户名！"
    '判断密码是否已经输入
    ElseIf IsNull(Me.密码) Then
        MsgBox "请输入密码！"
    '判断输入的用户名和密码是否与用户表中的匹配
    ElseIf Me.密码 <> DLookup("密码", "管理员", _
    "用户名='" & [用户名] & "'") Then
        '用户名和密码不匹配时的操作
        MsgBox "密码或密码错误"
        Me.用户名 = Null
        Me.密码 = Null
        Me.用户名.SetFocus  '设置焦点到用户名
    Else
        '用户名和密码输入正确时的操作
        DoCmd.OpenForm ("会员信息管理")
    End If
End Sub
```


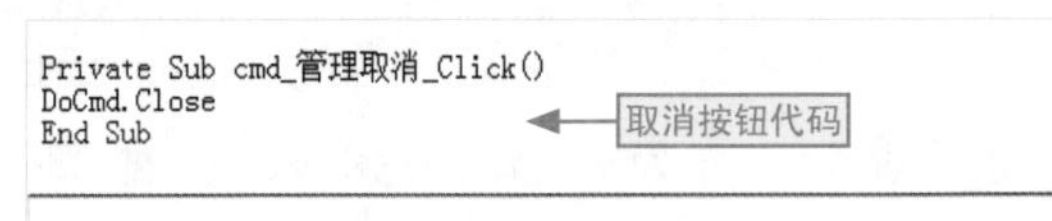

```
Private Sub cmd_管理取消_Click()
DoCmd.Close
End Sub
```


图14-30 输入“登录”和“取消”按钮代码

14.3.2 制作“会员信息管理”窗体

对于那些有权限的人员，我们可以让其对会员进行管理，如添加、删除以及会员信息导出，其具体操作如下。

步骤01 在“注册会员信息”表数据的基础上创建“C_注册会员”查询对象，如图14-31所示。

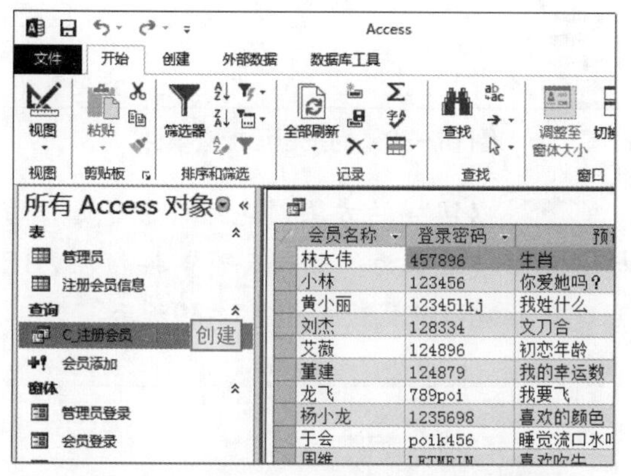

图14-31 创建“C_注册会员”查询对象

步骤02 ❶选择“C_注册会员”查询对象，❷单击“其他窗体”下拉按钮，❸选择“分割窗体”选项，如图14-32所示。

图14-32 创建分割窗体

步骤03 ❶调整文本框控件的高度和相对位置，❷更改标题内容为“注册会员信息管理”并设置其字体格式，如图14-33所示。

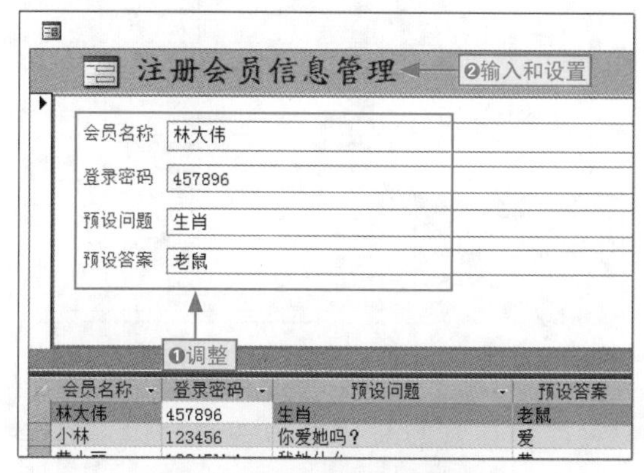

图14-33 调整控件和标题

步骤04 ❶单击“徽标”按钮，打开“插入图片”对话框。❷选择“图标”选项，❸单击“确定”按钮，如图14-34所示。

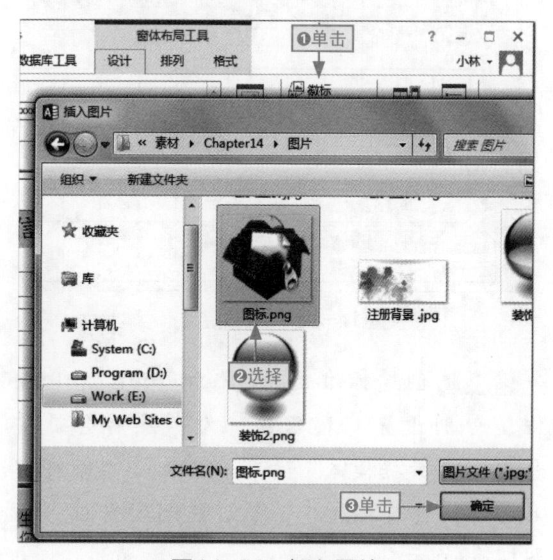

图14-34 插入图片

步骤05 ❶设置图标图片的“缩放模式”为“缩放”，“宽度”和“高度”分别为“1.614cm”和“1.27cm”，❷调整图标和标题标签的相对位置，如图14-35所示。

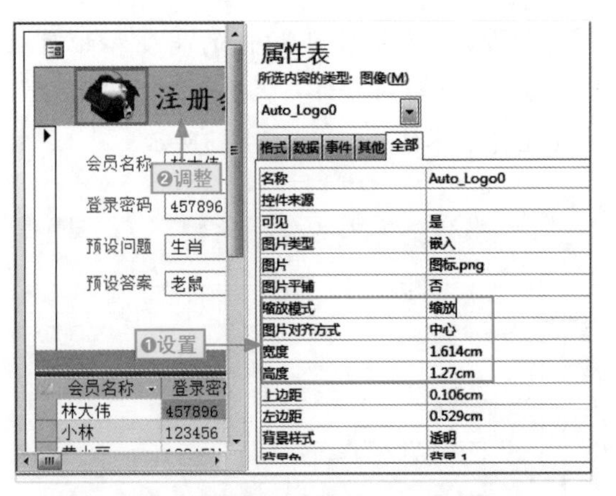

图14-35　设置图标图片的放置方式和大小

步骤06　分别添加“添加会员”“删除会员”和“导出数据”控件按钮，并将其放置在合适的位置，如图14-36所示。

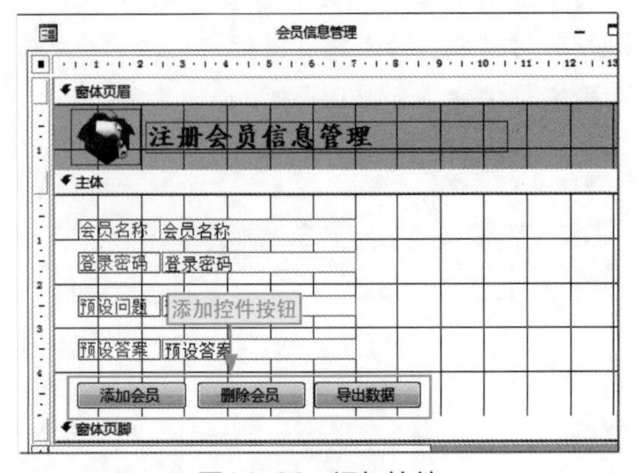

图14-36　添加控件

步骤07　创建标准宏，❶添加OpenTable操作，分别设置“表名称”为“注册会员信息”，“数据模式”为“增加”，❷保存宏名称为“会员添加”，然后关闭宏窗口，如图14-37所示。

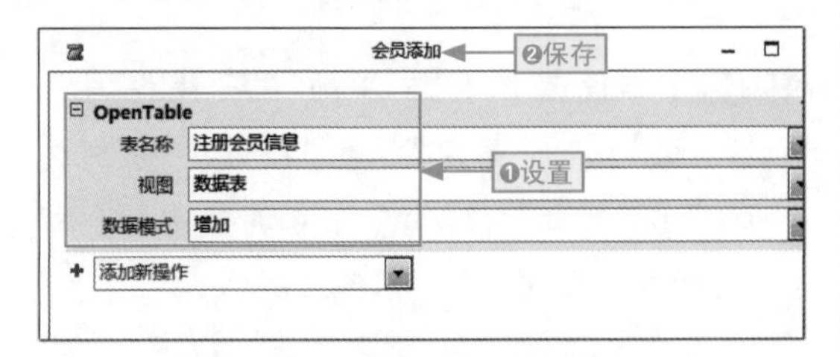

图14-37　创建“会员添加”宏

步骤08　打开“属性表”窗格，在“会员信息管理”窗体中选择“添加会员”按钮，在“事件”选项卡中添加“单击”事件选项为“会员添加”宏，如图14-38所示。

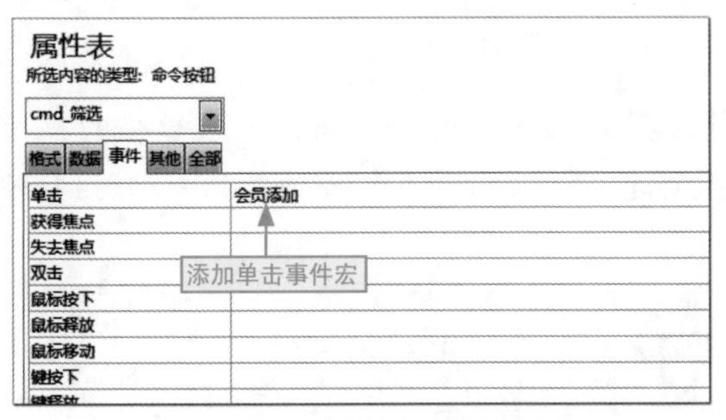

图14-38　为按钮添加宏事件

步骤09　以同样的方法创建“删除会员”的标准宏，接下来为“删除会员”按钮在VBE窗口中添加VBA代码，如图14-39所示。

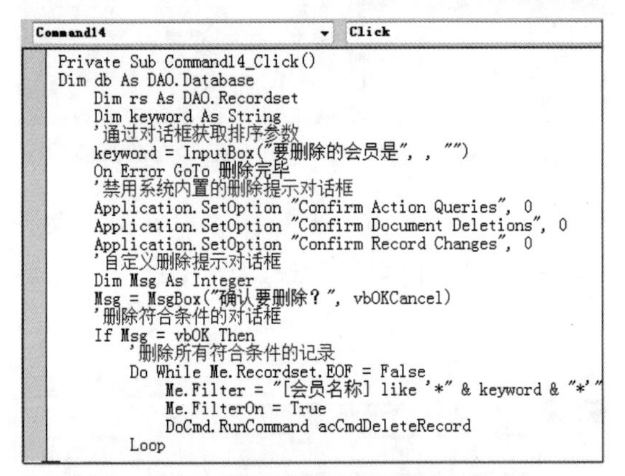

```
Command14                    Click
Private Sub Command14_Click()
Dim db As DAO.Database
    Dim rs As DAO.Recordset
    Dim keyword As String
    '通过对话框获取排序参数
    keyword = InputBox("要删除的会员是", , "")
    On Error GoTo 删除完毕
    '禁用系统内置的删除提示对话框
    Application.SetOption "Confirm Action Queries", 0
    Application.SetOption "Confirm Document Deletions", 0
    Application.SetOption "Confirm Record Changes", 0
    '自定义删除提示对话框
    Dim Msg As Integer
    Msg = MsgBox("确认要删除？", vbOKCancel)
    '删除符合条件的对话框
    If Msg = vbOK Then
        '删除所有符合条件的记录
        Do While Me.Recordset.EOF = False
            Me.Filter = "[会员名称] like '*" & keyword & "*'"
            Me.FilterOn = True
            DoCmd.RunCommand acCmdDeleteRecord
        Loop
```

图14-39　添加“删除会员”按钮代码

步骤10　为“导出数据”按钮在VBE窗口中添加VBA代码，保存并关闭窗口和窗体，如图14-40所示。

```
Command38                    Click
    启用系统的内置对话框
    Application.SetOption "Confirm Action Queries", 1
    Application.SetOption "Confirm Document Deletions", 1
    Application.SetOption "Confirm Record Changes", 1
End Sub

Private Sub Command38_Click()
  On Error Resume Next    '取消导出时会出错，使用该语句屏蔽错误
    '导出查询，这里使用Access内置的导出功能
    DoCmd.OutputTo acOutputQuery, "C_注册会员"
End Sub
```

图14-40　添加“导出数据”按钮代码

14.4 系统集成

我们前面的操作基本上都是对单个窗体的操作，没有将它们组成一个有机整体，这样的数据库不能算是一个系统，因此我们需要将其集成，也就是串联整合。

14.4.1 制作“欢迎界面”窗体

前面已将会员和管理员模块制作完成，这时需要一个总导航的窗体来将其整合在一起，其具体操作如下。

步骤01 ❶创建“欢迎界面”窗体，❷在其中添加相应内容和对象，如图14-41所示。

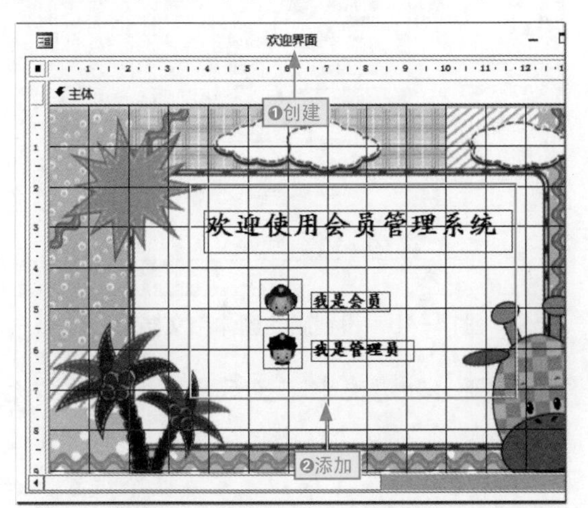

图14-41 创建“欢迎界面”窗体

步骤02 打开“属性表”窗格，在窗体中❶选择“我是会员”标签控件，❷单击“超链接地址”文本框后的对话框启动器按钮，如图14-42所示。

步骤03 打开“插入超链接”对话框，❶单击“此数据库中的对象”选项卡，❷选择“会员界面”窗体选项，然后单击“确定”按钮，如图14-43所示。

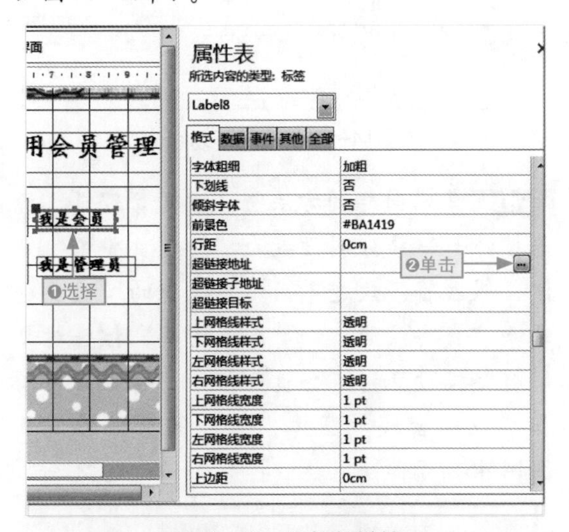

图14-42 添加超链接

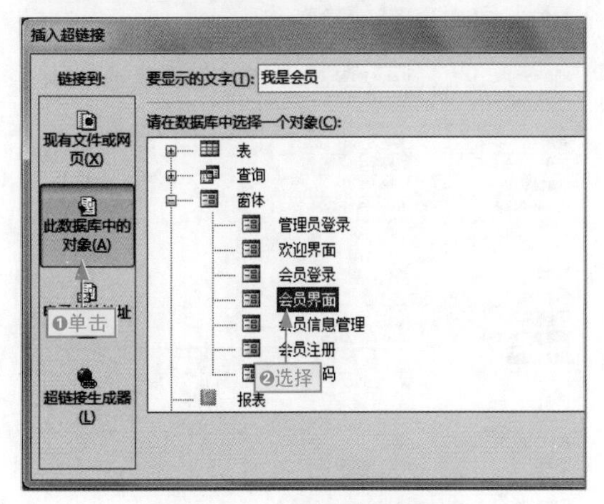

图14-43 选择超链接对象

步骤04 返回到“属性表”窗格中，设置“下划线”选项为“否”，如图14-44所示。

属性表
所选内容的类型：标签
Label8
格式 数据 事件 其他 全部

字体粗细	加粗
下划线	否
倾斜字体	否
前景色	#BA1419
行距	
超链接地址	
超链接子地址	Form 会员界面
超链接目标	
上网格线样式	透明
下网格线样式	透明
左网格线样式	透明
右网格线样式	透明
上网格线宽度	1 pt
下网格线宽度	1 pt
左网格线宽度	1 pt
右网格线宽度	1 pt
上边距	0cm

设置

图14-44　取消下划线

步骤05 以同样的方法将“我是管理员”标签控件超链接分别设置为“管理员登录”窗体，然后将“欢迎界面”窗体中的“我要登录”“我要注册”和“忘记密码”控件对象的超链接设置为“会员登录”“会员注册”和“找回密码”窗体，然后保存操作，如图14-45所示。

字体粗细	加粗
下划线	否
倾斜字体	否
前景色	文字 2, 深色 50%
行距	0cm
超链接地址	
超链接子地址	Form 管理员登录

前景色	着色 5, 深色 50%
行距	0cm
超链接地址	
超链接子地址	Form 会员登录

前景色	着色 5, 深色 50%
行距	0cm
超链接地址	
超链接子地址	Form 会员注册
超链接目标	

下划线	否
倾斜字体	否
前景色	着色 5, 深色 50%
行距	0cm
超链接地址	
超链接子地址	Form 找回密码
超链接目标	

图14-45　设置超链接

14.4.2 设置数据库整体操作环境

我们制作的会员管理系统一开始必须显示“欢迎界面”窗体，所以我们需要将其设置为首先显示。同时，屏蔽窗体上的所有快捷命令，并以此为导航窗格，使数据库整体操作更加方便和安全，其具体操作如下。

步骤01 打开“Access选项”对话框，❶单击“当前数据库”选项卡，❷设置“显示窗体”为“欢迎界面”，❸取消选中“重叠窗口”复选框，如图14-46所示。

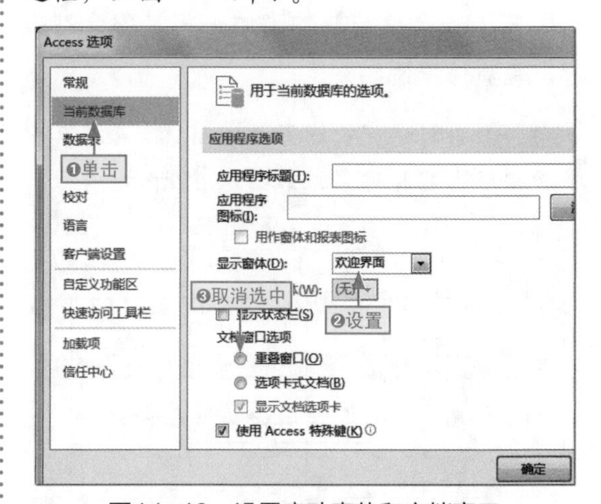

图14-46　设置启动窗体和文档窗口

步骤02 ❶取消选中“显示导航窗体”“允许全部菜单”和“允许默认快捷菜单”复选框，❷单击“确定”按钮，完成整个设置，如图14-47所示。

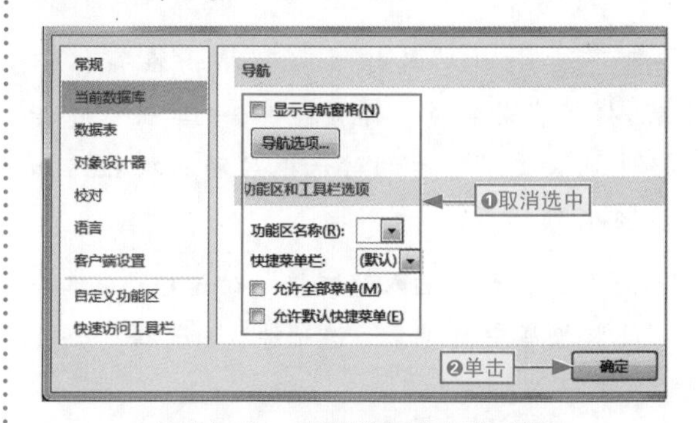

图14-47　取消数据库部分功能

14.5 案例制作总结和答疑

在本章中，我们制作的会员管理系统主要围绕会员信息展开，同时通过交互动态的窗体呈现。其中，窗体、控件和VBA代码作为主要工具，其次是查询和宏以及超链接。用户在制作过程中需对各个对象进行细心的设置，特别是按钮的名称以及链接目标对象，否则很容易出现错误。

在制作过程中，大家可能遇到一些操作上的问题，下面就可能遇到的几个问题做简要回答，帮助大家顺利地完成制作。

给你支招 | 标签错误处理

小白：我们在窗体中插入的标签，输入相应文本后，系统会出现感叹号错误标识，但是输入的内容确实没有错误，这时该怎样处理？

阿智：❶单击感叹号右侧的下拉按钮，❷选择“忽略错误”选项，如图14-48所示。

图14-48 忽略错误

给你支招 | 通过复制来创建窗体

小白：在窗体制作时，后面的窗体为什么都是通过复制已有的窗体来创建，而不是重新创建？

阿智：我们创建的窗体基本上都是以固定的方式显示，所以通过复制已设置窗体样式的窗体来新建窗体，可省去对窗体外观样式进行设置的操作，如取消显示操作记录、滚动条等，如图14-49所示。

属性表	
所选内容的类型：窗体	
窗体	
格式 数据 事件 其他 全部	
图片	欢迎会员.jpg
图片平铺	否
图片对齐方式	中心
图片缩放模式	缩放
宽度	12.335cm
自动居中	否
自动调整	是
适应屏幕	是
边框样式	可调边框
记录选择器	否
导航按钮	否
导航标题	
分隔线	否
滚动条	两者均无
控制框	否
关闭按钮	是
最大最小化按钮	无

设置

图14-49　窗体属性设置

给你支招 | 目标窗体被遮挡或不能显示

小白：通过单击事件打开目标窗口对象，目标窗口不能正常打开或被遮挡在其他窗体下面，这时该怎么办？

阿智：在“属性表”窗格中的“其他”选项卡中，设置“弹出方式”为“是”即可，如图14-50所示。

属性表	
所选内容的类型：窗体	
窗体	
格式 数据 事件 其他 全部	
弹出方式	是
模式	否
循环	所有记录
功能区名称	
工具栏	
快捷菜单	是
菜单栏	
快捷菜单栏	
帮助文件	
帮助上下文 ID	0
内含模块	否
使用默认纸张大小	否
快速激光打印	是
标签	

设置

图14-50　解决目标窗体被遮挡或不能显示的问题

Chapter 15 固定资产管理系统

学习目标

在本章中，我们将制作一个简化版固定资产管理系统，主要为公司提供管理固定资产的相关功能。实现这些功能的元素主要有窗体、查询、数据表、宏、VBA和SQL代码、控件等，以帮助用户巩固和提高前面学习过的知识。

本章要点

- 制作“固定资产”主界面
- 添加删除和编辑记录功能
- 添加退出系统功能
- 制作添加数据模块
- 制作查询记录模块
- 制作设备维护模块
- 将各个对象集成
- 系统整体集成

知识要点	学习时间	学习难度
制作主界面模块	15 分钟	★★★★
下层操作模块制作	15 分钟	★★★★★
数据库集成	10 分钟	★★★

15.1 案例制作效果和思路

小白：公司最近计划将固定资产进行收集和归类，并对其进行数据库的集成管理，请问使用Access怎样来实现？

阿智：固定资产的管理，主要就是数据的快速查看，记录的增减、编辑等，我们可以通过Access的一些高级操作来实现。

固定资产管理系统是一种较为常见的系统，其功能主要遵循实用即可。图15-1所示是制作的固定资产管理系统的部分效果。图15-2（a）所示是制作该案例的大体操作思路，图15-2（b）所示为数据库的整体结构示意图。

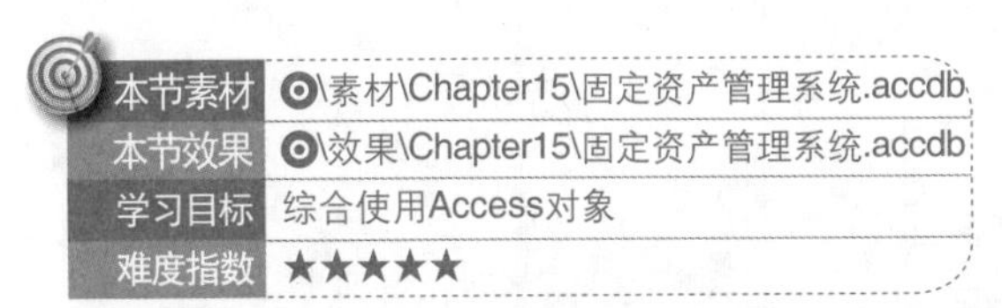

本节素材	\素材\Chapter15\固定资产管理系统.accdb
本节效果	\效果\Chapter15\固定资产管理系统.accdb
学习目标	综合使用Access对象
难度指数	★★★★★

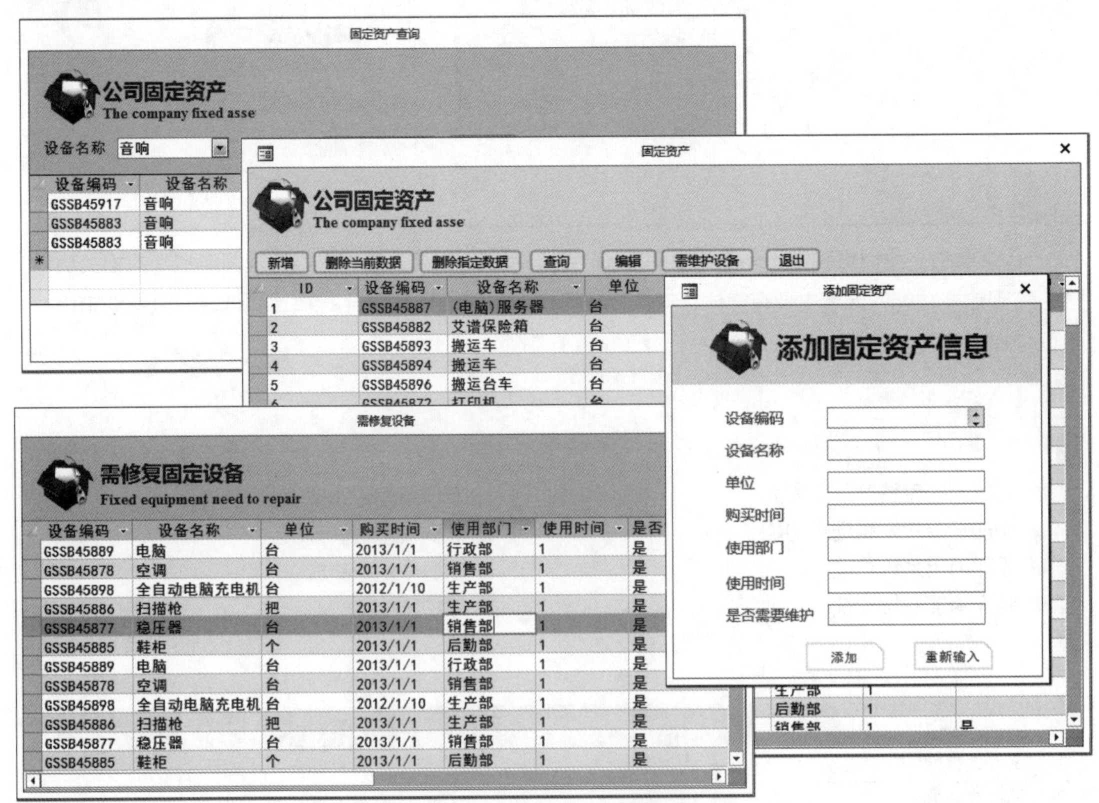

图15-1 案例部分窗体效果

创建“固定资产”窗体

设置窗体整体显示样式

添加和设置相应的内容和对象

创建“添加固定资产”窗体

添加“编辑”按钮功能

创建“固定资产查询”窗体

添加和设置“删除”案例按钮功能

创建“追加记录”查询

创建“C_维护设备”查询和窗体

数据库集成

（a）案例制作大体流程

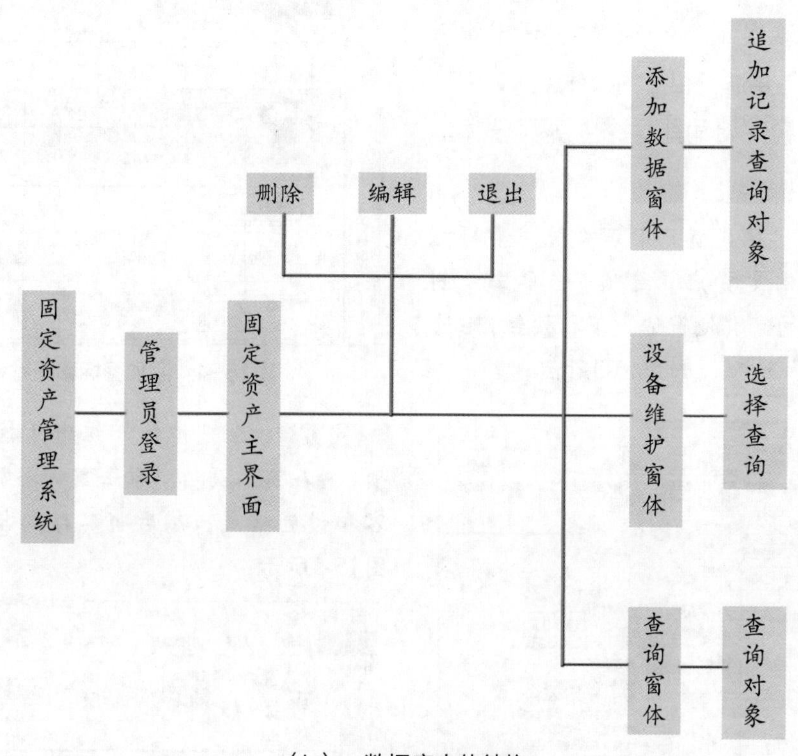

（b） 数据库大体结构

图15-2 案例制作流程和数据库结构

从数据库系统整体结构图可以清楚地看出，本案例制作的数据库以主干结构贯穿始终，所有对象和功能都是围绕固定资产主界面展开。基于前面两章的制作经验，我们可以将整个系统划分为3个部分：主界面以及内部功能，删除、编辑和退出，下级（下层）窗体的制作和完善，系统集成。

15.2 制作主界面模块

我们的案例是围绕“固定资产”主界面展开的，在制作过程中不断完善其功能。因此，固定资产主界面是其他操作的基础，我们的制作着手点必须从这里开始。

15.2.1 制作“固定资产”主界面

我们已经知道系统的主界面是“固定资产”窗体，在该界面中，不仅要显示出所有数据，而且还需要进行相应的操作。

下面我们就开始构建这个主界面窗体，其具体操作如下。

步骤01 打开“固定资产管理系统”素材文件，❶选择“固定资产”选项，❷单击“创建”选项卡中的“其他窗体”下拉按钮，❸选择“分割窗体”选项，如图15-3所示。

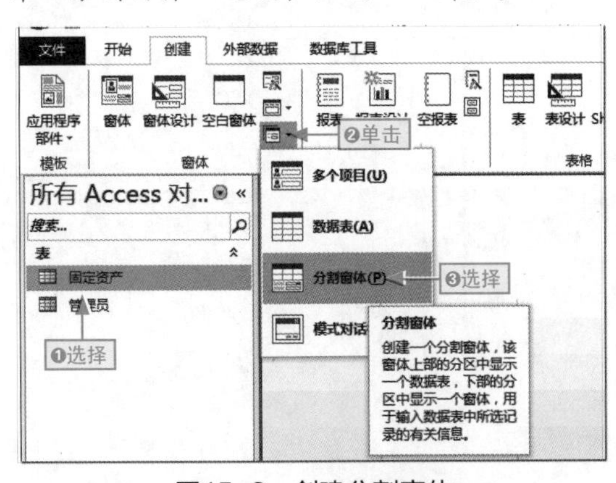

图15-3　创建分割窗体

步骤02 在窗体页眉区域❶添加图标图片和标题内容，并选择它们，❷单击“窗体设计工具”下的“排列”选项卡中的“删除布局”按钮，如图15-4所示。

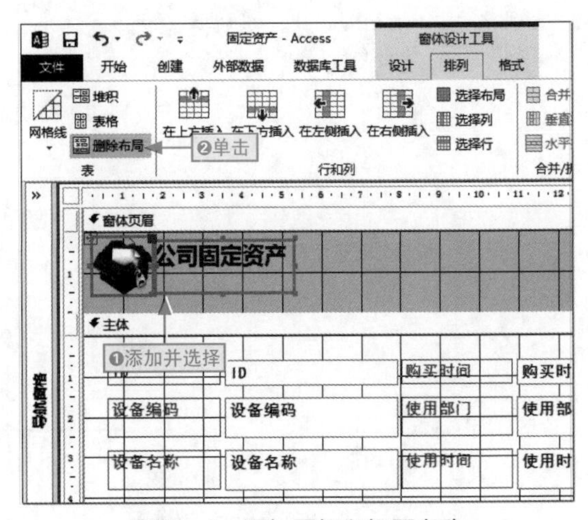

图15-4　添加图标和标题名称

步骤03 ❶在“控件”组中选择“标签”选项，❷在窗体页眉中单击鼠标添加，并输入内容和设置格式，然后将其移到合适位置，如图15-5所示。

图15-5　使用标签控件制作副标题

步骤04 在窗体页眉区域的空白位置右击，❶选择“填充/背景色”命令，在弹出的拾色器中❷选择淡灰色选项，如图15-6所示。

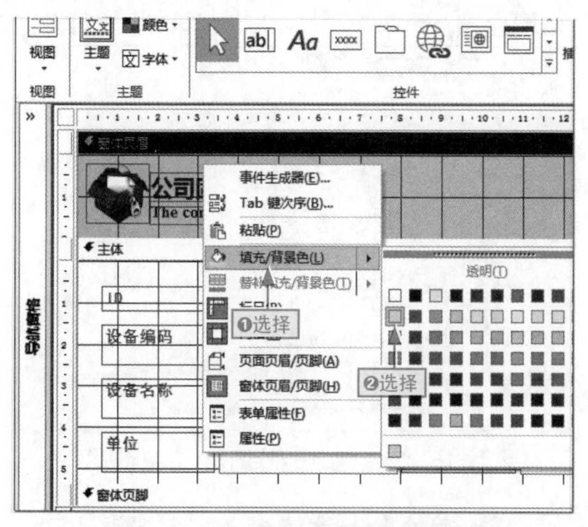

图15-6 更改窗体页眉区域底纹

步骤05 打开“属性表”窗格，切换到“数据”选项卡中，设置“数据输入”“允许编辑”和“允许筛选”均为“否”，如图15-7所示。

属性表

所选内容的类型：窗体

窗体

格式 数据 事件 其他 全部

记录源	固定资产
记录集类型	动态集
抓取默认值	是
筛选	
加载时的筛选器	否
排序依据	
加载时的排序方式	是
等待后续处理	否
数据输入	否
允许添加	是
允许删除	是
允许编辑	否
允许筛选	否
记录锁定	不锁定

设置

图15-7 设置窗体数据的整体属性

15.2.2 添加删除和编辑记录功能

对于系统中不需要或不存在的固定资产记录需要将其删除。这里我们提供了两种删除方式：一是删除用户已选择的当前记录；二是删除查找到的记录（数据记录较多，需要精确定位来快速查找），其具体操作如下。

步骤01 ❶调整窗体页眉高度，❷在“控件”组中选择“按钮”选项，❸在窗体主体区域中单击鼠标，如图15-8所示。

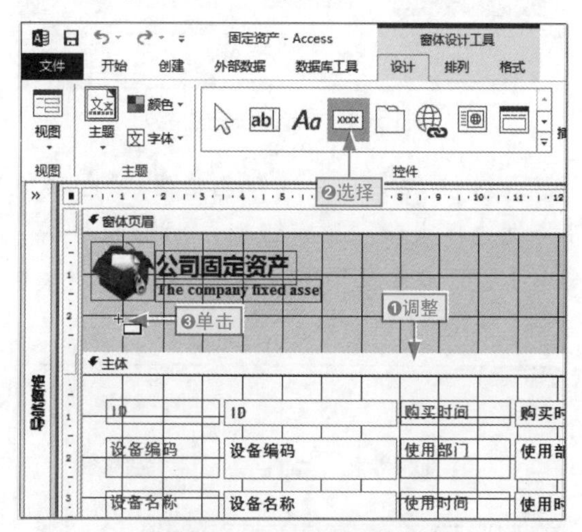

图15-8 添加按钮控件

步骤02 打开“命令按钮向导”对话框，❶选择“记录操作”类别选项，❷选择“删除记录”操作选项，❸单击“下一步”按钮，如图15-9所示。

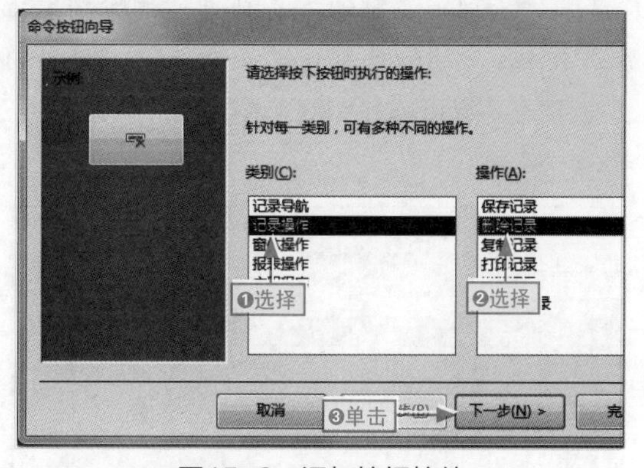

图15-9 添加按钮控件

步骤03 进入下一步向导对话框中，❶选中“文本”单选按钮，❷输入“删除选择记录”，单击“完成”按钮，如图15-10所示。

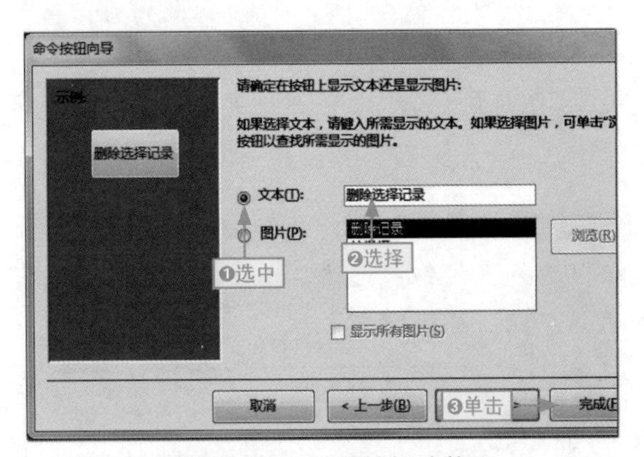

图15-10 选择按钮功能

步骤04 为按钮应用"彩色轮廓-黑色,深色1"快速样式和"圆角矩形"的形状样式，❶单击"形状轮廓"下拉按钮，❷选择淡灰色选项，如图15-11所示。

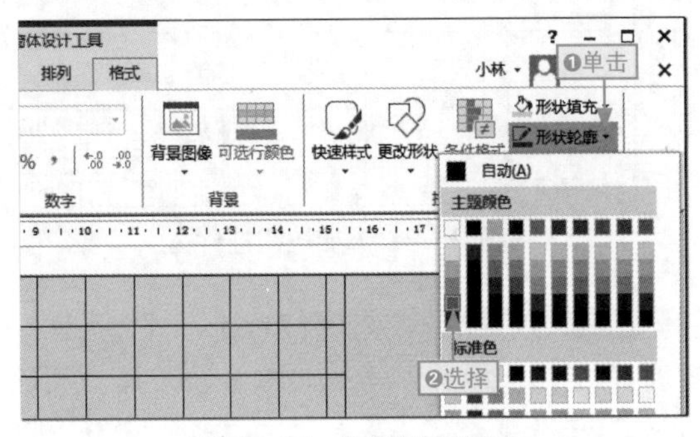

图15-11 设置按钮样式

步骤05 ❶通过复制的方式制作"删除指定记录"按钮，❷删除已有的单击事件宏，然后将其命名为"cmd_删除指定记录"，如图15-12所示。

图15-12 命名单击事件名称

步骤06 打开VBE窗口，在其中输入删除指定数据记录代码，按Ctrl+S组合键保存，然后关闭窗口，如图15-13所示。

图15-13 输入删除记录VBA代码

步骤07 通过复制方式制作"编辑"按钮，并为其添加OpenTable宏操作，设置相应编辑操作和对象，然后保存设置并关闭窗口，如图15-14所示。

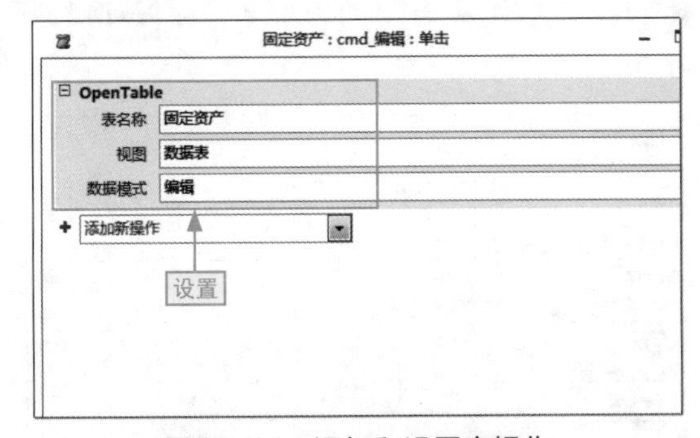

图15-14 添加和设置宏操作

15.2.3 添加退出系统功能

当我们不需要使用系统时，可以轻松退出，这就要求我们制作一个退出系统按钮，方便用户操作和使用，其具体操作如下。

步骤01 ❶通过复制方式制作“退出”按钮，❷删除其中的事件宏，并将其命名为“cmd_退出”，如图15-15所示。

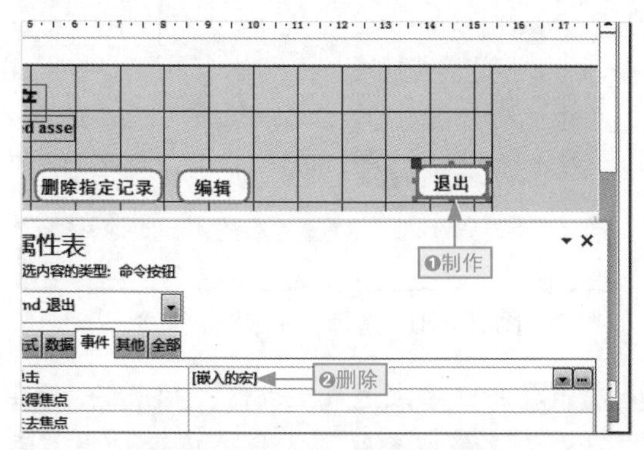

图15-15 制作“退出”按钮

步骤02 打开VBE窗口，在其中输入关闭窗口退出的代码，保存并关闭窗口，如图15-16所示。

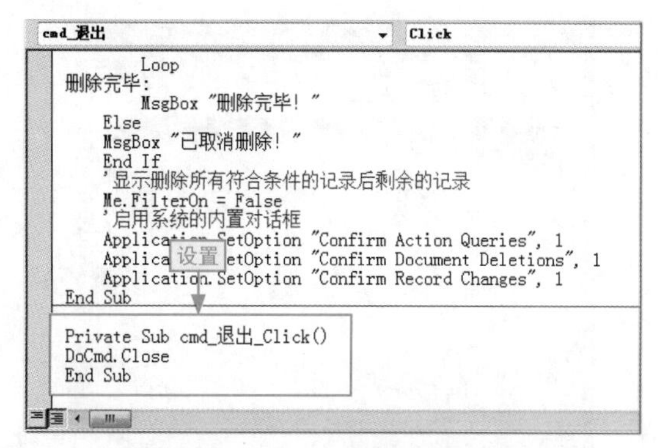

图15-16 输入关闭窗口退出代码

15.3 下层操作模块制作

主界面的制作已完成，下面我们需要制作一些下层（下级）的操作窗体模块，补充和完善主界面的操作功能。

15.3.1 制作添加数据模块

在固定资产管理系统中添加数据记录，基本上都是单独的数据记录进行逐一添加，所以该操作需要在独立窗口中进行，这才符合常规的系统操作习惯，下面我们就开始进行制作。

步骤01 ❶创建“添加固定资产”窗体，❷在其中添加相应控件，如图15-17所示。

图15-17 制作“添加固定资产”窗体

步骤02 单击“创建”选项卡中的“查询设计”按钮，打开“显示表”对话框，直接单击“关闭”按钮，如图15-18所示。

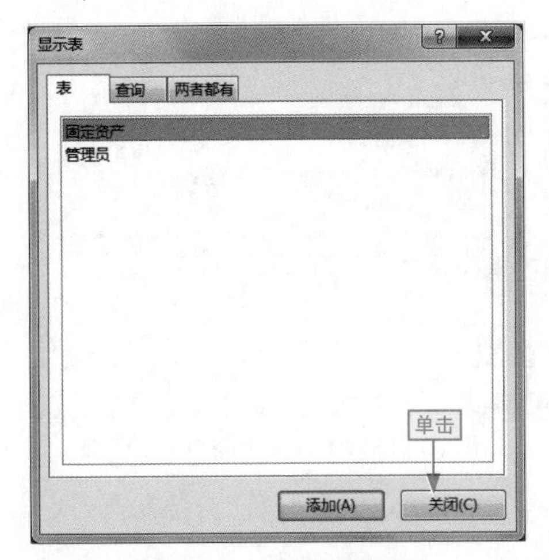

图15-18　不添加数据源

步骤03 ❶单击“追加”按钮，❷在“表名称”文本框中输入“固定资产”，❸单击“确定”按钮，如图15-19所示。

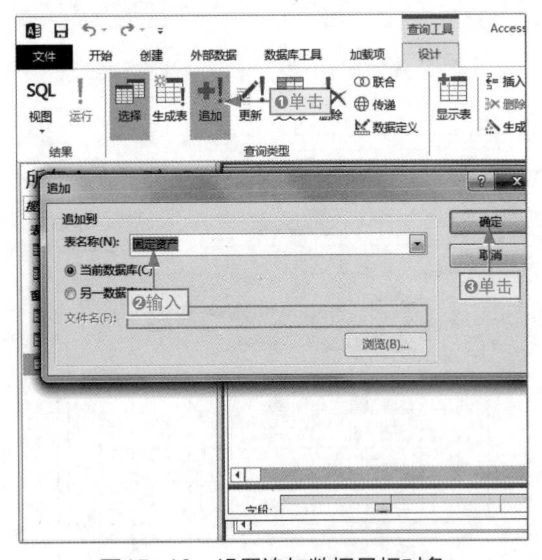

图15-19　设置追加数据目标对象

步骤04 在“条件”单元格上右击，选择“生成器”命令，如图15-20所示。

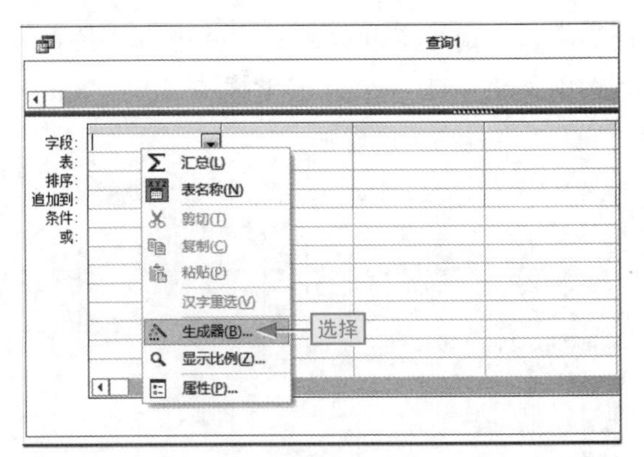

图15-20　选择“生成器”命令

步骤05 打开“表达式生成器”对话框，❶在“固定资产管理系统”下拉选项中双击“添加固定资产”选项，再❷双击“设备编码”选项，如图15-21所示。

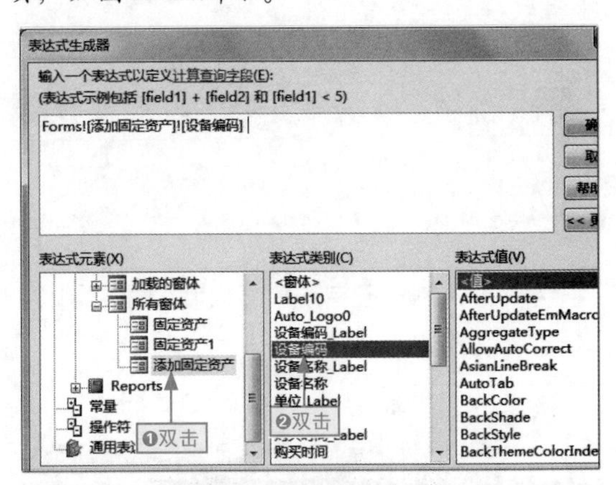

图15-21　设置表达式

步骤06 ❶单击“追加到”下拉按钮，❷选择“设备编码”选项，如图15-22所示。

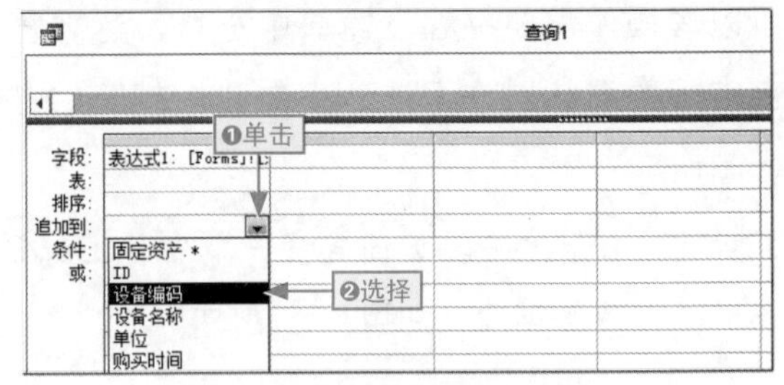

图15-22　选择数据追加目标列

步骤07 以同样的方法添加其他表达式和追加目标列，最后保存为“添加记录”并关闭查询窗口，如图15-23所示。

表达式2: [Forms]![添加固定资产]![设备名称]	表达式3: [Forms]![添加固定资产]![单位]
设备名称	单位

表达式3: [Forms]![添加固定资产]![单位]	表达式4: [Forms]![添加固定资产]![购买时间]
单位	购买时间

表达式5: [Forms]![添加固定资产]![使用部门]	表达式6: [Forms]![添加固定资产]![使用时
使用部门	使用时间

字段:	表达式7: [Forms]![添加固定资产]![是否需要维护]		
表:			
排序:			
追加到:	是否需要维护		
条件:			
或:			

图15-23 完善其他表达式和追加位置

步骤08 分别将“添加固定资产”窗体中的“添加”按钮和“重新输入”按钮重命名为“cmd_添加”和“cmd_重新输入”，如图15-24所示。

属性表
所选内容的类型: 命令按钮
cmd_添加
格式 数据 事件 其他 全部

名称	cmd_添加
悬停时的指针	默认
默认	否

重命名

属性表
所选内容的类型: 命令按钮
cmd_重新输入
格式 数据 事件 其他 全部

名称	cmd_重新输入
悬停时的指针	默认
默认	否
取消	否
控件提示文本	
Tab 键索引	1

图15-24 重命名按钮名称

步骤09 打开VBE窗口，在其中输入“添加”数据代码和“重新输入”代码，保存并关闭窗口，如图15-25所示。

cmd_添加　　Click

```
Private Sub cmd_添加_Click()  ←“添加”按钮代码
On Error GoTo 错误
    Dim strSQL As String
    DoCmd.SetWarnings False
    '判断用户名是够输入
    If Nz(Me.设备编码) = "" Then
        MsgBox "请输入设备编码! ", vbCritical, ""
        Me.设备编码.SetFocus
        Exit Sub
    End If
    '判断设备名称是否输入
    If Nz(Me.设备名称) = "" Then
        MsgBox "请输入设备名称! ", vbCritical, ""
        Me.设备名称.SetFocus
        Exit Sub
    End If
      '判断单位是否输入
     If Nz(Me.单位) = "" Then
        MsgBox "请输入单位! ", vbCritical, ""
        Me.单位.SetFocus
        Exit Sub
    End If
    '判断购买时间是否输入
      If Nz(Me.购买时间) = "" Then
        MsgBox "请输入购买时间! ", vbCritical, ""
        Me.购买时间.SetFocus
        Exit Sub
    End If
    '判断使用部门是否输入
      If Nz(Me.使用部门) = "" Then
        MsgBox "请输入使用部门! ", vbCritical, ""
        Me.购买时间.SetFocus
```

```
Private Sub cmd_重新输入_Click()  ←“重新输入”按钮代码
Me.设备编码.Value = Null
    Me.设备名称.Value = Null
    Me.单位.Value = Null
    Me.购买时间.Value = Null
    Me.使用部门.Value = Null
      Me.使用时间.Value = Null
      Me.是否需要维护.Value = Null
End Sub
```

图15-25 输入“添加”和“重新输入”代码

步骤10 打开“属性表”窗格，❶选择对象为“窗体”，切换到“格式”选项卡，❷设置“边框样式”为“对话框边框”，“记录选择器”为“否”，“导航按钮”为“否”，“分隔线”为“否”，“滚动条”为“两者均无”，然后保存设置，如图15-26所示。

属性表
所选内容的类型: 窗体
窗体 ←❶选择
格式 数据 事件 其他 全部

边框样式	对话框边框
记录选择器	否
导航按钮	否
导航标题	
分隔线	否
滚动条	两者均无
控制框	是
关闭按钮	是
最大最小化按钮	两者都有
可移动的	是
分割窗体大小	自动
分割窗体方向	数据表在上
分割窗体分隔条	是

←❷设置

图15-26 设置窗体整体格式

步骤11 ❶在“固定资产”窗体页眉中添加“新增”按钮，❷并为其添加打开“添加固定资产”窗体的宏操作，然后保存并关闭宏窗体，如图15-27所示。

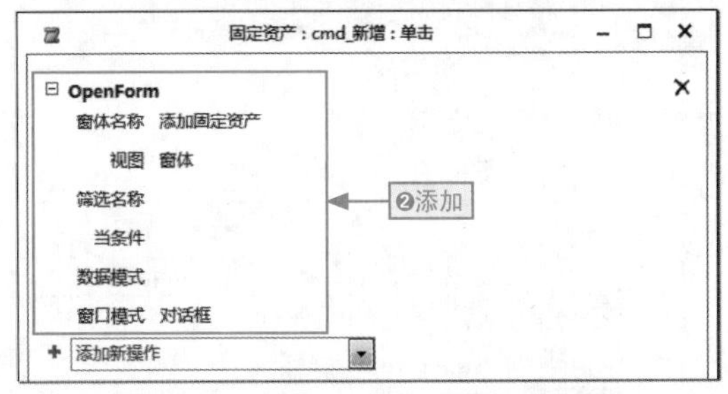

图15-27 设置“新增”按钮的宏事件

15.3.2 制作查询记录模块

在众多的固定资产记录中，我们要方便、快速地查看指定数据记录，不能靠手动逐行查找，需要借助快速查找功能实现，这也是一个系统的基本要求。

下面我们开始制作快速查询数据记录模块，其具体操作如下。

步骤01 ❶创建“固定资产查询”窗体，❷并在其中添加图标和正副标题，并对标题填充底纹进行设置，如图15-28所示。

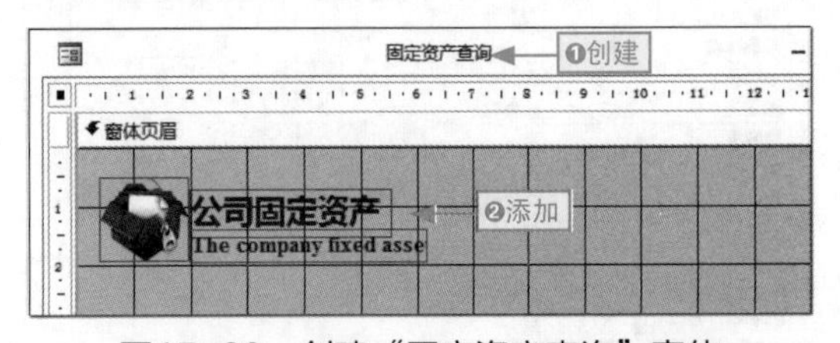

图15-28 创建“固定资产查询”窗体

步骤02 ❶在“控件”组中选择“组合框”选项，❷在窗体页眉区域单击，如图15-29所示。

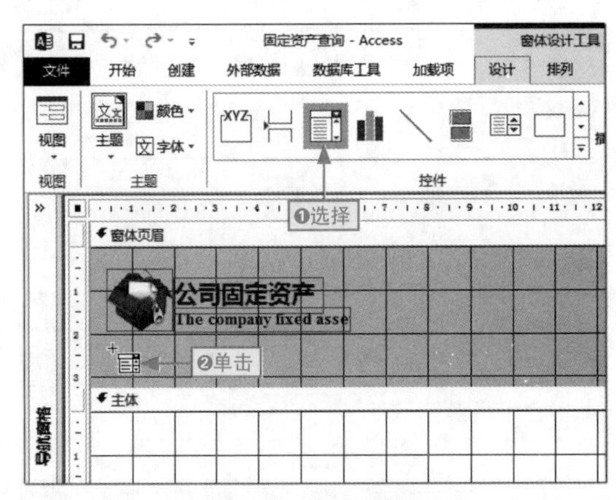

图15-29 添加组合框

步骤03 打开“组合框向导”对话框，❶选中“自行键入所需的值”单选按钮，❷单击“下一步”按钮，如图15-30所示。

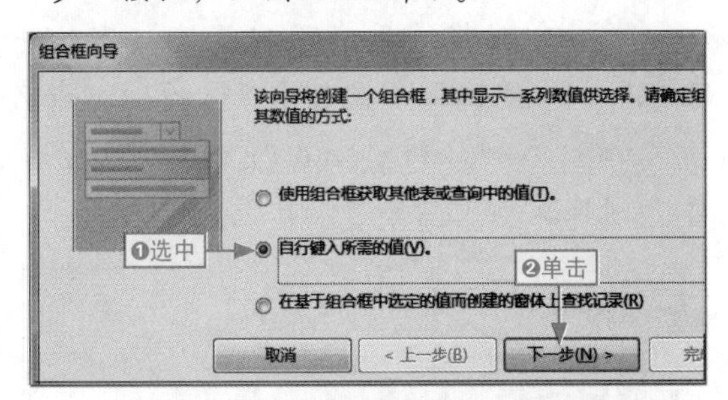

图15-30 选择自行键入组合框的值

步骤04 进入下一步组合框向导对话框中，❶输入相应的组合框选项值，❷依次单击“下一步”按钮，如图15-31所示。

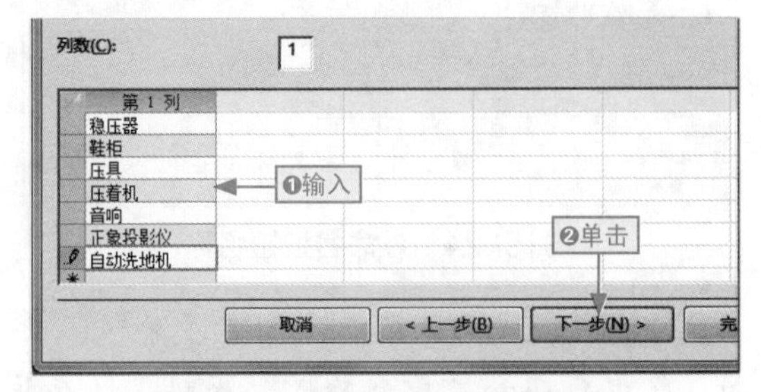

图15-31 自行键入组合框的值

步骤05 进入最后一步组合框向导对话框中，❶输入组合框标签名称，❷单击“完成”按钮，如图15-32所示。

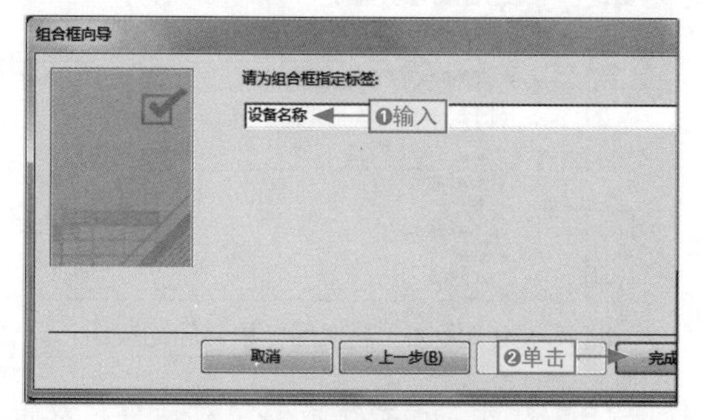

图15-32 设置组合框标签名称

步骤06 ❶设置组合框字体格式、样式以及放置位置，❷设置组合框的名称为“设备名称”，如图15-33所示。

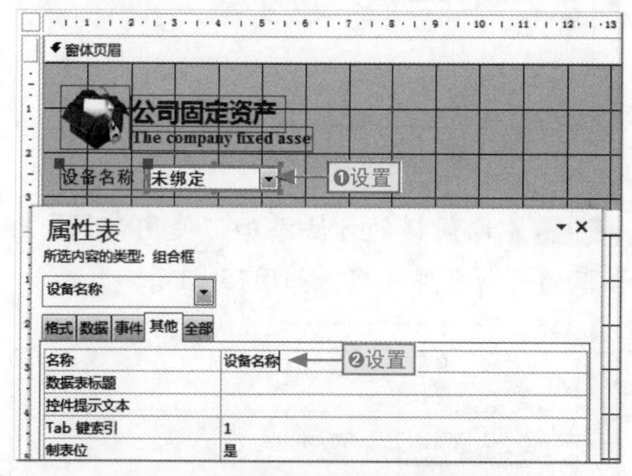

图15-33 设置组合框格式和名称

步骤07 以同样的方法添加和设置“使用部门”组合框按钮和名称，如图15-34所示。

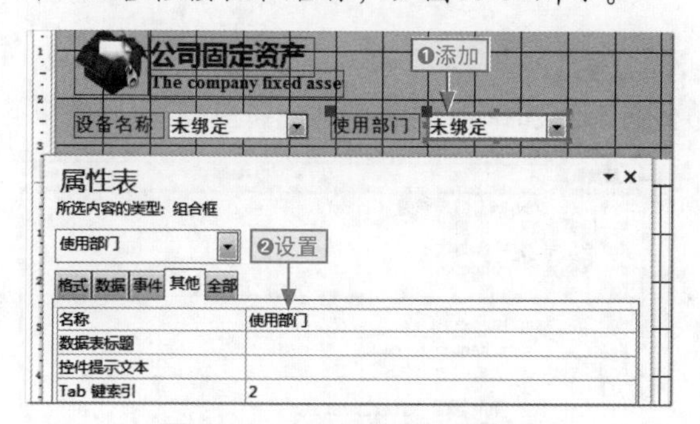

图15-34 添加组合框并命名

步骤08 单击“创建”选项卡中的“查询设计”按钮，打开“显示表”对话框。❶选择“固定资产”选项，❷单击“添加”按钮，❸单击“关闭”按钮，如图15-35所示。

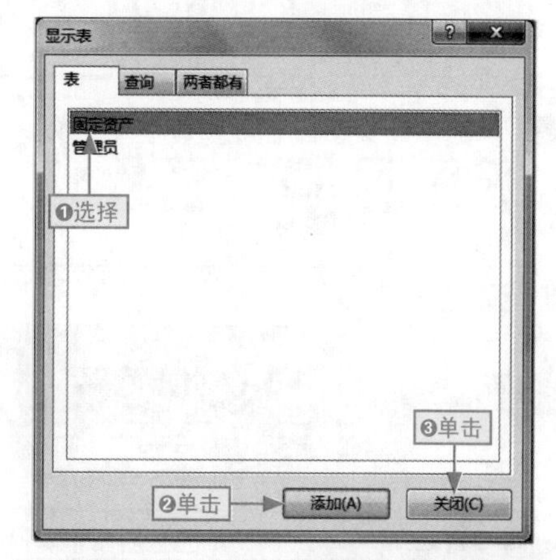

图15-35 添加“固定资产”数据

步骤09 将ID项以外的所有字段选中，添加到可用字段中。❶在“设备名称”单元格对应的“条件”单元格中输入第一个查询条件，❷在“使用部门”单元格对应的“条件”单元格中输入第二个查询条件，如图15-36所示。

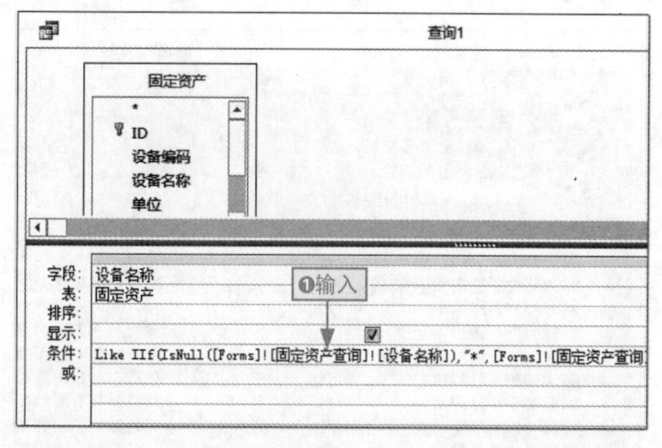

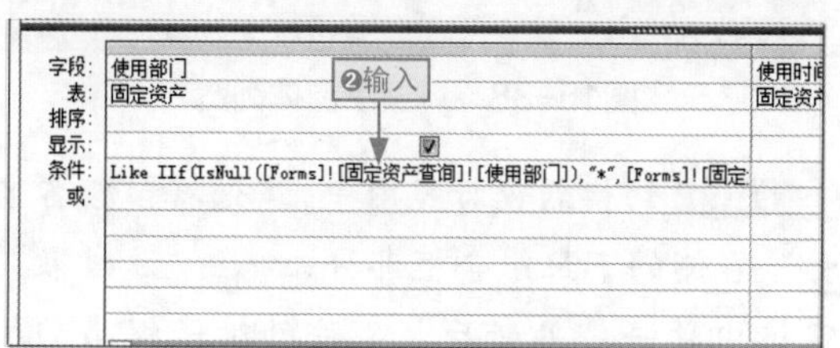

图15-36 输入查询表达式

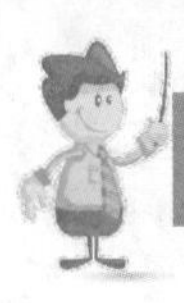

步骤10 ❶保存为“C_固定资产”并关闭，❷根据“C_固定资产”查询创建数据表模式的“C_固定资产”窗体，❸拖动“C_固定资产”窗体到“固定资产查询”窗体的主体区域作为其子窗体，如图15-37所示。

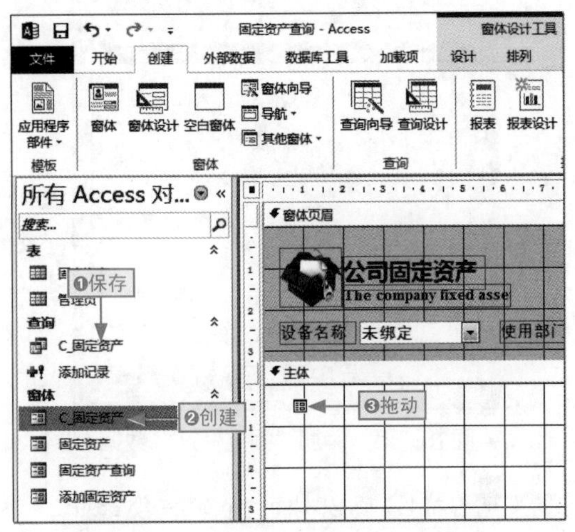

图15-37 创建“C_固定资产”窗体

步骤11 删除子窗体的窗体名称，切换到布局视图中，依次调整列宽到合适宽度，同时调整“固定资产查询”窗体的显示区域宽度和高度，如图15-38所示。

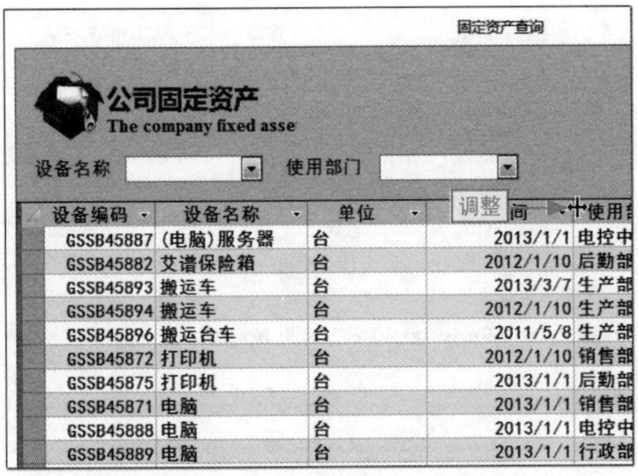

图15-38 调整子窗体列宽

步骤12 切换到设计视图中，❶选择“设备名称”右侧的下拉组合框部分，❷在“属性表”窗格中单击“更新后”事件的对话框启动按钮，如图15-39所示。

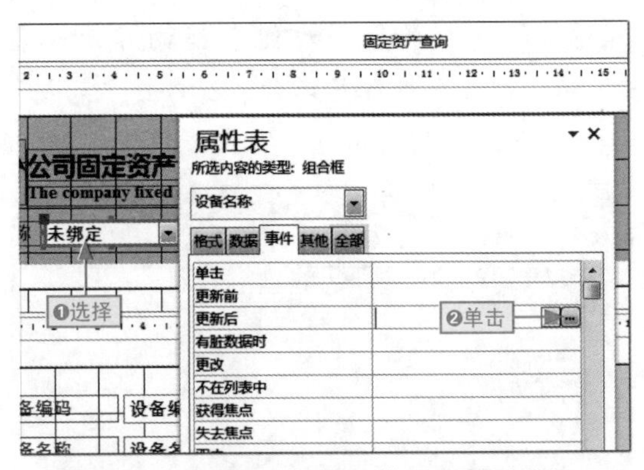

图15-39 添加“更新后”事件启动按钮

步骤13 打开“选择生成器”对话框，双击“代码生成器”选项，打开VBE窗口，在其中输入VBA代码，如图15-40所示。

```
设备名称                AfterUpdate
Private Sub 设备名称_AfterUpdate()
Me.C_固定资产.Requery
End Sub
```


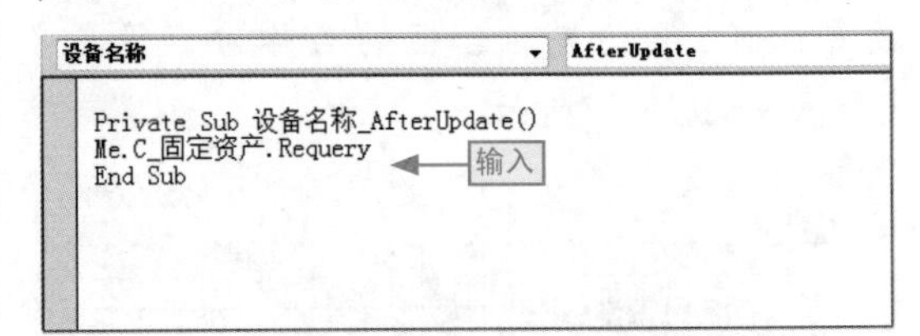

图15-40 输入VBA代码

步骤14 以同样的方法添加“使用部门”组合框的更新事件代码，如图15-41所示。

```
使用部门                AfterUpdate
Private Sub 设备名称_AfterUpdate()
Me.C_固定资产.Requery
End Sub

Private Sub 使用部门_AfterUpdate()
Me.C_固定资产.Requery
End Sub
```

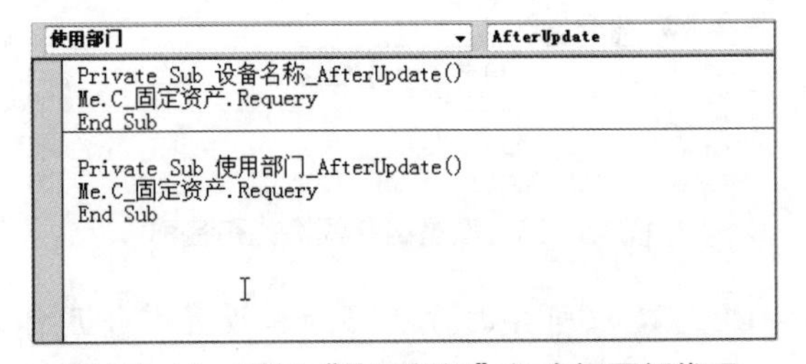

图15-41 添加“使用部门”组合框更新代码

步骤15 在窗体中添加“数据恢复”按钮，并为其添加单击事件代码，如图15-42所示。

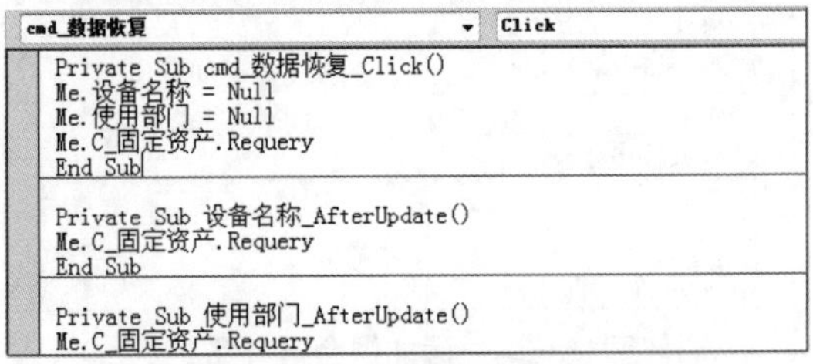

```
cmd_数据恢复            Click
Private Sub cmd_数据恢复_Click()
Me.设备名称 = Null
Me.使用部门 = Null
Me.C_固定资产.Requery
End Sub

Private Sub 设备名称_AfterUpdate()
Me.C_固定资产.Requery
End Sub

Private Sub 使用部门_AfterUpdate()
Me.C_固定资产.Requery
```

图15-42 添加“数据恢复”按钮代码

步骤16 在“公司固定资产”窗体的页眉合适位置添加“查询”按钮，如图15-43所示。

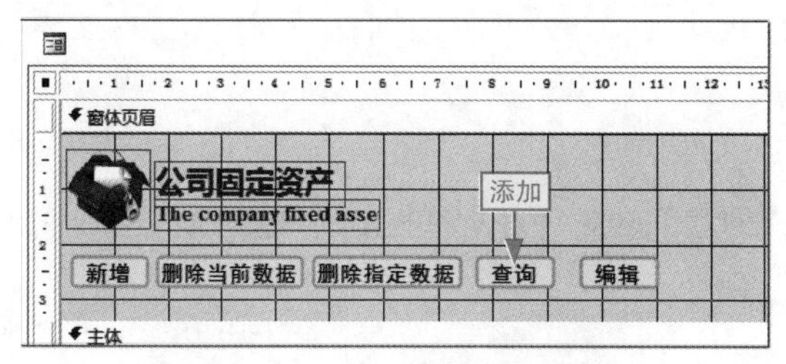

图15-43 添加“查询”按钮

15.3.3 制作设备维护模块

为了及时掌握固定资产中哪些设备需要维护，我们可以添加一个进行快速查看的模块，其具体操作如下。

步骤01 在“公司固定资产”窗体的页眉合适位置添加“需维护设备”按钮，如图15-44所示。

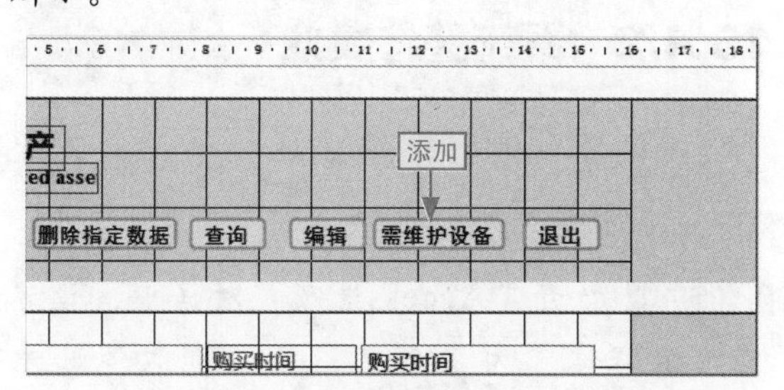

图15-44 添加“需维护设备”按钮

步骤02 创建“C_维护设备”查询，将固定资产中除ID以外的字段全部添加到可用字段区域，在“是否需要维护”对应的“条件”单元格中输入“是”，如图15-45所示。

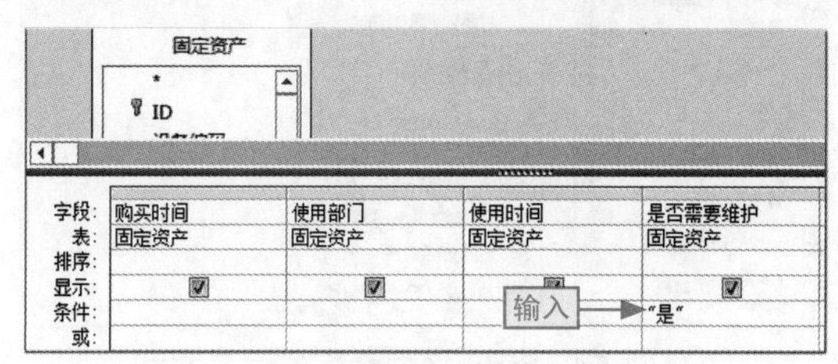

图15-45 创建带有筛选的查询

步骤03 根据“C_维护设备”查询创建数据表模式的“C_维护设备”窗体，然后打开“属性表”窗格，设置“边框样式”为“无”，“记录选择器”为“否”，“导航按钮”为“否”，“分隔线”为“否”，“滚动条”为“两者均无”，“控制框”为“否”，“关闭按钮”为“否”，然后保存设置，如图15-46所示。

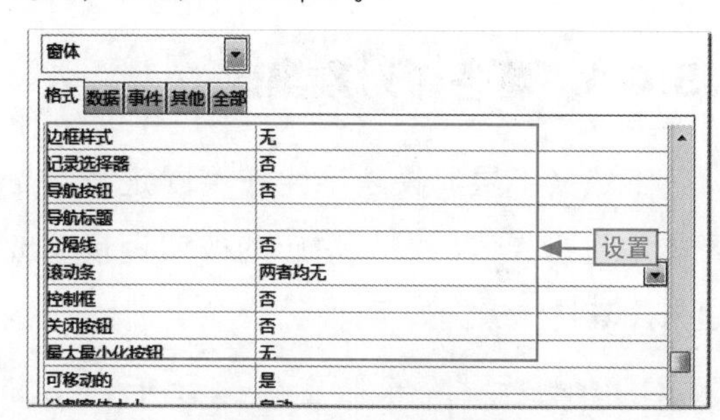

图15-46 属性表窗格

步骤04 ❶创建“需修复设备”窗体，❷在其中添加和设置相应对象。将“C_维护设备”窗体添加到其中作为其子窗体。删除其窗体名称标签，并调整到合适位置，如图15-47所示。

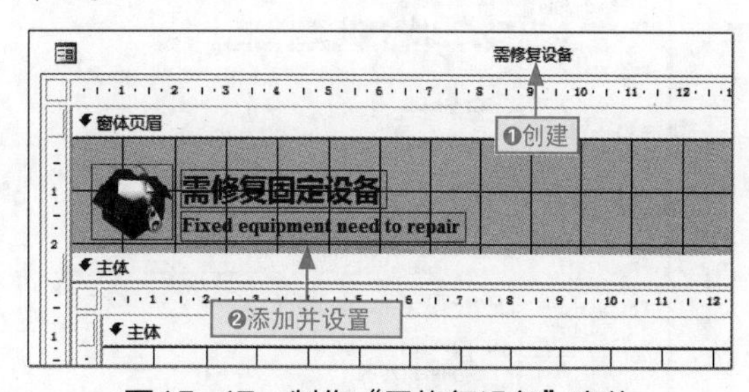

图15-47 制作“需修复设备”窗体

步骤05 将其中的“导出数据”按钮命名为“cmd_导出”，并为其添加导出代码，最后关闭并保存窗口和窗体，如图15-48所示。

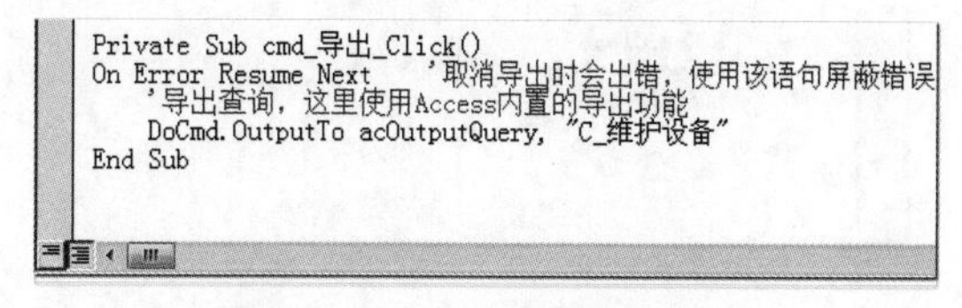

```
Private Sub cmd_导出_Click()
On Error Resume Next    '取消导出时会出错，使用该语句屏蔽错误
    '导出查询，这里使用Access内置的导出功能
    DoCmd.OutputTo acOutputQuery, "C_维护设备"
End Sub
```

图15-48 添加导出数据代码

15.4 数据库集成

前面的操作已将数据库的各个部分制作完成，下面我们需要将数据库各部分集成到一起，并以专业程序方式显示。

15.4.1 将各个对象集成

下级（下层）模块不能在“固定资产”窗体中直接操作，需与相应的按钮链接集成起来，其具体操作如下。

步骤01 制作“登录”窗体。打开VBE窗口，分别输入“登录”和“取消”按钮代码以及加载隐藏和关闭退出程序代码，保存并关闭窗口，如图15-49所示。

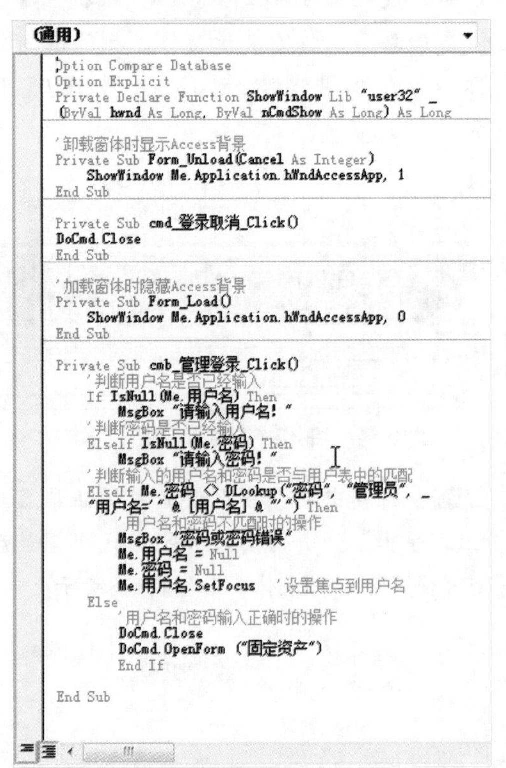

```
(通用)

Option Compare Database
Option Explicit
Private Declare Function ShowWindow Lib "user32" _
(ByVal hwnd As Long, ByVal nCmdShow As Long) As Long

'卸载窗体时显示Access背景
Private Sub Form_Unload(Cancel As Integer)
    ShowWindow Me.Application.hWndAccessApp, 1
End Sub

Private Sub cmd_登录取消_Click()
DoCmd.Close
End Sub

'加载窗体时隐藏Access背景
Private Sub Form_Load()
    ShowWindow Me.Application.hWndAccessApp, 0
End Sub

Private Sub cmb_管理登录_Click()
    '判断用户名是否已经输入
    If IsNull(Me.用户名) Then
        MsgBox "请输入用户名!"
    '判断密码是否已经输入
    ElseIf IsNull(Me.密码) Then
        MsgBox "请输入密码!"
    '判断输入的用户名和密码是否与用户表中的匹配
    ElseIf Me.密码 <> DLookup("密码", "管理员", _
    "用户名='" & [用户名] & "'") Then
        '用户名和密码不匹配时的操作
        MsgBox "密码或密码错误"
        Me.用户名 = Null
        Me.密码 = Null
        Me.用户名.SetFocus    '设置焦点到用户名
    Else
        '用户名和密码输入正确时的操作
        DoCmd.Close
        DoCmd.OpenForm ("固定资产")
        End If

End Sub
```

图15-49 窗体中的代码

步骤02 调整“固定资产”窗体的页眉区域中按钮的相对位置，并设置其字体、字号，然后通过宏操作链接打开指定窗体，如图15-50所示。

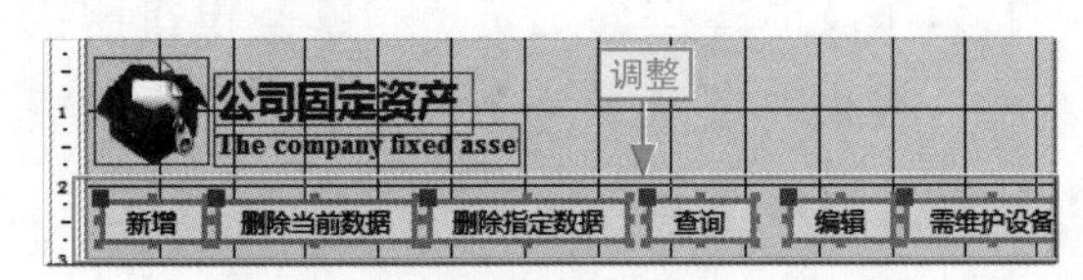

图15-50 调整按钮位置并设置格式

15.4.2 系统整体集成

我们要让制作的系统以程序的方式显示，需要将其集成，其具体操作如下。

步骤01 打开“Access选项”对话框，设置“显示窗体”为“登录”，分别取消选中“显示导航窗格”“允许全部菜单”和“允许默认快捷菜单”复选框，最后确认，如图15-51所示。

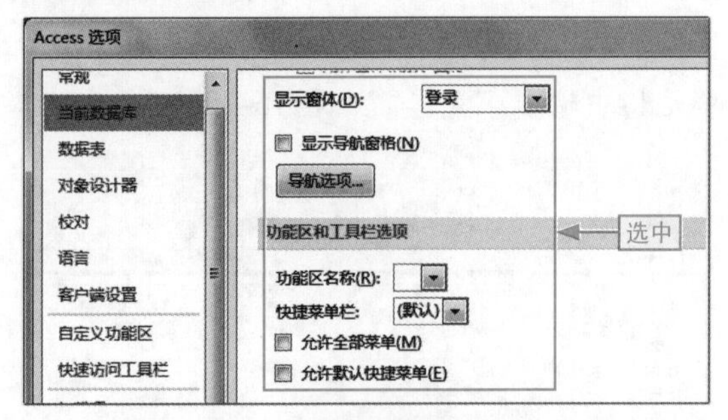

图15-51 设置当前数据库显示方式

步骤02 切换到“另存为”选项卡，单击“数据库另存为”图标按钮，双击“生成ACCDE”图标，如图15-52所示。

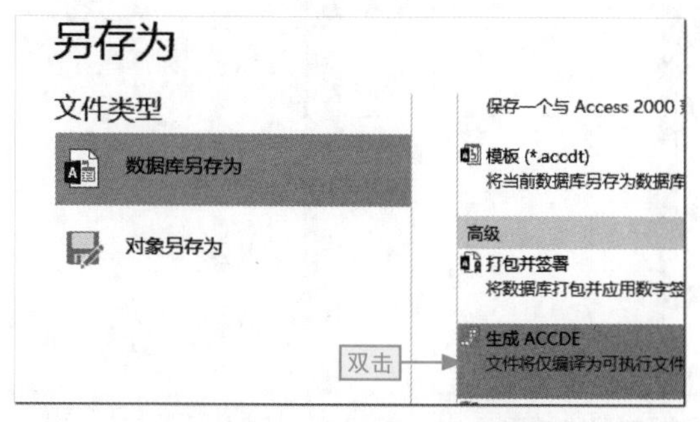

图15-52 生成ACCDE文件

步骤03 打开“另存为”对话框，设置保存位置和名称，单击“保存”按钮，如图15-53所示。

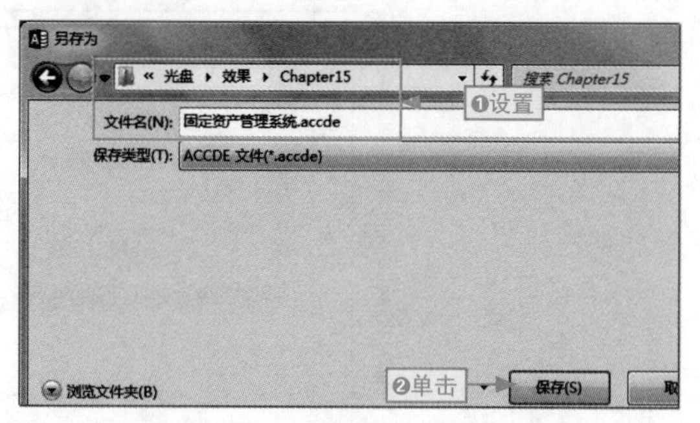

图15-53 设置保存位置和名称

给你支招 | 更改按钮的名称

小白：通过复制的方式来创建新按钮之后，我们怎样更改按钮的名称？

阿智：更改按钮名称的方法有两种：一是将鼠标指针移到按钮文本上，当鼠标指针变成I形状，单击鼠标定位在按钮文本框中，然后进行更改或输入。二是在“属性表”窗格的“标题”中进行输入，如图15-54所示。

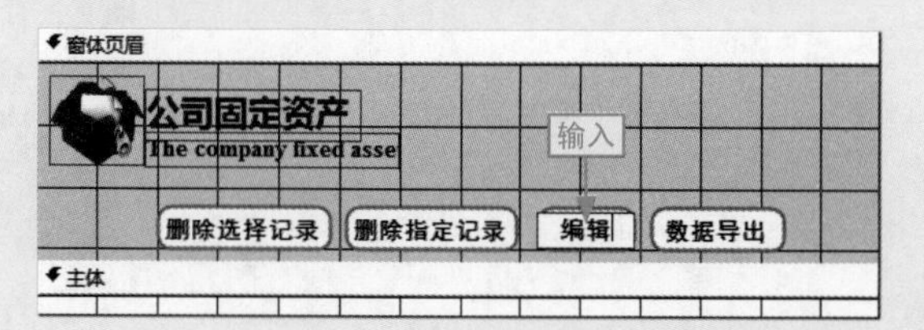

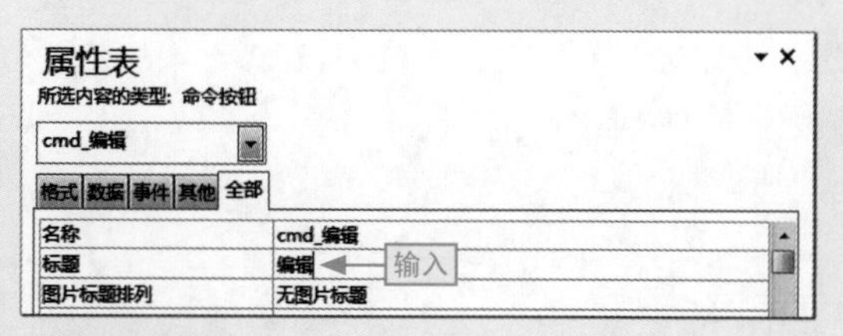

图15-54 更改按钮的名称

给你支招 | 处理编辑错误

小白：在制作查询窗体时，特别是执行下拉选项查询时，系统不断要求调试程序，提示找不到方法，如图15-55所示，该怎么办？

阿智：这时，只需切换到设计视图中，将子窗体的名称后的“子窗体”文字删除，使其与代码中的“C_固定资产”名称一样。

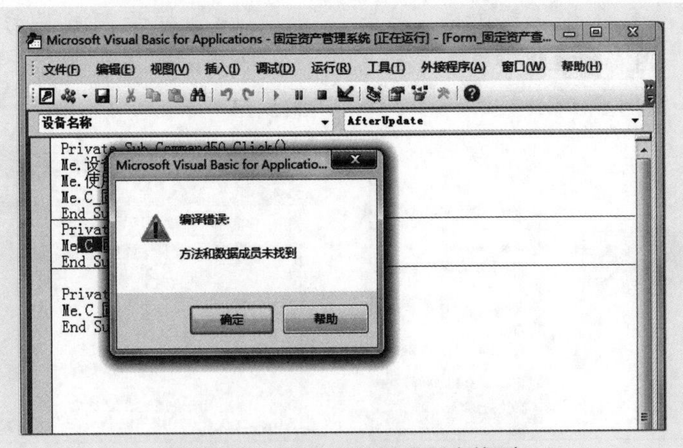

图15-55　方法和数据成员未找到